ATLAS FAMILIAL DU CORPS HUMAIN

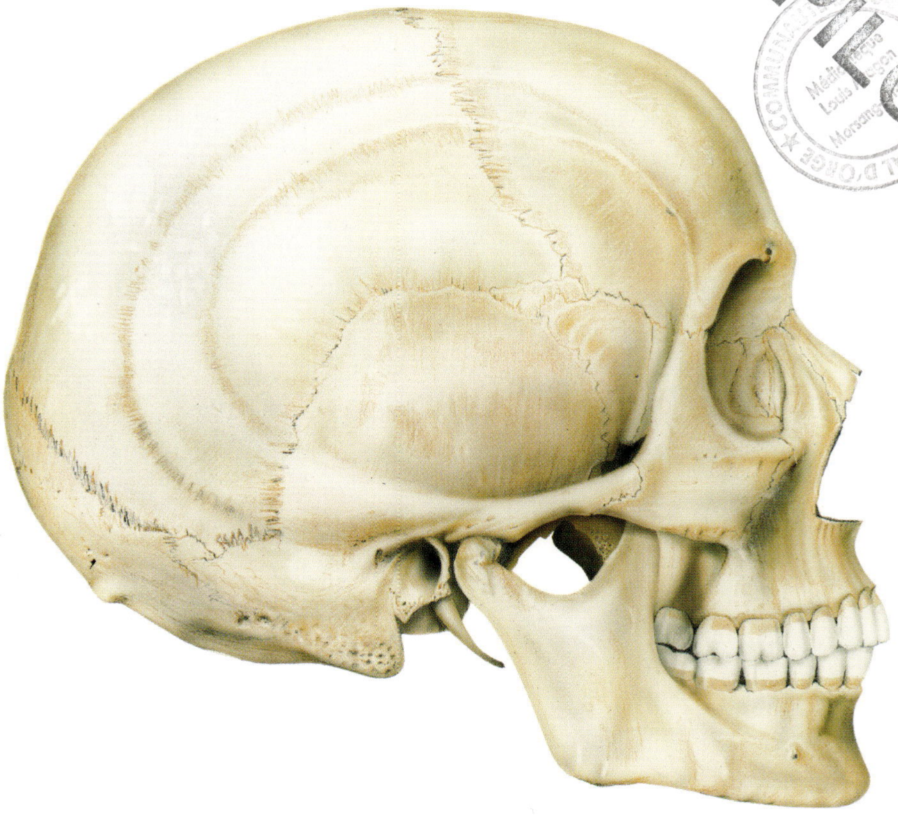

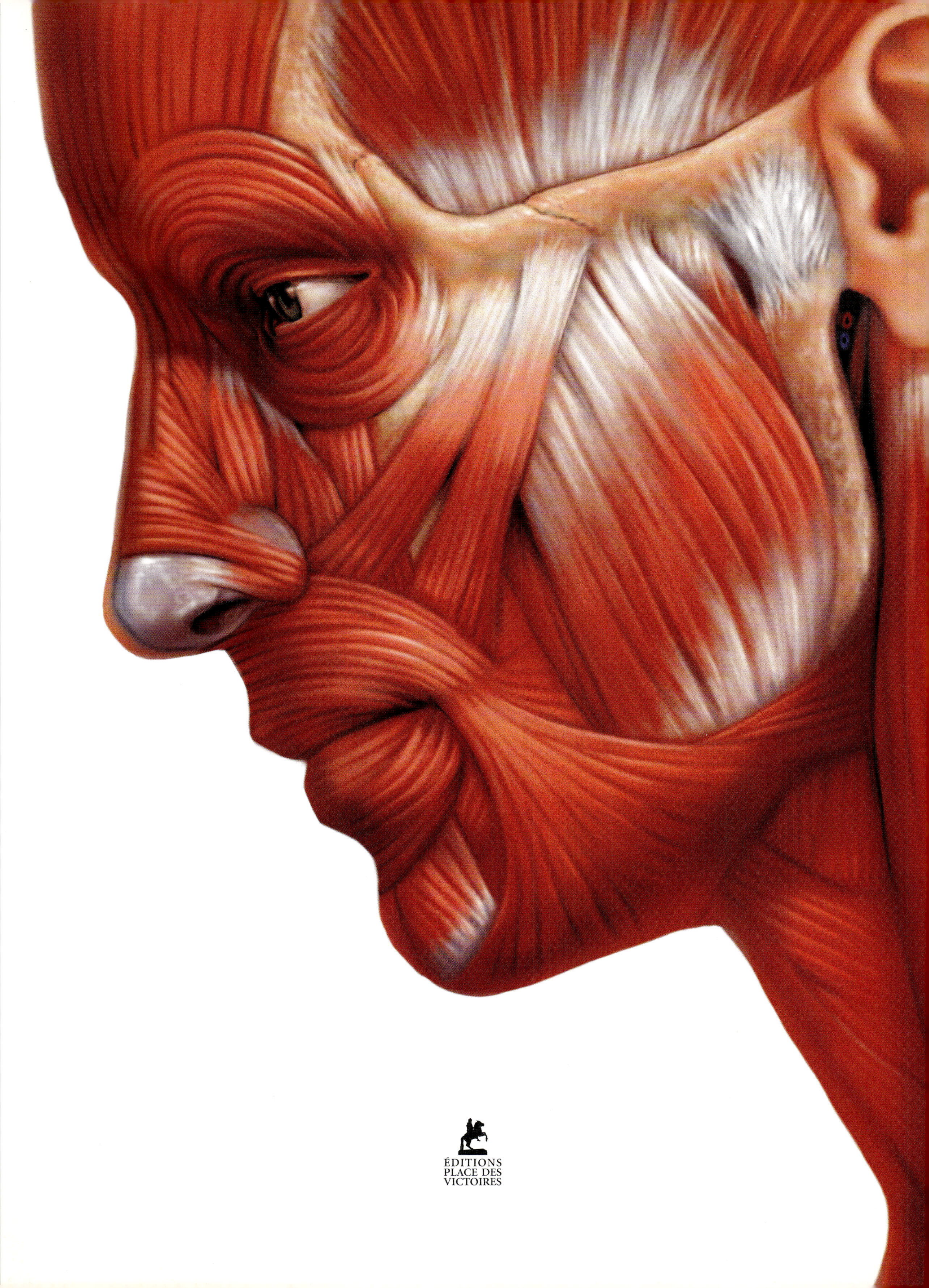

ÉDITIONS
PLACE DES
VICTOIRES

ATLAS FAMILIAL DU CORPS HUMAIN

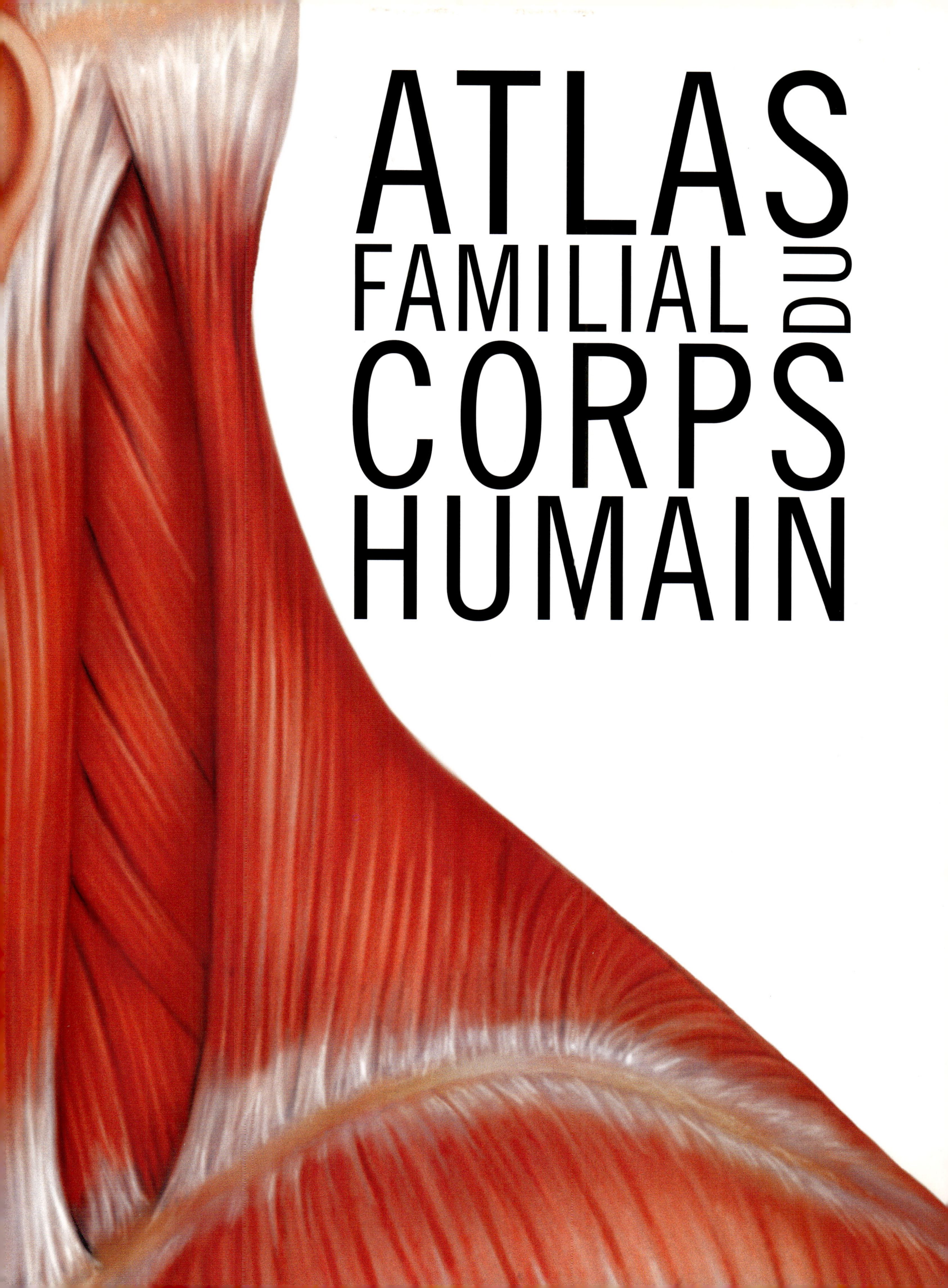

Éditeur en chef Chryl Campbell

Éditrice associée Sarah Anderson

Éditrice Janet Parker

Comité scientifique Kurt H. Albertine, PhD ; The Honorable Emeritus Professor Peter Baume, AO, MD, BS, HonDLitt, FRACP, FRACGP, FAFPHM ; Dr R. William Currie, BSA, MSc, PhD ; Laurence Garey, MA, DPhil, BM, BCh ; Gareth Jones, BSc (Hons), MB, BS, DSc, CBiol, FIBiol ; David Tracey, BSc, PhD

Auteurs Robin Arnold, MSc ; Ken Ashwell, BMedSc, MB, BS, PhD ; Deborah Bryce, BSc, MScQual, MChiro, GrCertHEd ; Carol Fallows, BA ; Martin Fallows ; John Frith, MB, BS, BSc (Med), GradDipEd, MCH, RFD ; John Gallo, MB, BS (Hons), FRACP, FRCPA ; Brian Gaynor, MB, BS, FRACP, FRACGP, MRCGP, DCH ; Rakesh Kumar, MB, BS, PhD ; Peter Lavelle, MB, BS ; Lesley Lopes, BA Communications (Journalism) ; Karen McGhee, BSc ; Michael Roberts, MB, BS, LLB (Hons) ; Emeritus Professor Frederick Rost, BSc (Med), MB, BS, PhD, DCP, DipRMS ; Elizabeth Tancred, BSc, PhD ; Dzung Vu, MD, MB, BS, DipAnat, GradCertHEd ; Phil Waite, BSc (Hons), MBChB, CertHEd, PhD

Validation de l'illustration scientifique Dzung Vu, MD, MB, BS, DipAnat, GradCertHEd
John Frith, MB, BS, BSc (Med), GradDipEd, MCH, RFD ; David Jackson, MB, BS, BSc (Med)

Illustrateurs David Carroll ; Peter Child ; Deborah Clarke ; Geoff Cook ; Marcus Cremonese ; Beth Croce ; Wendy de Paauw ; Levant Efe ; Hans De Haas ; Mike Golding ; Jeff Lang ; Alex Lavroff ; Ulrich Lehmann ; Ruth Lindsay ; Richard McKenna ; Annabel Miln ; Tony Pyrzakowski ; Oliver Rennert ; Caroline Rodrigues ; Otto Schmidinger ; Bob Seal ; Vicky Short ; Graeme Tavendale ; Jonathan Tidball ; Paul Tresnan ; Valentin Varetsa ; Glen Vause ; Spike Wademan ; Trevor Weekes ; Paul Williams ; David Wood

Direction artistique Stan Lamond / Kylie Mulquin

Maquette intérieure Andrew Davies

Responsable de fabrication Ian Coles

ADAPTATION FRANÇAISE

Coordination Aygline Bonzon

Graphisme de couverture Mathilde Decorbez

Mise en page de la version française Éditions 360

Traduction de l'anglais et index Nathalie Renevier

Dépôt légal : 4e trimestre 2008
ISBN : 978-2-8099-0001-9

Titre original : *The Human Body Atlas*

Illustrations : fonds Global Illustration Archives

Global Book Publishing Pty Ltd
1/181 High Street, Willoughby
NSW Australie 2068
Tél. : +61 2 9967 3100 – Fax : +61 2 9967 589
E-mail : globalpub@ozemail.com.au

Imprimé à Hong Kong

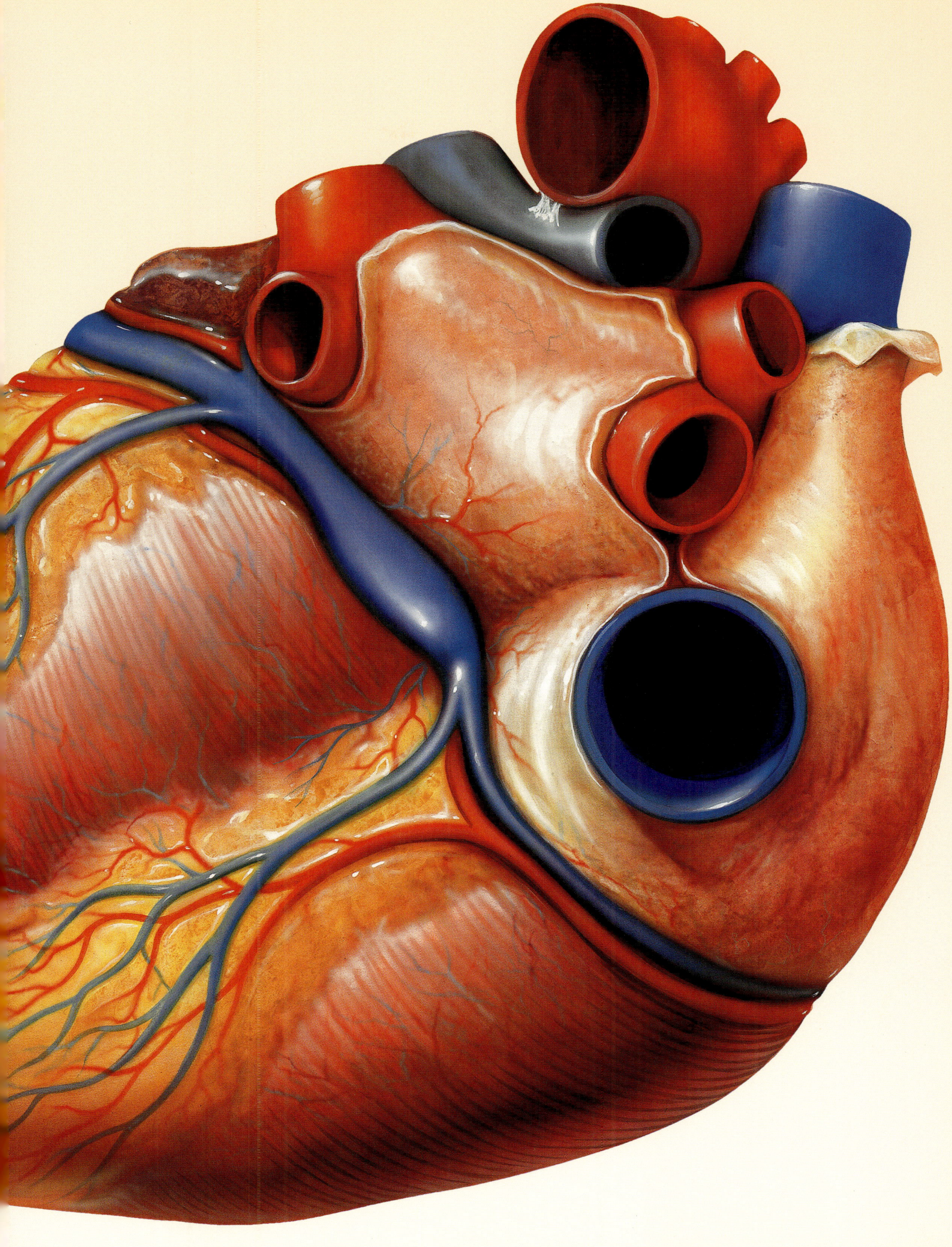

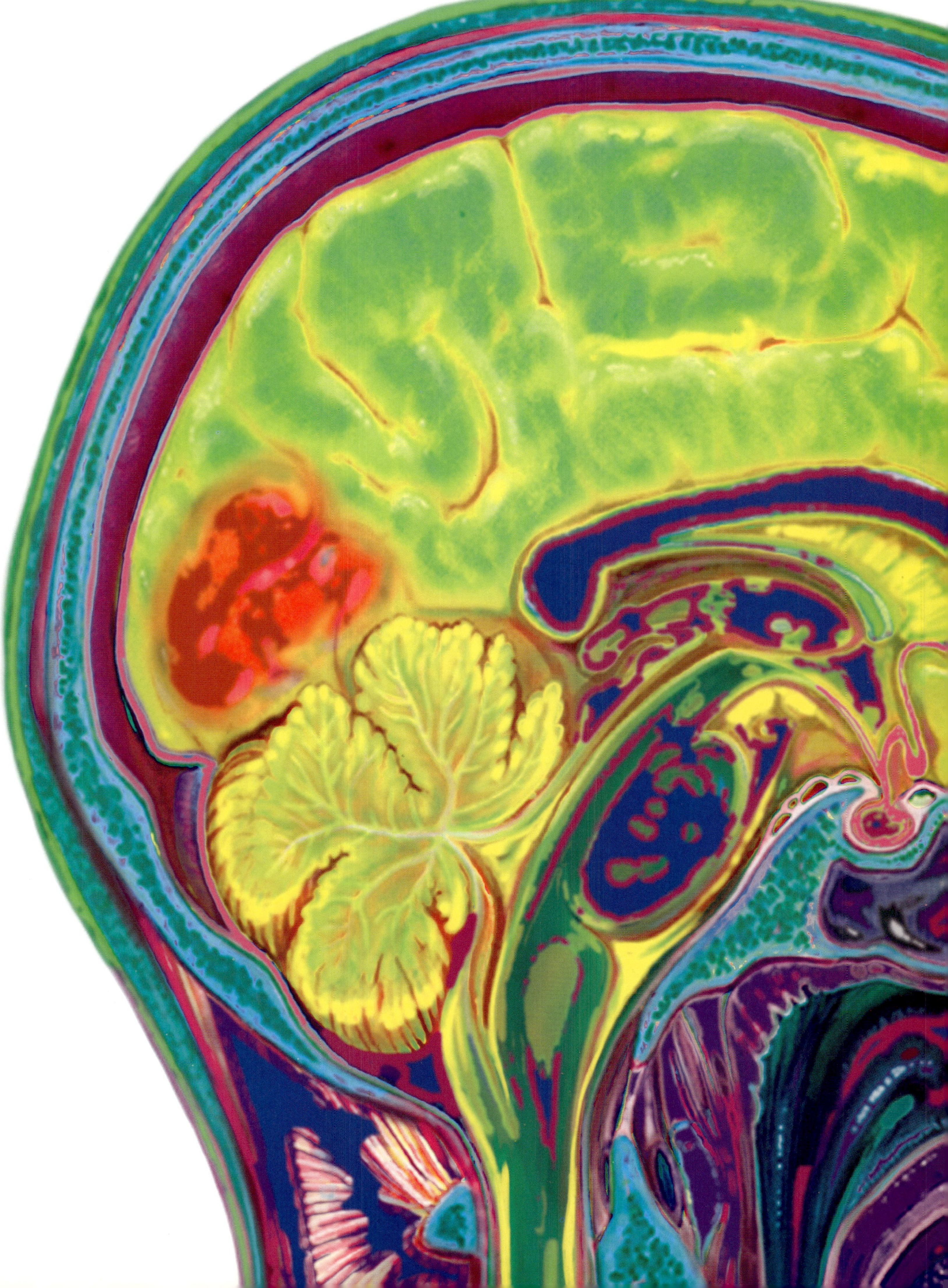

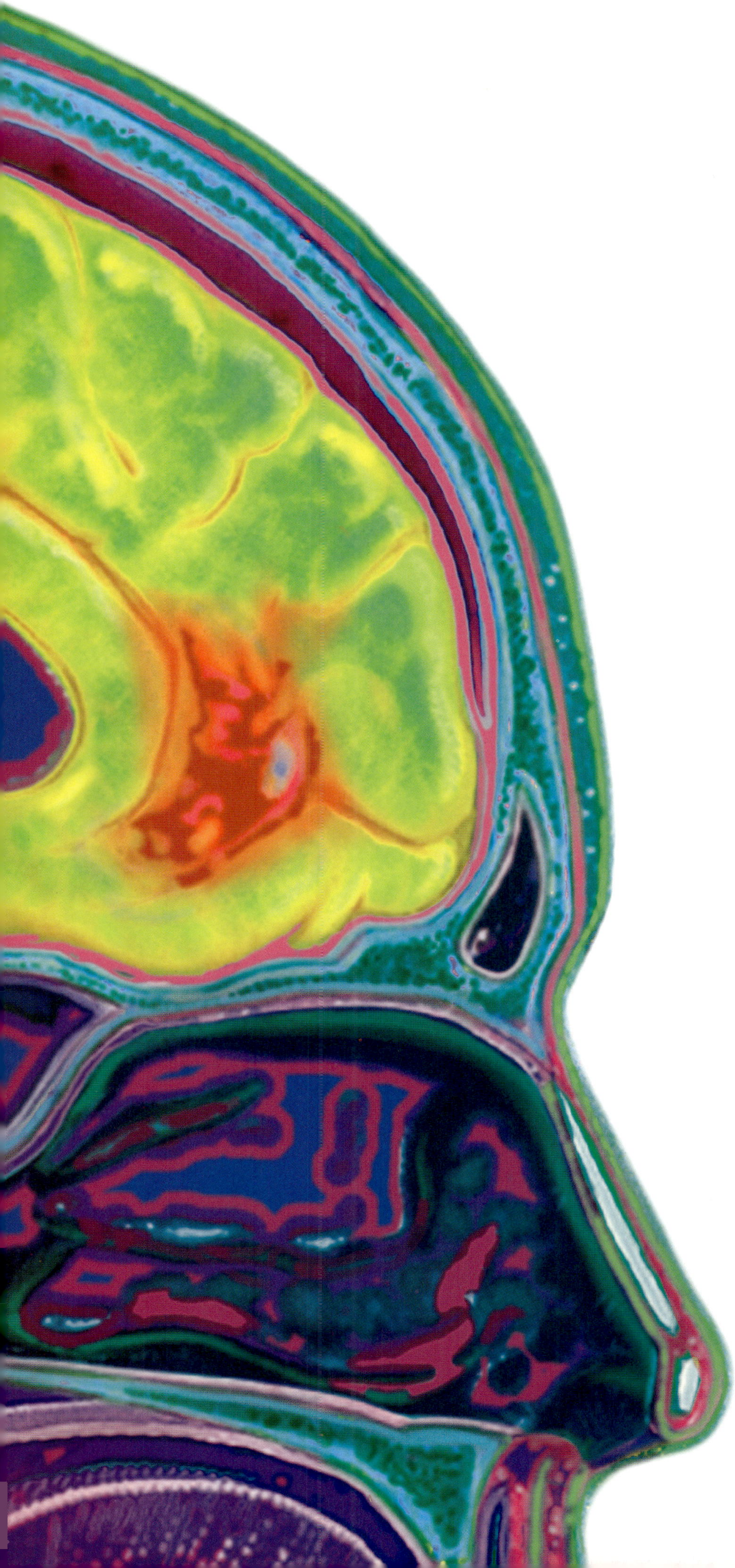

Sommaire

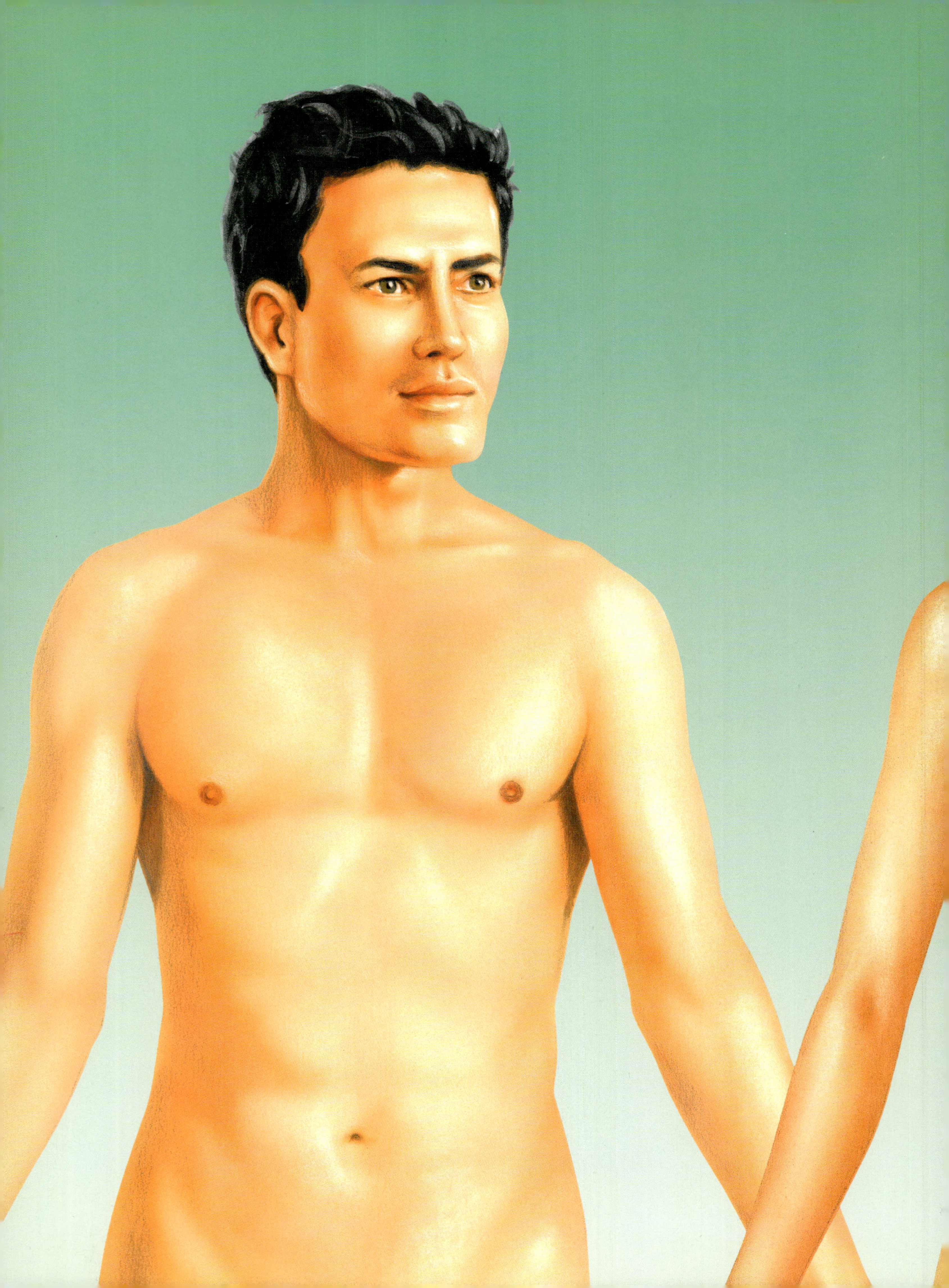

Introduction

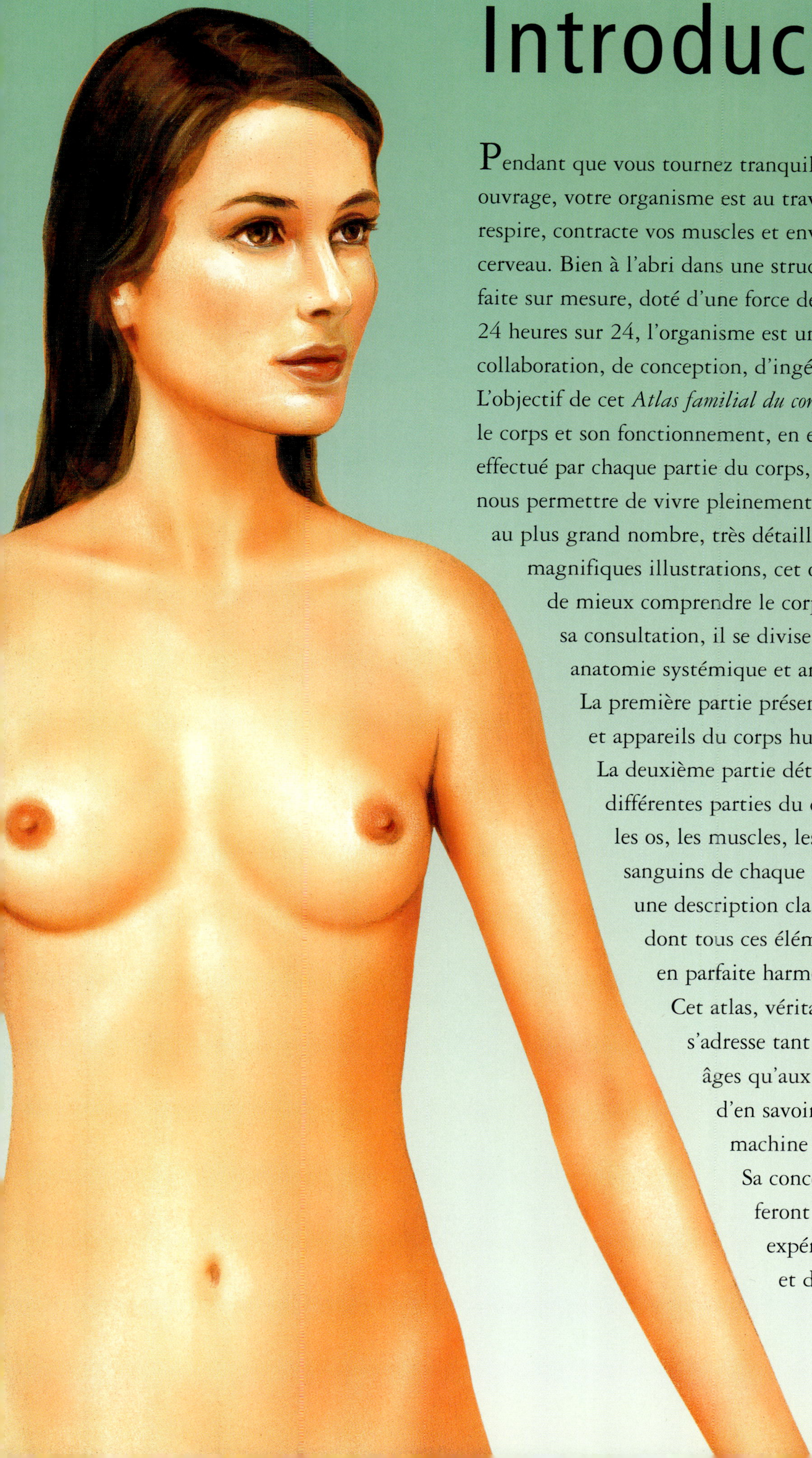

Pendant que vous tournez tranquillement les pages de cet ouvrage, votre organisme est au travail. Il pompe votre sang, respire, contracte vos muscles et envoie des messages au cerveau. Bien à l'abri dans une structure parfaitement adaptée, faite sur mesure, doté d'une force de travail disponible 24 heures sur 24, l'organisme est un exemple stupéfiant de collaboration, de conception, d'ingénierie et de production. L'objectif de cet *Atlas familial du corps humain* est de présenter le corps et son fonctionnement, en expliquant l'étonnant travail effectué par chaque partie du corps, à chaque seconde, afin de nous permettre de vivre pleinement. Écrit pour être accessible au plus grand nombre, très détaillé, comportant de magnifiques illustrations, cet ouvrage vous permettra de mieux comprendre le corps humain. Pour faciliter sa consultation, il se divise en deux grandes parties : anatomie systémique et anatomie régionale.

La première partie présente les principaux systèmes et appareils du corps humain et leur rôle. La deuxième partie détaille et illustre les différentes parties du corps, les organes, les os, les muscles, les nerfs et les vaisseaux sanguins de chaque région. Elle propose une description claire et concise de la façon dont tous ces éléments travaillent ensemble en parfaite harmonie.

Cet atlas, véritable guide de référence, s'adresse tant aux étudiants de tous âges qu'aux personnes curieuses d'en savoir plus sur cette fascinante machine qu'est le corps humain. Sa conception et sa présentation feront de cette découverte une expérience des plus agréables et des plus enrichissantes.

Anatomie systémique

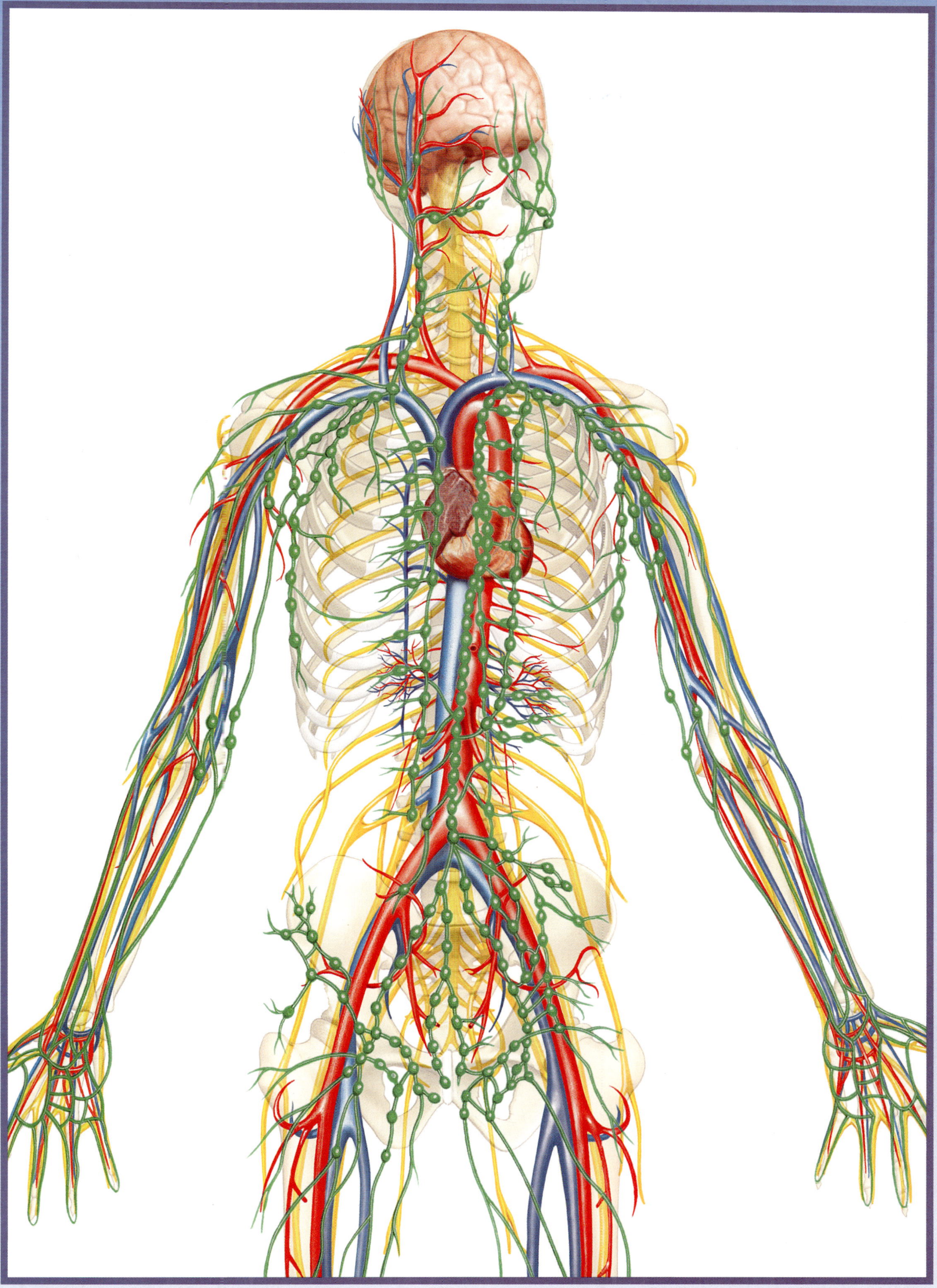

Anatomie systémique

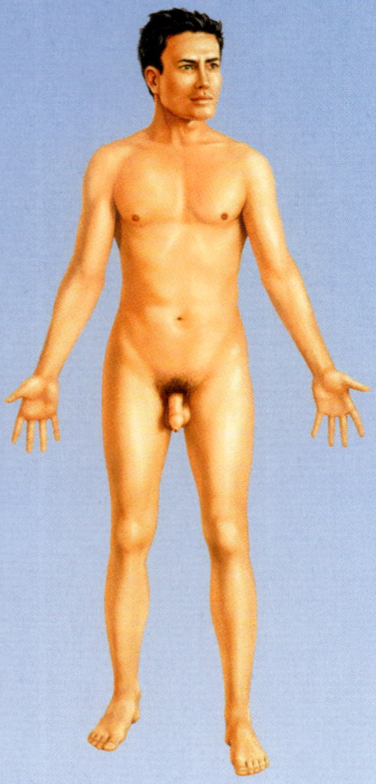

Les muscles

Les muscles que nous contrôlons volontairement, appelés muscles squelettiques, constituent le système musculaire. Notre corps se compose d'environ 650 muscles, qui représentent à peu près 45 % de notre masse corporelle.

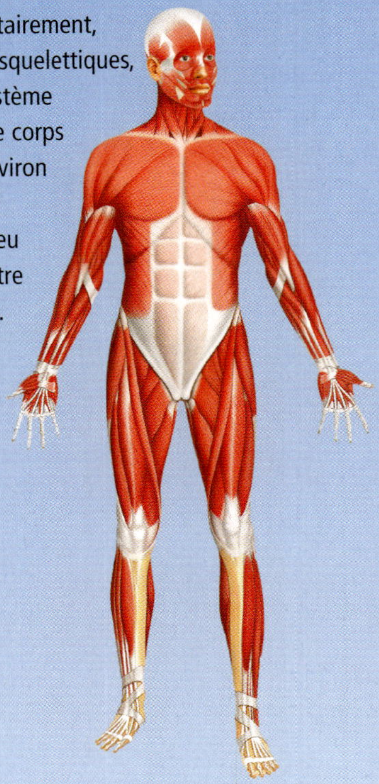

Le squelette

Le squelette est la charpente du corps. Il se décompose en deux parties : le squelette axial, constitué du crâne, de la colonne vertébrale, des côtes et du sternum, et le squelette appendiculaire, formé des os des membres inférieurs et supérieurs.

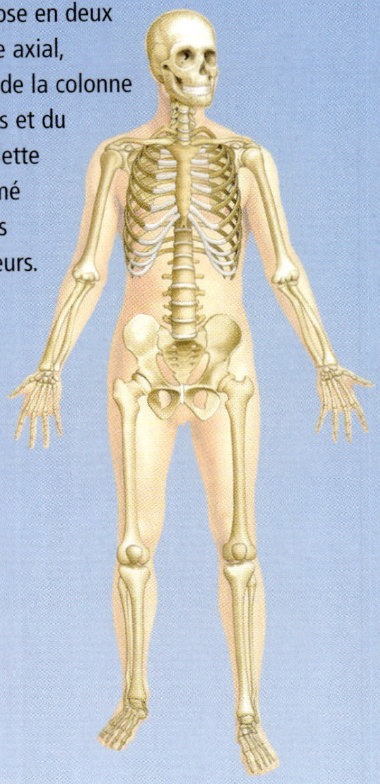

L'appareil digestif

L'appareil digestif transforme la nourriture en petites molécules simples afin de faciliter sa digestion et son absorption par les cellules.

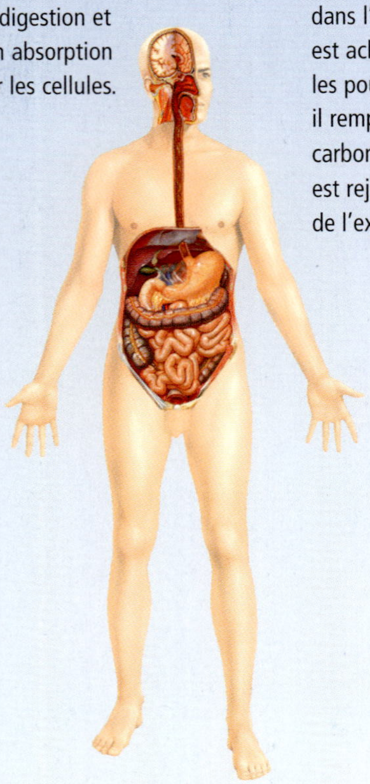

L'appareil respiratoire

L'appareil respiratoire permet d'échanger le gaz carbonique accumulé dans le sang contre de l'oxygène. L'oxygène inhalé dans l'air ambiant est acheminé dans les poumons où il remplace le gaz carbonique, qui est rejeté lors de l'expiration.

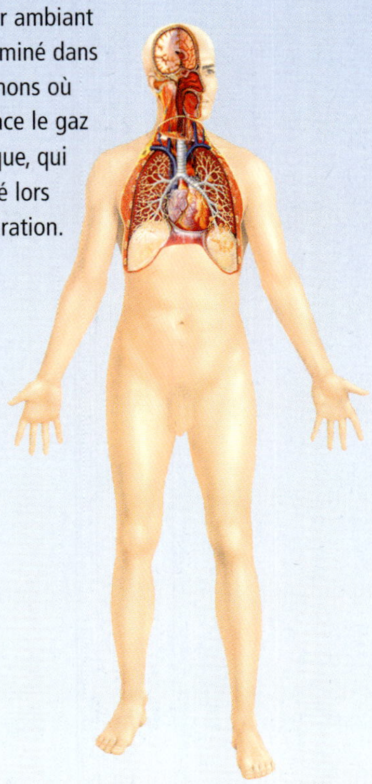

Le système endocrinien

Les glandes endocrines secrètent les hormones qui régulent la croissance, le métabolisme, la maturation sexuelle et d'autres fonctions essentielles de l'organisme. Le système endocrinien de l'homme produit de la testostérone alors que celui de la femme génère des œstrogènes et de la progestérone.

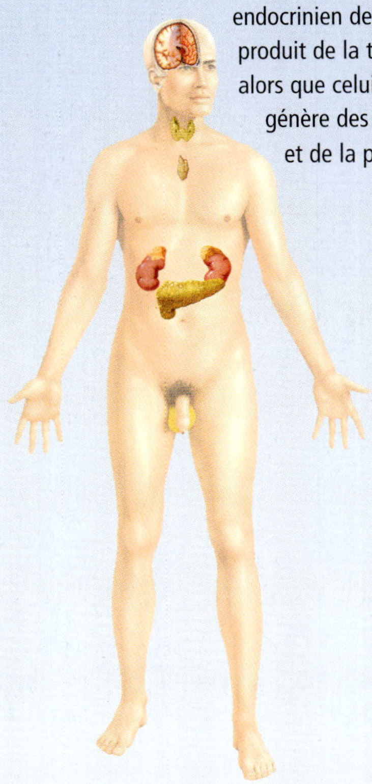

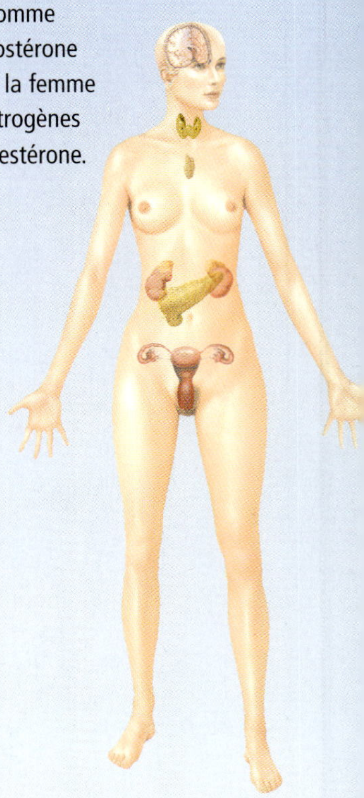

Le système cardiovasculaire ou circulatoire

Le corps humain se compose de deux circulations : la circulation systémique, ou grande circulation, et la circulation pulmonaire, ou petite circulation. La collaboration de ces deux systèmes, reliés par le cœur, assure un apport en oxygène suffisant dans l'organisme.

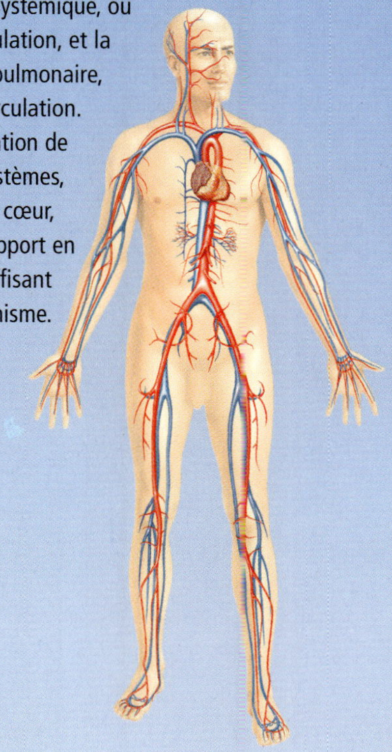

Le système nerveux

Le système nerveux est constitué du système nerveux central (cerveau et colonne vertébrale) et du système nerveux périphérique (ensemble des nerfs). Il coordonne la réponse de l'organisme aux messages provenant des organes internes et de l'environnement extérieur.

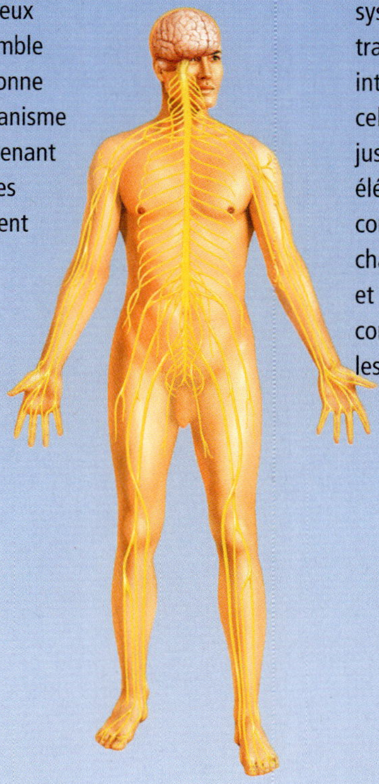

Le système lymphatique et immunitaire

Constitué d'un réseau de vaisseaux qui longe les artères et les veines, le système lymphatique transporte le liquide interstitiel depuis les cellules et les tissus jusqu'au cœur. Les éléments qui le composent sont chargés de détecter et d'éliminer les corps étrangers et les intrus.

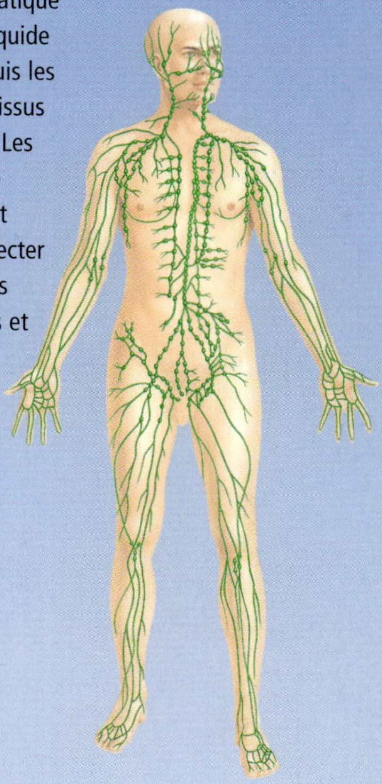

L'appareil urinaire

L'appareil urinaire permet de maintenir le niveau d'eau et d'électrolytes qui convient dans l'organisme, en filtrant le sang et en éliminant les déchets et substances en excès. Il se compose des reins, des uretères, de la vessie et de l'urètre.

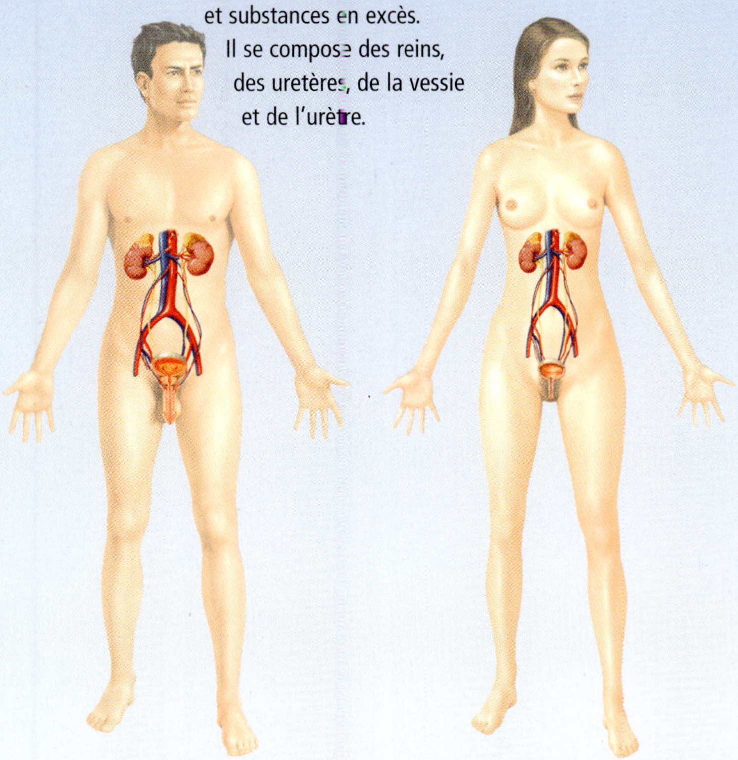

L'appareil reproducteur

L'appareil reproducteur masculin se compose des testicules, du canal déférent, de la vésicule séminale, de la prostate et du pénis. Celui de la femme est constitué des ovaires, des trompes de Fallope, de l'utérus, du vagin et des organes génitaux externes.

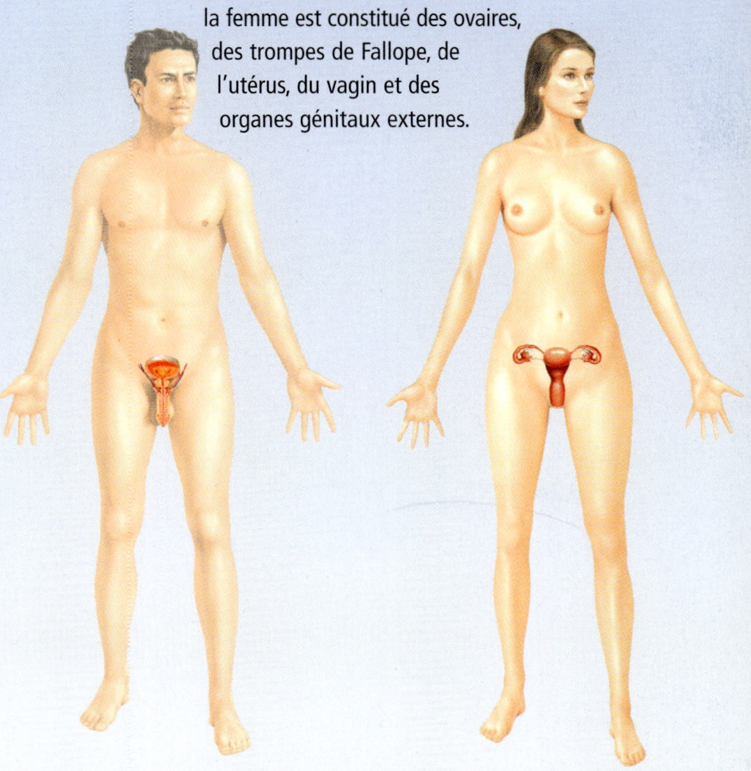

Le squelette

Le squelette est généralement décrit en deux parties : le squelette axial et le squelette appendiculaire.

Le squelette axial

Le squelette axial se compose du crâne, de la colonne vertébrale, de la cage thoracique et du sternum. Le crâne constitue une structure protectrice pour le cerveau et les organes sensoriels, et sa partie inférieure détermine la forme du visage. La base du crâne s'articule avec la première vertèbre cervicale, l'atlas. L'articulation de ces deux os permet d'effectuer un certain nombre de mouvements, comme hocher la tête ou la tourner. Les cavités du crâne abritent les yeux, le nez, les oreilles et la bouche. Les os du crâne sont reliés par des articulations immobiles, les *sutures*, qui s'imbriquent et sont solidement maintenues par du tissu conjonctif fibreux.

La colonne vertébrale (rachis) est un empilement d'os, appelés *vertèbres*, séparés par les disques intervertébraux, sorte de coussinets de cartilage. Alors qu'individuellement chaque articulation vertébrale permet des mouvements de faible amplitude, l'ensemble de la colonne forme une structure extrêmement mobile. Si nécessaire, la colonne vertébrale se rigidifie, solidement maintenue par les muscles du dos, ce qui permet, par exemple, de soulever un objet lourd. Les côtes, qui forment la cage thoracique, sont fixées à la colonne vertébrale et protègent le cœur et les poumons. Les sept premières, appelées *vraies côtes*, sont également reliées au sternum.

Les trois suivantes, les *fausses côtes*, sont attachées les unes aux autres et soudées à la dernière vraie côte. Enfin, les deux restantes, les *côtes flottantes*, ne sont pas fixées à l'avant.

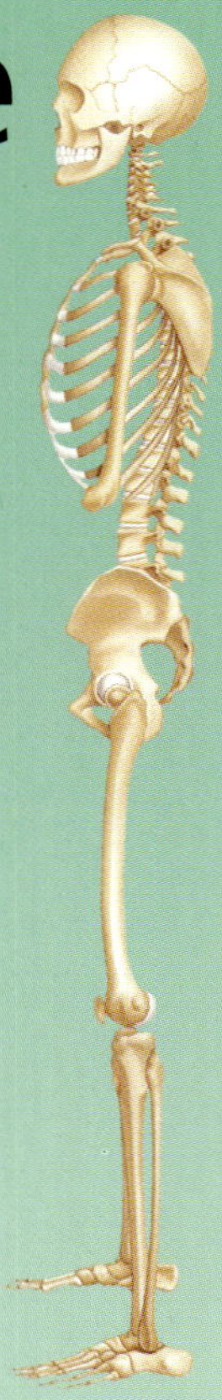

Vue latérale

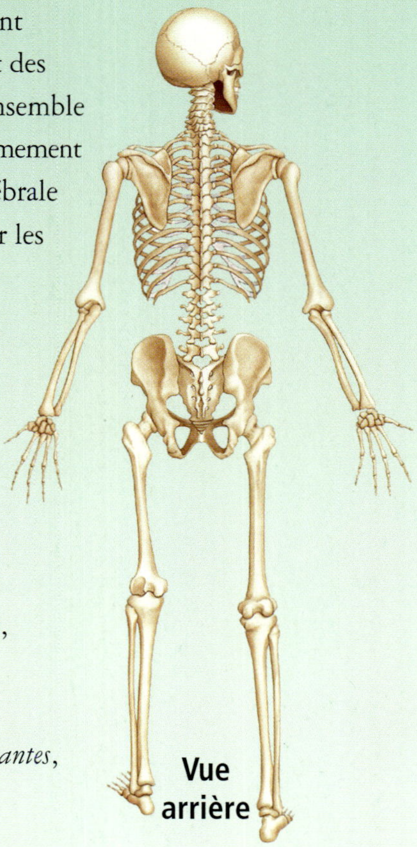

Vue arrière

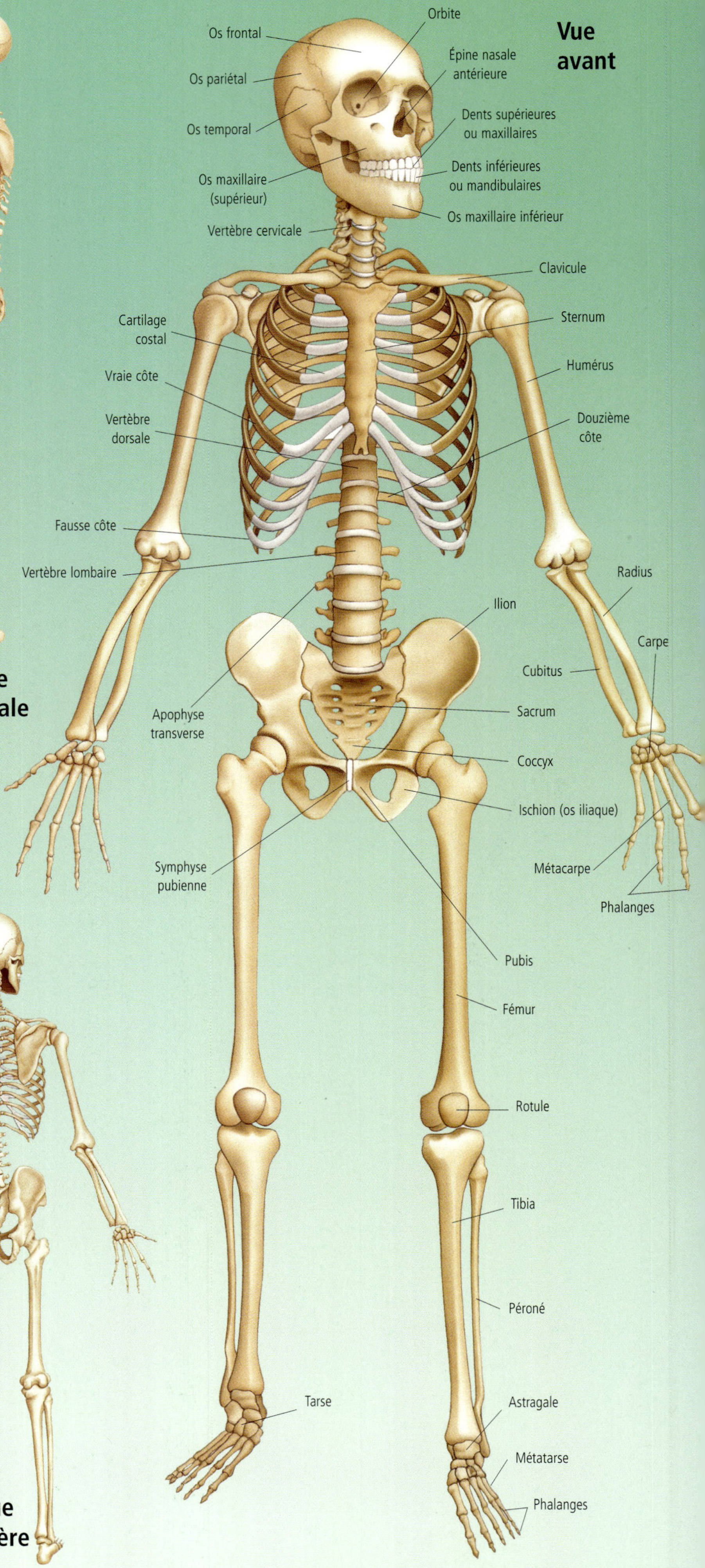

Le squelette appendiculaire

Le squelette appendiculaire est composé des os des membres inférieurs et supérieurs et des ceintures scapulaire (ou pectorale) et pelvienne, qui le relient au squelette axial. Les os des bras (humérus, radius et cubitus) et des jambes (fémur, tibia et péroné) sont tous des os longs.

La structure des pieds et des mains est semblable : les phalanges (doigts et orteils) se composent de 14 os, alors que le poignet en compte 8 et la cheville 7. La paume de la main est formée de 5 os, tout comme la plante des pieds.

Les membres inférieurs supportent de lourdes charges. C'est pourquoi la ceinture pelvienne est reliée au squelette axial au niveau de l'articulation sacro-iliaque, relativement rigide. La jonction avec la ceinture scapulaire est beaucoup moins restrictive, puisqu'elle se fait principalement par les muscles au niveau de la cage thoracique, la seule jonction stabilisatrice étant assurée par la clavicule.

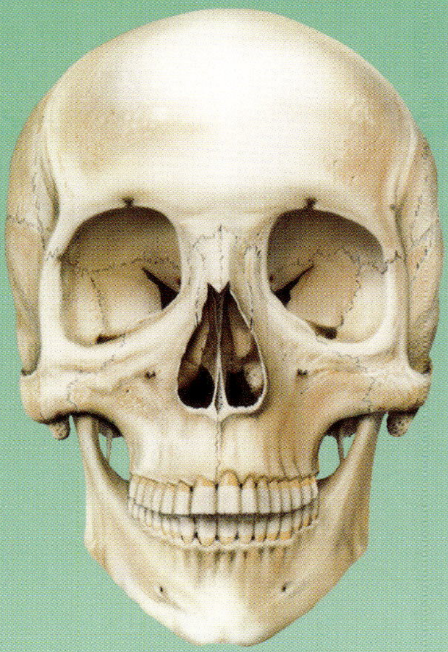

Crâne

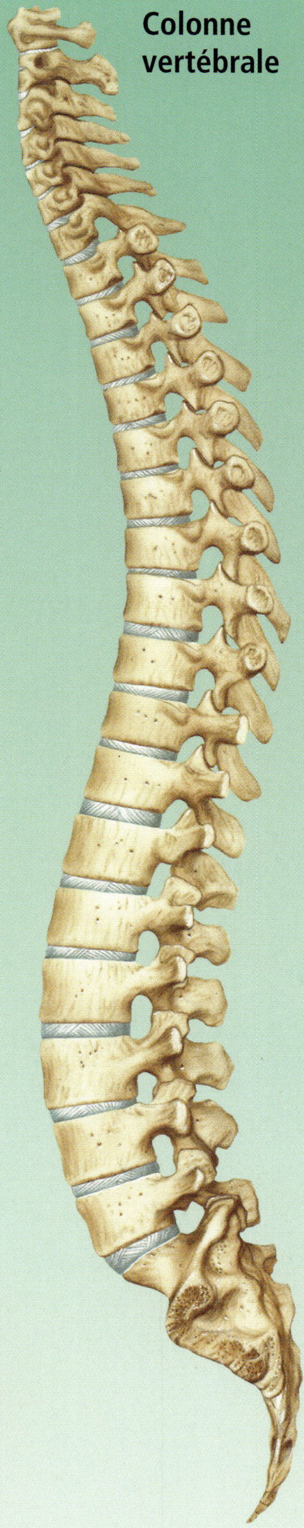

Colonne vertébrale

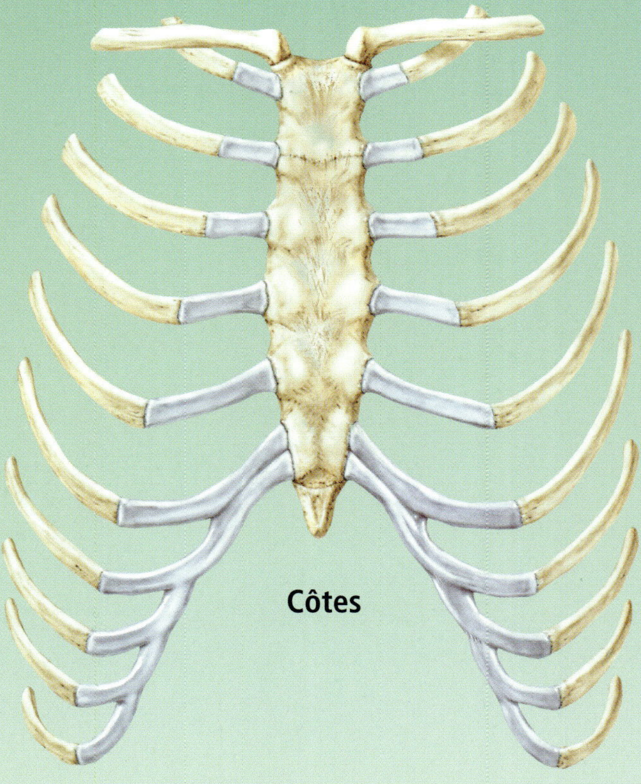

Côtes

Fémur

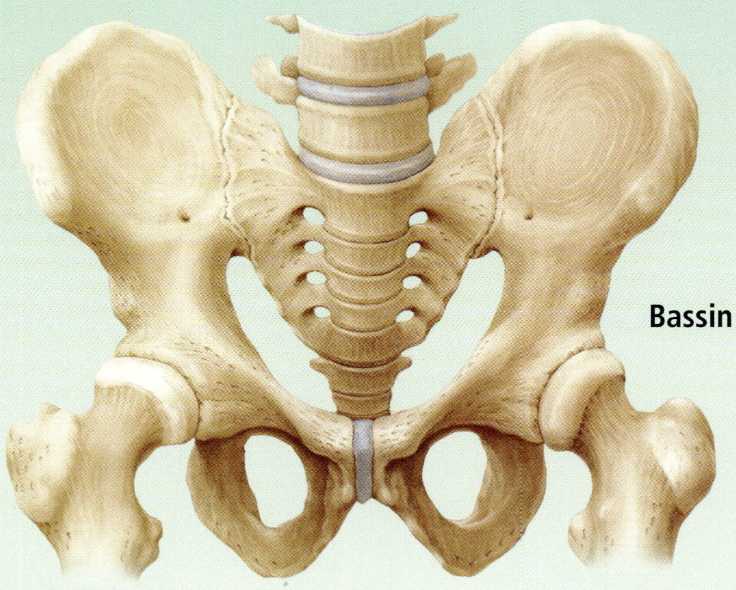

Bassin

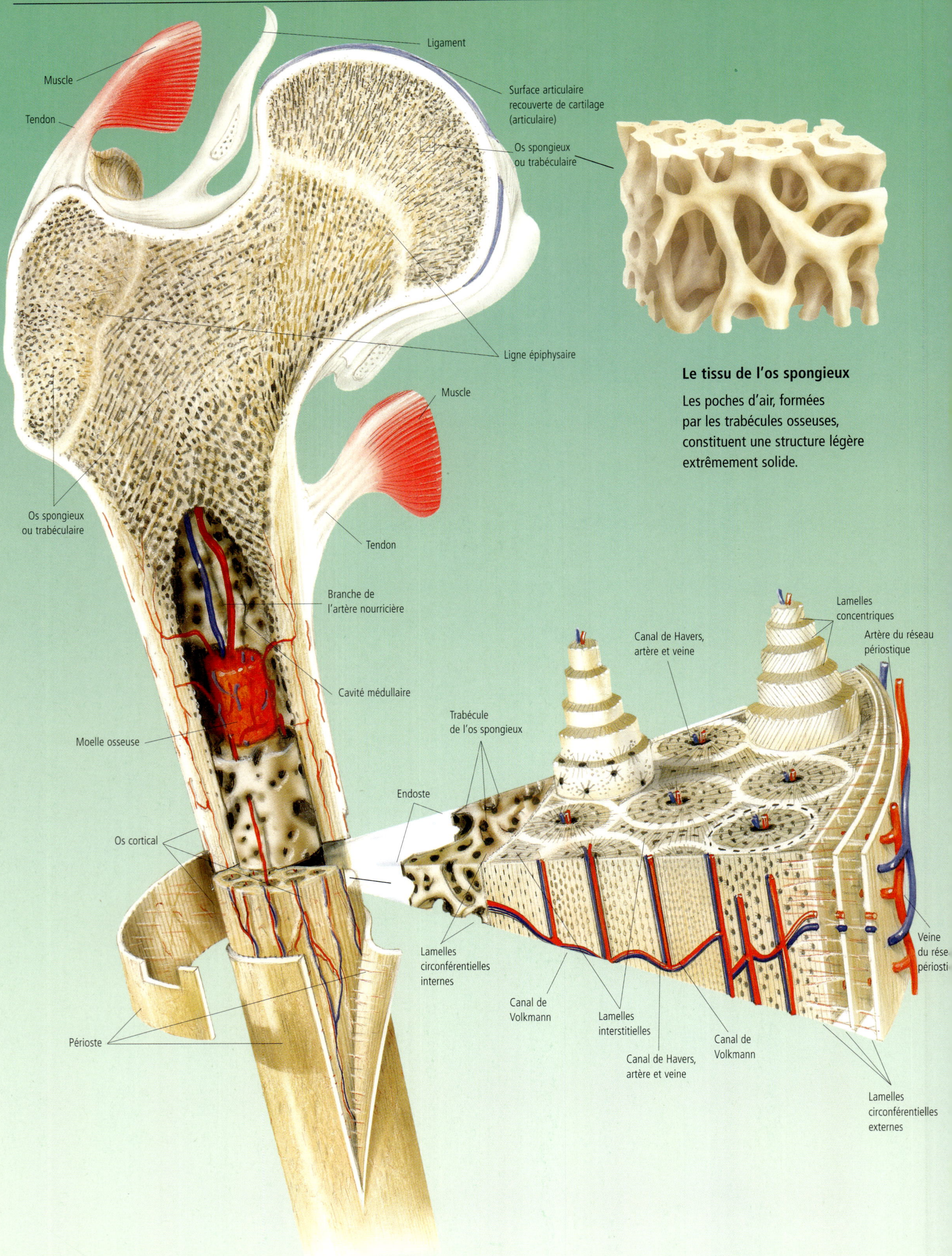

Le tissu de l'os spongieux

Les poches d'air, formées par les trabécules osseuses, constituent une structure légère extrêmement solide.

Structure des os

Le squelette est constitué d'os, tissu calcifié rigide, qui sont bien plus solides qu'on pourrait le croire. Point de rattachement pour les muscles, les os forment une structure protectrice pour les organes internes fragiles et renferment la moelle osseuse, qui produit les cellules sanguines.

Les os longs sont reconnaissables à la taille de la diaphyse (corps) et à la forme arrondie des épiphyses (extrémités ou têtes). La totalité de la surface extérieure est recouverte de périoste, une membrane qui assure la vascularisation et l'innervation des os, à l'exception de la surface articulaire qui est tapissée de cartilage.

Les os sont composés de différents types de cellules dont les fonctions sont, notamment, d'assurer la formation du tissu osseux et le maintien de la matrice. Les principaux composants de la matrice osseuse sont les sels minéraux, qui influent sur sa solidité, et le collagène, qui assure sa résistance mécanique.

Croissance de l'os

La formation d'un os

(a) L'os croît en largeur au fur et à mesure que des couches osseuses se forment.
(b) Les travées englobent progressivement les vaisseaux sanguins.
(c) L'espace autour des vaisseaux sanguins diminue.
(d) Un ostéon se forme.

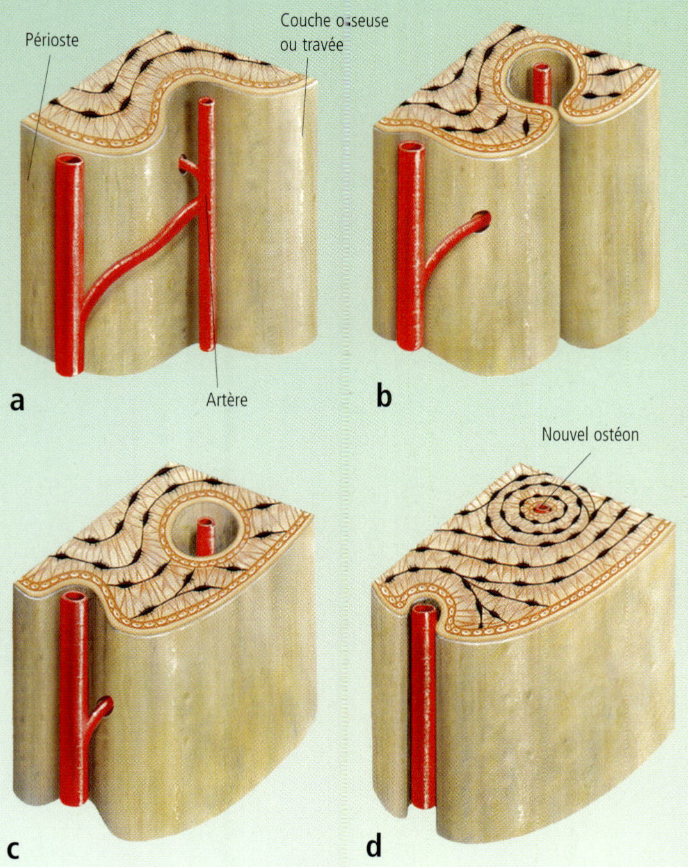

La croissance de l'os

Lors du développement embryonnaire, l'os est à l'état de cartilage. À la naissance, grâce au processus d'ossification, le cartilage d'origine a été en grande partie remplacé par de la matière osseuse. Les os longs développent, ensuite, de nouveaux centres d'ossification de part et d'autre de la diaphyse. Entre l'os en formation et l'os définitif se trouve le cartilage de conjugaison qui s'éloigne progressivement de la diaphyse vers l'épiphyse jusqu'à ce que l'ossification complète ait eu lieu.

Les articulations

Flexion, rotation, extension : chacun de nos mouvements sollicite nos articulations. Une articulation est le point de jonction entre deux os. Au niveau du crâne, les articulations sont des sutures qui soudent les os afin qu'ils forment une articulation immobile, stable, solidement maintenue par du tissu conjonctif fibreux.

Les autres sortes d'articulations mobiles sont : sphéroïdes, trochléennes, planes, condyliennes, pivots et en selle. Le degré de mobilité diffère d'une articulation à l'autre, les articulations sphéroïdes étant celles qui permettent la plus grande liberté de mouvement. Certaines articulations, comme la symphyse pubienne, reliées par une couche de cartilage et solidement maintenues par des ligaments fibreux, n'autorisent qu'une faible mobilité.

La surface des articulations synoviales, recouverte de cartilage lisse, est enveloppée par la capsule articulaire, elle-même tapissée par la membrane synoviale. La membrane synoviale produit la synovie, liquide qui agit comme un lubrifiant et facilite le glissement des articulations lors du mouvement.

Les articulations sont renforcées par les ligaments qui limitent les mouvements forcés. Souvent, la structure des surfaces articulaires permet plusieurs sortes de mouvements. Ainsi, le coude est constitué d'une articulation trochléenne et d'une articulation pivot.

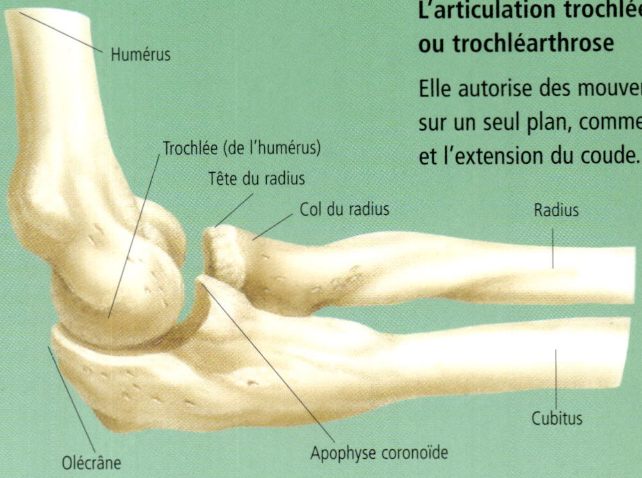

L'articulation trochléenne ou trochléarthrose

Elle autorise des mouvements sur un seul plan, comme la flexion et l'extension du coude.

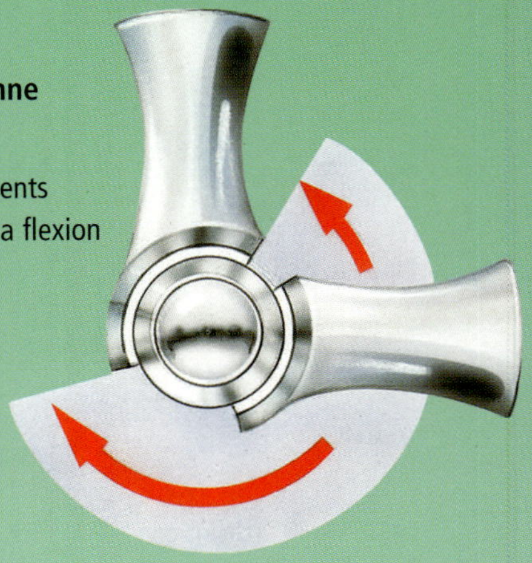

L'articulation sphéroïde

Formée par l'emboîtement de la tête convexe d'un os dans la cavité concave d'un autre os, c'est l'articulation qui permet la plus grande liberté de mouvement.

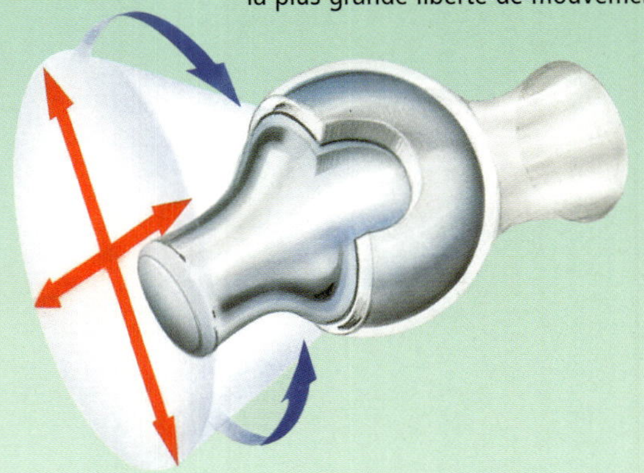

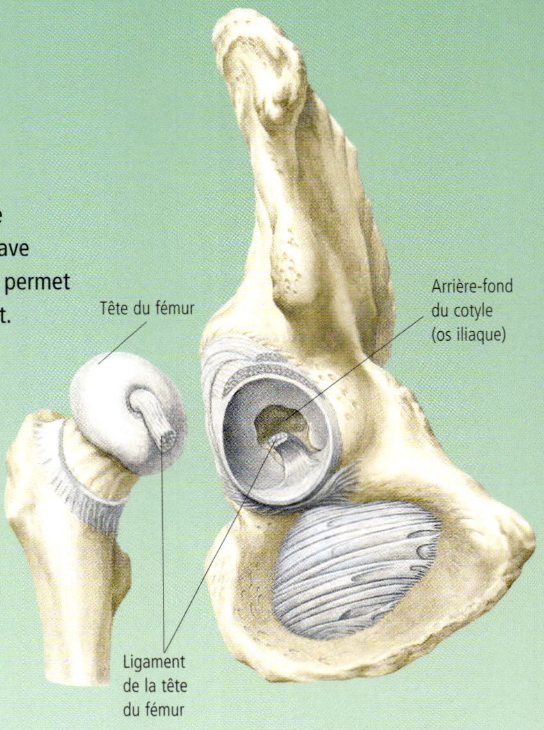

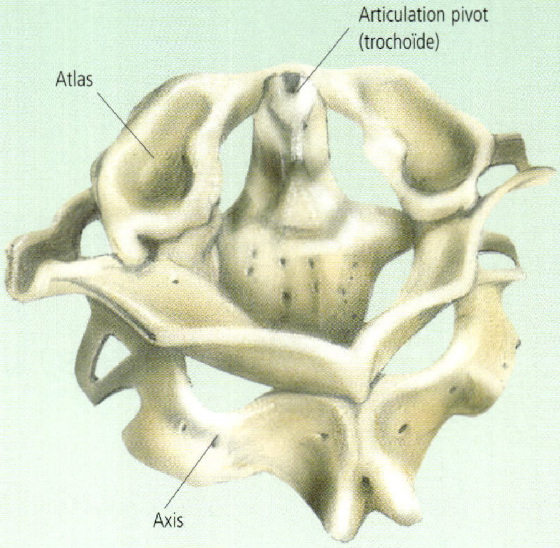

L'articulation pivot ou trochoïde

L'articulation des deux premières vertèbres cervicales, l'atlas et l'axis, permet d'effectuer des mouvements de rotation. Il s'agit d'une articulation pivot.

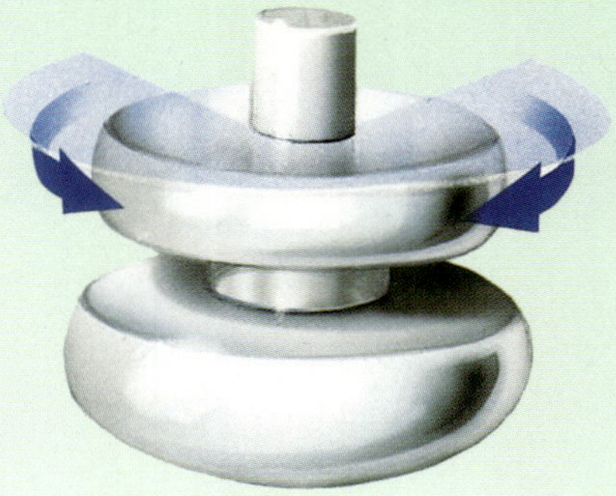

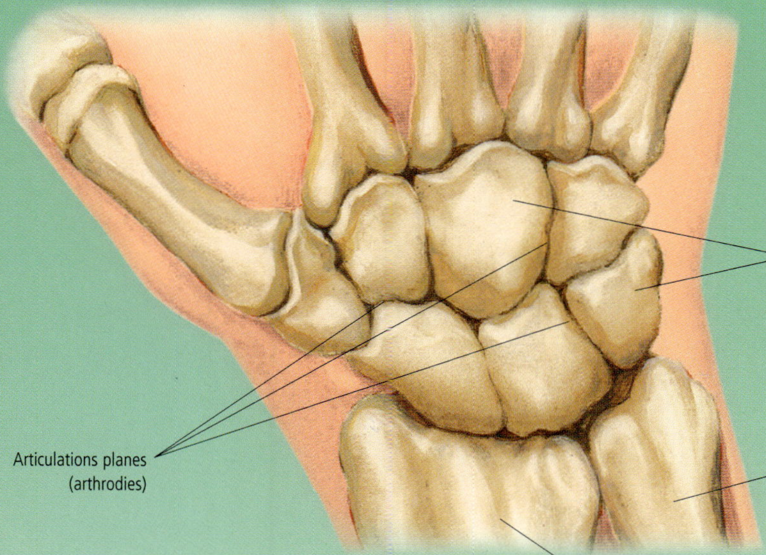

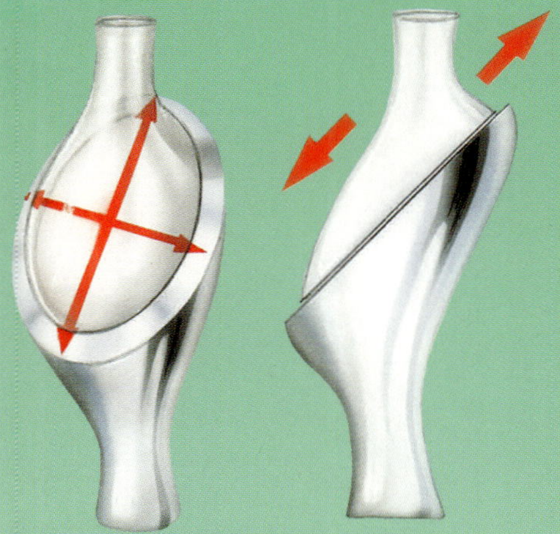

L'articulation plane ou arthrodie

La synovie permet aux os des articulations planes d'effectuer des mouvements de glissement d'une ampleur limitée.

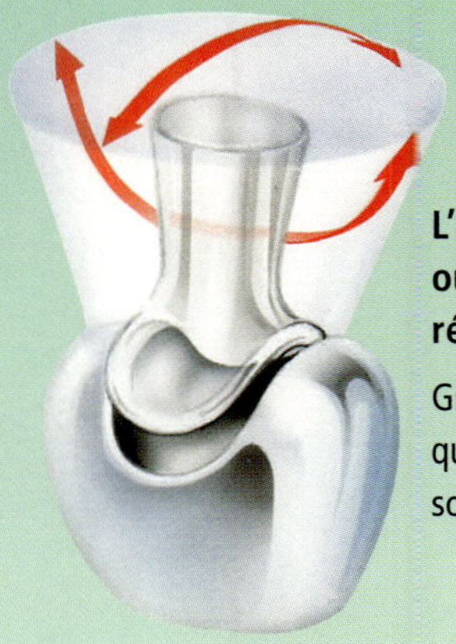

L'articulation en selle ou par emboîtement réciproque

Grâce à elle, autant de mouvements qu'avec une articulation sphéroïde sont possibles, dans deux directions.

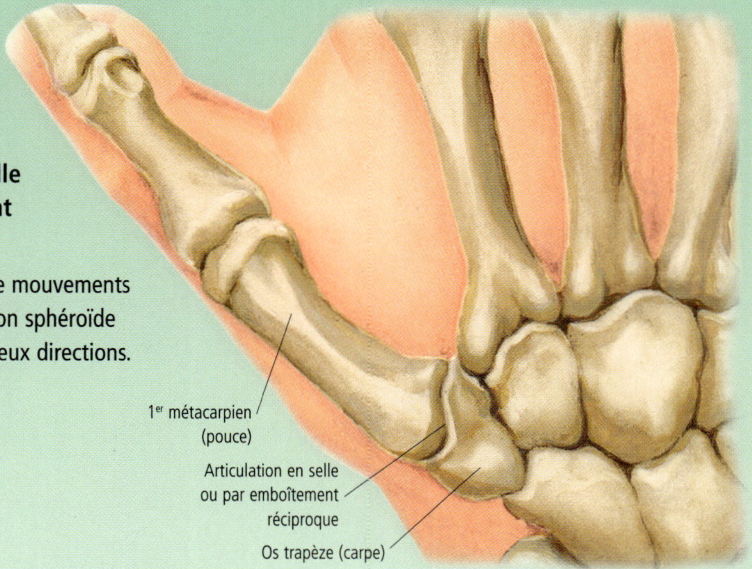

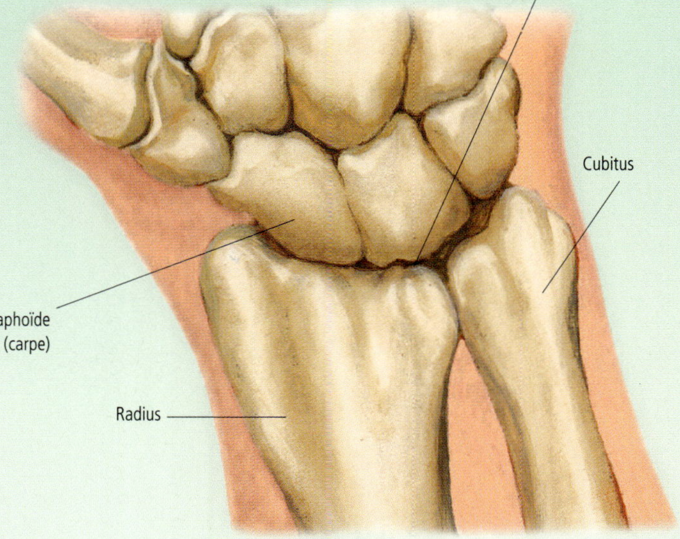

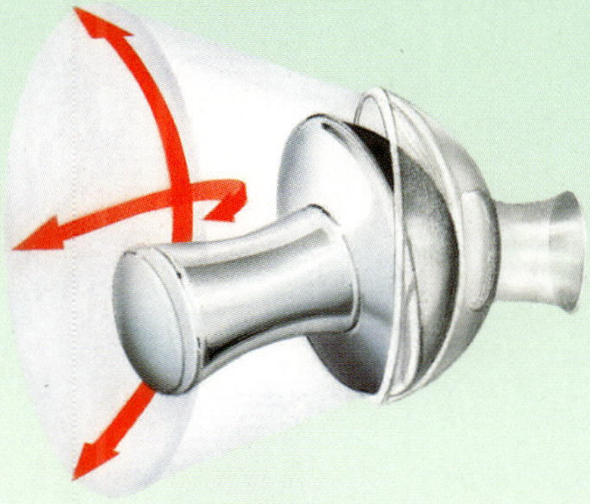

L'articulation condylienne ou condylarthrose

Elle autorise des mouvements dans deux directions, comme c'est le cas au niveau du poignet, par exemple.

Les muscles

Chaque mouvement sollicite les muscles qui entrent alors en action pour permettre à notre corps de réagir aux messages envoyés par le cerveau. Lorsque nous sommes immobiles, ils soutiennent le squelette. Du plus petit spasme à la coordination des efforts des muscles respiratoires, tout est contrôlé par les muscles.

Différents types de muscles composent notre organisme. Les muscles squelettiques ou striés, dits *volontaires*, que nous sollicitons consciemment, comportent généralement deux points d'attache et permettent de faire de nombreux mouvements (flexion, extension, contraction, étirement, sauts et réceptions notamment). Le muscle cardiaque, situé uniquement au niveau du cœur, et les muscles lisses ou viscéraux, présents dans la plupart des organes internes, sont dits *involontaires*. Ils sont contrôlés par le système nerveux végétatif (ou autonome), qui régule les fonctions « automatiques » de l'organisme.

Sous la peau, des couches musculaires modèlent notre physionomie.

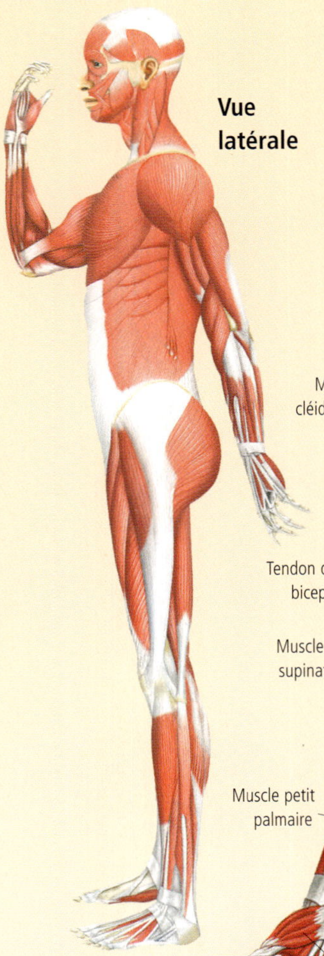

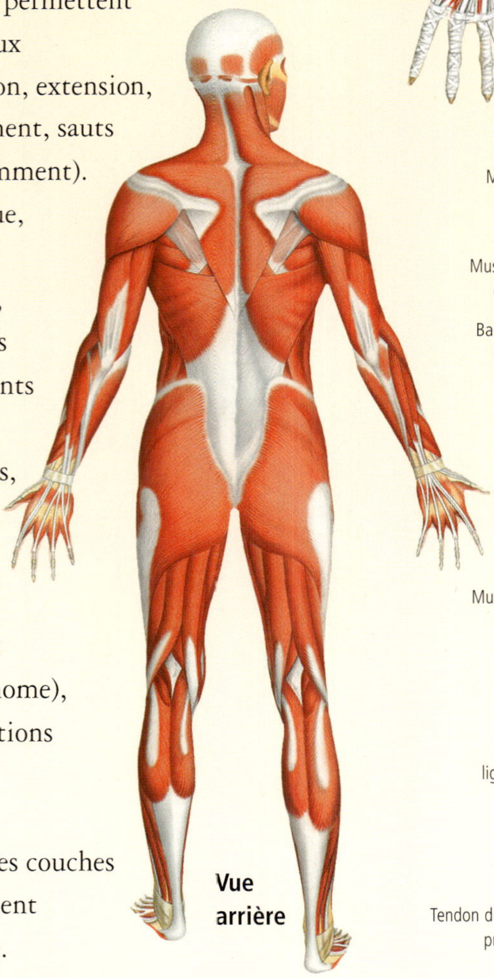

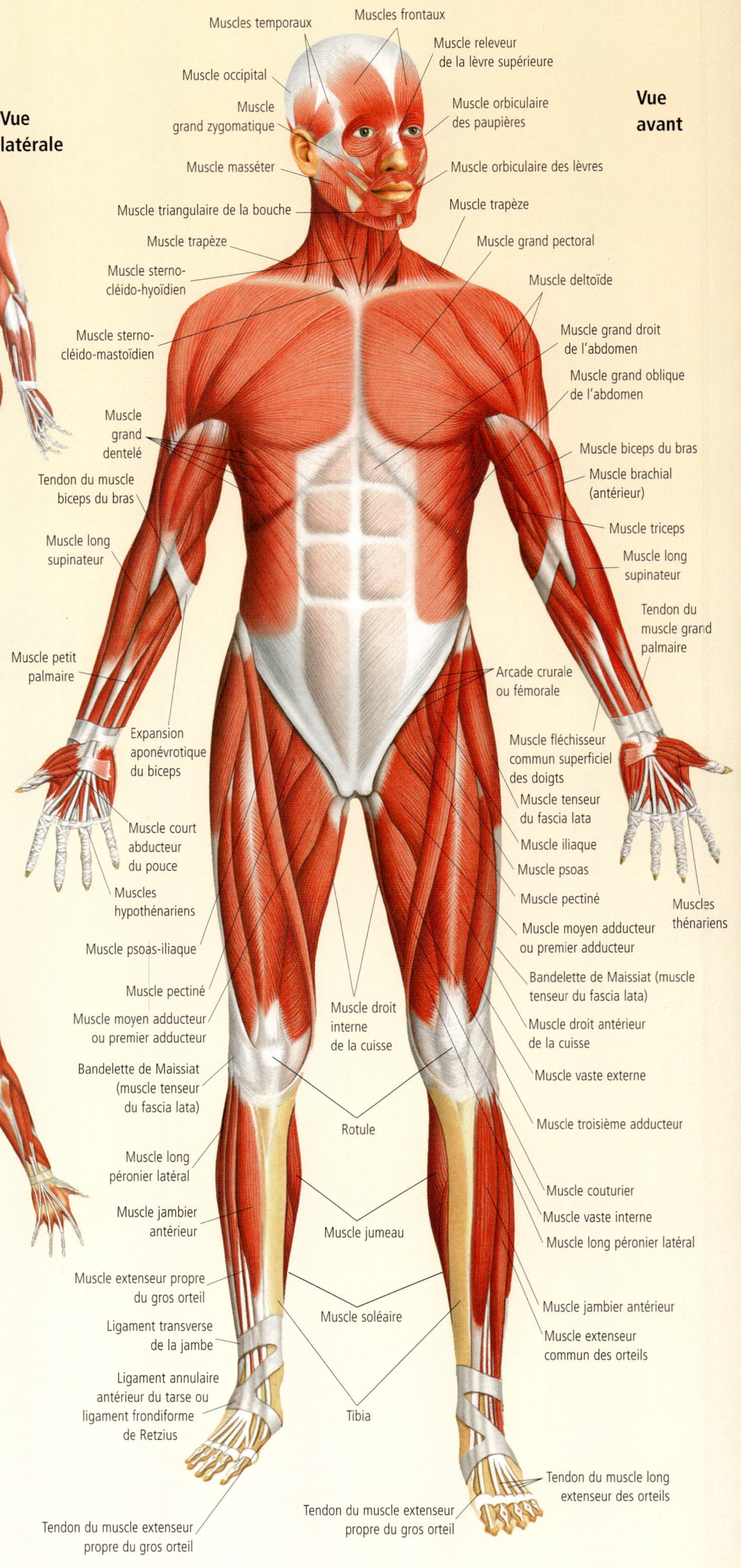

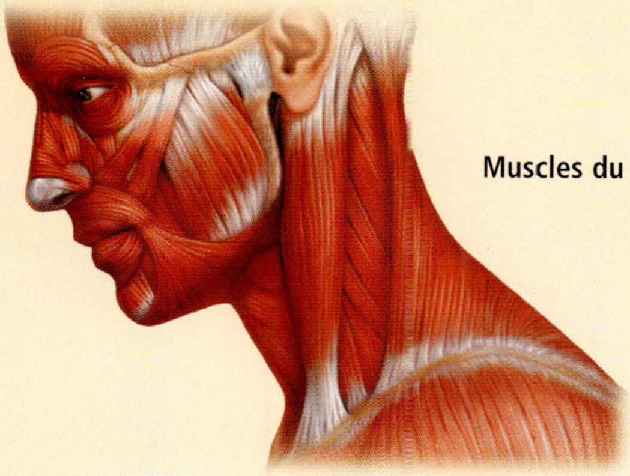

Muscles du cou

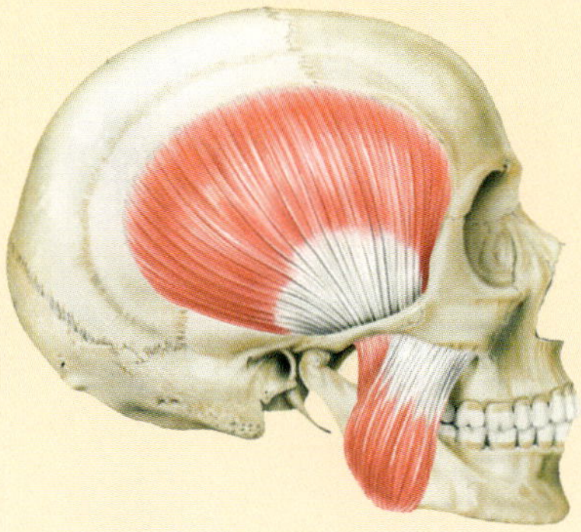

Muscles de la mâchoire

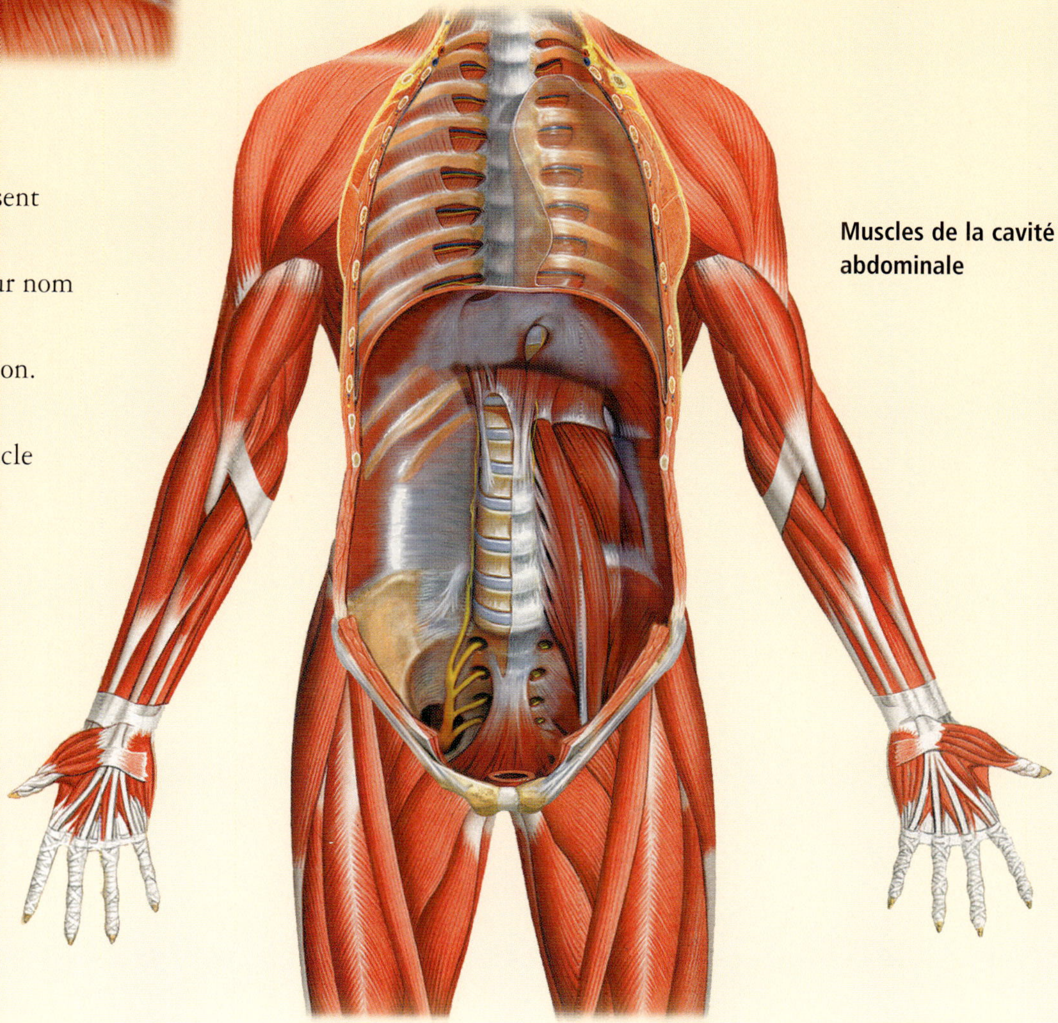

Muscles de la cavité abdominale

Les quelque 650 muscles de différentes tailles qui composent le corps représentent environ 45 % de la masse corporelle. Leur nom fait référence à leur forme, leur emplacement ou leur fonction. Le muscle grand fessier est un des plus grands alors que le muscle de l'étrier, situé dans le tympan est le plus petit.

Les muscles sont organisés en couches : une couche superficielle, juste sous la peau, et des couches moyennes et profondes, qui protègent les organes internes et les structures essentielles. La plupart du temps, ils fonctionnent par deux, sur un mode agoniste et antagoniste, chaque muscle d'une paire étant capable de contrecarrer les actions de l'autre.

Pour générer un mouvement, les muscles ont besoin d'oxygène et de carburant (sucre ou glucose), nutriments apportés par un réseau très étendu de vaisseaux sanguins. Ils ont la capacité de stocker une partie de l'excédent de glucose et de glycogène pour constituer des réserves d'énergie.

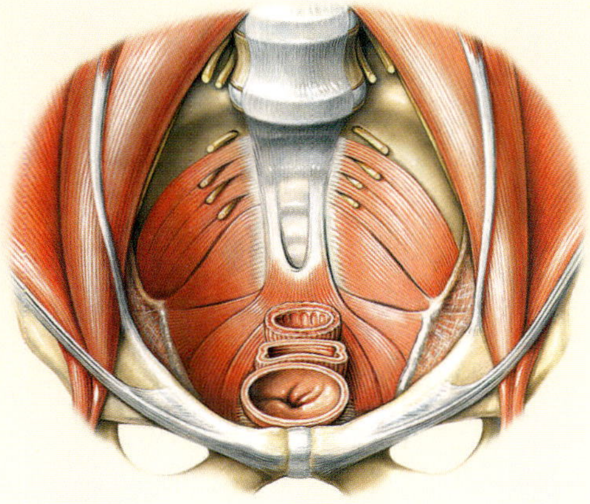

Muscles du plancher pelvien

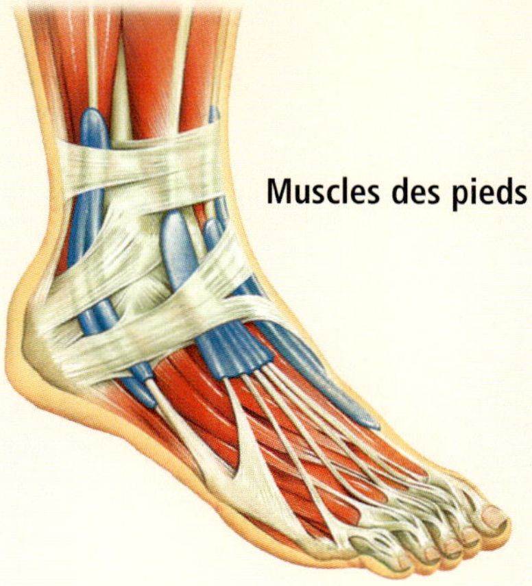

Muscles des pieds

Le tissu musculaire

Comme le montrent les illustrations ci-contre, les muscles squelettiques, lisses et cardiaque, ont une structure très différente, adaptée à leurs fonctions. Les muscles squelettiques et cardiaque sont striés alors que les muscles lisses ne le sont pas.

Les différents types de muscles

Les muscles squelettiques sont constitués de faisceaux de fibres, appelés aponévroses ou fascias, enveloppés d'une couche de tissu conjonctif, dont la disposition détermine la fonction et la force du muscle. En général, les fascias des muscles squelettiques sont parallèles, même si leur forme et leur apparence peuvent varier. Les muscles qui supportent les organes et les tissus mous présentent plutôt un réseau de fascias entrelacés. Cependant, les fascias peuvent également être disposés de façon circulaire, permettant ainsi aux muscles d'ouvrir ou de bloquer les principales voies d'accès de l'organisme.

La microstructure des fibres musculaires

Les aponévroses, ou fascias, comportent des myofibrilles (brins) composées de myofilaments fins et épais. Lorsqu'ils reçoivent des messages du cerveau, les nerfs déclenchent l'action coordonnée de la myosine dans les myofilaments épais et de l'actine dans les myofilaments fins, ce qui a pour effet de contracter les muscles. Quand les muscles se relâchent, les myofilaments reprennent leur position initiale.

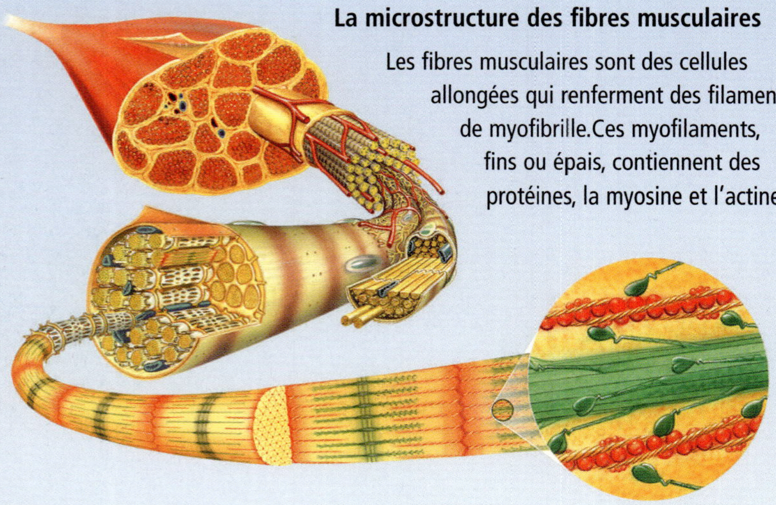

La microstructure des fibres musculaires

Les fibres musculaires sont des cellules allongées qui renferment des filaments de myofibrille.Ces myofilaments, fins ou épais, contiennent des protéines, la myosine et l'actine.

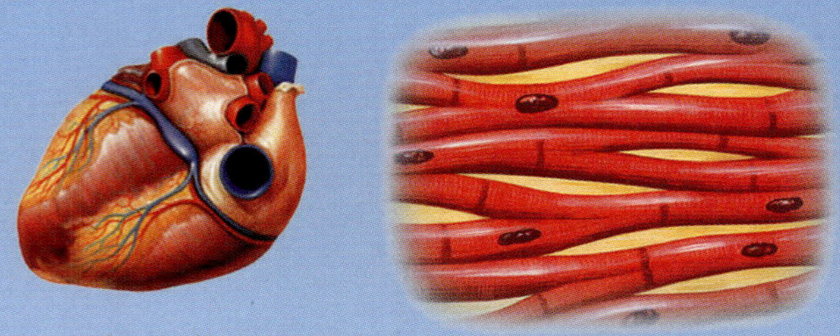

Le muscle cardiaque

Le rythme du muscle cardiaque est géré par un pacemaker (stimulateur) naturel, le nœud de Keith et Flack, ou nœud sinu-atrial, contrôlé par le système nerveux végétatif (autonome).

Les muscles squelettiques

Contrôlés par le cerveau et la moelle épinière, ils permettent au corps de bouger. Faciles à palper sous la peau, ils modèlent notre physionomie avec le squelette.

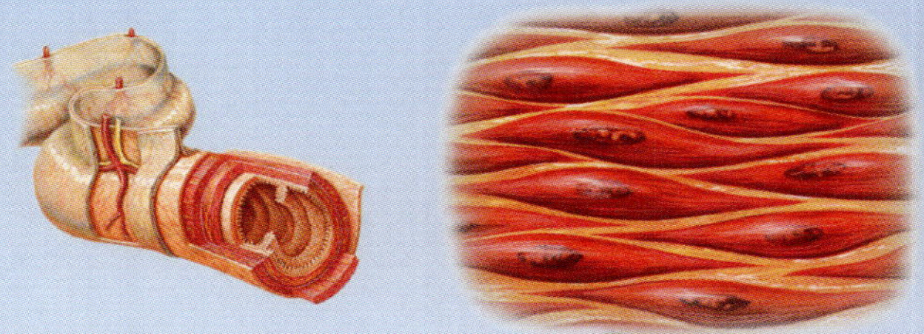

Les muscles lisses

Les muscles lisses, situés dans la peau, les vaisseaux sanguins, l'appareil reproducteur ou l'appareil digestif, sont contrôlés par le système nerveux végétatif (autonome) et participent aux mouvements involontaires.

Les types de muscles

La forme des muscles et la disposition des fibres musculaires dépendent de la fonction du muscle. Les fibres des muscles qui déplacent les os sont dans le même sens que les os concernés, alors que les muscles qui soutiennent les tissus mous présentent un entrelacs de fibres qui se chevauchent. Les muscles circulaires, chargés d'ouvrir ou de fermer les voies d'accès, comme dans les intestins ou l'appareil urinaire, sont disposés suivant un schéma circulaire.

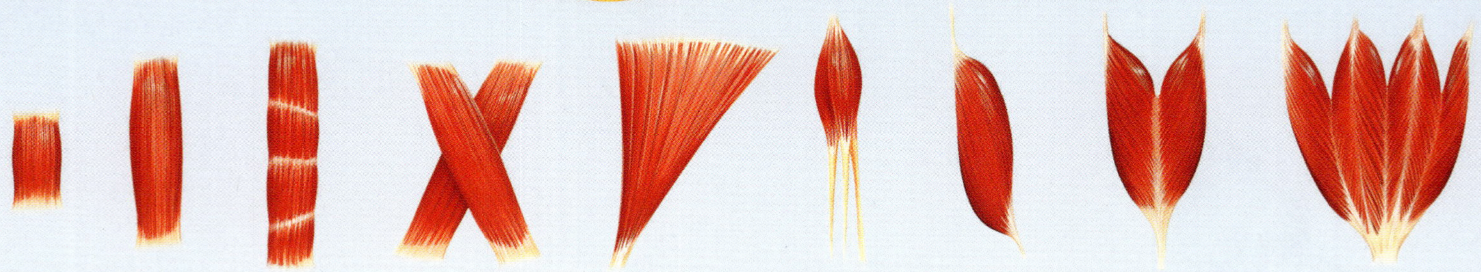

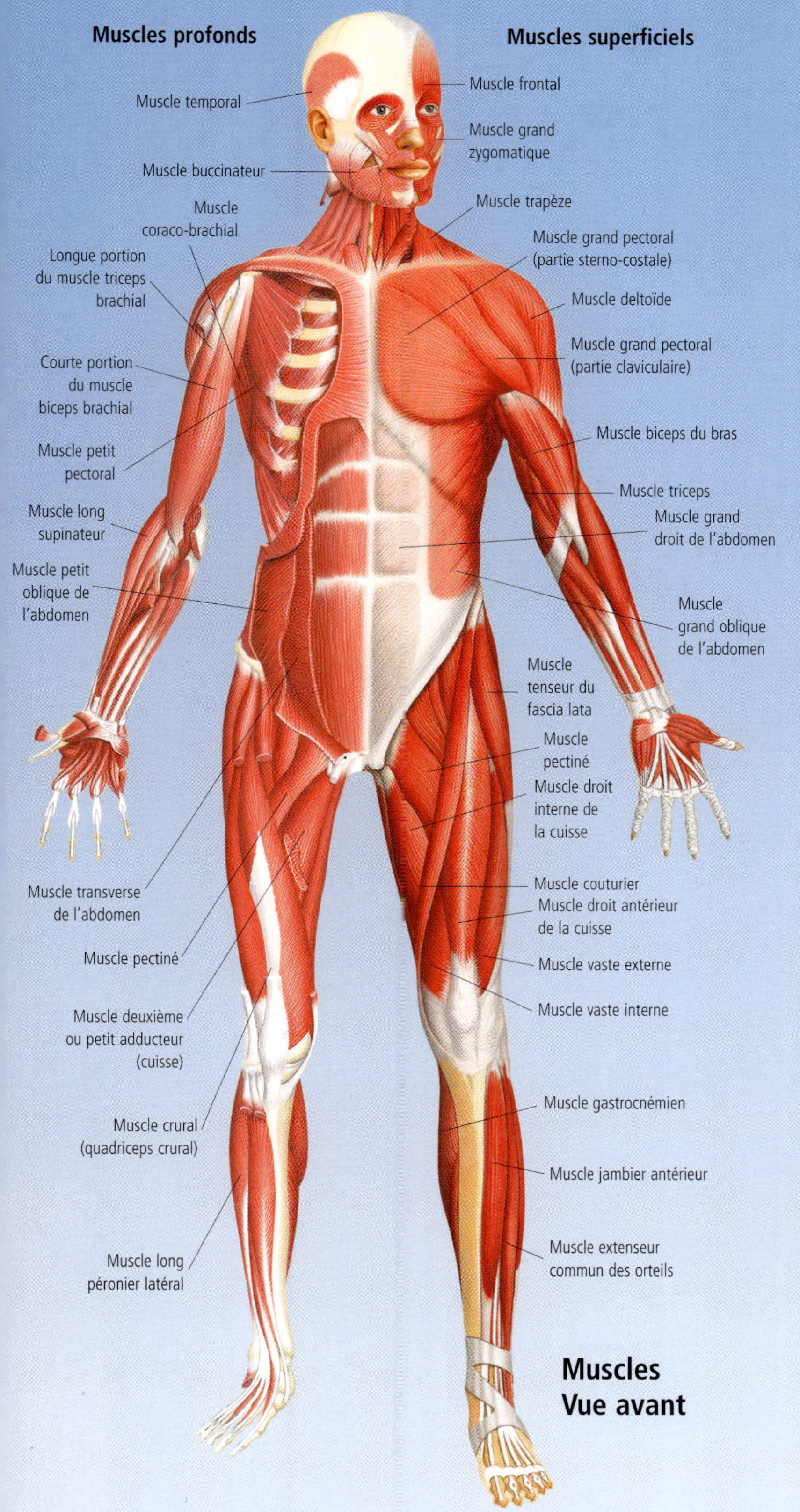

Muscles Vue avant

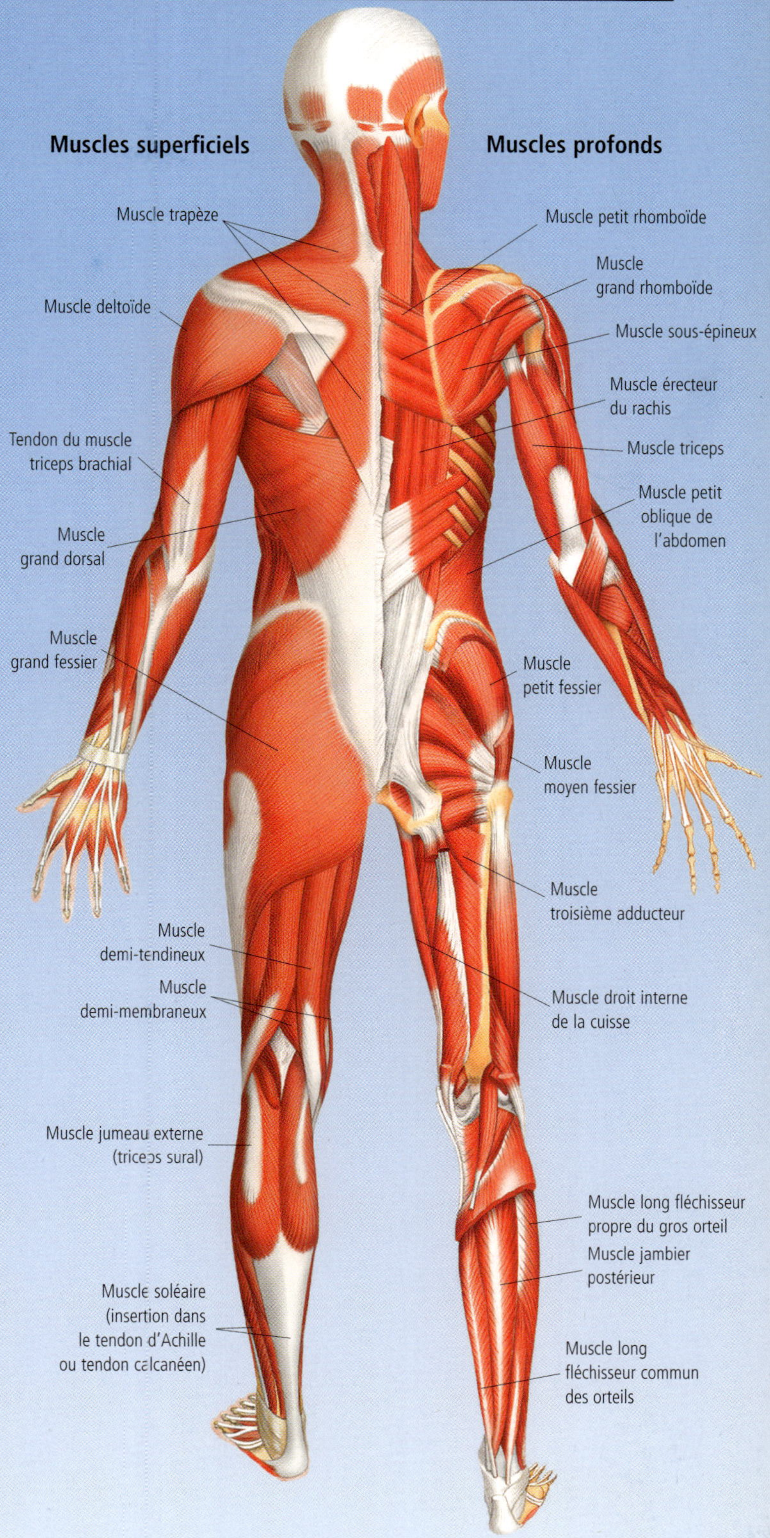

Muscles Vue arrière

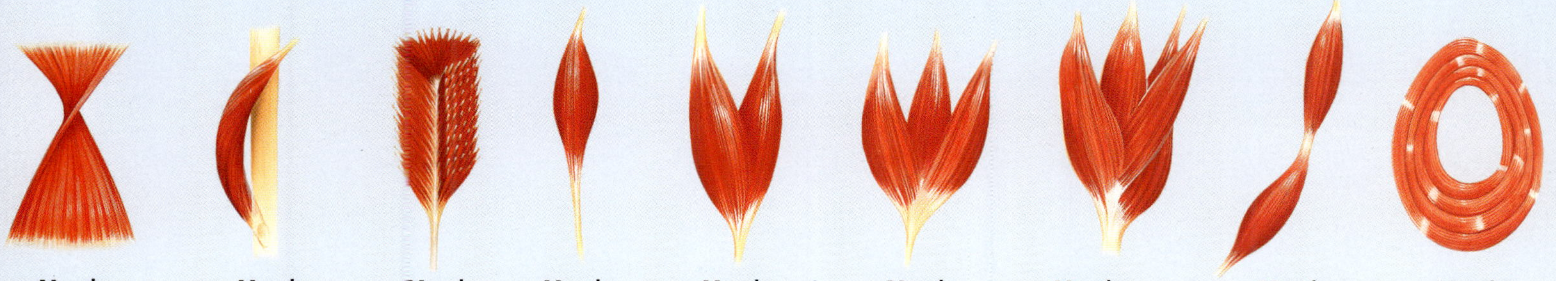

Le système nerveux

Le système nerveux central (SNC) se compose du cerveau et de la moelle épinière, et contrôle les fonctions motrice et sensorielle.

Bien à l'abri dans la boîte crânienne, le cerveau pèse environ 1,4 kg. À sa surface, il présente des fissures, des circonvolutions (gyrus) et des sillons (sulcus). Ces fissures délimitent les différents lobes cérébraux, qui constituent l'essentiel du cerveau et traitent les informations sensorielles et motrices. Le cerveau est divisé en deux hémisphères, l'hémisphère droit contrôlant le côté gauche du corps et l'hémisphère gauche étant en charge du côté droit.

Le reste du cerveau se compose du cervelet et du tronc cérébral, qui sont reliés au réseau nerveux de la moelle épinière et complètent ainsi le système nerveux central. La moelle épinière transmet les signaux reçus (influx nerveux) depuis le système nerveux périphérique (SNP) vers le cerveau et inversement. Le système nerveux périphérique comprend tous les nerfs du corps humain.

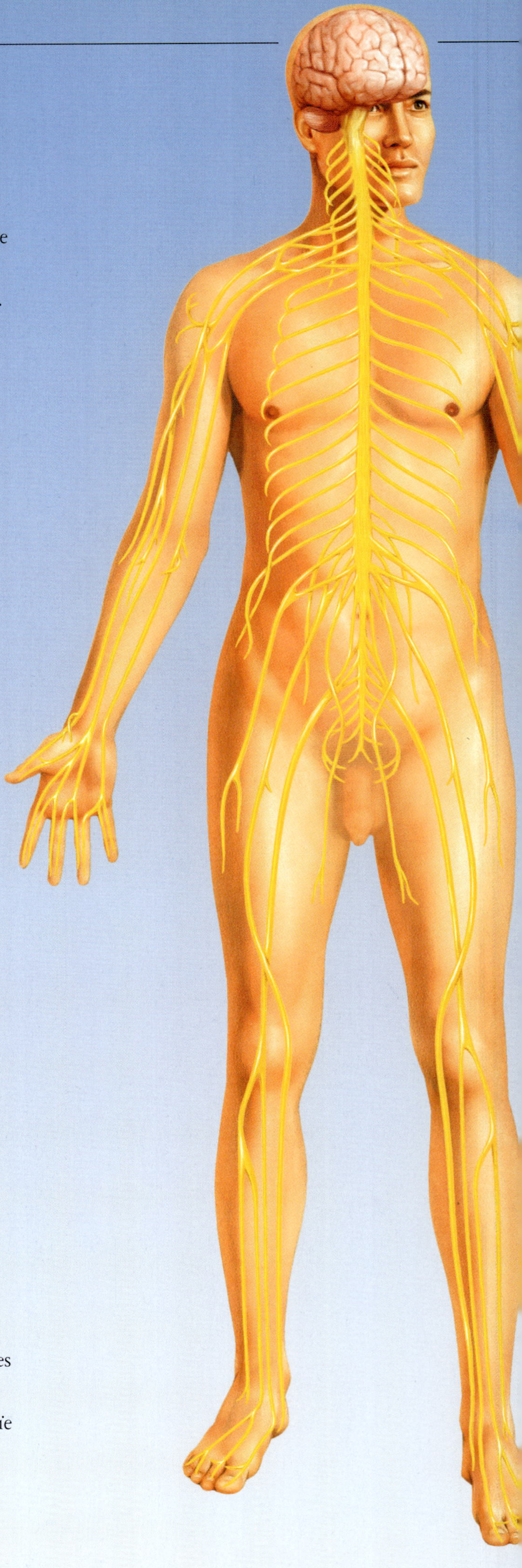

Les fonctions du cerveau

Le traitement des informations motrices et sensorielles est assuré par les différents lobes cérébraux. Tandis que le lobe frontal traite le processus de la pensée et de la créativité, le lobe pariétal gère les sensations de douleur, de chaleur et de toucher. Le lobe occipital intervient dans le traitement des informations visuelles et le lobe temporal interprète les sons.

Les nerfs crâniens

Les nerfs crâniens se présentent sous la forme de 12 paires, situées à la base du cerveau. Ils contrôlent les fonctions motrices et transmettent les informations sensorielles aux différents organes. Ils transportent également les signaux pour les cinq sens spéciaux que sont la vue, l'odorat, l'ouïe, le goût et l'équilibre, et les envoie aux différentes régions du cerveau chargées de les traiter.

Le tronc cérébral

Le tronc cérébral, composé du cerveau moyen (mésencéphale), de la protubérance annulaire (pont) et de la moelle allongée (bulbe), est un relais essentiel du système nerveux. Il transmet les messages depuis et vers le cerveau , respectivement par des voies de conductions descendantes et ascendantes. La plupart des nerfs crâniens y trouvent leur origine. Le traitement des informations sur le toucher du visage, le goût et l'ouïe part du tronc cérébral qui régule également d'autres fonctions vitales comme la respiration, la tension artérielle et le rythme cardiaque.

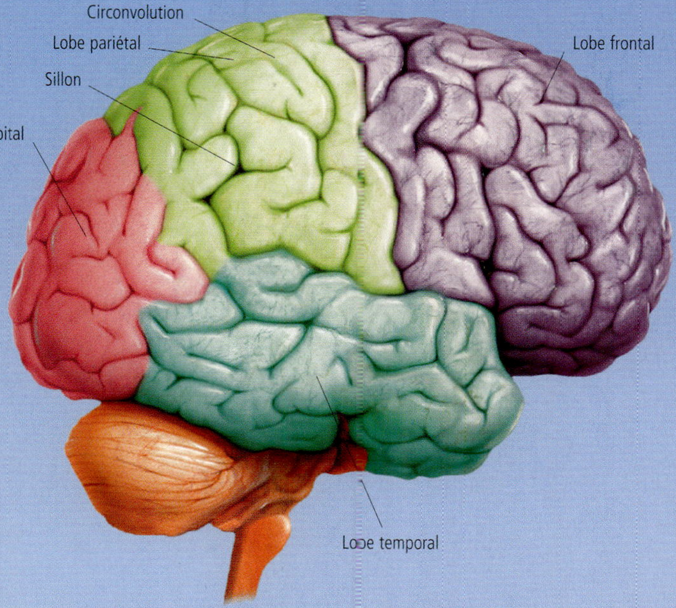

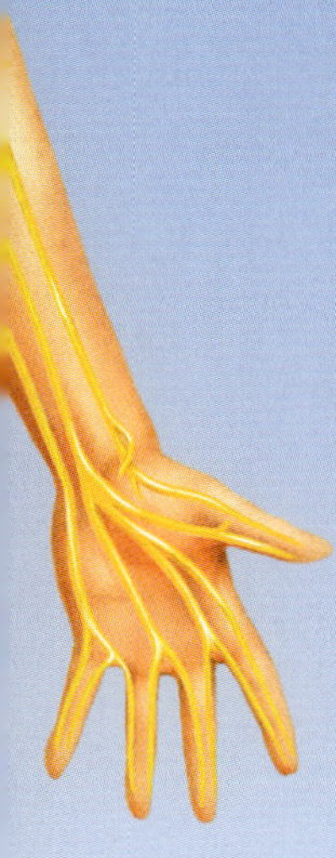

Les lobes cérébraux

Le cerveau est le principal élément du système nerveux central. Il se divise en quatre lobes, formés de différentes aires, traitant chacun un type d'informations bien défini. Ainsi, les aires du lobe frontal sont responsables de la pensée, de la résolution de problèmes, du raisonnement et des émotions, alors que celles du lobe temporal sont chargées de l'ouïe et de la mémoire. Les aires du lobe occipital gèrent la fonction visuelle, celles du lobe pariétal traitent la douleur et le toucher et régulent la température.

Tronc cérébral Vue latérale

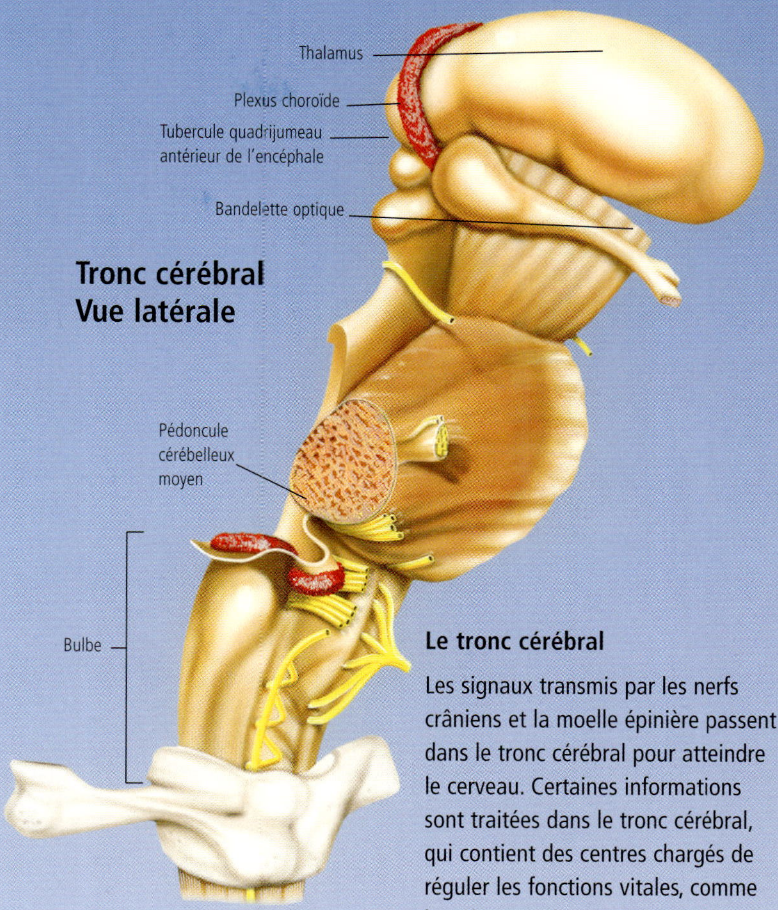

Le tronc cérébral

Les signaux transmis par les nerfs crâniens et la moelle épinière passent dans le tronc cérébral pour atteindre le cerveau. Certaines informations sont traitées dans le tronc cérébral, qui contient des centres chargés de réguler les fonctions vitales, comme le rythme cardiaque et la respiration.

Les nerfs crâniens

Nous possédons 12 paires de nerfs crâniens, qui partent du tronc cérébral. Ces nerfs assurent l'innervation des différentes parties de la tête et du cou, des organes de la poitrine et de la partie supérieure du tube digestif. Ils contrôlent également le visage, la langue, les yeux et la gorge, y compris au niveau de la peau, des muscles et des membranes et reçoivent des informations de la part des organes des sens spéciaux. Enfin, ils transmettent des informations sur la vue, l'odorat, l'ouïe, l'équilibre et le goût au cerveau, chargé de les traiter.

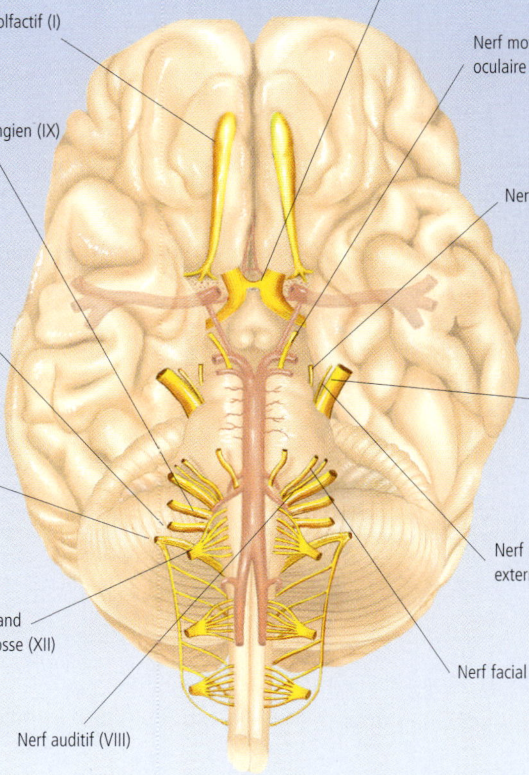

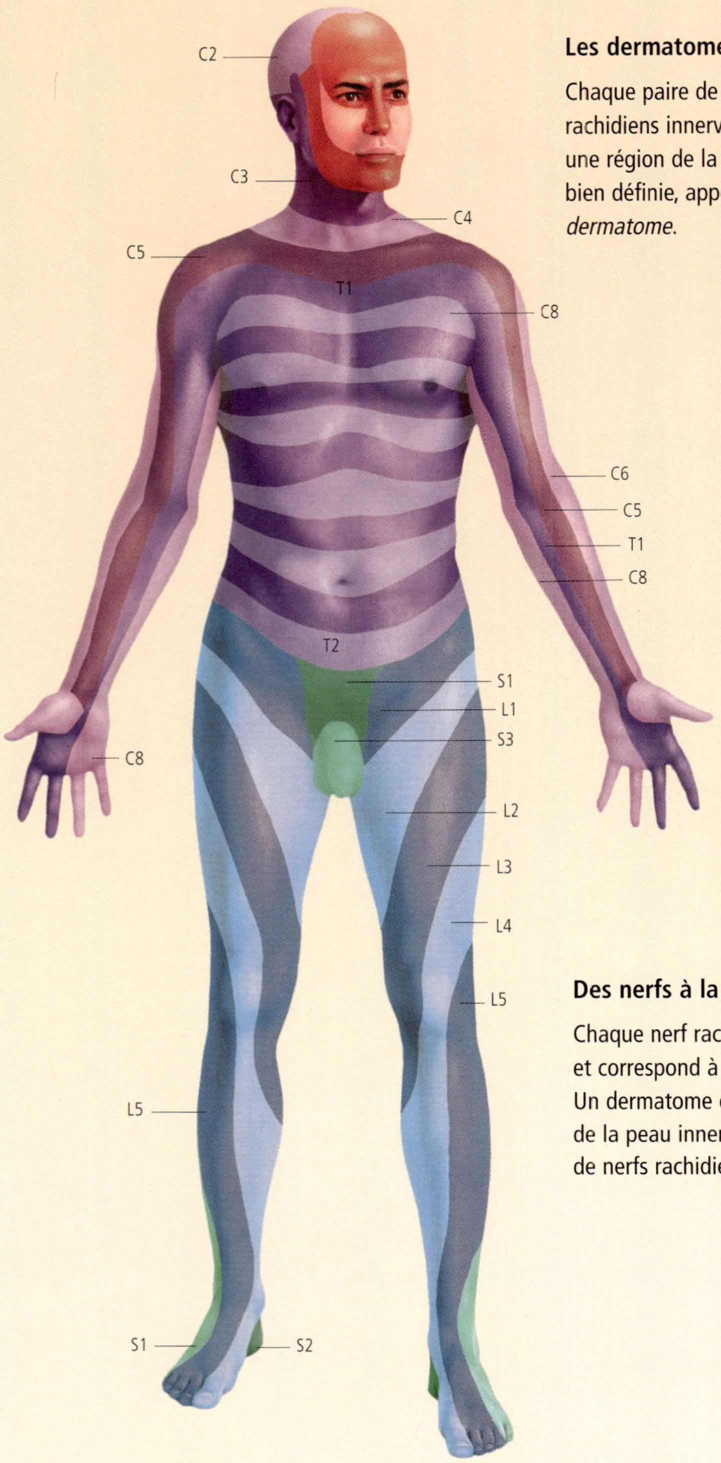

Les dermatomes

Chaque paire de nerfs rachidiens innerve une région de la peau bien définie, appelée *dermatome.*

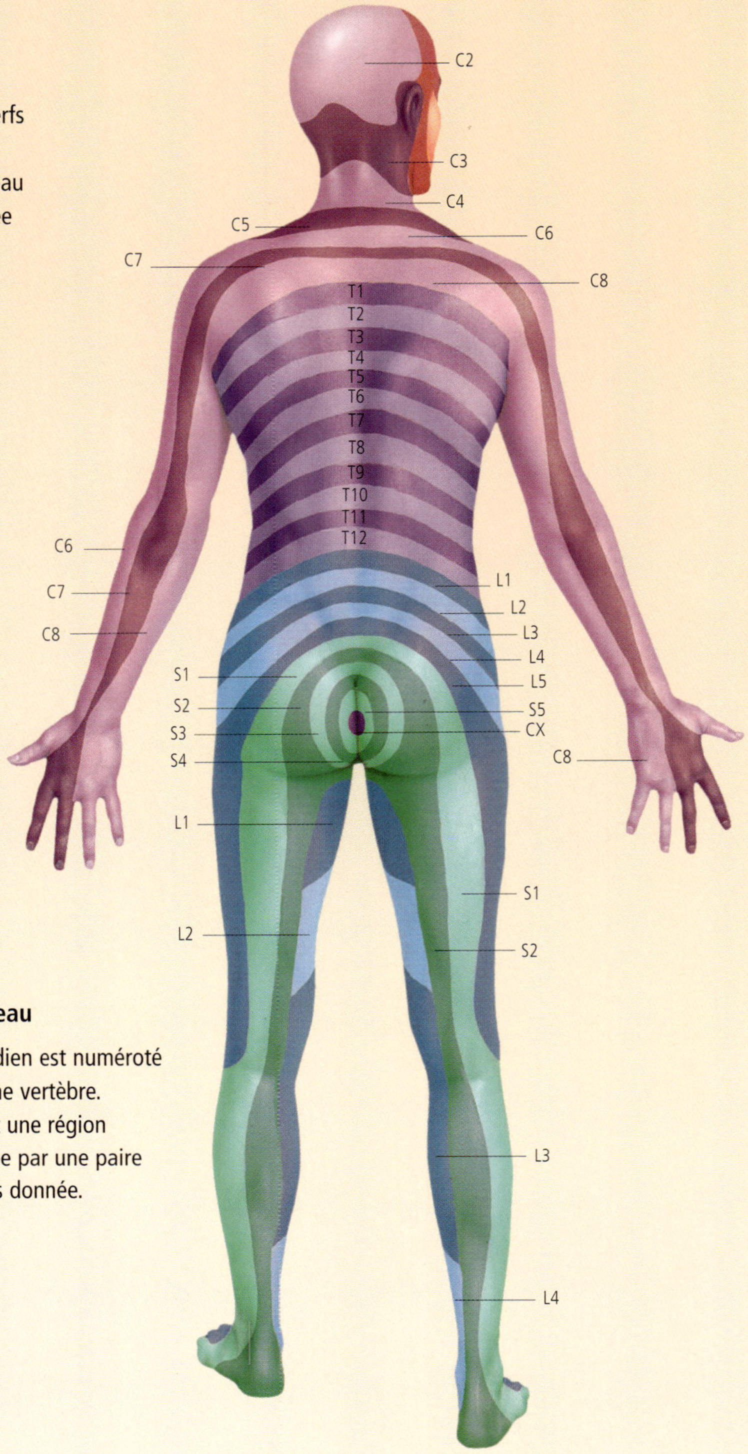

Des nerfs à la peau

Chaque nerf rachidien est numéroté et correspond à une vertèbre. Un dermatome est une région de la peau innervée par une paire de nerfs rachidiens donnée.

La moelle épinière ou spinale

Élément clé du système nerveux, la moelle épinière est un intermédiaire entre le système nerveux périphérique et le cerveau. La substance grise, région centrale de la moelle épinière, est divisée en deux cornes – une postérieure (dorsale) et une antérieure (ventrale) – et une région intermédiaire. Elle reçoit et traite les informations sensorielles et envoie des signaux aux muscles. La substance blanche enveloppe la substance grise. Elle contient les axones qui assurent la transmission des informations entre le cerveau et la moelle épinière.

Trente et une paires de nerfs rachidiens (ou spinaux) transportent les informations sur le toucher, la douleur, la température, la tension musculaire et les positions articulaires. Elles établissent également des connexions avec certaines régions de l'organisme.

Les réflexes

Un réflexe est une réaction involontaire à un stimulus. Si nous touchons une surface très chaude, nous retirons automatiquement notre main. C'est une action réflexe. Les nerfs transmettent les impulsions au centre nerveux de la moelle épinière et envoient la réponse adaptée à un muscle ou à une glande afin de contrer l'action.

La moelle épinière ou spinale

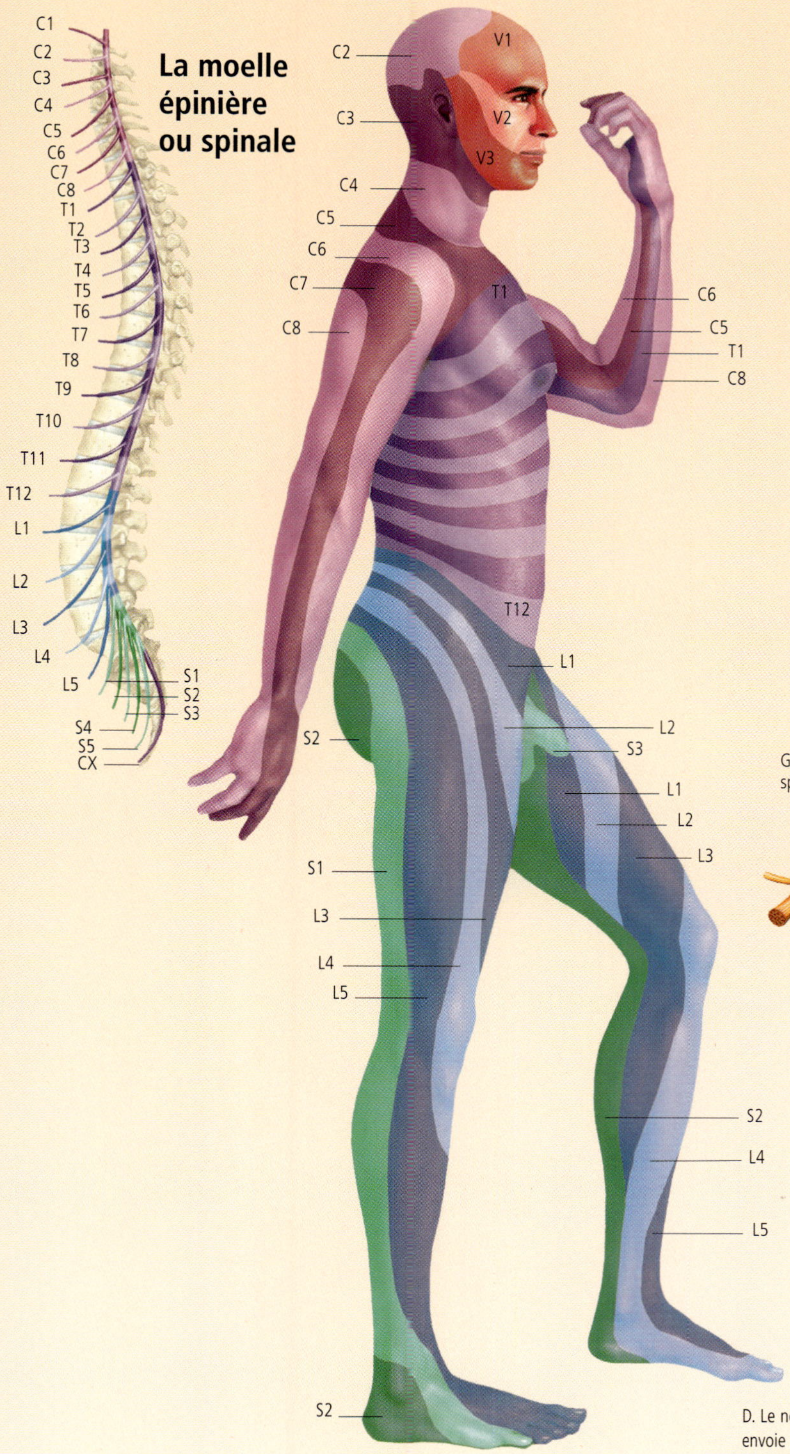

La moelle épinière ou spinale

La moelle épinière fait partie du système nerveux central. Elle parcourt le canal vertébral en formant un réseau de nerfs avec de nombreuses ramifications. Les messages en provenance ou à destination des nerfs périphériques et du cerveau sont transmis par le tissu nerveux de la moelle épinière.

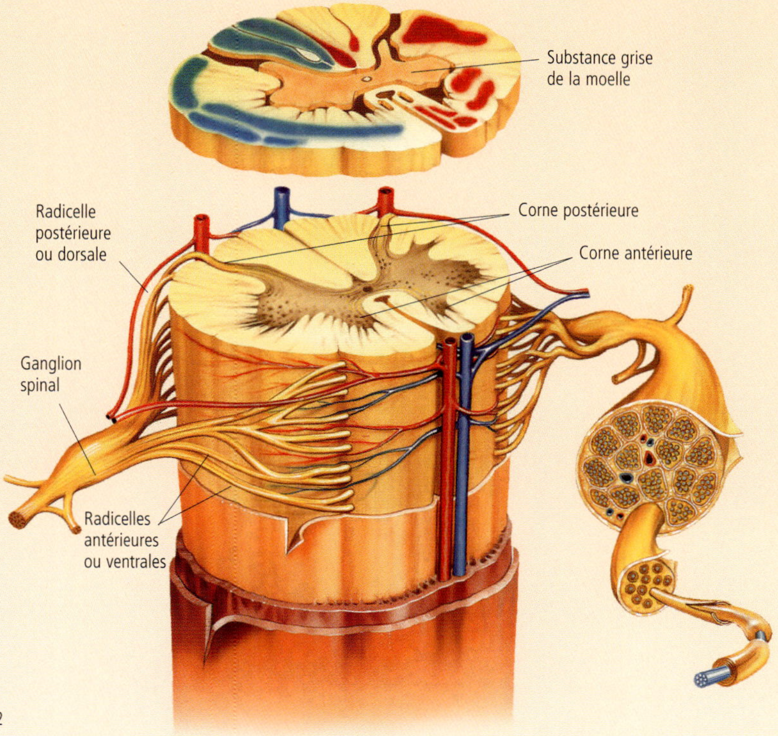

Le réflexe

Un réflexe est une réaction involontaire à un stimulus. Lorsqu'il reçoit un signal, le nerf transmet le message à la moelle épinière qui déclenche alors la réaction adaptée au stimulus concerné.

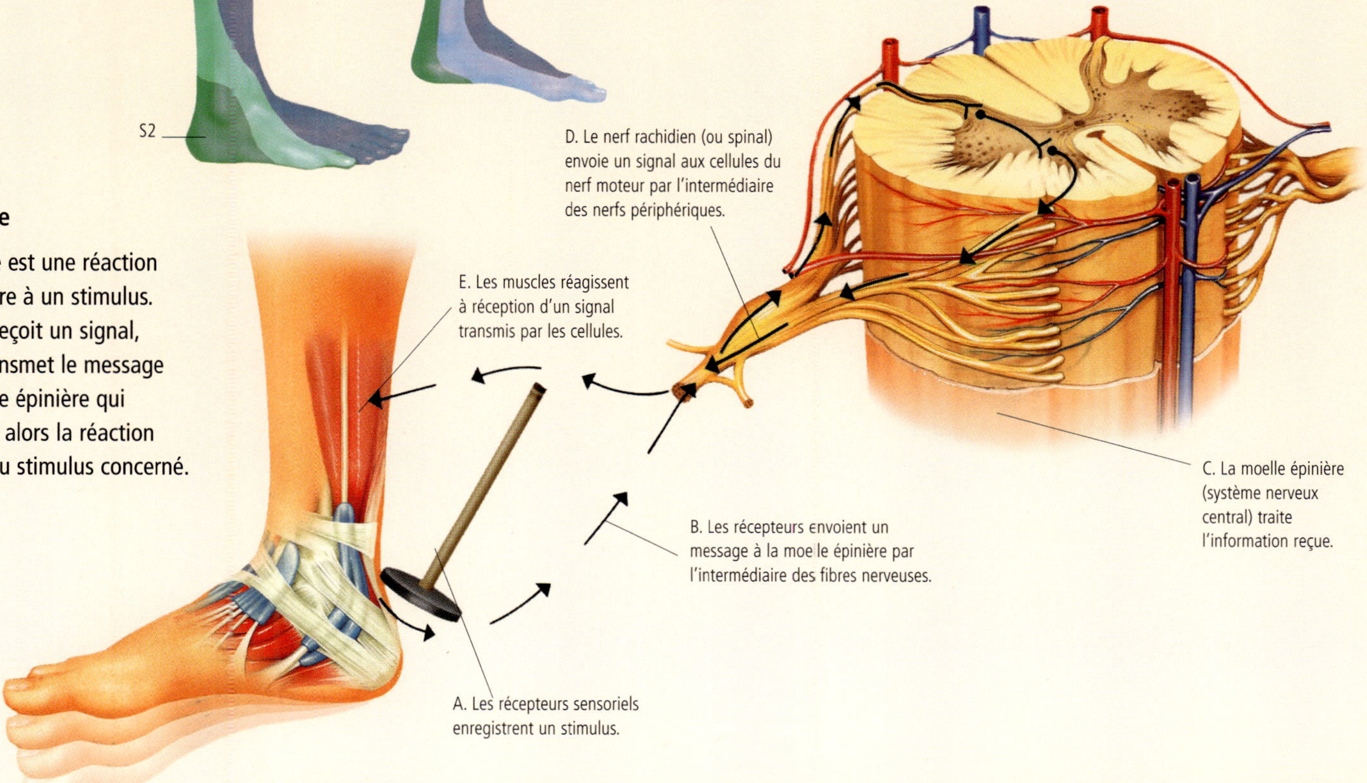

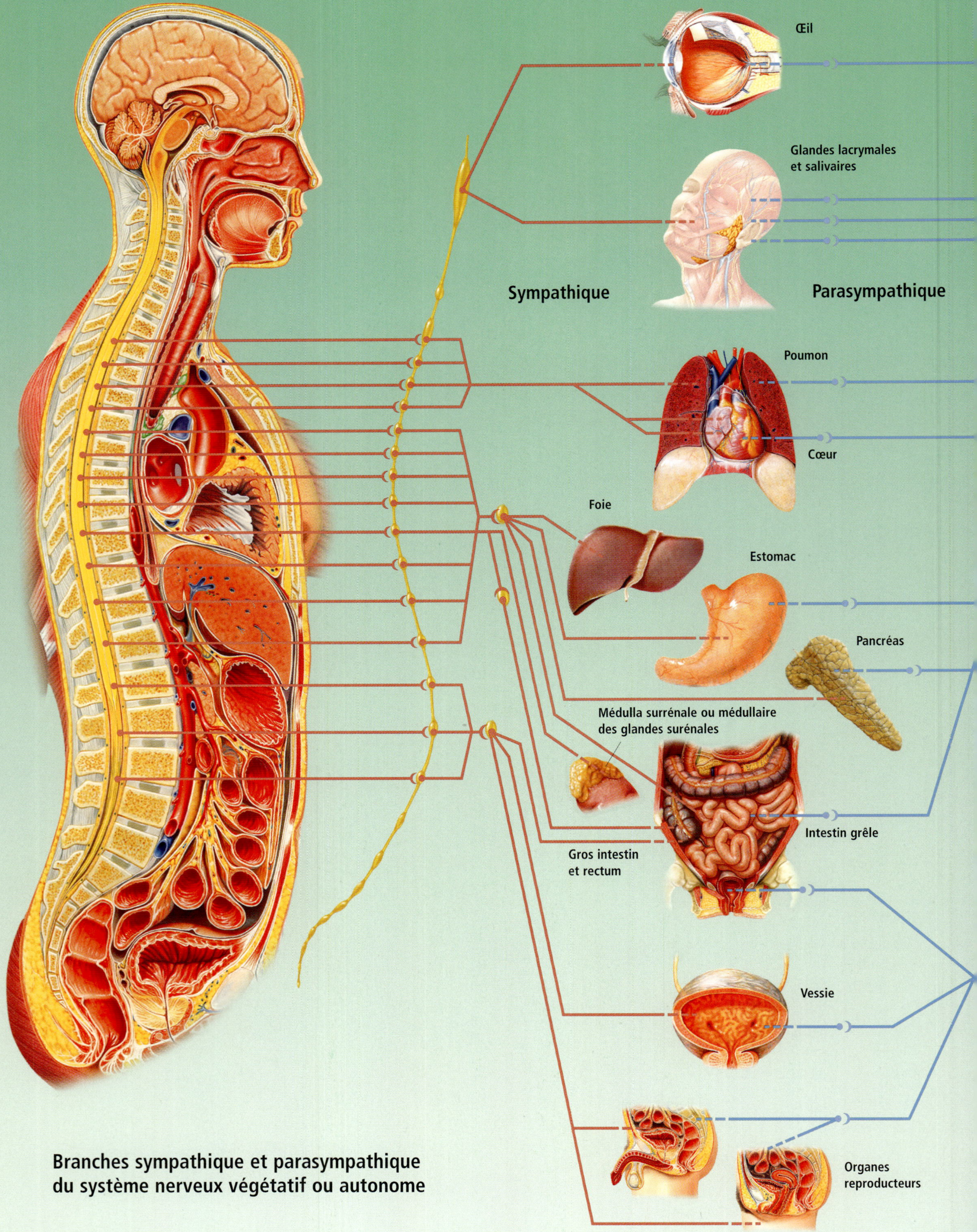

Branches sympathique et parasympathique du système nerveux végétatif ou autonome

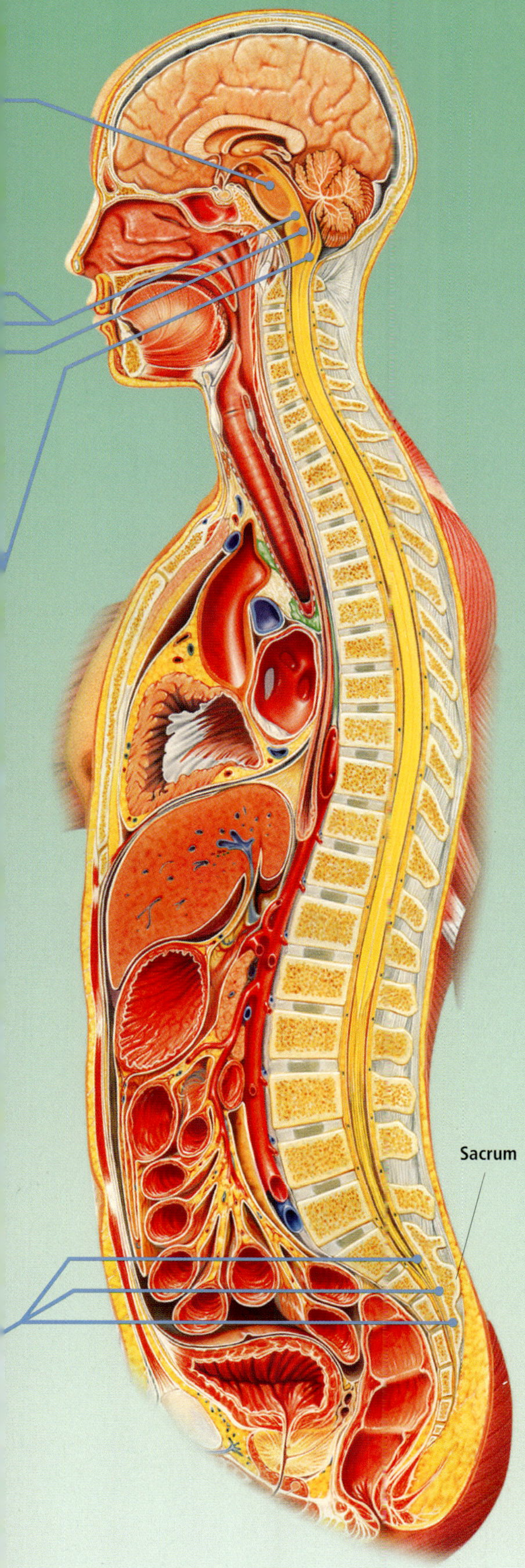

Le système nerveux végétatif ou autonome

Le système nerveux végétatif ou autonome participe au processus de contrôle des fonctions internes de l'organisme. Il régule les conditions et informe le cerveau et la moelle épinière des changements qui interviennent. Ses actions sont généralement indépendantes de notre conscience et de notre volonté.

Le système nerveux végétatif se divise en deux branches, sympathique et parasympathique, dont les fonctions sont différentes, même si dans certaines parties du corps les activités des deux systèmes se recoupent.

Le système sympathique se compose des cellules nerveuses au niveau dorsal (thoracique) et lombaire de la moelle épinière, et d'une chaîne de cellules nerveuses, appelée *chaîne* (ou *tronc*) *sympathique*, située le long de la colonne vertébrale. Le système nerveux sympathique prépare le corps à réagir (principe de *la fuite ou la lutte*) et déclenche les actions nécessaires en cas d'urgence. Par exemple, il accélère le rythme cardiaque et la respiration et dilate les pupilles. Il peut également provoquer une hausse de la pression artérielle, une sensation de bouche sèche, une augmentation de la glycémie, une dilatation des bronches, et accroître le débit sanguin dans les muscles. Toutes ces modifications améliorent la capacité individuelle à faire face à l'urgence. Enfin, le système sympathique régule la température corporelle.

Le système parasympathique agit plutôt lorsque l'organisme est au repos et qu'aucune menace ne pèse sur lui. Sa principale fonction : conserver une réserve d'énergie et maintenir les activités internes de l'organisme à un niveau normal en facilitant la digestion et en éliminant l'urine et les fèces (ou selles).

Le système nerveux végétatif ou autonome

Les organes et tissus thoraciques et pelviens dépendent à la fois de la branche sympathique et parasympathique du système nerveux végétatif, qui travaillent ensemble pour garantir un niveau d'activité constant. L'innervation autonome des muscles des yeux, des glandes salivaires (ou orales), des glandes sudoripares et des muscles lisses est également contrôlée par le système nerveux végétatif.

Le système cardiovasculaire ou circulatoire

Le système cardiovasculaire se compose des vaisseaux sanguins, du cœur et du sang. Son rôle consiste à pomper le sang et à le distribuer dans tous les circuits pour transporter l'oxygène jusqu'aux tissus et aux organes. Le cœur pompe le sang oxygéné et l'envoie dans tout l'organisme par les artères et les capillaires, acheminant ainsi l'oxygène et les nutriments indispensables au bon fonctionnement des organes internes et des tissus. Après un échange gazeux, le sang pauvre en oxygène et chargé de dioxyde de carbone (gaz carbonique ou CO_2) retourne au cœur par les veines. C'est la *grande circulation*, ou *circulation systémique*. La *petite circulation*, ou *circulation pulmonaire*, transfère ensuite le sang pauvre en oxygène dans le tronc de l'artère pulmonaire pour qu'il soit rechargé en oxygène dans les poumons. Enfin, le sang oxygéné est renvoyé dans le cœur et repart dans la grande circulation pour un nouveau circuit.

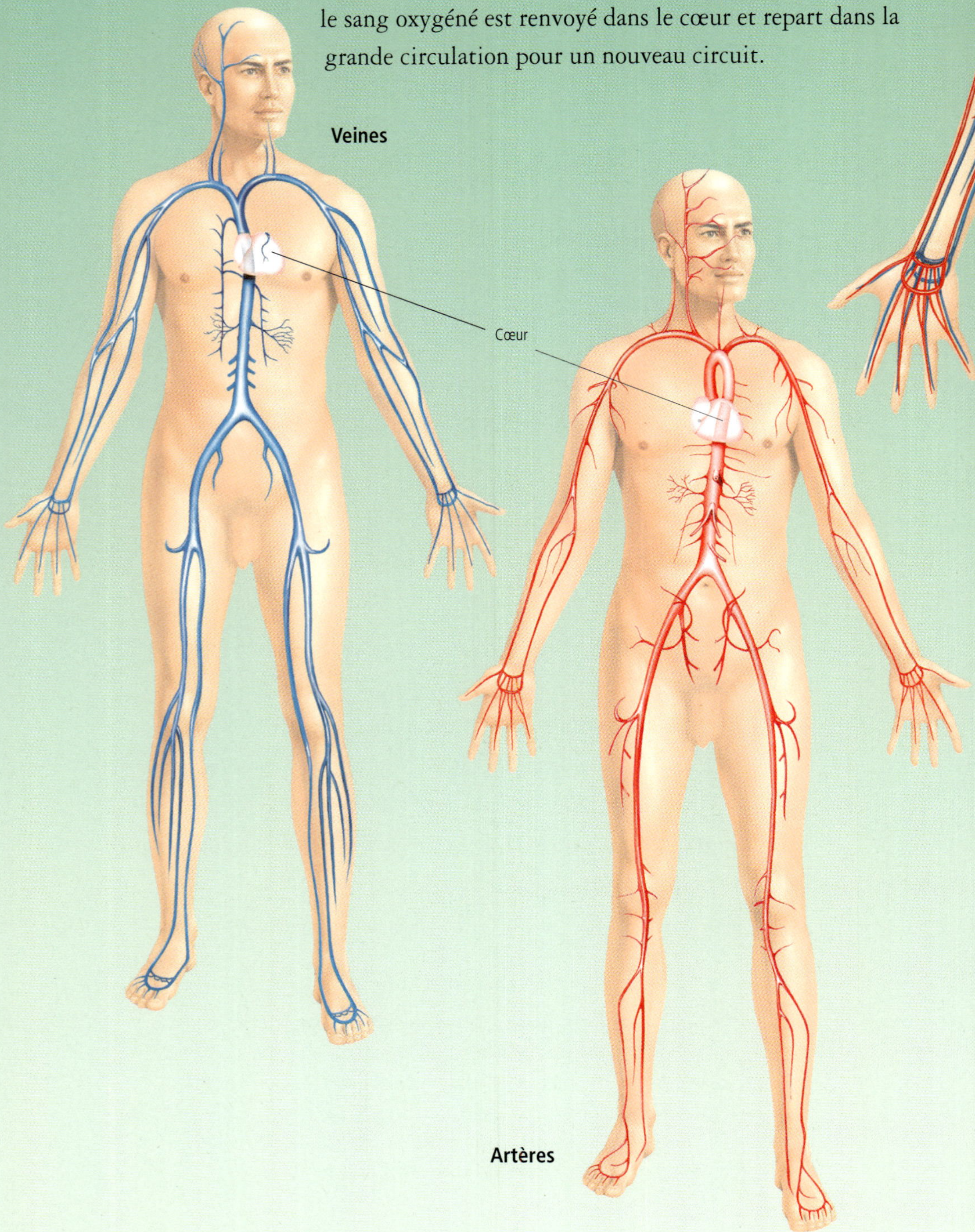

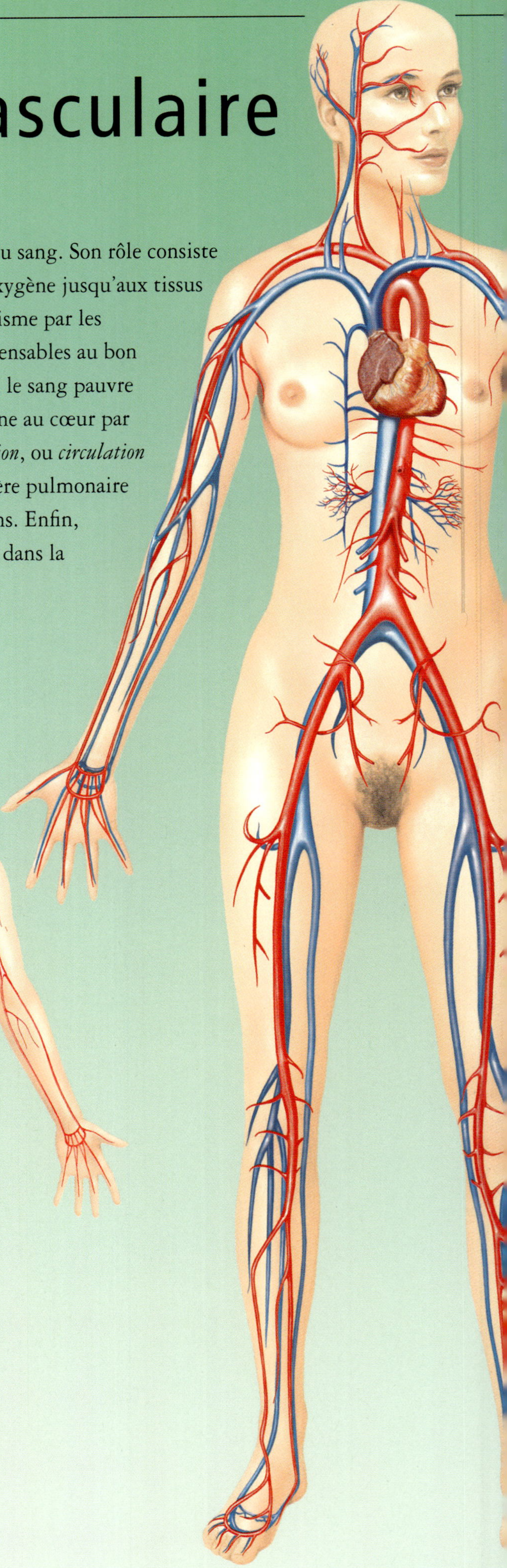

Le cœur

Gros comme le poing, le cœur est une pompe musculaire dont le battement régulier assure un débit sanguin permanent. Les ventricules jouent un rôle essentiel dans ce processus. Le sang contenu dans le ventricule gauche est envoyé dans la grande circulation pour transporter oxygène et nutriments indispensables dans tout l'organisme. Il revient ensuite dans le ventricule droit et passe dans la petite circulation pour se recharger en oxygène au niveau des poumons. Le débit sanguin des deux circulations est contrôlé par les valves (ou valvules) cardiaques. Les valves mitrale et tricuspide (*atrioventriculaires*) se contractent et se relâchent en parfaite synchronisation avec la valve de l'aorte et la valve du tronc pulmonaire (*sigmoïdes* ou *semi-lunaires*). Ensemble, elles contrôlent le débit sanguin et empêchent le sang de refluer dans le cœur grâce à leur totale herméticité.

Lorsque les ventricules se contractent (*systole ventriculaire*), les valves aortique et pulmonaire s'ouvrent pour permettre le pompage du sang dans la petite et la grande circulation. Les valves mitrale et tricuspide sont alors fermées. Lorsque les ventricules se relâchent (*diastole ventriculaire*), les valves de l'aorte et du tronc pulmonaire se ferment, alors que les valves mitrale et tricuspide s'ouvrent pour que le sang passe des oreillettes aux ventricules.

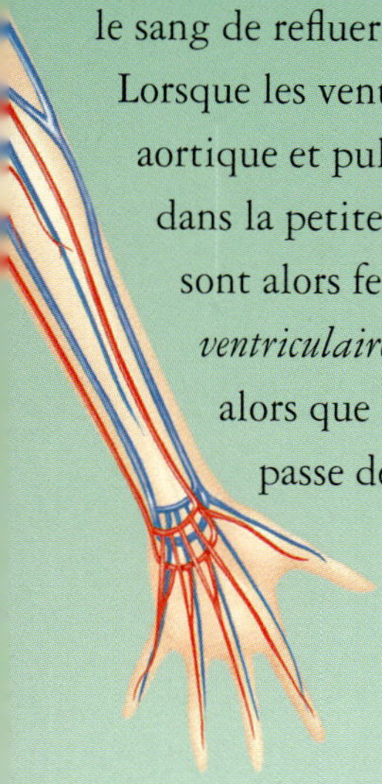

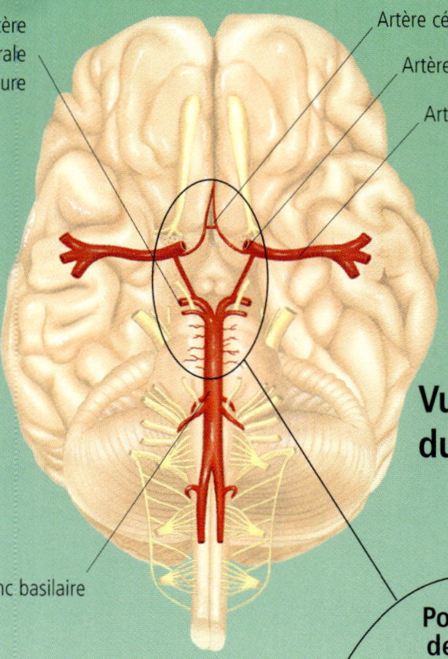

Vue inférieure du cerveau

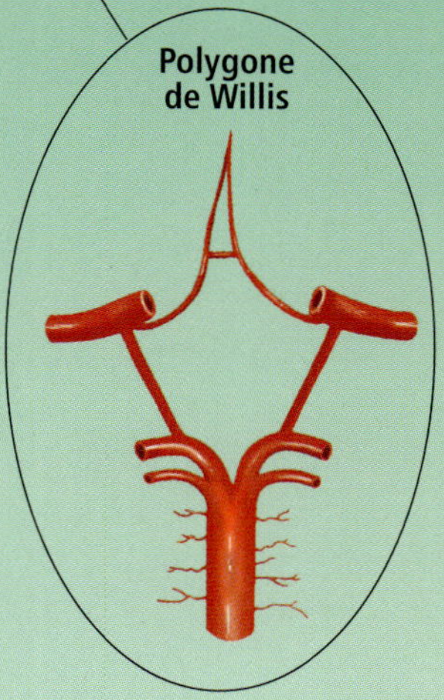

Polygone de Willis

Le polygone de Willis ou cercle artériel du cerveau

Le polygone de Willis est un circuit artériel situé à la base du cerveau.

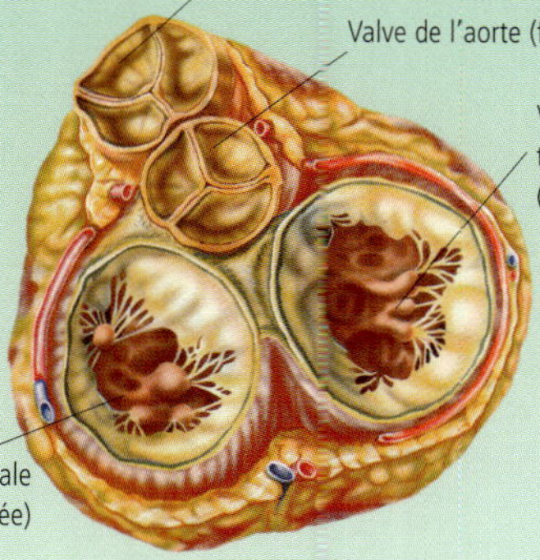

Diastole ventriculaire

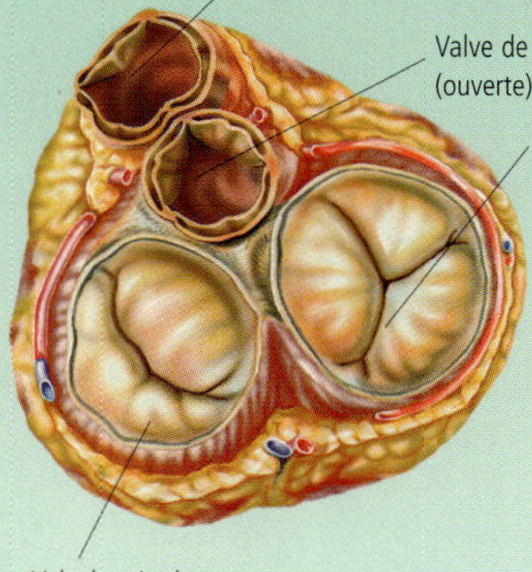

Systole ventriculaire

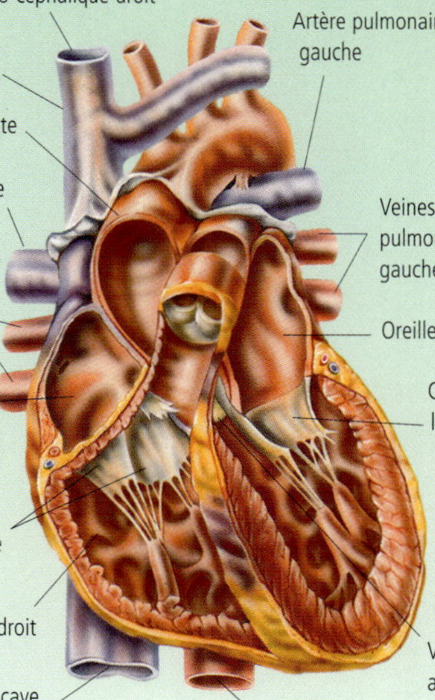

Cœur Coupe transversale

Les valves cardiaques

La coordination des mouvements des valves cardiaques permet de maintenir le débit sanguin. Les valvules mitrale et tricuspide s'ouvrent pour permettre au sang de passer des oreillettes aux ventricules, alors que les valves de l'aorte et du tronc pulmonaire restent fermées. Lorsque les valvules mitrale et tricuspide se ferment, les valves de l'aorte et du tronc pulmonaire s'ouvrent pour propulser le sang des ventricules dans la petite et la grande circulation.

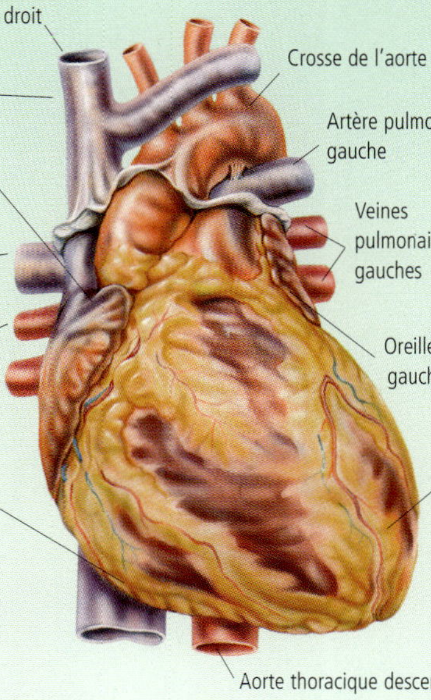

Cœur Vue avant

Le cœur

Le cœur se compose de quatre cavités : deux oreillettes, droite et gauche, et deux ventricules, droit et gauche. Les ventricules expulsent le sang tandis que les oreillettes le collectent.

Le sang

Le sang est une suspension composée de globules rouges et blancs, de plaquettes, de protéines et de différentes substances contenues dans un liquide appelé *plasma*. Généralement, le plasma représente la moitié du volume sanguin, l'autre moitié étant constituée de globules rouges et blancs. Le sang transporte l'oxygène et les nutriments indispensables vers les différents organes, depuis les poumons et l'appareil digestif, et ramène le gaz résiduel et les déchets vers les poumons et les reins pour être éliminés.

Les globules rouges, ou *érythrocytes*, fabriqués par la moelle osseuse, transportent l'oxygène jusqu'aux tissus, et l'échangent contre du CO_2 qui est ensuite rejeté lors de l'expiration. Les globules blancs, ou *leucocytes*, interviennent dans le système immunitaire en produisant des anticorps pour combattre une infection ou aider à la cicatrisation d'une plaie ou en détruisant les bactéries et les intrus. Les plaquettes, ou *thrombocytes*, sont des fragments de cellules géantes, les *mégacaryocytes*, qui participent au processus de coagulation.

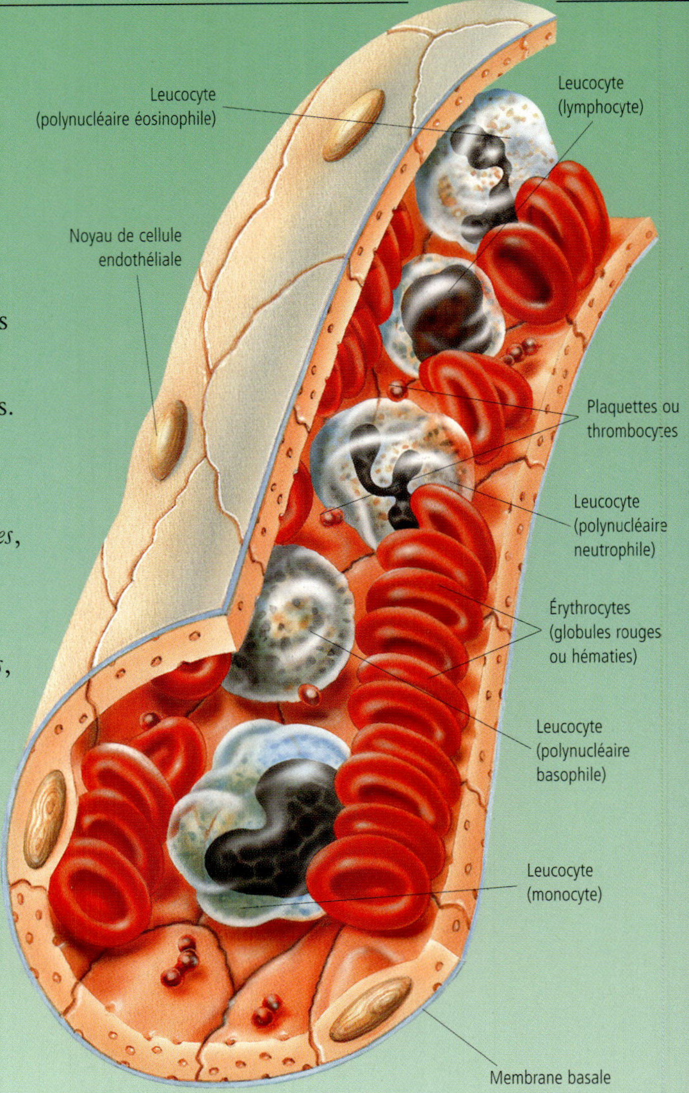

Les vaisseaux sanguins

Le sang circule dans un réseau impressionnant de vaisseaux sanguins. Pompé dans le cœur par l'aorte, il passe dans les artères qui se subdivisent jusqu'à devenir des capillaires, au niveau desquels l'oxygène et les nutriments sont échangés contre du CO_2. Lorsqu'il sort des différents membres et organes, le sang circule dans les veines, dont la taille augmente à l'approche du cœur, et passe dans le cœur pour recommencer un nouveau cycle.

Les globules blancs

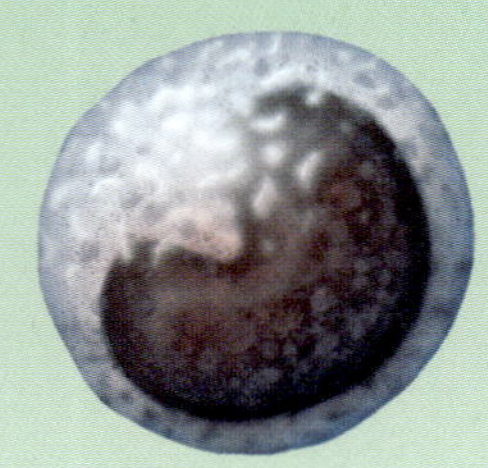

Les monocytes

Les monocytes deviennent des macrophages après avoir séjourné un ou deux jours dans le sang.

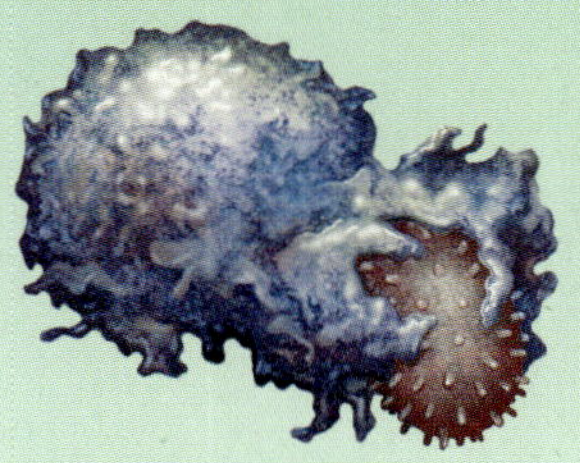

Les macrophages

Les macrophages détruisent les particules étrangères et les bactéries pour combattre les infections.

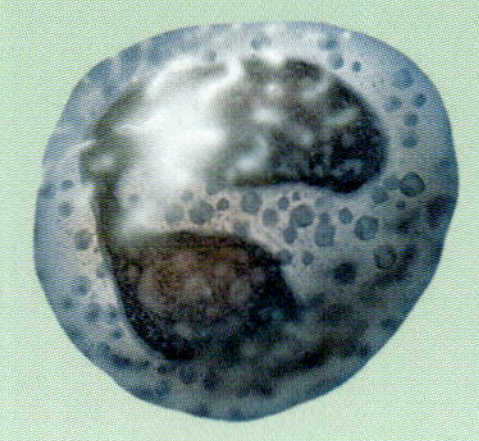

Les polynucléaires éosinophiles

Les polynucléaires éosinophiles libèrent des enzymes à l'origine de réactions allergiques et détruisent certains parasites.

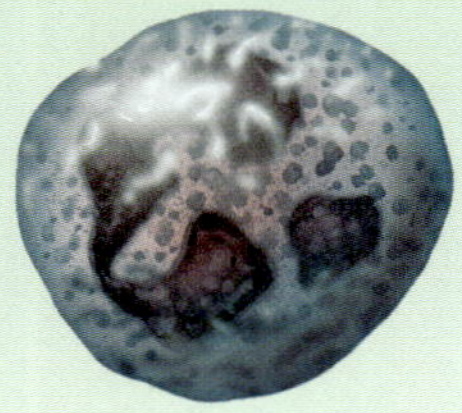

Les polynucléaires neutrophiles

Les polynucléaires neutrophiles ingèrent et détruisent les micro-organismes afin de défendre l'organisme contre les invasions bactériennes.

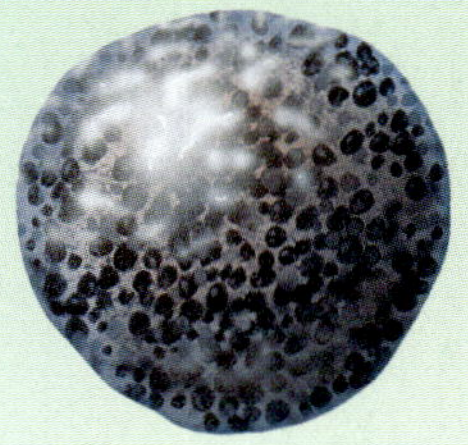

Les polynucléaires basophiles

Les substances produites par les polynucléaires basophiles renforcent la réponse de l'organisme face aux allergènes.

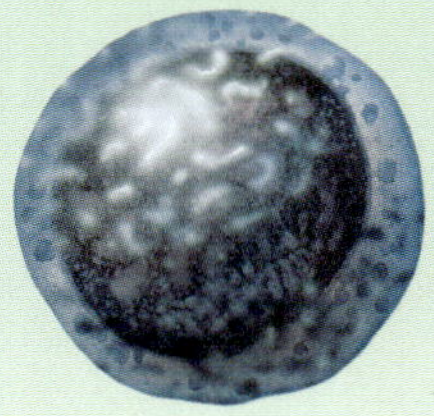

Les lymphocytes

Il existe trois types de lymphocytes : les cellules tueuses naturelles (ou cellules NK pour *natural killer*), les lymphocytes T détruisant les intrus, et les lymphocytes B fabriquant des anticorps.

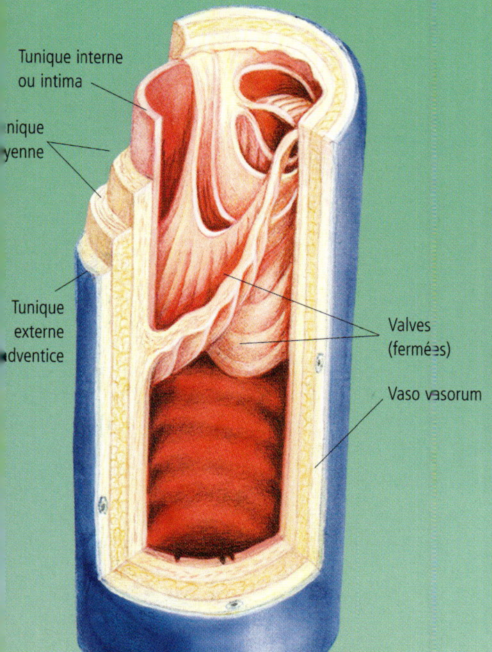

Veine

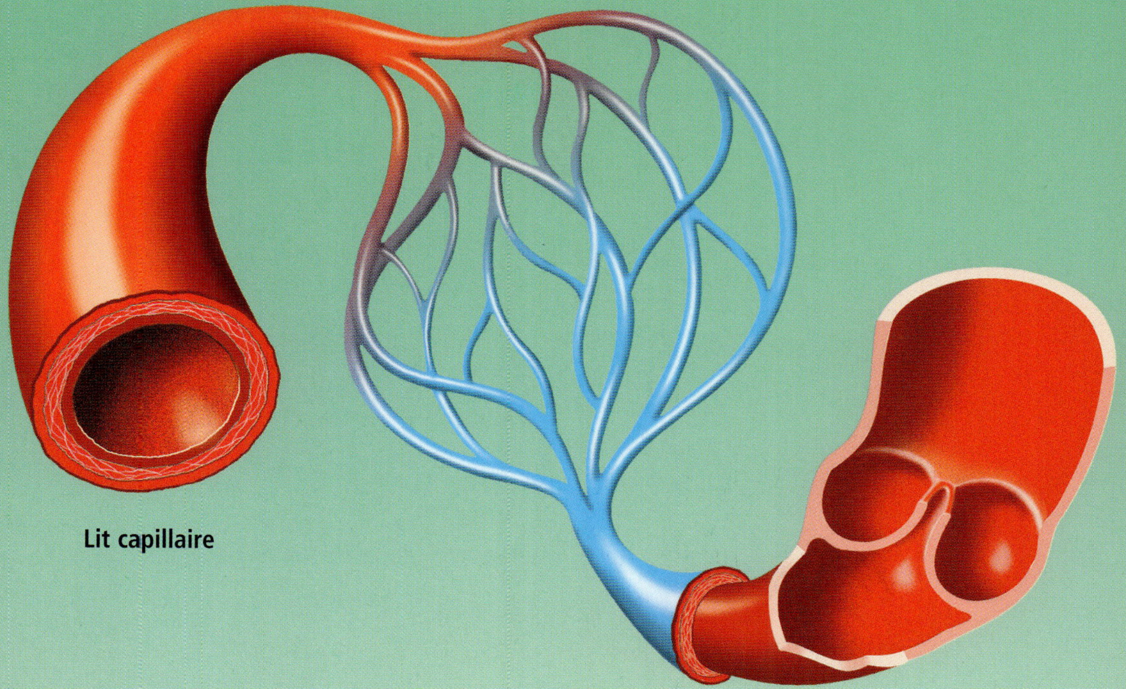
Lit capillaire

Les vaisseaux sanguins

Le corps humain comporte différents types de vaisseaux. Les artères ont une paroi épaisse et souple, les veines une paroi plus fine et renferment parfois des valves pour empêcher le sang de refluer. Artères et veines forment des ramifications jusqu'aux capillaires, vaisseaux très fins, qui permettent d'échanger oxygène et nutriments contre du dioxyde de carbone.

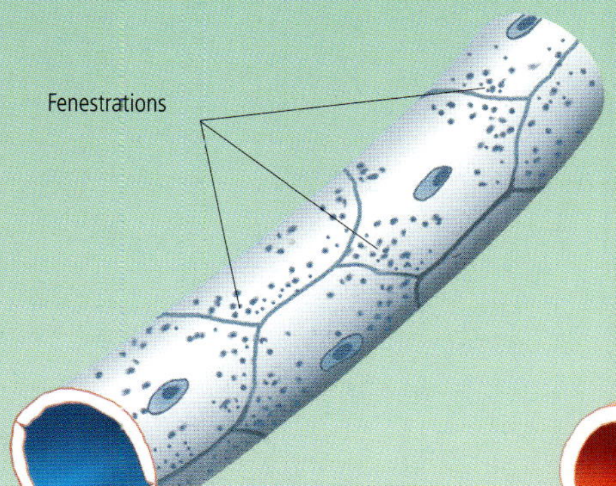

Capillaire fenêtré (ou fenestré)

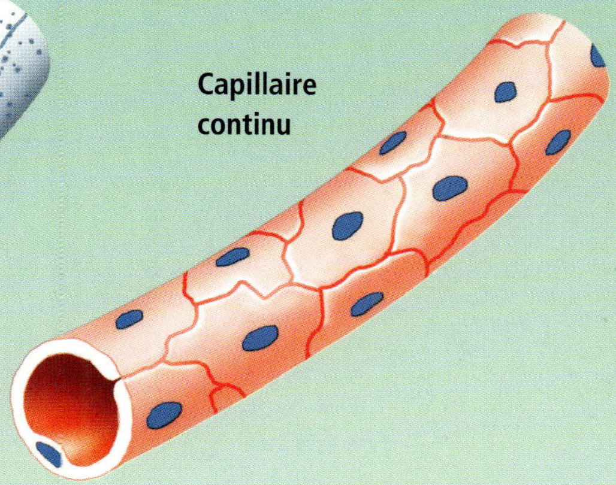
Capillaire continu

Les plaquettes ou thrombocytes

Les plaquettes déclenchent le processus de coagulation, évitant ainsi les ecchymoses et les hémorragies.

La fabrication des globules rouges

Les globules rouges, dont le taux de fabrication dans la moelle osseuse est élevé, sont présents en très grand nombre dans l'organisme. Leur libération est assurée par la rate, réservoir également en charge de leur destruction une fois qu'ils ont vieilli.

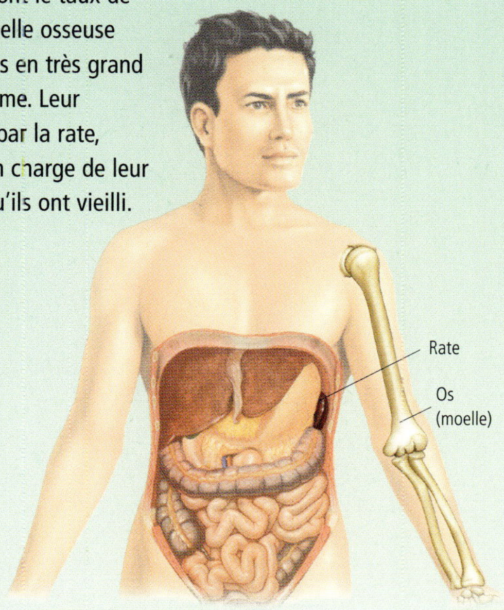

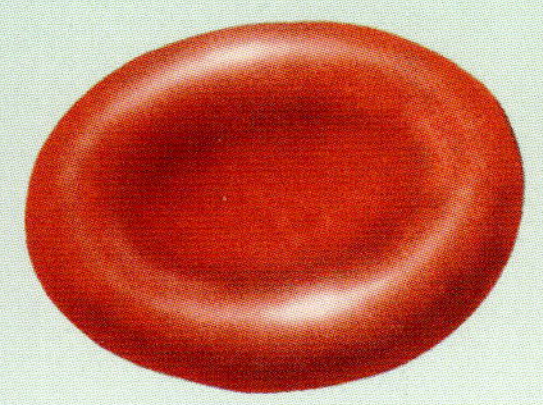

Les globules rouges (érythrocytes ou hématies)

Les globules rouges peuvent changer de forme pour s'adapter à l'étroitesse des capillaires. Ils s'empilent pour faciliter le débit sanguin.

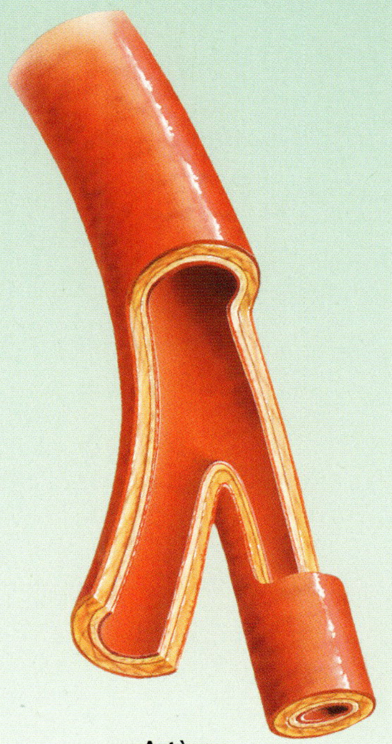
Artère

Le système lymphatique et immunitaire

Le système lymphatique est un réseau de vaisseaux, de ganglions et d'organes dont le rôle est double. Tout d'abord, le système lymphatique draine le liquide interstitiel dans la circulation. Le liquide interstitiel baigne les tissus de l'organisme, est absorbé dans les vaisseaux lymphatiques avec les déchets tissulaires et cellulaires, avant d'être épuré et de repartir dans la circulation sanguine pour un nouveau cycle. Le liquide qui circule dans les vaisseaux lymphatiques est connu sous le nom de lymphe. Il est composé d'eau, de molécules protéiques, de sels, de glucose, d'urée et de globules blancs qui combattent les maladies.

Ensuite, fonction essentielle, le système lymphatique lutte contre les maladies. Les globules blancs qui le composent disposent de différents moyens pour détruire les corps étrangers ou les intrus comme les bactéries, les virus et les cellules cancéreuses.

Les vaisseaux lymphatiques

Le système lymphatique est doté d'une circulation à sens unique. Les vaisseaux trouvent leur origine à l'extrémité des capillaires, puis se réunissent pour former des vaisseaux plus volumineux. Ils passent par des amas de tissu lymphoïde, les *ganglions lymphatiques*, puis convergent dans les troncs lymphatiques qui les drainent dans le canal lymphatique droit et le canal thoracique. Ensuite, ils se vident dans les veines du système cardiovasculaire. Les vaisseaux lymphatiques sont dotés de valves qui empêchent la lymphe de refluer. Aucune pompe n'actionnant le système, la circulation lymphatique repose sur les mouvements du corps.

LE SAVIEZ-VOUS ?

Un adulte moyen est constitué d'environ 100 billions de cellules, dont un billion pour le seul système immunitaire.

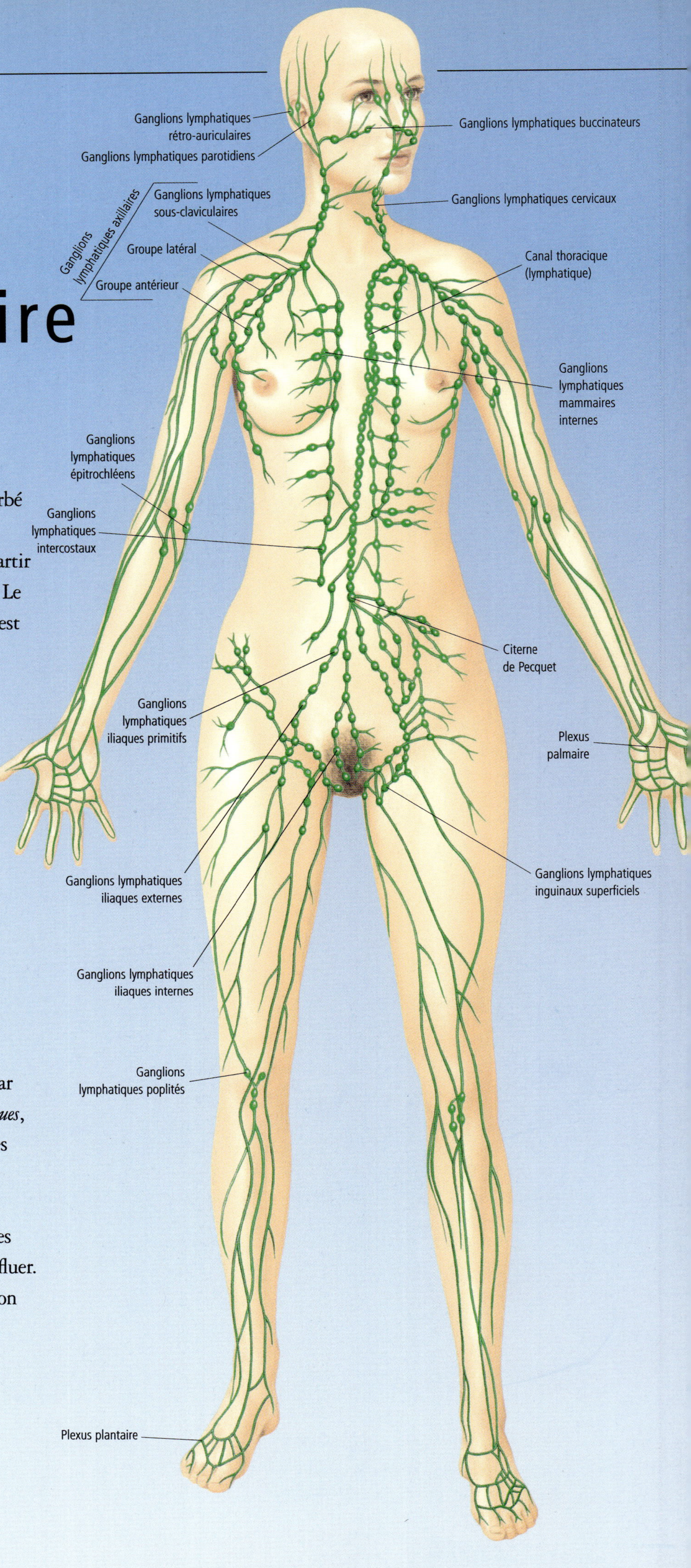

Les ganglions ou nœuds lymphatiques

Les vaisseaux lymphatiques traversent les ganglions lymphatiques, qui fabriquent les lymphocytes. Chaque ganglion est relié à un vaisseau entrant et à un sortant. Les ganglions lymphatiques se composent d'une masse de tissu lymphoïde enveloppé par une capsule fibreuse et sont généralement regroupés. Ainsi, des groupes de ganglions qui desservent la tête et les membres sont présents au niveau des joues et du cou, des aisselles et de l'aine. Les ganglions des organes internes du thorax et de l'abdomen effectuent un drainage des chaînes de ganglions lymphatiques le long des principales artères et de l'aorte. Les vaisseaux chylifères (ou lactés) sont les vaisseaux lymphatiques des parois de l'appareil digestif. Ils jouent un rôle important dans l'absorption des graisses en recueillant les grosses molécules et les lipides (chyle) extraits de l'alimentation.

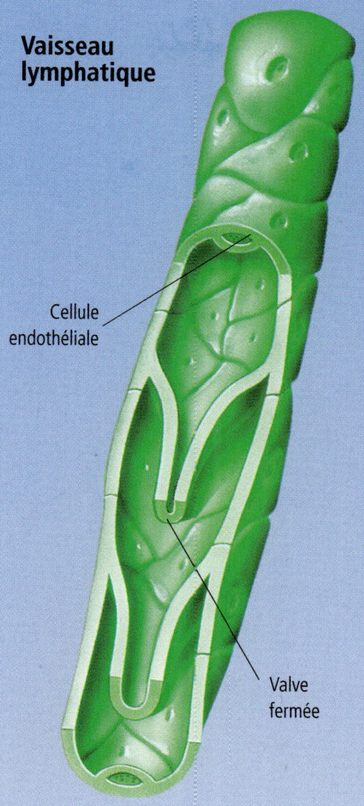

La circulation lymphatique

Les vaisseaux lymphatiques comportent de nombreuses valves qui empêchent la lymphe de refluer. La lymphe retourne dans la circulation générale par deux gros vaisseaux qui se déversent dans les veines sous-clavières à la base du cou.

Les ganglions ou nœuds lymphatiques

Les ganglions lymphatiques se composent de tissu lymphoïde enveloppé par une capsule fibreuse. Chaque ganglion est relié à un vaisseau lymphatique afférent (entrant) et efférent (sortant).

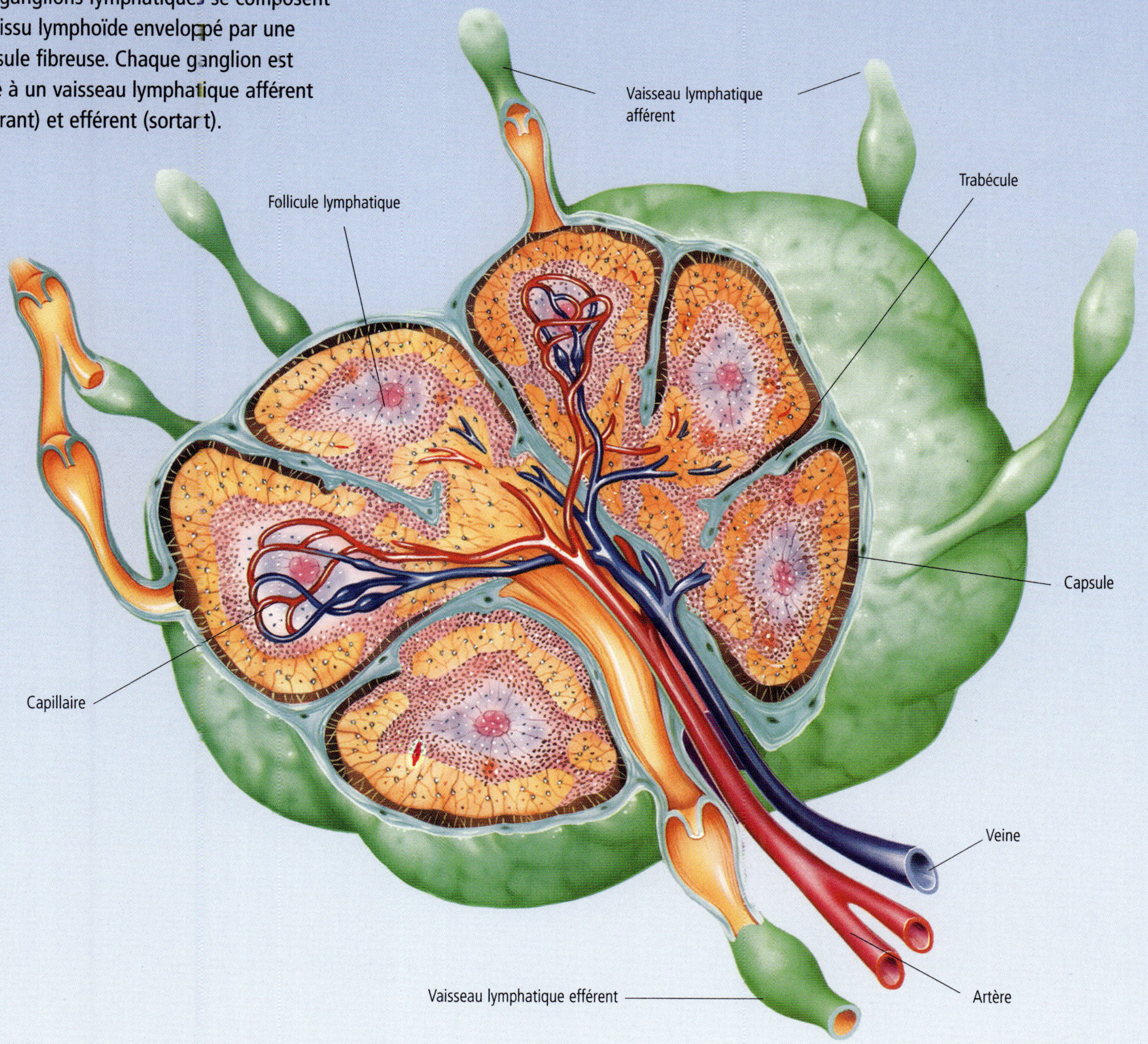

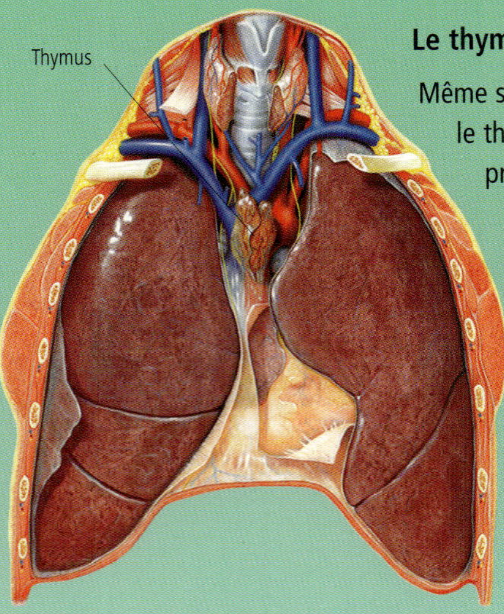

Le thymus

Même s'il s'atrophie à l'âge adulte, le thymus est responsable de la production de lymphocytes T, impliqués dans la défense de l'organisme contre les virus et les cellules cancéreuses. Bien que réduit à l'état de graisse et de tissu fibreux à l'issue de la puberté, il continue d'assurer la multiplication des lymphocytes T, pour répondre aux besoins de l'organisme.

La rate

Plus grande concentration de tissu lymphoïde de l'organisme, la rate filtre les globules rouges vieillis et les détruit. Elle assure également la fabrication et le stockage des lymphocytes.

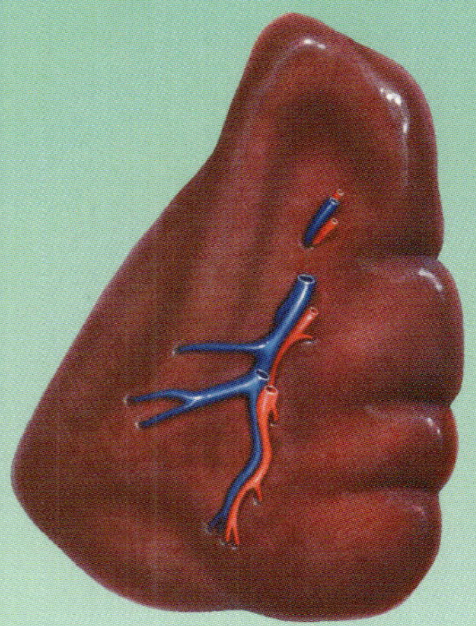

Les lymphocytes

Il existe trois types de lymphocytes : les cellules tueuses naturelles (ou *cellules NK* pour *natural killer*), les lymphocytes T qui détruisent les intrus, et les lymphocytes B qui fabriquent des anticorps.

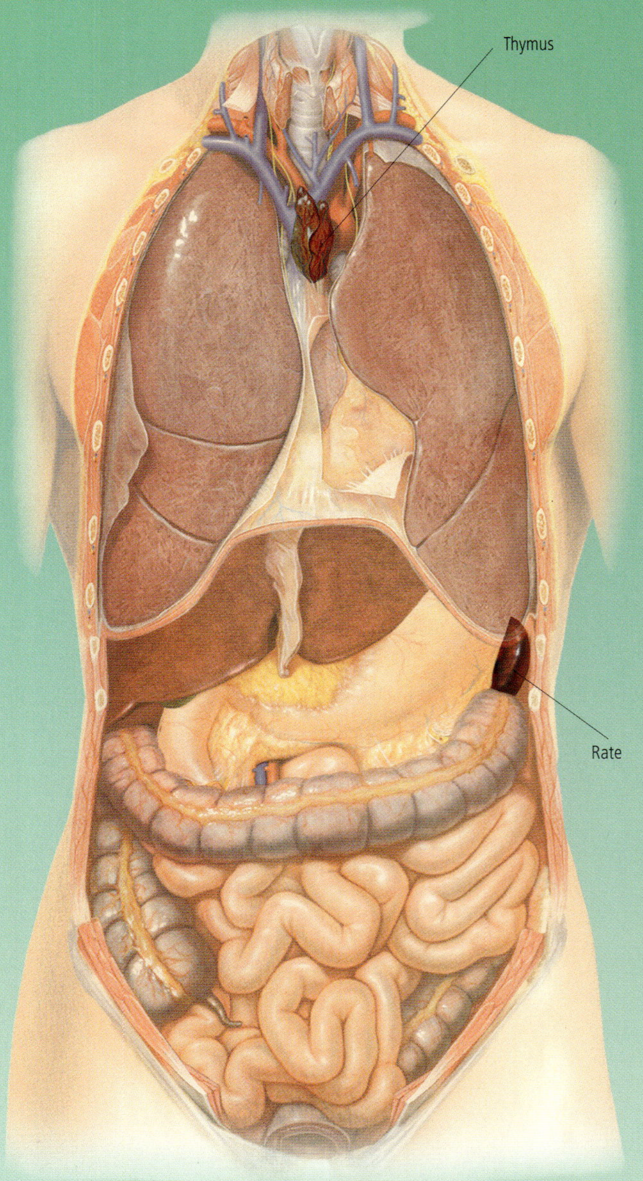

Les organes du système lymphatique

Le thymus, la rate et le tissu lymphoïde associé aux muqueuses, présent dans l'appareil respiratoire, urogénital et les organes reproducteurs, sont les principaux organes associés au système lymphatique.

Les organes lymphoïdes

Les organes lymphoïdes sont le thymus, la rate et le tissu lymphoïde associé aux muqueuses.

Le thymus, situé dans la partie supérieure du thorax entre le cœur et le sternum, est le premier organe lymphoïde à se développer au stade embryonnaire. Il continue à grossir pour atteindre 30 à 40 grammes à la puberté, après quoi il diminue progressivement jusqu'à peser 14 grammes. Son rôle consiste à secréter des hormones nécessaires à la fabrication de lymphocytes T matures, qui déclenchent la réponse immunitaire s'ils détectent des antigènes étrangers. Même si le thymus s'atrophie après la puberté, il continue d'assurer la multiplication des lymphocytes T, constituant ainsi une réserve permanente pour les besoins de l'organisme, et ce, toute la vie durant.

La rate, située dans la partie supérieure gauche de l'abdomen sous le diaphragme, renferme la plus grande concentration de tissu lymphoïde de l'organisme. Elle filtre le sang à travers la pulpe rouge, réseau de capillaires et sinus sanguins. Elle contient également des concentrations de lymphocytes, appelées pulpe blanche. Les lymphocytes sont produits et stockés dans la rate.

Le tissu lymphoïde associé aux muqueuses est présent dans la muqueuse de l'appareil respiratoire, urogénital et digestif. Il contient les lymphocytes B et T, qui forment une ligne de défense dans ces cavités, plus exposées aux intrusions de l'environnement extérieur.

Les lymphocytes

Les lymphocytes sont l'élément clé du système immunitaire. Il en existe trois types principaux : les lymphocytes B, les lymphocytes T et les cellules tueuses naturelles (ou cellules NK pour *natural killer*). Les lymphocytes B sont fabriqués dans la moelle osseuse et les lymphocytes T dans le thymus. Les lymphocytes réagissent à un antigène spécifique en stimulant la production d'anticorps ou détruisent les cellules étrangères à l'organisme

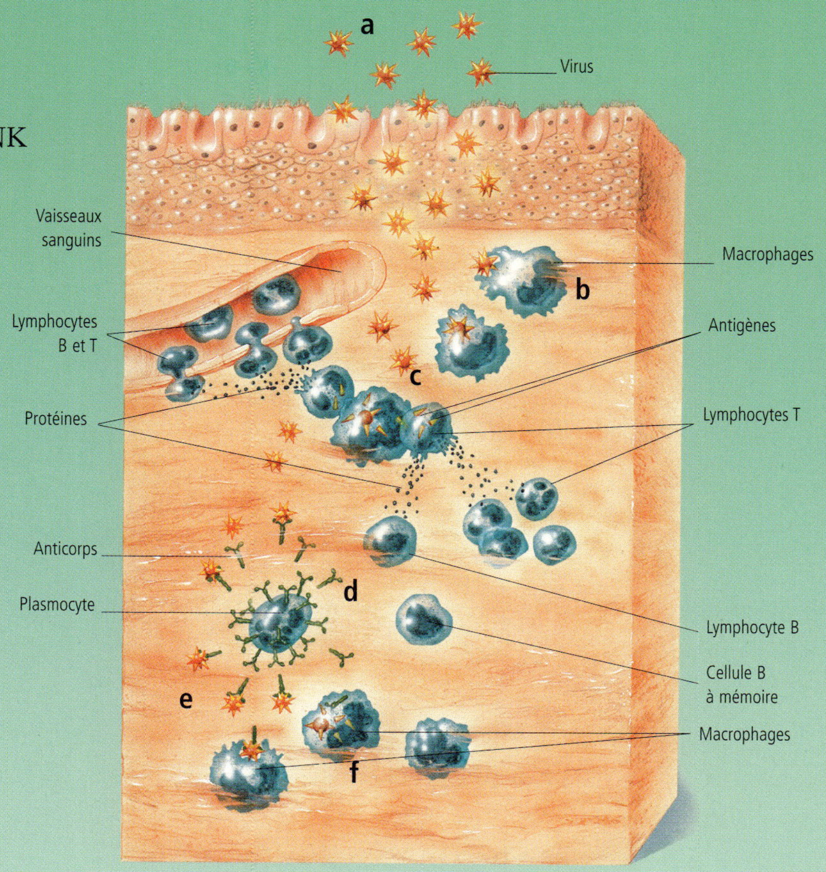

L'immunité à médiation humorale

Pour produire des anticorps qui facilitent l'identification et l'élimination des antigènes étrangers transportés par les bactéries ou les virus, les lymphocytes B s'associent aux macrophages et aux lymphocytes T.
(a) Les particules d'un virus pénètrent dans l'organisme et se multiplient.
(b) Les macrophages phagocytent les particules virales.
(c) Les macrophages présentent l'antigène aux lymphocytes T qui font appel à d'autres lymphocytes B et T pour défendre l'organisme.
(d) Les lymphocytes B se divisent en plasmocytes, qui fabriquent des anticorps spécifiques contre le virus, et en cellules B à mémoire.
(e) Les anticorps circulants se fixent sur le virus.
(f) Les macrophages reconnaissent et détruisent le virus, évitant ainsi l'infection.

La réaction allergique

Une réaction allergique est une réponse à un élément étranger irritant appelé allergène.
(a) L'allergène pénètre dans l'organisme et les plasmocytes fabriquent des anticorps.
(b) Les anticorps se fixent sur les mastocytes présents dans les tissus.
(c) Lorsque l'allergène pénètre à nouveau dans l'organisme, il est capturé par les anticorps des mastocytes.
(d) Les mastocytes réagissent en libérant de l'histamine, à l'origine des symptômes irritants de l'allergie.

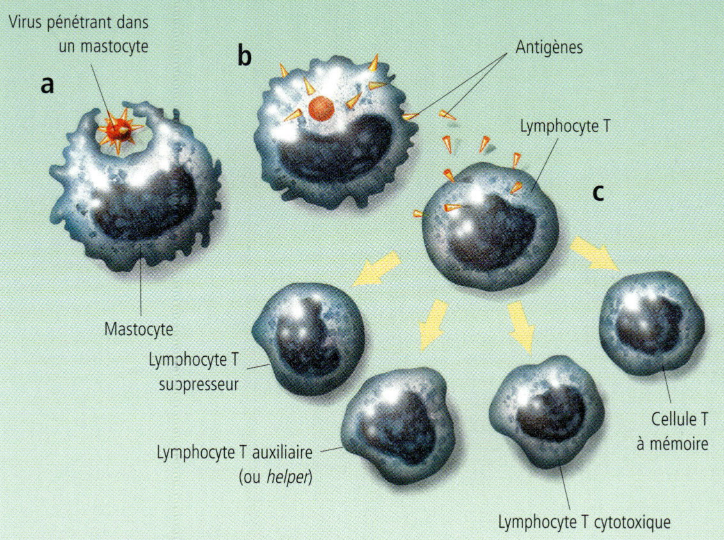

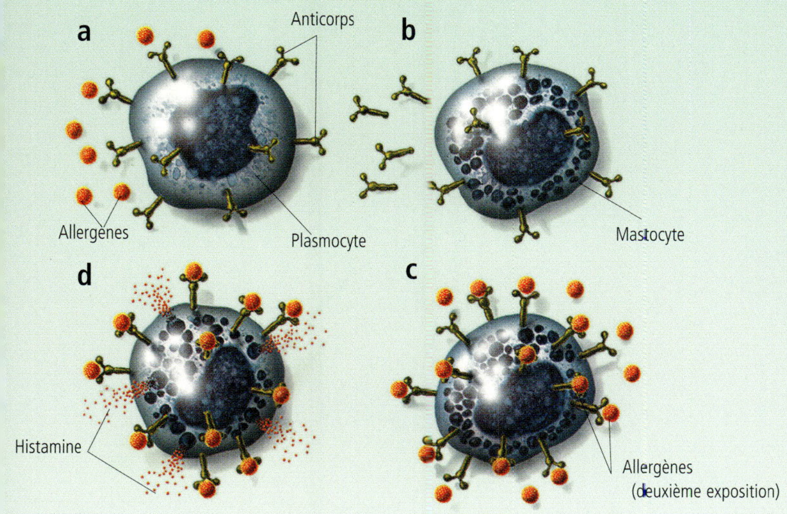

L'immunité à médiation cellulaire

Les lymphocytes T sont responsables de l'effet retardé de la réponse à médiation cellulaire.
(a) Les mastocytes ingèrent le virus.
(b) Les mastocytes traitent le virus et présentent l'antigène aux lymphocytes T.
(c) Les lymphocytes T produisent des clones qui ont un rôle particulier dans la réponse immunitaire : les cellules T à mémoire se rappellent de l'antigène en cas de nouvelle exposition, les lymphocytes T auxiliaires (ou *helpers*) activent des lymphocytes B et T en cas d'intrusion, les lymphocytes T suppresseurs mettent un terme à l'action des lymphocytes B et T et les lymphocytes T cytotoxiques détruisent l'antigène.

Le système digestif

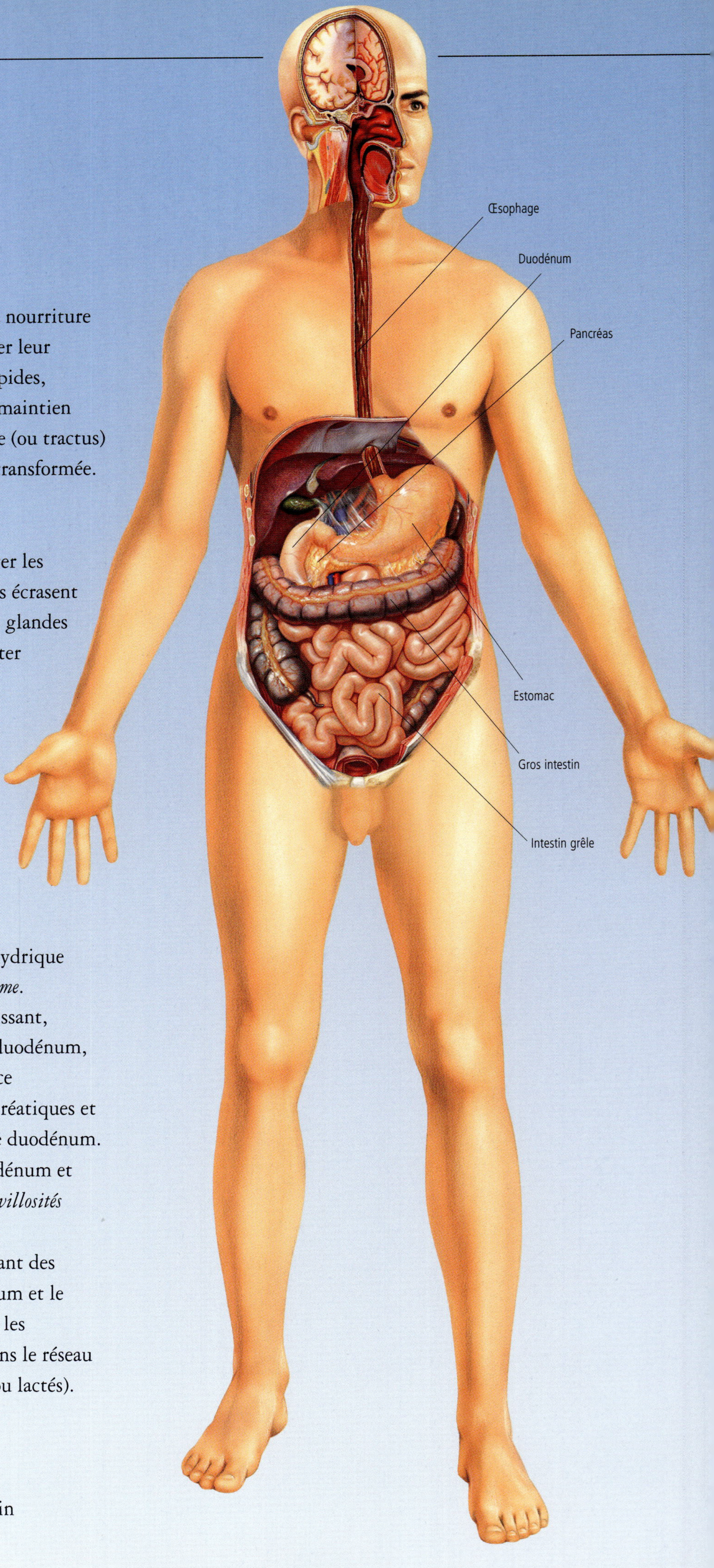

Le système digestif extrait les nutriments de la nourriture et les dégrade en petites molécules pour faciliter leur absorption. Tous les nutriments – protéines, lipides, glucides, vitamines et minéraux, essentiels au maintien des fonctions vitales – sont absorbés par le tube (ou tractus) digestif, où la nourriture est progressivement transformée.

Le tube digestif

Les muscles de la bouche permettent de déplacer les aliments pendant que les dents les mâchent, les écrasent et les déchiquettent. La salive, produite par les glandes salivaires, humidifie la nourriture afin de faciliter la mastication et la déglutition. Les aliments mastiqués, rassemblés en une masse appelée *bol alimentaire*, sont poussés au fond de la bouche puis vers l'œsophage par un mouvement musculaire. Ensuite, le muscle lisse de l'œsophage se contracte pour propulser les aliments dans l'estomac.

Grâce à des contractions musculaires, l'estomac malaxe le bol alimentaire pour le mélanger avec les sucs gastriques (acide chlorhydrique et pepsine). La mixture ainsi obtenue est le *chyme*. Le pylore, recouvert d'un muscle circulaire puissant, contrôle le passage du chyme de l'estomac au duodénum, première partie de l'intestin grêle où commence l'absorption des nutriments. Les enzymes pancréatiques et la bile (sécrétée par le foie) se déversent dans le duodénum.

Les nombreux plis de la muqueuse du duodénum et du jéjunum comportent de petites saillies, les *villosités intestinales*, qui créent une surface d'absorption importante. La plupart des nutriments provenant des aliments digérés sont absorbés dans le duodénum et le jéjunum. Les petites molécules pénètrent dans les capillaires alors que les plus grosses passent dans le réseau lymphatique (vaisseaux absorbants chylifères ou lactés).

L'iléon rejoint le gros intestin, composé du cæcum, du côlon et du rectum, au niveau de la jonction iléo-cæcale. Les restes du bol alimentaire digéré transitent par le gros intestin

Péristaltisme

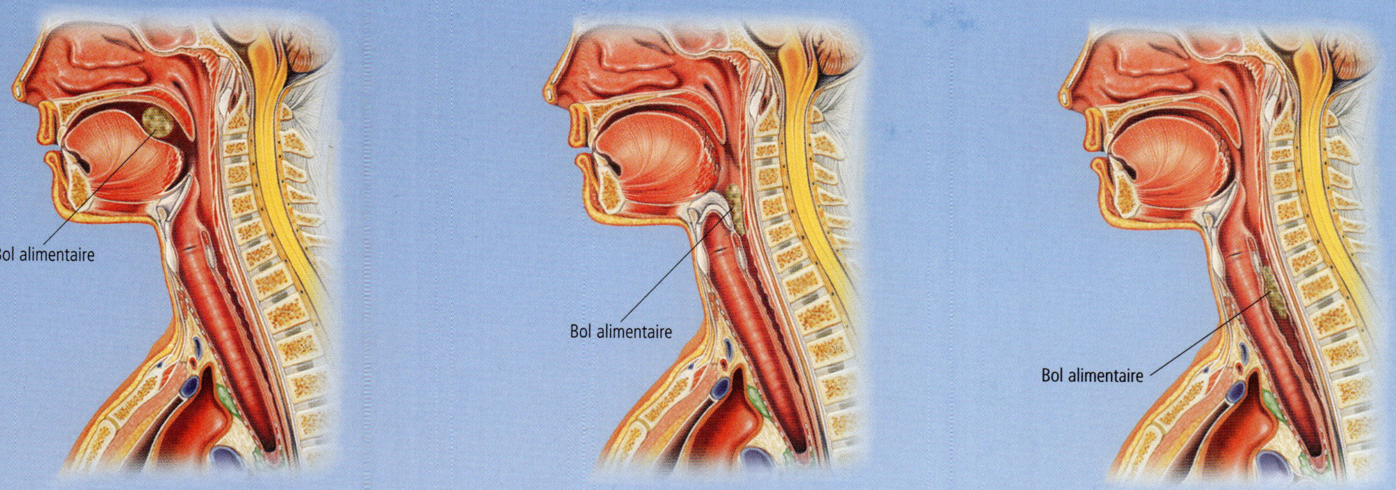

Lorsque la déglutition (action volontaire) commence, la langue pousse le bol alimentaire vers le pharynx. Les muscles du pharynx se contractent alors pour le propulser dans la partie supérieure de l'œsophage. Une onde péristaltique l'entraîne ensuite jusqu'à l'estomac.

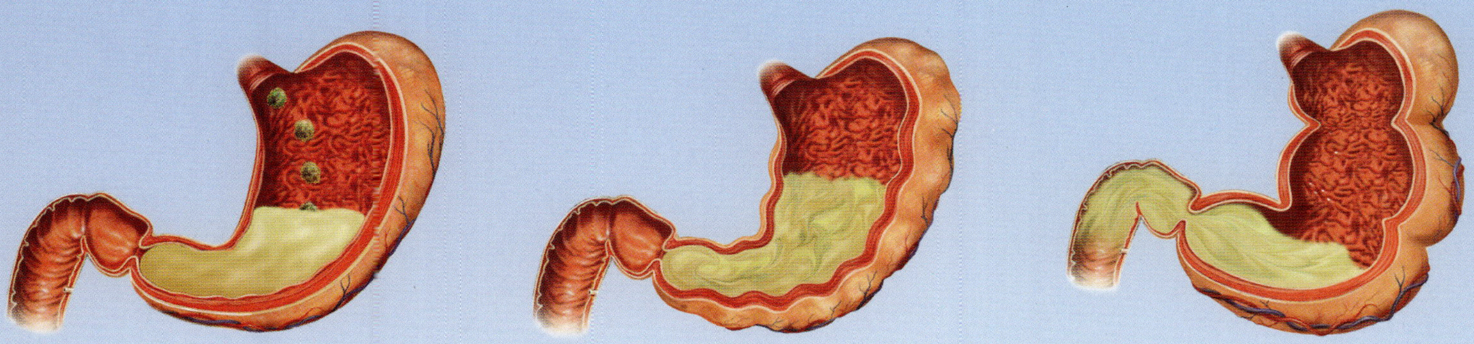

L'estomac mélange la nourriture avec ses sucs gastriques, afin de constituer le chyme, bouillie à demi liquide, qui passe progressivement dans le duodénum par le sphincter pylorique.

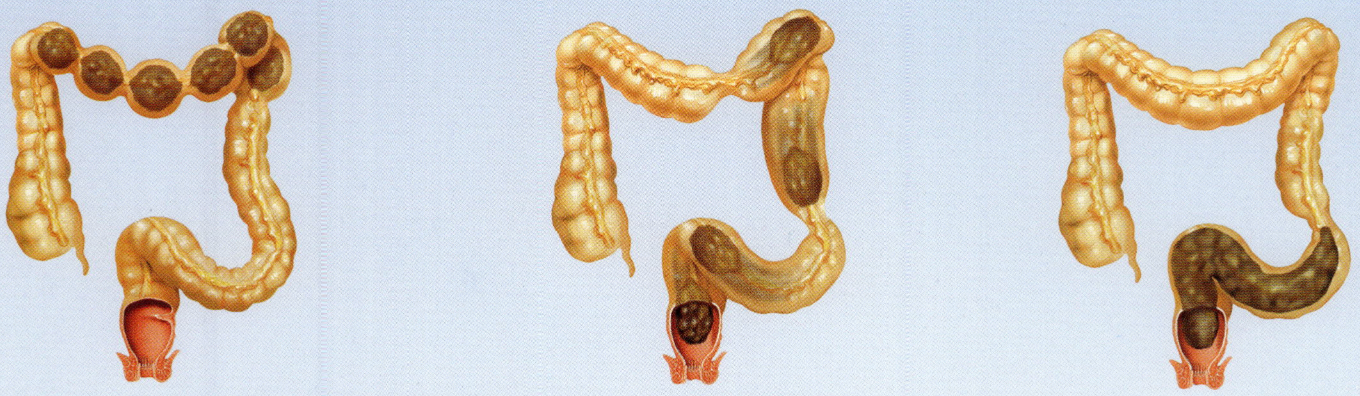

Les nutriments sont absorbés dans l'intestin grêle, l'eau et les sels biliaires dans le côlon, avant que des contractions péristaltiques poussent les résidus dans le rectum où les fèces sont stockées avant leur expulsion.

où l'eau et les sels biliaires sont extraits, ne laissant que les fèces (ou selles).

Les fèces progressent jusqu'au rectum, puis jusqu'à l'anus, orifice par lequel elles sont régulièrement expulsées.

Le système nerveux végétatif (ou autonome) contrôle la majeure partie du processus de digestion, en déclenchant les actions coordonnées des muscles, des organes, des enzymes et des hormones.

Les organes digestifs

L'ŒSOPHAGE

Structure tubaire musculaire, l'œsophage achemine la nourriture de la bouche à l'estomac grâce à une onde péristaltique provoquée par la contraction du muscle lisse. Après avoir traversé le diaphragme, il rejoint l'estomac, dans lequel il transfère le bol alimentaire par le cardia.

L'ESTOMAC

L'estomac est constitué de nombreuses couches musculaires qui travaillent ensemble pour malaxer la nourriture, et la transformer en une bouillie à demi liquide, le *chyme*. La muqueuse et la sous-muqueuse qui tapissent l'estomac sécrètent les sucs gastriques qui participent à la digestion. Les couches de muscles gastriques se contractent et se relâchent pour mélanger et expulser le contenu de l'estomac dans le duodénum. Les mouvements sont facilités par la texture lisse de sa couche externe.

LE FOIE

Le foie produit la bile, qui contribue à l'absorption de la nourriture partiellement digérée.
La bile passe du foie à la vésicule biliaire où elle est stockée et concentrée en attendant d'être libérée dans le duodénum.

LE PANCRÉAS

Les enzymes pancréatiques participent largement au processus de digestion. Avec la bile, elles pénètrent dans le duodénum par un orifice commun, l'ampoule de Vater (ou *ampoule hépatopancréatique*).

LES INTESTINS

L'intestin grêle se compose du duodénum, du jéjunum et de l'iléon. Le gros intestin est constitué par le cæcum, le côlon, le rectum et l'anus. Les nutriments sont absorbés essentiellement dans l'intestin grêle alors que l'eau et les sels biliaires sont extraits dans le côlon. Les fèces (éléments restants) sont acheminées jusqu'au rectum, avant de rejoindre l'anus, par lequel elles sont régulièrement expulsées.

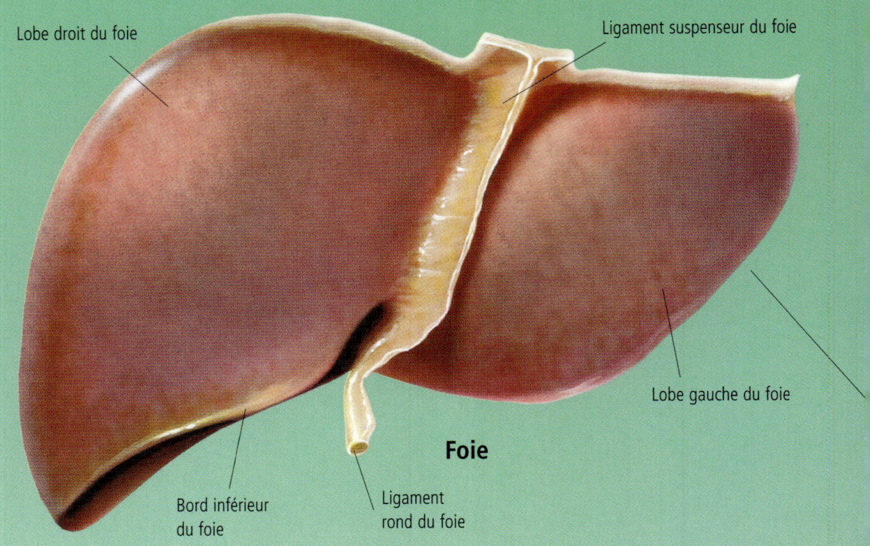

Foie

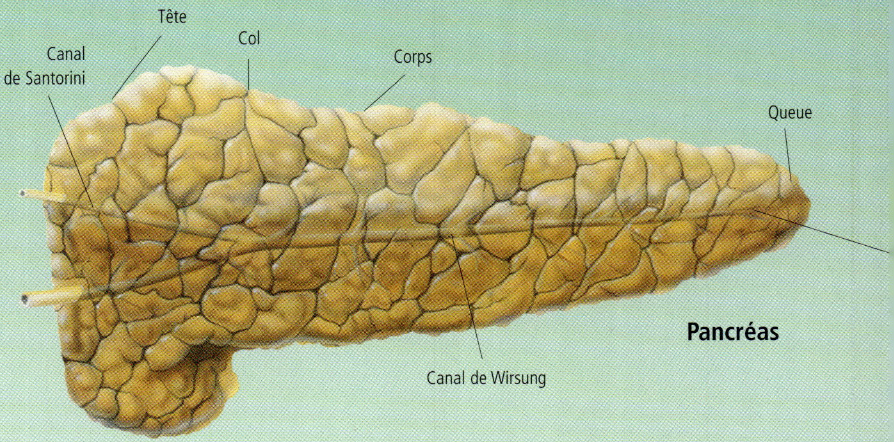

Pancréas

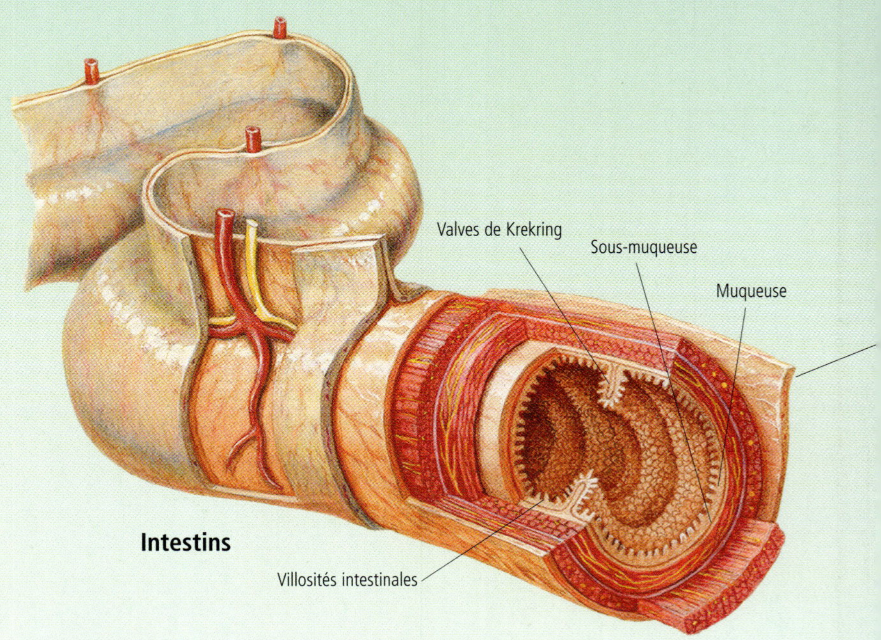

Intestins

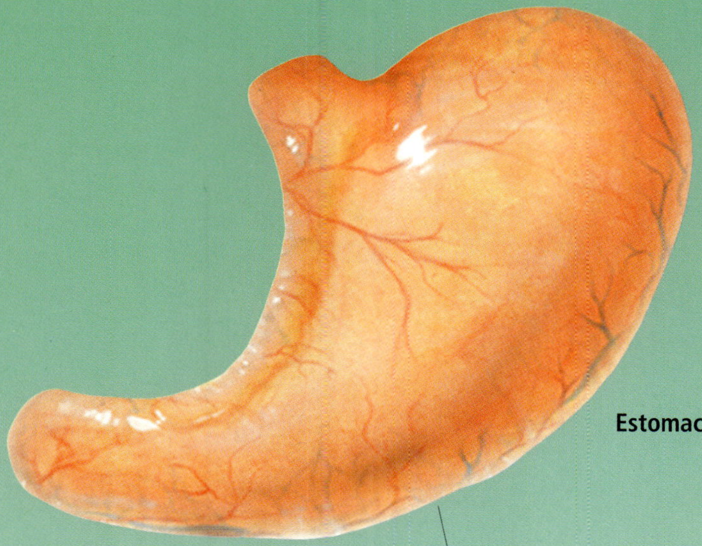

L'œsophage

Structure tubaire musculaire, l'œsophage achemine la nourriture du pharynx à l'estomac. Ses muscles involontaires sont contrôlés par le système nerveux végétatif (autonome).

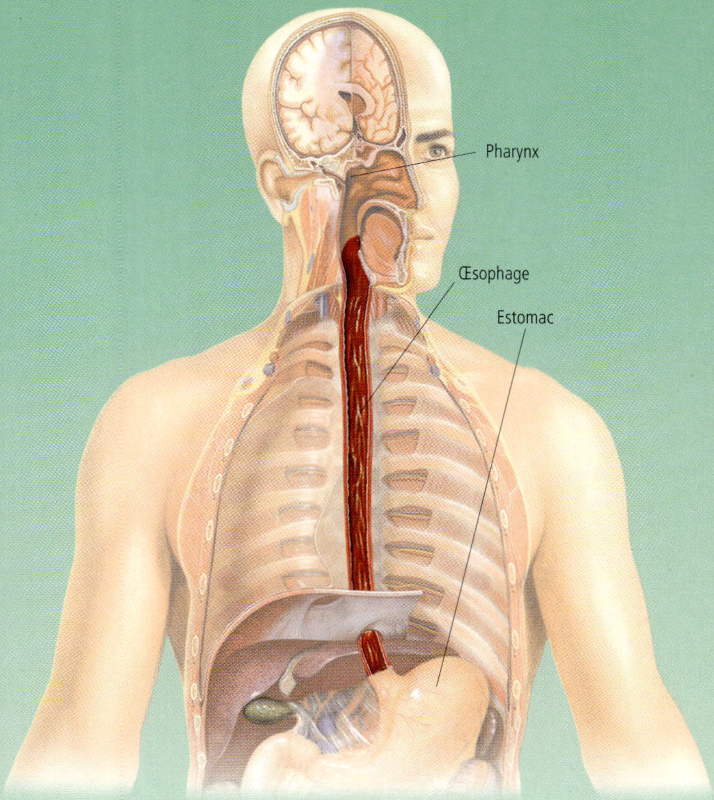

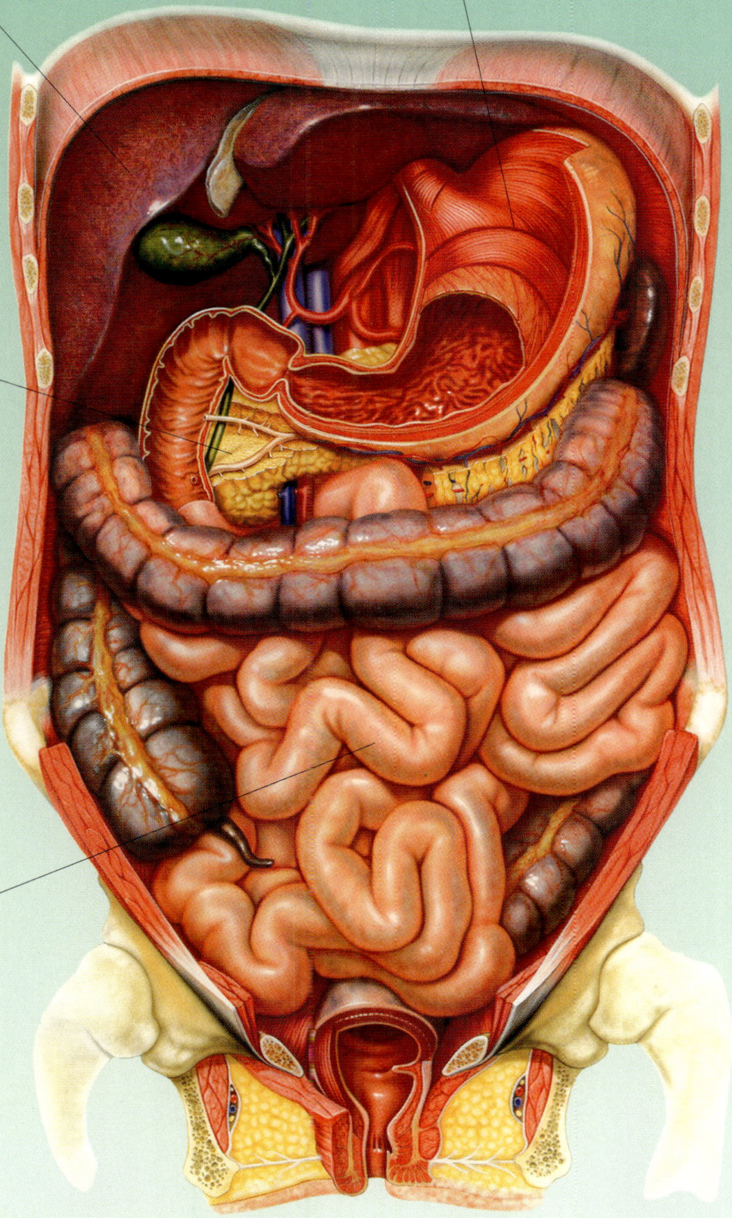

LE SAVIEZ-VOUS ?

L'estomac produit une couche épaisse de mucus pour se protéger de l'acidité de ses propres sucs. Les cellules pariétales gastriques de sa muqueuse interne produisent de l'acide chlorhydrique, suffisamment puissant pour dissoudre un clou.

Les organes digestifs

Les organes digestifs se composent du tube digestif (structure musculaire qui s'étend de la bouche à l'anus) et des organes accessoires (y compris le foie, la vésicule biliaire et le pancréas).
NB : sur cette illustration, le foie a été décalé vers le haut pour que la vésicule biliaire soit visible.

L'appareil respiratoire

Nos organes ont besoin d'oxygène pour fabriquer et régénérer les cellules. L'organisme consomme de l'oxygène et produit un gaz résiduel : le *dioxyde de carbone* ou *gaz carbonique*, ou encore CO_2. L'oxygène inhalé dans l'air ambiant est acheminé vers les poumons où il prend la place du gaz carbonique, qui est ensuite rejeté lors de l'expiration. Ce processus implique la coordination des efforts du nez, du pharynx, du larynx, de la trachée et des bronches, associés à ceux des muscles intercostaux et du diaphragme.

La partie supérieure des voies respiratoires comprend le nez, la cavité nasale et le pharynx. Afin d'éviter que des particules ne pénètrent dans les voies aériennes, les narines sont tapissées de poils qui retiennent les poussières inhalées.

Le pharynx est utilisé par le système respiratoire et le système digestif. Lors de la déglutition, l'épiglotte ferme le larynx afin que la nourriture n'entre pas dans les voies aériennes.

La respiration

Lorsque nous respirons, l'air passe dans le nez, le pharynx, le larynx, la trachée et les bronches, alors que les côtes et le sternum se soulèvent et que le diaphragme s'abaisse. Ces mouvements musculaires augmentent la capacité de la cavité thoracique, ce qui induit une baisse de la pression intrathoracique à un niveau inférieur à celui de la pression atmosphérique.

Dans les poumons, les bronches se ramifient en bronchioles toujours plus petites, qui se terminent par les alvéoles pulmonaires (sacs alvéolaires). Les parois des sacs alvéolaires sont enveloppées de capillaires qui permettent à l'oxygène de passer dans la circulation sanguine et au dioxyde de carbone accumulé dans le sang d'entrer dans les alvéoles pour être expiré.

Lors de l'expiration, processus passif, les côtes, les poumons et le diaphragme reprennent leur place initiale en expulsant l'air.

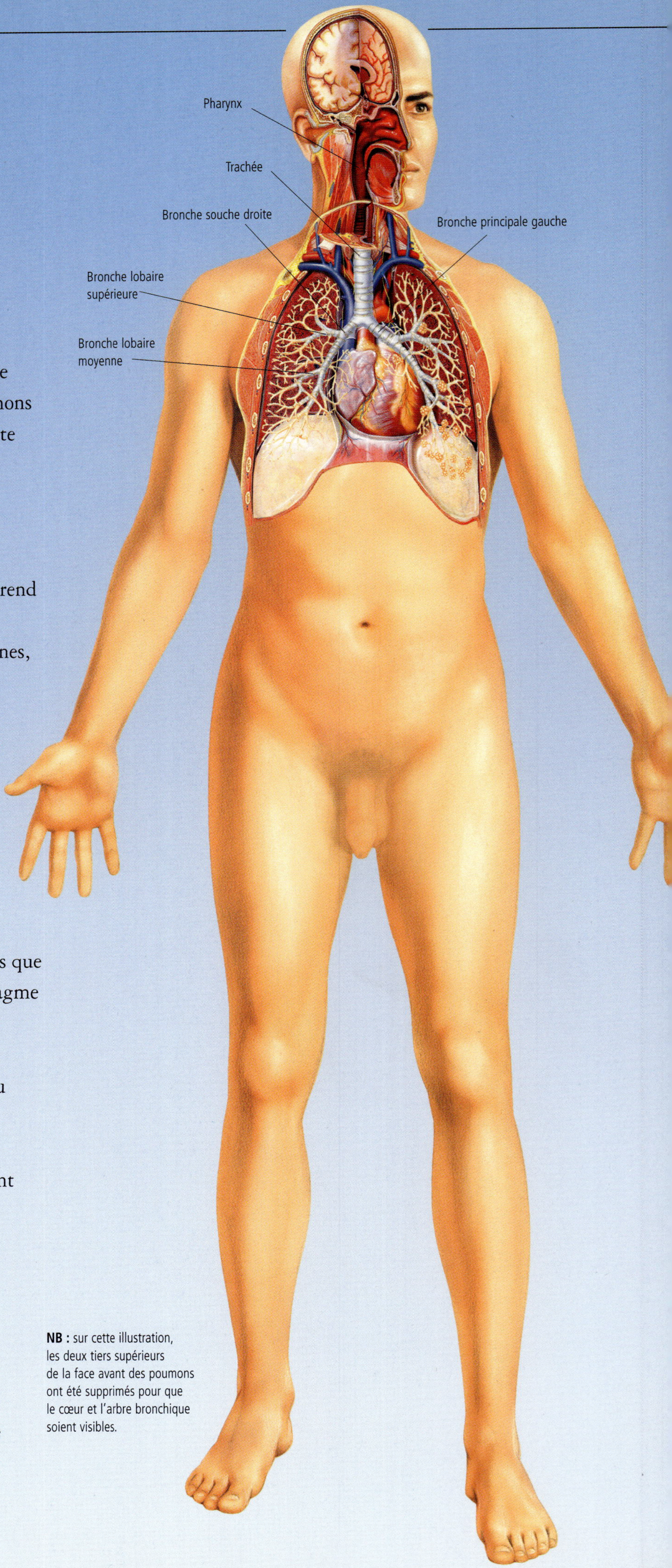

NB : sur cette illustration, les deux tiers supérieurs de la face avant des poumons ont été supprimés pour que le cœur et l'arbre bronchique soient visibles.

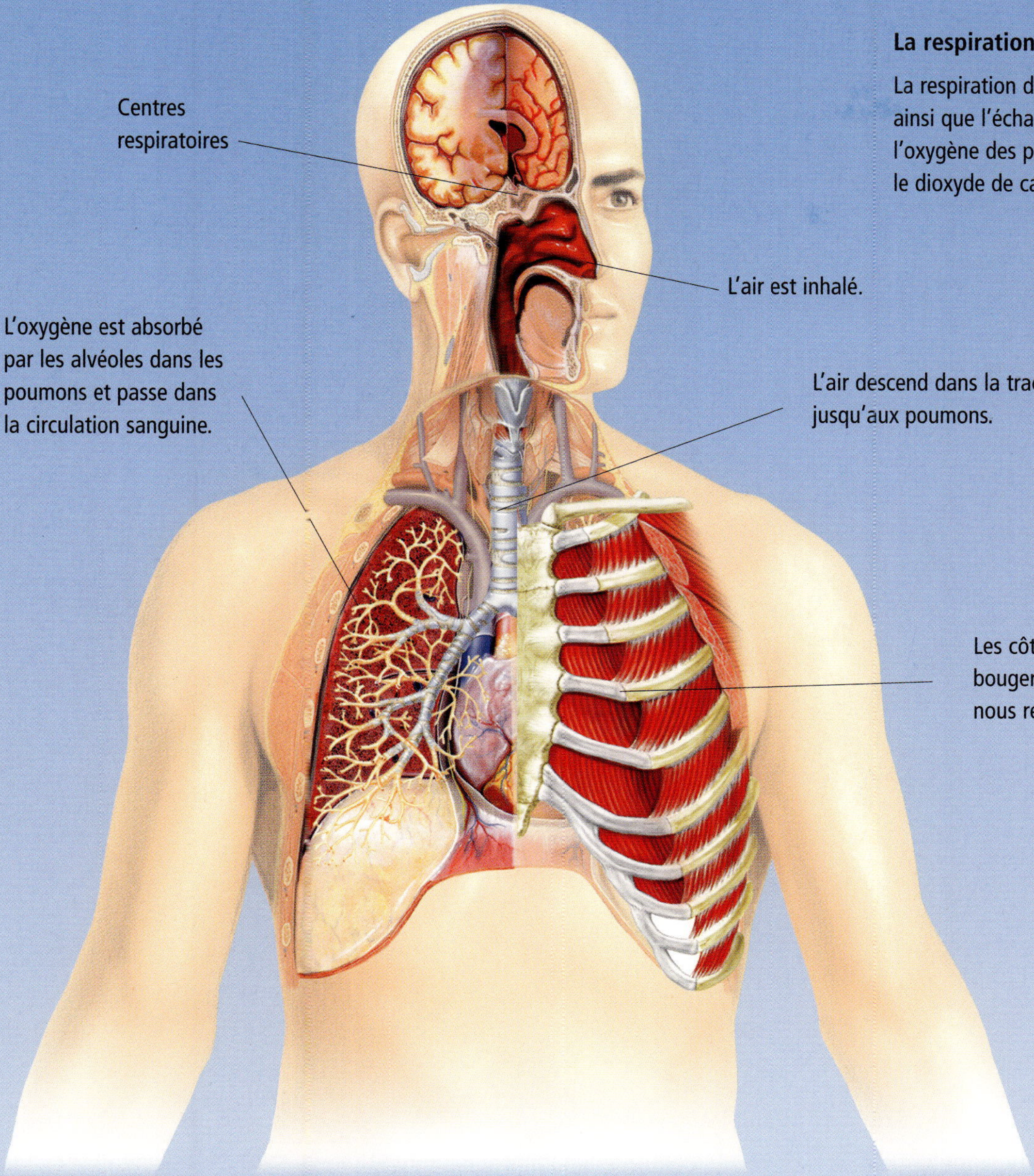

La respiration

La respiration désigne l'action d'inspirer et d'expirer ainsi que l'échange gazeux qui consiste à acheminer l'oxygène des poumons aux tissus et à ramener le dioxyde de carbone des tissus dans les poumons.

> **LE SAVIEZ-VOUS ?**
>
> Les poumons contiennent environ 300 millions d'alvéoles qui représentent une surface de quelque 93 m². Le sang échange le dioxyde de carbone contre de l'oxygène dans les alvéoles pulmonaires.

Les muscles intercostaux

Lors de l'inspiration, trois couches de muscles intercostaux se contractent pour soulever le sternum et augmenter le volume de la cage thoracique. Lors de l'expiration, processus passif, les côtes, les poumons et le diaphragme reprennent leur place initiale.

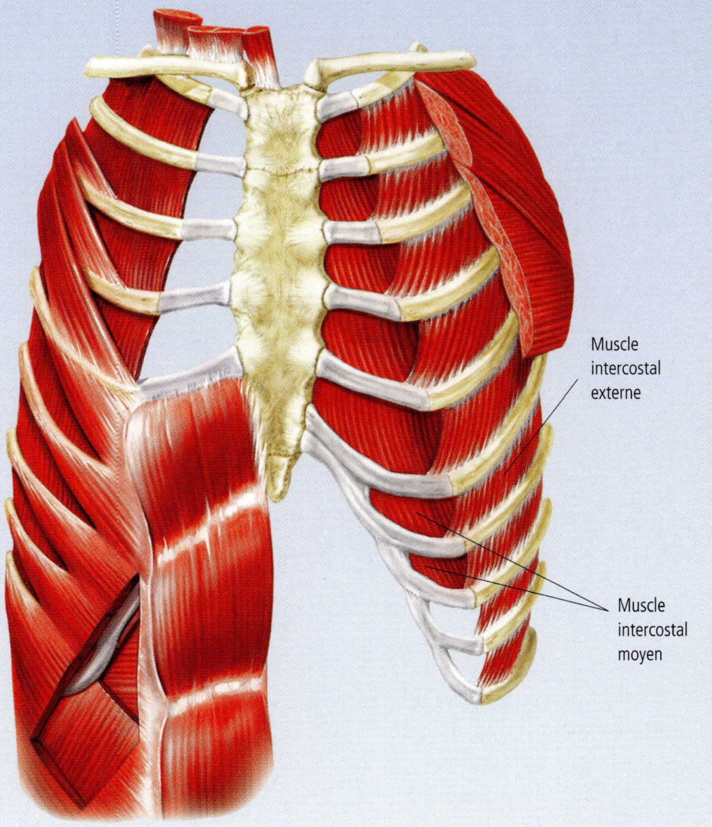

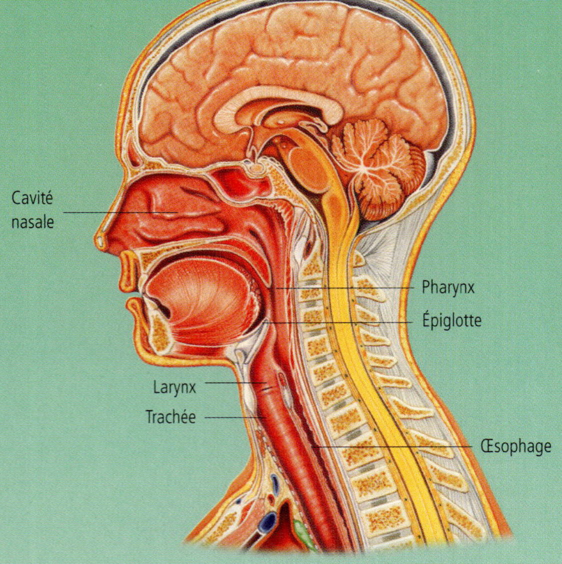

La partie supérieure des voies respiratoires

La partie supérieure des voies respiratoires comprend le nez, la cavité nasale, le pharynx et le larynx. Le larynx conduit à la trachée.

Les alvéoles pulmonaires

Les poumons contiennent environ 300 millions d'alvéoles qui représentent une surface énorme pour les échanges gazeux.

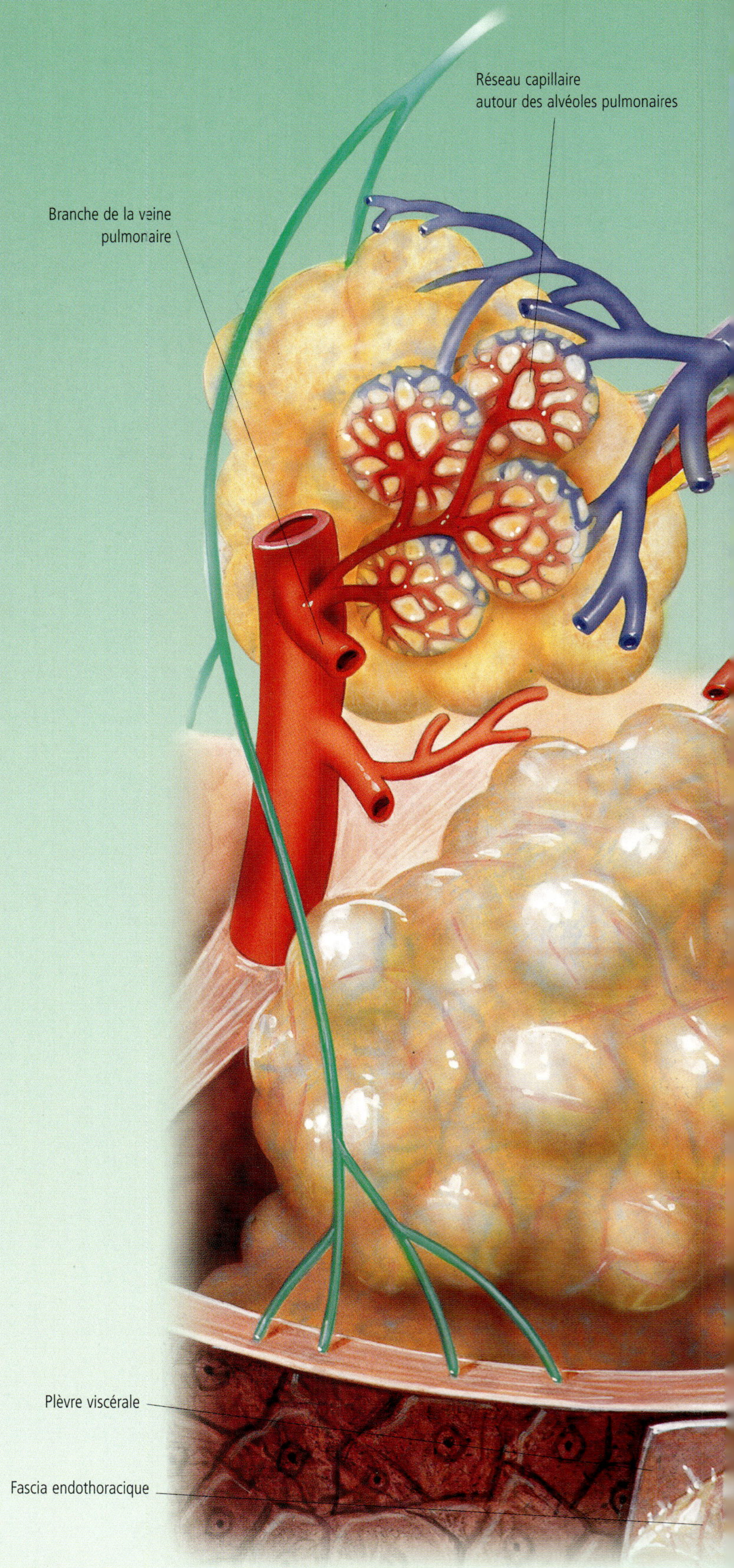

La trachée, les bronches et les poumons

La trachée est une structure tubaire qui mesure de 9 à 12 cm, formée d'anneaux cartilagineux à demi ouverts entre lesquels s'intercale du tissu fibreux. Le muscle trachéal relie les deux parties du cartilage pour fermer le tube. La trachée bifurque dans les deux bronches souches (principales), droite et gauche, qui mènent aux poumons.

Les poumons sont des structures lobaires. Le poumon gauche se compose de deux lobes, inférieur et supérieur, alors que le poumon droit en compte trois, inférieur, moyen et supérieur. Les bronches pénètrent dans les poumons et se divisent en bronches lobaires, avant de se ramifier en bronchioles, toujours plus petites, qui se terminent par les alvéoles pulmonaires (sacs alvéolaires). Regroupées en grappes sur les bronchioles, les alvéoles, dont les parois sont fines, sont séparées par une cloison interalvéolaire. Ce réseau de bronches est connu sous le nom d'*arbre bronchique*.

Dans les poumons, les échanges gazeux interviennent lorsque l'oxygène contenu dans l'air inspiré prend la place du dioxyde de carbone (CO_2) présent dans l'artère pulmonaire. Les gaz traversent la membrane alvéolaire, l'oxygène passe dans le sang par le réseau capillaire des alvéoles pulmonaires et le CO_2 pénètre dans les alvéoles avant d'être expulsé lors de l'expiration.

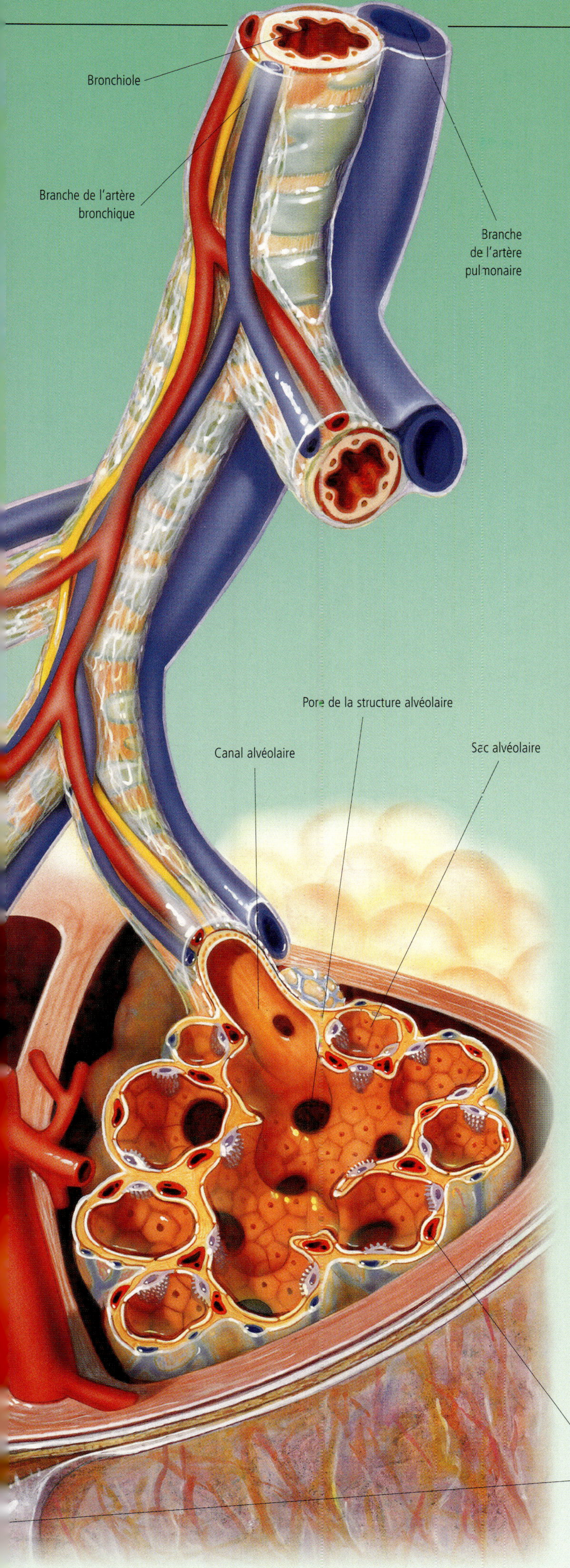

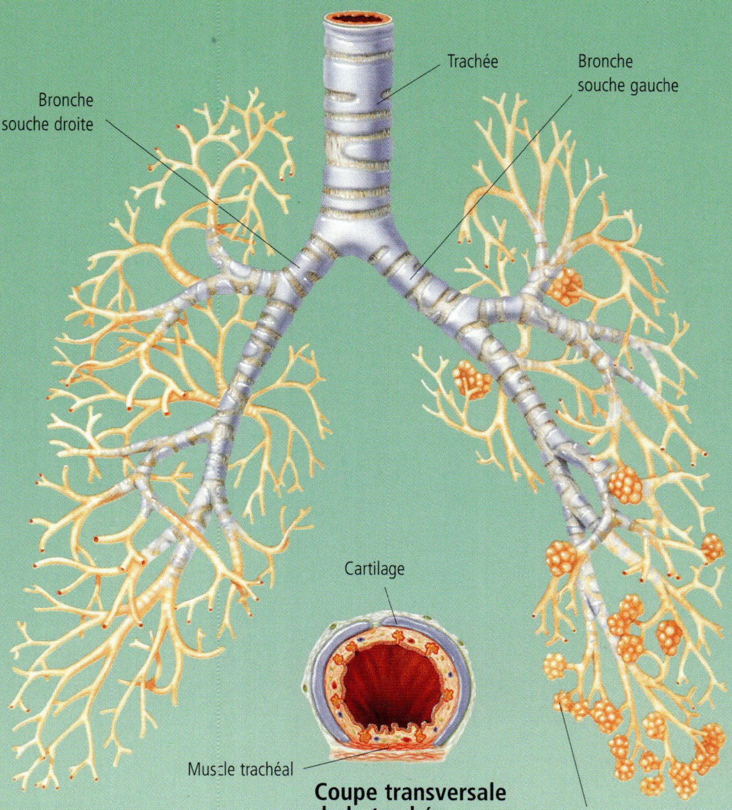

Coupe transversale de la trachée

L'arbre bronchique

L'oxygène arrive aux alvéoles pulmonaires une fois que l'air inspiré est passé dans le réseau de bronches et de bronchioles, connu sous le nom d'arbre bronchique.

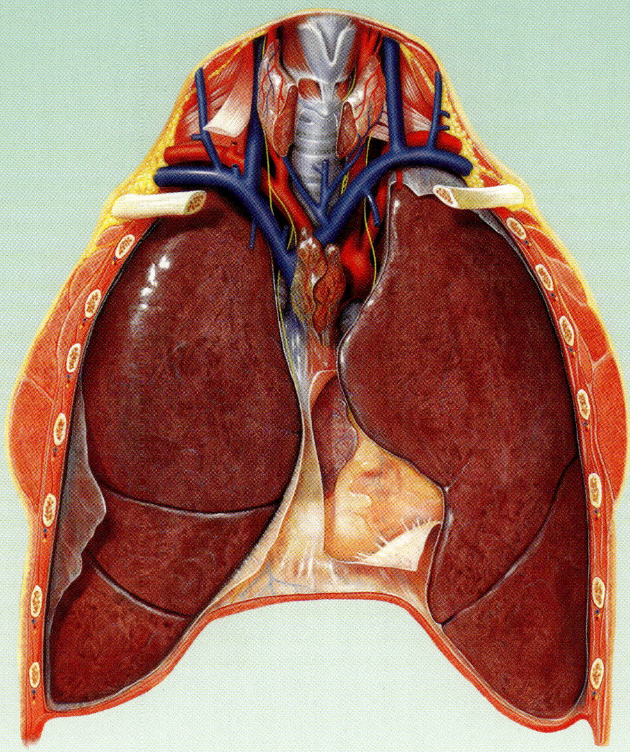

Les poumons

Afin de pourvoir aux besoins vitaux de l'organisme, les poumons, principaux organes de l'appareil respiratoire, disposent une surface importante pour faciliter les échanges gazeux.

L'appareil urinaire

L'appareil urinaire est chargé de maintenir l'équilibre en eau et en électrolytes dans le sang et d'excréter les déchets produits par le métabolisme.

Les reins

Les reins sont situés à l'arrière de la cavité abdominale, de chaque côté de la colonne vertébrale, le rein droit étant légèrement plus bas que le gauche. Ils sont surmontés par les glandes surrénales (ou adrénales). Chaque rein se compose du cortex rénal et de la médulla. Le cortex renferme les néphrons (unités de filtration), et la médulla contient une douzaine de pyramides rénales dans lesquelles se trouvent les tubules rénaux collecteurs, chargés de recueillir l'urine produite par les néphrons.

La fonction excrétrice des reins consiste à éliminer les déchets produits par le métabolisme, comme l'urée ou toute autre substance indésirable. L'équilibre en électrolytes et en eau est également assuré par les reins. Les néphrons traitent le filtrat (liquide composé du sang, moins les globules rouges et blancs et les protéines) et réabsorbent l'eau, le glucose et les sels. Les déchets sont sécrétés dans le filtrat, qui est ensuite éliminé de l'organisme sous la forme d'urine. En moyenne, un adulte urine un litre à un litre et demi par jour.

Les reins ont également une fonction endocrine. Ils produisent des hormones qui contribuent à la fabrication du sang et au métabolisme du calcium.

Deux grosses artères rénales, droite et gauche, issues de l'aorte, irriguent les reins et leur apportent l'oxygène dont ils ont besoin. Leurs ramifications alimentent les glandes surrénales et les uretères.

Chaque branche se ramifie jusqu'à former des capillaires, qui acheminent l'oxygène dans le tissu rénal et participent au processus de filtration.

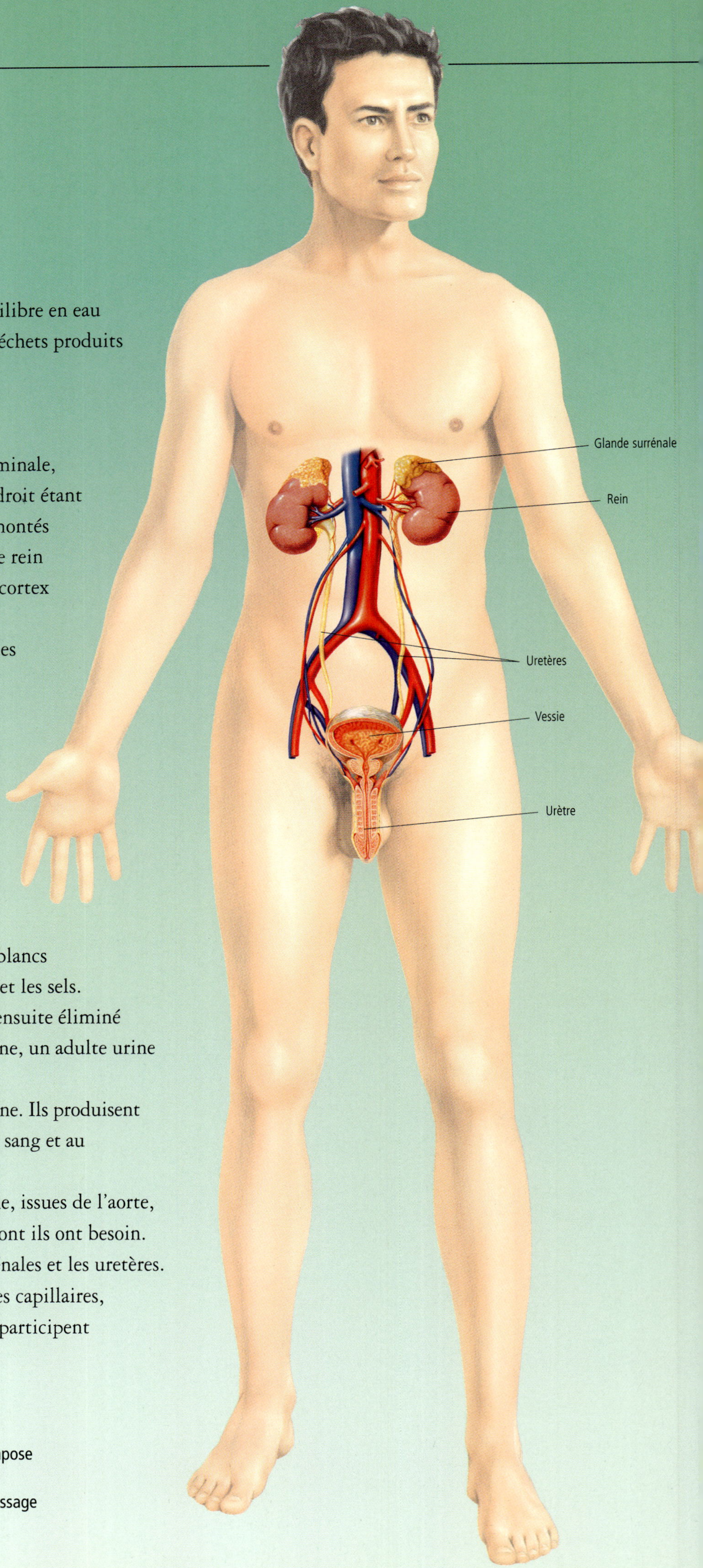

L'appareil urinaire masculin

L'appareil urinaire masculin se compose des reins, des uretères, de la vessie et de l'urètre. L'urètre permet le passage de l'urine et du sperme.

Les uretères

Situés dans le prolongement du bassinet, les uretères sont des structures tubaires musculaires qui transportent l'urine jusqu'à la vessie. Ils s'abouchent à la partie postérieure de la vessie et continuent à l'oblique sur environ deux centimètres, dans la paroi vésicale. Lorsque la vessie est pleine, elle comprime la partie des uretères située dans la paroi vésicale afin d'éviter que l'urine ne reflue.

L'urètre masculin

Divisé en trois parties, prostatique, membraneuse et spongieuse, l'urètre masculin intervient dans le système urinaire et dans la reproduction. Depuis la vessie, il traverse la prostate et se prolonge jusqu'au pénis.

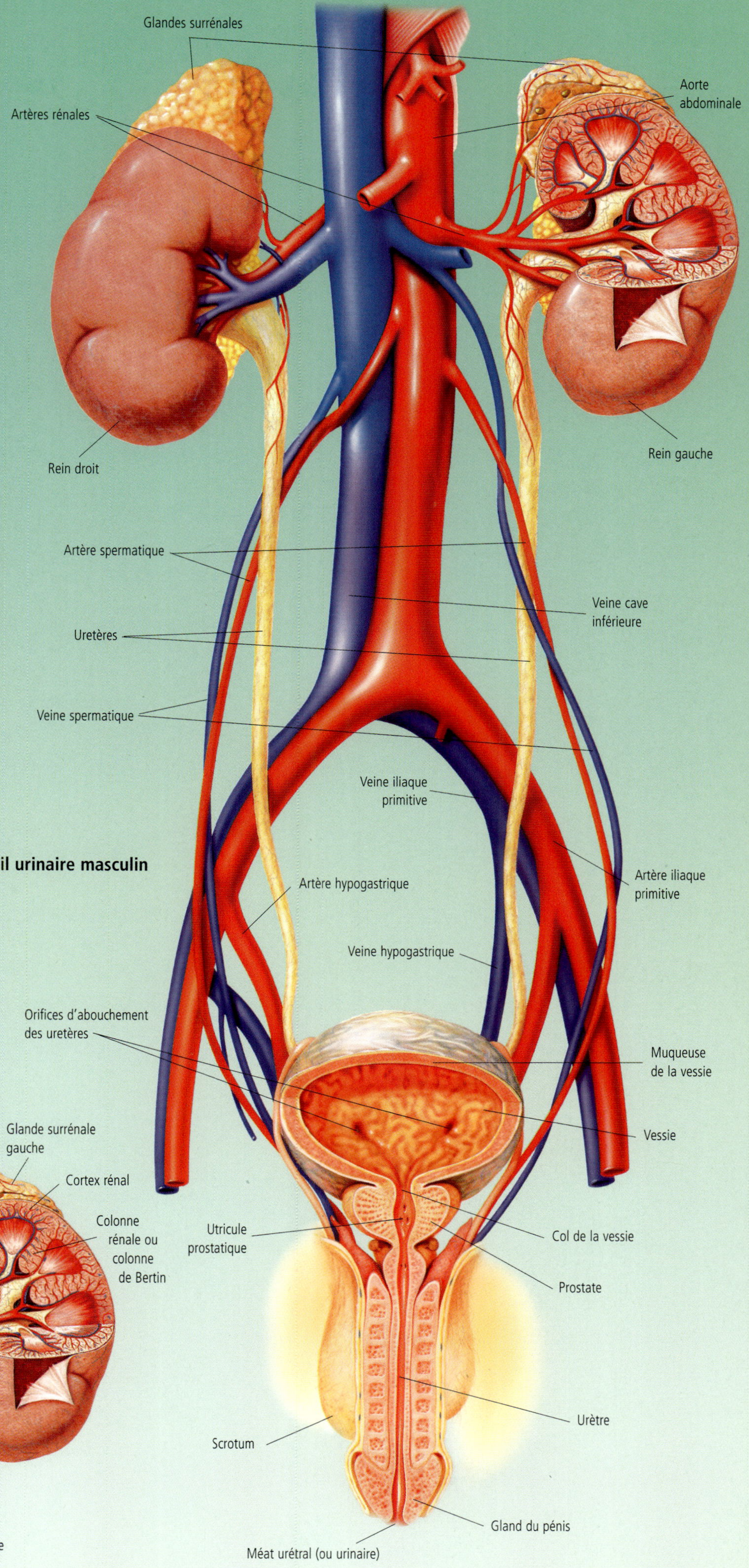

Appareil urinaire masculin

Les reins

Les reins filtrent le sang, en absorbant l'eau et les électrolytes pour les renvoyer dans la circulation sanguine et transfèrent les déchets (urine) jusqu'à la vessie grâce aux uretères. Ils sont surmontés par les glandes surrénales. En général, le rein droit est légèrement plus bas que le gauche.

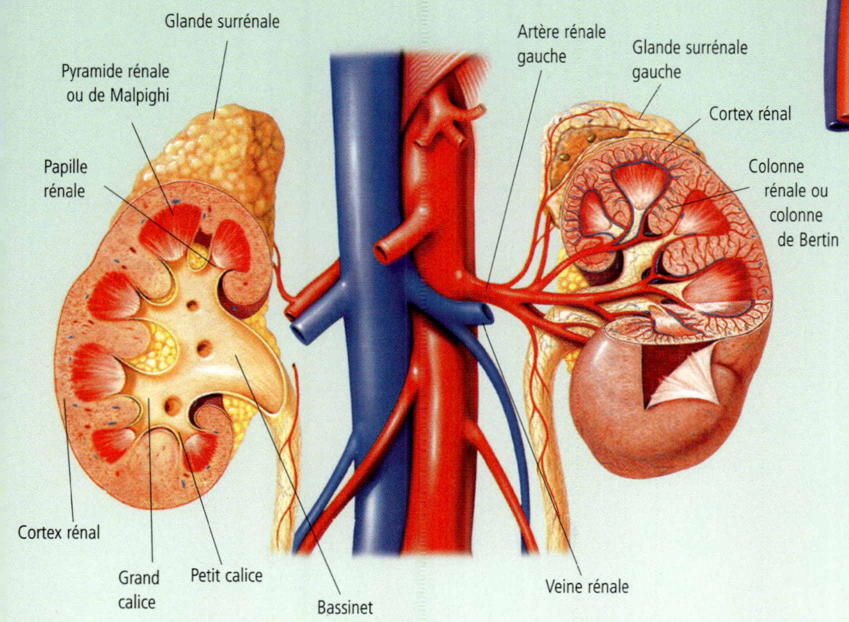

La vessie

L'urine produite dans les reins arrive à la vessie par les uretères. La vessie est un sac musculaire, d'une capacité d'environ un demi-litre. Sa structure est la même chez l'homme que chez la femme, en dehors du fait que, chez l'homme, elle est située au-dessus de la prostate.

L'appareil urinaire féminin

L'appareil urinaire féminin et masculin se ressemblent, mais présentent malgré tout quelques différences. Chez la femme, la vessie est située dans la cavité pelvienne, sous l'utérus. L'urètre, relativement court, relie la vessie à l'extérieur, et le méat urétral (ou urinaire) est juste à l'entrée du vagin. Enfin, contrairement à ce qui se passe chez l'homme, l'urètre n'intervient pas dans la reproduction.

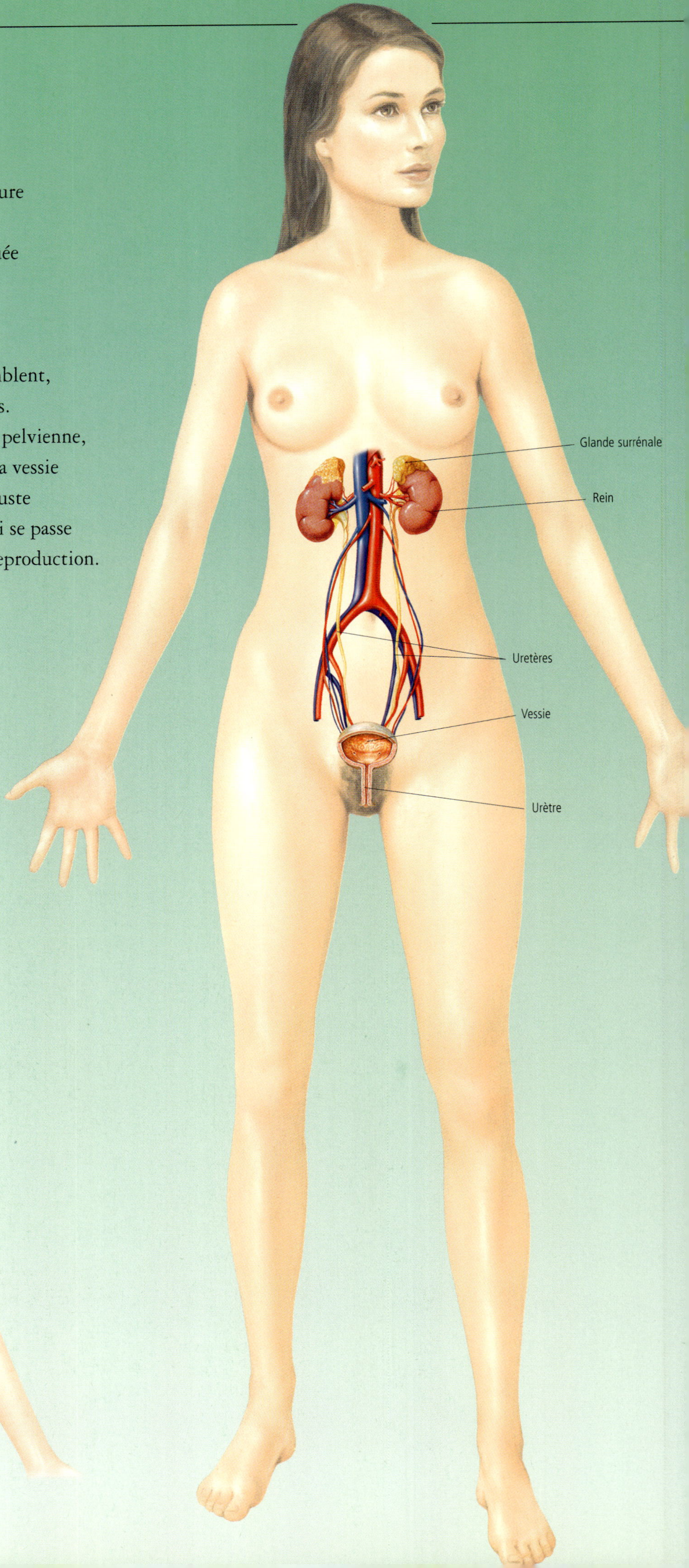

Les reins *in situ*

Les reins se trouvent à l'arrière de la cavité abdominale, de chaque côté de la colonne vertébrale. Le rein droit, derrière le duodénum, est légèrement plus bas que le gauche, qui se trouve derrière la tête du pancréas et l'estomac. À l'avant des reins, les extrémités du côlon transverse rejoignent le côlon ascendant et descendant.

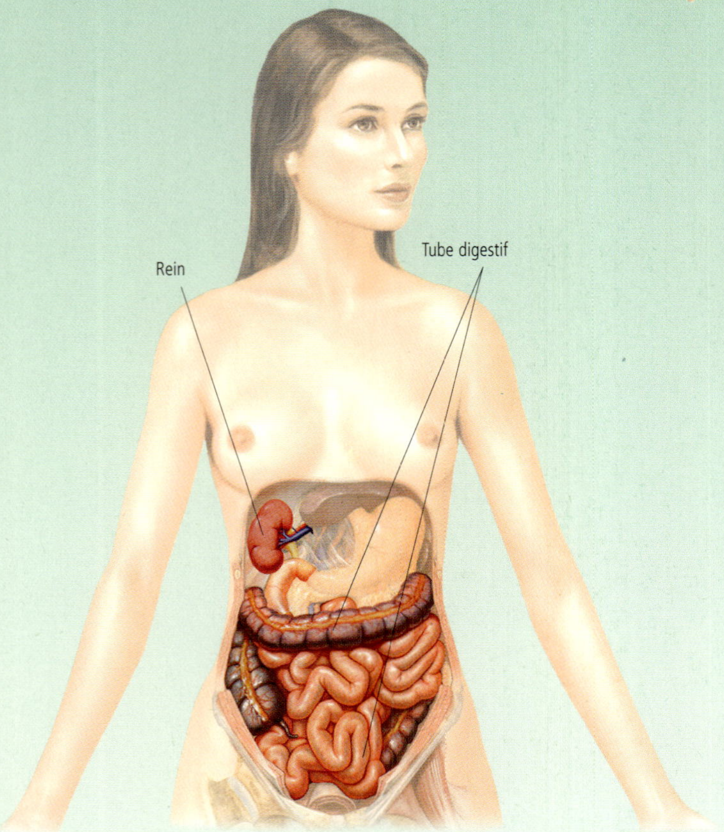

LE SAVIEZ-VOUS ?

Chaque jour, les reins traitent et filtrent des dizaines de litres de sang à travers plus de deux millions de néphrons. La capacité de filtration des néphrons permet à l'organisme de recycler environ 99 % du sang.

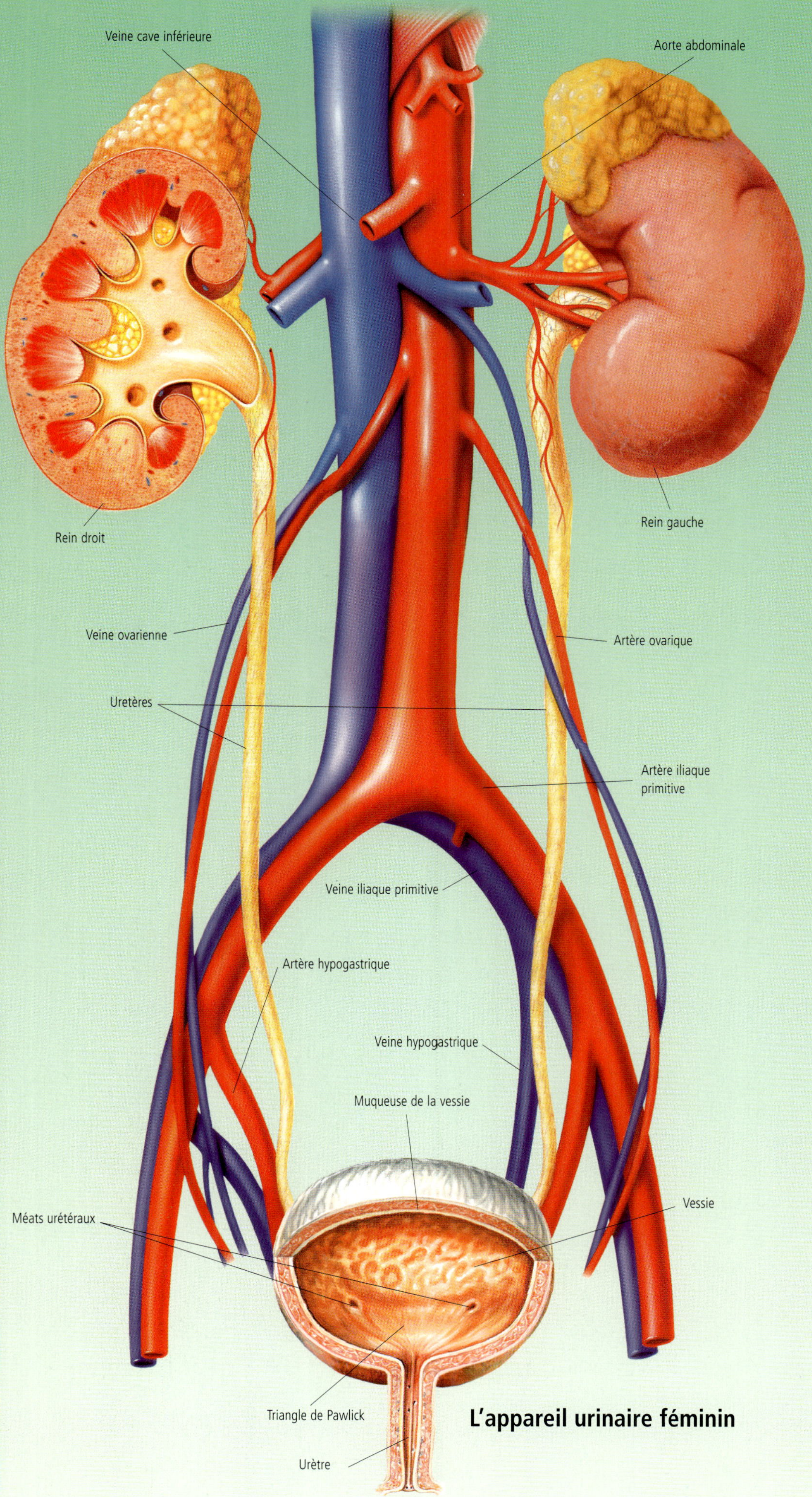

L'appareil urinaire féminin

L'appareil urinaire féminin

L'appareil urinaire féminin ressemble à celui de l'homme en de nombreux points. Cependant, l'urètre est beaucoup plus court et débouche à l'extérieur du corps, tout de suite après le plancher pelvien, par un orifice situé au milieu de la vulve, à l'entrée du vagin. L'urètre féminin sert uniquement à évacuer l'urine.

L'appareil reproducteur masculin

L'appareil reproducteur masculin se compose du canal déférent, des testicules, de la vésicule séminale, de la prostate et du pénis.

Les testicules (gonades mâles) sont les principaux organes de la reproduction chez l'homme. Ils sont situés à l'extérieur du corps, derrière le pénis, dans un petit sac allongé, le *scrotum*. Ils fabriquent les hormones sexuelles masculines, *testostérone* et *androstérone*, et le sperme. Lors du développement fœtal, à 30 semaines, les testicules quittent leur position initiale, près des reins et descendent dans le scrotum par le canal inguinal. Les spermatozoïdes devant être fabriqués à une température inférieure à celle de l'organisme (33 °C), les testicules sont situés à l'extérieur du corps. Leur température est régulée par le scrotum. L'épididyme est une structure allongée, reliée à la partie supérieure de chaque testicule.

Le canal déférent est palpable au-dessus des testicules, à travers le scrotum.

La vésicule séminale est un réservoir relié au canal déférent. Son conduit rejoint le canal déférent pour former le canal éjaculateur. Elle fabrique plus de la moitié du liquide séminal.

La prostate se présente sous la forme d'une pyramide inversée, de la taille d'une noix. Composée de muscle et de tissu glandulaire, elle entoure le col de la vessie et l'urètre. Les sécrétions de la vésicule séminale et de la prostate constituent le liquide séminal éjaculé lors de l'orgasme, qui contient du glucose et des enzymes en quantité suffisante pour que les spermatozoïdes aient l'énergie nécessaire afin d'atteindre l'ovule.

Le pénis se compose de deux cylindres, les *corps caverneux*, et d'un troisième, constitué de tissu spongieux, qui abrite l'urètre et se termine par le gland, renflement bulbeux qui forme l'extrémité du pénis.

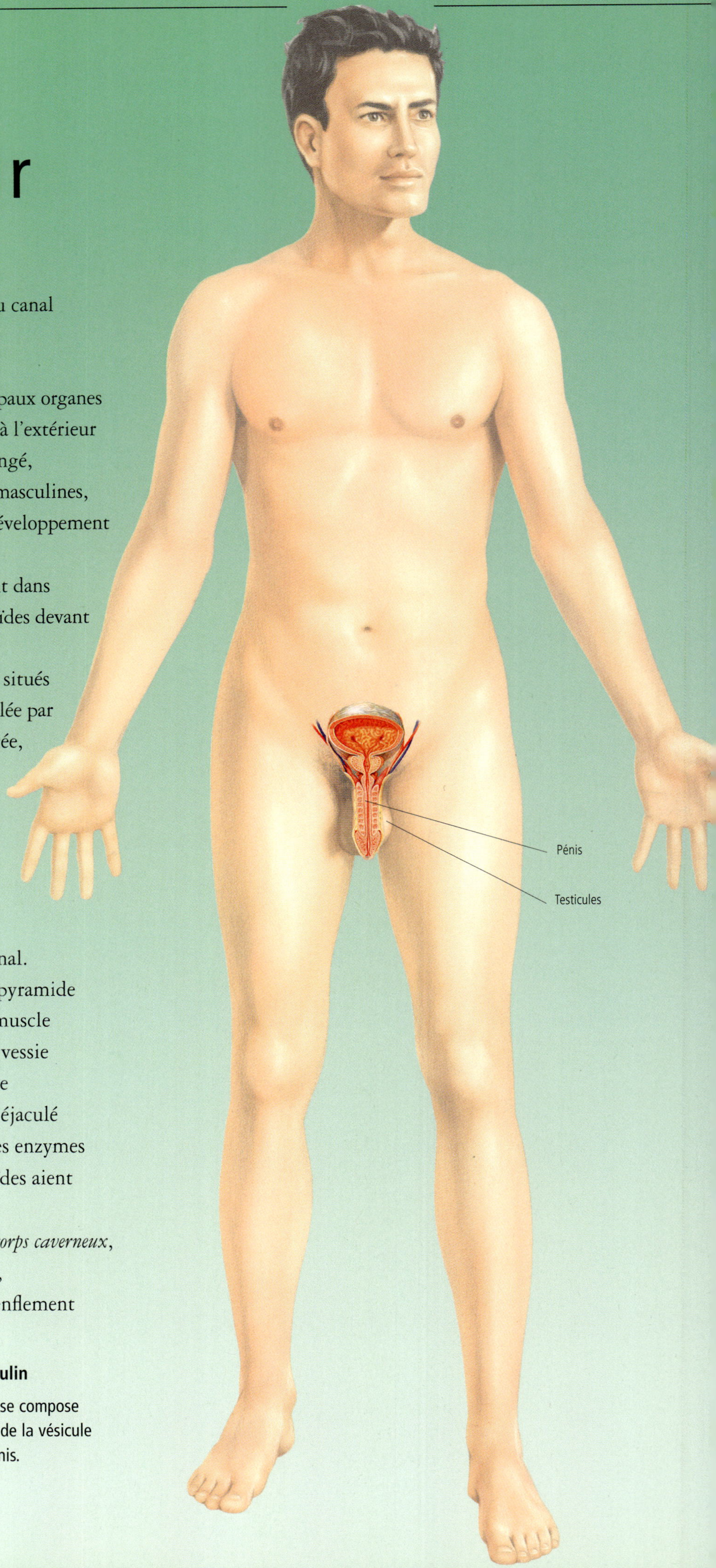

L'appareil reproducteur masculin

L'appareil reproducteur masculin se compose du canal déférent, des testicules, de la vésicule séminale, de la prostate et du pénis.

Lorsque le pénis n'est pas circoncis, le gland est recouvert par une peau protectrice, le *prépuce*. Les trois cylindres sont enveloppés de tissu conjonctif et ont la structure d'une éponge, les espaces qui les séparent étant remplis de sang. Lors d'une stimulation sexuelle, les cylindres spongieux se gorgent de sang. Le pénis devient alors dur et entre en érection, ce qui permet son introduction dans le vagin. Lorsque l'excitation est maximale pendant l'acte sexuel, le système nerveux sympathique déclenche l'éjaculation, émission de sperme, substance contenant des millions de spermatozoïdes. Pour que la fécondation soit possible, l'éjaculat doit contenir un nombre suffisant de spermatozoïdes actifs et sains.

Les spermatozoïdes sont des cellules microscopiques qui transportent le matériel génétique de l'homme qui s'associera avec celui de la femme après la fécondation de l'ovule. Lors de l'éjaculation, les spermatozoïdes se mélangent aux sécrétions de la prostate et de la vésicule séminale pour former le sperme. La tête de chaque spermatozoïde contient un noyau qui renferme les chromosomes et une membrane, l'acrosome, qui transporte les enzymes nécessaires à la fécondation. Le flagelle (ou *queue*) permet au spermatozoïde de se déplacer jusqu'aux organes reproducteurs de la femme.

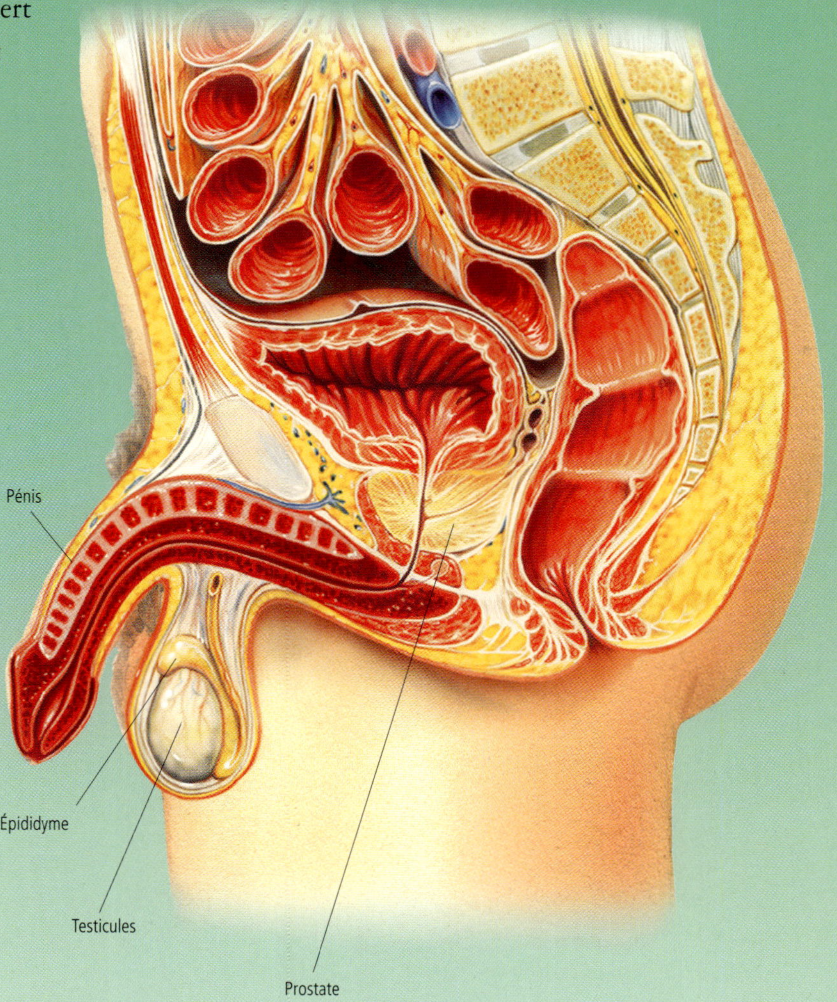

Les testicules

Les testicules sont situés juste derrière le pénis, dans le scrotum. Ils produisent les hormones sexuelles et le sperme. Les spermatozoïdes sont fabriqués dans les tubules des testicules. Les cellules spermatiques se divisent et forment les spermatides, qui deviennent ensuite des spermatozoïdes. Les spermatozoïdes se déplacent des testicules à l'épididyme où ils restent jusqu'à ce qu'ils soient matures et prêts pour l'éjaculation.

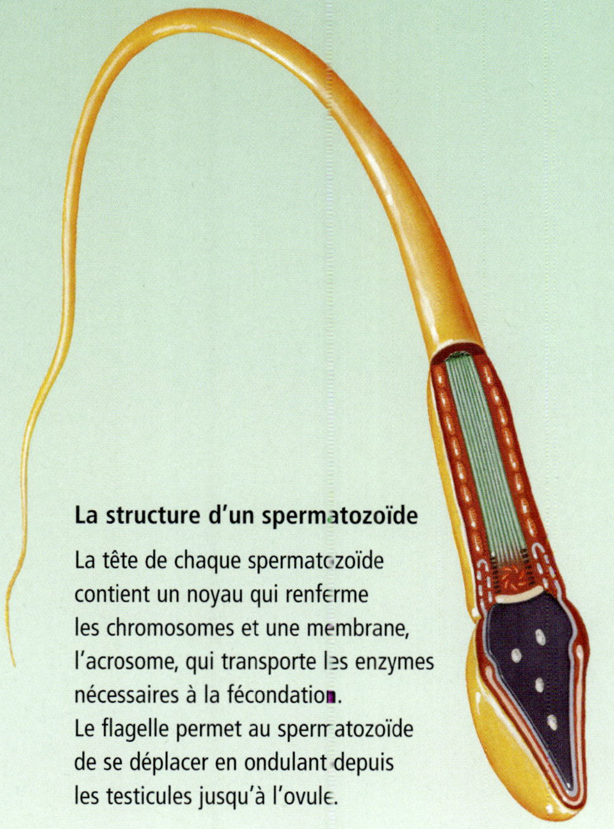

La structure d'un spermatozoïde

La tête de chaque spermatozoïde contient un noyau qui renferme les chromosomes et une membrane, l'acrosome, qui transporte les enzymes nécessaires à la fécondation. Le flagelle permet au spermatozoïde de se déplacer en ondulant depuis les testicules jusqu'à l'ovule.

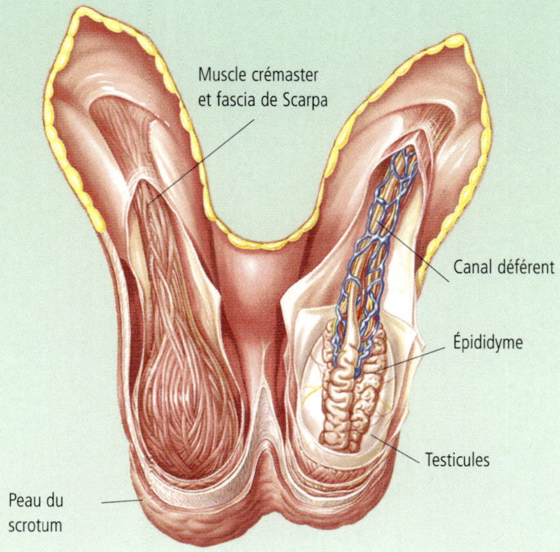

L'appareil reproducteur féminin

L'appareil reproducteur féminin se compose des ovaires, des trompes de Fallope, de l'utérus et du vagin.

Les ovaires, organes en forme d'amande, mesurant environ trois centimètres de long et un de large, sont situés de part et d'autre de l'utérus et sont soutenus par le ligament large. Chaque ovaire contient des milliers de follicules non développés, chaque follicule renfermant un ovule. L'ovulation intervient au milieu du cycle menstruel : un follicule de Graaf (follicule ovarique mûr) se rompt et libère un ovule qui pénètre dans les trompes de Fallope.

Les trompes partent des ovaires. Leur extrémité la plus étroite pénètre dans l'utérus et la partie évasée est au contact de l'ovaire. Après la libération de l'ovule, elles l'acheminent jusqu'à l'utérus. Si un spermatozoïde pénètre dans l'ovule, la fécondation intervient dans le tiers externe de la trompe. Si l'ovule est fécondé, il migre dans la muqueuse de l'utérus pour se développer.

L'utérus (ou *matrice*) est situé entre la vessie et le rectum. En dehors des grossesses, il a une forme de poire aplatie. Les deux tiers supérieurs constituent le corps, le dernier tiers étant le col, structure tubaire musculaire qui se prolonge jusqu'au vagin. L'endomètre est la muqueuse interne de l'utérus. En l'absence de fécondation, il est évacué en partie lors des menstruations. Si l'ovule est fécondé, il se prépare pour l'implantation. Une partie de l'endomètre se transforme en placenta, organe qui nourrit et protège le fœtus. Au cours de la grossesse, l'utérus se distend progressivement pour s'adapter au bébé qui grossit.

Le vagin est une structure tubaire fibromusculaire, qui relie l'utérus à l'extérieur du corps. Le clitoris est une protrusion extrêmement sensible à la stimulation sexuelle. Son prépuce est une extension des petites lèvres de la vulve, qui bordent le vagin.

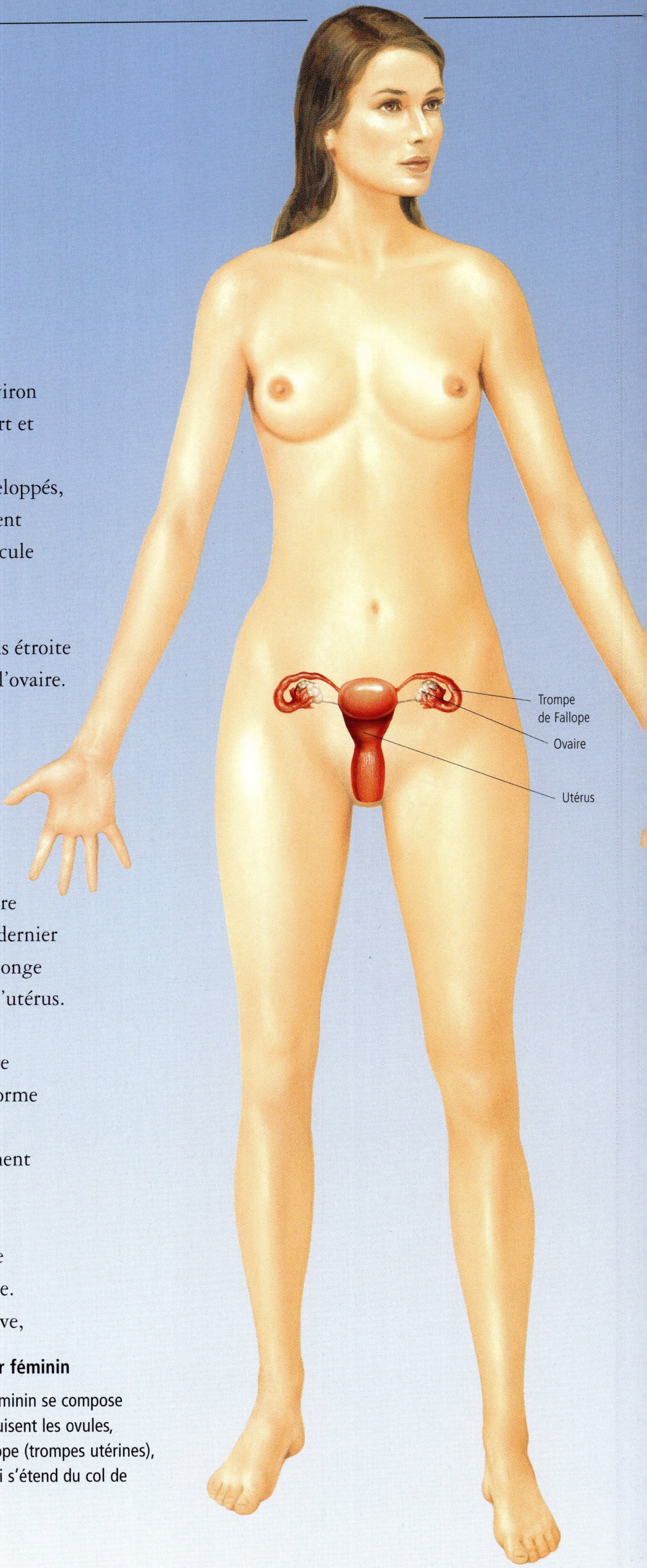

L'appareil reproducteur féminin

L'appareil reproducteur féminin se compose de deux ovaires, qui produisent les ovules, des deux trompes de Fallope (trompes utérines), de l'utérus et du vagin qui s'étend du col de l'utérus à la vulve.

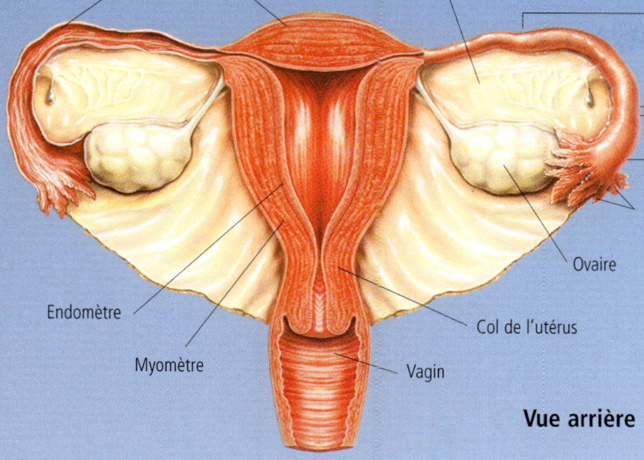

Vue arrière

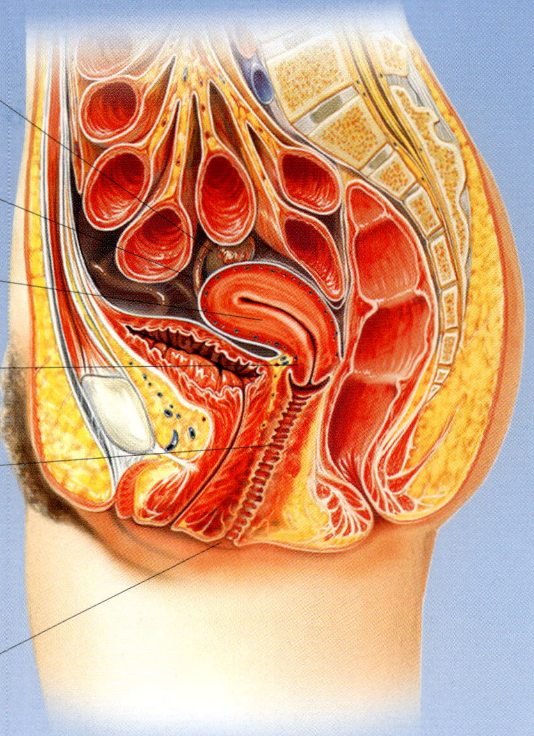

Organes reproducteurs féminins

L'utérus

L'utérus a une forme de poire aplatie inversée, avec une légère constriction qui le divise en deux. Situé dans la cavité pelvienne entre la vessie et le rectum, il reçoit l'ovule fécondé pour qu'il se développe en embryon puis en fœtus. Les deux tiers supérieurs constituent le corps de l'utérus, le dernier tiers étant formé par le col.

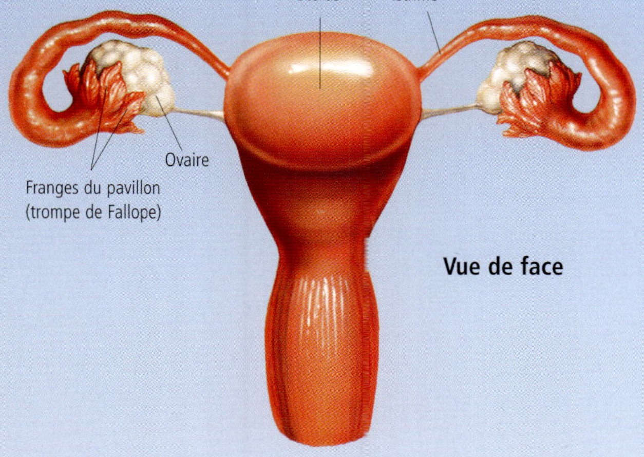

Vue de face

Les ovaires

Les ovaires sont les organes sexuels féminins dans lesquels les ovules sont produits. Ils sécrètent des œstrogènes et de la progestérone, ont la forme et la taille d'une amande et sont situés de part et d'autre de l'utérus. Au milieu du cycle menstruel, les ovaires libèrent un ovule, qui pénètre dans la trompe de Fallope et progresse jusqu'à l'utérus. Si la fécondation intervient, généralement dans le tiers externe de la trompe, l'ovule fécondé migre dans la muqueuse de l'utérus pour se développer.

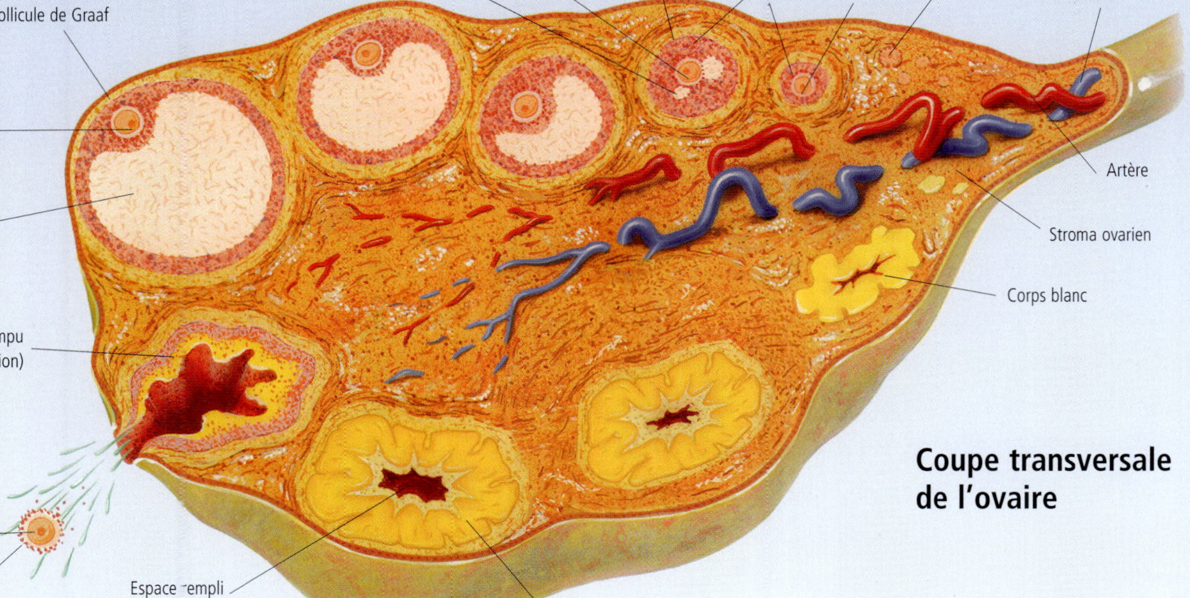

Coupe transversale de l'ovaire

Le système endocrinien

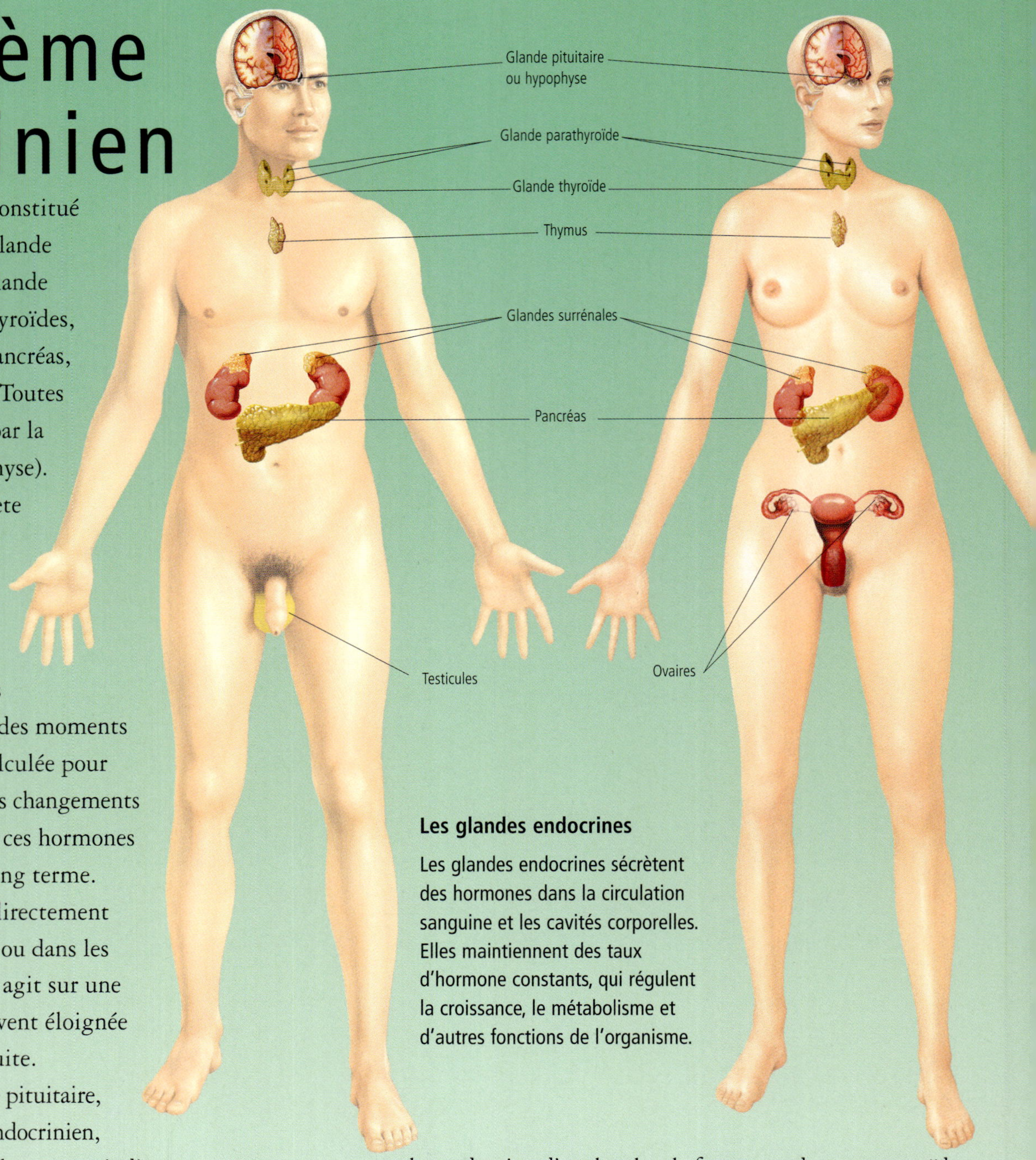

Les glandes endocrines

Les glandes endocrines sécrètent des hormones dans la circulation sanguine et les cavités corporelles. Elles maintiennent des taux d'hormone constants, qui régulent la croissance, le métabolisme et d'autres fonctions de l'organisme.

Le système endocrinien est constitué de l'épiphyse cérébrale (ou glande pinéale), du thymus, de la glande thyroïde, des glandes parathyroïdes, des glandes surrénales, du pancréas, des ovaires et des testicules. Toutes ces glandes sont contrôlées par la glande pituitaire (ou hypophyse). Le système endocrinien secrète des hormones qui régulent les activités des différents tissus. Ces hormones, composées d'acides aminés ou de stéroïdes, sont libérées par les cellules endocrines à des moments bien précis et en quantité calculée pour agir sur les organes ciblés. Les changements apportés par la libération de ces hormones interviennent à court ou à long terme. Les hormones sont libérées directement dans la circulation sanguine ou dans les cavités corporelles. Chacune agit sur une région bien déterminée, souvent éloignée de l'endroit où elle est produite.

La relation entre la glande pituitaire, chef d'orchestre du système endocrinien, et l'hypothalamus, situé dans le cerveau, indique que le système nerveux et le système endocrinien sont impliqués dans le contrôle des fonctions de l'organisme. Les hormones agissent sur le système nerveux et de nombreux organes endocriniens sont stimulés ou inhibés par les cellules nerveuses.

La glande pituitaire, responsable de la coordination des activités du système, se divise en deux lobes, antérieur et postérieur. Le lobe antérieur, ou adénophyse, gère la production d'hormones de croissance, de prolactine, d'hormone folliculostimulante humaine (FSH), d'hormone lutéinisante, de thyréostimuline (TSH), d'hormone corticotrope (ACTH) et d'hormones mélanotropes. Indispensables au stade de l'enfance et de l'adolescence, les hormones de croissance stimulent la croissance des os longs. La prolactine stimule la glande mammaire, afin de favoriser la production de lait, la FSH agit sur la production d'ovules chez la femme ou de spermatozoïdes chez l'homme, alors que l'hormone lutéinisante stimule la libération des ovules et la production de progestérone chez la femme et la sécrétion de testostérone chez l'homme. La production d'hormones thyroïdiennes est déclenchée par la TSH et l'action des glandes surrénales par l'ACTH.

Le lobe postérieur, ou *neurophyse*, contient l'ocytocine et les hormones antidiurétiques (vasopressine), produites dans l'hypothalamus et acheminées jusqu'à la glande pituitaire dans les fibres nerveuses. L'ocytocine favorise les contractions des cellules du muscle lisse de l'utérus et de la glande mammaire. Les hormones antidiurétiques contribuent à la réabsorption de l'eau contenue dans l'urine par les reins, permettant ainsi de contrôler le taux de sel dans le sang.

Les hormones produites par la glande thyroïde contribuent

à augmenter la production d'énergie et agissent sur le développement du cerveau. Les cellules parafolliculaires, ou cellules C de la thyroïde, fabriquent la calcitonine, chargée de réduire le taux de calcium dans le sang alors que les hormones produites par les glandes parathyroïdes accroissent le taux de calcium et réduisent la concentration d'ions phosphate.

Les glandes surrénales ont un cortex et une médulla. Les hormones produites dans la médulla sont libérées en réponse à une menace ou à une situation émotionnelle intense, ayant pour effet d'augmenter la glycémie, la tension artérielle et le rythme cardiaque. Le cortex surrénalien fabrique trois principaux types d'hormones : les glucocorticoïdes, qui favorisent la dégradation des protéines et la libération des lipides et des glucides dans la circulation sanguine, les minéralocorticoïdes, qui facilitent l'absorption du sodium dans les reins, et les hormones sexuelles stéroïdiennes.

Les zones à l'intérieur du pancréas, connues sous le nom d'*îlots pancréatiques* ou *îlots de Langerhans*, produisent les hormones responsables de la régulation du taux de glycémie : l'insuline fait baisser la glycémie, alors que le glucagon la fait remonter.

La glande pinéale ou épiphyse, toute petite, située dans le cerveau, produit la mélatonine, dont le taux varie aux différents moments du jour et de la nuit (rythme circadien).

Les œstrogènes et la progestérone sont produits par les ovaires et leur taux varie au cours d'un cycle de vingt-huit jours. Les œstrogènes contribuent au développement de la poitrine et des organes reproducteurs, alors que la progestérone maintient la muqueuse de l'utérus prête pour l'implantation d'un ovule fécondé. Les œstrogènes et la progestérone sont libérés en réponse à l'action de la FSH et de l'hormone lutéinisante produite par la glande pituitaire. Afin d'assurer le bon déroulement de la grossesse et de la croissance fœtale, le placenta agit comme une glande endocrine, en produisant les hormones nécessaires.

L'organisme dispose de différents mécanismes pour réguler et contrôler la production d'hormones et faire en sorte que les taux nécessaires soient constamment maintenus.

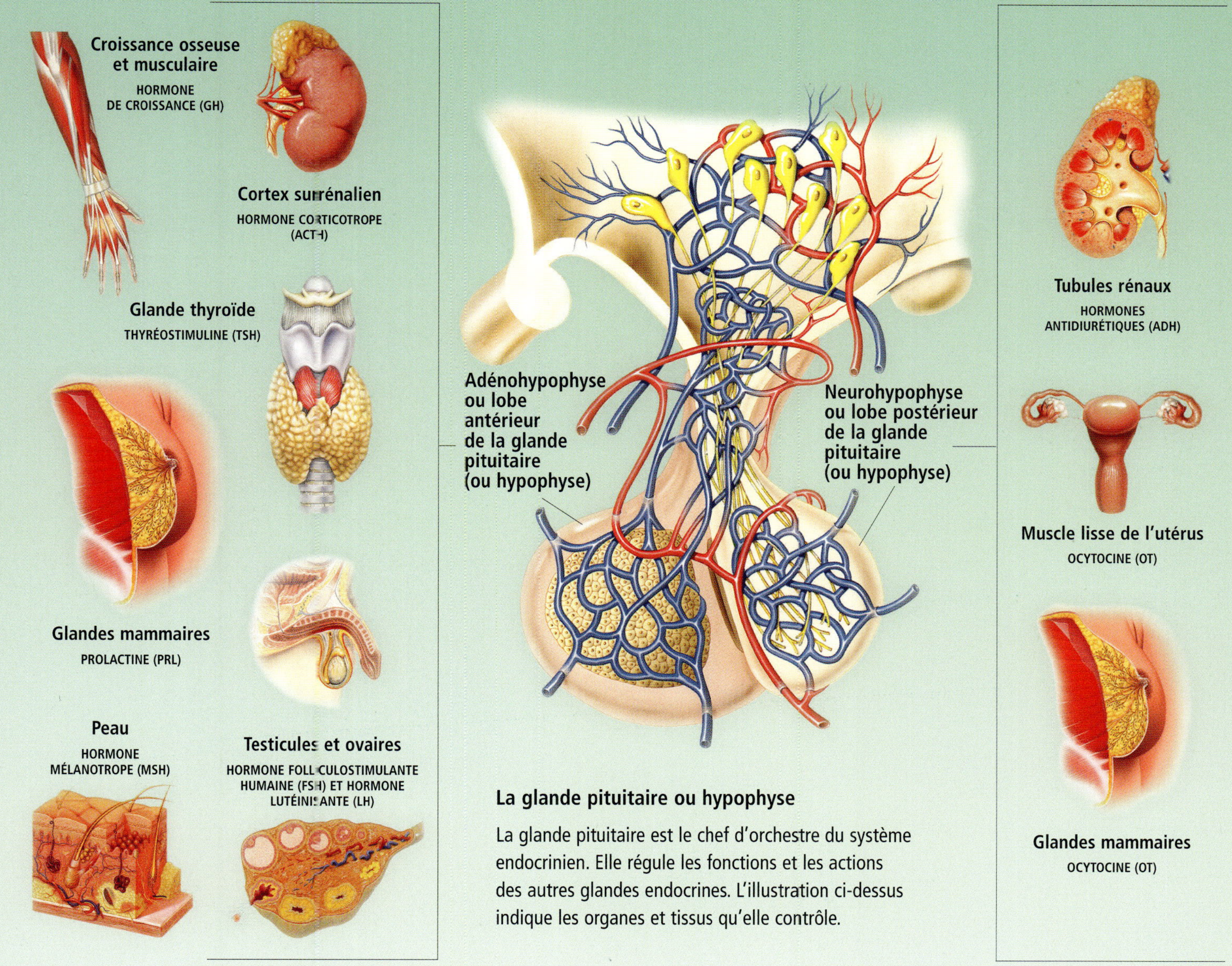

La glande pituitaire ou hypophyse

La glande pituitaire est le chef d'orchestre du système endocrinien. Elle régule les fonctions et les actions des autres glandes endocrines. L'illustration ci-dessus indique les organes et tissus qu'elle contrôle.

La peau

Organe le plus étendu du corps humain, la peau recouvre la moindre parcelle de notre anatomie. Son rôle est de protéger l'organisme des blessures et des agressions, des variations importantes de température, et des germes invasifs, comme les virus et les bactéries. Elle contribue également à la régulation de la température, à la production de vitamine D et à la protection contre les ultraviolets.

Formée de trois couches, *épiderme*, *derme* et *hypoderme* (tissu sous-cutané), la peau renferme des structures spécialisées comme les récepteurs sensoriels, les follicules pileux, les glandes sudoripares et les glandes sébacées.

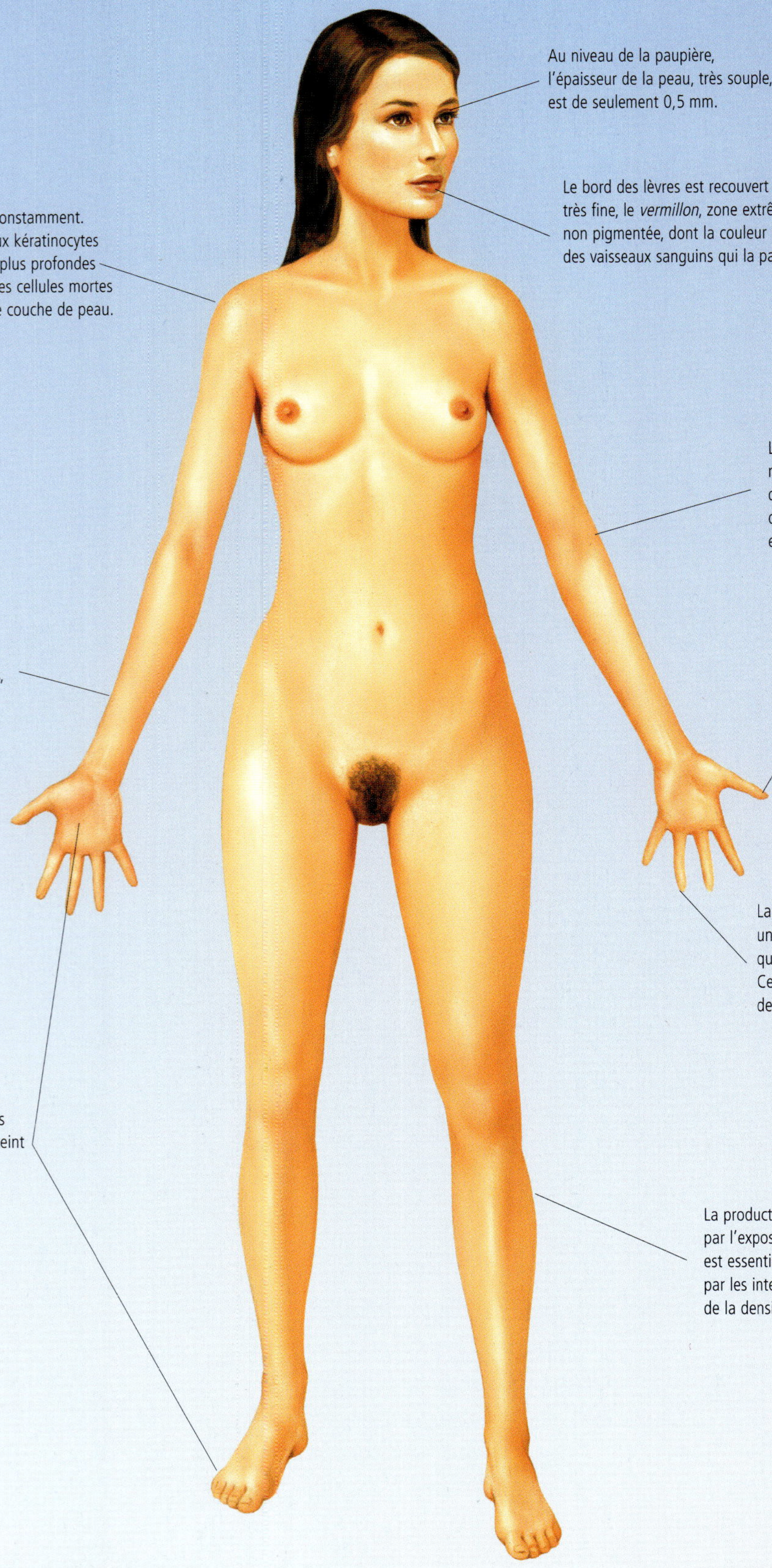

L'épiderme, partie externe, se subdivise en cinq couches, chacune ayant une fonction bien précise.

La couche inférieure, ou *basale*, est responsable de la production de mélanine, pigment qui absorbe les rayons ultraviolets et donne un aspect tanné à la peau lorsqu'elle a été exposée au soleil. La couche cornée, la plus externe, est la principale défense contre les infections de la peau. Elle se compose essentiellement de cellules mortes qui se détachent en permanence pour être remplacée par les cellules de la couche suivante. Ainsi, la peau se renouvelle constamment.

Les structures situées entre les couches de la peau ont toutes un rôle différent. Les follicules pileux renferment les poils qui protègent la peau et forment une couche isolante lorsqu'il fait froid. Les glandes sébacées sont généralement associées aux follicules pileux. Elles libèrent le sébum, substance qui lubrifie et adoucit la peau. Les glandes sudoripares sécrètent un liquide aqueux à la surface de la peau. Présentes partout dans le corps ou presque, elles débouchent à la surface de la peau par les pores. Lorsque l'organisme a trop chaud, les glandes sudoripares sont activées et libèrent de la sueur pour refroidir la peau.

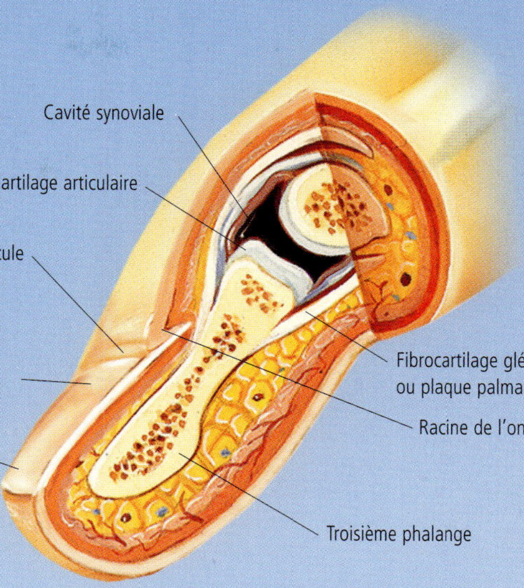

Les ongles

Les ongles protègent les zones sensibles du bout des doigts et des orteils. Ils sont constitués essentiellement de cellules mortes, la seule partie vivante étant la racine cachée sous la cuticule. Le lit de l'ongle est situé sous l'ongle, qui tient sa couleur rosée des vaisseaux sanguins qui parcourent l'extrémité du doigt.

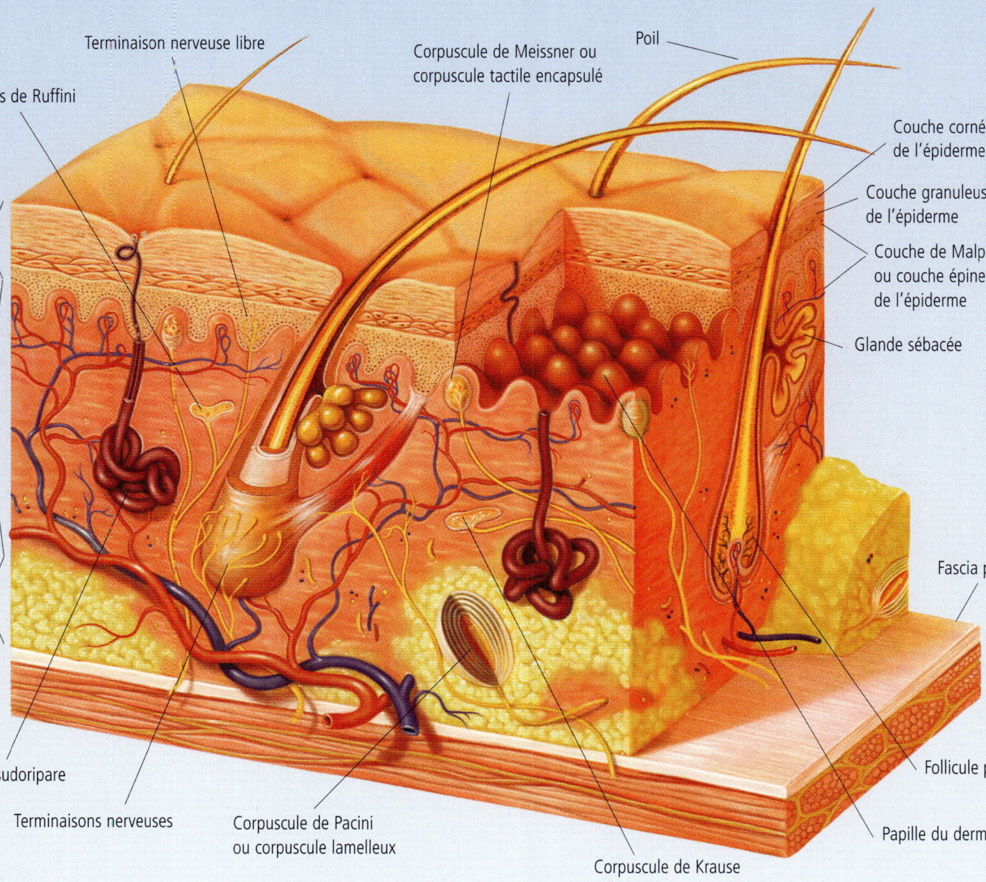

La peau

À la surface de la peau (couche cornée), les cellules sont aplaties. La disposition des couches de cellules forme un bouclier protecteur et prévient la déshydratation.

Anatomie régionale

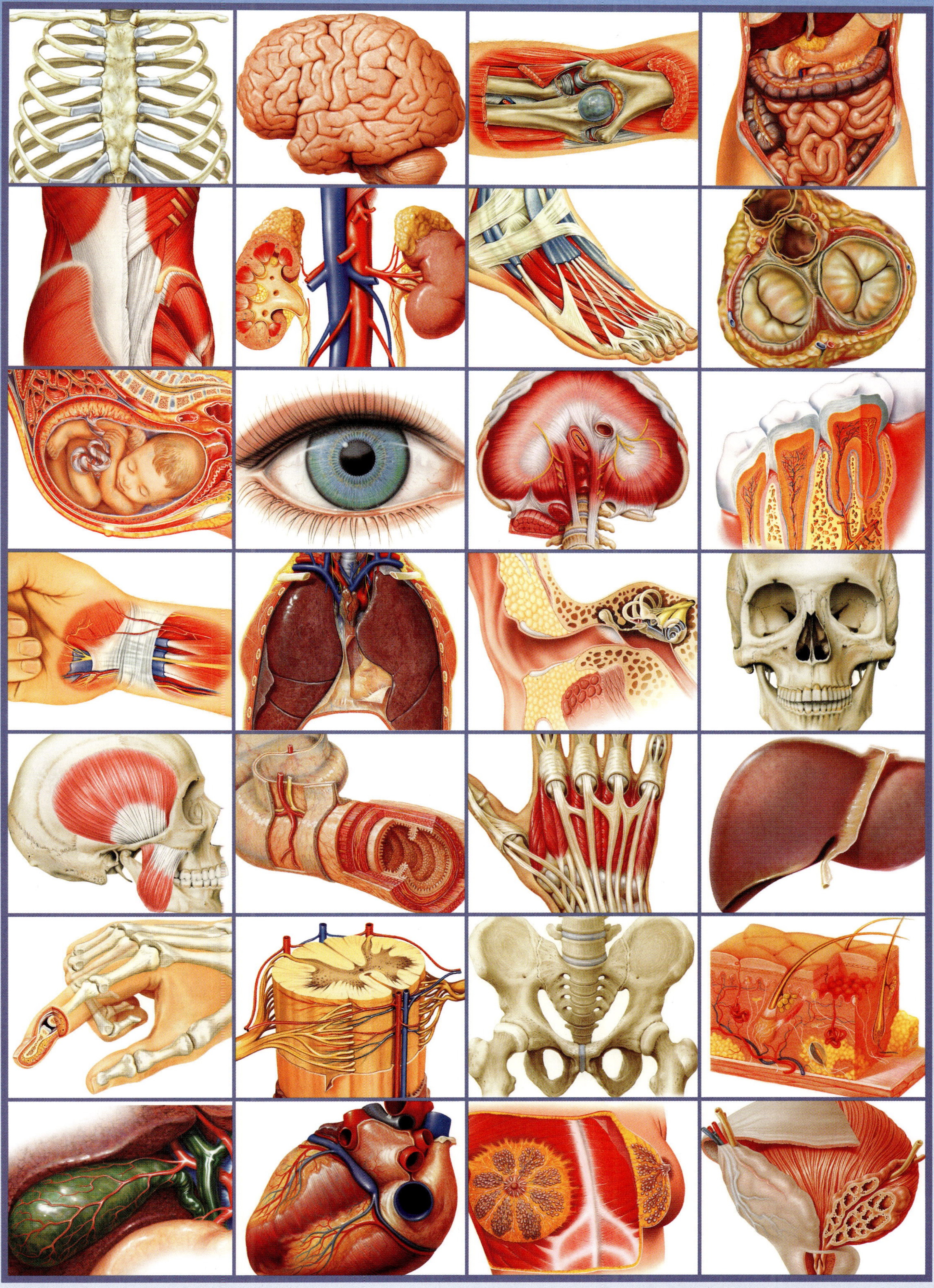

La tête

Protégé par le crâne, le cerveau est l'élément principal de la tête. Le squelette crânien se compose de deux parties : le crâne et le visage. Mais le terme crâne est souvent utilisé pour faire référence à la boîte crânienne qui entoure le cerveau. Les nerfs crâniens, situés dans le cerveau, contrôlent les organes des sens spéciaux (nez, yeux, bouche et oreilles) qui gèrent l'odorat, la vue, le goût, l'ouïe et l'équilibre.

La bouche est un élément de l'appareil digestif et respiratoire. Elle permet le passage de la nourriture, des liquides et de l'air. Avec l'aide des muscles du cou, les vertèbres cervicales supportent la tête et permettent une grande liberté de mouvement.

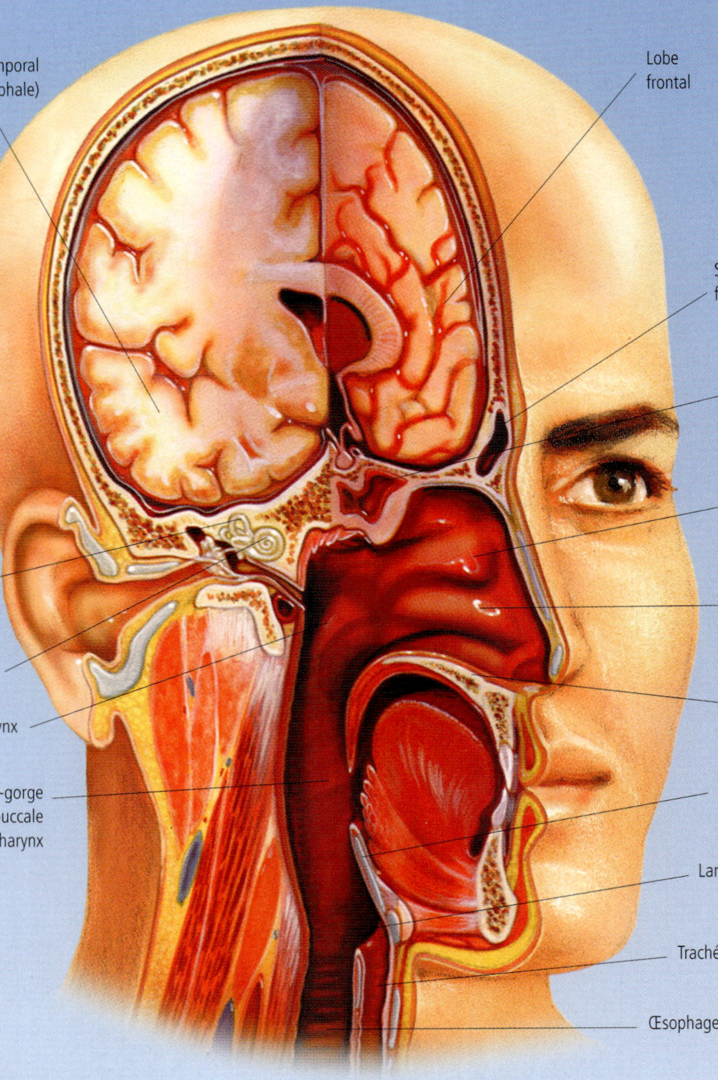

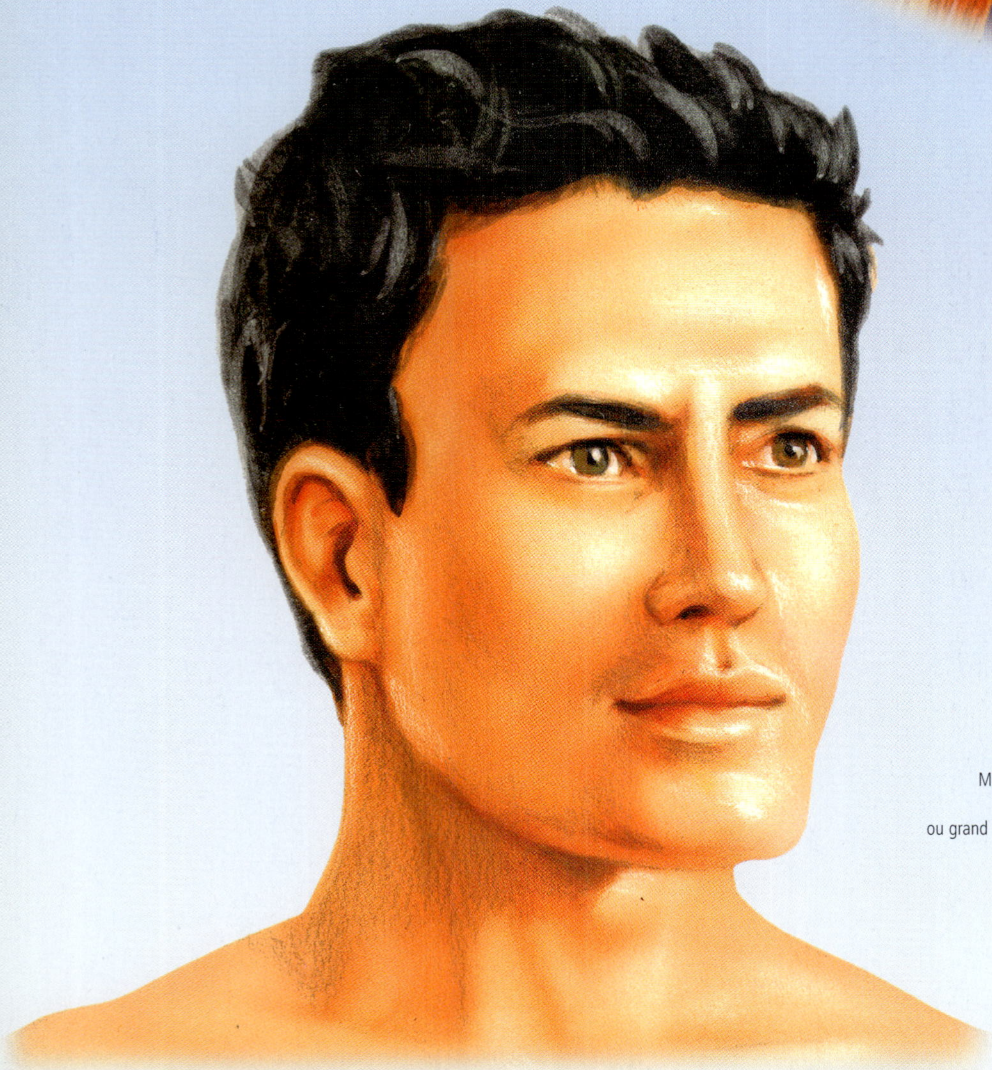

La tête

La tête abrite le cerveau et les organes des sens qui gèrent la vue, l'odorat, l'ouïe, l'équilibre et le goût. Les muscles du cou permettent des mouvements de flexion, d'extension et de rotation partielle de la tête.

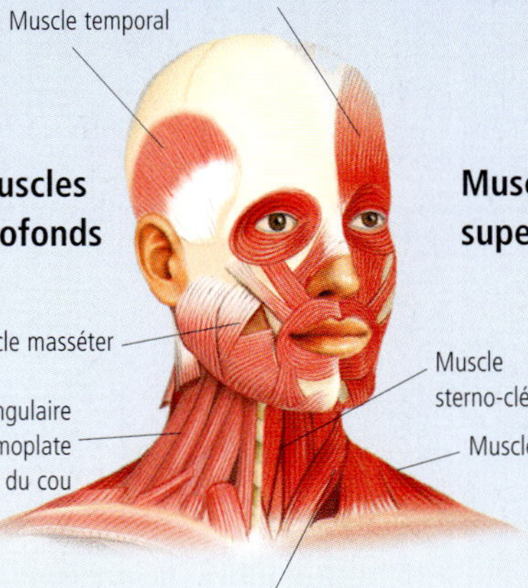

Le crâne

Le crâne forme le squelette de la tête. Structure osseuse la plus complexe du corps, appartenant au squelette axial, il protège le cerveau, les yeux et les oreilles internes, forme la mâchoire supérieure et inférieure et fournit un point de rattachement aux muscles du visage, des yeux, de la langue, du pharynx et du cou.

En dehors de la mâchoire inférieure, les os du crâne sont tous reliés entre eux par des articulations fixes, les *sutures*. Les bords des os sont imbriqués, comme un puzzle, solidement maintenus par du tissu conjonctif fibreux.

Les os du crâne qui protègent le cerveau sont le frontal, les paires pariétales et temporales, l'occipital, et l'os sphénoïde qui forme l'articulation crânienne. À l'exception des os pariétaux, ils constituent le plancher du crâne. L'oreille interne et l'oreille moyenne sont constituées par des cavités remplies d'air et de liquide. Trois membranes, les méninges, séparent le crâne du cerveau.

Les os qui forment le visage sont l'os frontal, l'os zygomatique, les maxillaires et la mandibule.

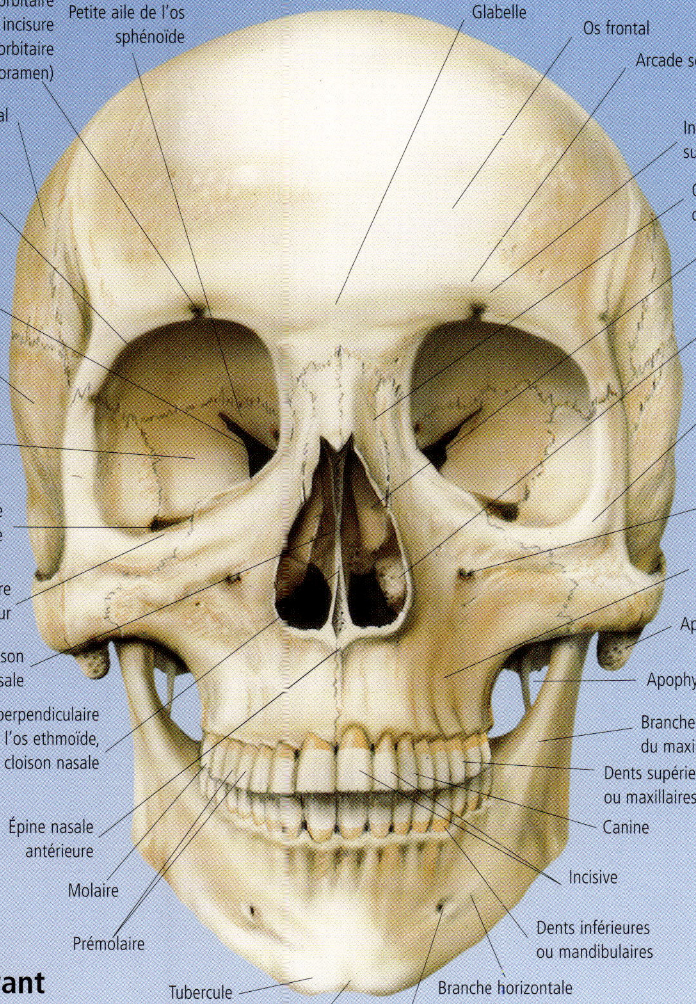

Crâne Vue avant

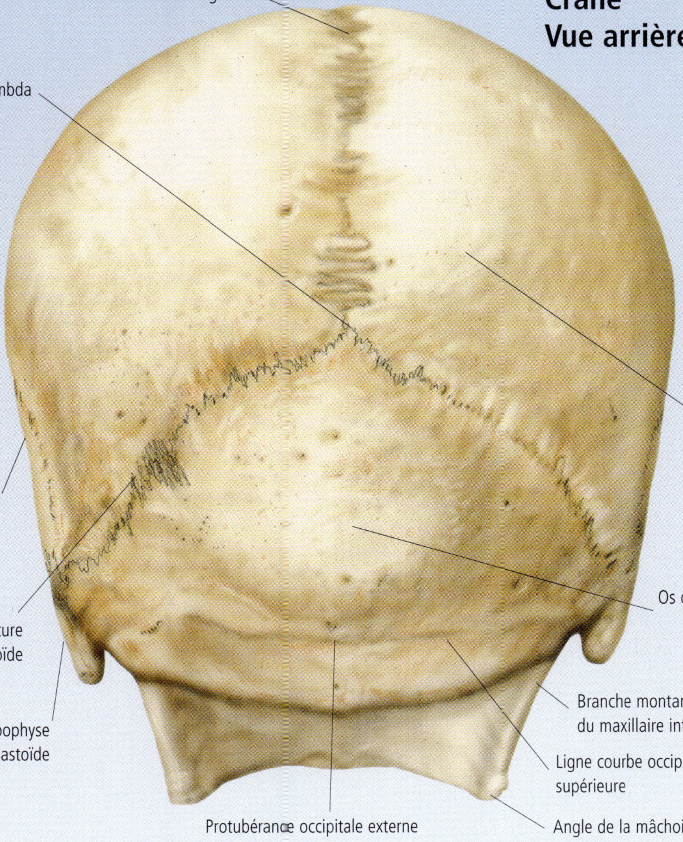

Crâne Vue arrière

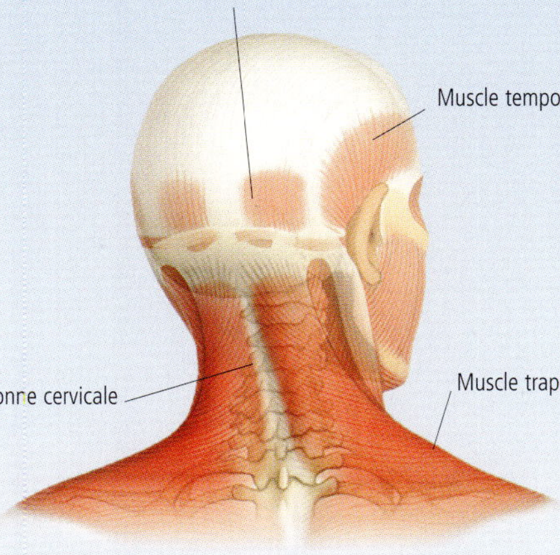

Vue arrière des muscles de la tête et du cou

Crâne
Vue latérale

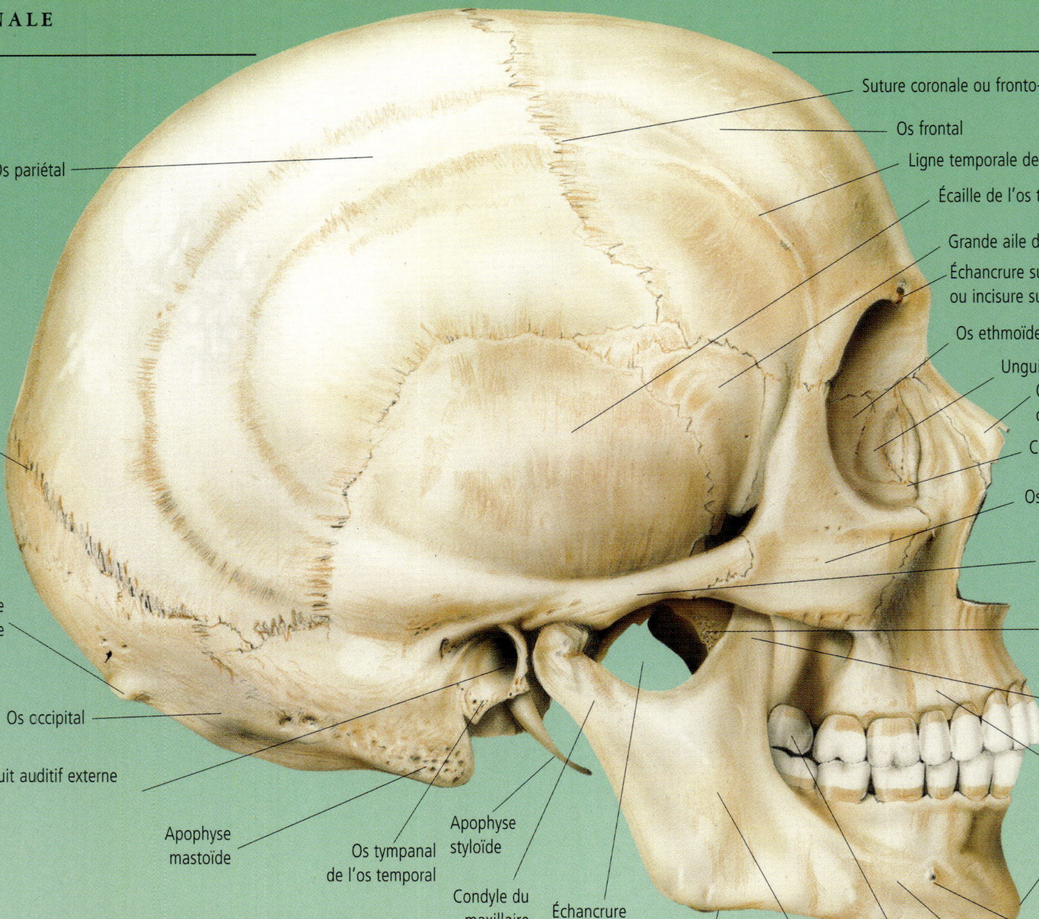

Crâne
Vue du dessus

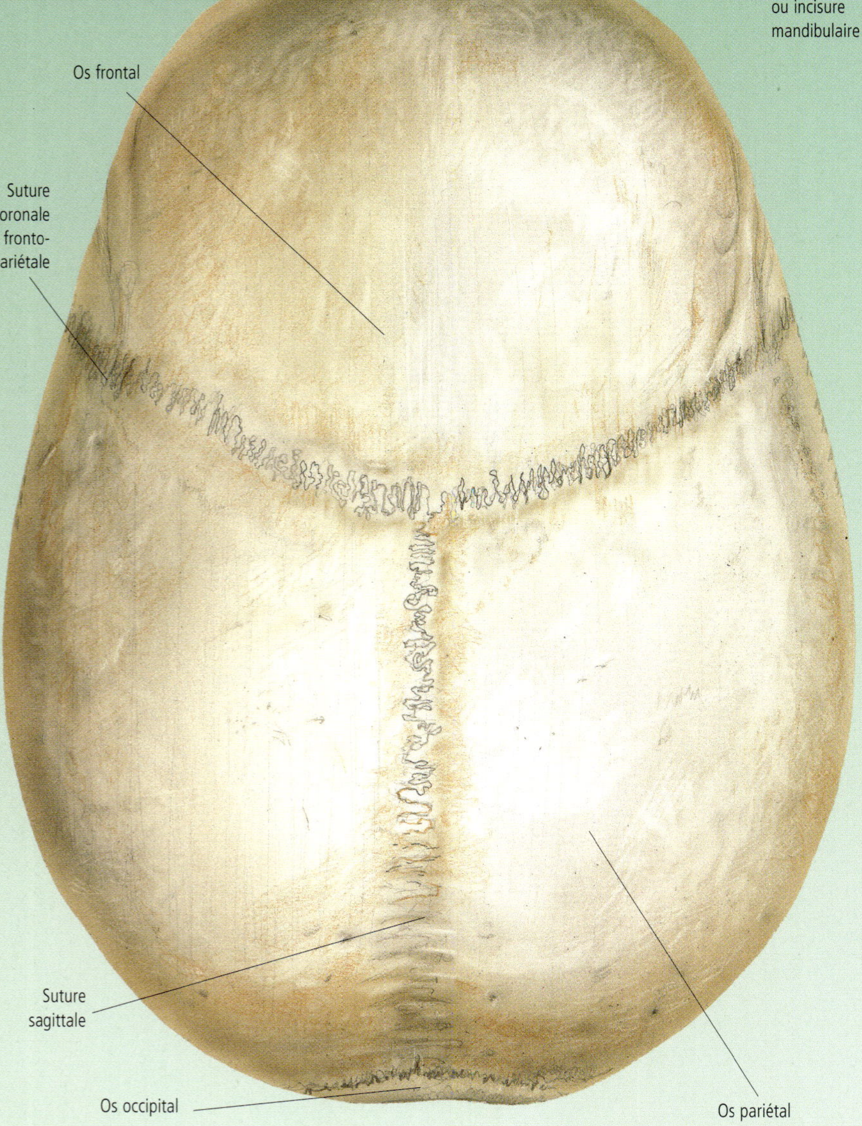

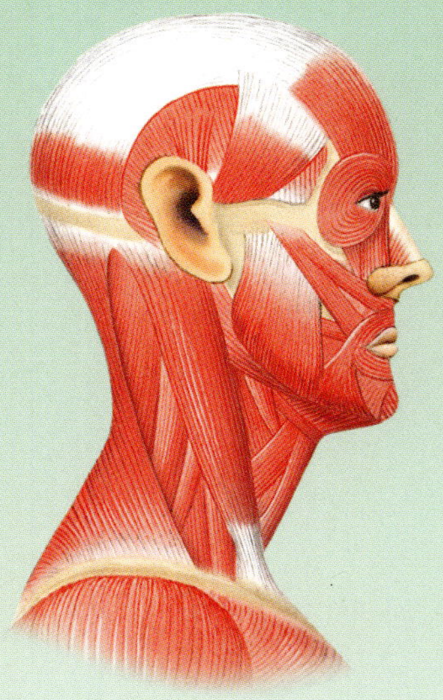

Muscles de la tête et du cou

Crâne
Coupe transversale

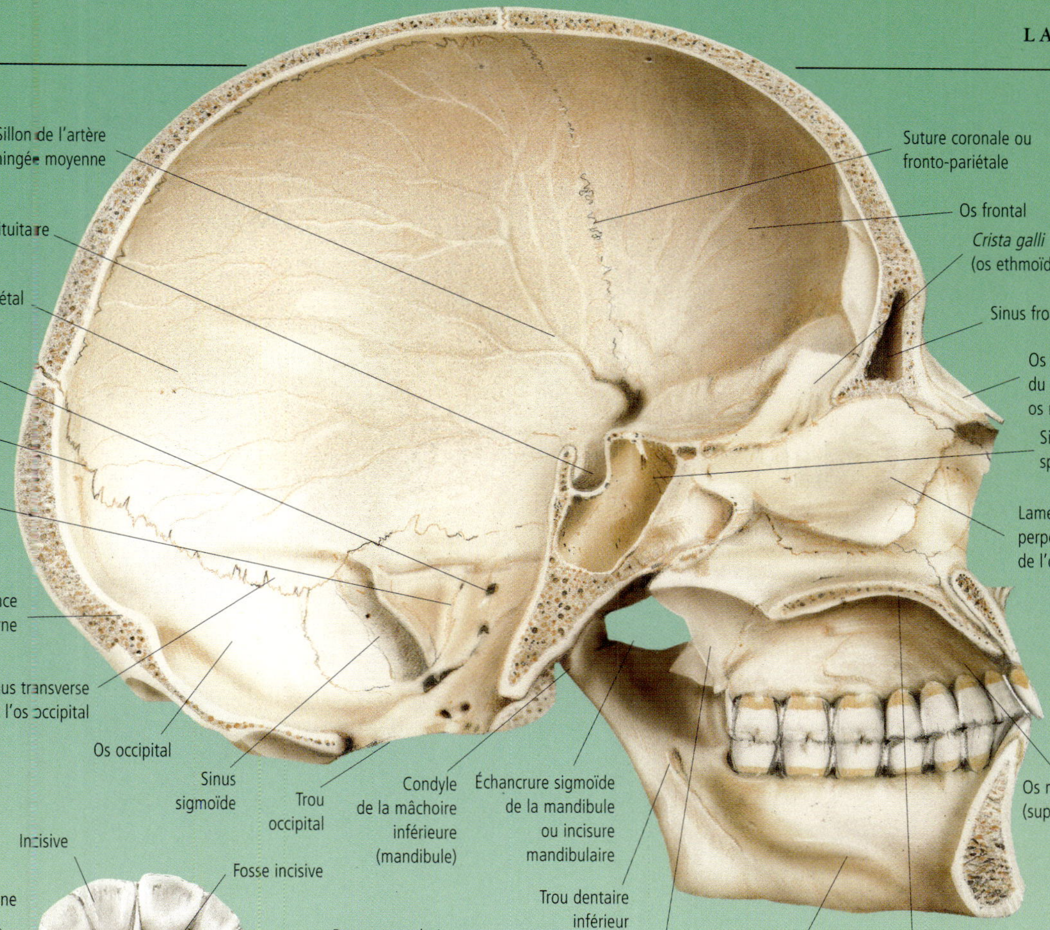

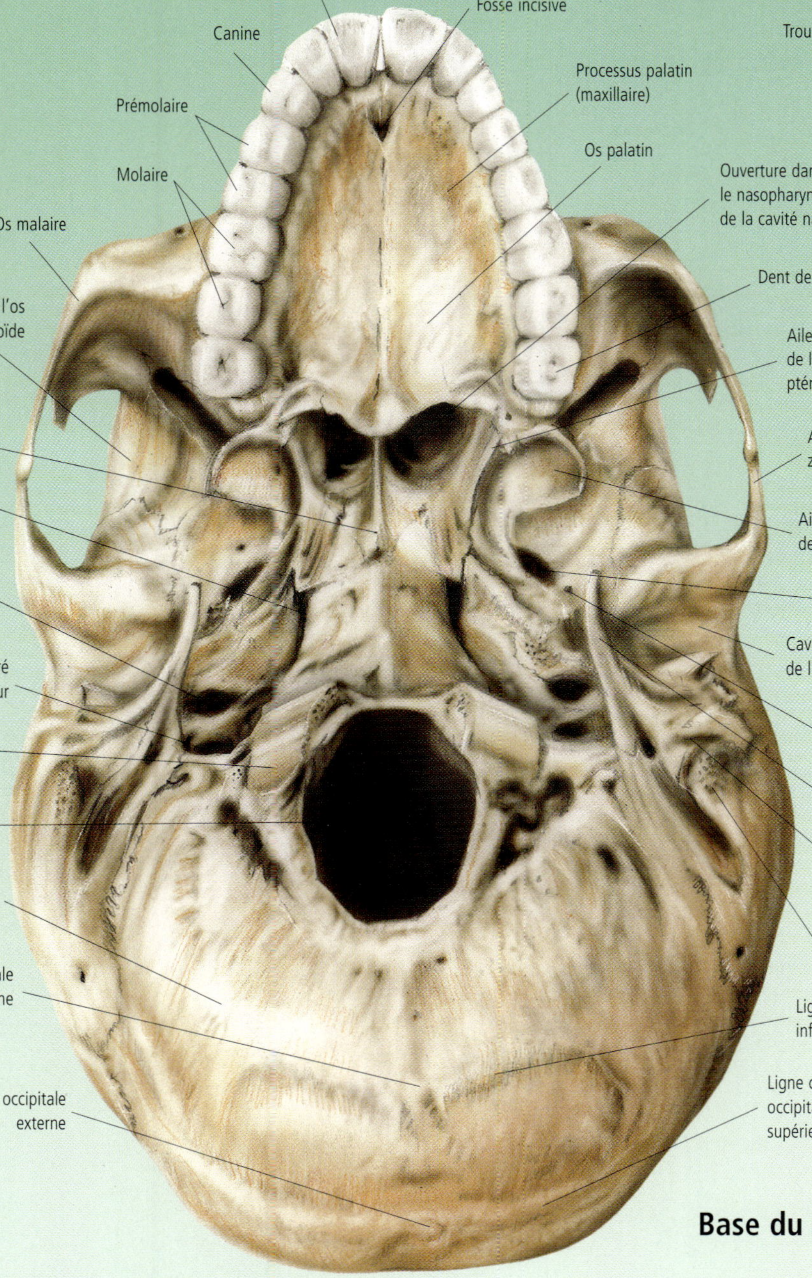

Base du crâne

Le cerveau

Bien à l'abri dans la boîte crânienne, le cerveau pèse environ 1,5 kg et se compose de quatre parties : le télencéphale (qui renferme les hémisphères cérébraux), le diencéphale, le tronc cérébral et le cervelet. Centre nerveux de l'organisme, il contrôle l'ensemble des fonctions vitales.

Le cerveau est constitué de millions de cellules nerveuses, les neurones, et de cellules de soutien qui forment la glie. Les neurones se transmettent les messages au moyen d'impulsions nerveuses (ou électriques) ou en libérant des substances chimiques.

LES HÉMISPHÈRES CÉRÉBRAUX

Les hémisphères cérébraux, reliés par le corps calleux et recouverts de la substance grise du cortex cérébral, forment le télencéphale. Les circonvolutions (ou *gyrus*) et sillons (ou *sulcus*) qui le parcourent lui donnent un aspect plissé qui le fait paraître plus petit qu'il n'est en réalité puisqu'il représente environ 40 % de la masse cérébrale. Les hémisphères cérébraux sont le siège principal de l'activité neurale. Les circonvolutions et sillons divisent le cortex en quatre régions appelées *lobes,* qui tiennent leur nom de l'os qui les recouvre : lobe frontal, pariétal, occipital et temporal. Chaque lobe renferme différentes régions aux fonctions bien définies.

Sous la substance grise du cortex cérébral, se trouve une épaisse couche de substance blanche chargée de transmettre les informations entre les différentes parties du cortex ou entre le cortex et les autres régions du cerveau. La substance blanche contient des sections isolées de substance grise, les *ganglions basaux* ou *noyaux gris centraux*, qui interviennent dans le contrôle des mouvements.

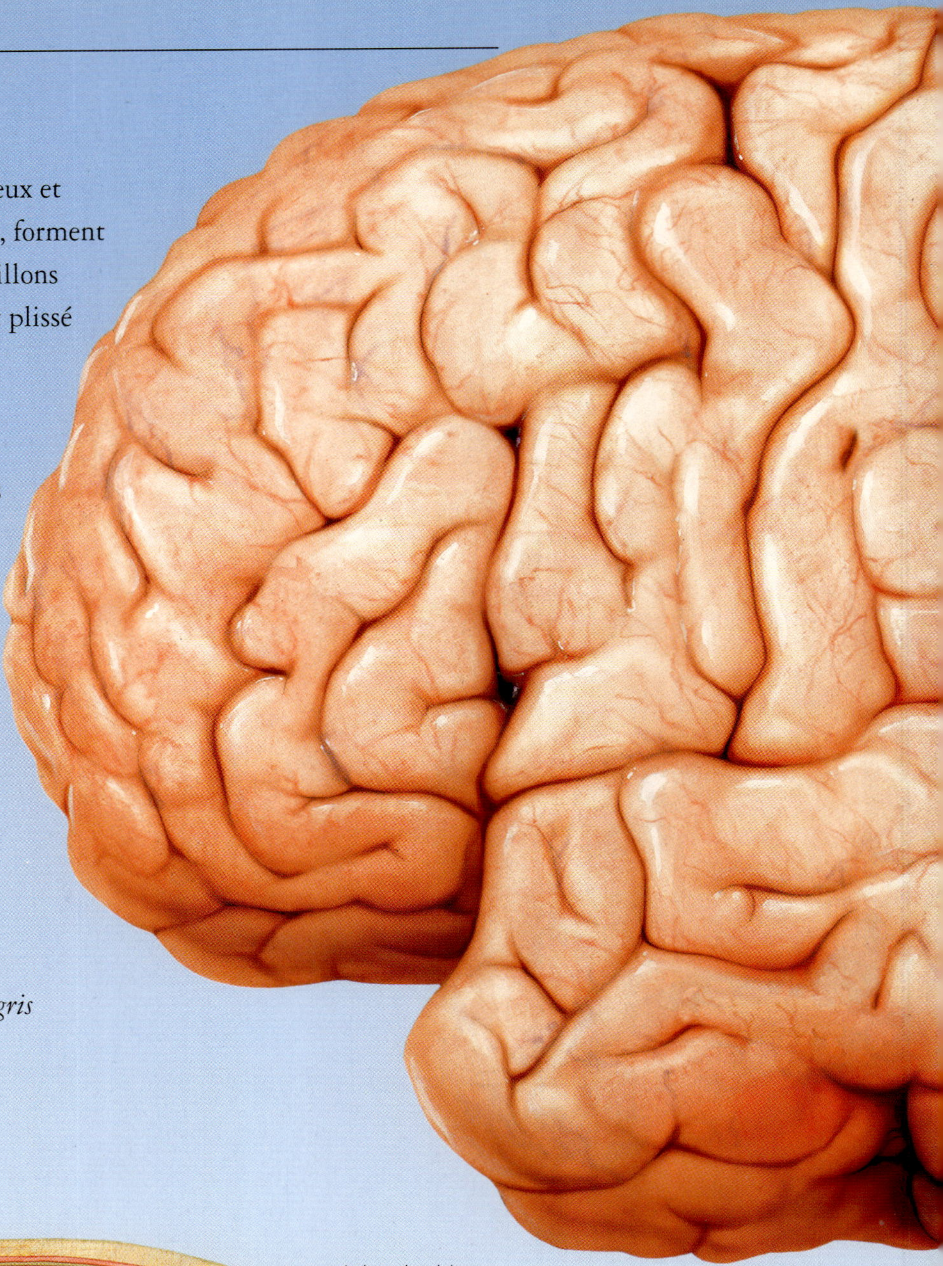

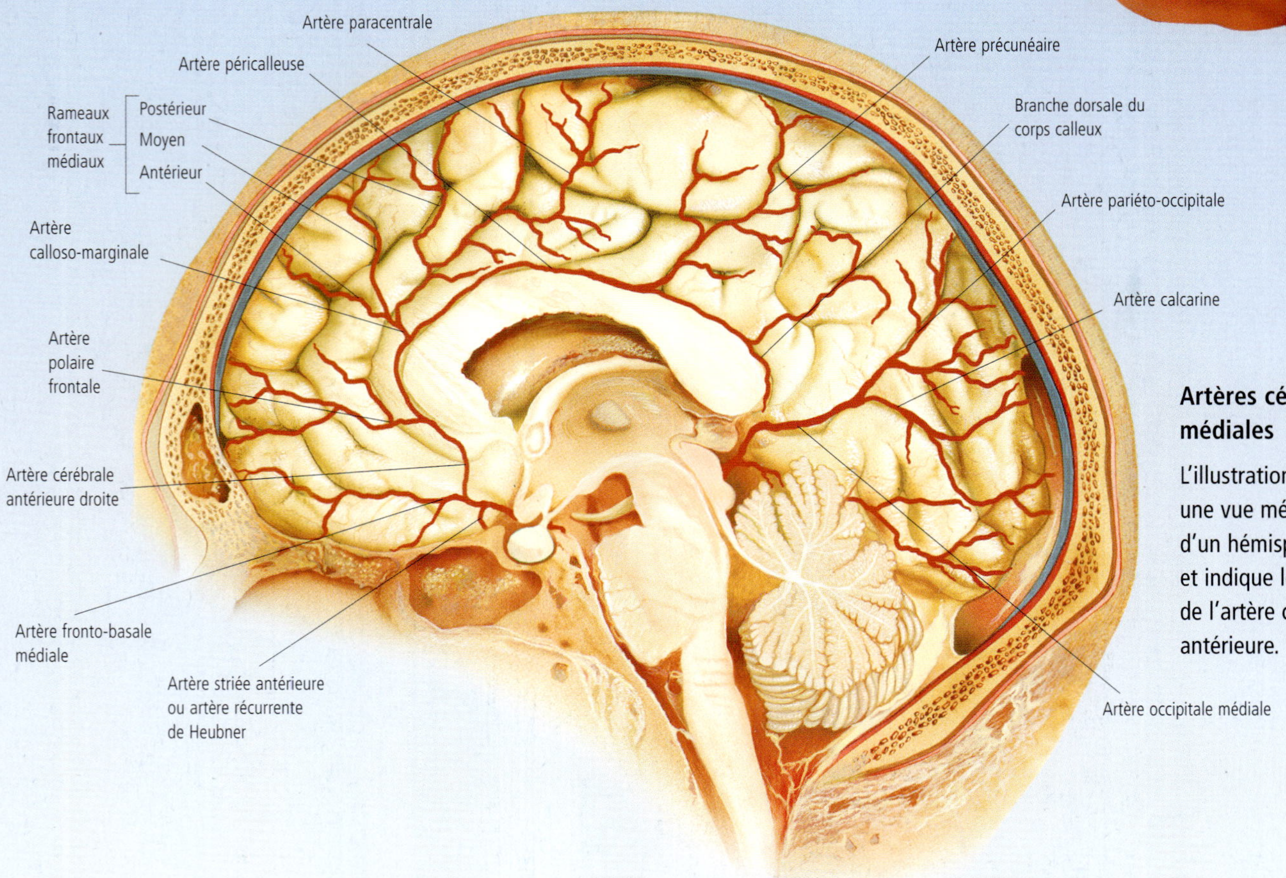

Artères cérébrales médiales

L'illustration montre une vue médiale d'un hémisphère cérébral et indique les ramifications de l'artère cérébrale antérieure.

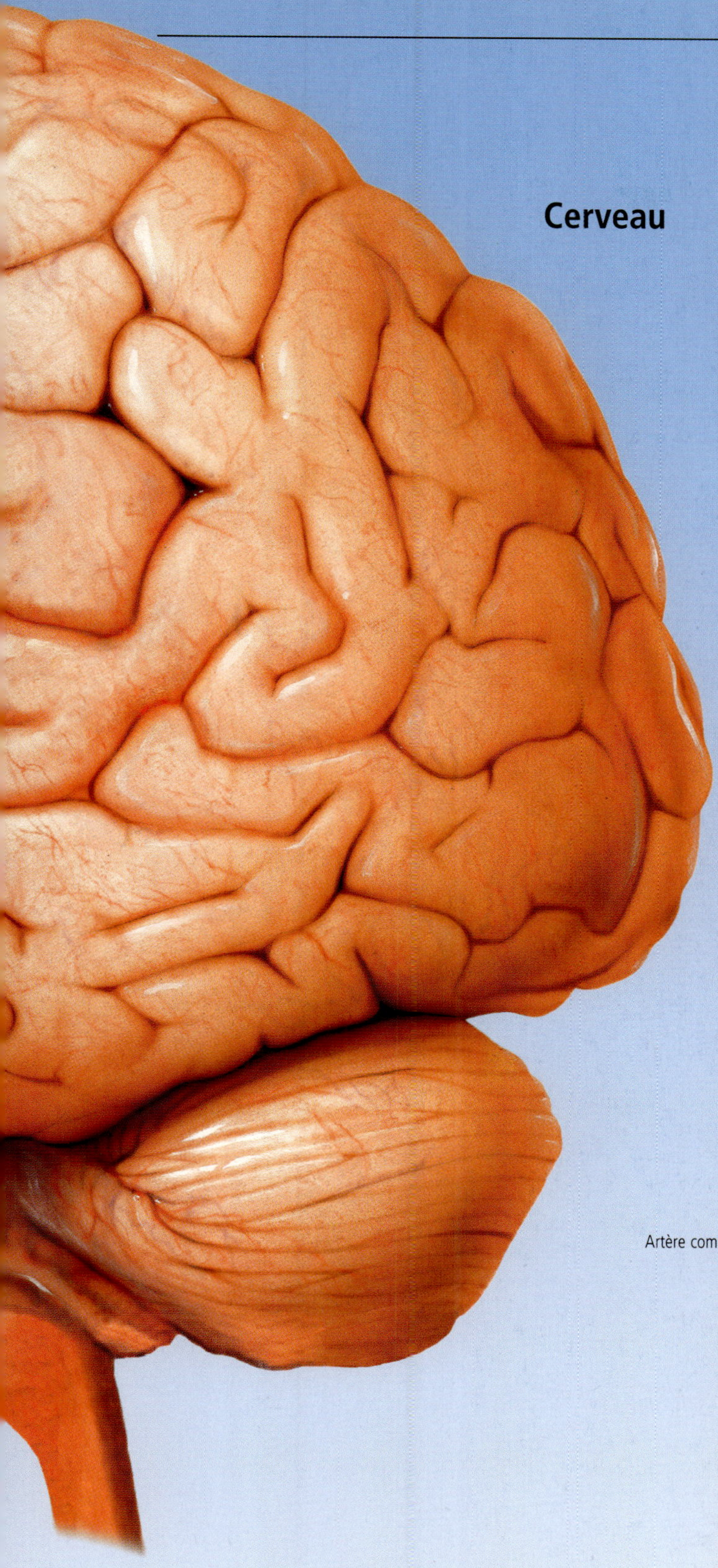

Cerveau

LE CERVELET

Relié au tronc cérébral, le cervelet est situé sous les hémisphères cérébraux. Il présente, comme eux, une surface corticale plissée et ressemble un peu à un chou-fleur. Centre de l'équilibre, il intervient également dans la coordination et la synchronisation des mouvements.

LES ARTÈRES CÉRÉBRALES

Les artères cérébrales débouchent à la base du crâne et transportent le sang jusqu'aux cellules du cerveau. Le sang arrive par l'artère carotide et les artères vertébrales, ces dernières se réunissant pour former le tronc (ou artère) basilaire. Les trois artères cérébrales sont reliées par des artères communicantes et forment le polygone de Willis.

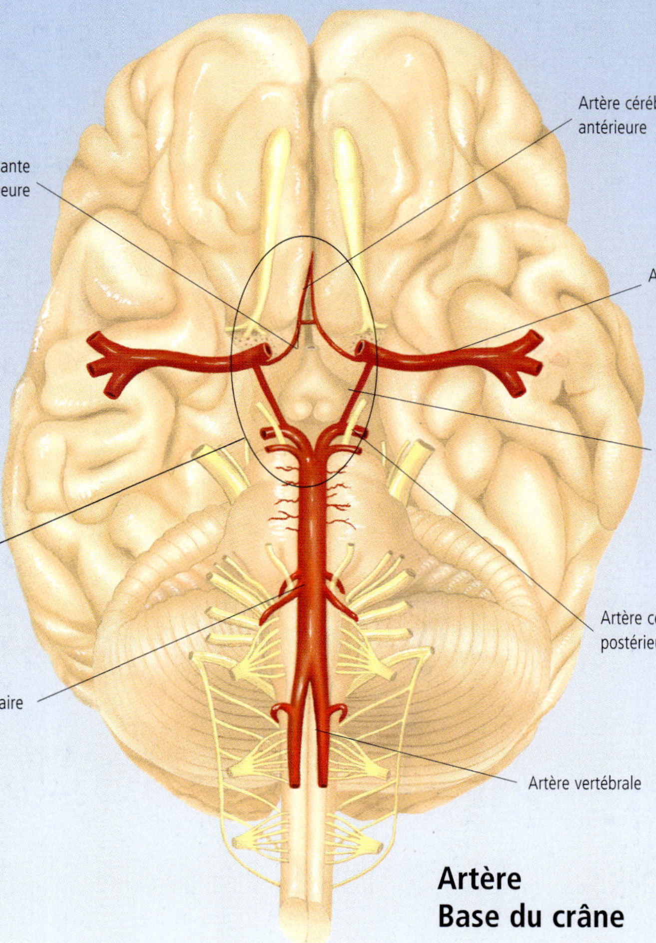

Artère
Base du crâne

Les artères cérébrales

Le cerveau est alimenté par un réseau d'artères. L'artère basilaire et l'artère cérébrale irriguent l'arrière du cerveau, le cervelet et le tronc cérébral, alors que les carotides alimentent les régions antérieure et moyenne.

Le cerveau intermédiaire ou diencéphale

Situé sous les hémisphères cérébraux, le diencéphale se compose de deux structures principales : le thalamus et l'hypothalamus. Le thalamus transmet les informations sensorielles au cortex cérébral et contrôle l'activité motrice, alors que l'hypothalamus assure le relais entre le cerveau et le système nerveux végétatif (autonome). Il contrôle un ensemble de fonctions, telles que manger et boire, la fonction sexuelle ou encore la température corporelle, et intervient dans l'expression des émotions.

Le tronc cérébral

Le tronc cérébral se compose du cerveau moyen (ou *mésencéphale*), de la protubérance annulaire (ou *pont*) et du bulbe rachidien (ou *moelle allongée*). Prolongement de la moelle épinière, le tronc cérébral transmet les informations sensorielles, de la moelle épinière au cerveau, par les voies ascendantes et les informations motrices, du cortex cérébral à la moelle épinière, par les voies descendantes. Le tronc cérébral renferme de nombreux centres réflexes essentiels qui régulent les fonctions vitales, comme le rythme cardiaque et la respiration. Le cerveau moyen intervient dans la fonction visuelle alors que le bulbe rachidien contrôle le sommeil ou l'éveil et est impliqué dans la perception de la douleur.

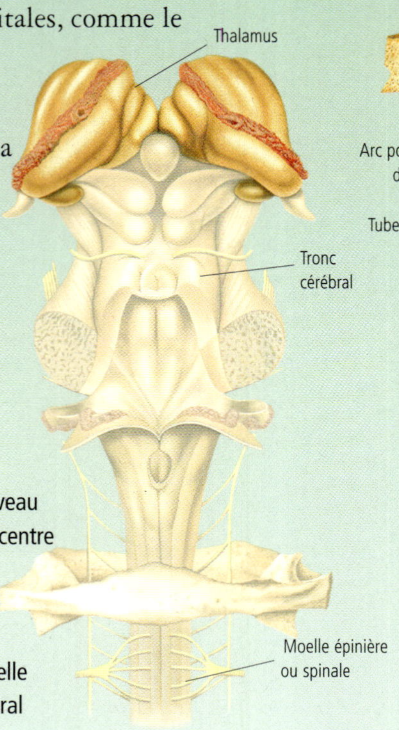

Le thalamus

Le thalamus fait partie du cerveau intermédiaire et fait office de centre relais pour les informations motrices et sensorielles. Les messages sont transmis par le thalamus, depuis la moelle épinière jusqu'au cortex cérébral et au cervelet.

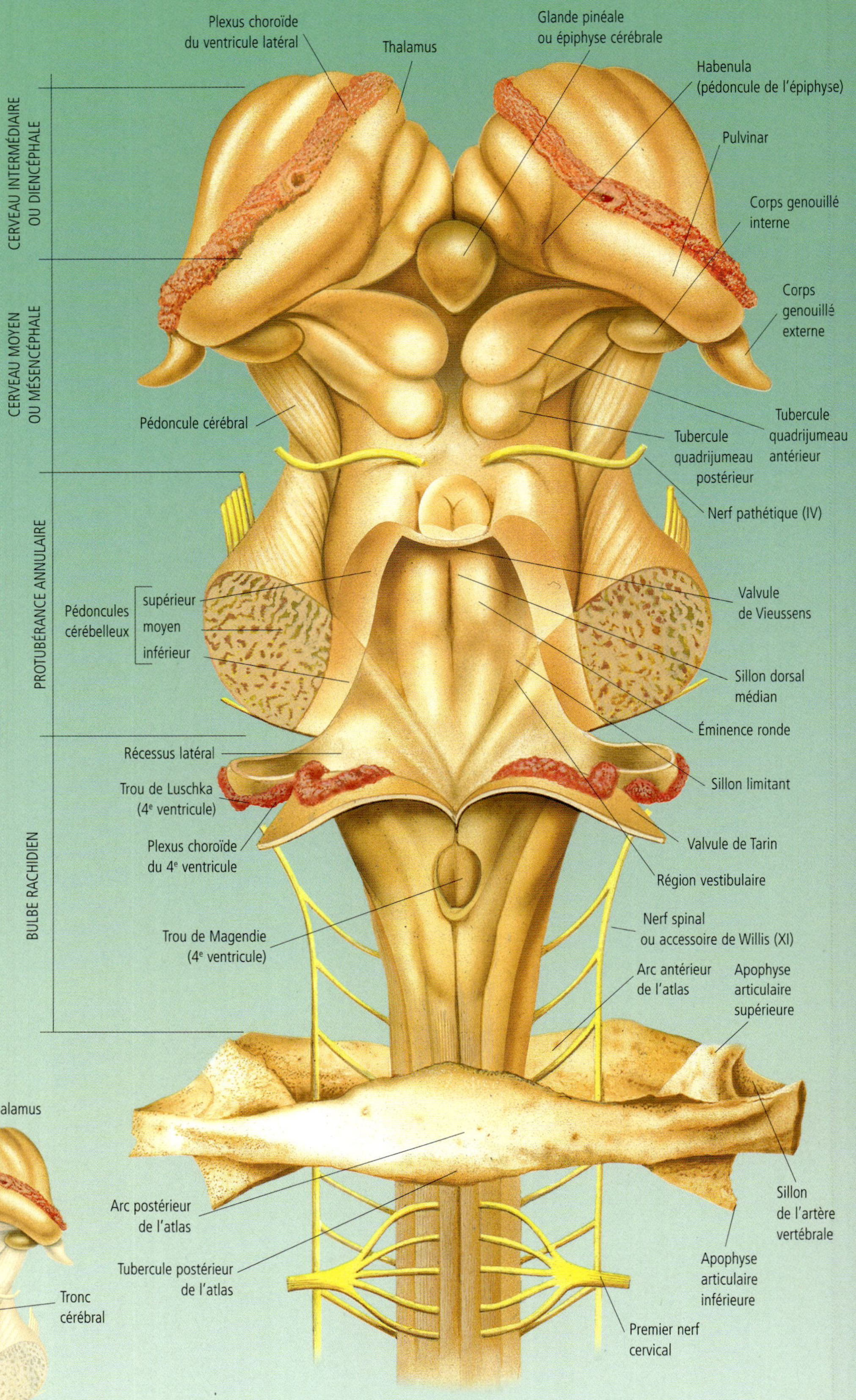

Le tronc cérébral

Le tronc cérébral est le lien entre la moelle épinière et le cortex cérébral. Prolongement de la moelle épinière, le tronc cérébral se compose de trois parties, le cerveau moyen ou mésencéphale, la protubérance annulaire (ou pont) et le bulbe rachidien (ou moelle allongée). Il transmet les messages entre la moelle épinière et le cerveau et les centres qu'il renferme régulent de nombreuses fonctions vitales, comme le rythme cardiaque, la respiration et la pression artérielle.

Tronc cérébral
Vue latérale

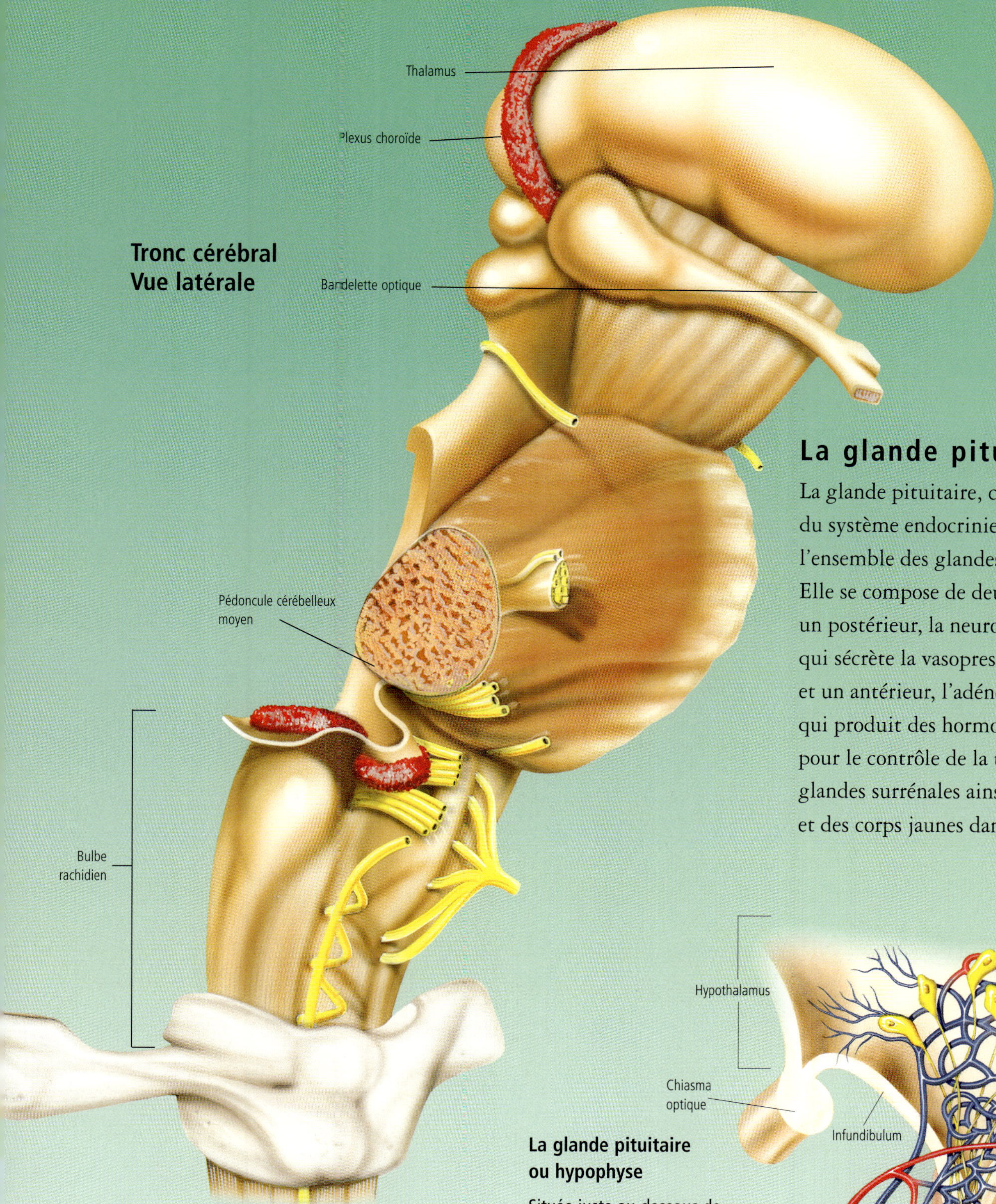

La glande pituitaire

La glande pituitaire, centre de contrôle du système endocrinien, agit sur l'ensemble des glandes endocrines. Elle se compose de deux lobes : un postérieur, la neurohypophyse, qui sécrète la vasopressine et l'ocytocine ; et un antérieur, l'adénohypophyse, qui produit des hormones importantes pour le contrôle de la thyroïde et des glandes surrénales ainsi que des follicules et des corps jaunes dans les ovaires.

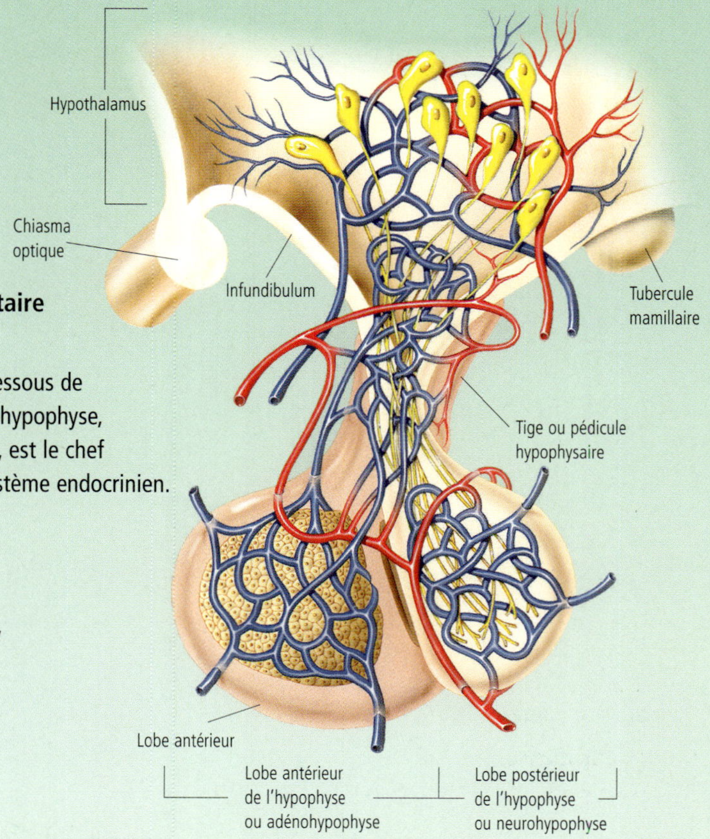

La glande pituitaire ou hypophyse

Située juste au-dessous de l'hypothalamus, l'hypophyse, glande minuscule, est le chef d'orchestre du système endocrinien.

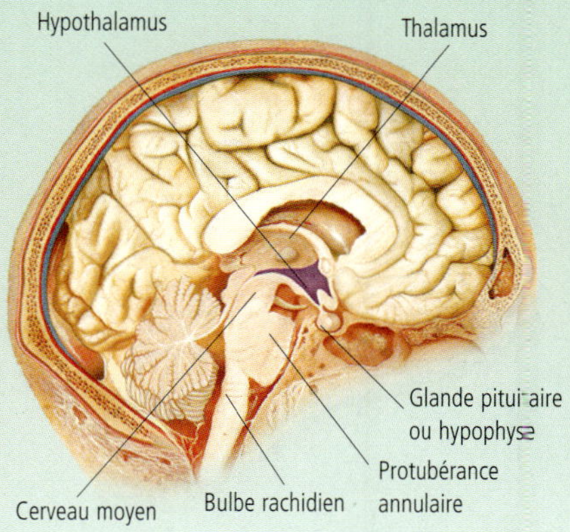

L'hypothalamus

Situé sur la face antérieure du thalamus, l'hypothalamus contrôle le système nerveux végétatif (ou autonome) et régule les activités des fonctions internes du corps.

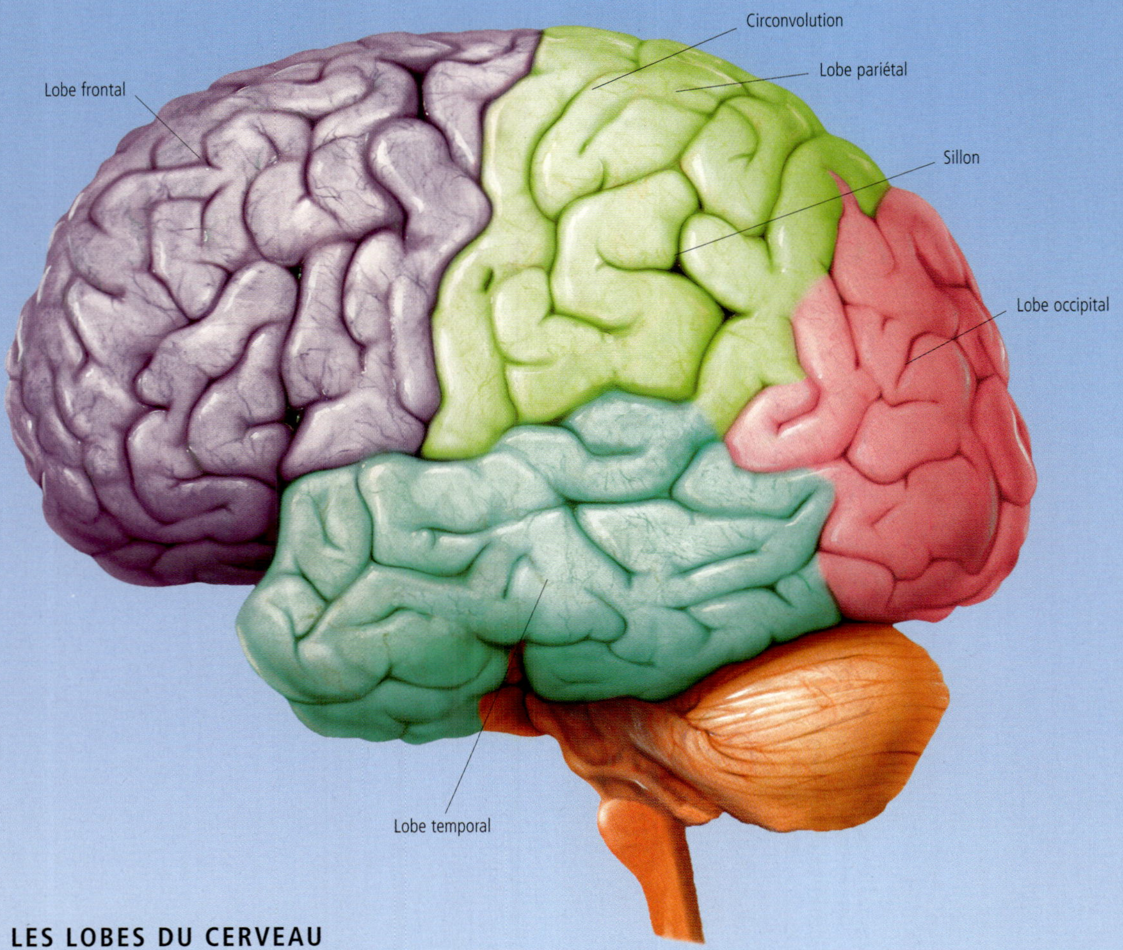

Les lobes du cerveau

Les surfaces plissées du cortex cérébral (hémisphères) présentent des sillons (sulcus pour les superficiels, scissures pour les plus profonds) et des circonvolutions (gyrus). Le cortex se divise en quatre régions fonctionnelles, les lobes.

Les régions fonctionnelles

Certaines régions du cortex cérébral sont reliées à des fonctions spéciales. Ainsi, la circonvolution pariétale ascendante (gyrus postcentral) du cortex sensitif est associée aux sensations de la peau, des muscles et des articulations alors que la circonvolution frontale ascendante (gyrus précentral) du cortex moteur est reliée au contrôle volontaire des muscles squelettiques.

LES LOBES DU CERVEAU

Sillons, scissures et circonvolutions divisent le cortex cérébral en quatre lobes : frontal, pariétal, occipital et temporal. Chaque lobe est formé de différentes régions, ou aires, impliquées dans le traitement des informations motrices et sensorielles.

LES RÉGIONS FONCTIONNELLES DU CERVEAU

Chaque région du cerveau a des fonctions bien définies. Ainsi, les aires du lobe temporal sont associées à l'ouïe et à la mémoire alors que celles du lobe occipital concernent les informations visuelles.

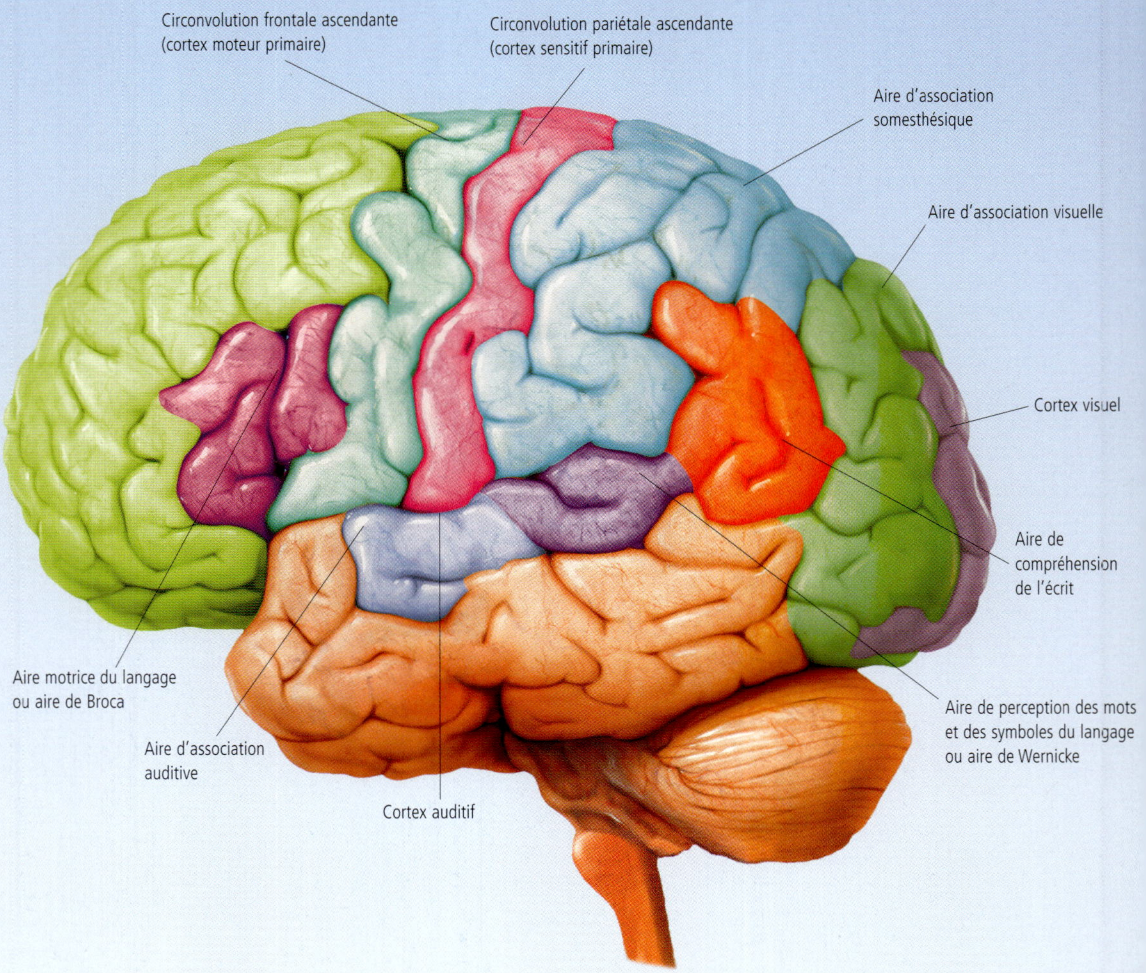

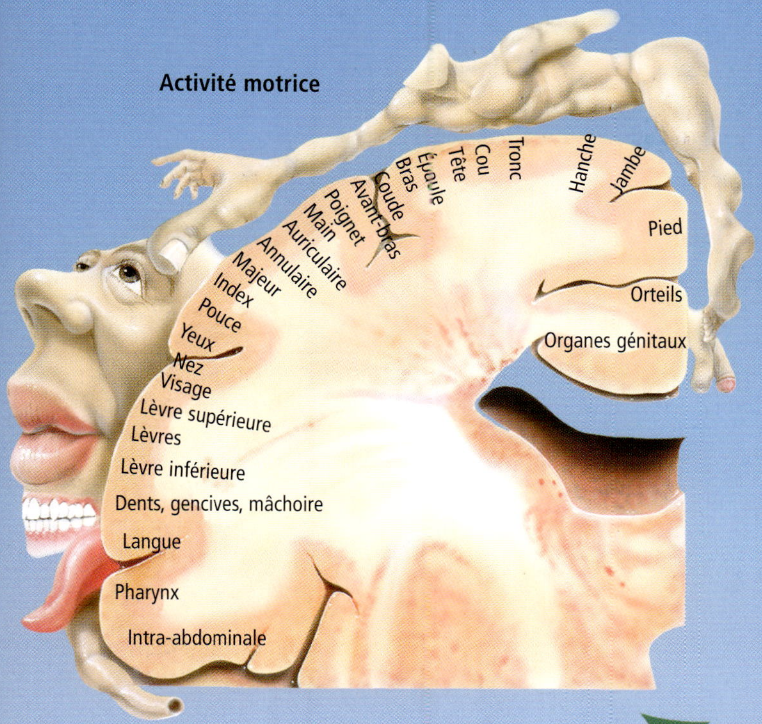

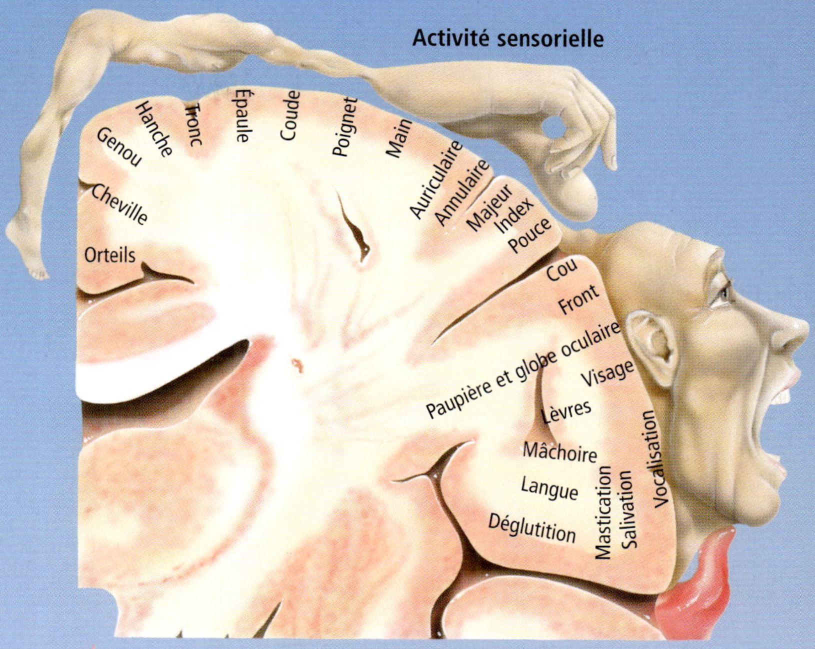

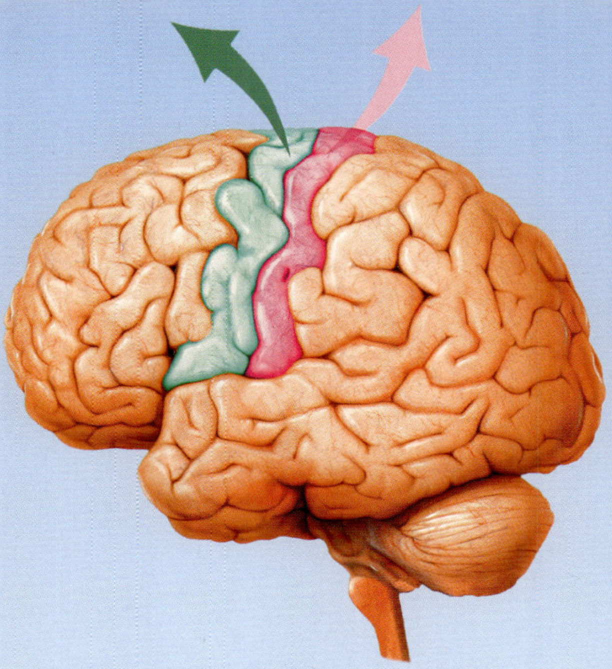

Organisation des aires motrices et sensorielles du cortex cérébral

Sur l'image du gyrus précentral, en haut à gauche, relatif aux activités motrices, la taille des éléments représentés correspond au degré d'implication du gyrus. Il en va de même pour l'image du gyrus post-central en haut à droite, qui décrit les activités sensorielles.

LES AIRES MOTRICES ET SENSORIELLES DU CORTEX CÉRÉBRAL

La circonvolution frontale ascendante (ou gyrus précentral) du cortex moteur est reliée au contrôle volontaire des muscles squelettiques alors que la circonvolution pariétale ascendante (gyrus post-central) du cortex sensitif est associée aux sensations perçues par la peau, les muscles et les articulations.

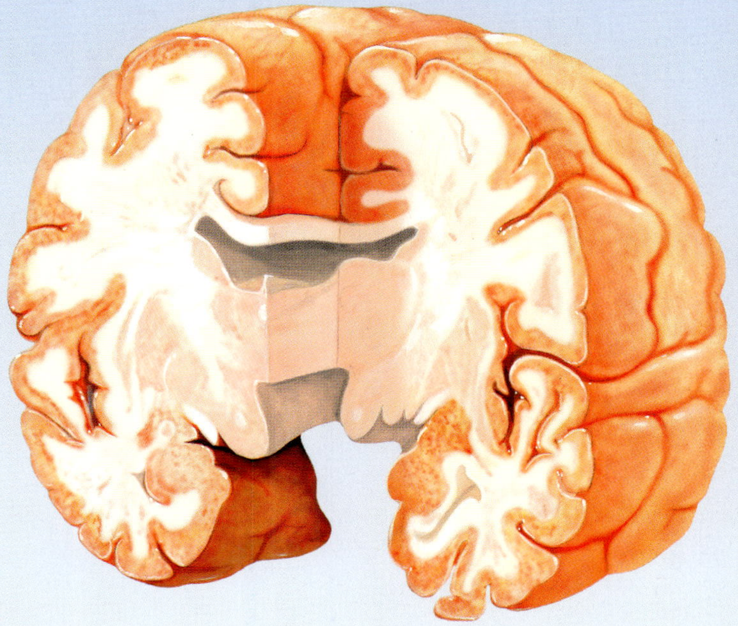

Le cortex cérébral

Le cortex cérébral, couche externe du cerveau constituée de neurones, a un aspect extrêmement plissé. La plupart des messages transmis par le cerveau partent du cortex cérébral, dans lequel interviennent les fonctions cérébrales les plus complexes comme la pensée, la prise de décision, la parole ou l'audition.

LES VENTRICULES CÉRÉBRAUX

Les quatre cavités, ou *ventricules* du cerveau, sont le siège de la fabrication du liquide céphalorachidien (LCR). Le LCR se déverse dans les ventricules lorsqu'ils se connectent au canal de l'épendyme (moelle épinière) et à l'espace sous-arachnoïdien autour du cerveau. Ensuite, il est absorbé dans le système veineux. Sa fabrication est permanente, il est ainsi renouvelé plusieurs fois par jour.

LE SYSTÈME LIMBIQUE

Le système limbique est composé de l'hippocampe, de la tonsille cérébelleuse (amygdale du cervelet), de la région septale et de l'hypothalamus. Ces structures interagissent et sont impliquées dans les comportements de survie, l'expression des émotions et la formation de la mémoire. Chaque élément intervient dans le système limbique. L'hippocampe et la tonsille cérébelleuse sont situés dans le lobe temporal. L'hippocampe participe à la formation de la mémoire alors que la tonsille cérébelleuse joue un rôle dans l'expression des émotions. La région septale se trouve sur la face interne du cerveau et semble être associée à la notion de plaisir ou de récompense. L'hypothalamus contrôle la production d'hormones et son influence sur l'organisme se manifeste par des réactions physiques associées aux émotions, comme l'augmentation de la pression artérielle, ou l'accélération du rythme cardiaque ou respiratoire en cas de stress.

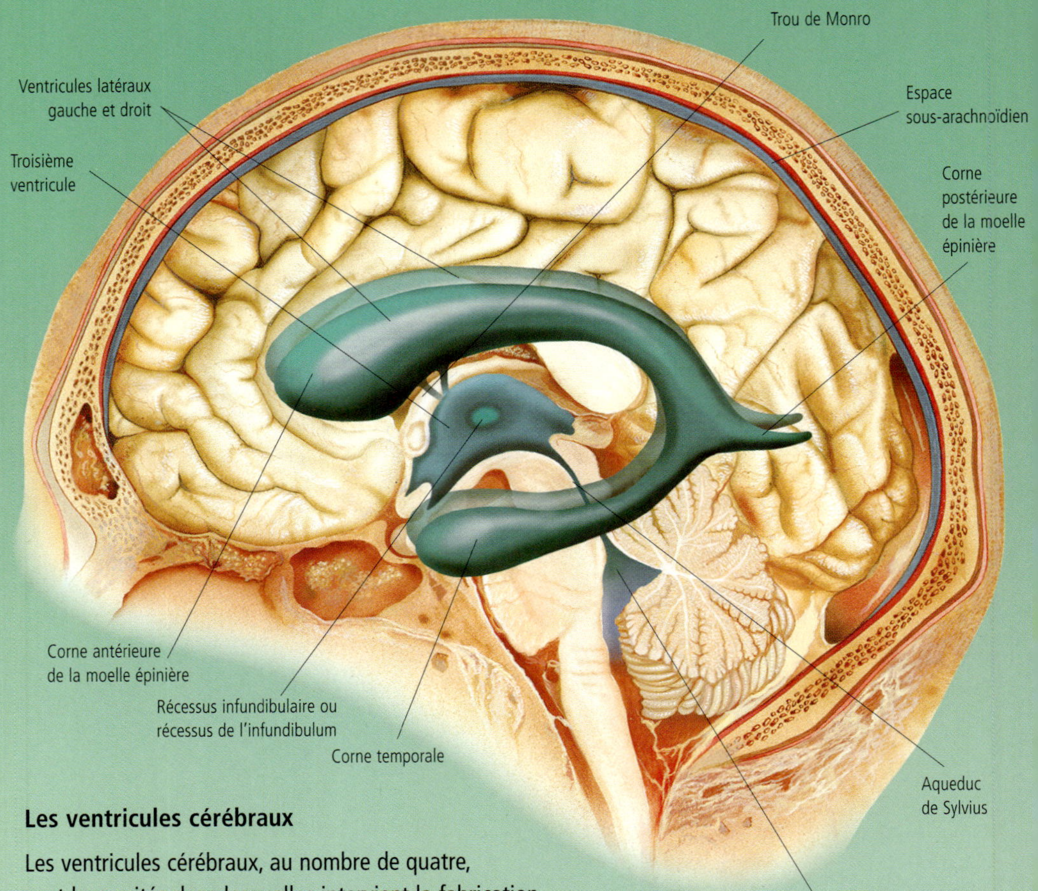

Les ventricules cérébraux

Les ventricules cérébraux, au nombre de quatre, sont les cavités dans lesquelles intervient la fabrication du liquide céphalorachidien. Ils sont reliés entre eux ainsi qu'à la moelle épinière et à l'espace sous-arachnoïdien. Le liquide céphalorachidien circule dans le canal de l'épendyme (moelle épinière) et dans l'espace sous-arachnoïdien (entre l'arachnoïde et la pie-mère).

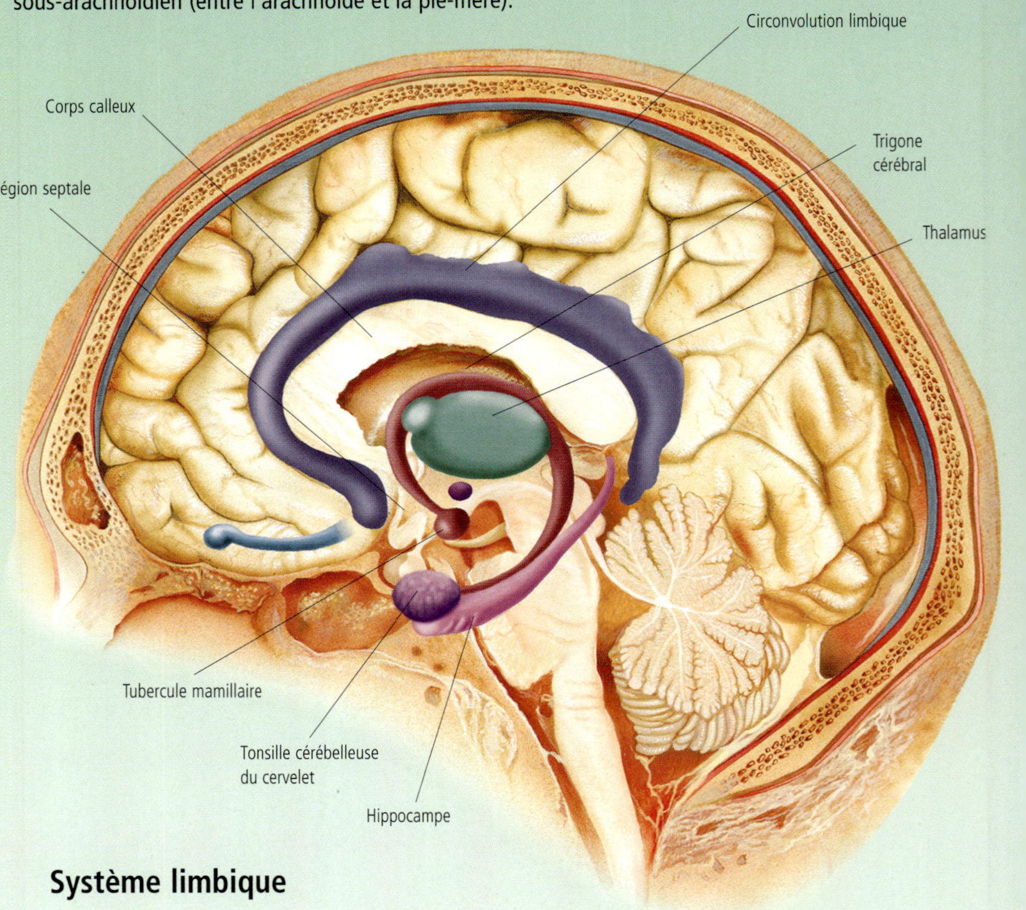

Système limbique

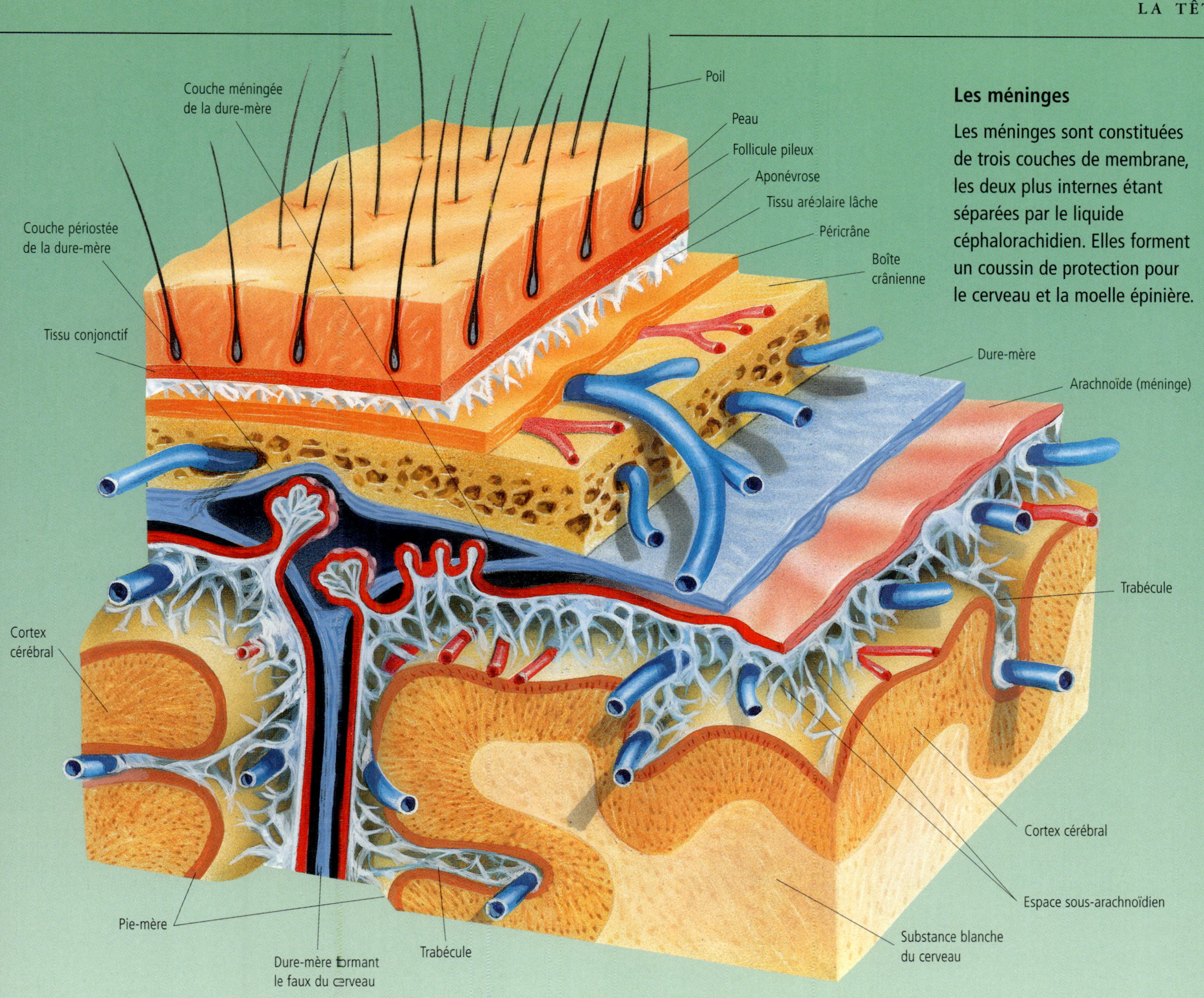

Les méninges

Les méninges sont constituées de trois couches de membrane, les deux plus internes étant séparées par le liquide céphalorachidien. Elles forment un coussin de protection pour le cerveau et la moelle épinière.

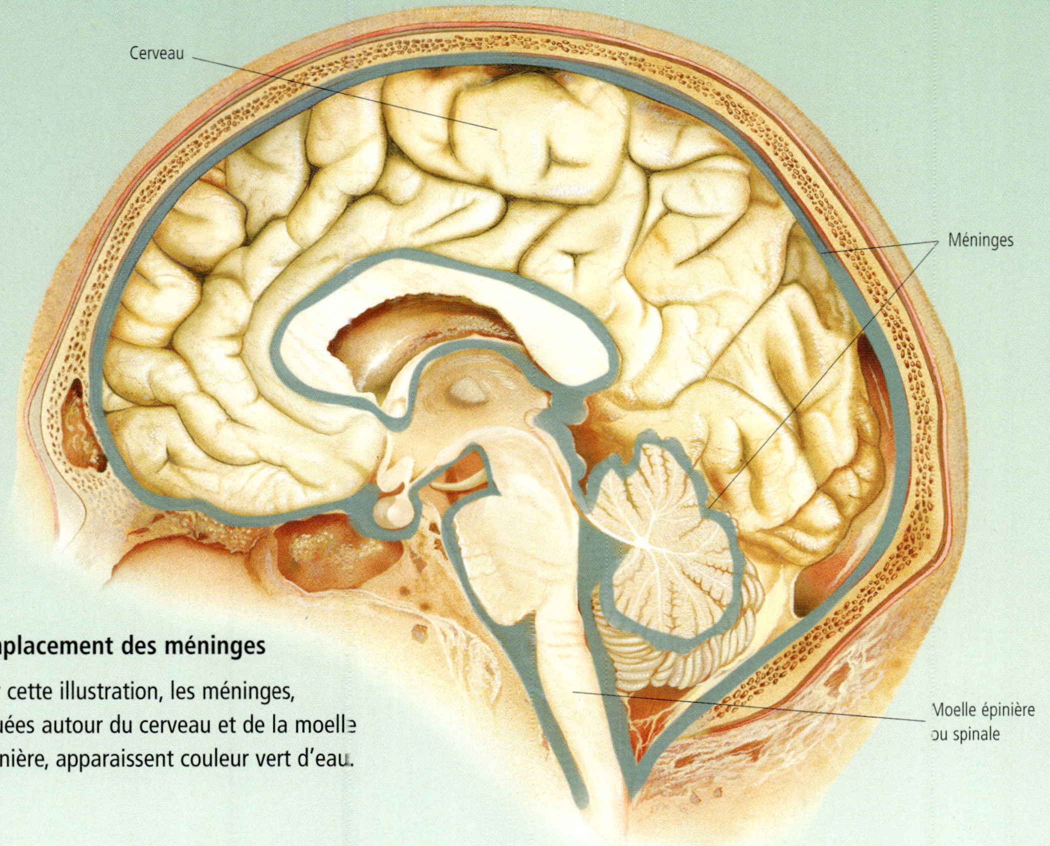

Emplacement des méninges

Sur cette illustration, les méninges, situées autour du cerveau et de la moelle épinière, apparaissent couleur vert d'eau.

Les méninges

Le cerveau et la moelle épinière sont protégés par les méninges. La dure-mère, l'arachnoïde et la pie-mère forment ainsi trois couches de membrane, l'arachnoïde et la pie-mère étant séparées par le liquide céphalorachidien.

Les sens - Généralités

Notre organisme perçoit différentes sensations comme le toucher, la douleur, les vibrations, la chaleur et la pression. Les terminaisons nerveuses, ou récepteurs, envoient des impulsions électriques à la moelle épinière par l'intermédiaire des nerfs sensitifs. Ces impulsions traversent la moelle épinière par le thalamus avant d'atteindre le cortex cérébral.

La plupart des récepteurs sensoriels sont situés dans la peau. Certaines régions comme le bout des doigts, les lèvres, la paume de la main, les mamelons, le gland du pénis et le clitoris renferment de fortes concentrations de mécanorécepteurs.

Les récepteurs thermiques, ou thermorécepteurs, perçoivent la température, les récepteurs au froid étant différents des récepteurs à la chaleur. Présents dans tout le corps, ils sont plus concentrés dans certaines régions comme les lèvres, la bouche et l'anus.

Les propriocepteurs transmettent des informations sur les articulations, les tendons et les muscles, informations qui permettent ensuite la coordination des mouvements musculaires.

Les récepteurs à la douleur, ou nocicepteurs, largement présents dans les différents tissus de l'organisme, plus particulièrement au niveau de la peau et des articulations, sont également capables de détecter la douleur au niveau des organes internes.

Les sens spéciaux

Les sens spéciaux sont la vue, l'odorat, le goût, l'ouïe et l'équilibre. Les organes impliqués, dotés de récepteurs spécifiques, sont les yeux, le nez, la bouche et les oreilles. Les photorécepteurs interviennent dans la vision, les mécano-récepteurs au niveau du toucher, de l'audition et de l'équilibre alors que les chémorécepteurs détectent les goûts et les odeurs. Les récepteurs transmettent les informations au cerveau pour analyse par l'intermédiaire des nerfs crâniens.

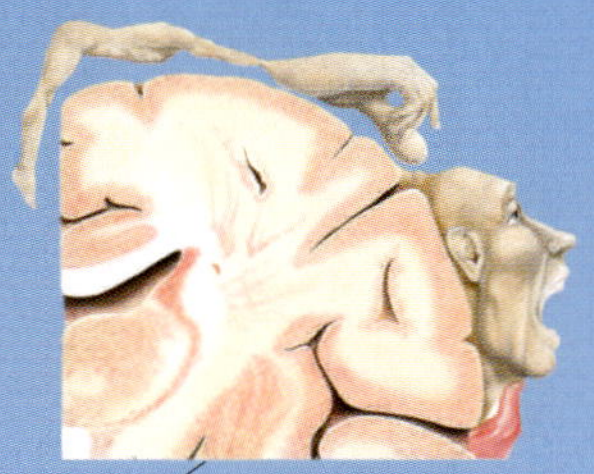

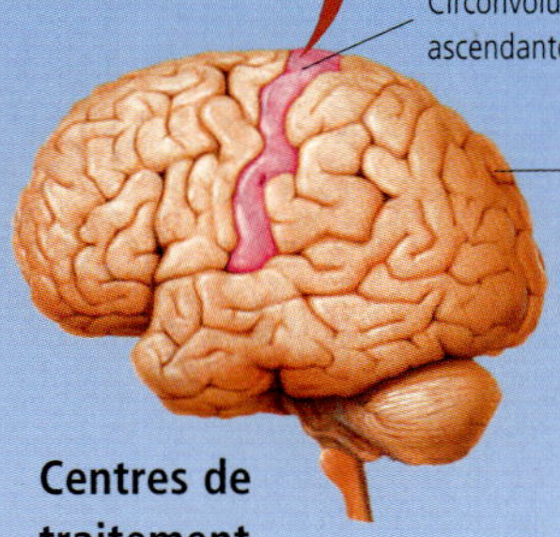

La chaîne sensorielle

Les signaux transmis par les récepteurs sensoriels, depuis les nerfs périphériques au système nerveux central, donnent au cerveau des informations sur les conditions internes et externes du corps.

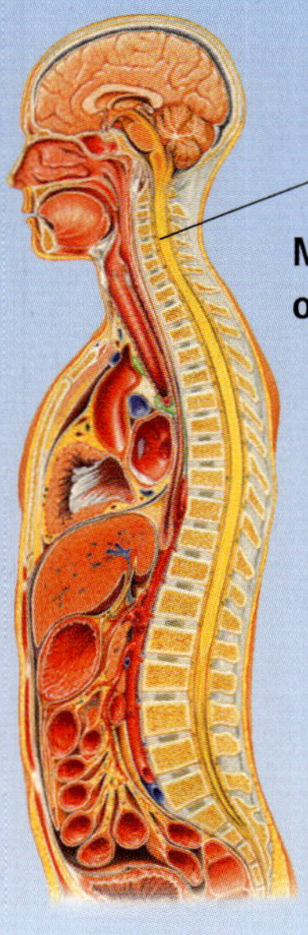

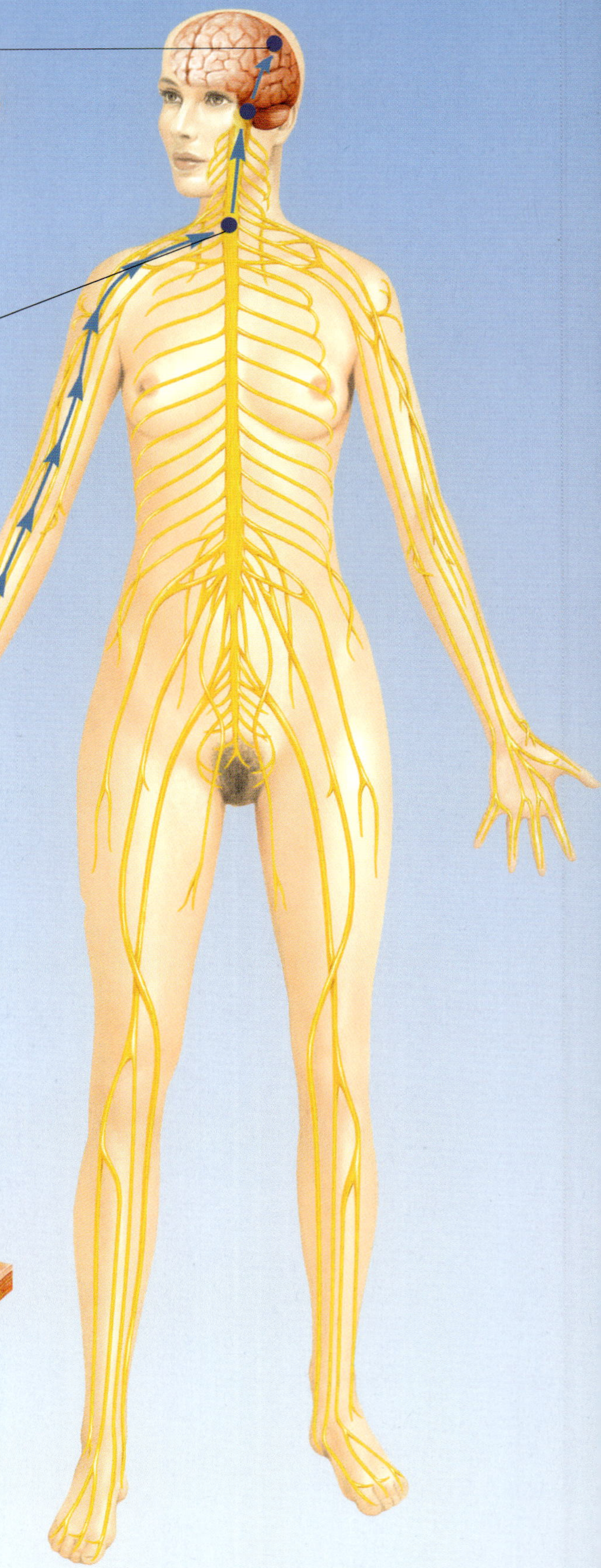

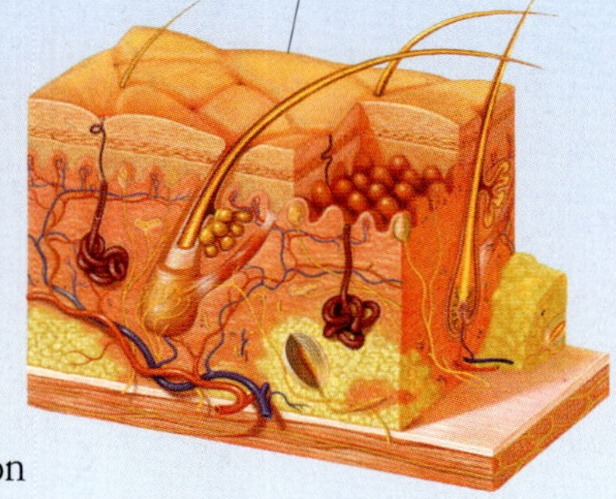

La vue

Les cônes et les bâtonnets sont des *photorécepteurs*, sensibles à la lumière, qui transmettent les informations par le nerf optique pour qu'elles soient relayées jusqu'au cortex occipital à des fins d'analyse.

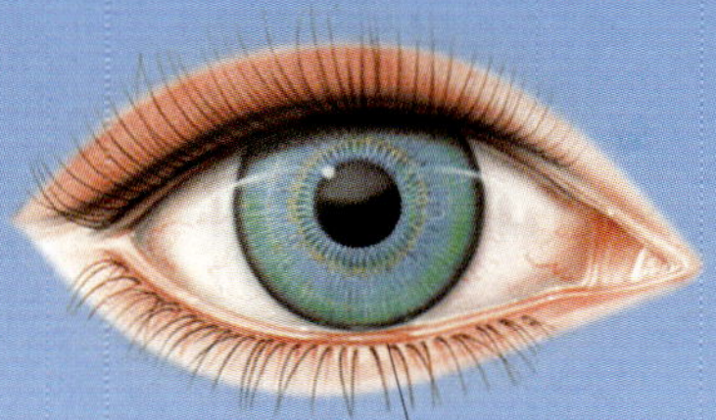

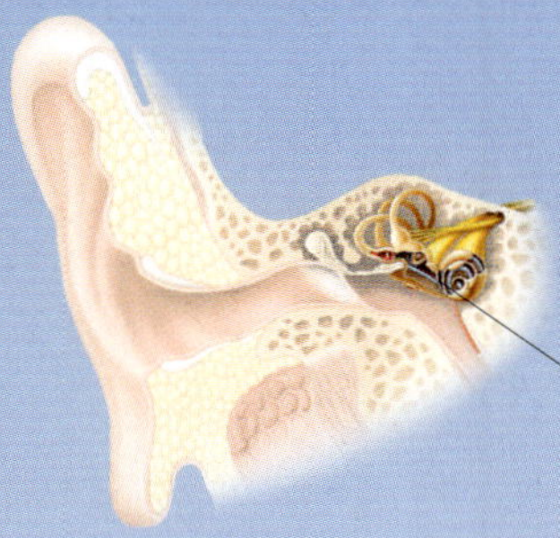

L'équilibre

Les informations relatives à l'équilibre sont transmises par le nerf auditif dans le système vestibulo-cochléaire, qui comprend notamment les canaux semi-circulaires, l'utricule et le saccule.

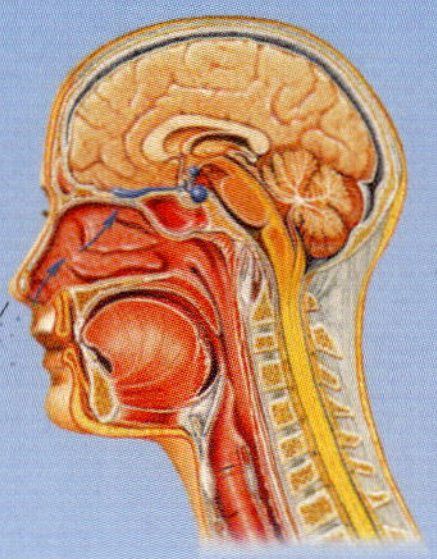

L'odorat

La cavité nasale renferme des *chémorécepteurs* capables de détecter des milliers d'odeurs. Le nerf olfactif reçoit les signaux des chémorécepteurs et les transmet aux aires olfactives du cerveau où ils sont interprétés comme des odeurs.

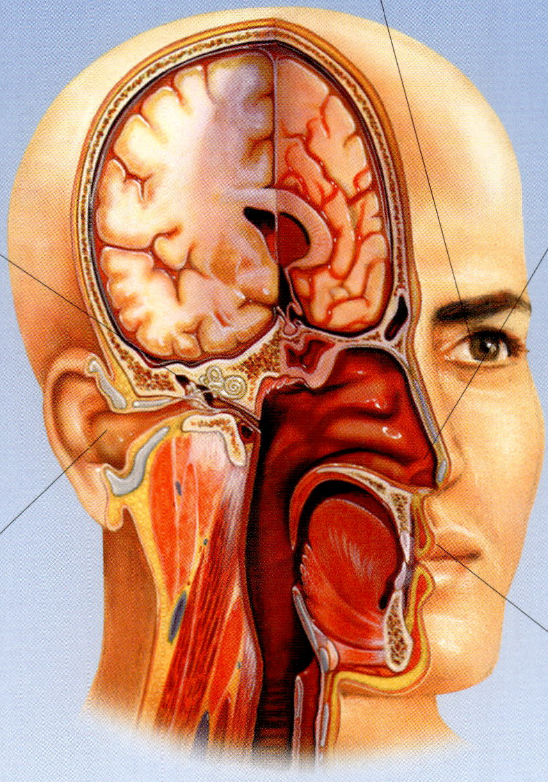

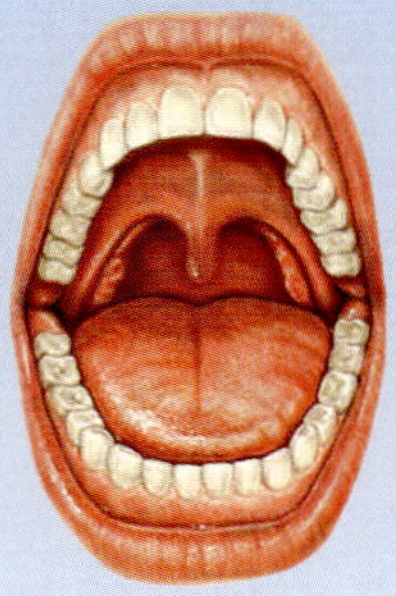

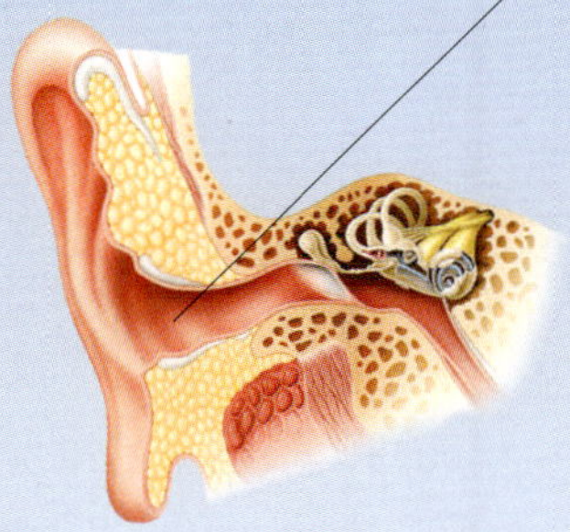

Ouïe

Les mécanorécepteurs de la cochlée convertissent les ondes sonores en impulsions ensuite transmises au cerveau par le nerf auditif, lui donnant ainsi des informations sur les sons perçus.

Les sens spéciaux

Les sens spéciaux sont la vue, l'odorat, le goût, l'ouïe et l'équilibre. Les impulsions nerveuses envoyées par les organes responsables de ces sens sont transmises au cerveau par les nerfs crâniens.

Le goût

La langue, le palais et la gorge sont recouverts de chémorécepteurs, appelés *bourgeons gustatifs*. Les nerfs crâniens transmettent les informations sur les saveurs salées, sucrées, acides et amères au cerveau, où le goût est identifié. Le goût est renforcé par l'odorat.

Le visage

Les os du visage sont la structure qui définit notre apparence, les couches de peau et de muscles étant les finitions qui nous permettent de nous distinguer des autres. Nos expressions faciales, qui retranscrivent nos émotions, sont produites par les nerfs et les muscles faciaux. Les organes des sens spéciaux (yeux, oreilles, nez et langue) sont tous situés au niveau du visage.

Le visage est constitué de 14 os faciaux, de muscles, de peau, des yeux, du nez, des mâchoires, des joues et du menton, ainsi que de nerfs et de vaisseaux sanguins qui alimentent toutes ces structures. Les muscles du visage comprennent un muscle circulaire autour de chaque œil et de la bouche. Les muscles des joues et de la bouche jouent un rôle essentiel dans l'expression orale et ceux de la mâchoire contribuent à faire bouger le maxillaire inférieur pour manger et parler.

Les nerfs crâniens

Les 12 paires de nerfs crâniens partent du tronc cérébral et innervent les muscles et les structures sensitives de la tête et du cou, y compris la peau, les membranes, les yeux et les oreilles. Leurs ramifications innervent les organes du torse, à savoir la trachée, les bronches, les poumons et le cœur.

Les nerfs crâniens

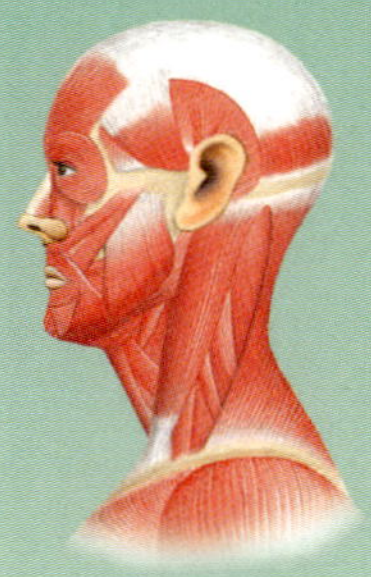

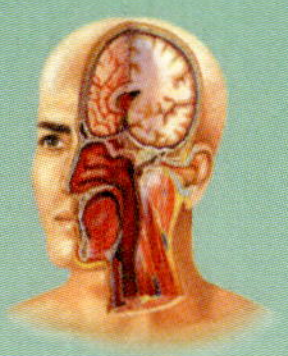

Les nerfs olfactifs (I)

La première paire de nerfs crâniens est associée à l'odorat. Les fibres nerveuses de la membrane muqueuse du nez transmettent les messages au cerveau.

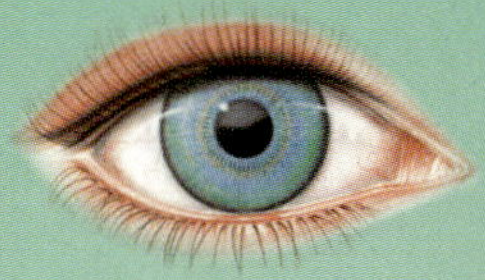

Les nerfs optiques (II)

Les impulsions visuelles de la rétine sont envoyées au cerveau par les nerfs optiques (deuxième paire de nerfs crâniens).

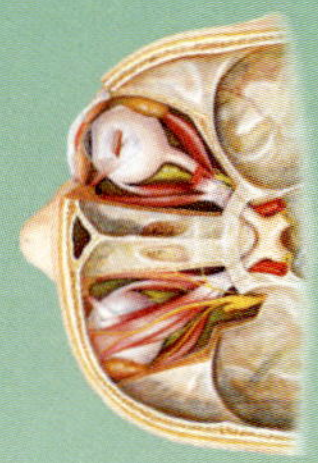

Les nerfs moteurs oculaires commun (ou oculomoteurs) (III), pathétiques (ou trochléaires) (IV) et moteurs oculaires externes (ou abducens) (VI

Ces paires de nerfs crâniens contrôlent les mouvements musculaires du globe oculaire et des paupières et permettent l'accommodation de la vue.

Les nerfs accessoires de Willis (ou spinaux) (XI)

La onzième paire crânienne contrôle les mouvements des épaules, de la tête et du cou, ainsi que la contraction du larynx et du pharynx.

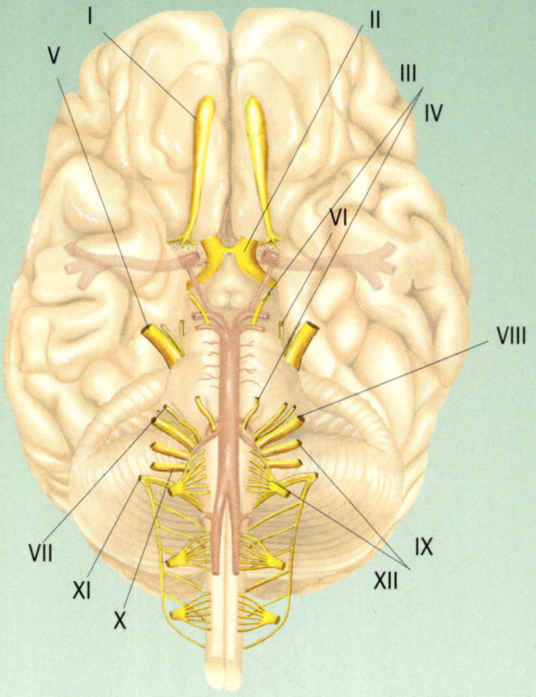

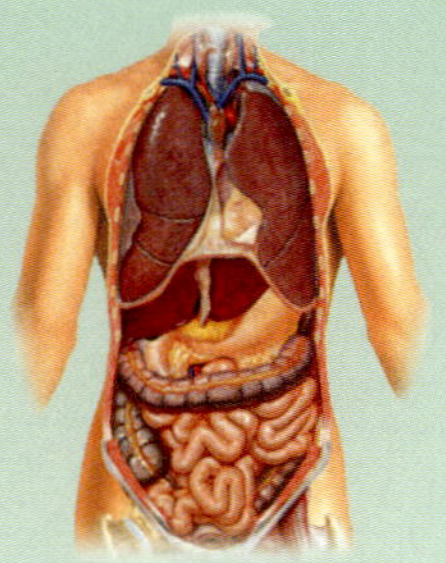

Les nerfs pneumogastriques (ou vagues) (X)

La dixième paire crânienne est impliquée dans des fonctions comme la toux, l'éternuement, la déglutition, la parole, les sécrétions des glandes gastriques et dans la sensation de faim.

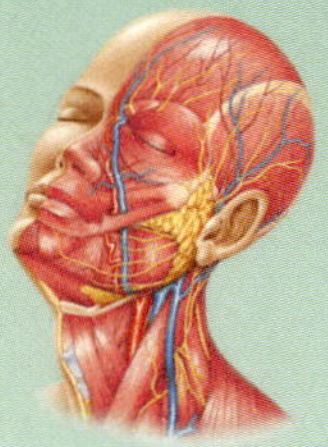

Les nerfs trijumeaux (V)

Cinquième paire crânienne, les nerfs trijumeaux se divisent en trois branches : ophtalmique, maxillaire et mandibulaire. Ils alimentent le front et la peau des joues en fibres nerveuses, et assurent la jonction entre les fibres motrices et les muscles de la mastication.

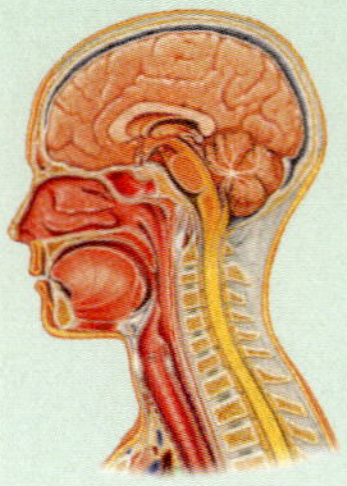

Les nerfs glossopharyngiens (IX) et (grands) hypoglosses (XII)

La neuvième paire crânienne, responsable du contrôle réflexe du cœur, est associée au bulbe (ou sinus) carotidien, ainsi qu'à la partie postérieure de la langue et au voile du palais (ou palais mou). La douzième paire crânienne contrôle les mouvements de la langue.

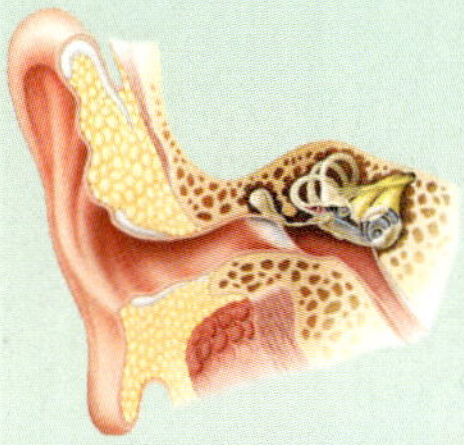

Les nerfs auditifs (ou vestibulo-cochléaires) (VIII)

Située derrière les nerfs faciaux, la huitième paire crânienne transmet les impulsions indispensables à l'équilibre.

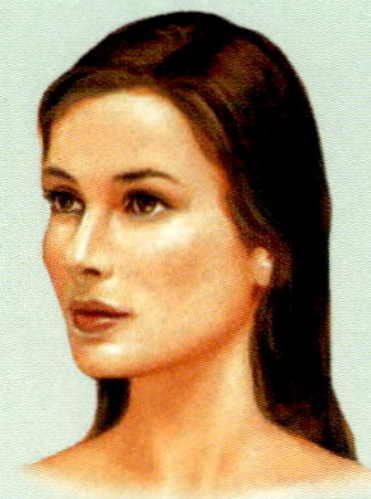

Les nerfs faciaux (VII)

Septième paire crânienne, les nerfs faciaux distribuent les fibres motrices qui commandent l'expression du visage. Ils participent également à la perception du goût sur la partie antérieure de la langue.

Le visage

Le visage exprime un éventail complexe de pensées et d'émotions, ce qui nécessite un système élaboré de muscles et de nerfs. Les organes des sens spéciaux (yeux, oreilles, nez et langue) sont tous situés au niveau du visage.

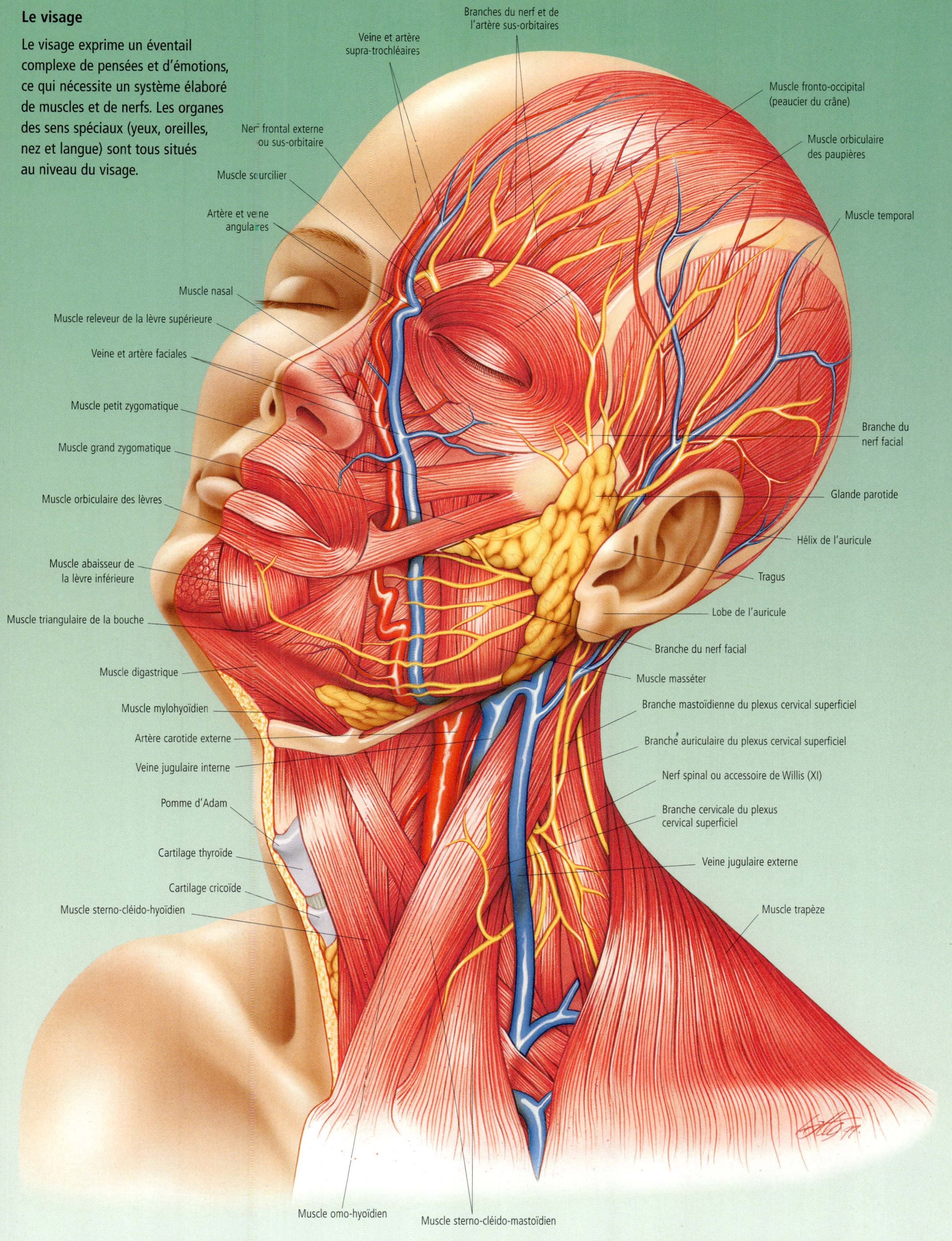

Les nerfs faciaux

Situés de chaque côté du visage, les nerfs faciaux contrôlent les muscles faciaux, les glandes salivaires et les glandes lacrymales, et transmettent les sensations gustatives des deux tiers antérieurs de la langue. Les nerfs faciaux partent du tronc cérébral, arrivent à l'oreille et se ramifient de chaque côté du visage.

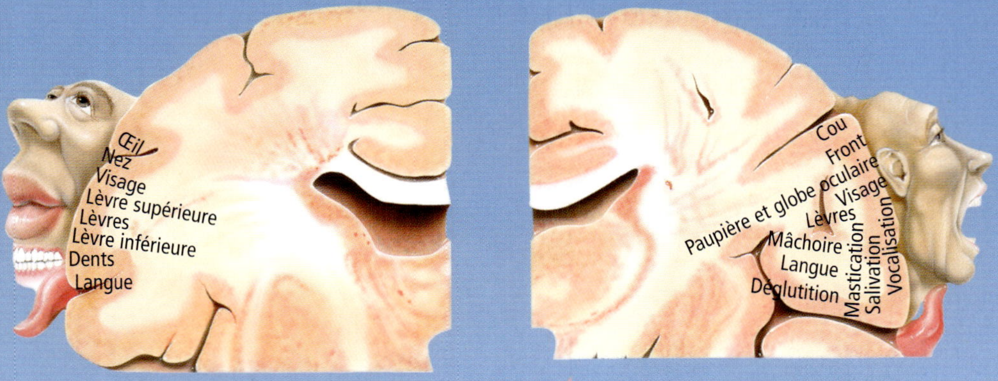

Activité motrice

Activité sensorielle

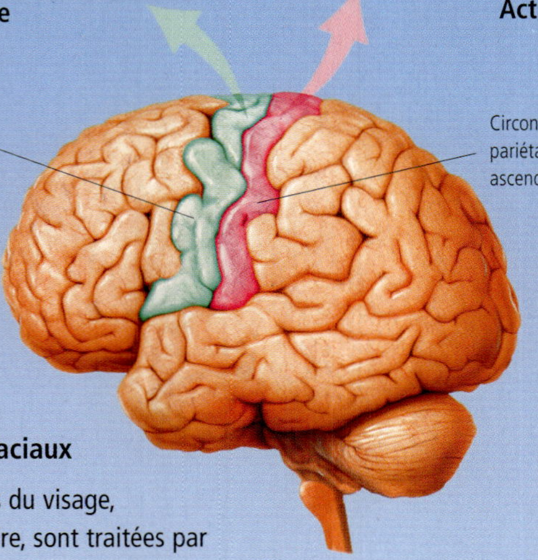

Aires sensori-motrices du cortex cérébral

Les mouvements faciaux

Les activités motrices du visage, comme faire un sourire, sont traitées par la circonvolution frontale ascendante (gyrus précentral), alors que les activités sensorielles associées à la peau du visage sont gérées par la circonvolution pariétale ascendante (gyrus postcentral). Sur cette illustration, la taille des parties du visage représentées correspond au degré d'implication de chaque circonvolution.

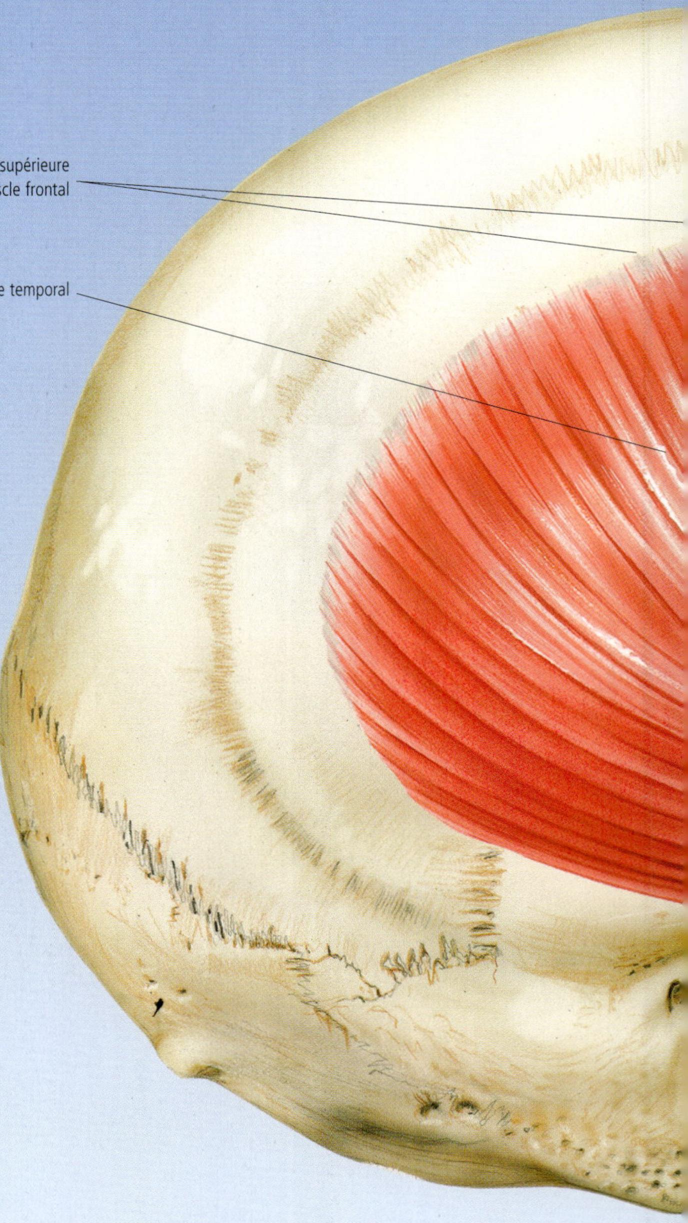

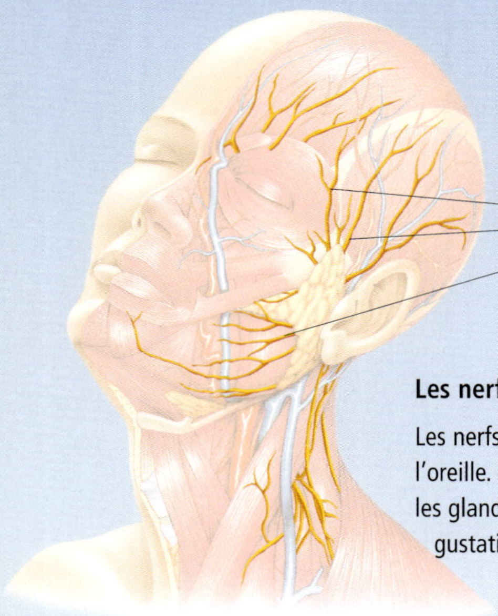

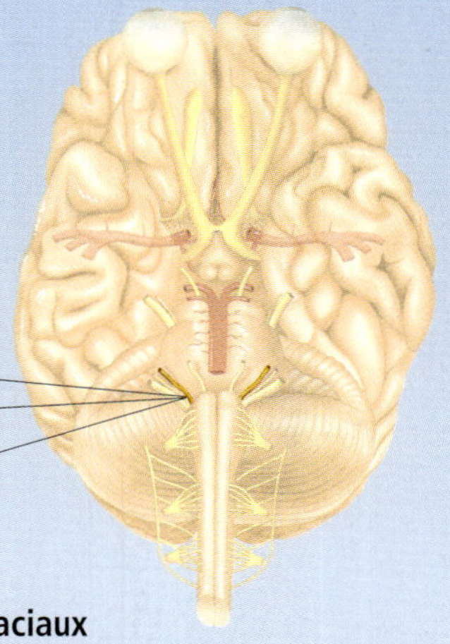

Les nerfs faciaux

Les nerfs faciaux se ramifient sur le visage, devant l'oreille. Ils contrôlent les muscles de la face, les glandes salivaires et transmettent les sensations gustatives à la partie antérieure de la langue.

Muscles superficiels de la mâchoire

Le muscle masséter participe à la mastication (fait de mordre et de mâcher).

La mâchoire

L'articulation temporo-maxillaire relie l'os maxillaire inférieur (mandibule) à l'os maxillaire supérieur pour former la mâchoire, la mandibule étant la partie mobile et l'os maxillaire supérieur la partie fixe. Le maxillaire est constitué d'une section alvéolaire qui comporte les alvéoles pour les dents du haut, de la voûte palatine (palais osseux) et d'un corps creux. La mandibule présente un corps plus épais, une partie alvéolaire pour les dents du bas et une branche en haut de laquelle une petite tête ronde vient s'emboîter à la base du crâne pour former l'articulation temporo-maxillaire. L'articulation est renforcée

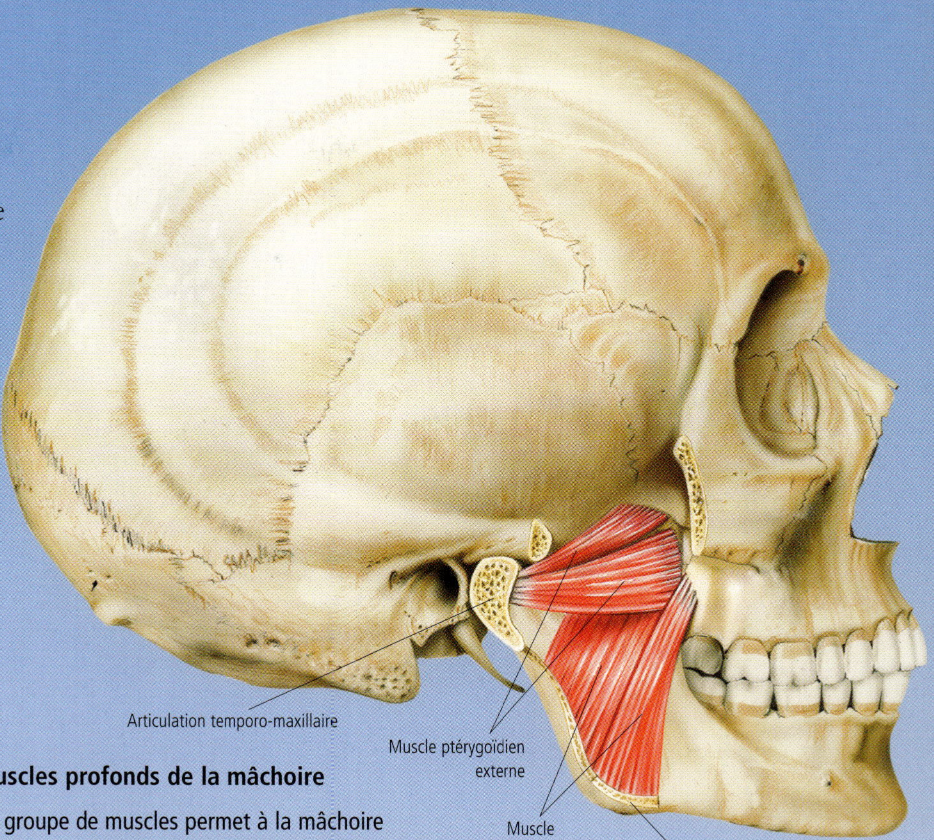

Muscles profonds de la mâchoire

Ce groupe de muscles permet à la mâchoire de bouger dans tous les sens (de haut en bas, sur le côté et d'avant en arrière) et intervient dans la mastication (fait de mordre et de mâcher).

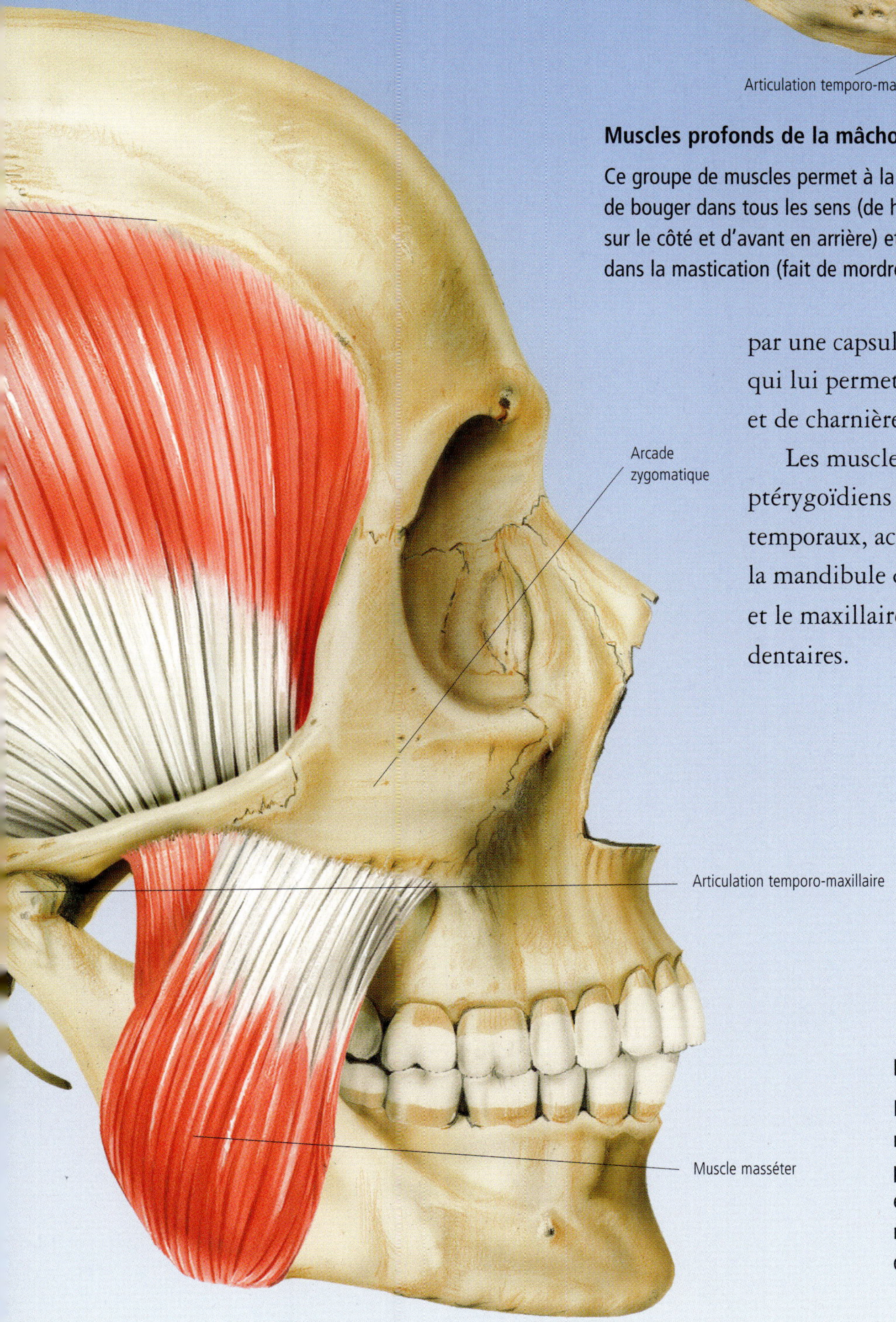

par une capsule articulaire et des ligaments puissants qui lui permettent de faire des mouvements de glissement et de charnière.

Les muscles de la mastication, y compris les muscles ptérygoïdiens interne et externe, le masséter et les muscles temporaux, actionnent l'articulation, en faisant bouger la mandibule de haut en bas. Chez l'adulte, la mandibule et le maxillaire supérieur contiennent chacun 16 alvéoles dentaires.

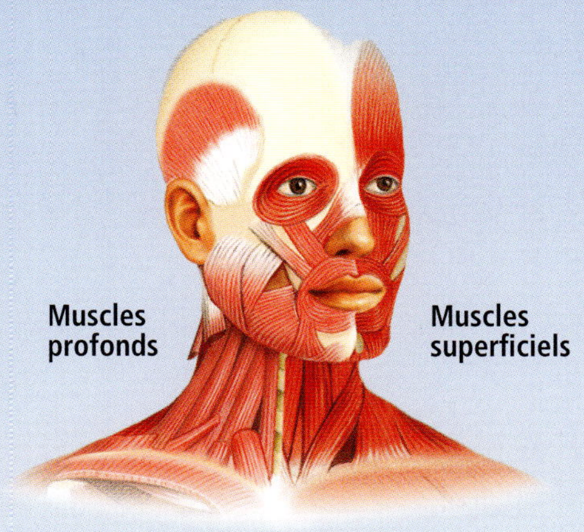

Les muscles du visage

En association avec les nerfs, les muscles du visage retranscrivent les expressions du visage, reflet de nos pensées et de nos sentiments. Les muscles de la bouche et des joues ont un rôle essentiel dans des actions comme manger et parler, alors que les muscles oculaires permettent d'ouvrir et de fermer les yeux et de les faire cligner.

L'œil

Fenêtre ouverte sur le monde, l'œil est un organe remarquable. Cette structure complexe, organe de la vue, transmet les images au cerveau pour analyse. L'œil se compose de trois couches : la sclérotique (couche externe), la tunique uvéale (ou uvée), et le cristallin (couche intermédiaire) et la rétine (couche interne).

La sclérotique (blanc de l'œil), composée de tissu fibreux résistant, donne à l'œil sa forme sphérique. Les muscles qui actionnent l'œil se rattachent à la sclérotique ; la cornée, partie transparente, s'insère à l'avant, tandis qu'à l'arrière se trouve le point de sortie du nerf optique. Les rayons lumineux traversent la cornée pour atteindre le cristallin qui les fait converger sur la rétine pour former une image.

La tunique uvéale est constituée de trois éléments : la choroïde, le corps ciliaire et l'iris. La choroïde, riche en vaisseaux sanguins qui alimentent la cornée, le corps ciliaire et l'iris, est située à l'arrière de l'uvée. Le corps ciliaire, région intermédiaire entre la choroïde et l'iris, contient les muscles tenseurs de la choroïde qui soutiennent le cristallin grâce à un faisceau de fibres, la zonule. La pupille est le centre de l'iris. Les muscles situés autour de l'iris dilatent ou contractent la pupille en fonction de l'intensité de la lumière. Cette fonction est contrôlée par le système nerveux végétatif (autonome), tout comme le mouvement des muscles tenseurs de la choroïde.

L'espace à l'avant du cristallin et de la zonule est divisé en deux chambres, antérieure et postérieure.

LE SAVIEZ-VOUS ?

La peau des paupières est fine et souple. Elle permet de cligner des yeux, mouvement indispensable à leur lubrification. En moyenne, un clin d'œil dure entre 50 et 100 millisecondes.

L'œil

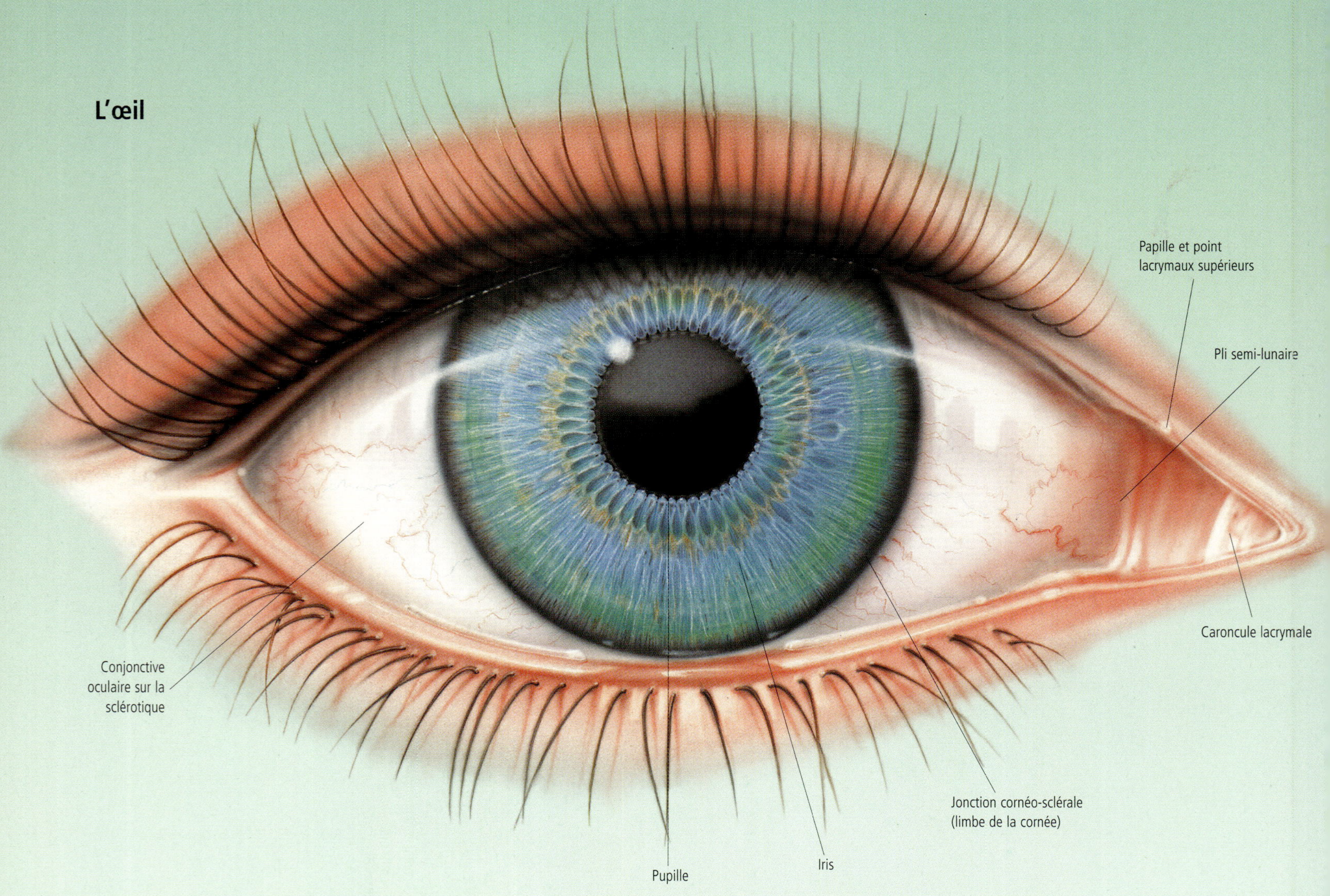

Globe oculaire

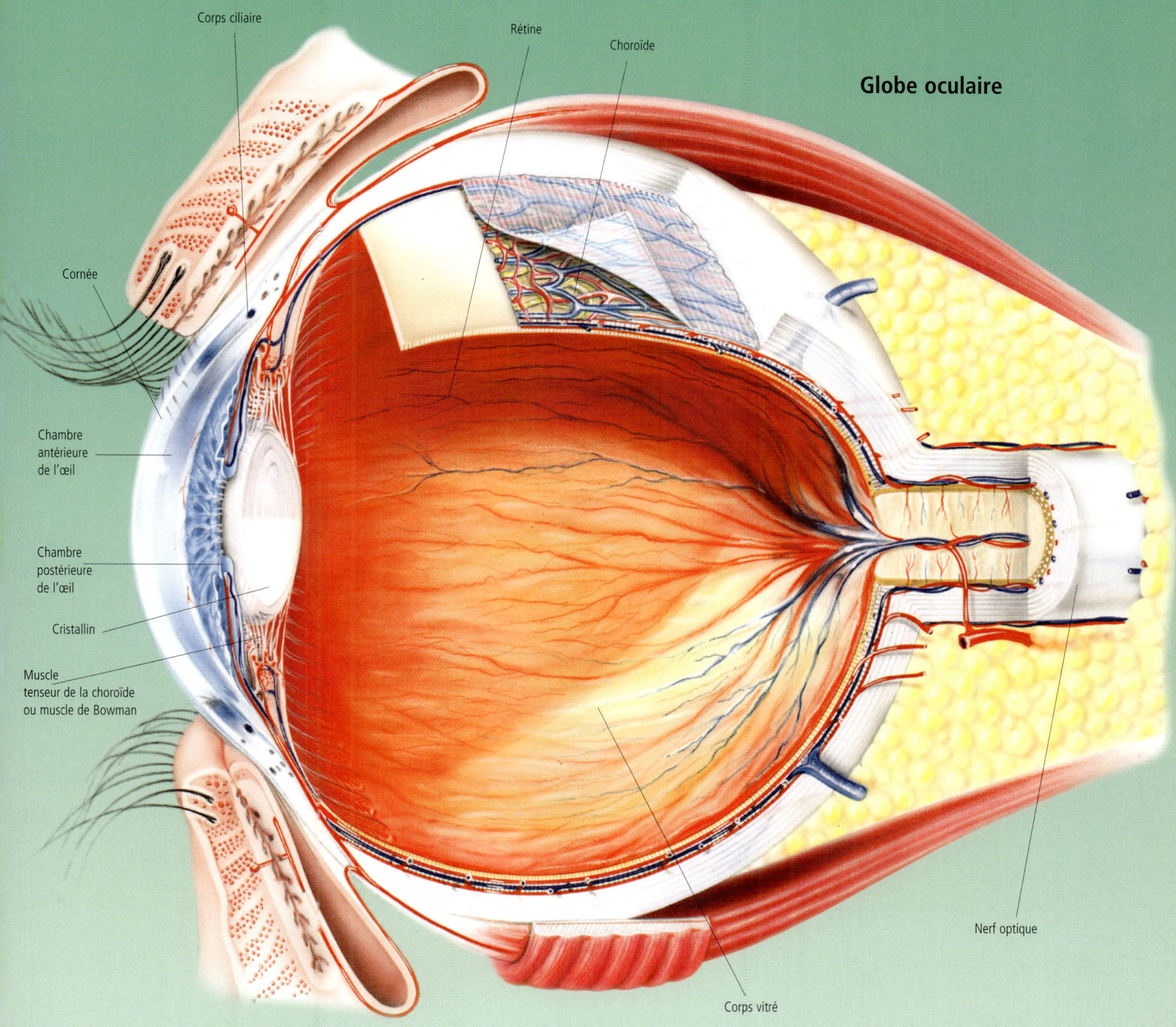

Pour nourrir le cristallin et la cornée, le corps ciliaire sécrète, dans la chambre postérieure, un liquide appelé humeur aqueuse qui se déverse dans la chambre antérieure par la pupille. La cavité derrière le cristallin est remplie d'un gel, le corps vitré, qui permet au globe oculaire de conserver sa forme.

La rétine est la couche la plus interne de l'œil. Elle se compose de deux types de photorécepteurs (cellules sensibles à la lumière) : les bâtonnets (plus de 100 millions) et les cônes (plus de 5 millions). La lumière traverse la cornée, la pupille, le cristallin et le corps vitré pour atteindre la rétine. Les images transmises à la rétine sont ensuite transportées par les nerfs optiques, le nerf de chaque œil convergeant sur le chiasma optique, avant d'arriver au cerveau.

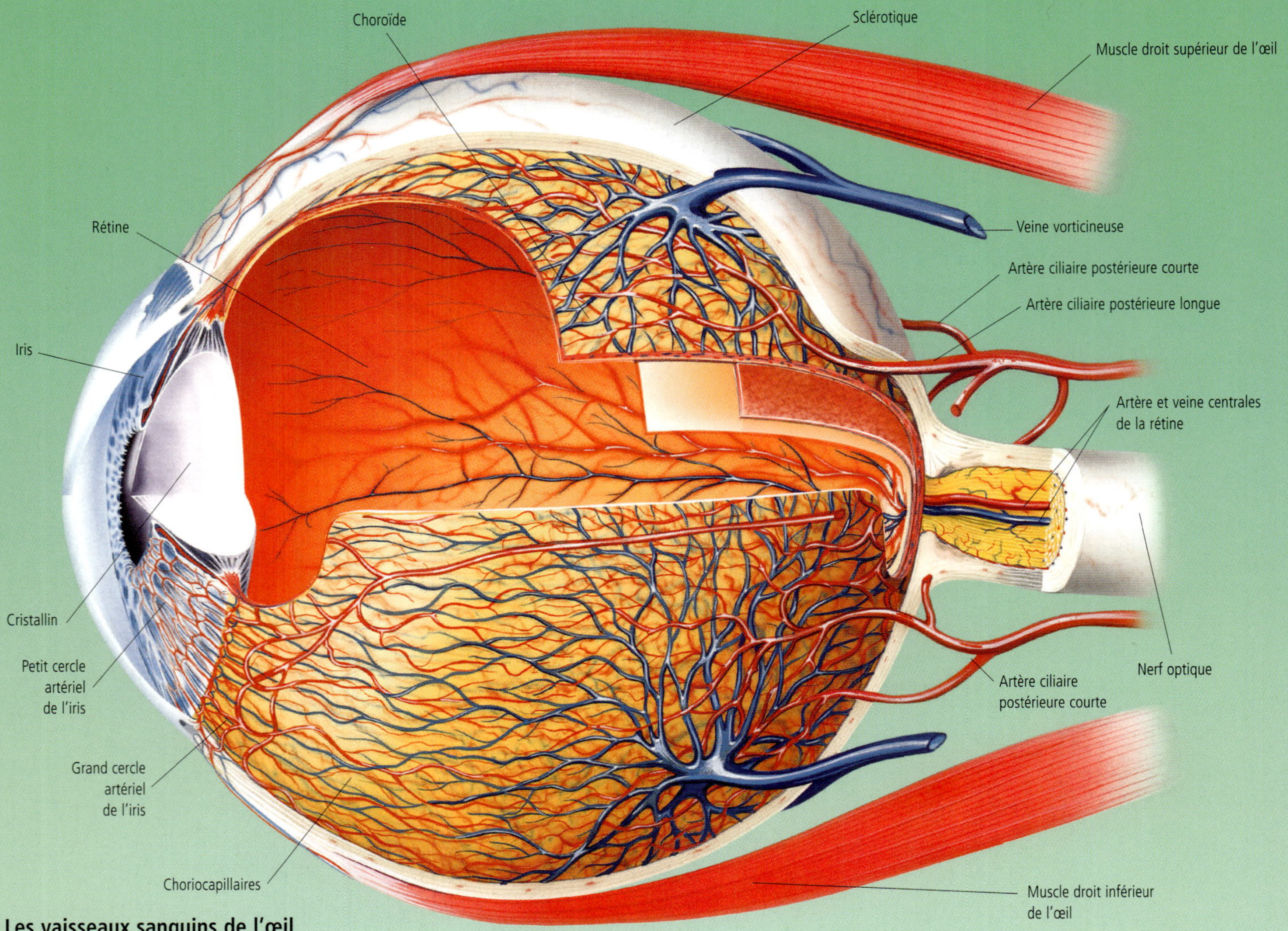

Les vaisseaux sanguins de l'œil

L'œil est irrigué par un réseau complexe d'artères, de veines et de capillaires. L'artère et la veine centrales traversent le nerf optique avant de se ramifier sur toute la surface rétinienne. L'artère ciliaire alimente également l'œil.

LES VAISSEAUX SANGUINS DE L'ŒIL

L'artère et la veine centrales de la rétine traversent le nerf optique avant de se diviser en quatre branches principales qui se ramifient à leur tour jusqu'à former un réseau de capillaires.

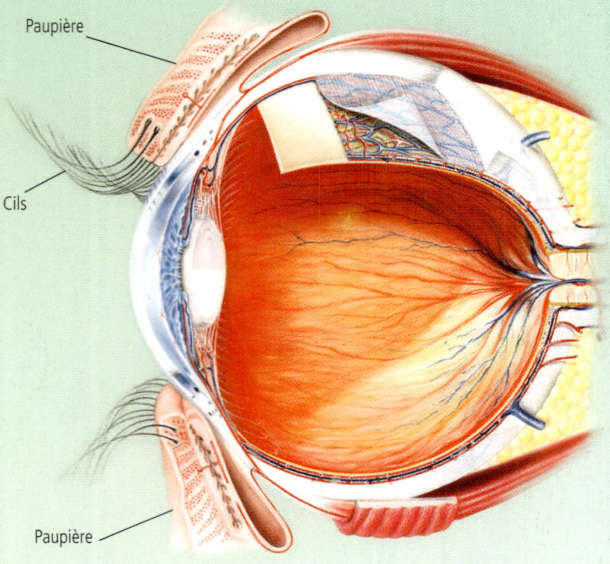

LES CILS ET LES PAUPIÈRES

Les cils et les paupières protègent les yeux de la lumière et de la poussière. Les paupières sont formées par un repli de peau et se ferment pour couvrir l'œil. Leur surface interne est tapissée de membrane conjonctive, membrane muqueuse qui recouvre la surface du globe oculaire, et leurs bords renferment la glande de Meibomius, qui sécrète un corps gras indispensable à la lubrification de l'œil. Les cils prolongent les paupières, apportant ainsi une protection supplémentaire à ce fragile organe.

MOUVEMENTS DU GLOBE OCULAIRE

Les mouvements du globe oculaires sont gérés par trois paires de muscles. De petits mouvements nous permettent de voir en haut, en bas, à gauche et à droite, élargissant ainsi notre champ de vision.

LE SYSTÈME LACRYMAL

Les glandes lacrymales sont situées au-dessus de l'angle externe de l'orbite, cavité qui abrite le globe oculaire. Elles sécrètent les larmes qui forment un film protecteur sur l'œil et le nettoient. Le fait de cligner des paupières ramène les larmes vers le canal naso-lacrymal, point de drainage qui débouche dans le nez.

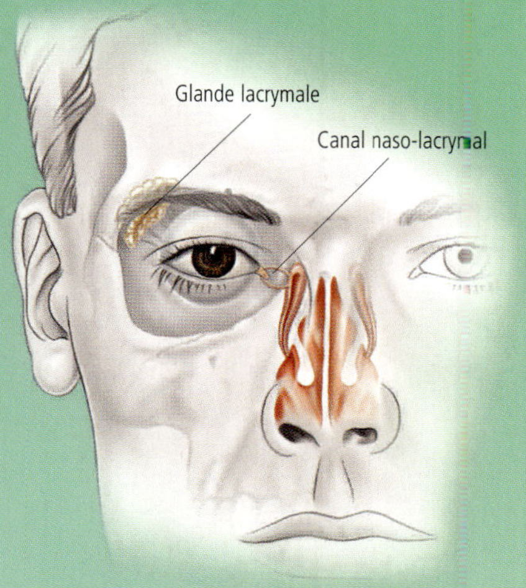

Les glandes lacrymales

Les glandes lacrymales produisent les larmes qui maintiennent l'œil humide, le lubrifient et le protègent des infections. À chaque clignement de paupière, les larmes se répartissent à la surface de l'œil. Elles sortent du canal naso-lacrymal par les points lacrymaux.

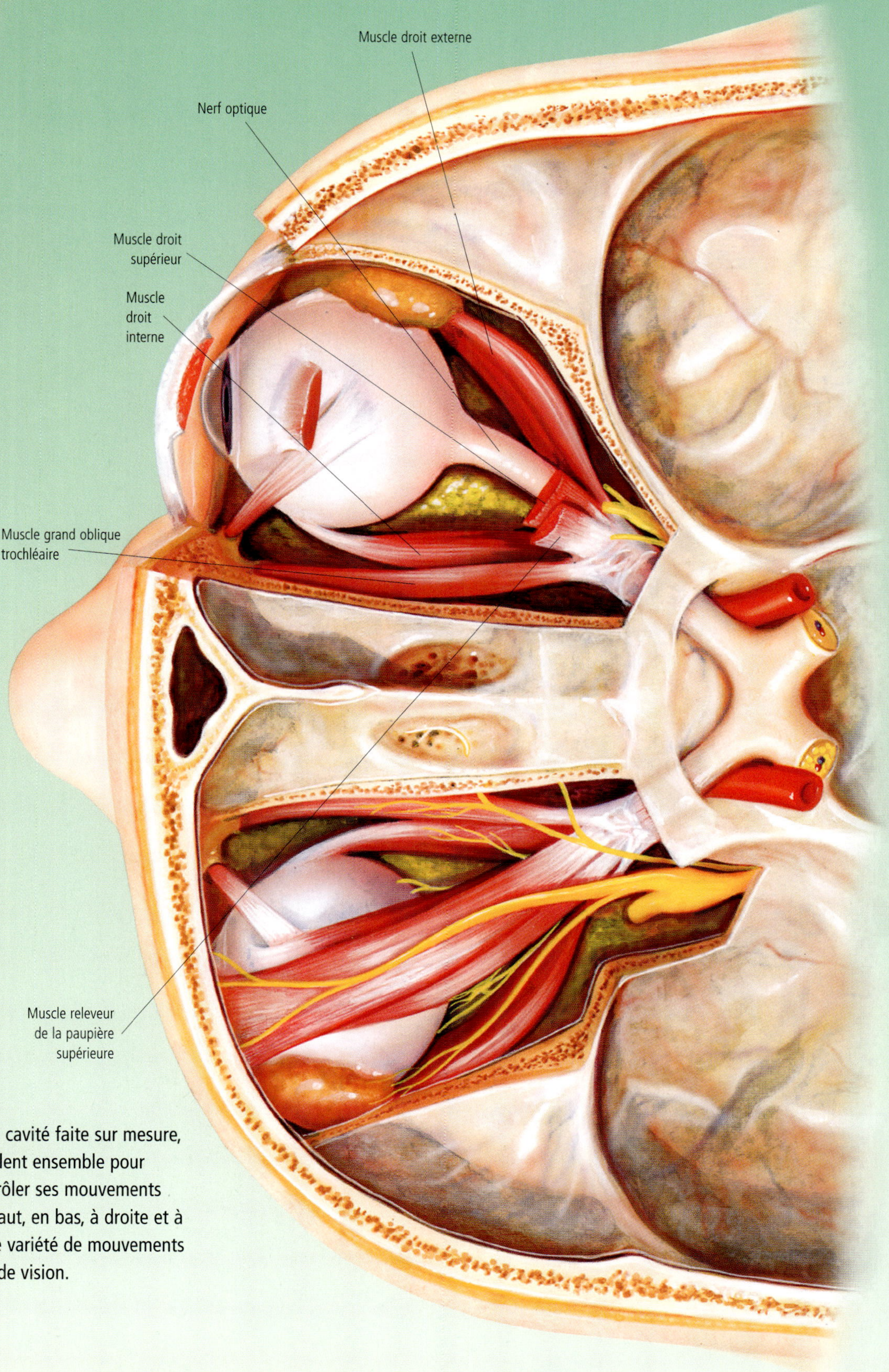

LE SAVIEZ-VOUS ?

Lorsque nous pleurons, la quantité de larmes produites par les glandes lacrymales devient trop importante pour le canal naso-lacrymal qui ne peut pas toutes les contenir. C'est pourquoi elles s'écoulent.

Mouvements du globe oculaire

Le globe oculaire est intégré dans une cavité faite sur mesure, l'*orbite*. Trois paires de muscles travaillent ensemble pour soutenir le globe dans l'orbite et contrôler ses mouvements directionnels. Bouger chaque œil en haut, en bas, à droite et à gauche, mobilise les six muscles. Cette variété de mouvements nous permet d'avoir un grand champ de vision.

Comment voyons-nous ?

La structure de l'œil est conçue pour réfléchir et concentrer les rayons lumineux afin de former une petite image à l'arrière de la rétine, image ensuite transmise au cerveau sous la forme d'impulsions nerveuses. Les rayons lumineux viennent frapper la cornée qui les réfracte et les fait converger, puis traversent le cristallin qui les envoie à l'arrière de la rétine. Lorsque les photorécepteurs de la rétine (cônes et bâtonnets) sont stimulés par la lumière, ils transmettent des signaux électriques au cerveau par l'intermédiaire des nerfs optiques.

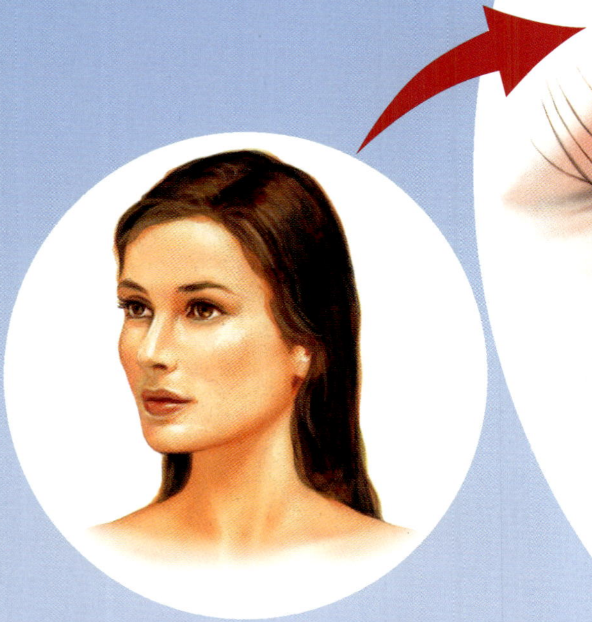

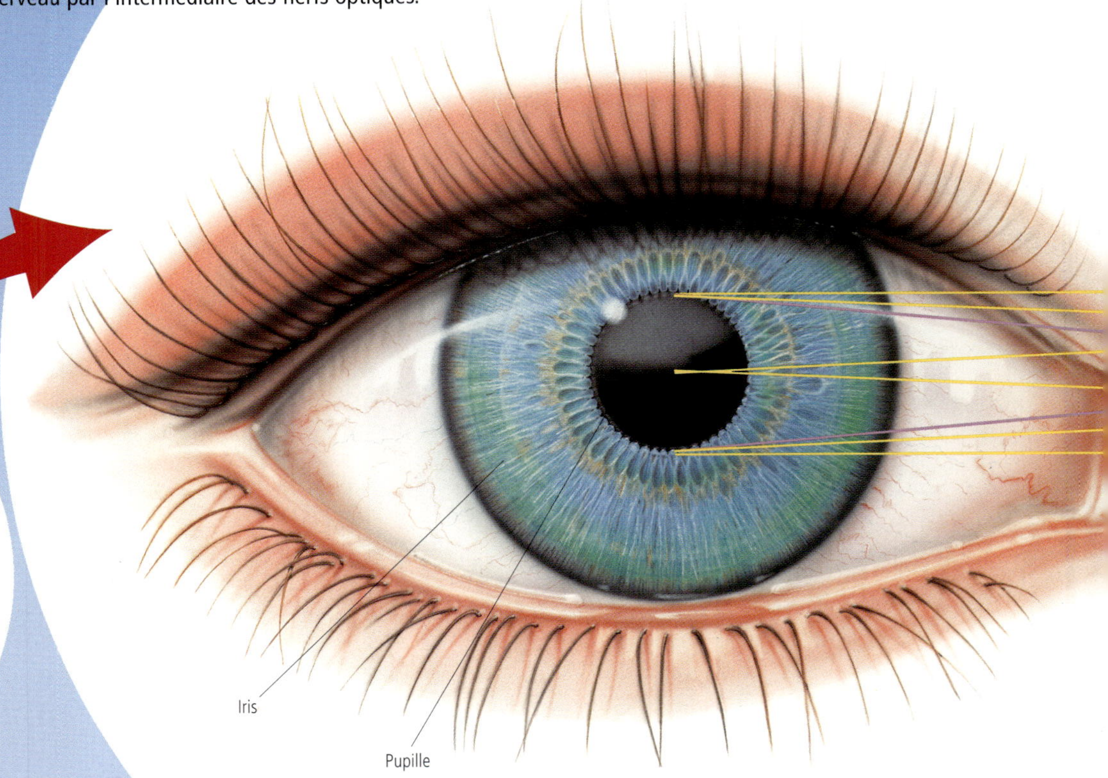

La vision

Les champs de vision de l'œil droit et de l'œil gauche sont légèrement différents. Ils se recoupent et se fondent pour se concentrer sur un objet, nous permettant ainsi d'apprécier les distances et de visualiser les structures en trois dimensions. C'est la vision binoculaire. Lorsque nous regardons un objet, les rayons lumineux qu'il reflète pénètrent dans l'œil. La quantité de lumière qui entre dans l'œil est régulée par l'iris, partie colorée située derrière la cornée. Les rayons lumineux qui traversent la cornée convergent et arrivent au cristallin par la pupille. Sous l'action des muscles, la forme du cristallin peut être modifiée pour permettre l'accommodation (mise au point) en fonction de la distance. Ensuite, les rayons traversent le corps vitré jusqu'à la rétine qui reçoit une image inversée : les rayons sont concentrés et réfractés, ce qui a pour effet de transmettre à la rétine une version transposée de l'objet regardé. Les cônes et les bâtonnets, photorécepteurs de la rétine, sont stimulés par la lumière et envoient des signaux électriques au cerveau par l'intermédiaire des cellules des nerfs optiques.

Les nerfs optiques (paire crânienne II) transmettent les impulsions au thalamus dont les corps genouillés (ou géniculés) externes traitent les informations visuelles avant de les envoyer au cortex visuel du lobe occipital pour qu'elles soient interprétées.

Le cortex visuel décrypte les impulsions nerveuses transmises par les nerfs optiques et le thalamus. Les messages provenant de chaque œil sont alors fusionnés pour former une seule image et permettre la reconnaissance de l'objet visualisé. L'aire d'association visuelle du cortex traite les caractéristiques plus complexes des stimuli visuels comme la couleur et le mouvement. Le cerveau redresse automatiquement les images inversées reçues par la rétine.

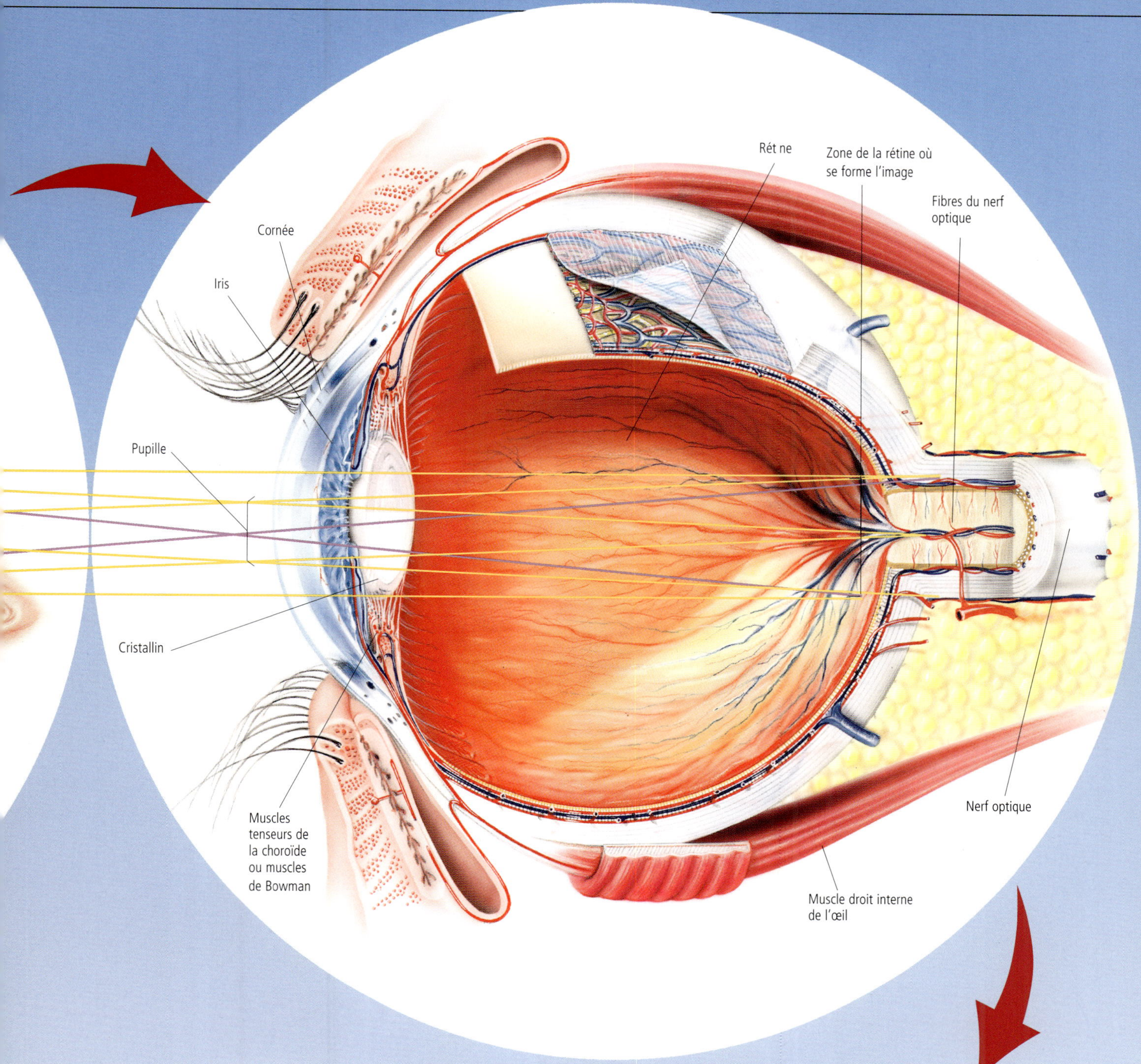

Les informations transmises par l'œil, via le nerf optique (II), sont traitées par le cortex visuel et l'aire d'association visuelle.

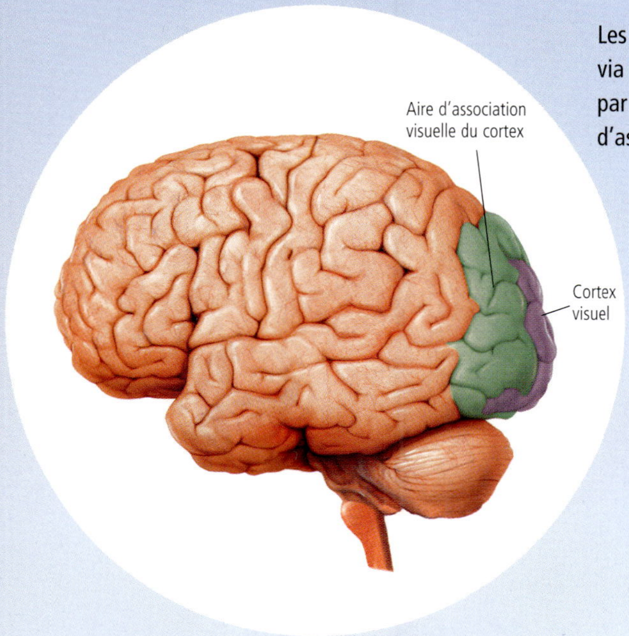

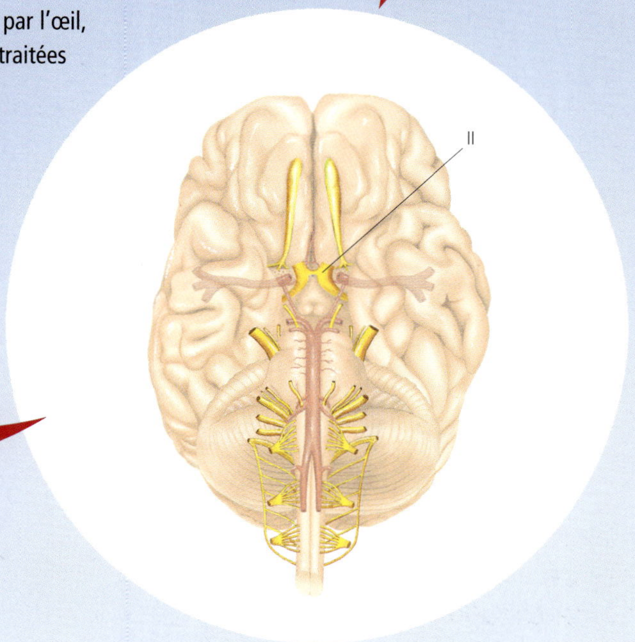

L'oreille

L'oreille intervient au niveau de l'ouïe et de l'équilibre. Située dans un espace creux de la région temporale du crâne, elle se divise en trois parties : oreille externe, oreille moyenne et oreille interne.

Les ondes sonores qui pénètrent dans l'oreille sont converties en vibrations, puis en impulsions nerveuses transmises au cerveau qui les interprète. L'oreille intervient également dans la position du corps par rapport à la gravité en envoyant au cerveau des informations lui permettant de maintenir l'équilibre postural.

STRUCTURE ET FONCTION DE L'OREILLE

L'oreille est située dans une cavité de l'os temporal. L'oreille externe est composée du pavillon de l'oreille (ou auricule) et du conduit auditif, tapissé de glandes qui sécrètent le cérumen, cire chargée de piéger la poussière et les impuretés. Ce conduit relie l'oreille externe au tympan.

L'oreille moyenne renferme les osselets de l'ouïe, c'est-à-dire le marteau (malleus), l'enclume (incus) et l'étrier (stapes), qui sont reliés à la fenêtre ovale (vestibulaire) de la cochlée par la cavité ou caisse tympanique. L'oreille moyenne communique avec la gorge par la trompe d'Eustache (ou trompe auditive).

L'oreille interne (labyrinthe) contient la cochlée, principal organe de l'audition et les canaux semi-circulaires, organes de l'équilibre. Les vibrations des osselets parviennent à la cochlée où elles génèrent des ondes dans le liquide cochléaire. Ces vibrations activent les récepteurs de l'organe de Corti qui, par l'intermédiaire du nerf auditif, ou vestibulo-cochléaire (huitième paire crânienne), envoie alors des impulsions nerveuses au cortex auditif situé dans le lobe temporal.

L'oreille

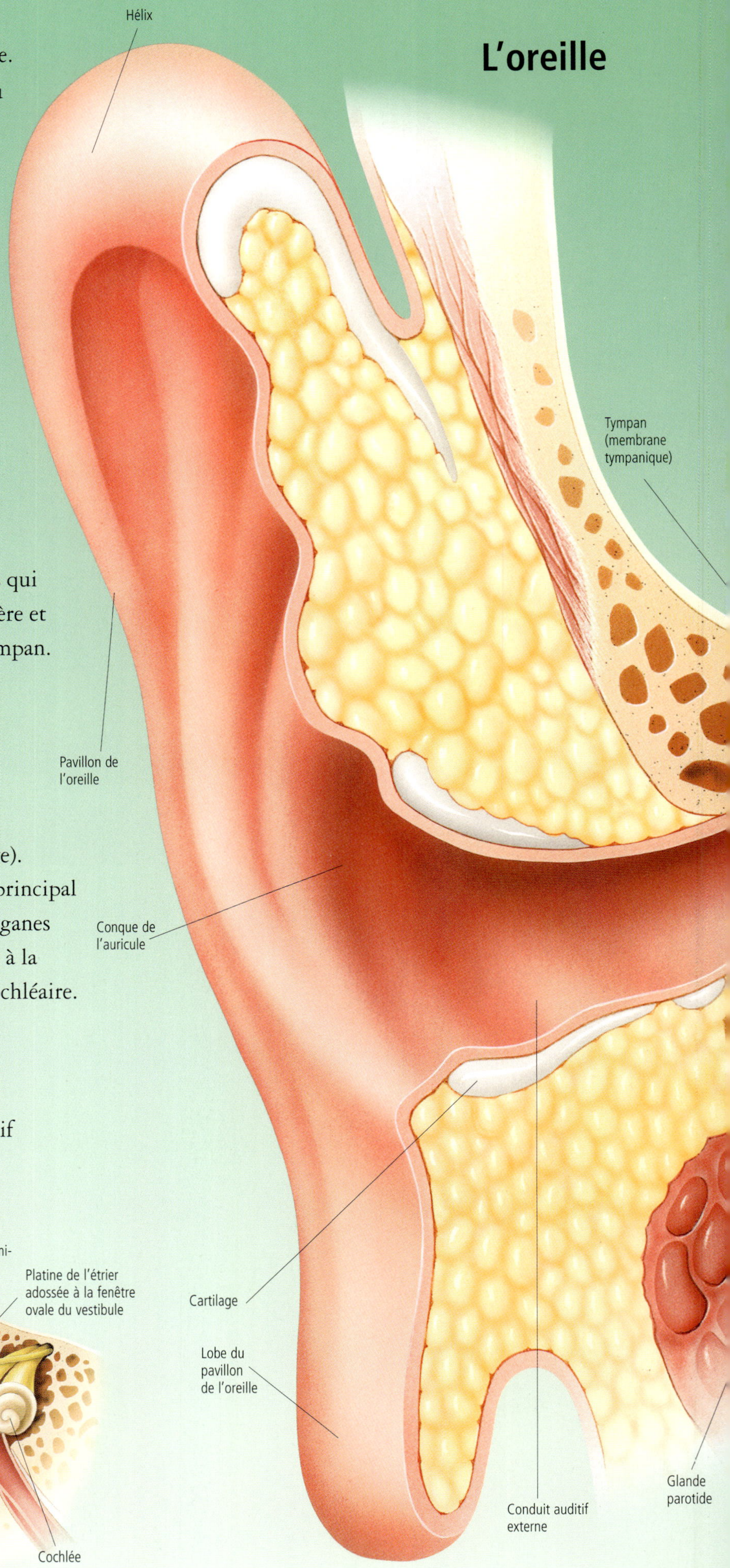

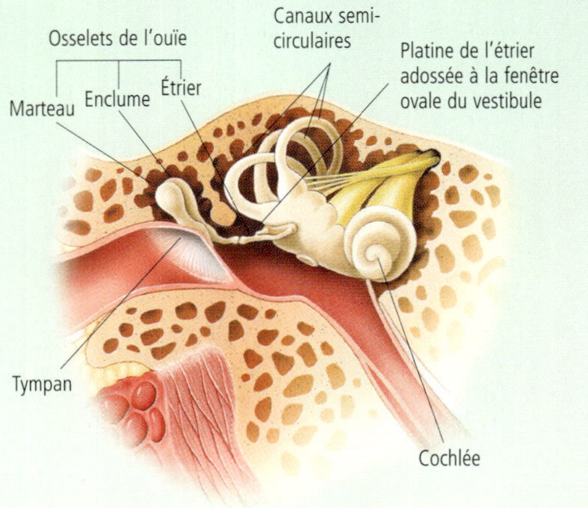

Osselets de l'ouïe et canaux semi-circulaires

Le tympan

Le tympan (ou membrane tympanique) est une fine membrane qui sépare l'oreille externe de l'oreille moyenne. Les ondes sonores rebondissent sur la membrane et la font vibrer. Les vibrations se propagent ensuite dans l'oreille moyenne.

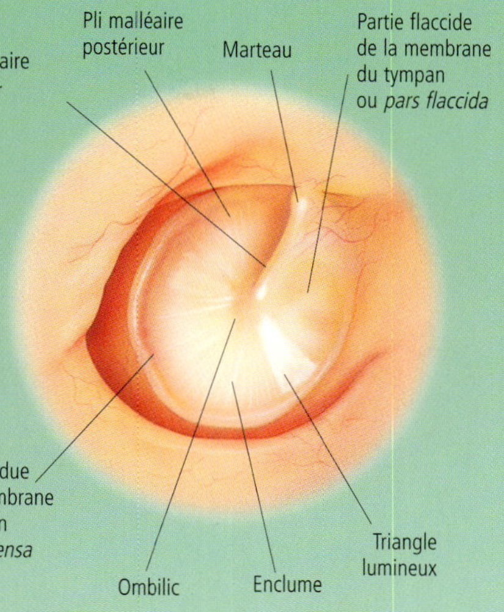

Vieillissement de l'oreille

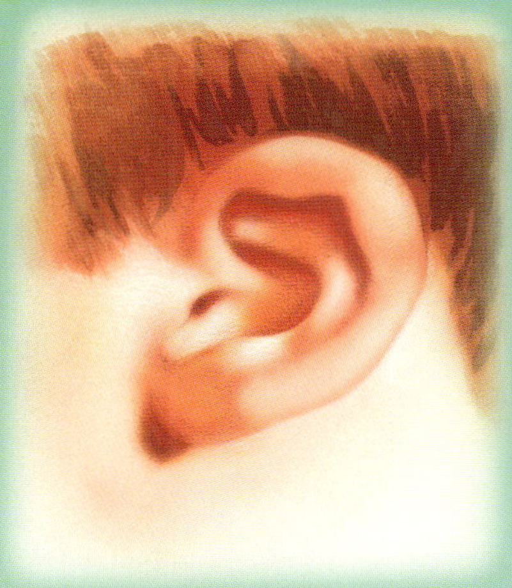
Enfant

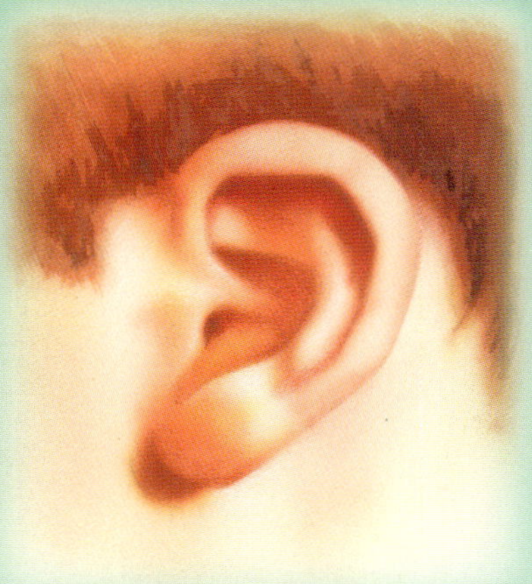
Adolescent

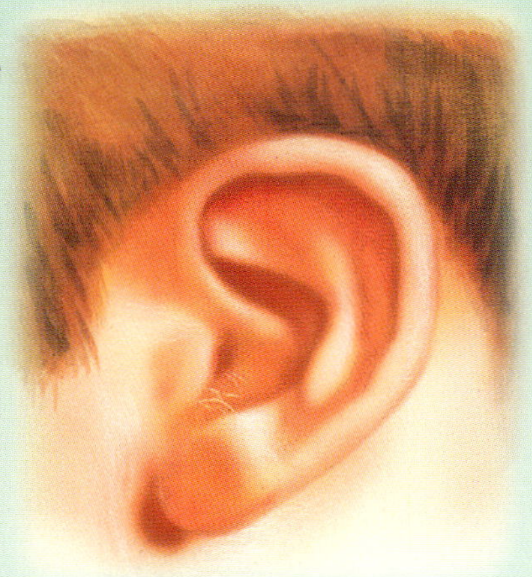
Adulte

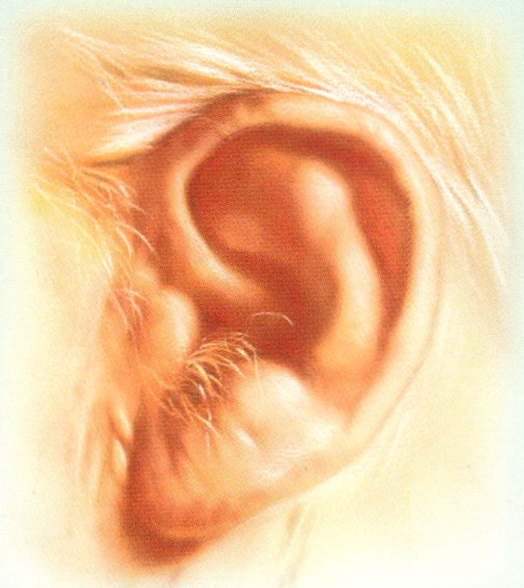
Personne âgée

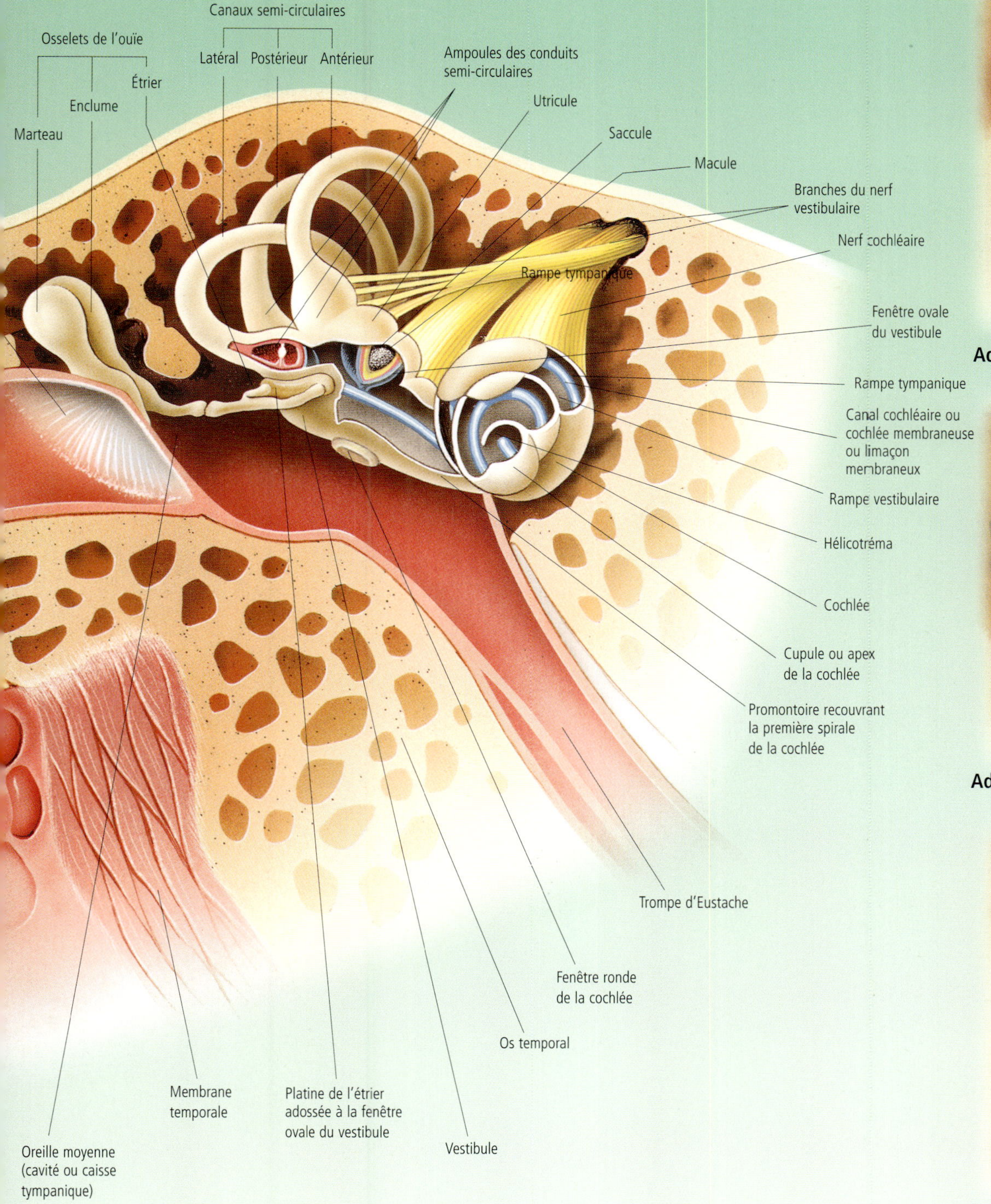

L'audition

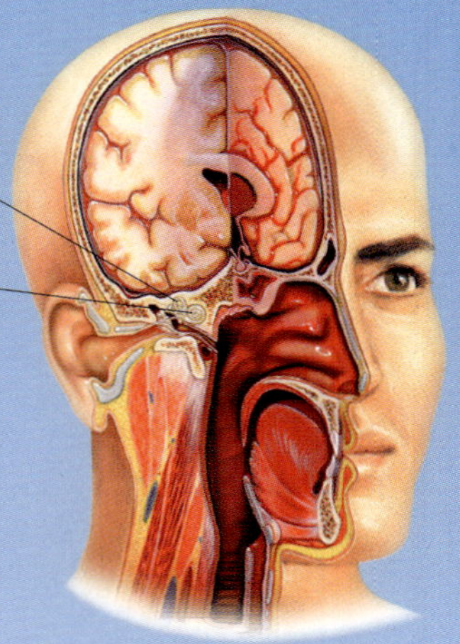

Les sons que nous entendons se propagent dans l'oreille externe et moyenne sous la forme d'ondes sonores. Nous entendons différents types de sons et pouvons distinguer plusieurs fréquences.

Les ondes sonores frappent le tympan et provoquent des vibrations qui se propagent dans l'oreille moyenne, ce qui a pour effet de déclencher une série de réactions dans les osselets de l'ouïe (marteau, enclume et étrier). Les vibrations sont ainsi intensifiées et transmises au liquide cochléaire (dans l'oreille interne) qui stimule les récepteurs situés dans l'organe de Corti.

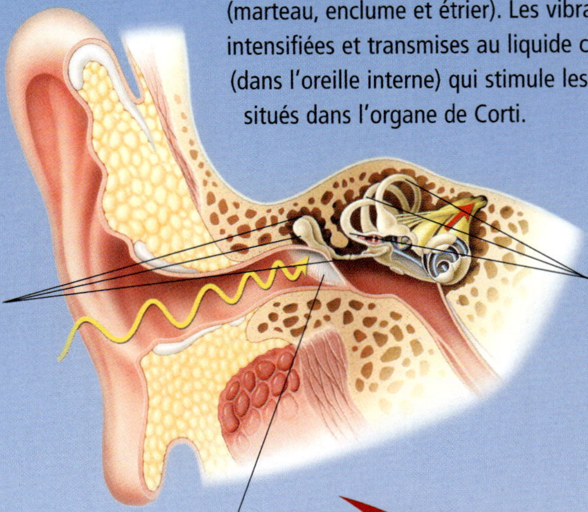

Organe de Corti

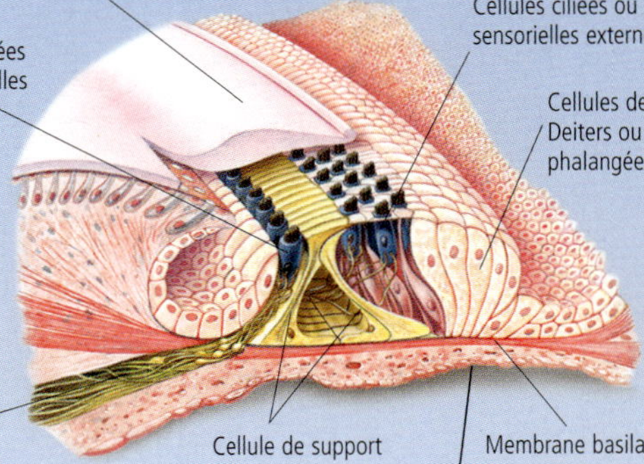

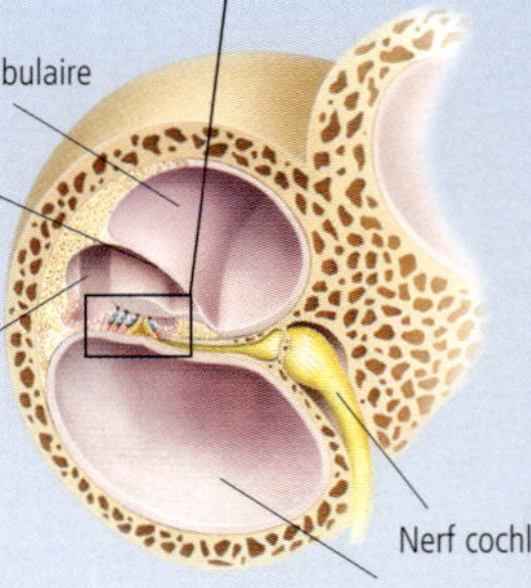

Cochlée

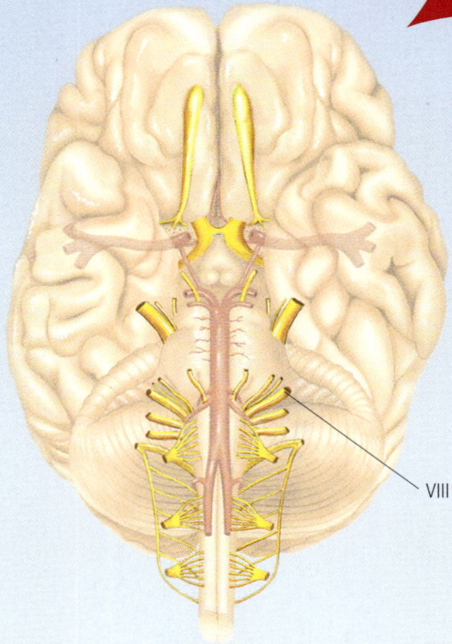

Les mécanorécepteurs de l'organe de Corti transmettent les impulsions nerveuses par l'intermédiaire du nerf auditif, huitième paire crânienne.

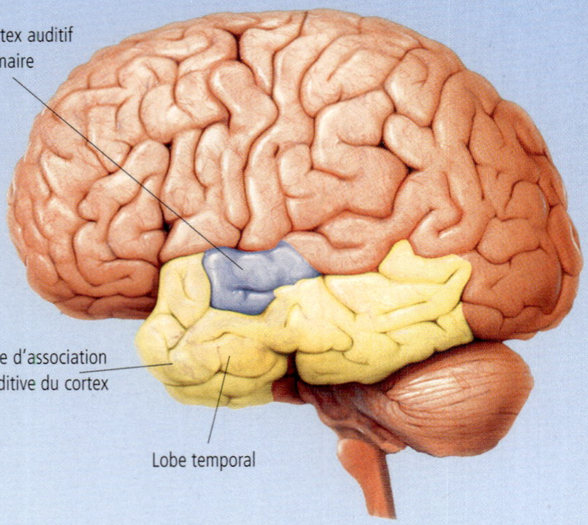

Les impulsions sont envoyées aux centres de l'audition du cerveau, situés dans le lobe temporal, où l'analyse des sons intervient.

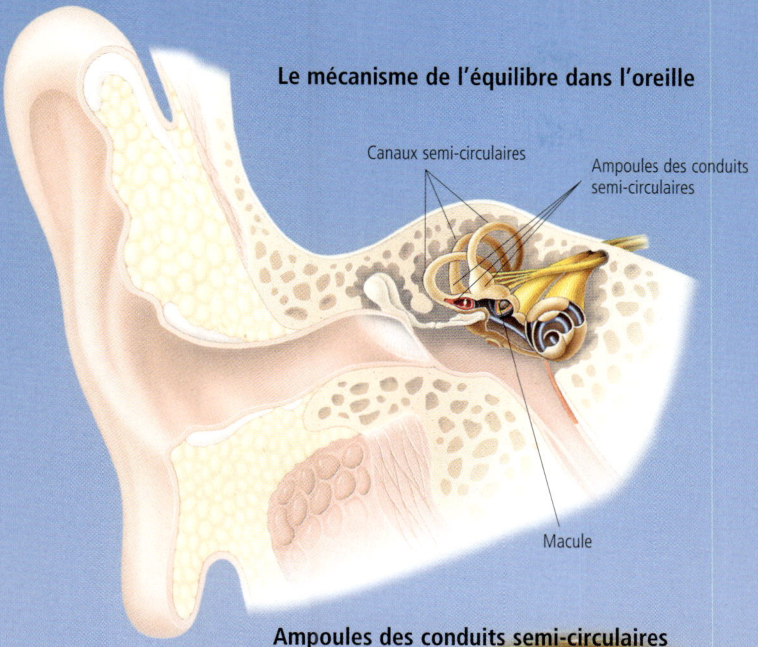

Le mécanisme de l'équilibre dans l'oreille

L'équilibre

Les organes spéciaux de l'oreille, connus sous le nom de canaux (ou conduits) semi-circulaires et organes otolithiques, renferment des petits cils qui réagissent en fonction de la position du corps dans l'espace. Chaque changement de position stimule les cils qui envoient des impulsions nerveuses au cerveau par l'intermédiaire du nerf vestibulaire. Le cerveau utilise les informations reçues pour équilibrer le corps.

Ampoules des conduits semi-circulaires

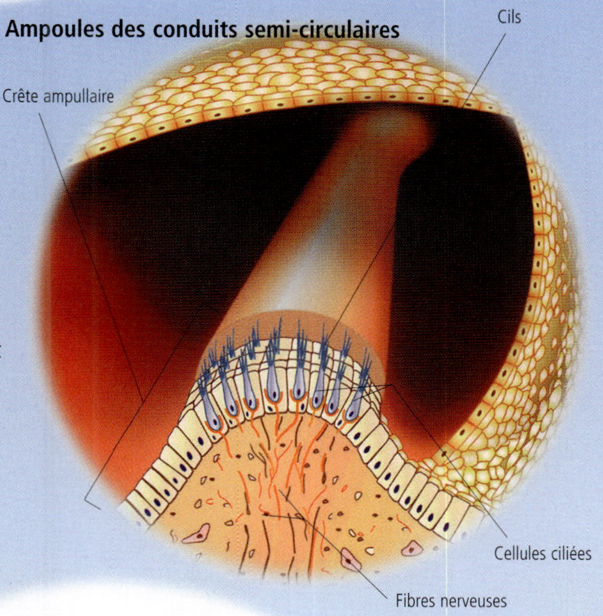

Macule du saccule

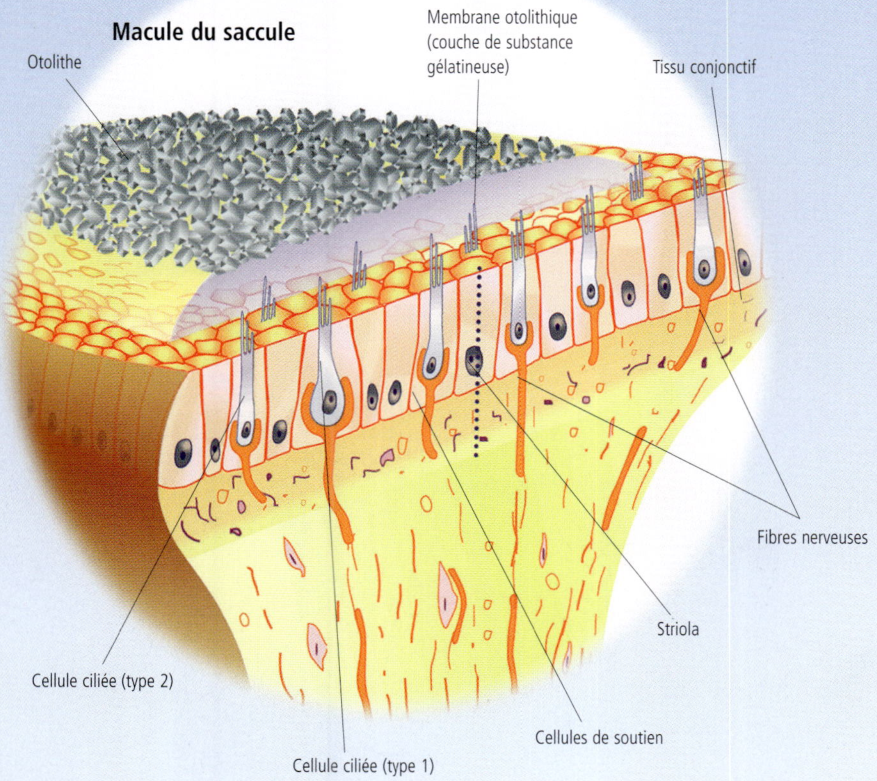

L'audition

COMMENT ENTENDONS-NOUS ?

Les ondes sonores pénètrent dans le conduit auditif et percutent le tympan qui produit des vibrations transmises jusqu'aux osselets de l'ouïe. Les osselets transmettent ensuite les vibrations à la fenêtre ovale du vestibule, adossée à la cochlée.

Lorsqu'elles atteignent la cochlée, les vibrations stimulent le liquide cochléaire qui active les mécanorécepteurs présents dans l'organe de Corti. Les récepteurs envoient alors des impulsions nerveuses au nerf auditif qui les transmet au centre de l'audition, situé dans le lobe temporal pour qu'elles soient analysées.

L'équilibre

Dans l'oreille, les mouvements sont enregistrés par les canaux semi-circulaires et les organes otolithiques, petits sacs creux remplis de substance gélatineuse. Leur surface externe est tapissée de cellules ciliées, alors que de petits cristaux de carbonate de calcium, les otolithes, apparaissent sur leur surface interne. Lorsque la tête bouge, les otolithes changent de position, stimulant ainsi les cellules ciliées qui envoient des impulsions au cerveau. Le cerveau déclenche alors des mécanismes réflexes pour corriger la position du corps.

Les cellules ciliées des canaux semi-circulaires sont également stimulées par le mouvement du liquide, déclenchant l'envoi d'impulsions au cerveau par les nerfs. Les nerfs des canaux semi-circulaires et les organes otolithiques acheminent les impulsions jusqu'au cerveau par le nerf auditif. Alors que les yeux transmettent les informations visuelles sur la position du corps, les canaux semi-circulaires et les organes otolithiques maintiennent l'équilibre postural en association avec les nerfs et les muscles qui contrôlent la coordination et les mouvements moteurs.

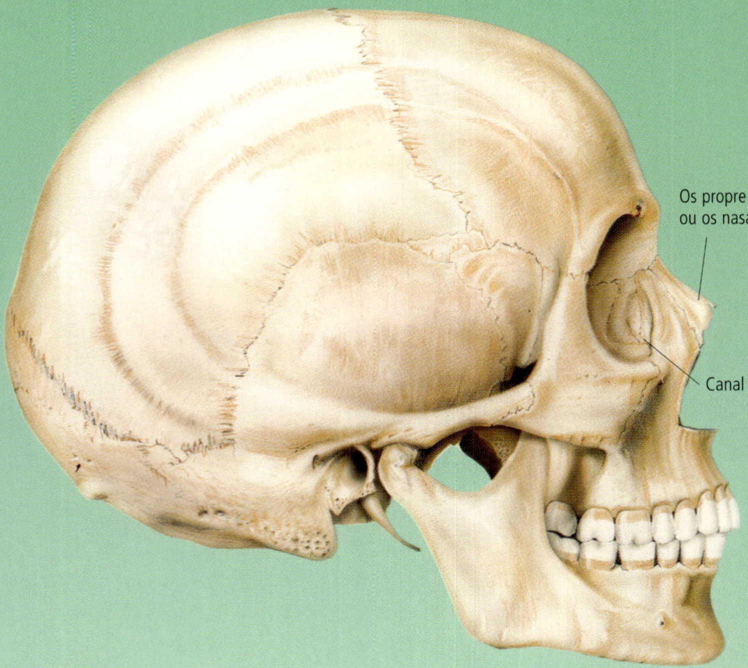

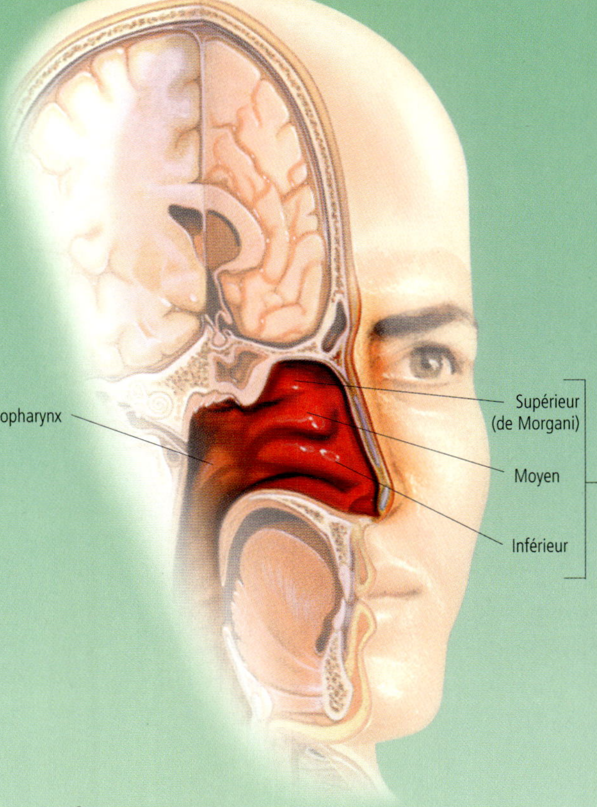

Le nez

Le nez est constitué d'os et de cartilage. L'os propre du nez (ou os nasal) et l'os maxillaire supérieur forment la structure externe osseuse, alors que les narines sont composées de cartilage. La cloison nasale, qui sépare les deux narines, est un mélange d'os et de cartilage. Les os qui entourent la cavité nasale sont le vomer et des parties des os frontal, ethmoïde, maxillaire supérieur et sphénoïde. Le plancher de la cavité nasale forme la voûte du palais. La cavité nasale est reliée à la trachée par le pharynx. L'air inhalé est réchauffé et humidifié dans le nez. Les éventuelles impuretés qu'il contient sont retenues par les poils qui tapissent les narines. La cavité nasale comporte trois lamelles osseuses incurvées, les *cornets*, qui augmentent la surface disponible pour réchauffer et humidifier l'air inhalé. La cavité nasale est recouverte d'une membrane muqueuse (la *muqueuse respiratoire*), qui se transforme en muqueuse olfactive dans sa partie supérieure. La muqueuse respiratoire est recouverte de minuscules cils vibratiles qui captent les impuretés et les renvoient dans la partie nasale du pharynx. La muqueuse olfactive renferme des cellules nerveuses spéciales, les *chémorécepteurs*, qui permettent de reconnaître les odeurs.

Les glandes lacrymales sécrètent les larmes, qui maintiennent l'œil humide. Les larmes débarrassent l'œil de ses impuretés et s'écoulent dans la cavité nasale par le canal naso-lacrymal avant d'être avalées ou évacuées lors du mouchage.

LES SINUS PARANASAUX

Les sinus paranasaux, au nombre de huit (quatre paires), sont des cavités reliées au nez, creusées dans les os frontal, ethmoïde, maxillaire et sphénoïde du crâne. Ils amortissent les chocs au visage, allègent les os dans lesquels ils se trouvent et augmentent la résonance de la voix.

Le nez

Le nez fait partie de l'appareil respiratoire. C'est le principal chemin d'accès pour que l'air pénètre dans l'organisme. L'air qui passe dans le nez et la cavité nasale est filtré, réchauffé et humidifié, prêt à entrer dans les poumons.

Les sinus paranasaux

Ces cavités, creusées dans les os qui entourent le nez, contiennent de l'air et sont reliées à la cavité nasale. Les quatre paires de sinus paranasaux sont tapissées de membrane muqueuse.

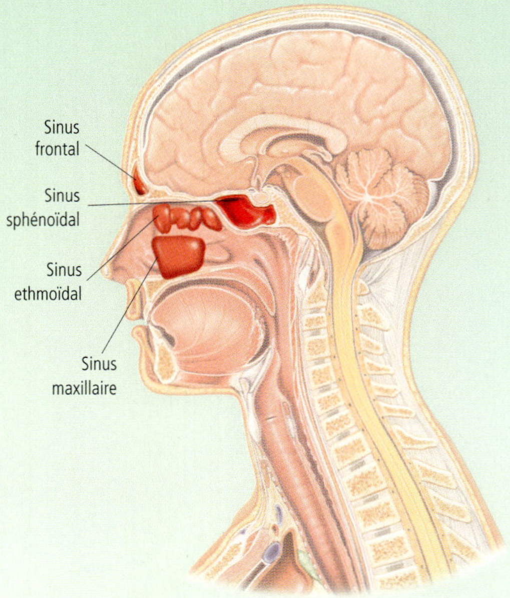

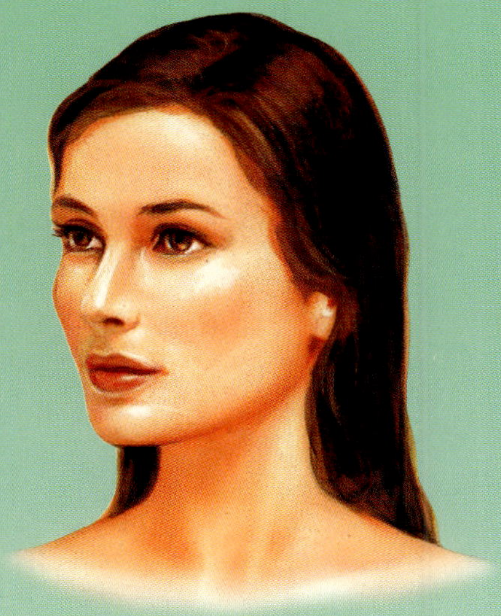

Le nez fait partie de l'appareil respiratoire et intervient également dans l'odorat.

Les molécules odorantes pénètrent dans les narines puis dans la cavité nasale, tapissée d'une muqueuse olfactive qui contient des millions de cellules, les *chémorécepteurs*. Les odeurs sont absorbées par les cellules nerveuses qui déclenchent des impulsions nerveuses transmises au bulbe olfactif situé sous le lobe frontal du cerveau.

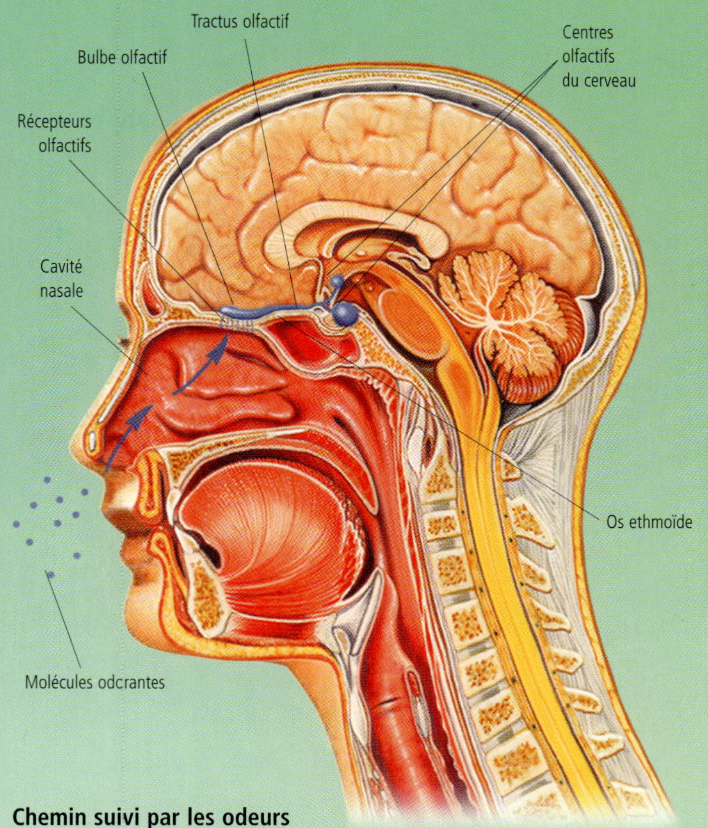

Chemin suivi par les odeurs

L'odorat

Étroitement lié au goût, l'odorat est un des sens spéciaux de notre organisme. Il nous permet de percevoir une grande variété d'odeurs. Les informations transmises par le nerf olfactif sont disséminées dans différentes régions du système limbique, qui intervient dans la formation de la mémoire et la manifestation des émotions. Ceci explique pourquoi certaines odeurs nous rappellent des sensations passées ou des endroits connus.

Les impulsions nerveuses transmises par le bulbe olfactif passent par le nerf olfactif (paire crânienne I) et continuent jusqu'aux structures supérieures du cerveau (cortex olfactif, système limbique et hypothalamus) où elles sont identifiées.

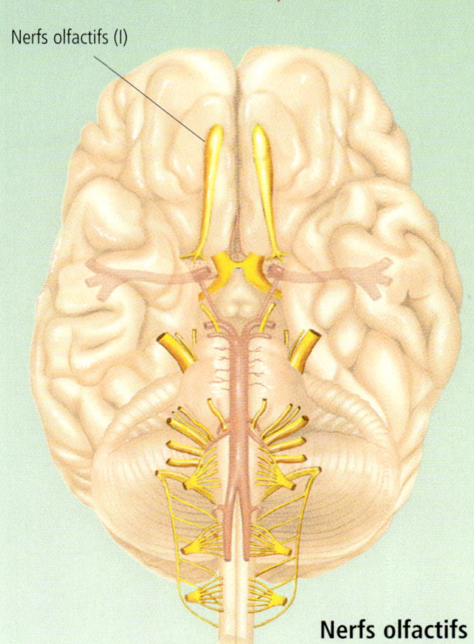

Nerfs olfactifs

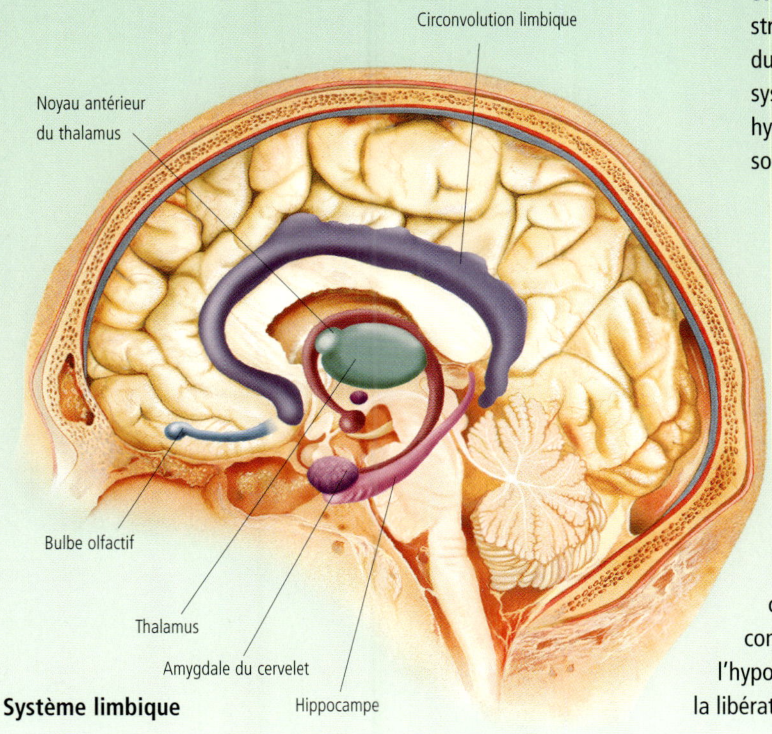

Système limbique

Le système limbique joue un rôle essentiel dans la formation de la mémoire et la manifestation des émotions. Le bulbe olfactif est étroitement lié au système limbique, et plus particulièrement à l'hippocampe et à l'amygdale du cervelet, ce qui explique pourquoi certaines odeurs nous rappellent des sensations passées ou des endroits connus. Certaines odeurs stimulent le système limbique qui active l'hypothalamus et la glande pituitaire (ou hypophyse), ce qui entraîne la libération d'hormones associées à l'appétit et à la réponse émotionnelle.

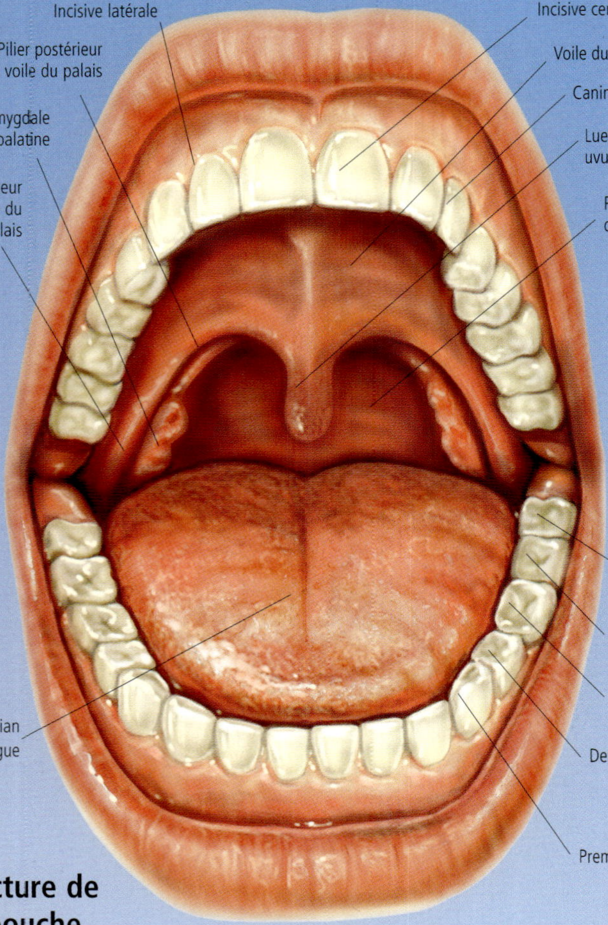

Structure de la bouche

La bouche

La bouche est l'orifice situé entre le maxillaire supérieur et la mâchoire inférieure (mandibule), voie d'accès au tube digestif. Elle est également reliée aux voies respiratoires et nous permet d'émettre des sons, en particulier de parler. Elle se compose d'un vestibule et de la cavité orale qui débouche dans l'arrière-gorge (oropharynx).

Les lèvres forment l'ouverture musculaire de la bouche, participent à l'élocution (formation des mots) et contribuent à maintenir la nourriture dans la bouche. Elles nous permettent également d'exprimer nos émotions, par exemple en souriant. De chaque côté, la bouche est entourée par le tissu musculaire des joues, recouvert de peau à l'extérieur et d'une membrane muqueuse à l'intérieur. Les joues interviennent également dans la parole et retiennent la nourriture pendant la mastication.

Le toit de la bouche se compose du palais dur (osseux) à l'avant et du voile du palais (palais mou) à l'arrière. Depuis le palais mou pend une petite masse charnue en forme de goutte, la *luette* ou *uvule palatine*.

Le plancher de la cavité orale est composé de la langue et des tissus situés entre la langue et les dents.

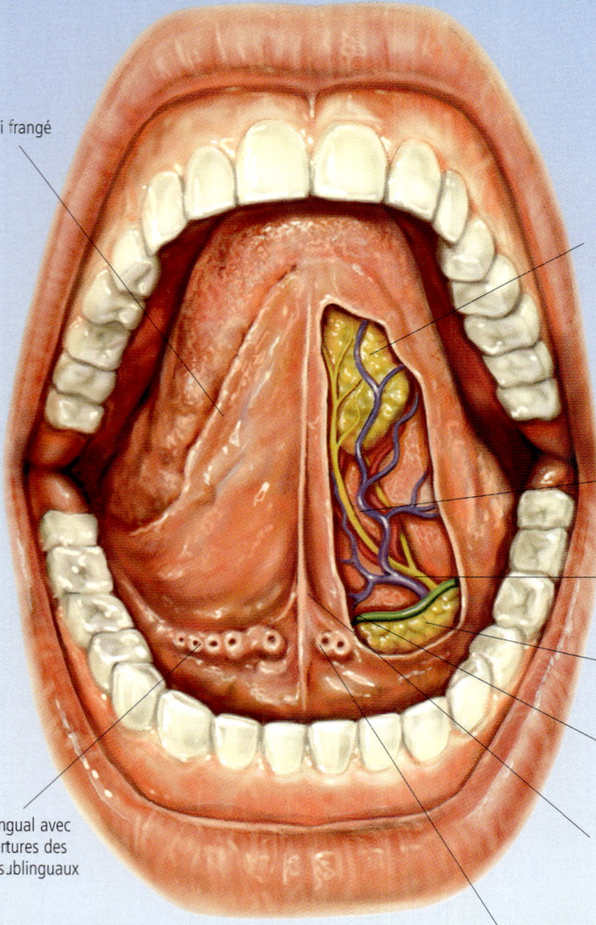

Glandes salivaires ou orales

La bouche – Voie d'accès à l'organisme

La bouche est la voie d'accès au tube digestif. Elle nous permet également, entre autres fonctions, de respirer, de parler et de manger.

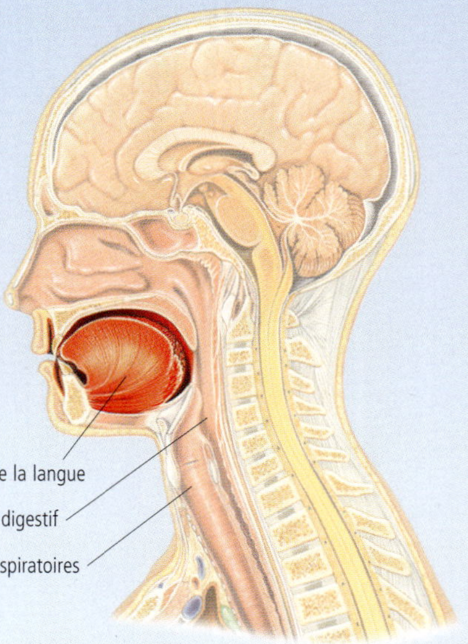

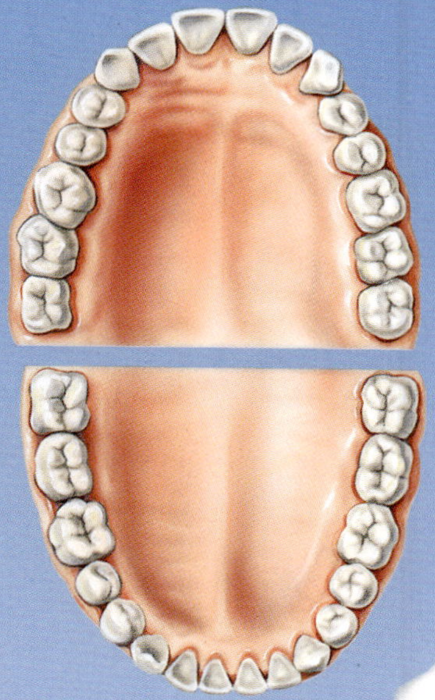

La dentition

La dentition secondaire (ou denture permanente) se compose de 32 dents, 16 dans chaque mâchoire, inférieure et supérieure.

Structure d'une dent

Le noyau sensitif de la dent renferme les nerfs et les vaisseaux sanguins, recouverts de dentine. Sous la gencive, ces éléments sont protégés par une substance proche de l'os, le *cément*, alors qu'au-dessus de la gencive, ils sont recouverts d'une solide couche d'émail.

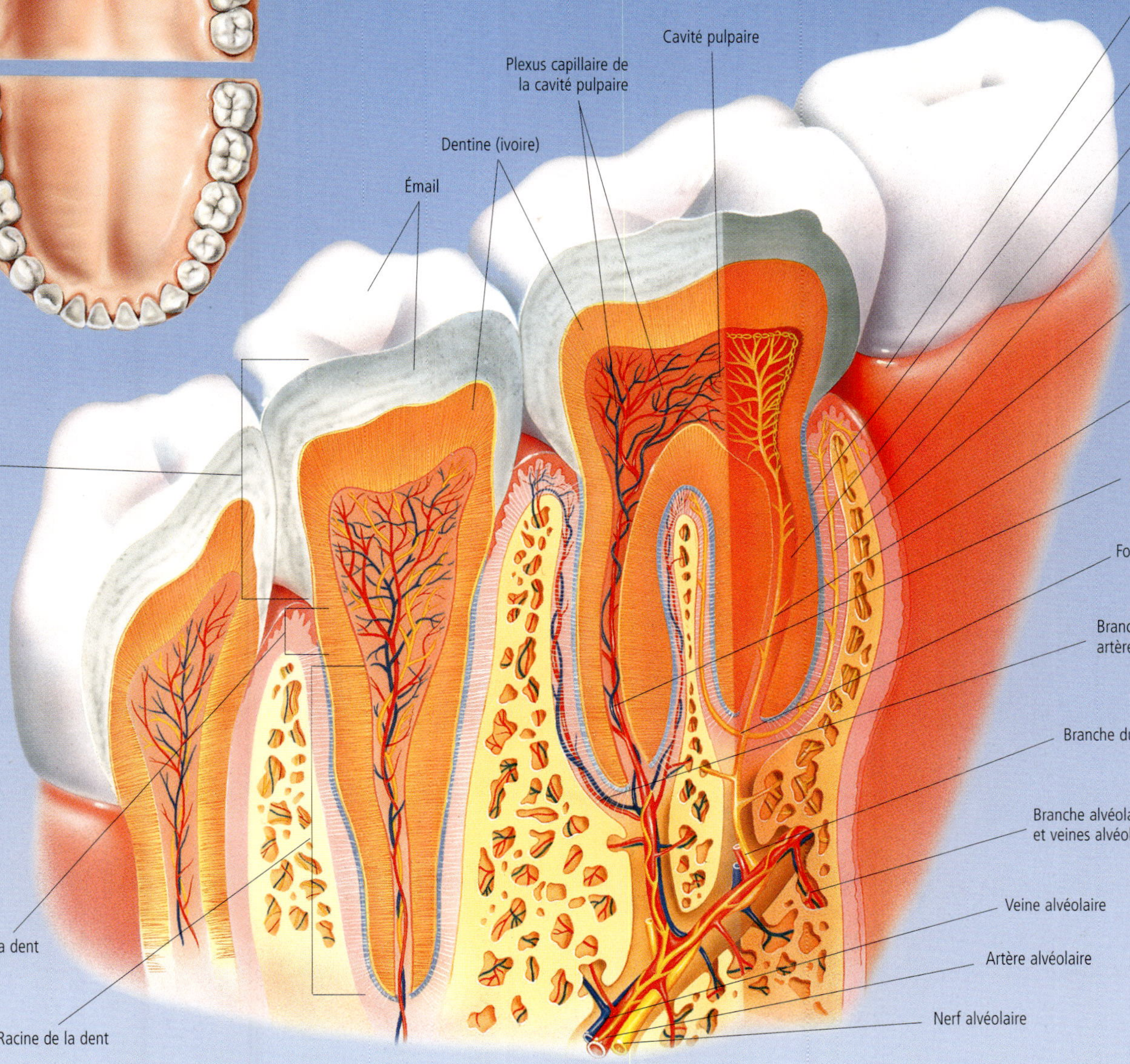

Les dents

Même si les dents semblent avoir une structure osseuse, elles se composent de différentes couches. La couche externe, visible, appelée *couronne*, est en émail, substance la plus solide de l'organisme. Sous l'émail se trouve la dentine, principal composant de la dent, plus tendre. La dentine et la pulpe dentaire sont parcourues par des nerfs et des vaisseaux sanguins, et, sous la gencive, la dentine est recouverte d'une substance plus résistante, le cément, entouré par le desmodonte (ligament alvéolaire ou parodontal), dont les fibres maintiennent la dent en place.

Au cours de notre vie, nous fabriquons deux dentitions. La dentition primaire (ou denture déciduale) compte 20 dents, progressivement remplacées par la dentition permanente à partir de l'âge de 6 ans.

La dentition permanente se compose de 32 dents, de différents types : incisives, canines, molaires et prémolaires. Les dents servent à mordre, déchirer, broyer et mâcher la nourriture afin de lui donner une consistance et une taille qui lui permettent de passer dans le tube digestif.

Les gencives sont attachées au collet de la dent. Elles se prolongent depuis l'intérieur des lèvres, autour des dents et entre les dents, jusqu'au plancher de la bouche et au palais. L'action des glandes salivaires maintient le tissu gingival constamment humide.

Structure de la cavité buccale

La bouche se compose de différents éléments. En plus des dents, elle contient la langue, les glandes salivaires, les amygdales et des structures comme le palais (ou toit de la bouche). Tous ces éléments participent aux différentes fonctions de la bouche comme manger, parler et respirer.

LE PALAIS

Le palais sépare la cavité buccale de la cavité nasale. Il se divise en deux parties : le voile du palais (ou palais mou) et la voûte palatine (ou palais osseux). Le palais osseux est composé des os maxillaires qui forment la mâchoire supérieure et des deux os palatins. Le palais mou, situé à l'arrière du palais osseux, est constitué de tissu musculaire qui se prolonge au fond de la bouche. Depuis le palais mou, pend un appendice en forme de goutte, la *luette*. À chaque fois que nous avalons ou suçons quelque chose, le palais mou et la luette remontent pour empêcher les aliments d'entrer dans la cavité nasale. Les deux palais sont recouverts d'une membrane muqueuse.

LA LANGUE

La langue, organe musculaire et sensoriel, est fixée au plancher de la bouche. Elle se compose d'un dos (face supérieure), d'une base attachée au plancher de la bouche, d'une face inférieure et d'une pointe (apex).

Elle participe à différentes fonctions, comme la mastication, la déglutition ou l'élocution et peut bouger dans tous les sens. Les muscles intrinsèques de la langue sont orientés dans trois directions et modifient la forme de la langue par exemple, en l'étirant, en l'incurvant ou en aplatissant sa surface. Les muscles extrinsèques sont attachés à la mâchoire, au crâne, au palais et à l'os hyoïde. Ils permettent à la langue d'effectuer des mouvements d'avant en arrière et de haut en bas. Le dos de la langue est recouvert de trois sortes de papilles (petites excroissances) : filiformes, fungiformes (ou fongiformes) et circumvallées (ou caliciformes). Les papilles fungiformes et circumvallées comportent des calicules (bourgeons) gustatifs, également présents sur le palais, l'épiglotte et le pharynx. L'action des glandes salivaires maintient la face inférieure de la langue humide.

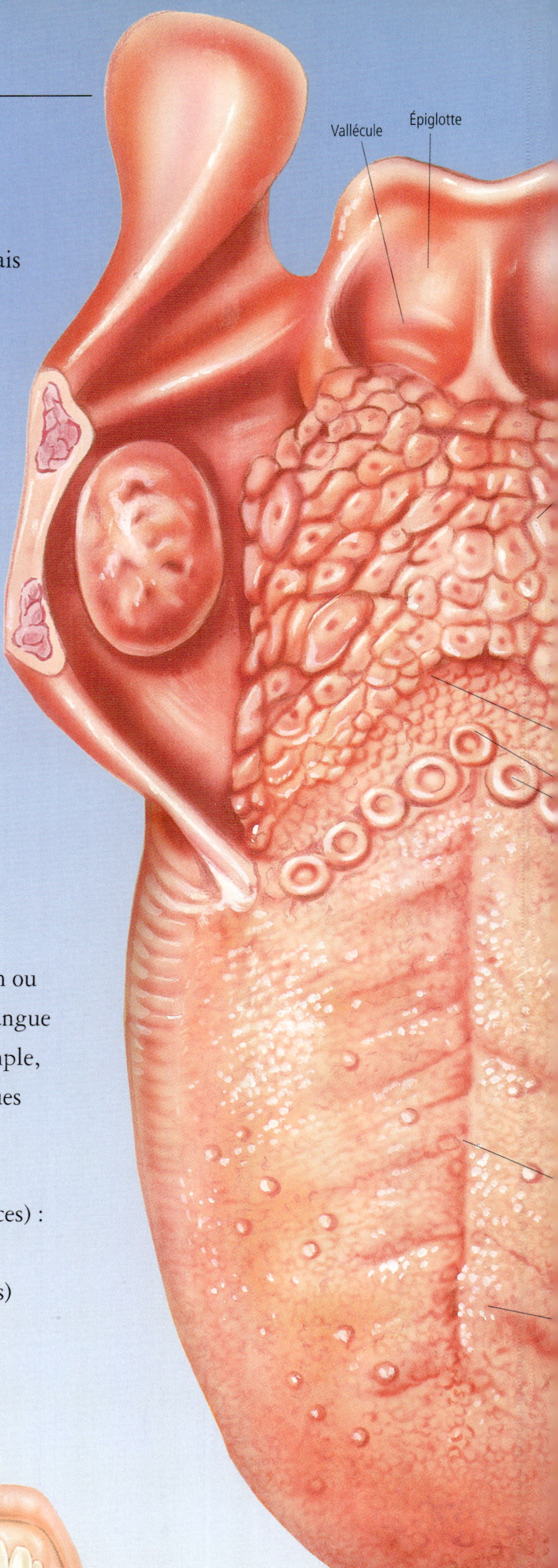

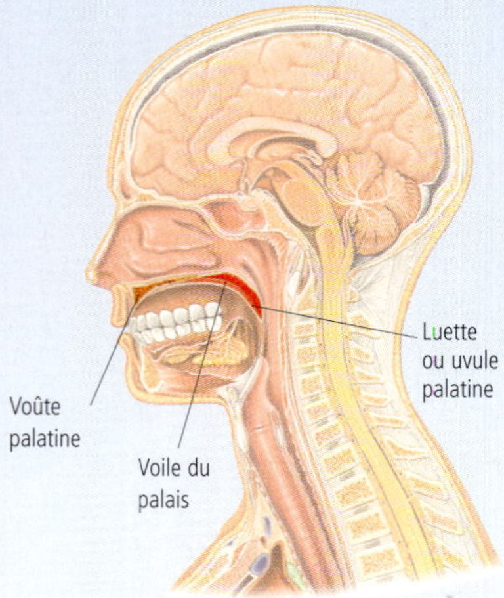

La voûte palatine ou palais osseux

Le palais osseux part de l'arrière des dents supérieures et sépare la cavité buccale de la cavité nasale.

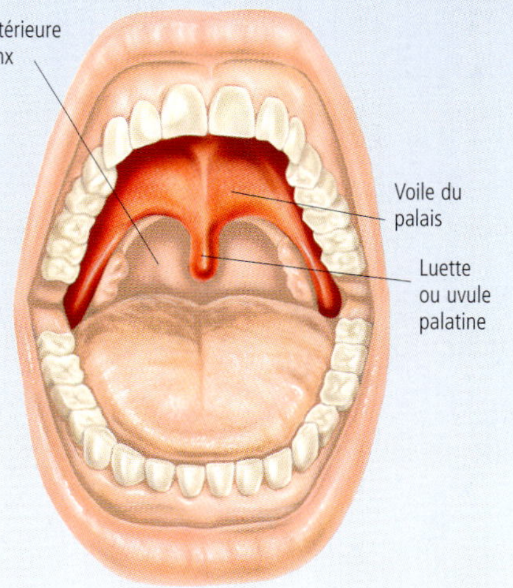

Le voile du palais ou palais mou

Le palais mou se compose de fibres musculaires et d'une membrane muqueuse. Il comprend la luette.

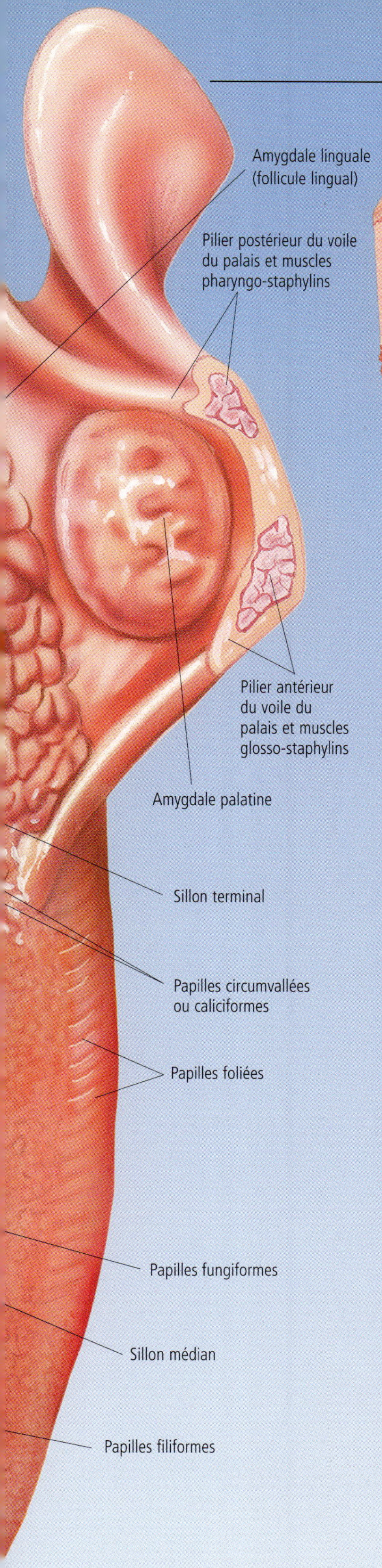

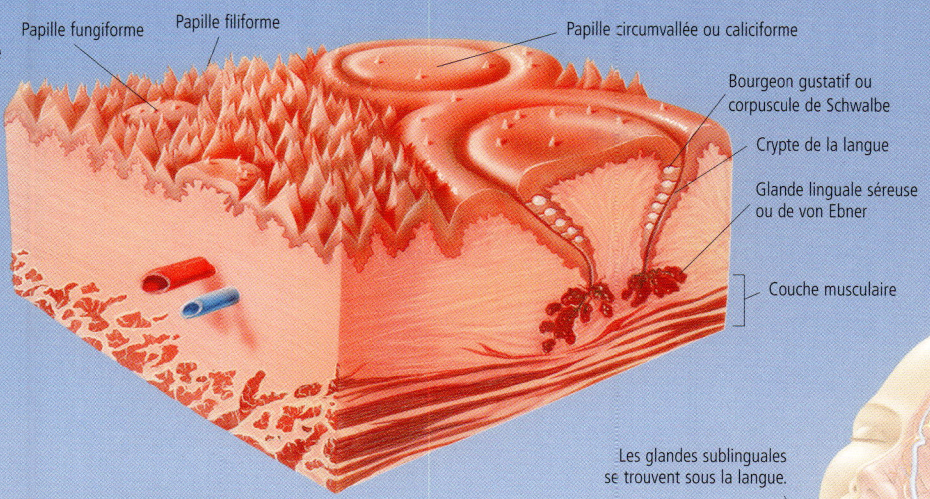

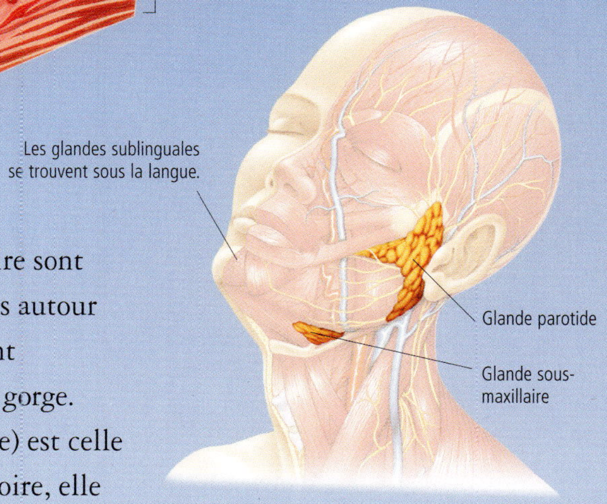

LES GLANDES SALIVAIRES

Les glandes parotide, sublinguale et sous-maxillaire sont les glandes salivaires principales. Elles sont situées autour de la bouche. Les glandes salivaires accessoires sont réparties autour de la bouche, sur le palais et dans la gorge.

La glande sous-maxillaire (ou submandibulaire) est celle qui fabrique le plus de salive. Située sous la mâchoire, elle libère la salive par ses canaux qui s'ouvrent dans le plancher de la bouche. La glande parotide se trouve devant l'oreille et libère la salive par un orifice à côté de la deuxième molaire. La petite glande sublinguale se trouve sous la langue dans le plancher de la bouche. Comme la glande sous-maxillaire, ses canaux débouchent dans le plancher buccal.

La production de salive est déclenchée par le système nerveux. Stimulés par la vue, l'odeur ou simplement l'idée de nourriture, ainsi que par la présence d'aliments dans la bouche, les nerfs des glandes salivaires libèrent de grandes quantités de salive pour humidifier la nourriture et la transformer en une masse, le *bol alimentaire*, prête à être envoyée dans le tube digestif. Les enzymes digestives contenues dans la salive, comme l'amylase, contribuent à réduire les aliments en petites molécules.

LES AMYGDALES OU TONSILLES

Organes lymphoïdes, les amygdales sont situées sous la muqueuse de la bouche et de la gorge. Gardiens des accès à l'appareil respiratoire et digestif, les trois groupes d'amygdales constituent une ligne de défense contre les bactéries et les virus.

Les amygdales palatines se trouvent de part et d'autre du palais mou, les amygdales linguales sur le dernier tiers du dos de la langue, et les amygdales pharyngiennes dans l'espace situé à l'arrière du nez.

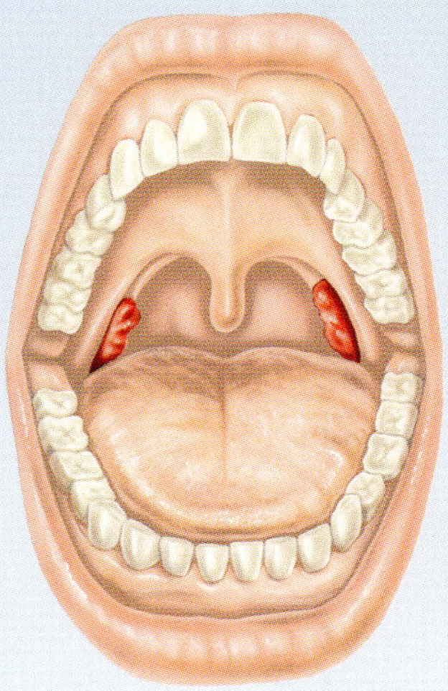

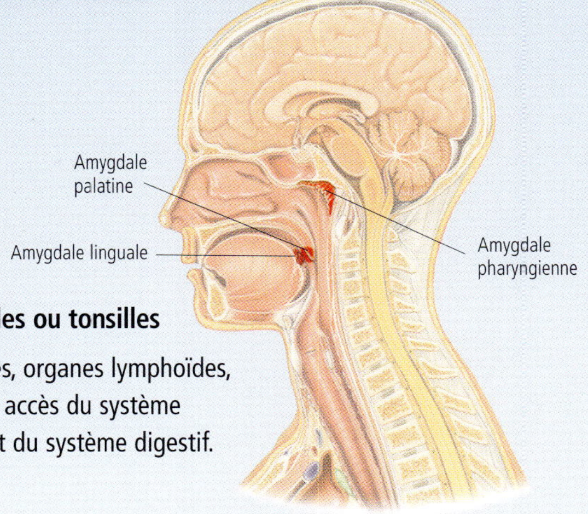

Les amygdales ou tonsilles

Les amygdales, organes lymphoïdes, protègent les accès du système respiratoire et du système digestif.

LE SAVIEZ-VOUS ?

Par rapport à sa taille, la langue est le muscle le plus puissant. C'est également le seul muscle à n'être attaché qu'à une seule extrémité.

Le sens du goût, également appelé *gustation*, est étroitement associé à l'odorat, à l'origine de 80 % des sensations de goût perçues.

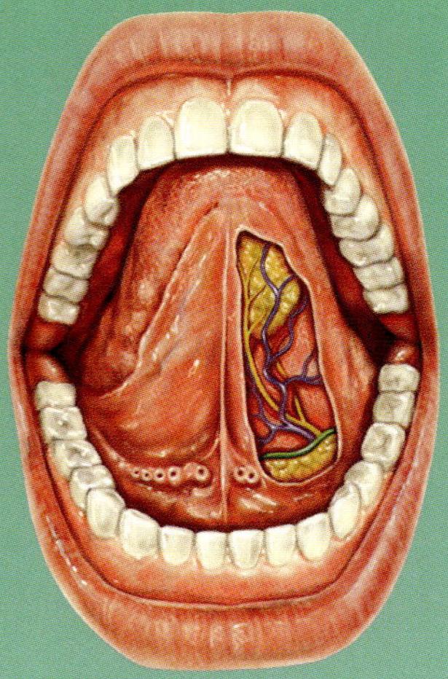

La salive produite par les glandes salivaires se mélange à la nourriture. Au contact de cette mixture, les bourgeons gustatifs sont stimulés et transmettent des impulsions nerveuses au cerveau.

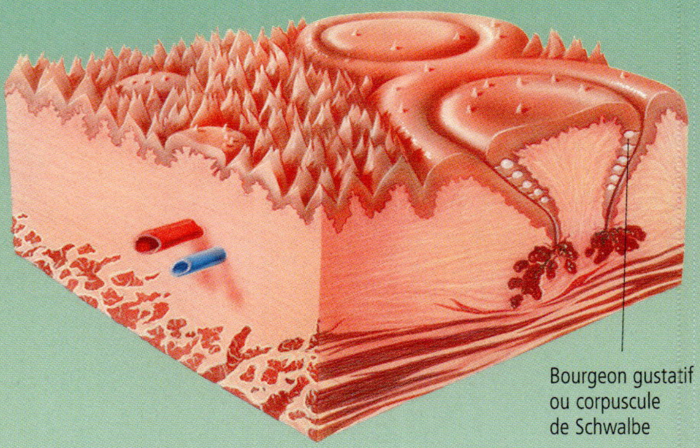

Les bourgeons gustatifs se trouvent essentiellement dans les papilles fungiformes et circumvallées. L'arrière de la bouche en contient également quelques-uns, de même que la gorge.

Le goût

Le sens du goût est étroitement lié à l'odorat grâce auquel il est largement exacerbé. Les bourgeons gustatifs sont activés lorsque la nourriture est mélangée à la salive. Ils perçoivent quatre saveurs de base : sucré, salé, acide et amer.

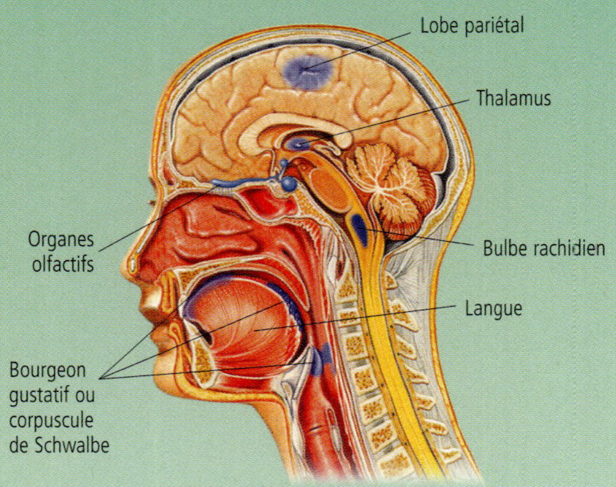

Les nerfs crâniens transmettent des impulsions nerveuses à la région du lobe pariétal responsable de l'identification du goût.

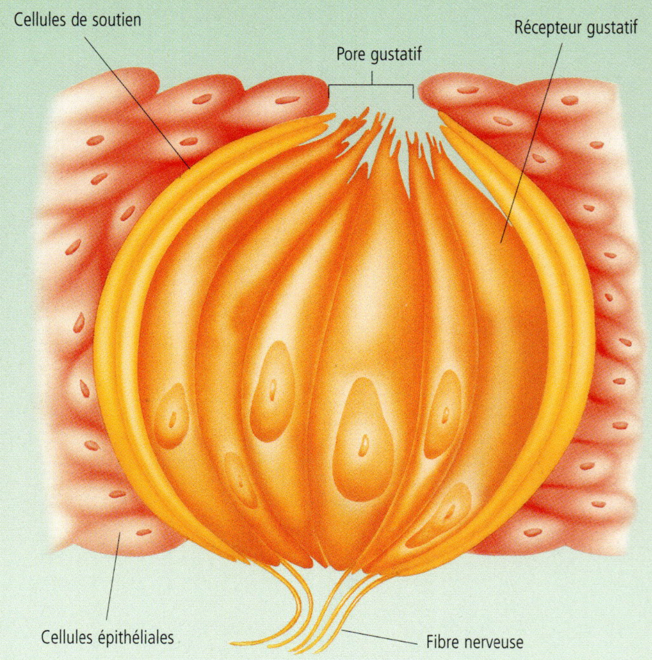

Trois nerfs crâniens, le nerf facial (paire crânienne VII), le nerf glosso-pharyngien (IX) et le nerf pneumogastrique ou vague (X) interviennent dans la perception du goût. Les bourgeons gustatifs de la partie antérieure de la langue stimulent le nerf facial, ceux à l'arrière de la langue activent le nerf glosso-pharyngien alors que le nerf vague est stimulé par les bourgeons gustatifs présents dans la gorge. Des impulsions nerveuses sont déclenchées par les bourgeons gustatifs et sont transmises au cerveau par les trois paires crâniennes.

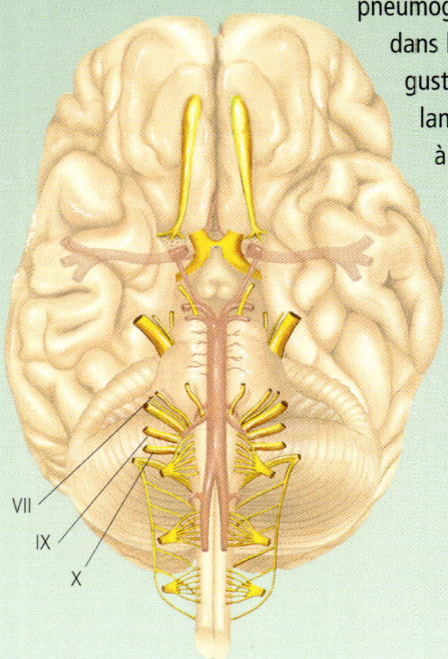

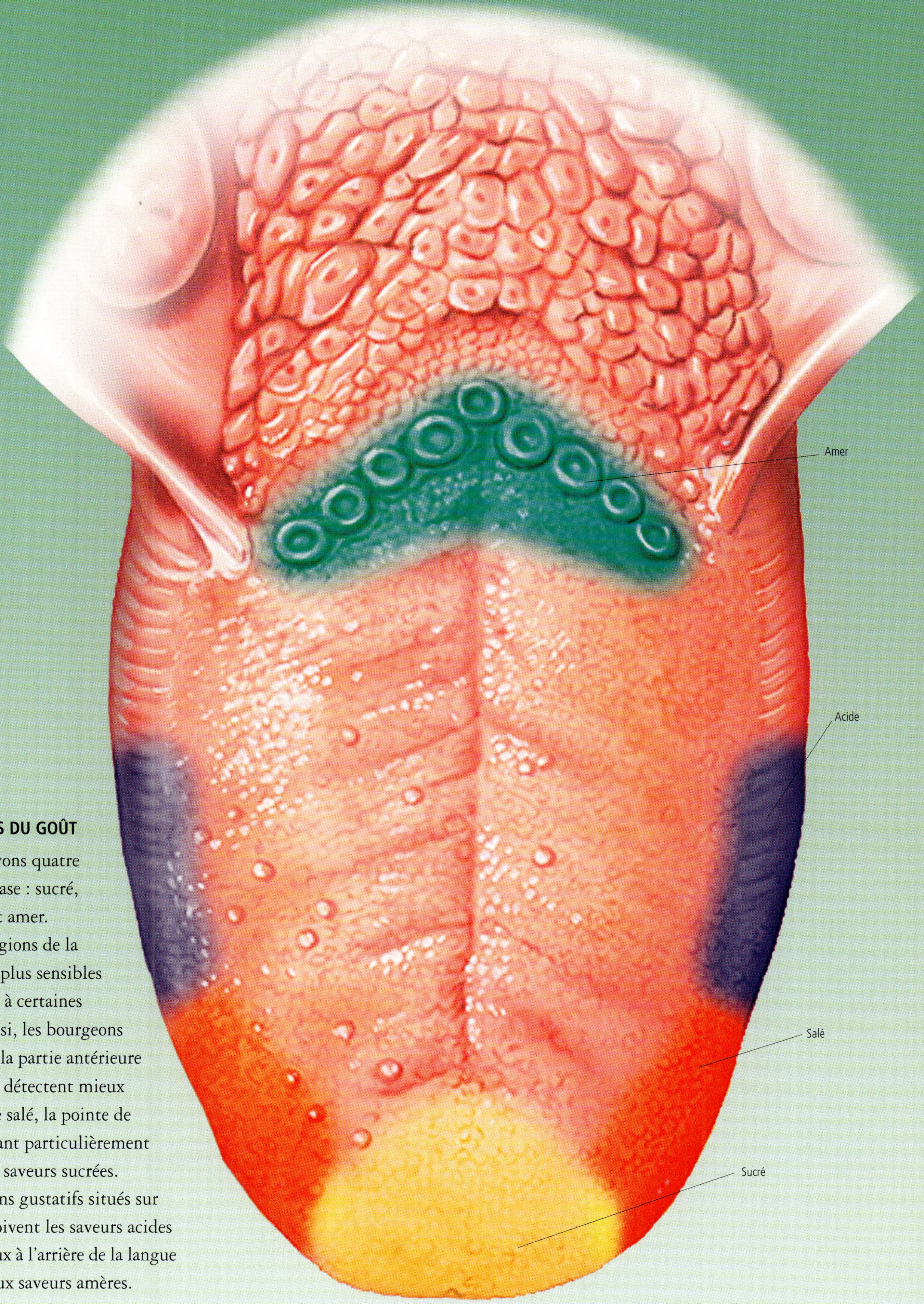

LES RÉGIONS DU GOÛT

Nous percevons quatre saveurs de base : sucré, salé, acide et amer. Certaines régions de la langue sont plus sensibles que d'autres à certaines saveurs. Ainsi, les bourgeons gustatifs de la partie antérieure de la langue détectent mieux le sucré et le salé, la pointe de la langue étant particulièrement sensible aux saveurs sucrées. Les bourgeons gustatifs situés sur le côté perçoivent les saveurs acides alors que ceux à l'arrière de la langue réagissent aux saveurs amères.

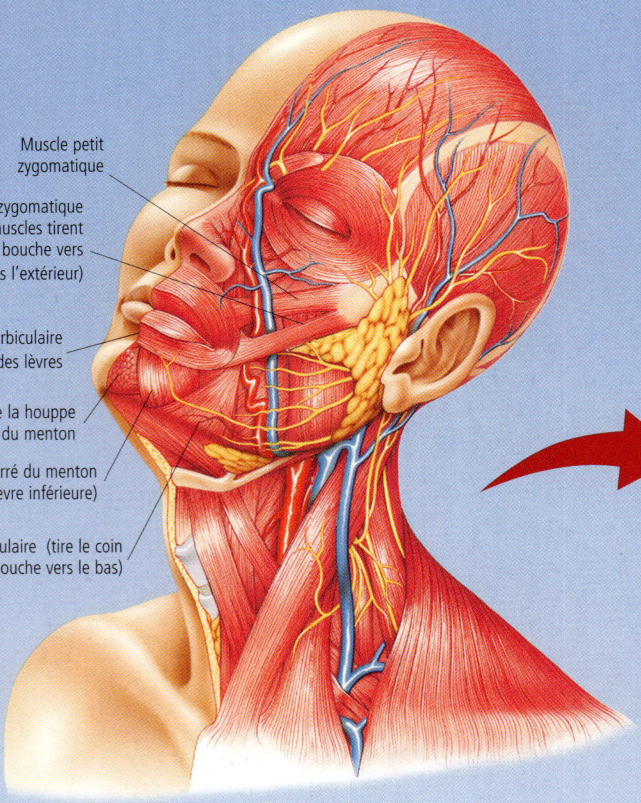

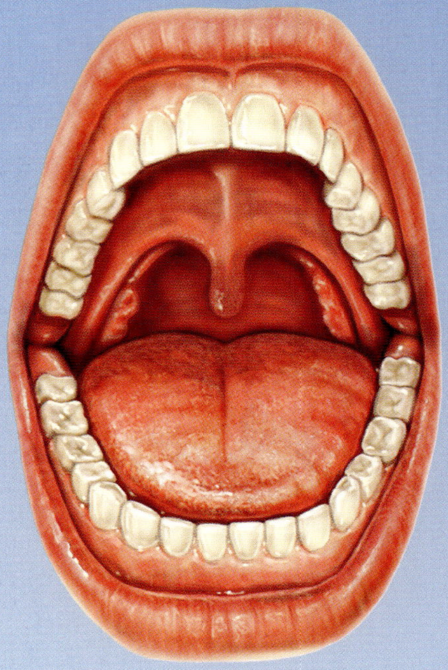

L'émission de certains sons implique que la langue entre en contact avec d'autres structures de la bouche. Ainsi, elle touche les dents pour émettre le son « t », le palais mou pour le son « g » et le palais dur pour former un « n ».

La parole

L'élocution implique la coordination de plusieurs organes et structures. Tout d'abord, l'air expulsé des poumons passe à travers les cordes vocales, ce qui modifie le flux d'air et crée des vibrations qui provoquent des sons. Ensuite, la synchronisation des mouvements des muscles, de la bouche et de la langue, associée au travail du palais mou, de la langue et les lèvres, altère les sons générés par les cordes vocales afin de produire des mots.

LE SAVIEZ-VOUS ?

L'élocution nécessite la coordination des mouvements de 72 muscles.

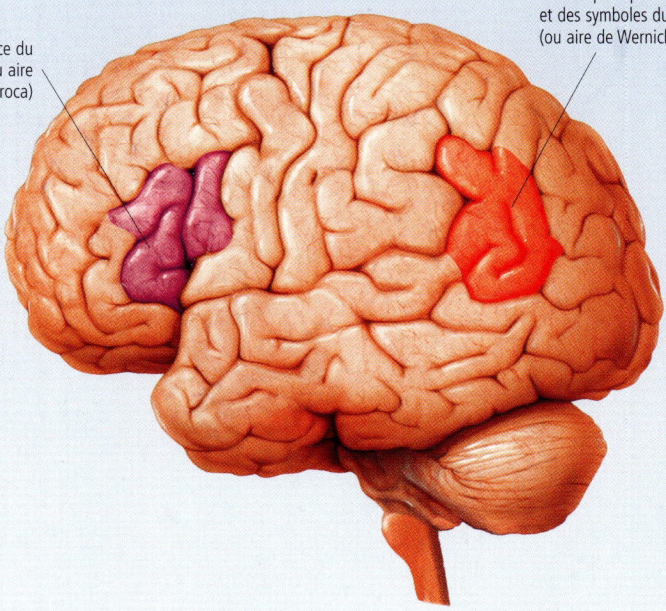

La parole et la compréhension des mots impliquent deux régions du cerveau. L'aire de Wernicke contribue à la perception des mots et des symboles du langage, alors que l'aire de Broca intervient dans la prononciation. Les instructions transmises aux muscles respiratoires et aux muscles du pharynx, du larynx, de la langue et des lèvres sont générées dans l'aire de Broca.

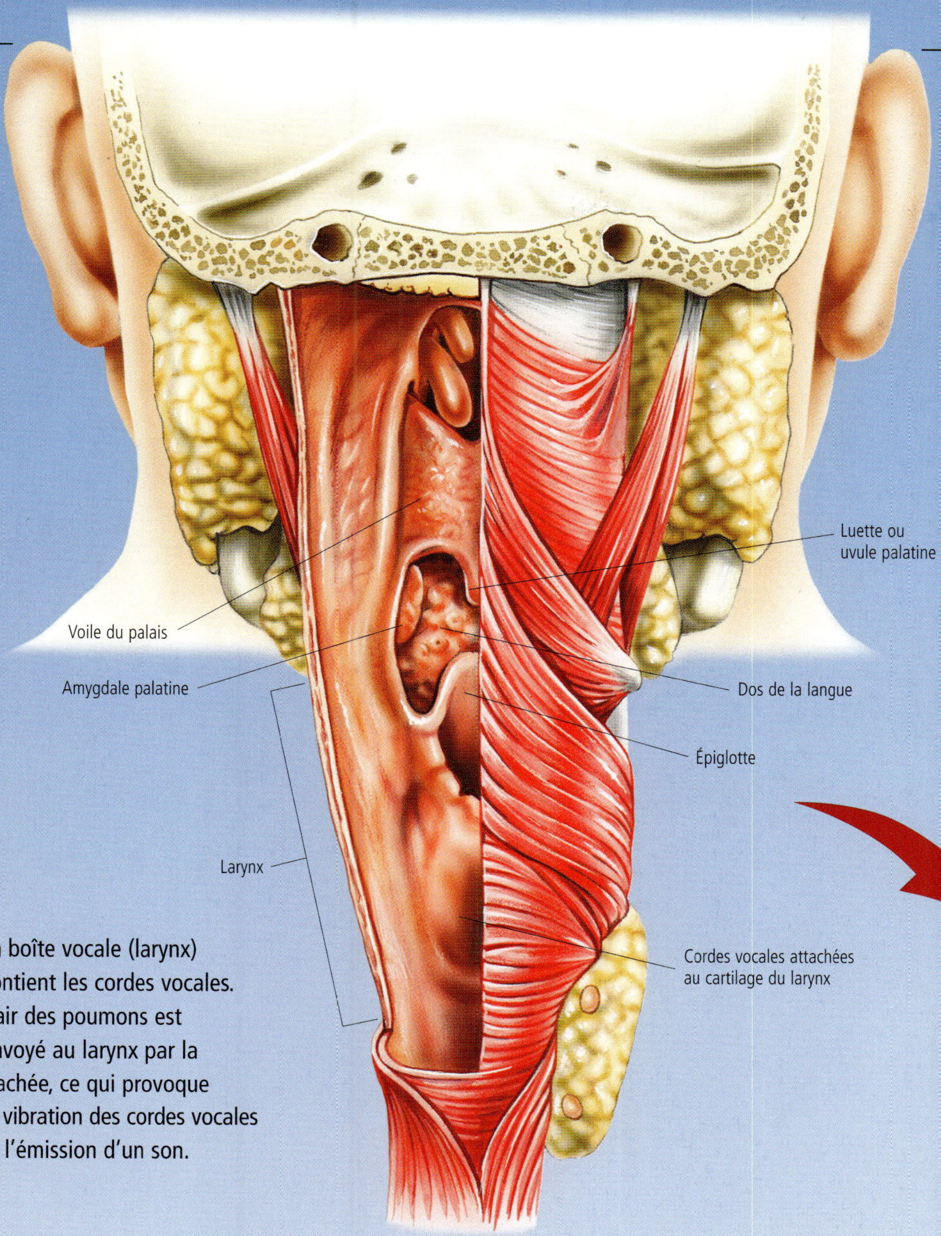

Nos deux cordes vocales, replis de la membrane muqueuse du pharynx, sont reliées au cartilage. Elles peuvent se tendre ou se relâcher pour laisser passer plus ou moins d'air. L'air provoque des vibrations (sons) qui vont être transformées en mots. Ce phénomène est appelé *phonation*. Plus les cordes vocales sont tendues, plus le son est aigu et inversement, plus elles sont relâchées et plus le son est grave.

La boîte vocale (larynx) contient les cordes vocales. L'air des poumons est envoyé au larynx par la trachée, ce qui provoque la vibration des cordes vocales et l'émission d'un son.

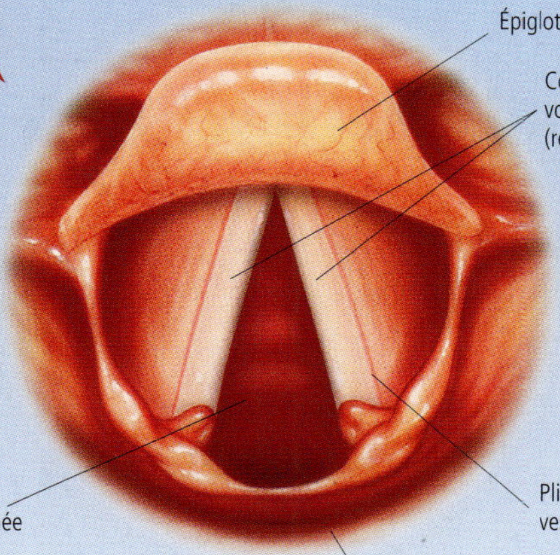

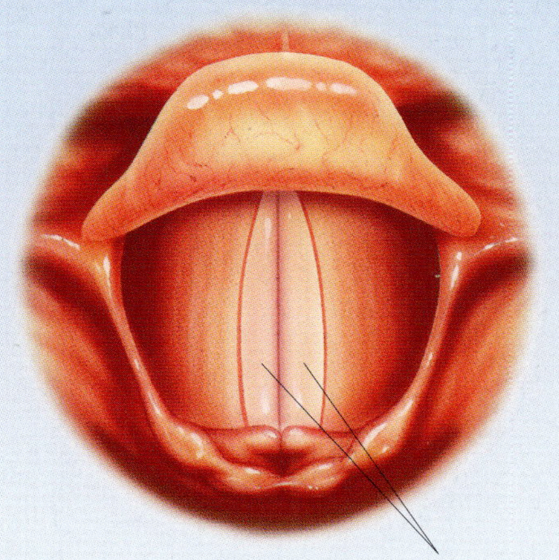

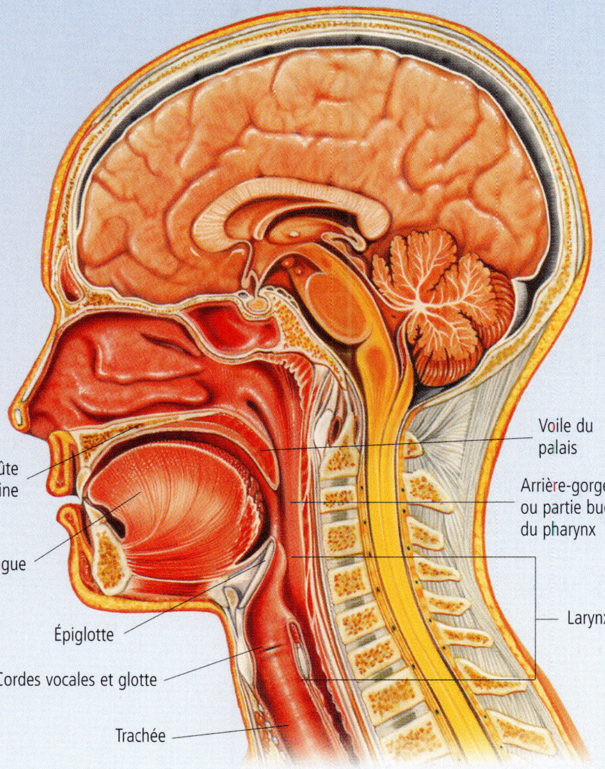

La production de sons déclenche une série d'événements qui impliquent la participation des poumons, de la trachée, du larynx, des cordes vocales et des structures de la bouche. L'ensemble de ces éléments est synchronisé par le cerveau.

Le cou

Structure et fonctions du cou

Le cou supporte la tête et lui permet d'être mobile. La moelle épinière, protégée par les vertèbres, les gros vaisseaux sanguins et les principaux nerfs du cerveau et du visage, sans oublier les voies d'accès de l'air et de la nourriture, tous passent au niveau du cou.

Le cou peut être divisé en deux colonnes. La colonne arrière se compose des sept vertèbres cervicales et de la musculature qui les soutient. La colonne avant abrite le pharynx, le larynx, la trachée et l'œsophage, qui permettent d'accéder aux poumons et à l'estomac.

La glande thyroïde est rattachée à l'avant et sur les côtés de la trachée et du larynx. La partie antérieure de ces structures est recouverte de muscles de soutien et de peau. À l'arrière, plus ou moins accolées à la thyroïde, se trouvent les glandes parathyroïdes.

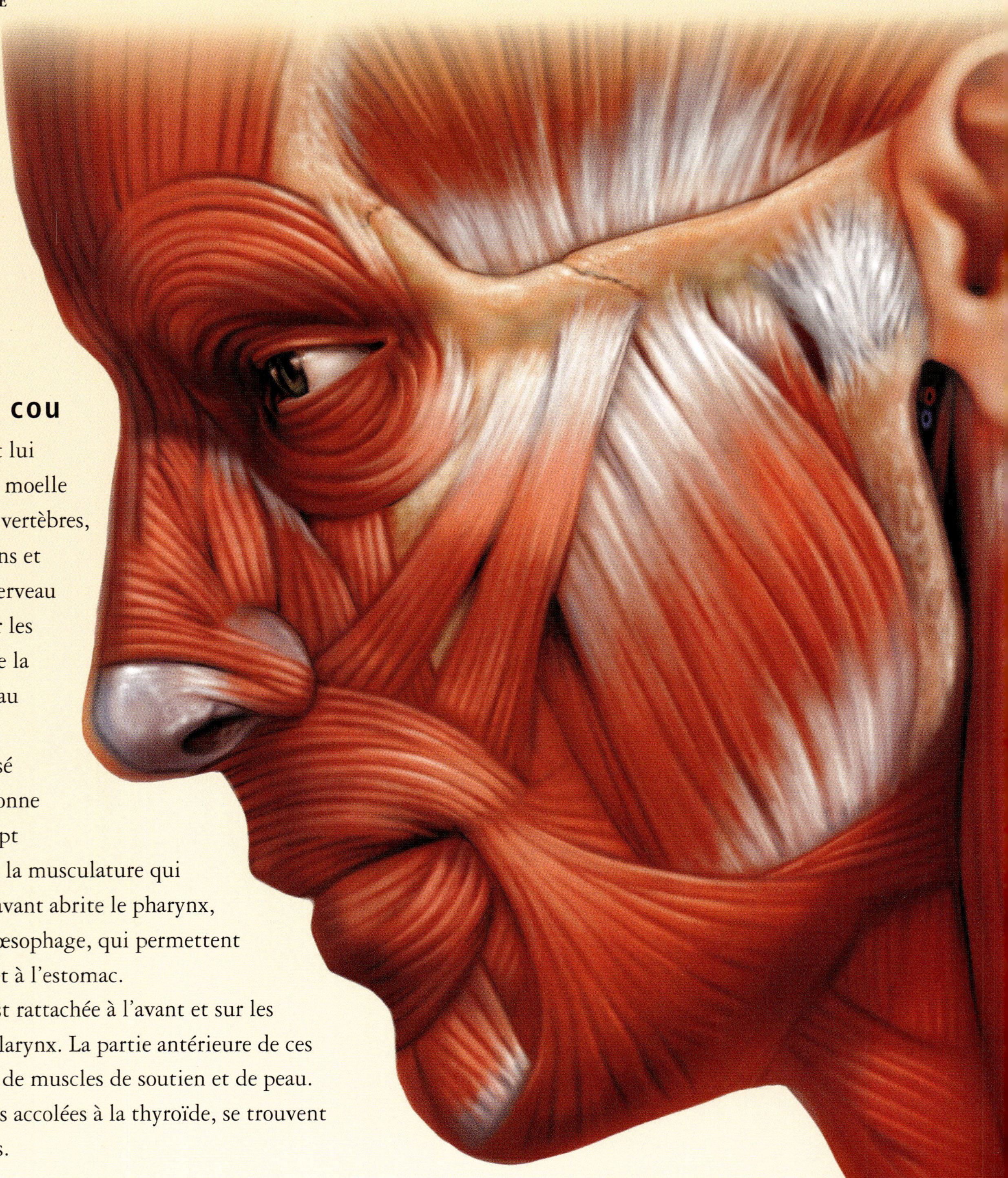

Cou

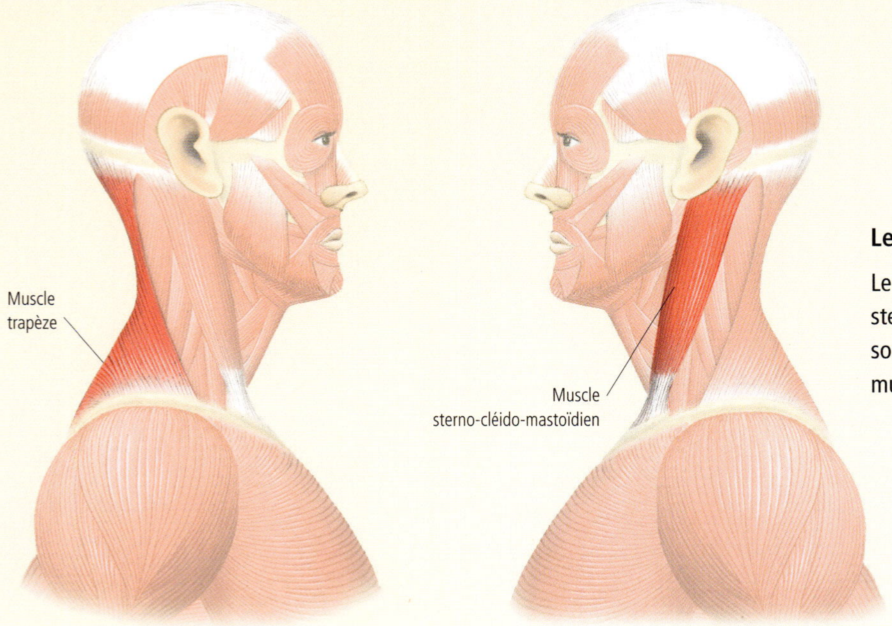

Les muscles du cou

Le trapèze et le muscle sterno-cléido-mastoïdien sont deux des plus gros muscles du cou.

Les muscles de la colonne cervicale

La partie antérieure du cou présente une musculature constituée de fines bandes de muscles, alors qu'à l'arrière du cou, les muscles sont beaucoup plus gros. La disposition de la musculature permet un large éventail de mouvements de la tête et de la colonne cervicale.

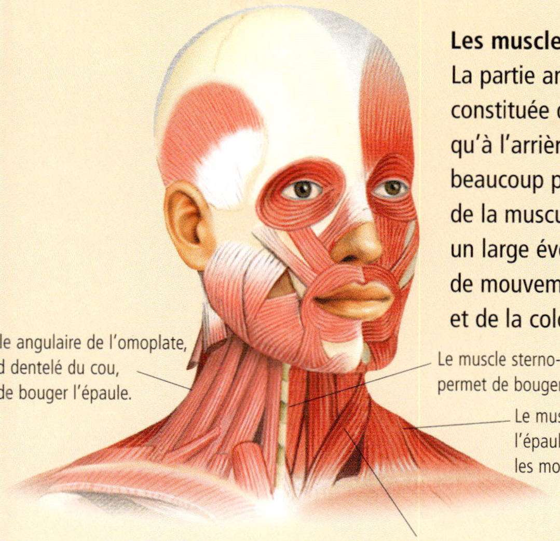

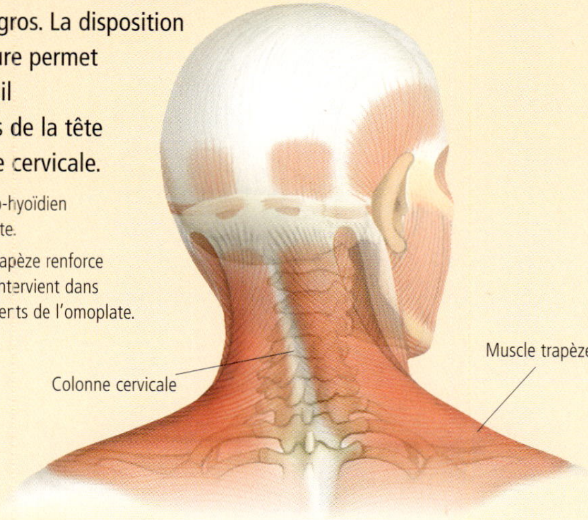

Les muscles du cou

Les muscles sont attachés à l'avant, à l'arrière et sur les côtés des vertèbres, permettant ainsi des mouvements d'avant en arrière et latéraux. Les muscles obliques participent aux mouvements de rotation. La disposition des muscles du cou, associée à différentes structures fibreuses, permet un large éventail de mouvements. Certains muscles participent aux mouvements de la tête et du cou ou de l'épaule, d'autres mobilisent les deux premières côtes. Le trapèze et le muscle sterno-cléido-mastoïdien sont les deux plus gros muscles du cou.

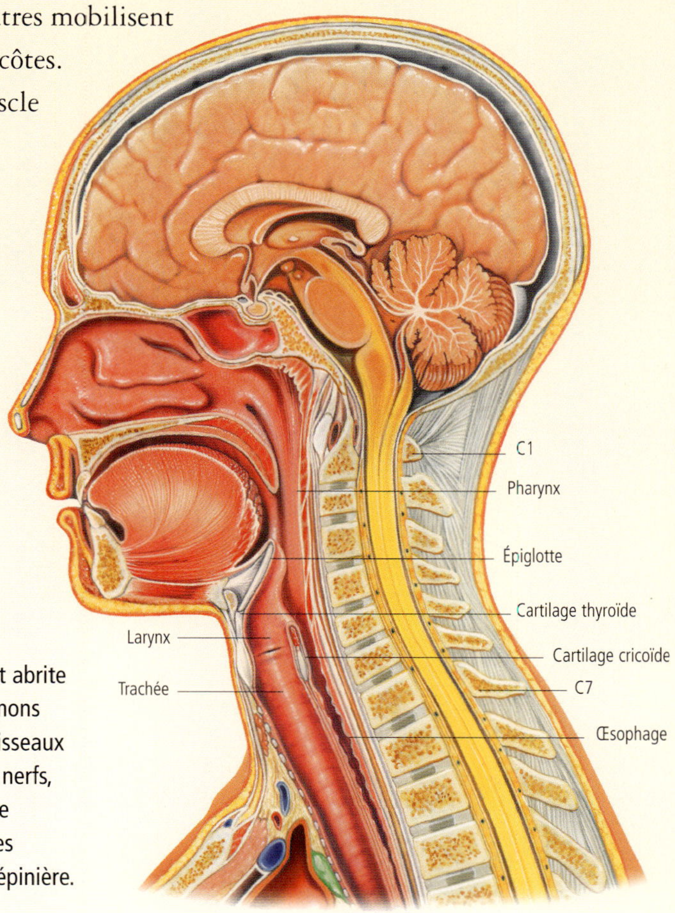

Les colonnes du cou

Le cou est formé de deux colonnes. La colonne avant abrite les voies d'accès aux poumons et à l'estomac, les gros vaisseaux sanguins et les principaux nerfs, alors que la colonne arrière est constituée des vertèbres cervicales et de la moelle épinière.

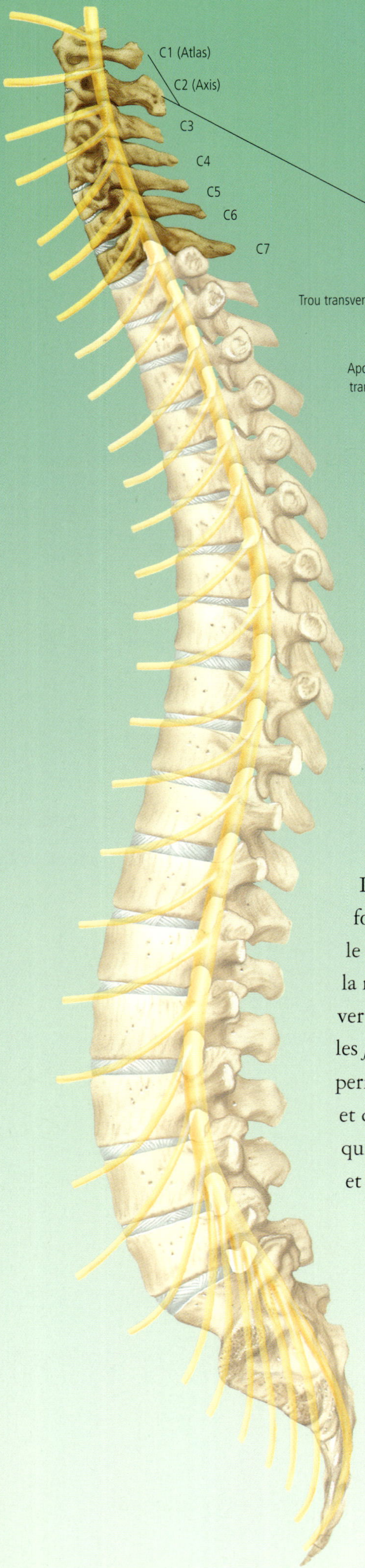

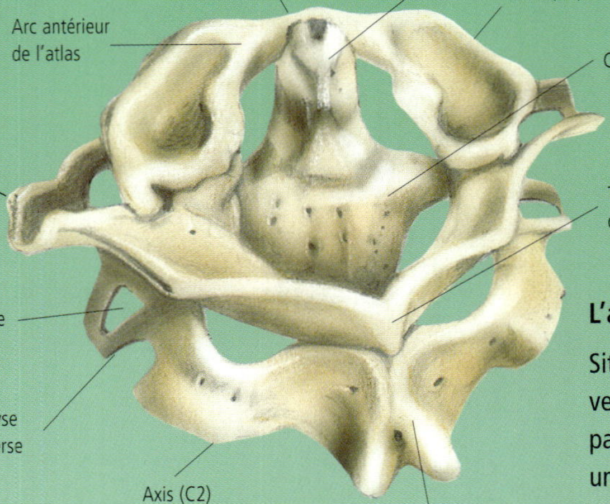

L'atlas et l'axis

Situées au sommet de la colonne vertébrale, ces deux vertèbres particulières forment une articulation pivot grâce à laquelle la tête peut effectuer des mouvements de rotation.

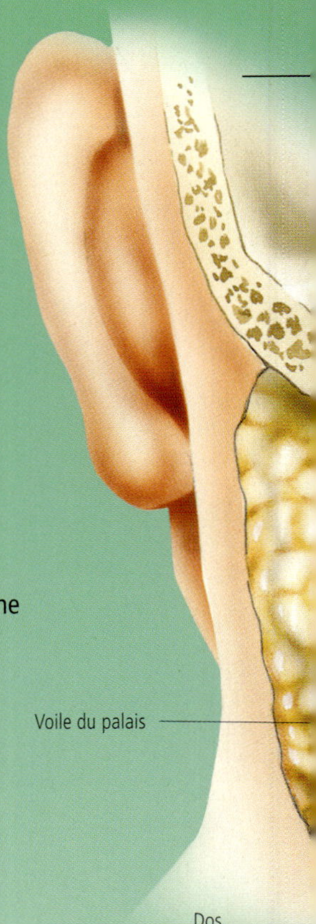

Les os du cou

Le cou comporte sept vertèbres cervicales numérotées de C1 à C7. Ces vertèbres sont plus petites que les lombaires et les dorsales, car elles supportent moins de poids. L'atlas (C1) et l'axis (C2), associés aux vertèbres C3 à C7, constituent la colonne cervicale. L'empilement des vertèbres forme une gaine protectrice, le *canal vertébral*, qui abrite la moelle épinière. Sur les vertèbres, de petits orifices, les *foramens* (ou *foramina*), permettent le passage des nerfs et des vaisseaux sanguins qui alimentent le visage et le cerveau.

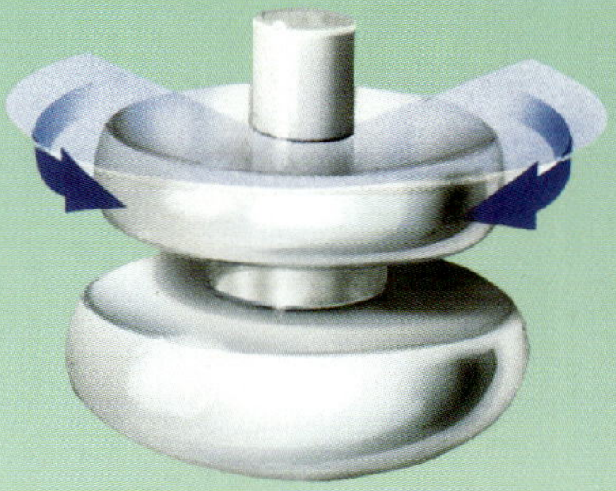

Articulation pivot

Les vertèbres cervicales

Les vertèbres cervicales ont une structure particulière, avec un corps à l'avant, un arc à l'arrière et des prolongements postérieurs (apophyses épineuses) et latéraux (apophyses transverses). Une large ouverture permet le passage de la moelle épinière.

Vertèbres cervicales

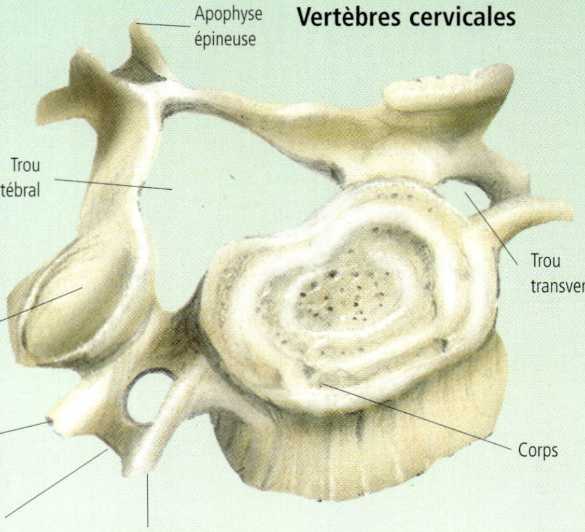

La gorge

La gorge est située à l'avant du cou. Elle se compose du gosier, qui fait communiquer l'arrière de la bouche avec le pharynx, et du pharynx lui-même, cavité située à l'arrière de la bouche, reliant, le nez, la bouche et le larynx. Région la plus importante de la gorge, le pharynx contient des structures qui interviennent lors de la respiration, de l'élocution et de la déglutition. Il se compose du rhinopharynx (ou nasopharynx, partie nasale), de l'oropharynx (partie buccale), et de l'hypopharynx (partie laryngée). C'est le carrefour des voies aériennes et digestives.

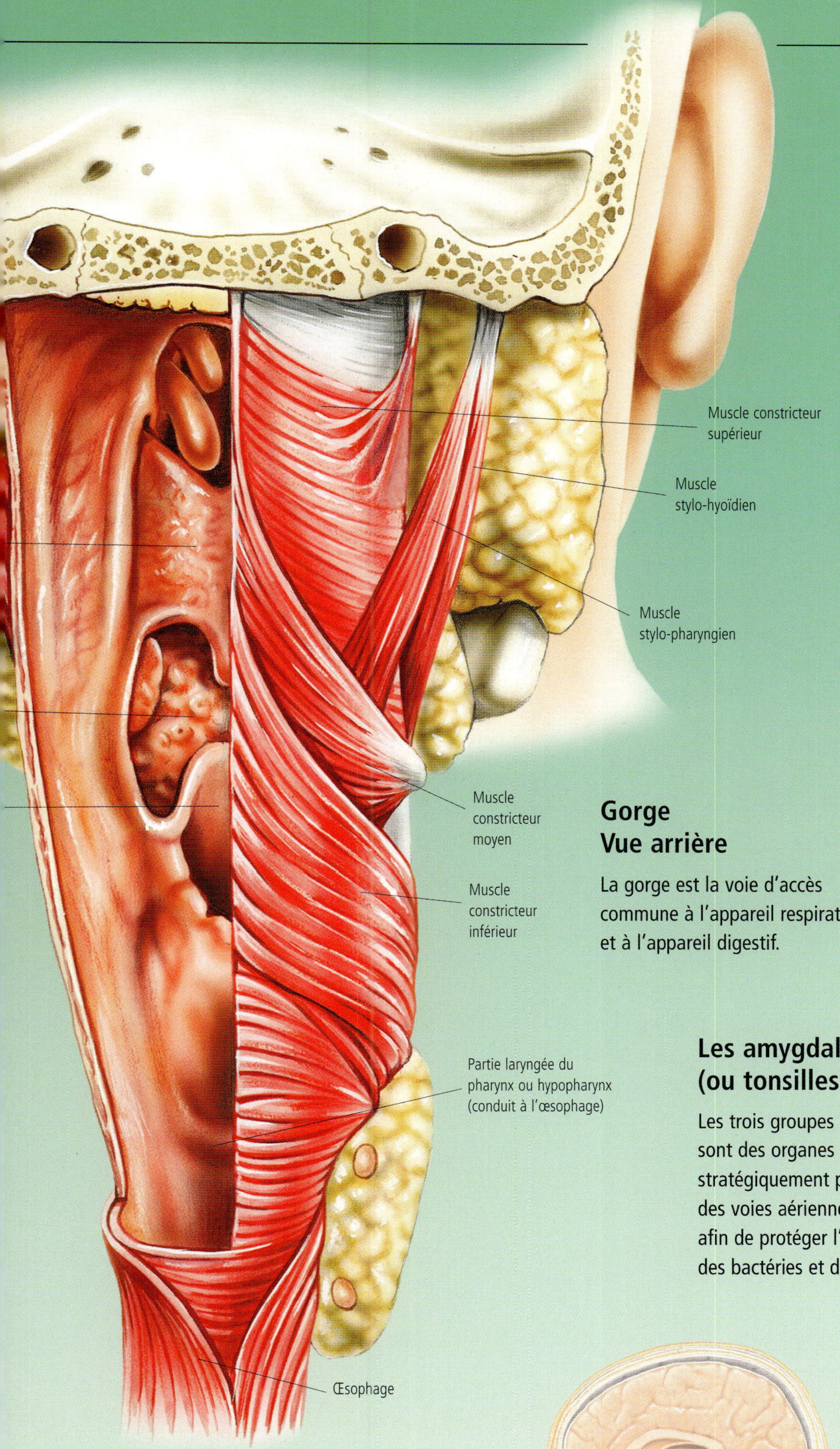

Gorge Vue arrière

La gorge est la voie d'accès commune à l'appareil respiratoire et à l'appareil digestif.

Les amygdales (ou tonsilles)

Les trois groupes d'amygdales sont des organes lymphoïdes, stratégiquement placés à l'entrée des voies aériennes et digestives afin de protéger l'organisme des bactéries et des virus.

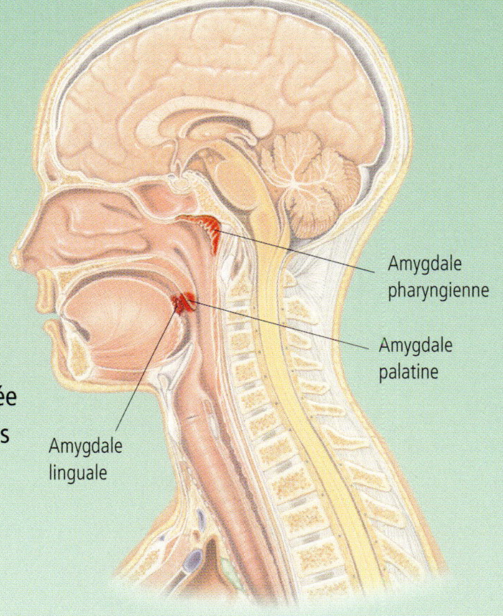

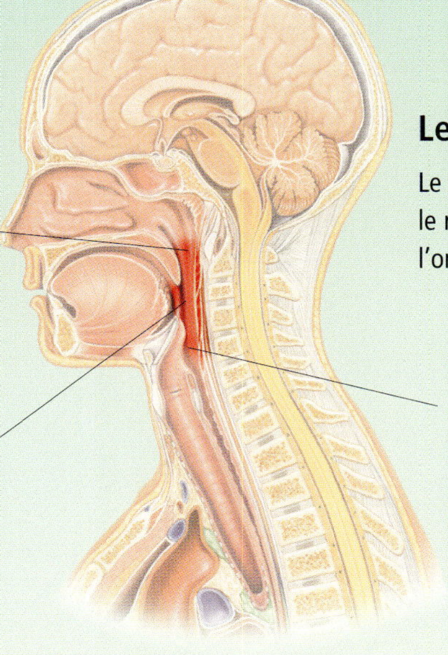

Le rhinopharynx ou nasopharynx

Le rhinopharynx est situé juste en dessous de la base du crâne, derrière le nez. Il contient les végétations adénoïdes (amygdales pharyngiennes) et communique avec l'oreille interne par l'intermédiaire des trompes d'Eustache.

L'arrière-gorge ou partie buccale du pharynx

Située à l'arrière de la bouche, la partie buccale du pharynx comprend les amygdales et l'arrière de la langue. C'est la voie d'accès pour l'air, les liquides et la nourriture.

Le pharynx

Le pharynx se compose de trois parties : le rhinopharynx (ou nasopharynx), l'oropharynx et l'hypopharynx.

La partie laryngée du pharynx (ou hypopharynx)

La partie laryngée du pharynx contient l'épiglotte et le larynx (boîte vocale), qui se prolonge par la trachée jusqu'aux poumons. Les aliments traversent la partie laryngée du pharynx avant de rejoindre l'œsophage, puis l'estomac.

Le larynx

Le larynx, également appelé *boîte vocale,* part du pharynx et se prolonge par la trachée jusqu'aux poumons. Son rôle consiste à protéger les voies aériennes de toute intrusion de nourriture ou de liquide et à produire les vibrations nécessaires pour la voix. Il est formé de neuf cartilages qui renforcent les voies aériennes et sont autant de points d'attache pour les muscles, les ligaments et les membranes qui l'entourent.

L'épiglotte, morceau de cartilage élastique, est située immédiatement derrière et sous la langue. Sous l'action des muscles, elle bloque l'entrée du larynx lors de la déglutition.

Le larynx renferme les cordes vocales, membranes muqueuses contrôlées par les muscles laryngés. Lors de la respiration, les cordes vocales s'écartent légèrement afin de permettre le passage de l'air. Pendant l'élocution, elles se rapprochent et se tendent. L'air doit forcer pour passer à travers, ce qui les fait vibrer et génère des ondes sonores.

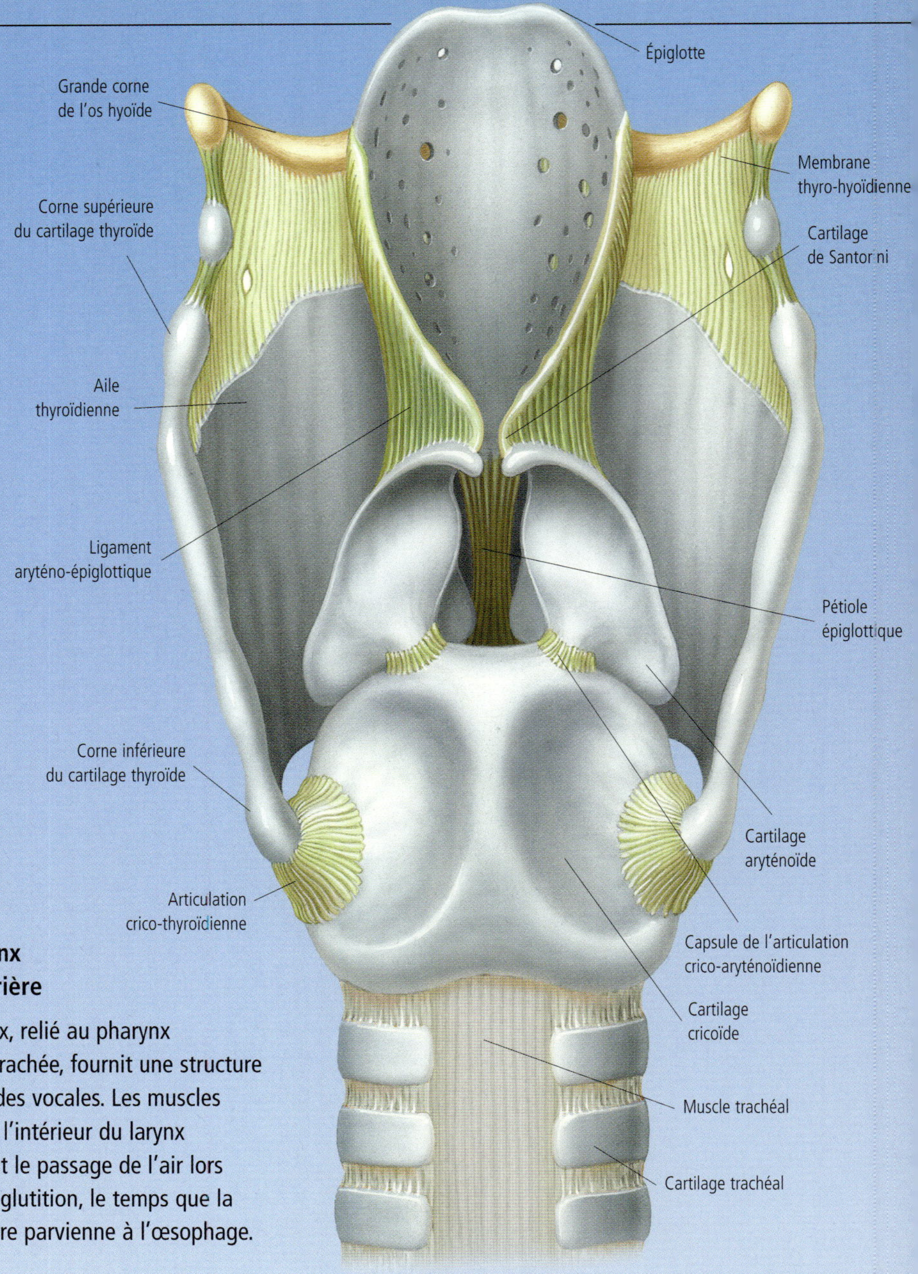

Le larynx
Vue arrière

Le larynx, relié au pharynx et à la trachée, fournit une structure aux cordes vocales. Les muscles situés à l'intérieur du larynx bloquent le passage de l'air lors de la déglutition, le temps que la nourriture parvienne à l'œsophage.

L'épiglotte – fermée

Lors de la déglutition, les muscles du pharynx soulèvent le larynx et ferment l'épiglotte afin de boucher la trachée et d'éviter que la nourriture et les liquides ne pénètrent dans les voies aériennes.

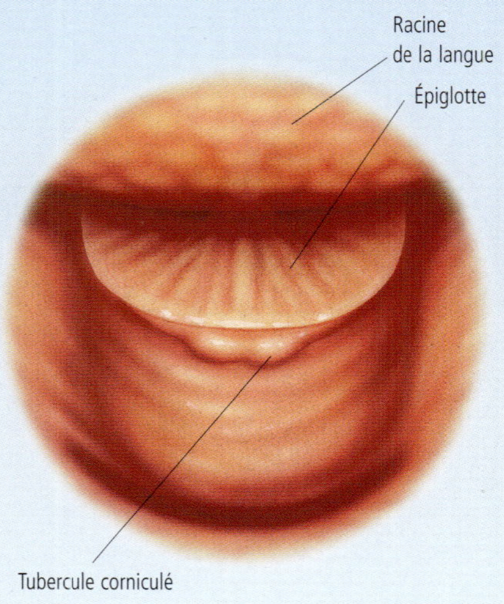

Les cordes vocales – fermées

Lorsque les cordes vocales sont tendues, l'air qui s'infiltre par les petits interstices les fait vibrer et génère des ondes sonores.

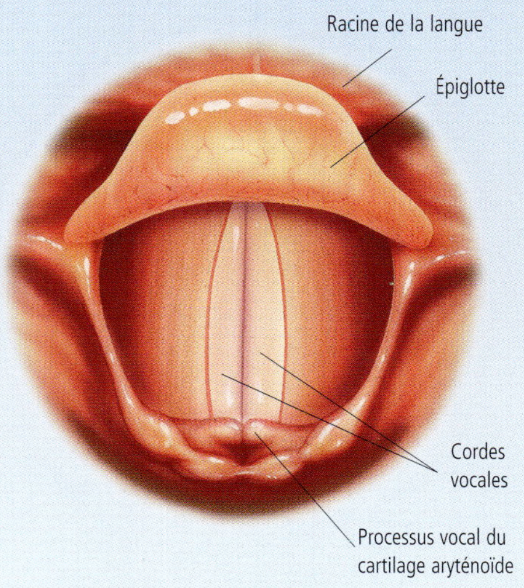

Les cordes vocales – ouvertes

Lorsque les cordes vocales sont relâchées, elles s'écartent légèrement afin de laisser passer l'air inhalé ou rejeté sans créer de vibrations, et donc sans produire d'ondes sonores.

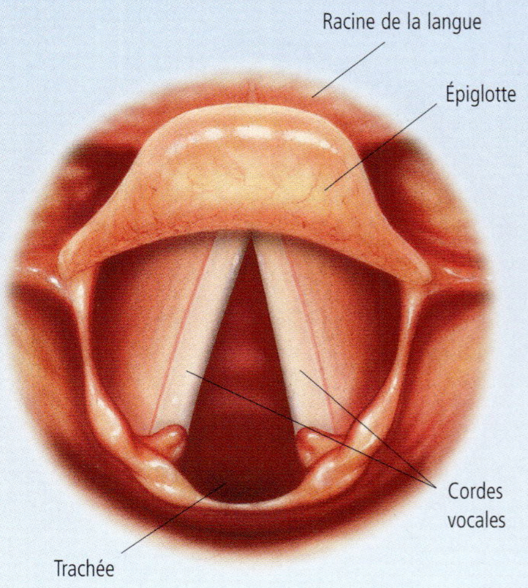

L'œsophage

Structure tubaire musculaire, l'œsophage descend dans le cou et la cavité thoracique jusqu'à l'estomac où il achemine la nourriture (bol alimentaire). Ses extrémités se dilatent et se contractent sous l'action de muscles circulaires, les *sphincters*. Le sphincter supérieur se dilate pour recevoir le bol alimentaire que des contractions musculaires entraînent ensuite jusqu'au sphincter inférieur, le *cardia*. La dilatation du cardia permet le passage de la nourriture dans l'estomac.

La trachée

La trachée est une structure tubaire musculaire fibro-élastique réservée au passage de l'air. Elle part de l'extrémité inférieure du larynx et bifurque pour finir dans les deux bronches souches.

Afin d'éviter tout risque d'affaissement des voies aériennes, la trachée est consolidée par une série de cartilages en forme de C et par des fibres élastiques qui lui permettent de suivre les mouvements du larynx, lors de la déglutition et de l'élocution, et ceux du diaphragme, organe impliqué dans la respiration. L'arrière de la trachée est plat, les extrémités des cartilages sont reliées par le muscle trachéal dont les contractions réduisent le diamètre des voies aériennes. L'œsophage, qui se dilate lors de la déglutition, est adossé à cette surface.

Les impuretés qui arrivent dans la trachée sont captées par la membrane muqueuse qui la recouvre, et les cils, petites protubérances, évacuent le mucus chargé d'impuretés vers la gorge où il est avalé ou rejeté.

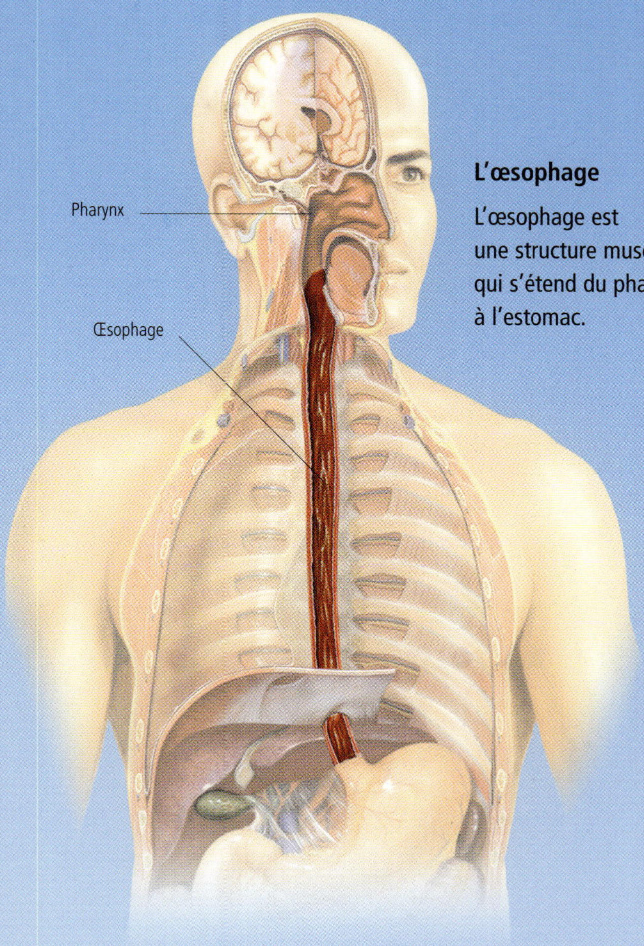

L'œsophage
L'œsophage est une structure musculaire qui s'étend du pharynx à l'estomac.

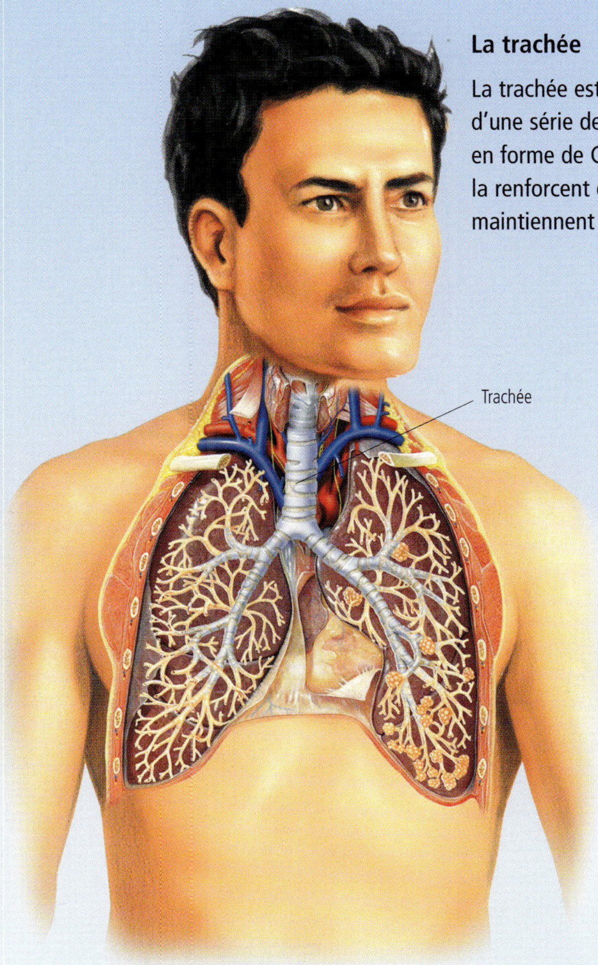

La trachée
La trachée est constituée d'une série de cartilages en forme de C qui la renforcent et la maintiennent ouverte.

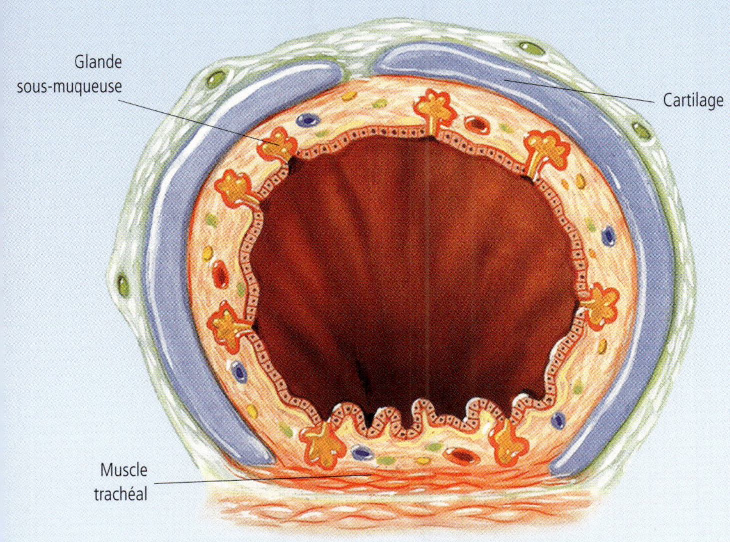

Coupe transversale de la trachée

Les glandes principales et les principaux vaisseaux sanguins du cou

LES GLANDES THYROÏDE ET PARATHYROÏDES

Les glandes thyroïde et parathyroïdes font partie du système endocrinien. La thyroïde est la plus grosse des glandes endocrines. Située juste en dessous du larynx, elle se compose de deux lobes reliés au milieu par l'isthme thyroïdien et sécrète l'hormone thyroïdienne directement dans la circulation sanguine et les différentes cavités de l'organisme. Sa fonction principale est de contrôler le métabolisme des différents tissus.

Juste en dessous de la thyroïde, se trouvent les quatre (parfois trois) glandes parathyroïdes, toutes petites, qui produisent la parathormone, hormone indispensable au contrôle du taux de calcium et de phosphates dans le sang. Lorsque le taux de calcium chute, la parathormone libère le calcium des os. Si, au contraire, le taux de calcium est trop élevé, la glande thyroïde libère une hormone appelée calcitonine afin d'en réduire la concentration. Les sécrétions de la glande thyroïde et des parathyroïdes sont régulées par la glande pituitaire, ou *hypophyse*, qui contrôle les taux d'hormones de l'organisme. Chef d'orchestre du système endocrinien, la glande pituitaire répond aux variations hormonales en stimulant les organes endocriniens, y compris la glande thyroïde et les parathyroïdes lorsque cela est nécessaire.

LE SAVIEZ-VOUS ?

Chez l'homme, le larynx se développe rapidement pendant la puberté, ce qui provoque l'apparition d'une proéminence du cartilage thyroïdien, appelée pomme d'Adam. Les ligaments vocaux allongés vibrent à une fréquence inférieure, ce qui rend la voix plus grave.

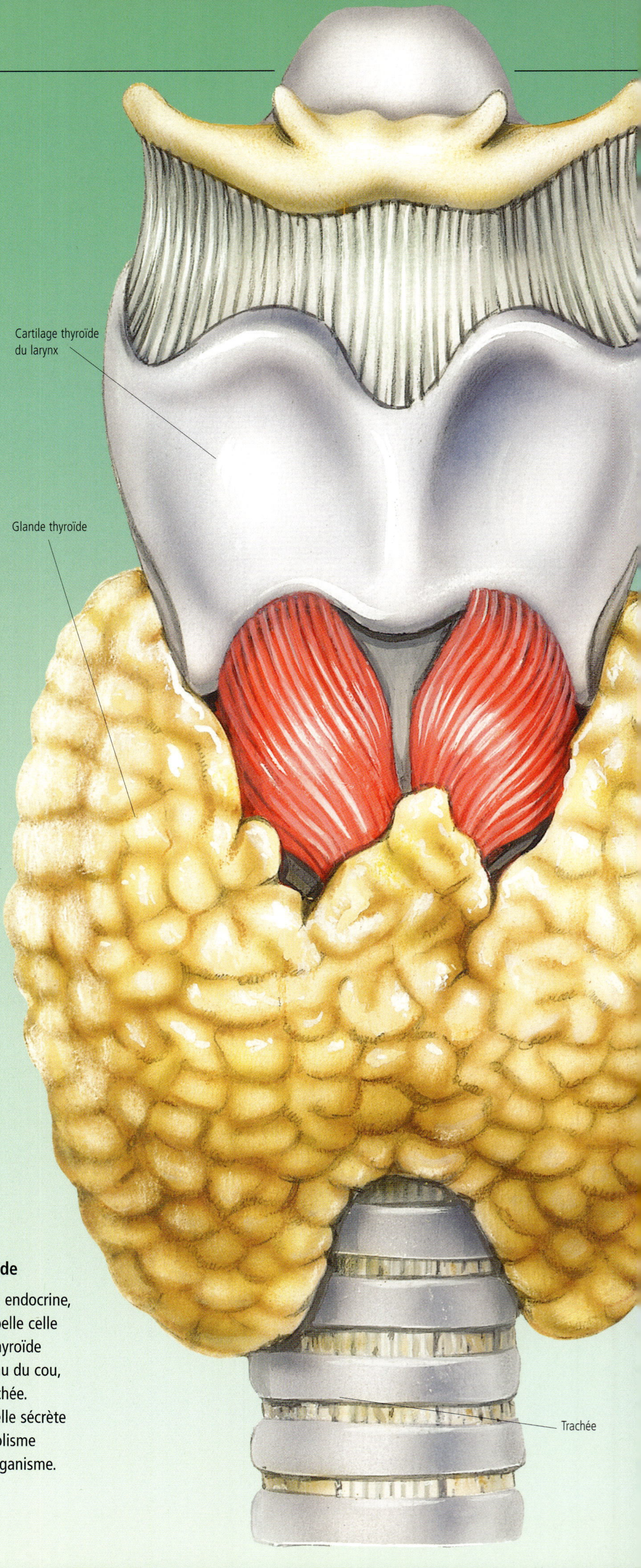

La glande thyroïde

Plus grosse glande endocrine, dont la forme rappelle celle d'un papillon, la thyroïde est située au niveau du cou, à l'avant de la trachée. Les hormones qu'elle sécrète régulent le métabolisme des cellules de l'organisme.

Les veines jugulaires

Les veines jugulaires transportent le sang depuis la tête et le cou jusqu'au cœur. Elles sont dotées de valves qui empêchent le sang de refluer vers le cerveau.

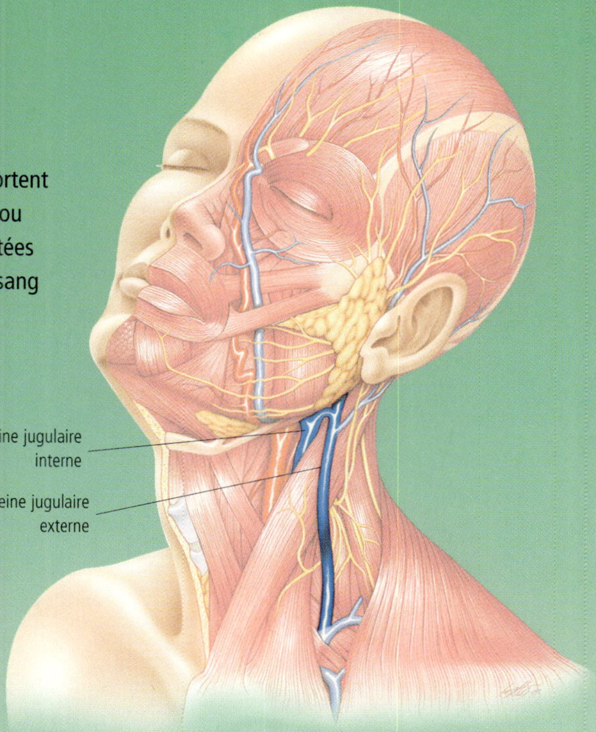

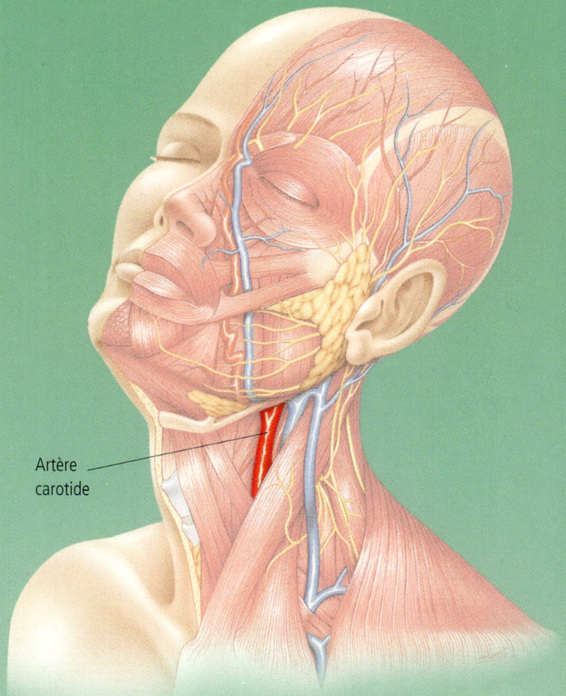

Les artères carotides

Les artères carotides remontent dans le cou. Ce sont les principales voies d'alimentation du cou, de la tête et du cerveau.

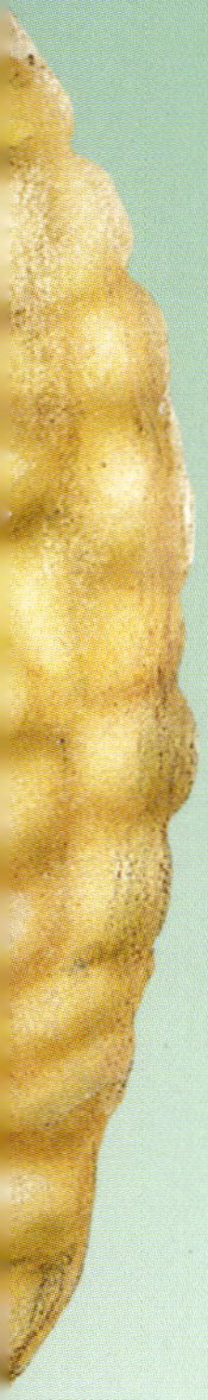

LES VAISSEAUX SANGUINS DU COU

De chaque côté du cou, se trouvent de grosses artères qui irriguent le coup, la tête et le cerveau. Enveloppée d'une gaine de tissu conjonctif et située à la base du cou, l'artère carotide se divise en deux branches, interne et externe, à peu près au niveau de la pomme d'Adam. La carotide interne transporte le sang depuis l'aorte jusqu'au cerveau, alors que la carotide externe alimente le visage et le cou.

Disposées de part et d'autre du cou, les deux veines jugulaires, interne et externe, ramènent le sang du cerveau, du visage et du cou jusqu'au cœur. Leur extrémité inférieure est dotée d'une valve dont le rôle est d'empêcher le sang de refluer vers le cerveau.

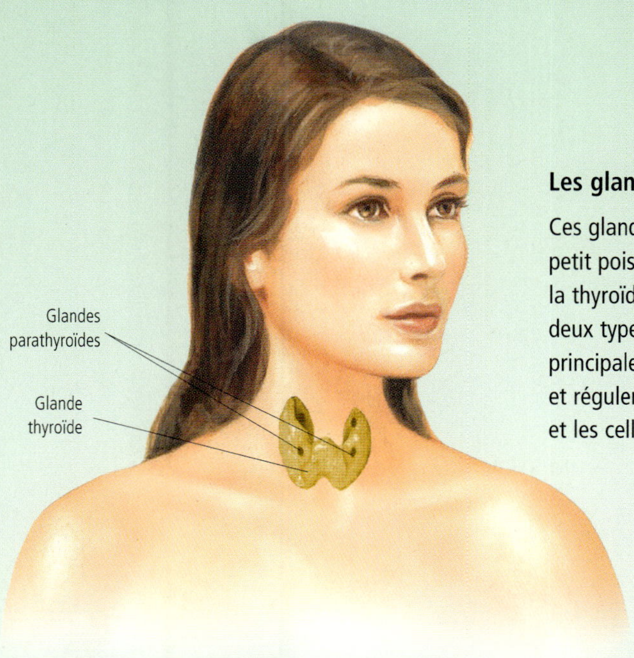

Les glandes parathyroïdes

Ces glandes, de la taille d'un petit pois, sont situées derrière la thyroïde. Leur capsule fibreuse renferme deux types de cellules : les cellules principales, qui produisent la parathormone et régulent le taux de calcium dans le sang, et les cellules oxyphiles.

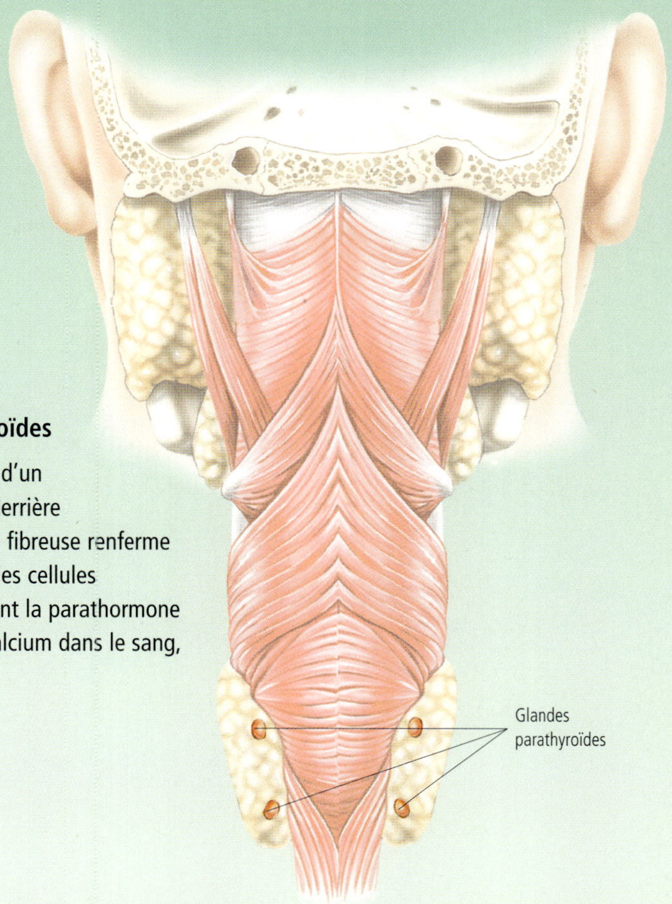

Le tronc

La colonne vertébrale (ou le rachis)

La colonne vertébrale est un empilement d'os, les vertèbres, séparés par les disques intervertébraux, sorte de coussinets de cartilage. Alors que chaque articulation vertébrale permet des mouvements de faible amplitude, l'ensemble de la colonne forme une structure extrêmement mobile.

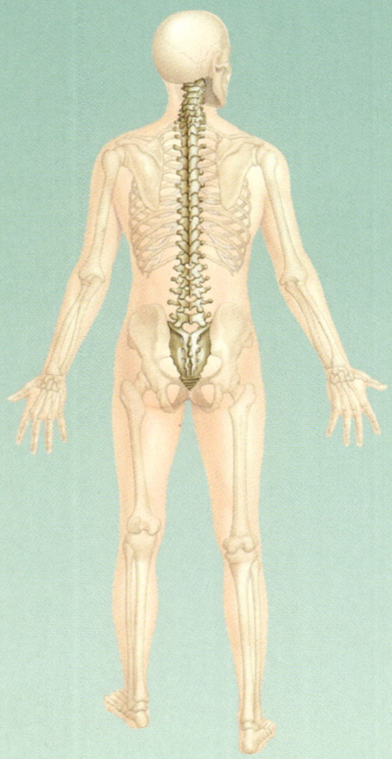

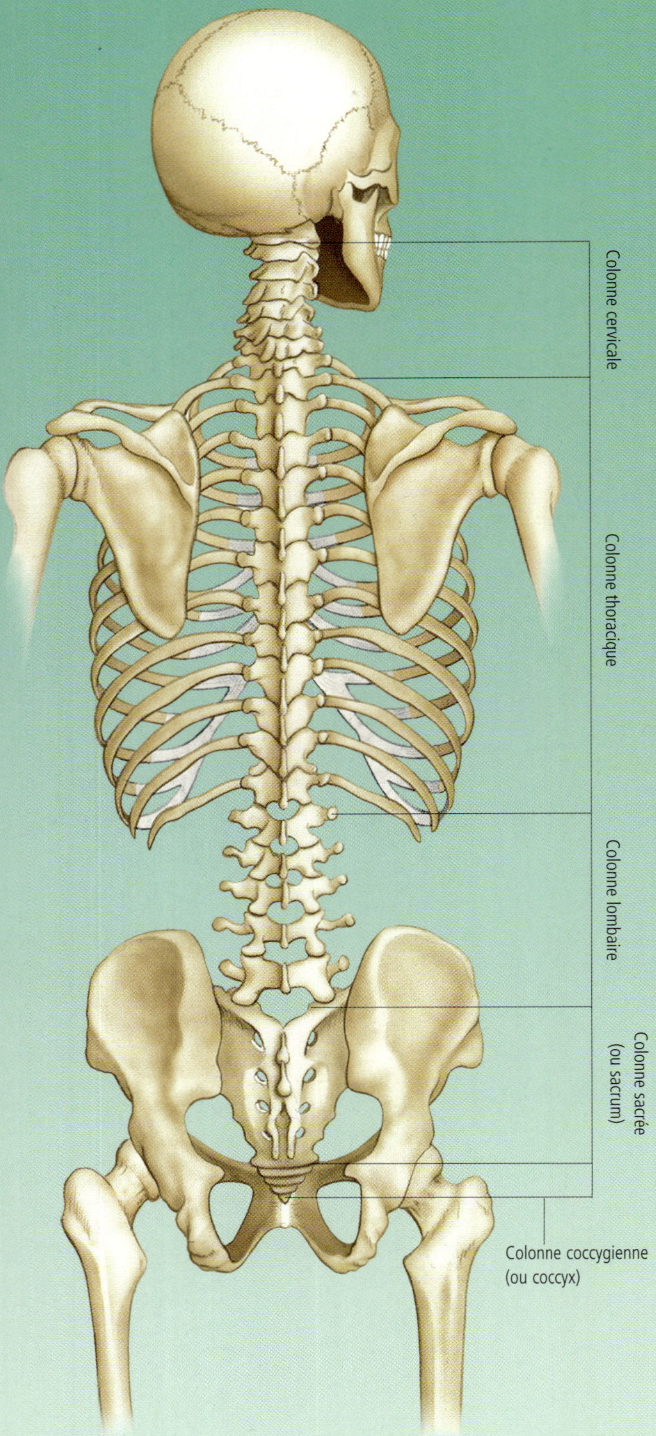

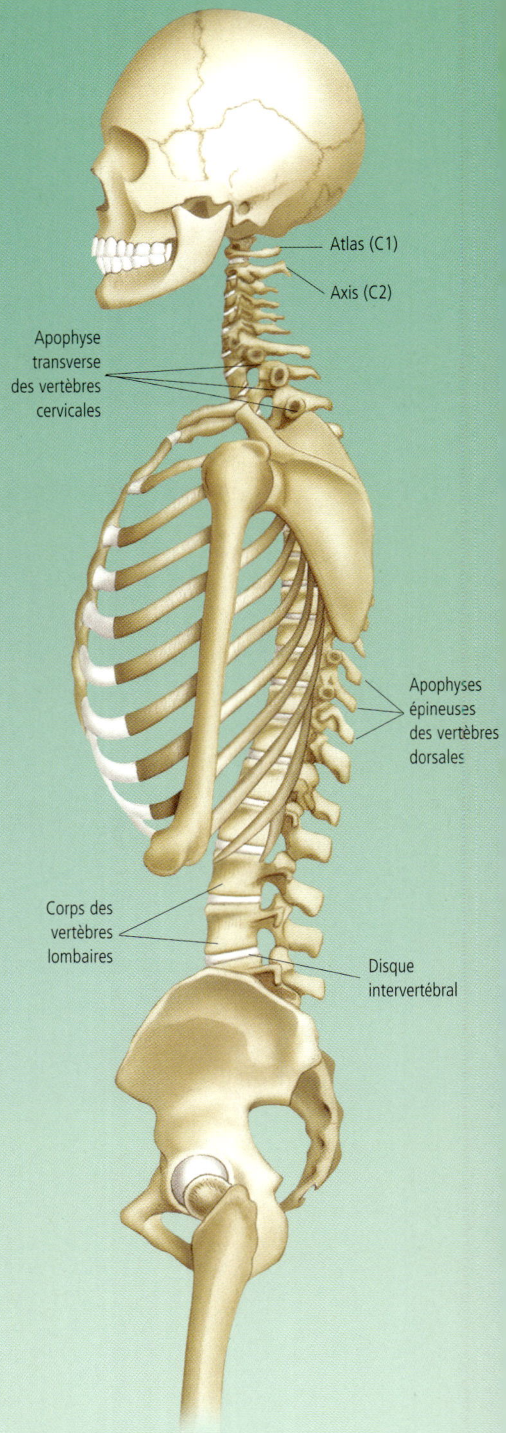

Le dos

Le dos est la partie située entre le cou et les fesses. La colonne vertébrale, ou *rachis*, est constituée par les vertèbres, reliées les unes aux autres par les disques intervertébraux et des articulations (facettes). Cette charpente osseuse forme une protection pour la moelle épinière et les nerfs rachidiens, supporte l'ensemble du squelette, y compris la tête, et stabilise la cage thoracique. Elle joue un rôle essentiel dans les mouvements et la posture du corps. Les muscles du tronc, des bras et des jambes viennent s'y rattacher. Elle est renforcée par les muscles dorsaux et abdominaux, qui participent au processus de la respiration.

Composée de tissu nerveux, la moelle épinière parcourt la colonne vertébrale dans un conduit formé par les vertèbres, et les racines nerveuses sortent par les espaces situés entre les vertèbres. Les artères vertébrales, qui irriguent le tronc cérébral, parcourent les vertèbres cervicales.

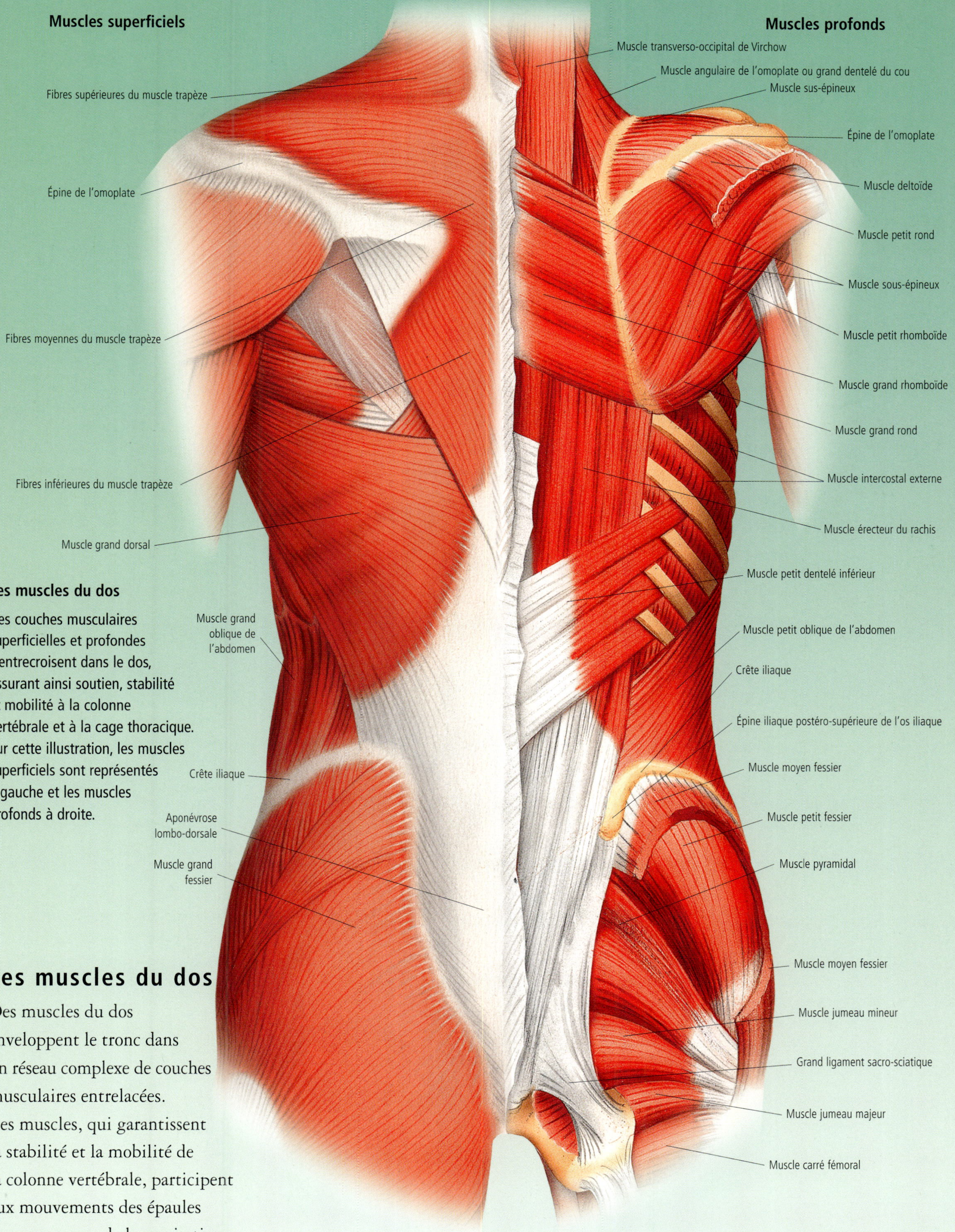

Les muscles du dos

Des couches musculaires superficielles et profondes s'entrecroisent dans le dos, assurant ainsi soutien, stabilité et mobilité à la colonne vertébrale et à la cage thoracique. Sur cette illustration, les muscles superficiels sont représentés à gauche et les muscles profonds à droite.

Les muscles du dos

Des muscles du dos enveloppent le tronc dans un réseau complexe de couches musculaires entrelacées. Ces muscles, qui garantissent la stabilité et la mobilité de la colonne vertébrale, participent aux mouvements des épaules et au processus de la respiration.

Vertèbres

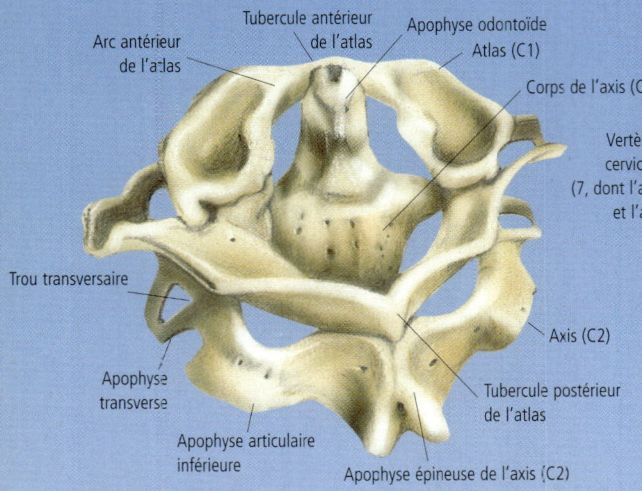

L'atlas et l'axis

L'atlas (C1) et l'axis (C2) font partie de la colonne cervicale. Ensemble, ils forment une articulation pivot qui permet les mouvements de rotation de la tête.

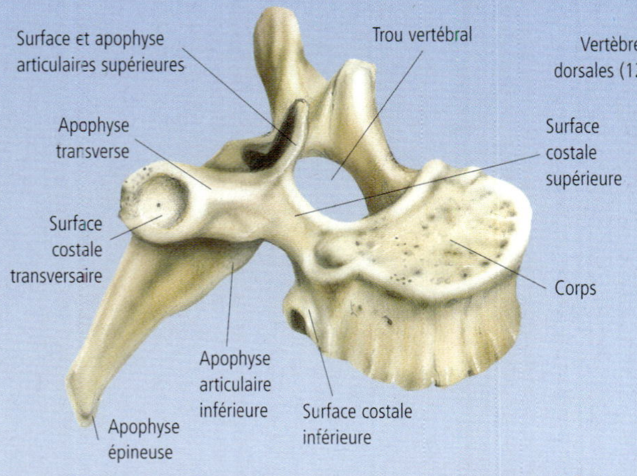

Les vertèbres dorsales ou thoraciques

Rattachées à chacune des côtes, les vertèbres thoraciques (T1 à T12) forment la région thoracique de la colonne vertébrale.

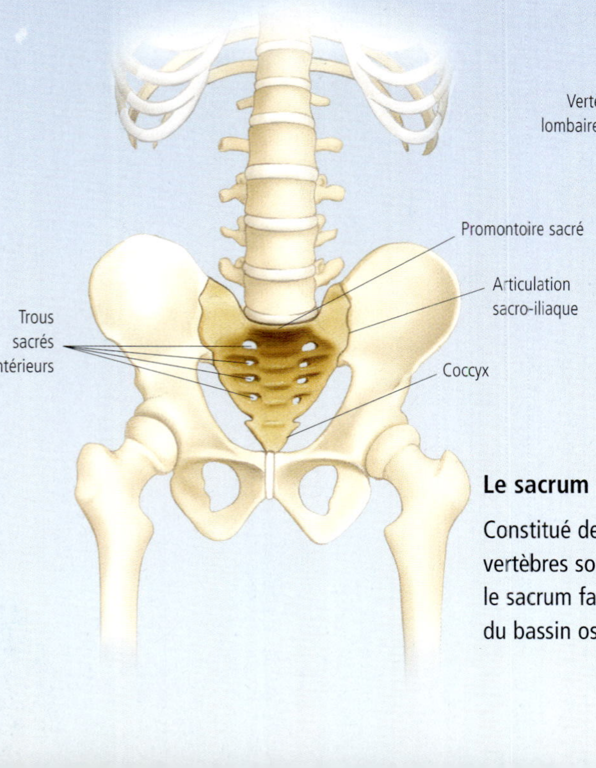

Le sacrum

Constitué de cinq vertèbres soudées, le sacrum fait partie du bassin osseux.

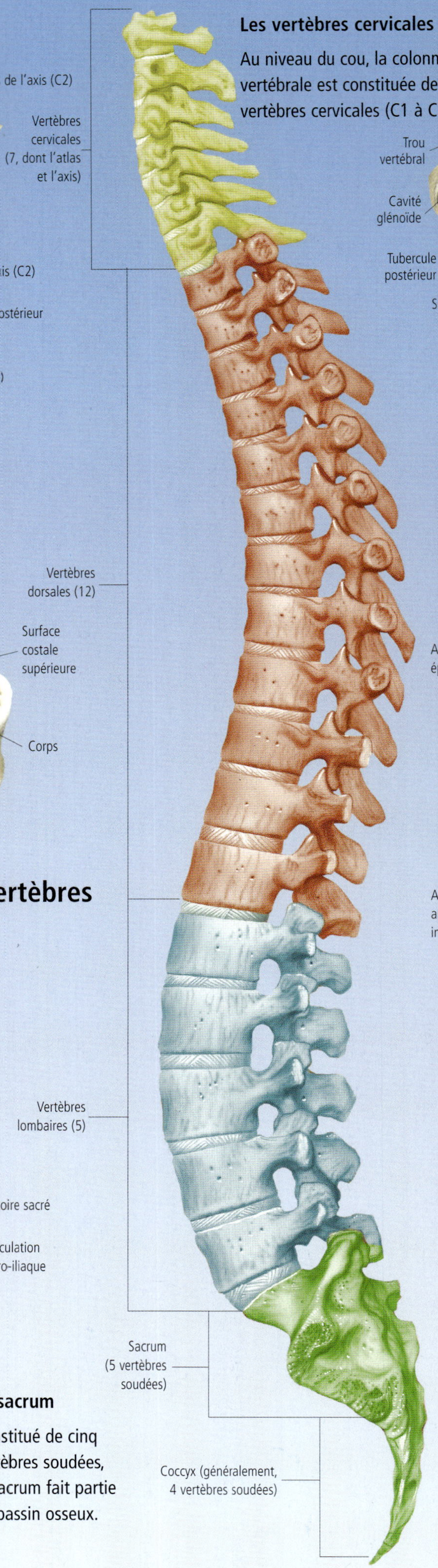

Les vertèbres cervicales

Au niveau du cou, la colonne vertébrale est constituée de sept vertèbres cervicales (C1 à C7).

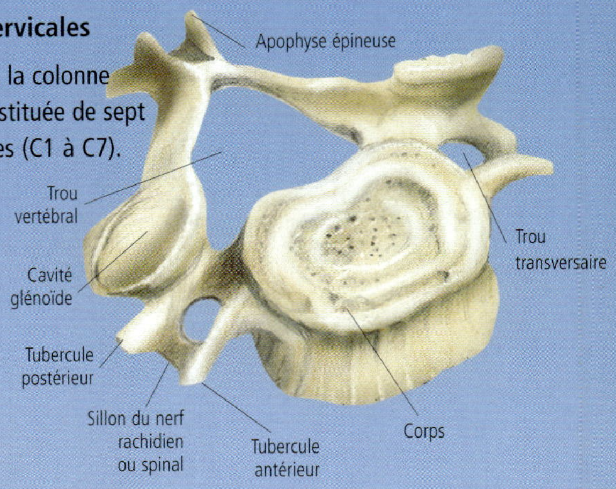

Les vertèbres lombaires (ou lombales)

Les cinq vertèbres lombaires (L1 à L5), situées en bas du dos, supportent l'essentiel du poids du corps.

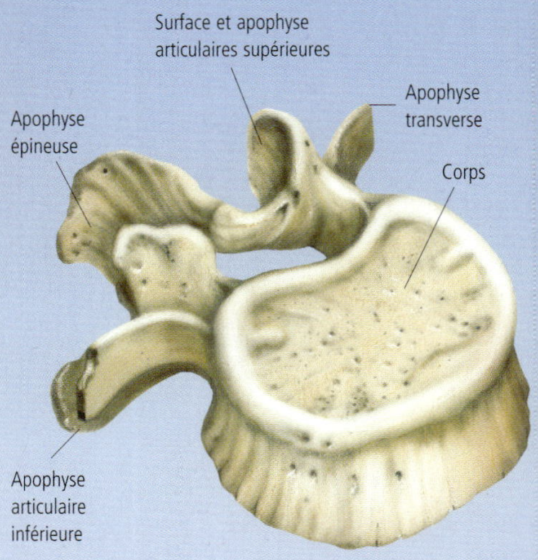

Coccyx

Le coccyx est le dernier os en bas de la colonne vertébrale. Il est formé par trois à cinq vertèbres soudées.

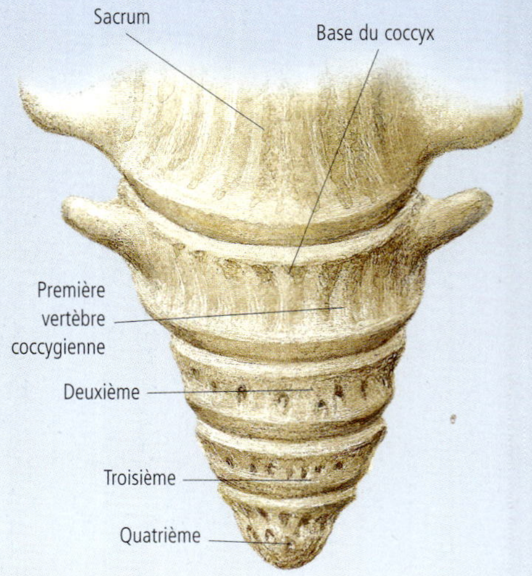

La colonne vertébrale et les vertèbres

La colonne vertébrale, ou *rachis*, constitue l'axe central du squelette. Elle s'étend de la base du crâne au bassin. Composée de vertèbres empilées, séparées par les disques intervertébraux, cette structure est suffisamment solide pour supporter le poids de la tête et du haut du corps tout en restant suffisamment souple pour permettre des mouvements comme la flexion ou la rotation. La colonne se compose de 24 vertèbres séparées : sept cervicales (C1 à C7) dans le cou, 12 dorsales, ou thoraciques (T1 à T12), au niveau du thorax, et cinq lombaires, ou lombales (L1 à L5) en bas du dos, auxquelles s'ajoutent le coccyx et le sacrum. L'atlas (C1) et l'axis (C2) sont les premières vertèbres cervicales. Ensemble, ils forment une articulation pivot grâce à laquelle la tête peut effectuer des mouvements de rotation. Associés aux vertèbres C3 à C7, ils constituent la région cervicale, partie la plus souple de la colonne.

Les vertèbres dorsales, situées au niveau du thorax (ou poitrine), sont rattachées aux côtes, ce qui explique que cette section de la colonne soit moins souple que les régions cervicale et lombaire.

En bas du dos, les vertèbres lombaires sont les plus grosses des vertèbres. Elles supportent l'essentiel du poids du corps. En dépit de cette contrainte de charge, elles offrent une mobilité et une souplesse importantes.

Chaque vertèbre forme trois articulations séparées avec les vertèbres du dessus et du dessous : deux facettes (surfaces) articulaires et une articulation intervertébrale antérieure. La direction et l'orientation des surfaces articulaires définissent le type de mouvements possibles dans chaque région de la colonne vertébrale.

Au stade embryonnaire, le sacrum est composé de cinq vertèbres séparées qui se soudent rapidement au cours du développement pour former un seul et même os. Il fait partie du bassin et est relié aux hanches au niveau de l'articulation sacro-iliaque.

Attaché au sacrum, le coccyx est situé à l'extrémité de la colonne vertébrale. Comme le sacrum, au stade embryonnaire il se compose de vertèbres séparées (trois à cinq) qui se soudent au cours du développement du fœtus.

LES DISQUES INTERVERTÉBRAUX

Situés entre les vertèbres, les disques intervertébraux sont conçus pour supporter du poids et agir comme un coussin amortisseur lorsque la colonne bouge. Composés d'une structure fibro-cartilagineuse, ils unissent les vertèbres les unes aux autres, formant ainsi une seule et même structure, solide et souple, la colonne vertébrale (ou rachis).

La ceinture scapulaire ou pectorale

L'articulation de l'épaule est renforcée par les os et les muscles de la ceinture scapulaire, ou pectorale. Cette ceinture est reliée au thorax (sternum) par un premier ensemble de muscles, et rattachée à l'humérus (os du bras) par un deuxième groupe musculaire.

Le muscle trapèze

Situé juste sous la peau dans la région arrière du cou et du tronc, le trapèze appartient aux muscles superficiels. Il s'étend entre les vertèbres dorsales et le cou, et entre l'occipital (os du crâne), la clavicule et l'omoplate. Son rôle consiste essentiellement à renforcer l'épaule et à participer aux mouvements de l'omoplate.

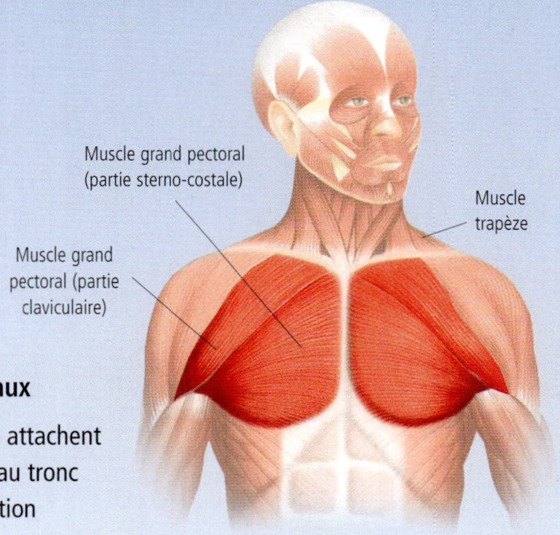

Les muscles pectoraux

Les muscles pectoraux attachent la ceinture scapulaire au tronc et stabilisent l'articulation scapulo-humérale.

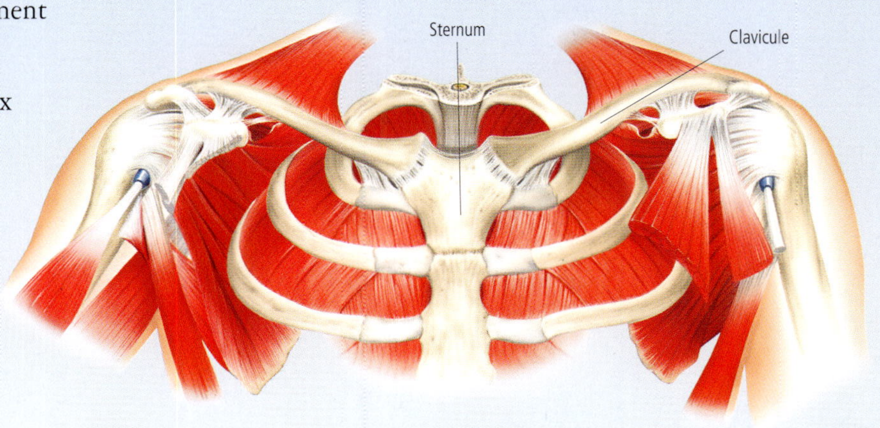

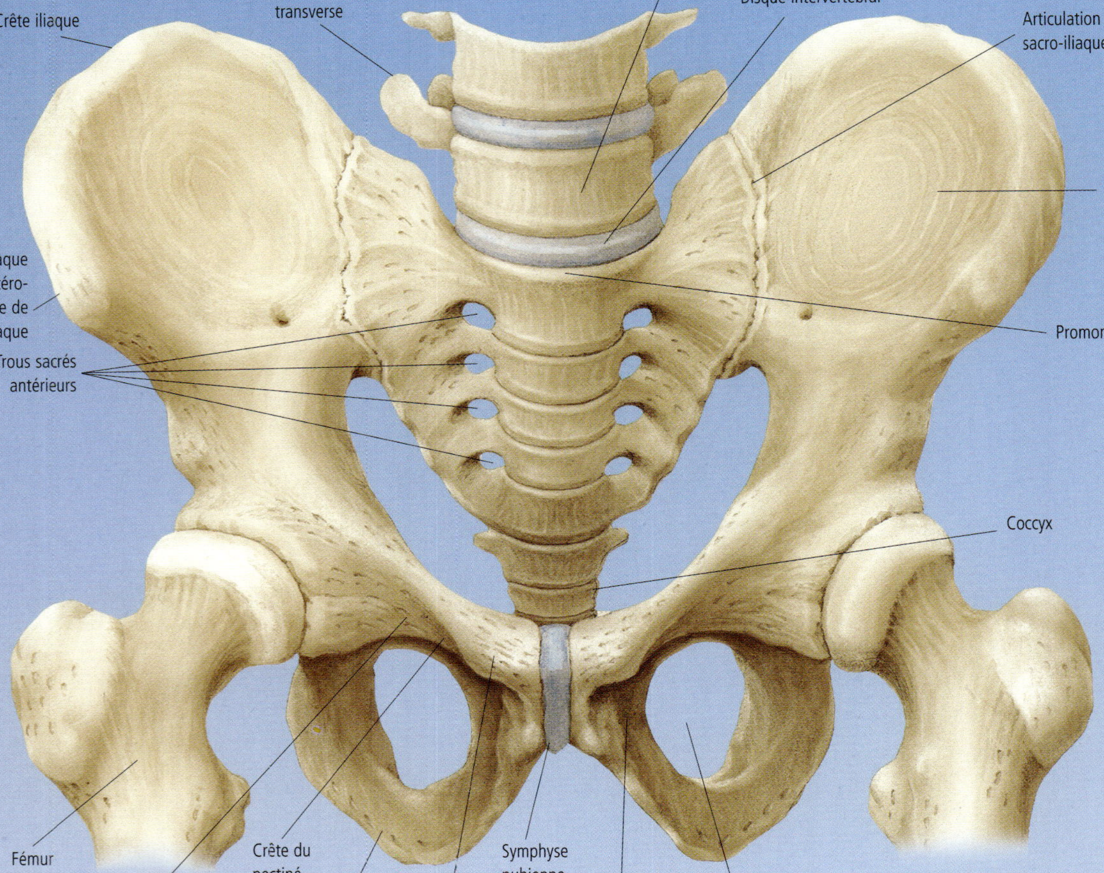

Le bassin masculin

Des os plus gros et des surfaces articulaires plus importantes permettent de différencier le bassin d'un homme de celui d'une femme.

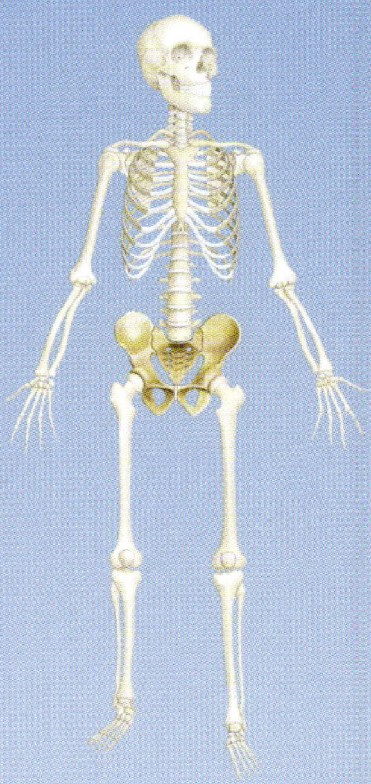

Le bassin (ou pelvis)

Le bassin, ou *pelvis*, protège les organes abdominaux inférieurs. Mais ce terme peut désigner un certain nombre de structures : le bassin osseux, anneau osseux situé entre le tronc et la cuisse, le petit bassin, ou *vrai bassin*, partie située au-dessous de l'ouverture supérieure, ou encore la cavité pelvienne, région en forme d'entonnoir où se trouvent les organes pelviens.

Il existe des différences entre le bassin de l'homme et de la femme. Le bassin de la femme est conçu pour la grossesse et l'accouchement. Son canal pelvien est plus court et les ouvertures supérieure et inférieure sont plus larges, afin de permettre le passage du bébé. Chez l'homme, les ouvertures inférieure et supérieure sont plus étroites et

Le bassin féminin

Grâce à ses ouvertures plus larges et à son canal plus court, le bassin de la femme est conçu pour accueillir le fœtus pendant la grossesse et faciliter l'accouchement.

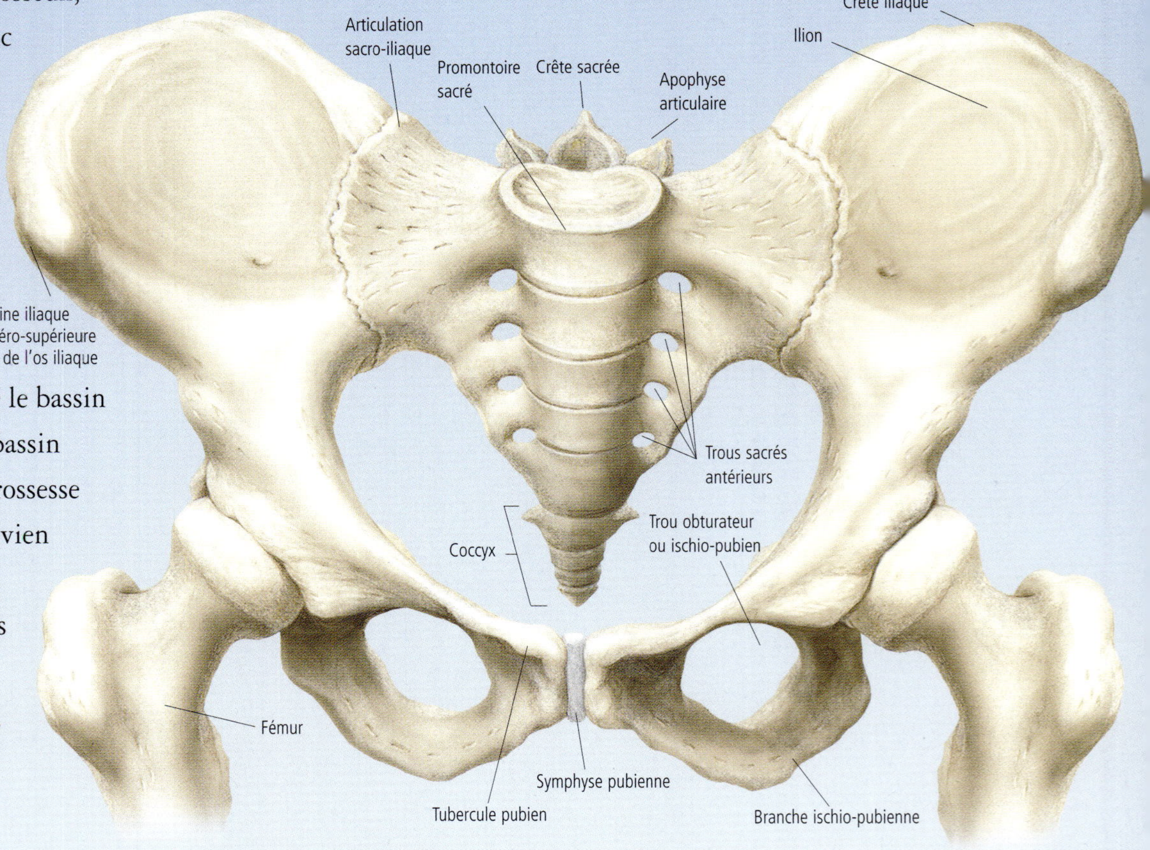

le canal pelvien est plus long. Les os sont plus gros et les surfaces articulaires plus importantes, reflet de la stature plus imposante de l'homme.

Le bassin osseux se compose des os de la hanche (ilion, ischion et pubis), du sacrum et du coccyx. Les os de la hanche sont reliés à l'avant par la symphyse pubienne. Les articulations sacro-iliaques fixent la hanche au sacrum. Les muscles du bassin osseux transfèrent le poids de la colonne vertébrale sur les membres inférieurs et fournissent une structure protectrice aux organes abdominaux.

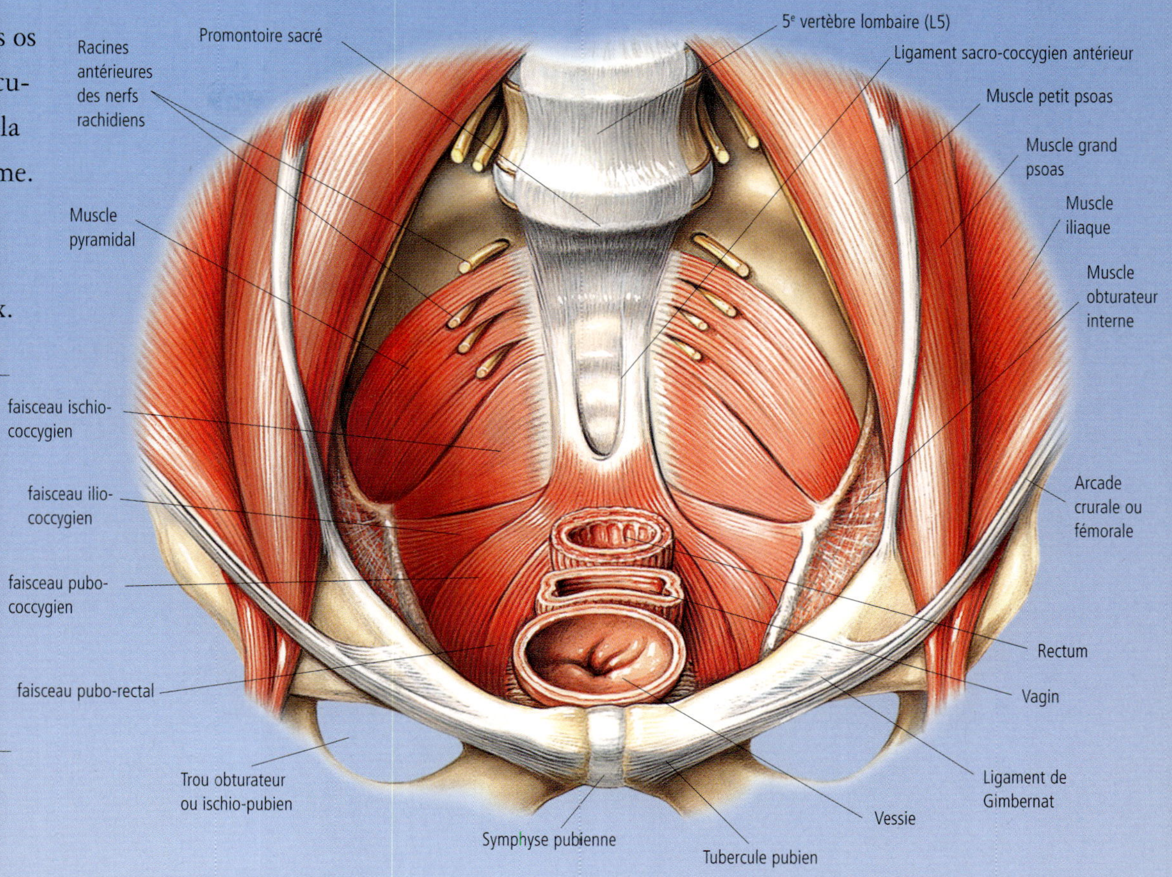

Les muscles du plancher pelvien

Les muscles coccygiens et releveurs de l'anus constituent le plancher pelvien. Allant du sacrum à l'avant des os iliaques, ils forment une cavité pour les organes pelviens.

Situé sous la cavité abdominale, le petit bassin est délimité à l'arrière et au-dessus par le sacrum et le coccyx. Ses parois sont constituées de muscles alors que le plancher est formé par le diaphragme pelvien.

La cavité abdominale est la zone délimitée au-dessus par l'ouverture du bassin et en dessous par le plancher pelvien. Elle protège les organes situés à l'intérieur, la vessie et le rectum, mais également l'utérus et le vagin chez la femme et la prostate et les vésicules séminales chez l'homme. L'intestin grêle et le gros intestin se terminent dans la cavité pelvienne.

LES MUSCLES DU PLANCHER PELVIEN

Le bassin est tapissé de muscles qui partent du sacrum pour se fixer à l'avant et sur les côtés des os de la hanche (également appelés os iliaques ou coxaux). Ils forment ainsi le plancher pelvien qui soutient les différents organes situés dans la partie inférieure de l'abdomen. Ils contrôlent en plus les muscles sphincters du rectum et du vagin.

L'ARTICULATION SACRO-ILIAQUE

L'articulation sacro-iliaque relie l'ilion au sacrum. Ces deux os sont fixés par les ligaments très solides, qui stabilisent l'articulation mais en limitent les mouvements. Cette articulation supporte énormément de contraintes, puisqu'en plus du poids du corps elle gère également la station debout et les déplacements.

L'articulation sacro-iliaque

L'articulation sacro-iliaque relie l'ilion au sacrum. Elle supporte le poids du haut du corps, mais est soumise à des contraintes bien plus importantes lorsque le corps est en mouvement. Des ligaments très robustes la stabilisent mais limitent ses possibilités de mouvements.

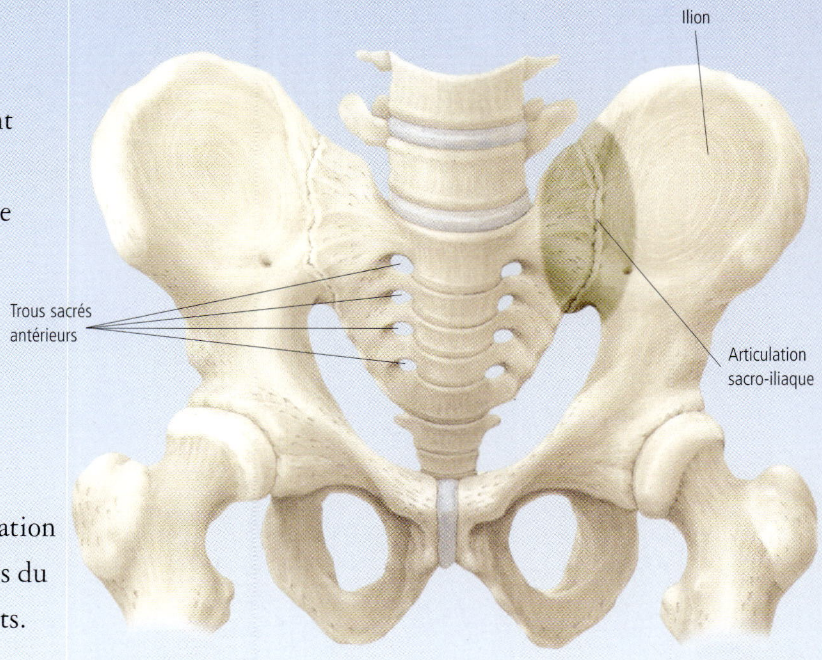

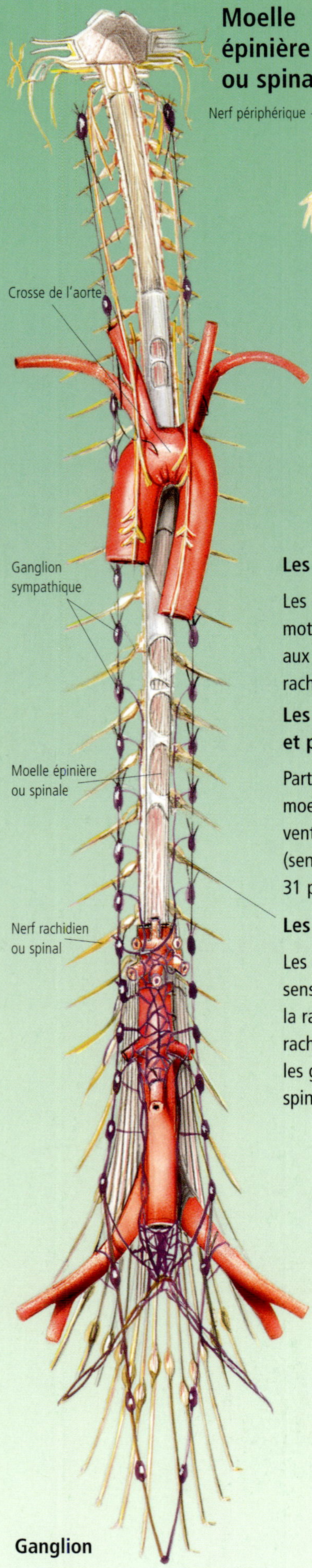

Moelle épinière ou spinale

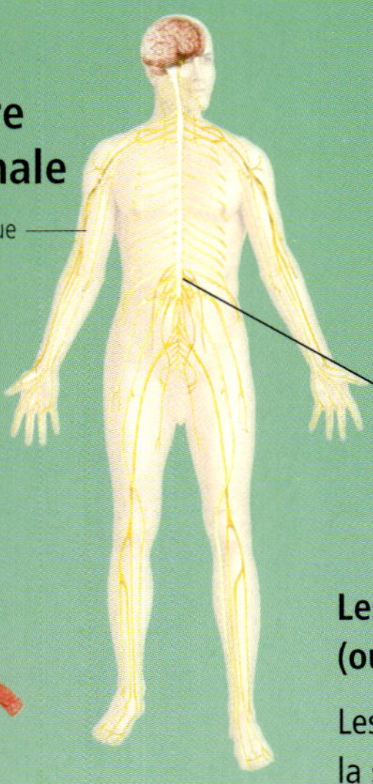

Moelle épinière – Coupe transversale

La moelle épinière est une colonne de tissu nerveux. Les nerfs rachidiens, chargés de transmettre les messages en direction ou provenant des différentes parties de l'organisme, s'y rattachent.

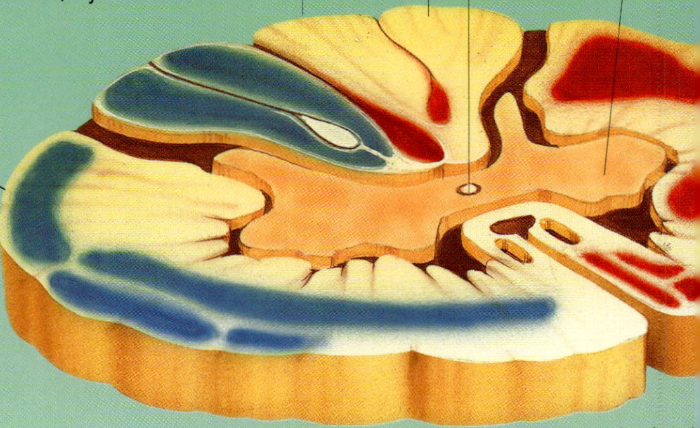

Les cornes postérieures (ou dorsales)

Les cornes postérieures de la substance grise traitent les informations sensorielles comme la douleur, la chaleur, les sensations articulaires ou le toucher.

Les cornes antérieures ou ventrales

Les cornes antérieures contiennent les neurones moteurs, qui transmettent les messages aux muscles par l'intermédiaire des nerfs rachidiens.

Les radicelles antérieures (ventrales) et postérieures (dorsales)

Partant de chaque côté de la moelle épinière, les radicelles ventrales (motrices) et dorsales (sensitives) forment un réseau de 31 paires de nerfs rachidiens.

Les ganglions spinaux

Les cellules nerveuses sensorielles se regroupent à la racine de chaque nerf rachidien pour former les ganglions spinaux.

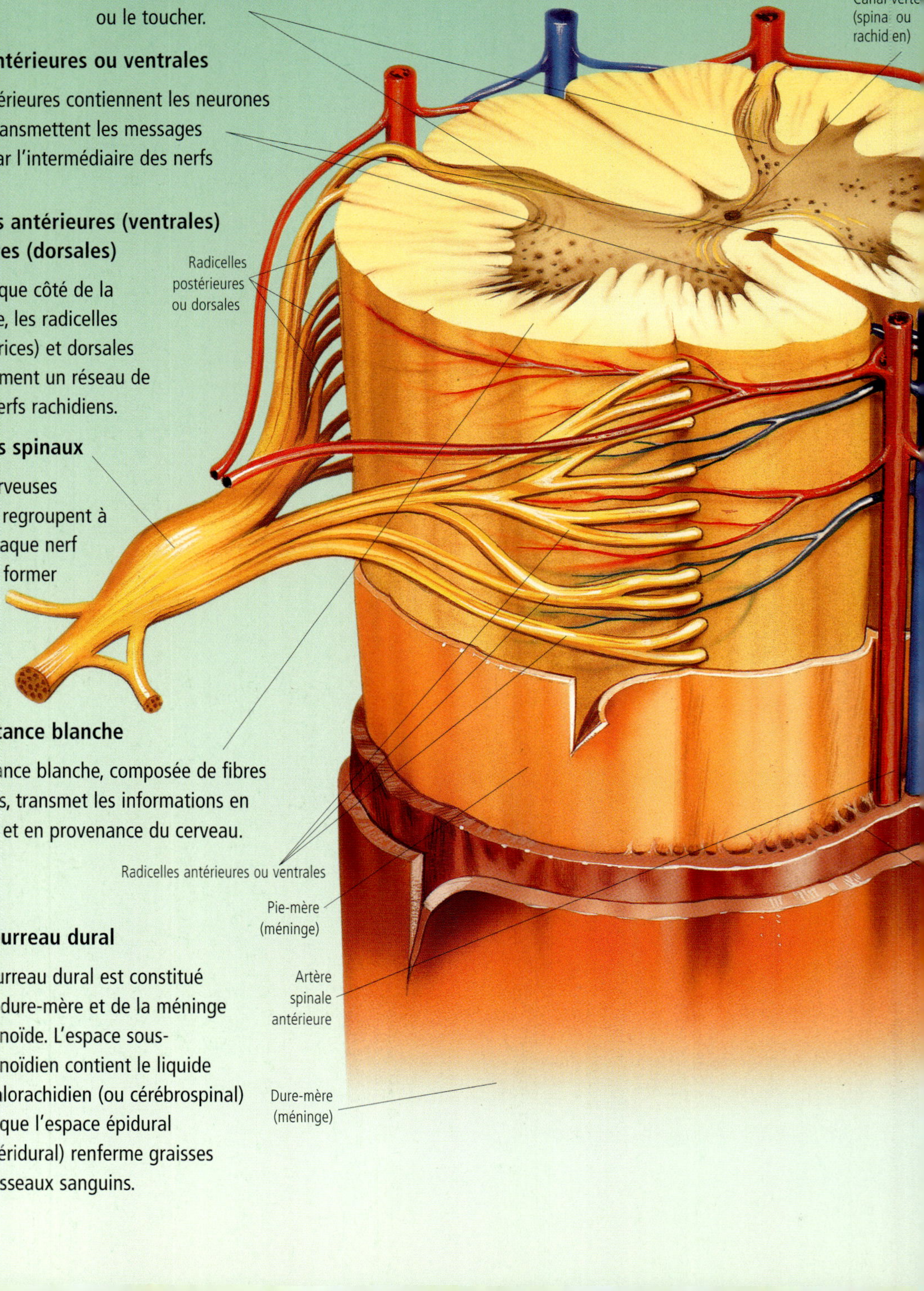

La substance blanche

La substance blanche, composée de fibres nerveuses, transmet les informations en direction et en provenance du cerveau.

Le fourreau dural

Le fourreau dural est constitué de la dure-mère et de la méninge arachnoïde. L'espace sous-arachnoïdien contient le liquide céphalorachidien (ou cérébrospinal) alors que l'espace épidural (ou péridural) renferme graisses et vaisseaux sanguins.

La moelle épinière (ou spinale)

La moelle épinière est un composant essentiel du système nerveux, chargé de transmettre les messages en provenance et en direction du cerveau. Elle s'étend du cerveau jusqu'au niveau de la vertèbre lombaire L1 ou L2, sur une longueur d'environ 45 cm. Ensuite, elle se prolonge en un réseau de radicelles nerveuses sacrées et lombaires, connu sous le nom de *queue-de-cheval*. Une gaine, le fourreau dural, et le liquide céphalorachidien (ou cérébrospinal) entourent la moelle épinière, la protègent et absorbent les chocs. La moelle épinière et sa couche externe parcourent un conduit formé par les vertèbres, appelé *canal vertébral* (*spinal* ou *rachidien*), qui forme une enveloppe protectrice très solide.

Un noyau de substance grise en forme de H, entouré de substance blanche, parcourt la moelle épinière en son centre. Les cellules nerveuses de la substance grise et blanche transmettent les informations sensorielles en direction du cerveau et les informations motrices qui en proviennent.

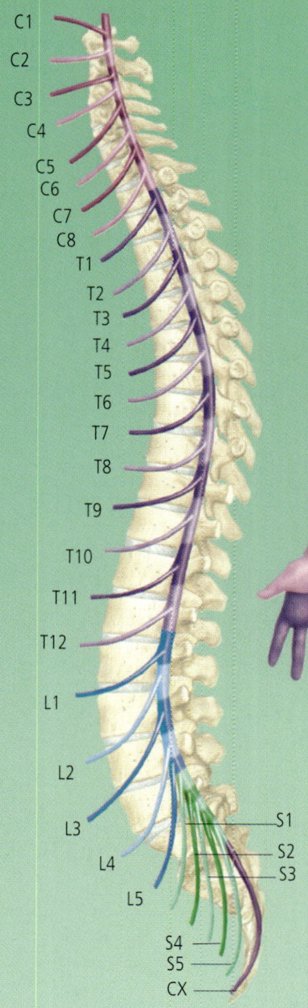

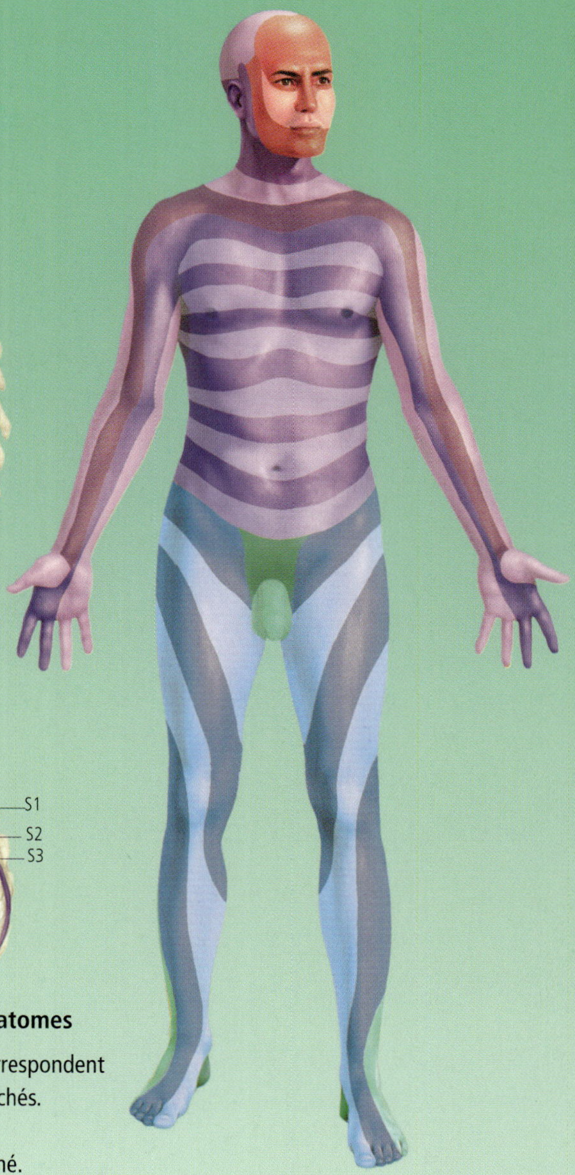

Les nerfs rachidiens et les dermatomes

Les numéros des nerfs rachidiens correspondent à la vertèbre à laquelle ils sont rattachés. Chaque paire de nerfs est reliée à un dermatome (région cutanée) donné.

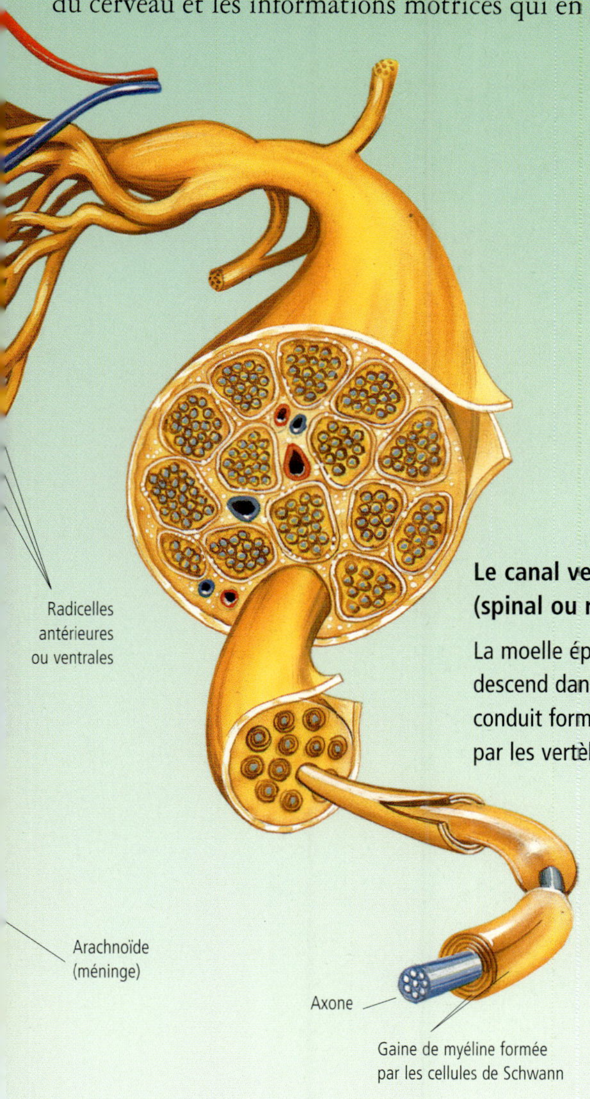

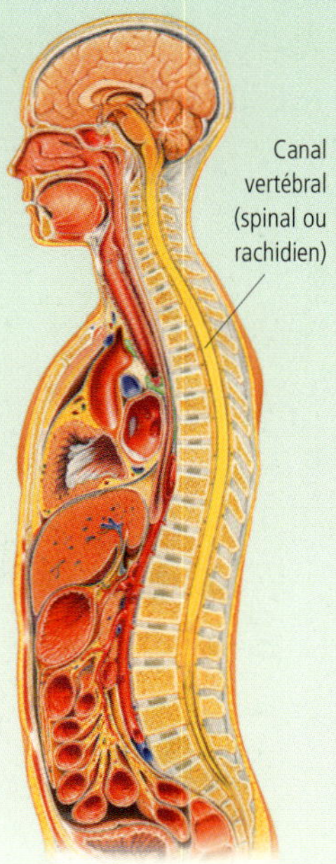

Le canal vertébral (spinal ou rachidien)

La moelle épinière descend dans un conduit formé par les vertèbres.

LE CANAL VERTÉBRAL

Le canal vertébral protège la moelle épinière. Conçu pour la moelle épinière et les racines des nerfs rachidiens, ce conduit est formé par un trou (foramen) dans chaque vertèbre. Une fois empilées, les vertèbres forment un canal continu.

LES DERMATOMES

Les dermatomes sont des régions cutanées contrôlées par les nerfs rachidiens. Les 31 paires de nerfs rachidiens transmettent les messages en direction et en provenance du système nerveux central jusqu'aux dermatomes concernés.

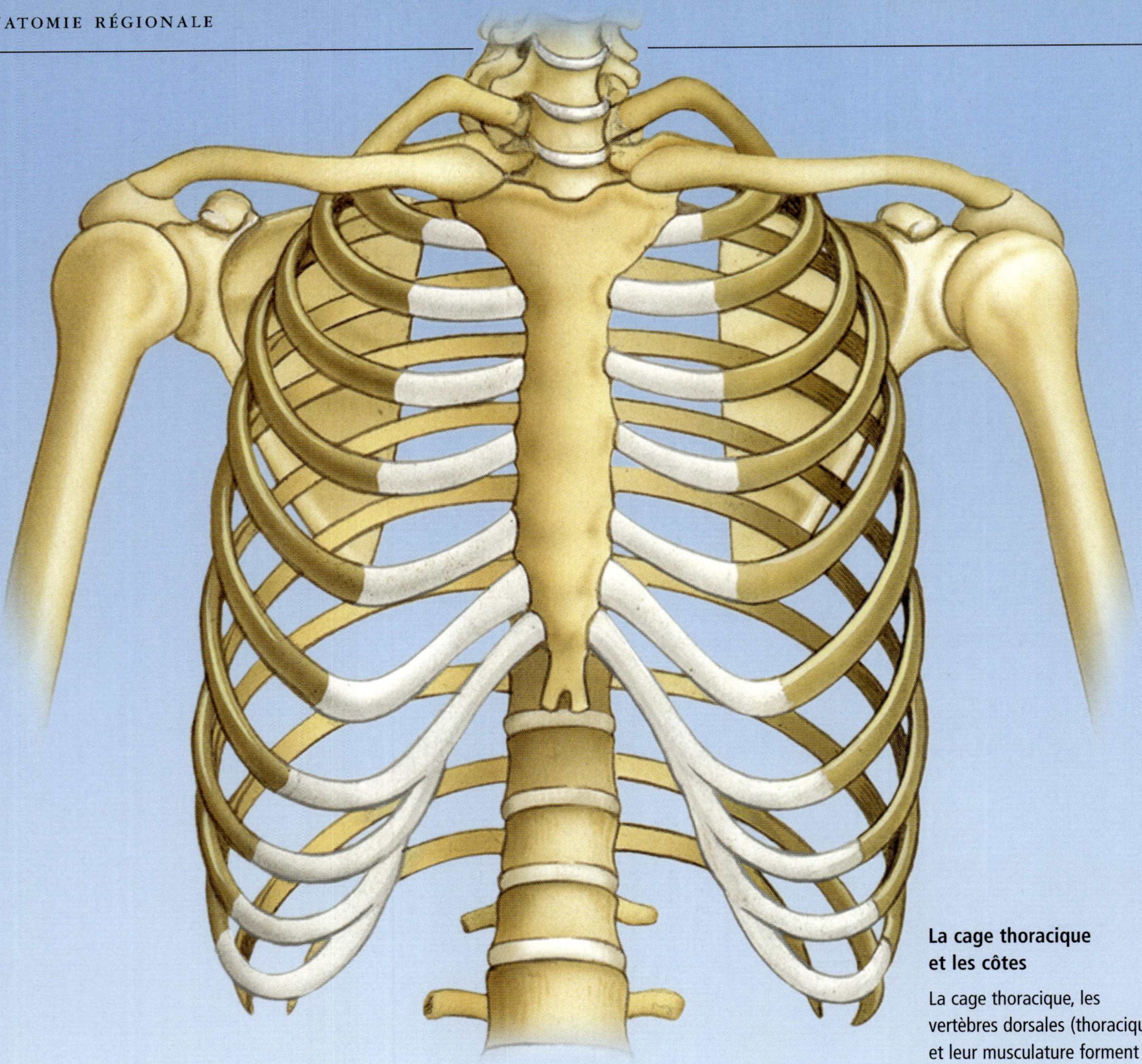

La cage thoracique et les côtes

La cage thoracique, les vertèbres dorsales (thoraciques) et leur musculature forment la paroi thoracique.

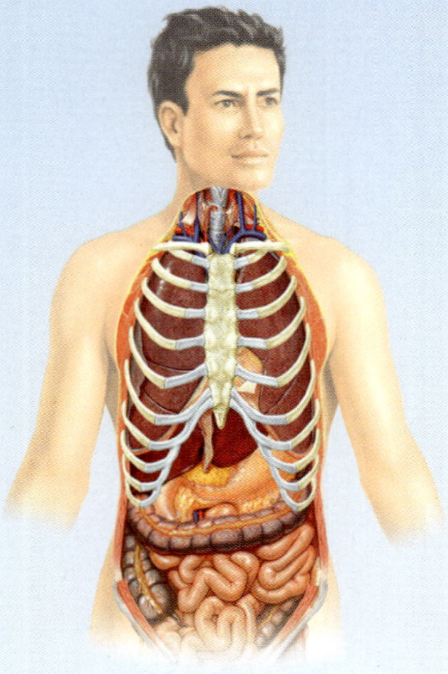

La paroi thoracique

La paroi thoracique est formée par la cage thoracique, le sternum, les vertèbres dorsales et la musculature qui s'y rapporte. Elle protège les organes internes du thorax. Les muscles font bouger la cage thoracique et jouent un rôle essentiel dans le processus de la respiration.

LA CAGE THORACIQUE

La cage thoracique fournit une protection sur mesure aux organes vitaux internes de la cavité thoracique. Elle se compose de 12 paires de côtes reliées aux vertèbres T1 à T12. Les sept premières paires de côtes, ou *vraies côtes*, sont attachées à l'avant au niveau du sternum. Les paires 8 à 10, ou *fausses côtes*, ne sont pas reliées au sternum mais viennent s'attacher ensemble au niveau de la septième côte. Les deux paires restantes, les *côtes flottantes*, ne sont pas fixées à l'avant.

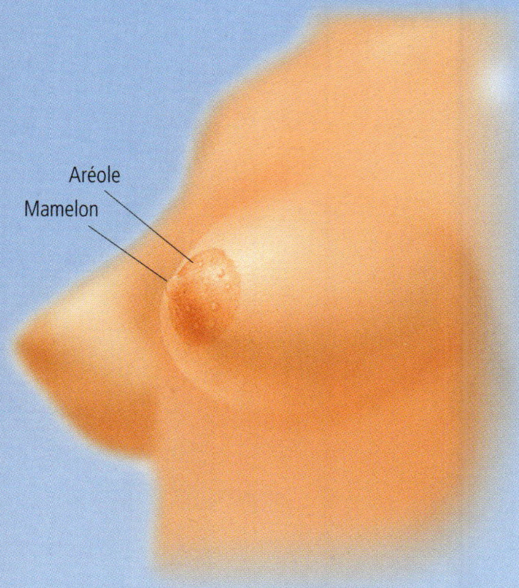

Le mamelon

Le mamelon est une proéminence conique au bout de chaque sein. L'aréole est la région marron-rouge de la peau qui l'entoure.

LE MAMELON

Situé au centre de chaque sein, le mamelon est une proéminence entourée de tissu marron-rouge, l'*aréole*. Lors de l'allaitement, les canaux galactophores (ou lactifères) acheminent le lait maternel des lobules jusqu'au mamelon, par lequel il sort.

Le mamelon contient également des tissus érectiles et peut être une zone érogène, aussi bien pour l'homme que pour la femme.

LA POITRINE

La poitrine est formée d'une paire de glandes mammaires, ou *seins*, développées sous la peau au niveau de la partie supérieure du torse. Alors que chez l'homme la taille de ces glandes reste identique à celle des jeunes filles prépubères, chez la femme elles subissent un certain nombre de changements lors de la puberté, de la grossesse, ou après l'accouchement. Composés essentiellement de cellules adipeuses et de glandes appelées *lobules*, les seins n'ont théoriquement qu'un rôle fonctionnel. Ils se développent lors de la puberté. Le mamelon devient alors pigmenté et la quantité de tissu adipeux et fibreux augmente.

Sous l'action des hormones, les glandes mammaires sont activées lors de la grossesse. Immédiatement après l'accouchement, elles produisent du colostrum, suivi, quelques jours après, par la production de véritable lait. Ce phénomène est déclenché par la glande pituitaire, qui libère de la prolactine, hormone de stimulation de la lactation. À l'issue du sevrage, le tissu glandulaire est détruit et la poitrine retrouve sa constitution initiale : tissu adipeux et fibreux.

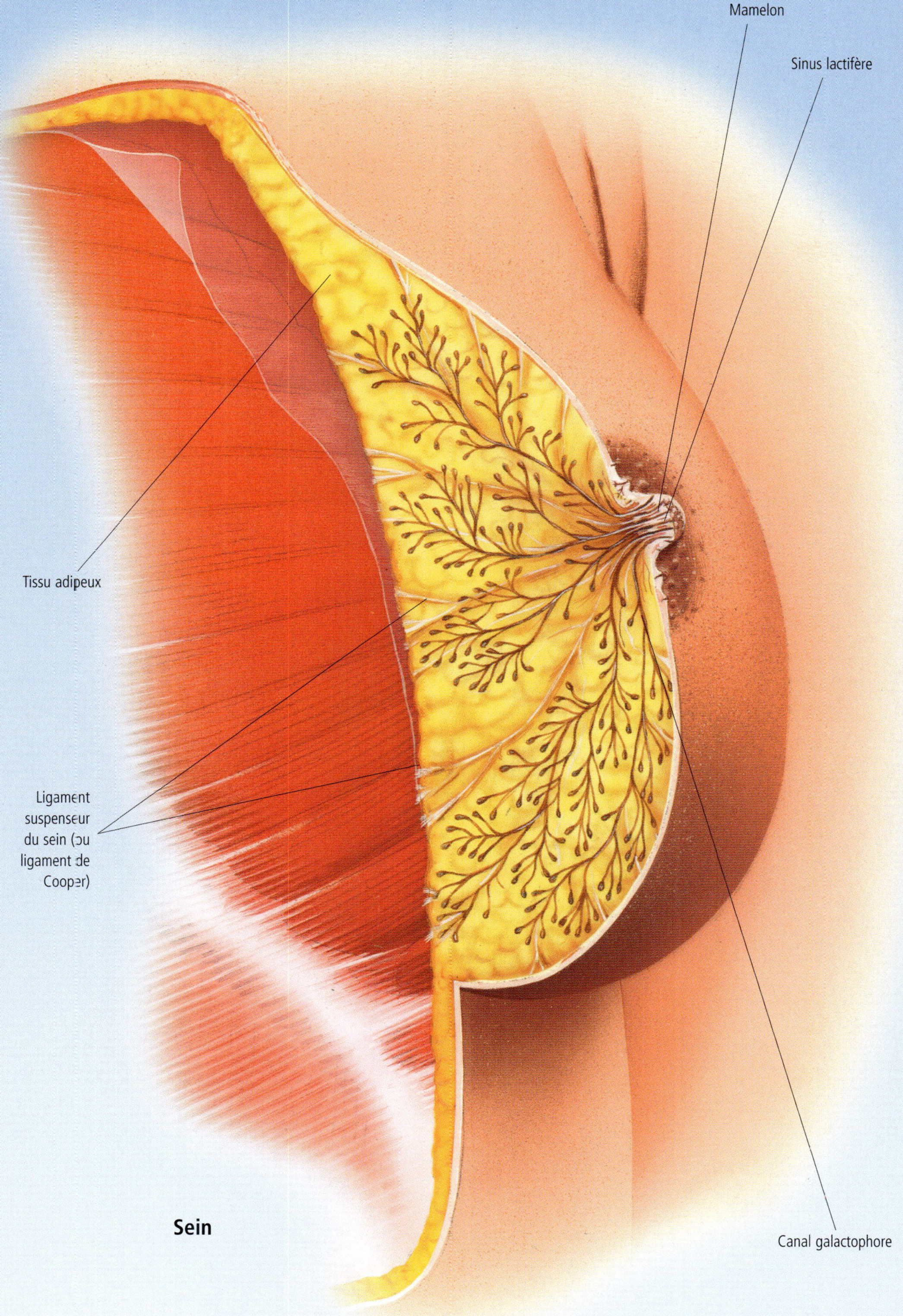

Sein

La poitrine et la cavité thoracique

La poitrine et la cavité thoracique

Les poumons et le cœur sont des organes internes vitaux. Situés au niveau de la poitrine (thorax), ils sont protégés des blessures par la cage thoracique, structure osseuse constituée des côtes, du sternum et des 12 vertèbres dorsales (ou thoraciques).

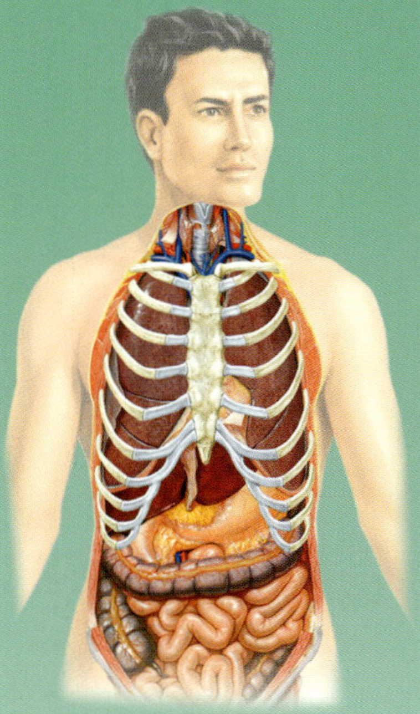

Une protection pour les organes internes

La cage thoracique protège les organes vitaux et les principaux vaisseaux sanguins situés dans la poitrine.

Cage thoracique

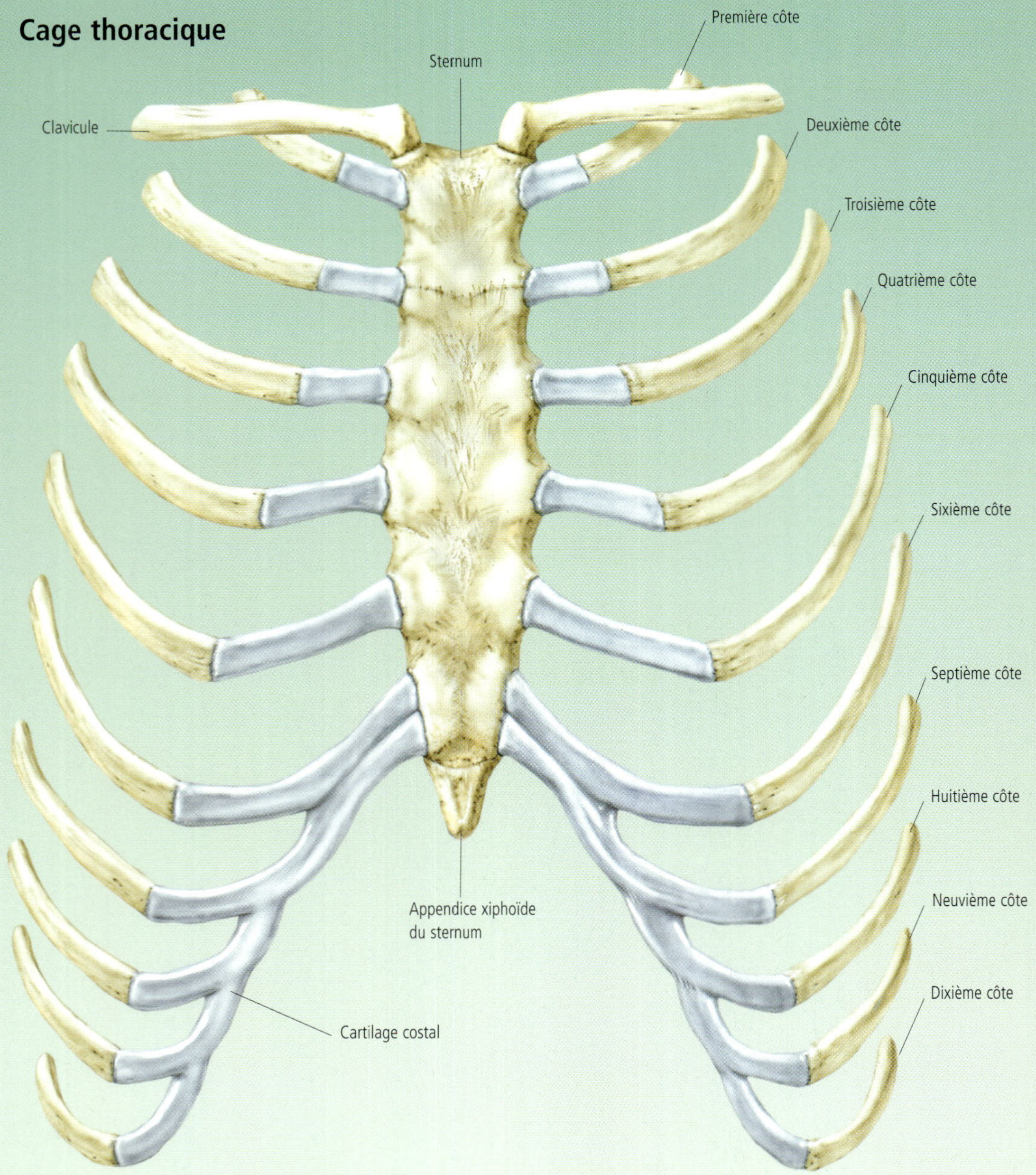

Poumons

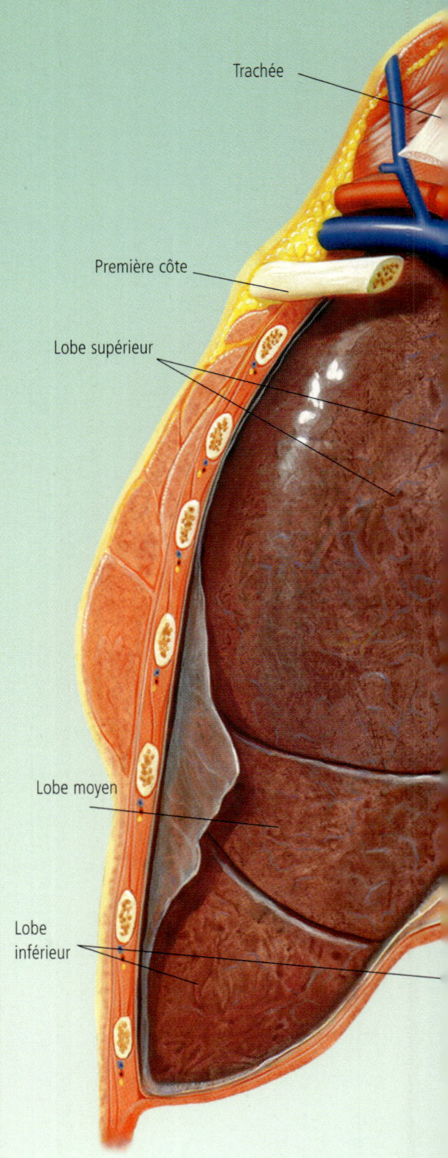

La relation cœur-poumons

Le cœur et les poumons travaillent ensemble pour assurer l'approvisionnement de l'organisme en sang et en oxygène. Lorsque le sang progresse dans les différents organes, l'oxygène est consommé et remplacé par du dioxyde de carbone (CO_2). Le ventricule droit du cœur envoie le sang désoxygéné (sang bleu) aux poumons par les artères pulmonaires. Ces artères suivent le chemin de l'arbre bronchique et se terminent au niveau des capillaires des alvéoles (petits sacs d'air), où le CO_2 est remplacé par de l'oxygène. Le sang oxygéné (sang rouge) est alors renvoyé dans l'oreillette (atrium) gauche et repart dans la grande circulation.

LE SAVIEZ-VOUS ?

Le bruit du cœur est provoqué par l'ouverture et la fermeture des valves. Le cœur bat en moyenne 100 000 fois par jour ce qui représente 2,5 milliards de battements chez une personne qui vit jusqu'à 70 ans.

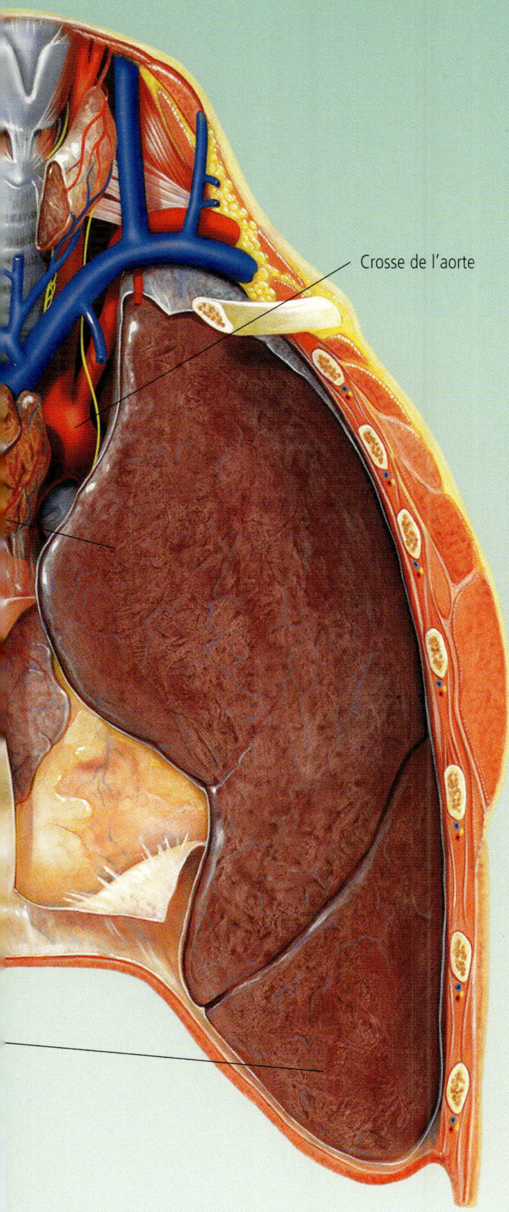

Les poumons et le cœur

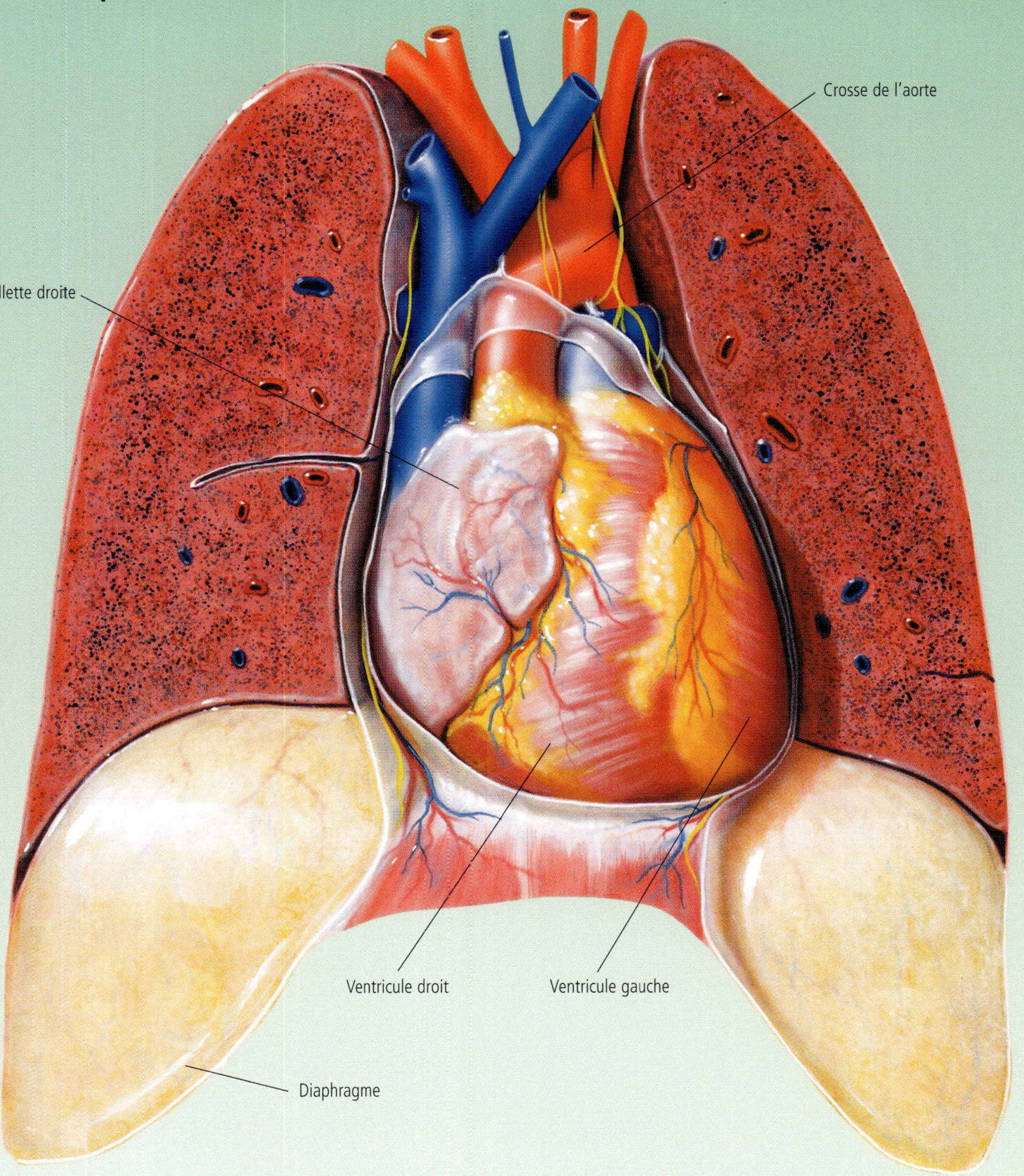

Cœur
Vue de face

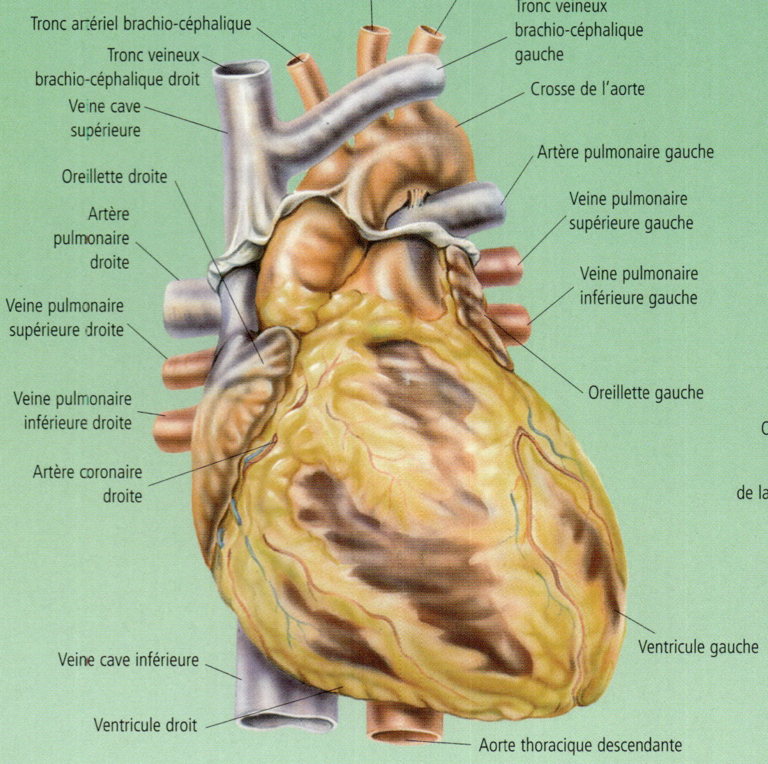

Cœur
Coupe montrant les quatre chambres

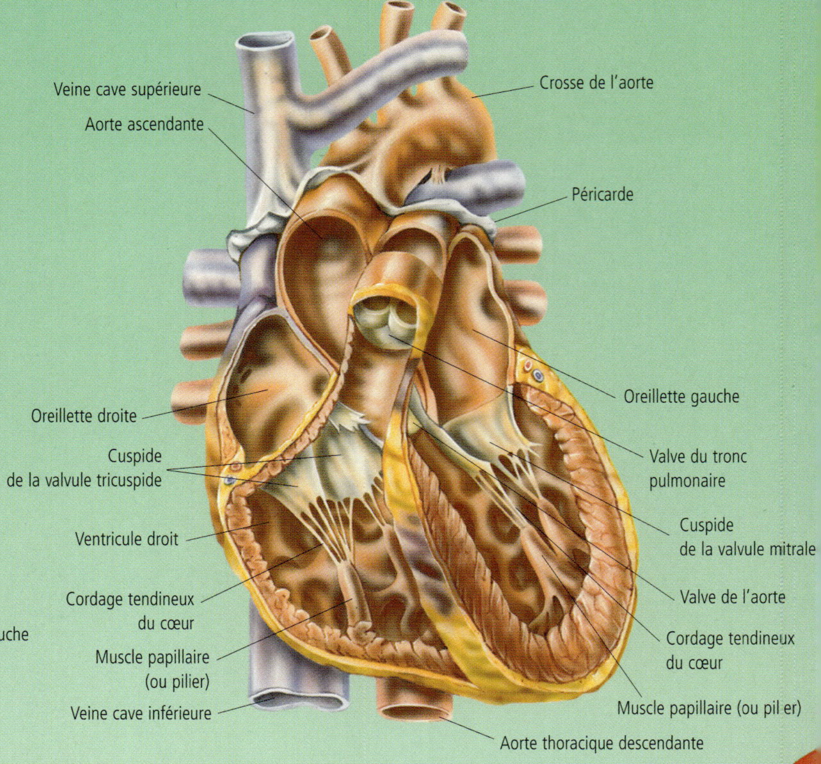

Le cœur

Muscle cardiaque

L'ANATOMIE DU CŒUR

Pompe musculaire de la taille du poing, le cœur est situé entre les poumons et se divise en deux parties, séparées par une paroi musculaire, le *septum*. Chaque moitié est ensuite partagée en deux chambres, supérieure et inférieure. À gauche, l'oreillette (ou atrium) et le ventricule gauches, qui reçoivent le sang oxygéné des poumons et le renvoient dans la circulation, à droite, l'oreillette et le ventricule droits, qui reçoivent le sang chargé en CO_2 et l'envoient dans les poumons par les artères pulmonaires pour qu'il y soit réoxygéné. Chaque oreillette est séparée de son ventricule par une valvule (ou valve) grâce à laquelle le sang circule toujours dans la même direction. La valvule mitrale est située entre l'oreillette et le ventricule gauches et la valvule tricuspide entre l'oreille et le ventricule droits. Des « câbles » solides, les cordages tendineux, relient le bord libre des valvules aux muscles papillaires (ou piliers). À la sortie des ventricules, se trouvent deux autres valves, la valve pulmonaire sur le ventricule droit et la valve de l'aorte sur le ventricule gauche, qui empêchent le sang de refluer dans les ventricules.

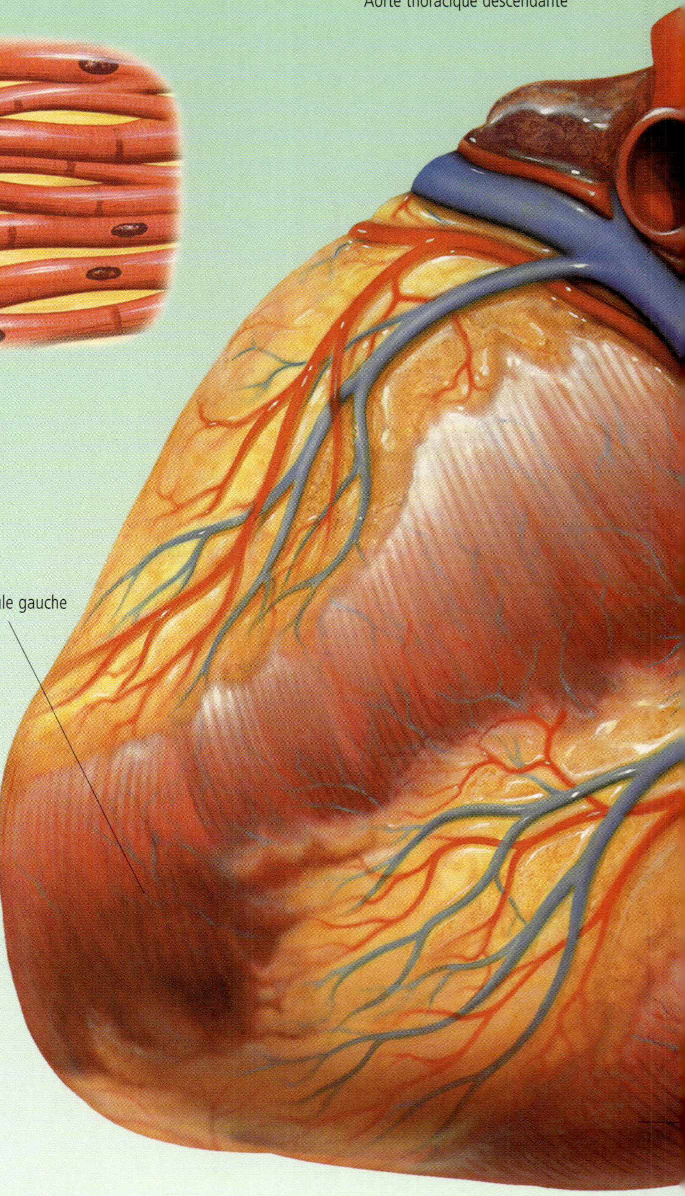

Emplacement de l'aorte

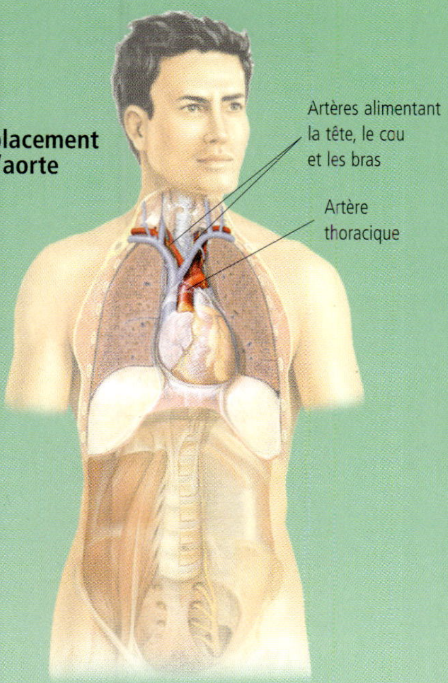

Le cœur est enveloppé par une membrane composée de plusieurs feuillets, le *péricarde*, qui forme une cavité dite *virtuelle*. Sa fonction consiste à lubrifier et éliminer la friction, et à maintenir le cœur en position dans la poitrine.

Les artères coronaires sont responsables de la vascularisation du cœur et du muscle cardiaque (myocarde). Branches de l'aorte descendante, elles se ramifient pour irriguer les deux côtés du cœur.

Le muscle cardiaque est présent uniquement dans le cœur. Régulé par notre stimulateur cardiaque naturel, le *nœud de Keith et Flack* (ou *nœud sino-auriculaire* ou *sinu-atrial)*, il se contracte et se relâche à un rythme régulier, indépendamment de notre volonté.

Cœur Vue arrière

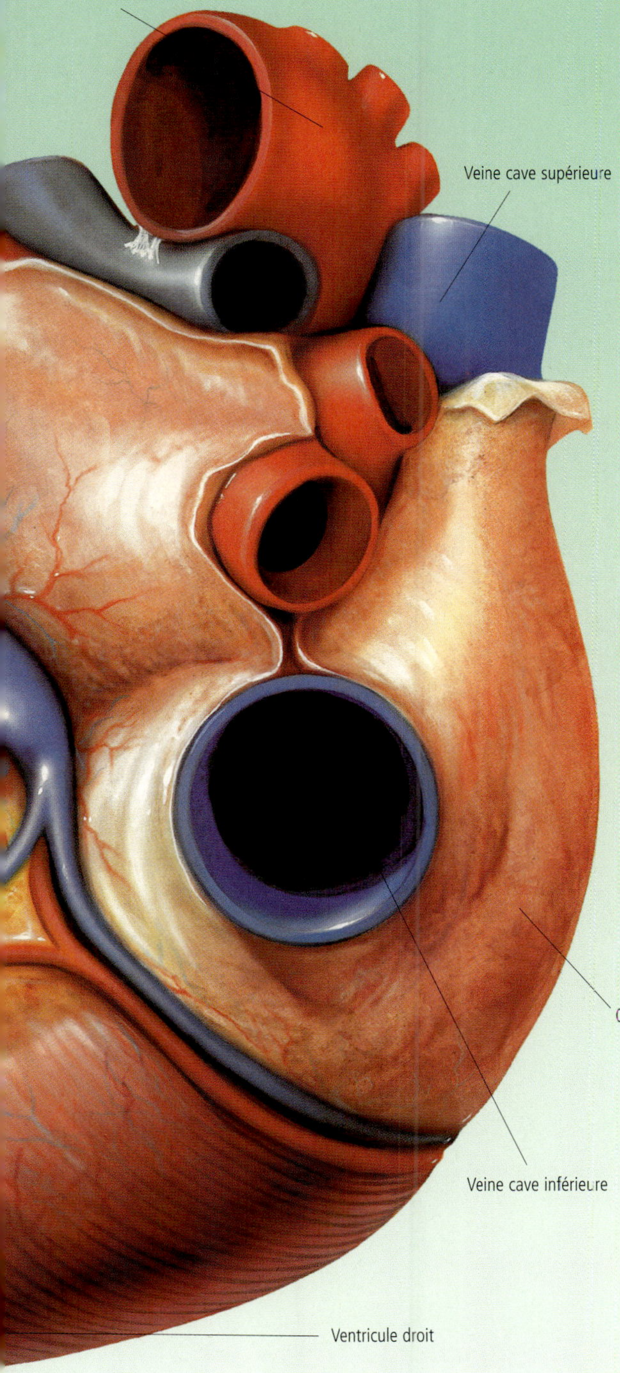

LA VALVULE OU VALVE TRICUSPIDE

La valvule ou valve tricuspide contrôle la direction du débit sanguin entre l'oreillette et le ventricule droits. Elle tient son nom des trois cuspides (clapets) qui la composent.

LA VALVULE OU VALVE MITRALE

La valvule ou valve mitrale sépare l'oreillette et le ventricule gauches et empêche le sang de refluer. Elle tient son nom de sa ressemblance avec la mitre d'un évêque.

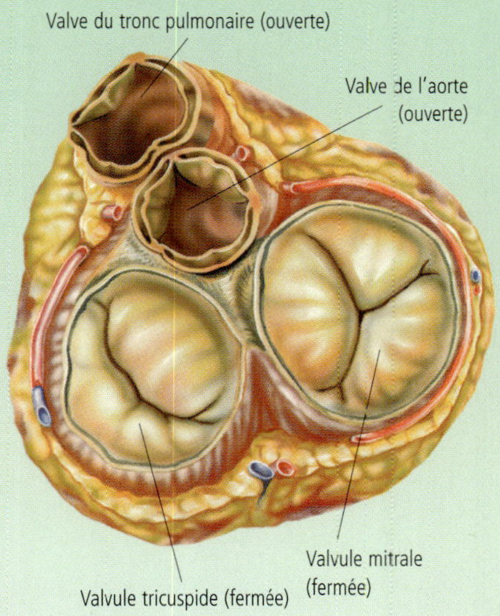

La systole ventriculaire

Les ventricules se contractent et envoient le sang oxygéné dans l'aorte (afin qu'il retourne dans la grande circulation) et le sang chargé en CO_2 dans les poumons via l'artère pulmonaire, pour le recharger en oxygène.

La diastole ventriculaire

Après la contraction, les valves mitrale et tricuspide s'ouvrent pour laisser les ventricules droit et gauche se remplir de sang.

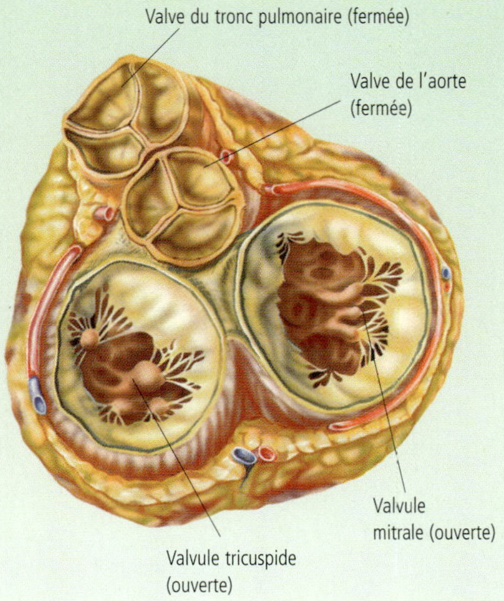

Le cycle cardiaque

Au cours du cycle cardiaque, les chambres du cœur passent par une phase de relâchement (diastole) et une phase de contraction (systole). Au début de chaque contraction, les valvules auriculo-ventriculaires (ou atrioventriculaires) se ferment et les valves pulmonaires et aortiques s'ouvrent. Le processus s'inverse à la fin de chaque contraction.

LE RYTHME CARDIAQUE

La contraction des ventricules est régulée par le nœud de Keith et Flack. Elle est à l'origine des battements que l'on peut sentir en bas à gauche de la poitrine. Le nœud de Keith et Flack, situé dans l'oreillette droite, est notre stimulateur cardiaque naturel. Il transmet des impulsions électriques qui définissent la fréquence et le rythme des contractions cardiaques. Les battements cardiaques (pulsations) se traduisent par la perception d'un pouls qui peut être contrôlé à différents endroits.

L'ARTÈRE PULMONAIRE

La valve pulmonaire s'ouvre pour permettre au ventricule gauche de déverser le sang qu'il contient, chargé en CO_2, dans l'artère pulmonaire. Le sang est ensuite acheminé jusqu'aux poumons où le dioxyde de carbone est remplacé par de l'oxygène.

LA PETITE ET LA GRANDE CIRCULATION

La grande circulation (ou *circulation systémique*) transporte le sang qui a circulé dans l'organisme jusqu'au cœur. Au cours du cycle, oxygène et nutriments sont absorbés et échangés contre du dioxyde de carbone. De retour au cœur, le sang entre dans l'oreillette droite, passe par la valve tricuspide et pénètre dans le ventricule droit qui l'envoie ensuite dans les artères pulmonaires jusqu'aux poumons (dans la petite circulation ou *circulation pulmonaire*). Ces artères se ramifient pour devenir des capillaires au niveau des alvéoles pulmonaires. Les alvéoles, petits sacs d'air, extraient le CO_2 du sang avant qu'il soit rejeté lors de l'expiration et le remplacent par l'oxygène inhalé. Le sang ainsi oxygéné repart vers le cœur par les capillaires, les veinules, puis les veines pulmonaires qui l'envoient dans l'oreillette gauche.

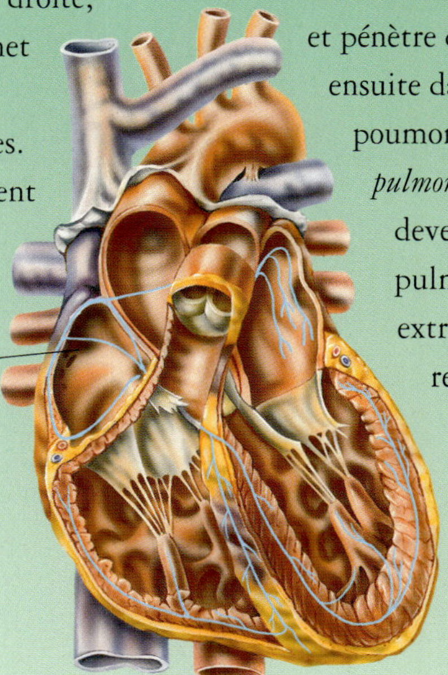

Le rythme cardiaque

Stimulateur cardiaque naturel, le nœud de Keith et Flack envoie des impulsions électriques qui régulent la fréquence et le rythme cardiaques.

Le cycle cardiaque

Au cours du cycle cardiaque, les chambres du cœur passent par une phase de relâchement (diastole) et une phase de contraction (systole).

Le cycle cardiaque – Phase 1

Lors de la diastole auriculaire (au début de la diastole ventriculaire), le sang de la grande circulation, chargé en CO_2, entre dans l'oreillette gauche, et le sang oxygéné de la petite circulation pénètre dans l'oreillette droite.

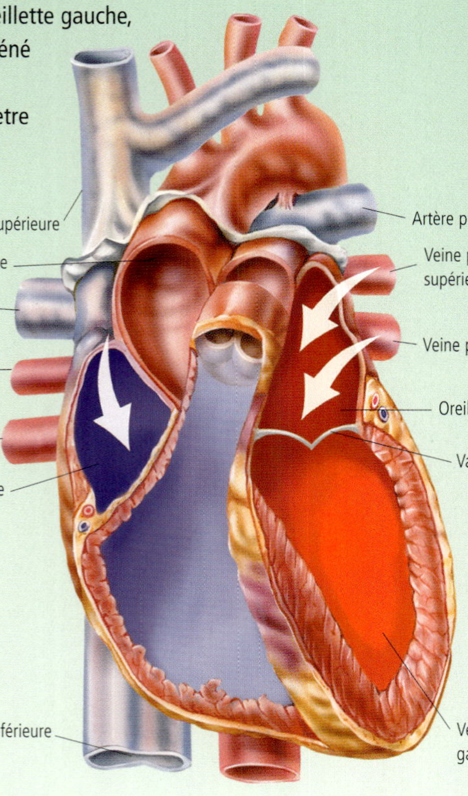

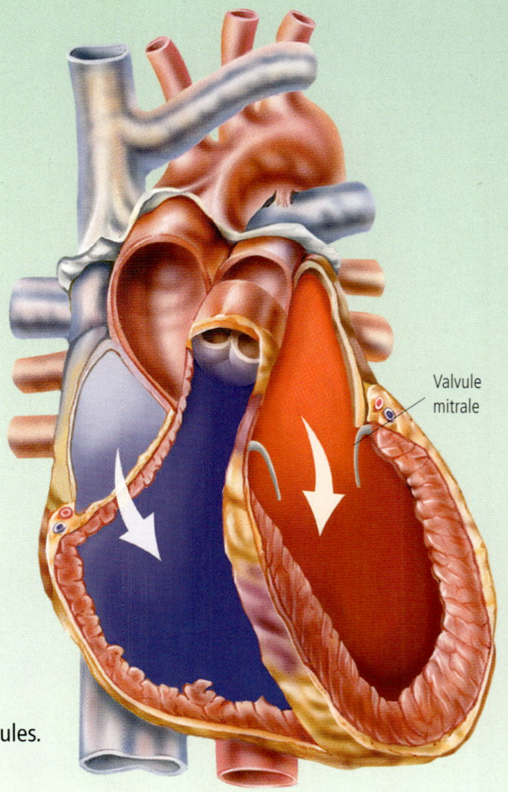

Le cycle cardiaque Phase 2

À la fin de la diastole ventriculaire, l'oreillette se contracte (systole auriculaire) et envoie le sang dans les ventricules.

La petite circulation ou circulation pulmonaire

Après avoir fait le tour de l'organisme (grande circulation), le sang chargé en CO_2 est pompé du cœur vers les poumons (petite circulation) où il se recharge en oxygène avant d'être renvoyé vers le cœur, suivant ainsi un cycle continu.

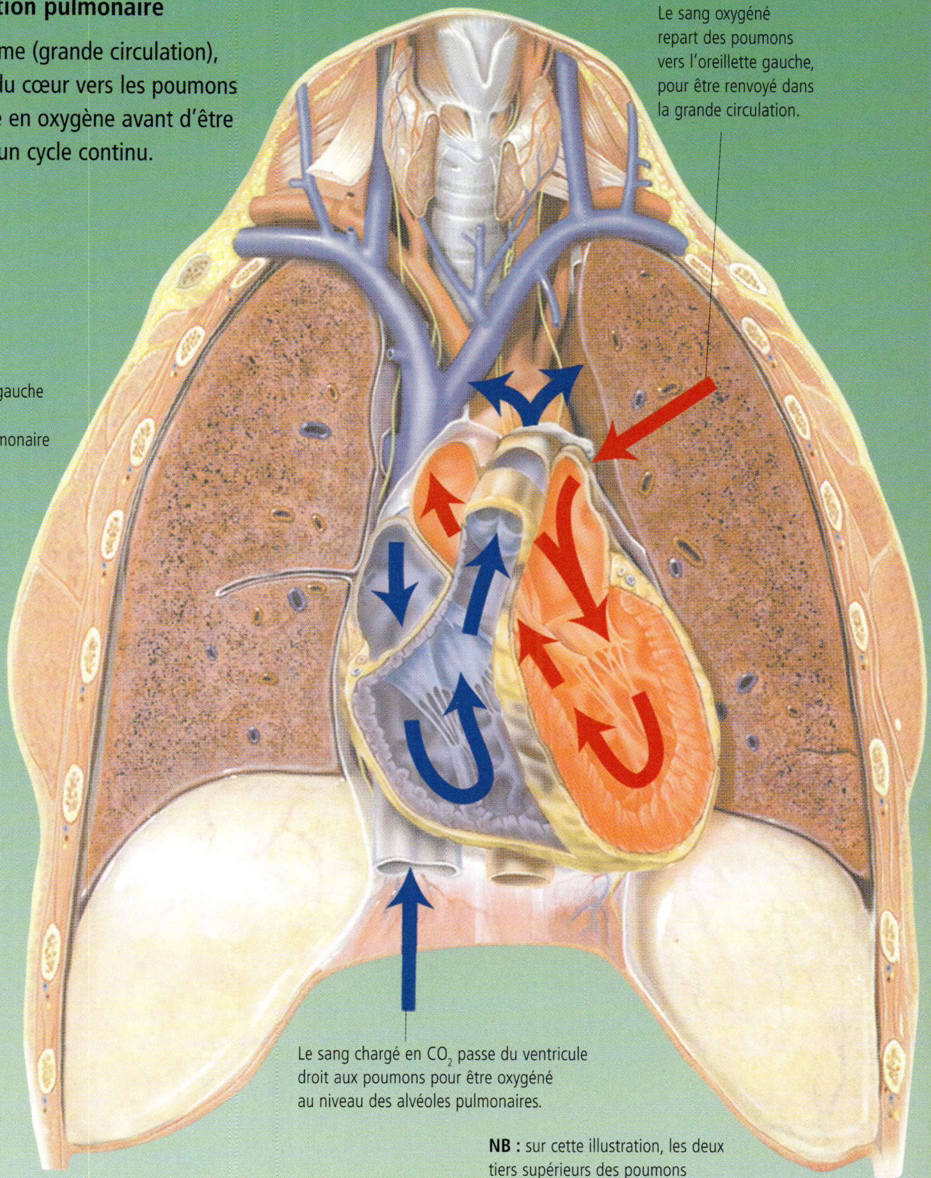

NB : sur cette illustration, les deux tiers supérieurs des poumons et de la plèvre ont été retirés pour que le cœur soit visible.

L'artère pulmonaire

Le sang, chargé en CO_2 contenu dans le ventricule droit, est acheminé jusqu'aux poumons par l'artère (ou tronc) pulmonaire.

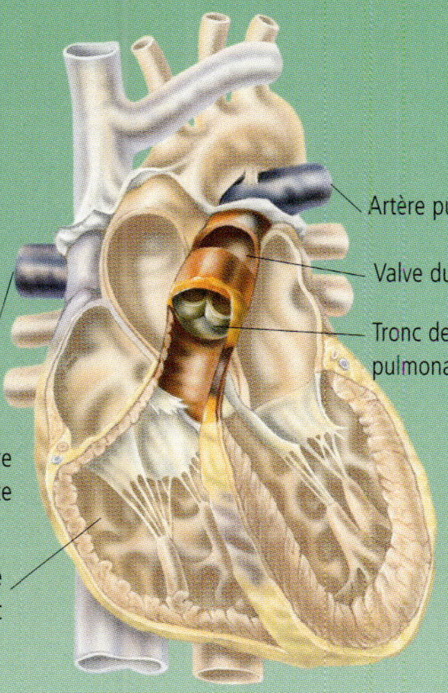

Après un passage à travers la valve mitrale, le sang rejoint enfin le ventricule gauche d'où il repart dans la grande circulation. Pour un organisme au repos, le cycle complet, c'est-à-dire le pompage de cinq litres de sang, dure environ une minute.

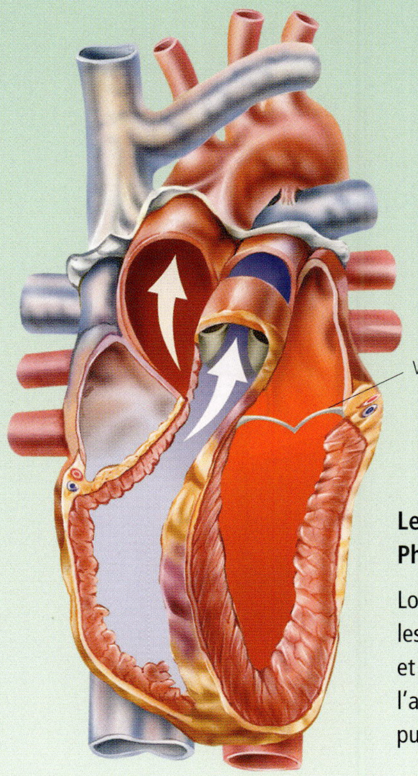

Le cycle cardiaque
Phase 3

Lors de la systole ventriculaire, les ventricules se contractent et propulsent le sang dans l'aorte et dans les artères pulmonaires.

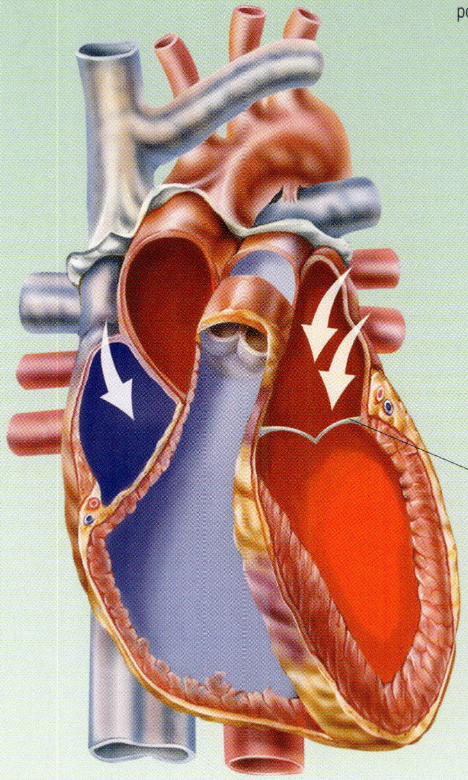

Le cycle cardiaque
Phase 4

Lorsque les ventricules se relâchent, la diastole ventriculaire commence. Le sang pénètre alors dans les oreillettes et démarre un nouveau cycle.

Les poumons

Les poumons sont les organes responsables des échanges gazeux avec le sang. L'oxygène inhalé passe dans le sang et le dioxyde de carbone qui en est extrait est rejeté lors de l'expiration. Les poumons présentent une structure lobaire, deux lobes pour le poumon gauche, trois pour le droit, et sont enveloppés dans une membrane à double feuillet, *la plèvre*, qui leur permet d'être en contact avec la cage thoracique tout en limitant la friction. Derrière les poumons, le médiastin contient le cœur, l'œsophage, la trachée ainsi que les principaux vaisseaux sanguins et nerfs. En raison de la disposition de ces organes, le poumon gauche est plus petit que le poumon droit, car le cœur et ses vaisseaux, situés sur la gauche, ont besoin de beaucoup d'espace.

La trachée se sépare en deux branches, les *bronches souches*, qui se ramifient jusqu'à former les bronchioles, qui se subdivisent à leur tour en petits sacs d'air, les *alvéoles pulmonaires*. Ce réseau de bronches et bronchioles est connu sous le nom *d'arbre bronchique*.

Les poumons

Les poumons sont divisés en lobes par des sillons appelés scissures. L'air inhalé descend dans la trachée et l'arbre bronchique avant d'atteindre les poumons où le dioxyde de carbone est échangé contre de l'oxygène.

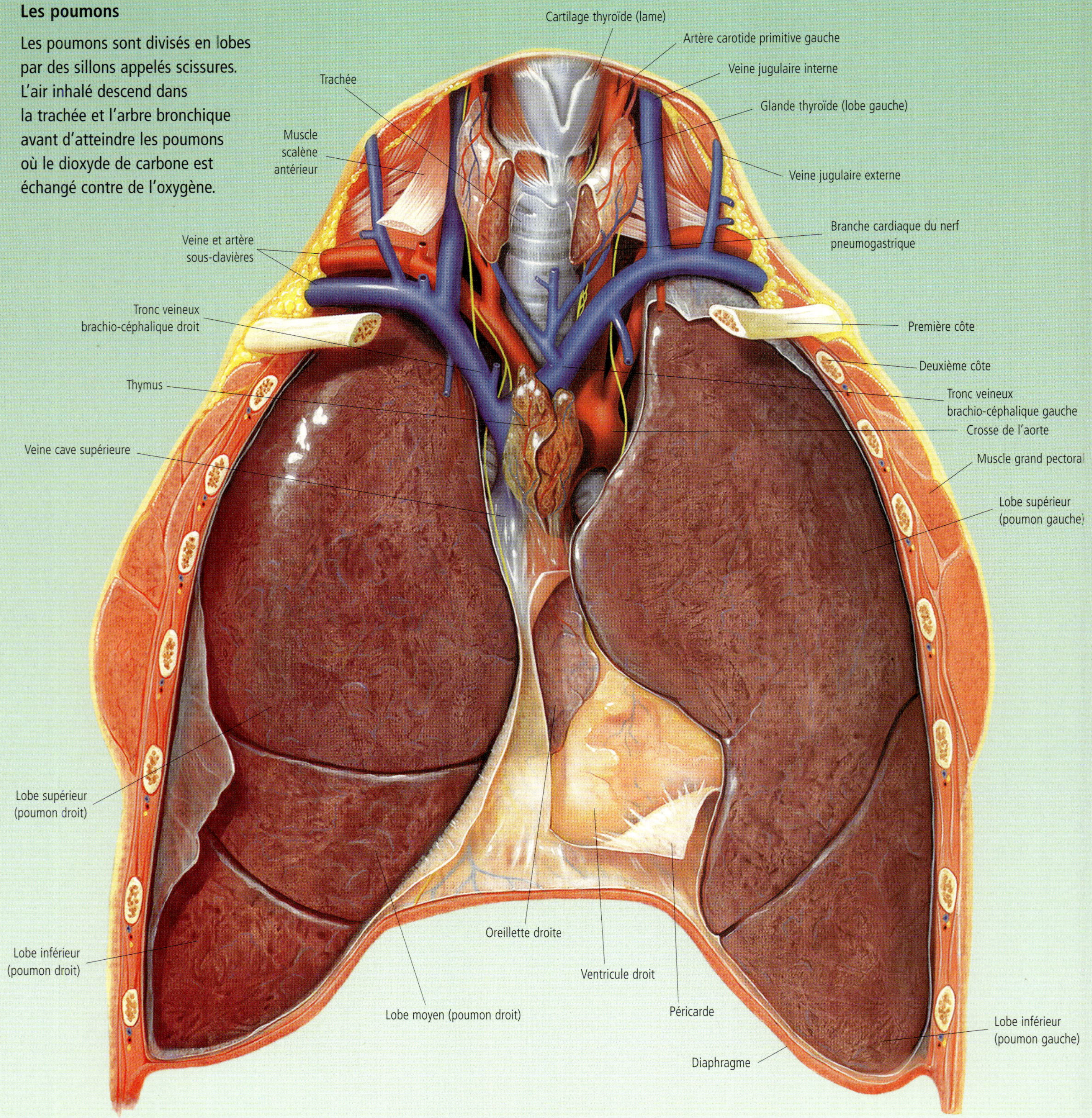

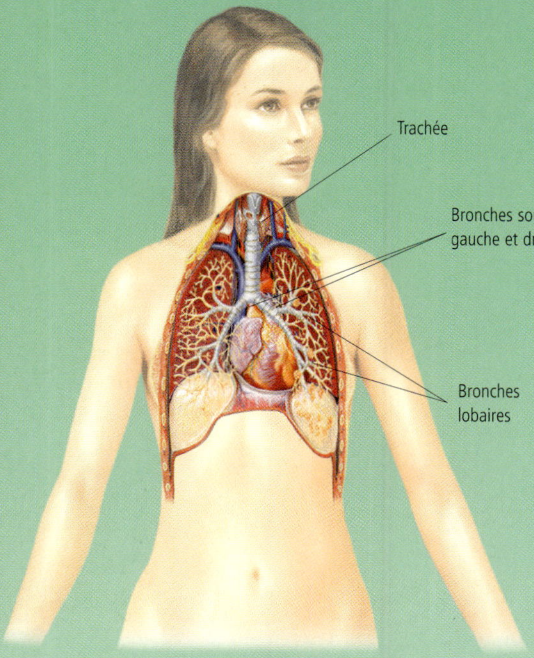

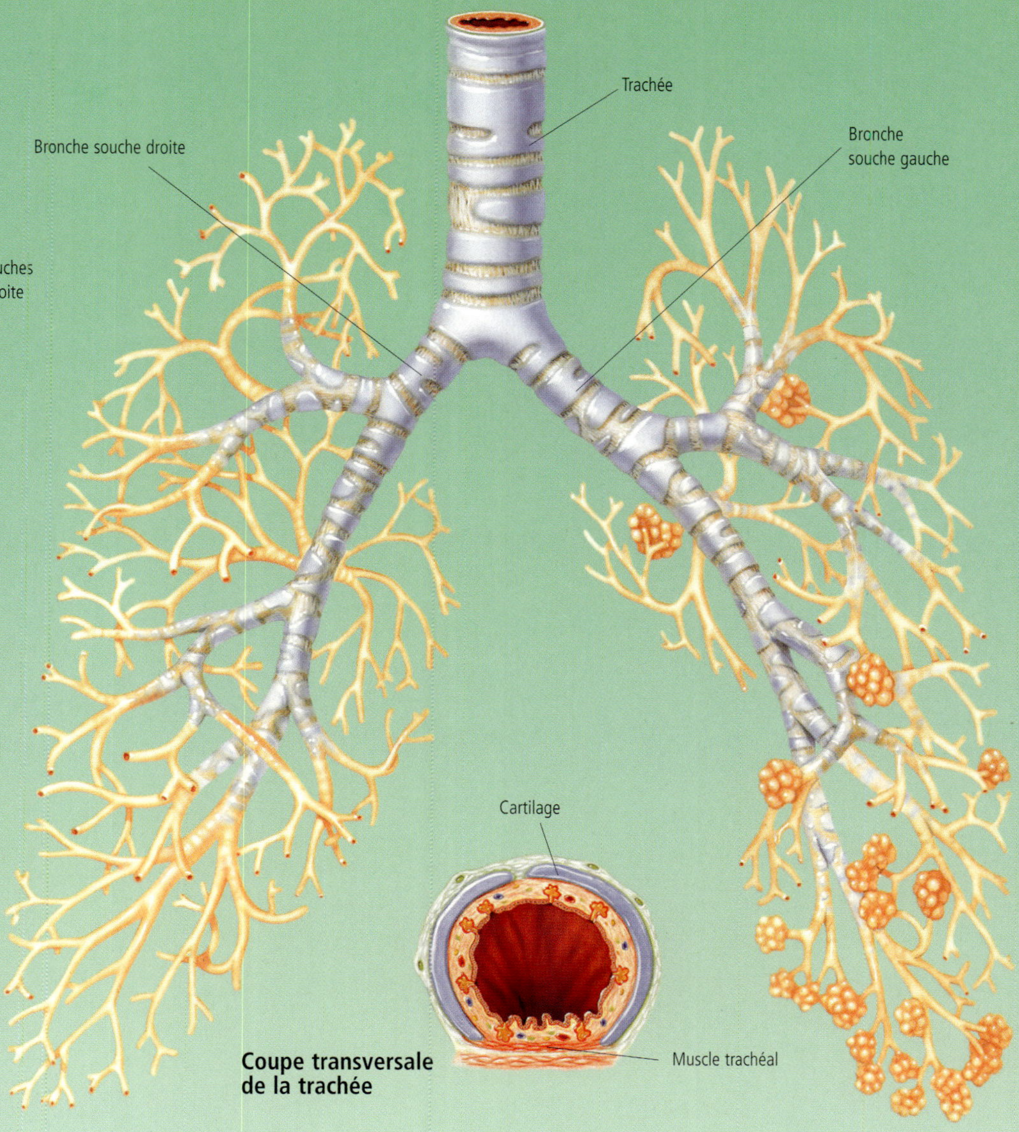

Coupe transversale de la trachée

L'ARBRE BRONCHIQUE

Chacune des deux bronches se ramifie en bronches secondaires, ou lobaires, puis tertiaires. Ces petites bronches se subdivisent à leur tour afin de former les bronchioles et, enfin, les alvéoles pulmonaires. Les bronches sont renforcées par du cartilage alors que les bronchioles sont entièrement constituées de muscles.

L'arbre bronchique

L'arbre bronchique est un réseau de voies aériennes par lequel l'air arrive aux alvéoles pulmonaires où les échanges gazeux interviennent. Les bronches sont tapissées de membrane muqueuse et de cils chargés de capturer les poussières et particules qui pénetreraient dans les voies respiratoires.

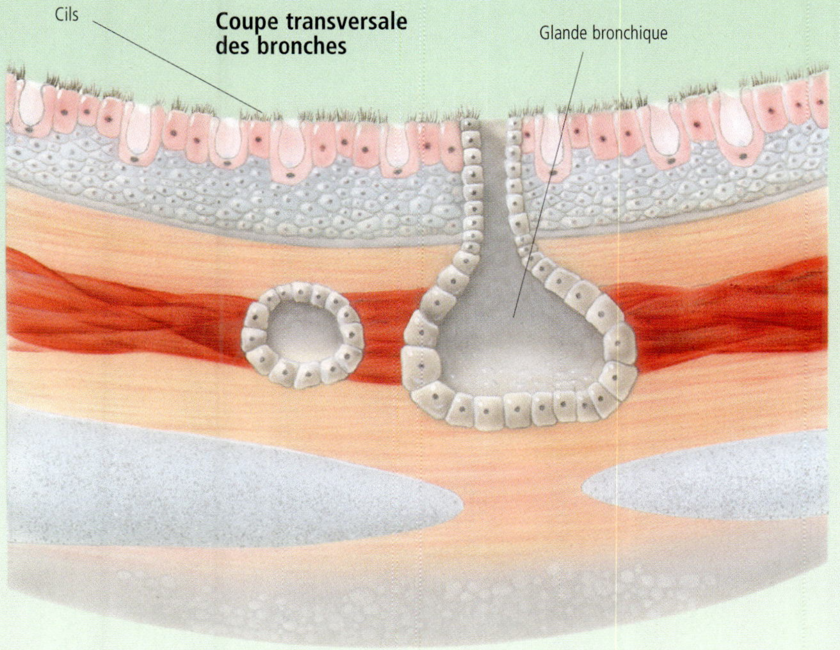

Coupe transversale des bronches

La respiration

La respiration, ou ventilation, est un processus qui consiste à inspirer ou expirer de l'air et qui implique un échange gazeux.

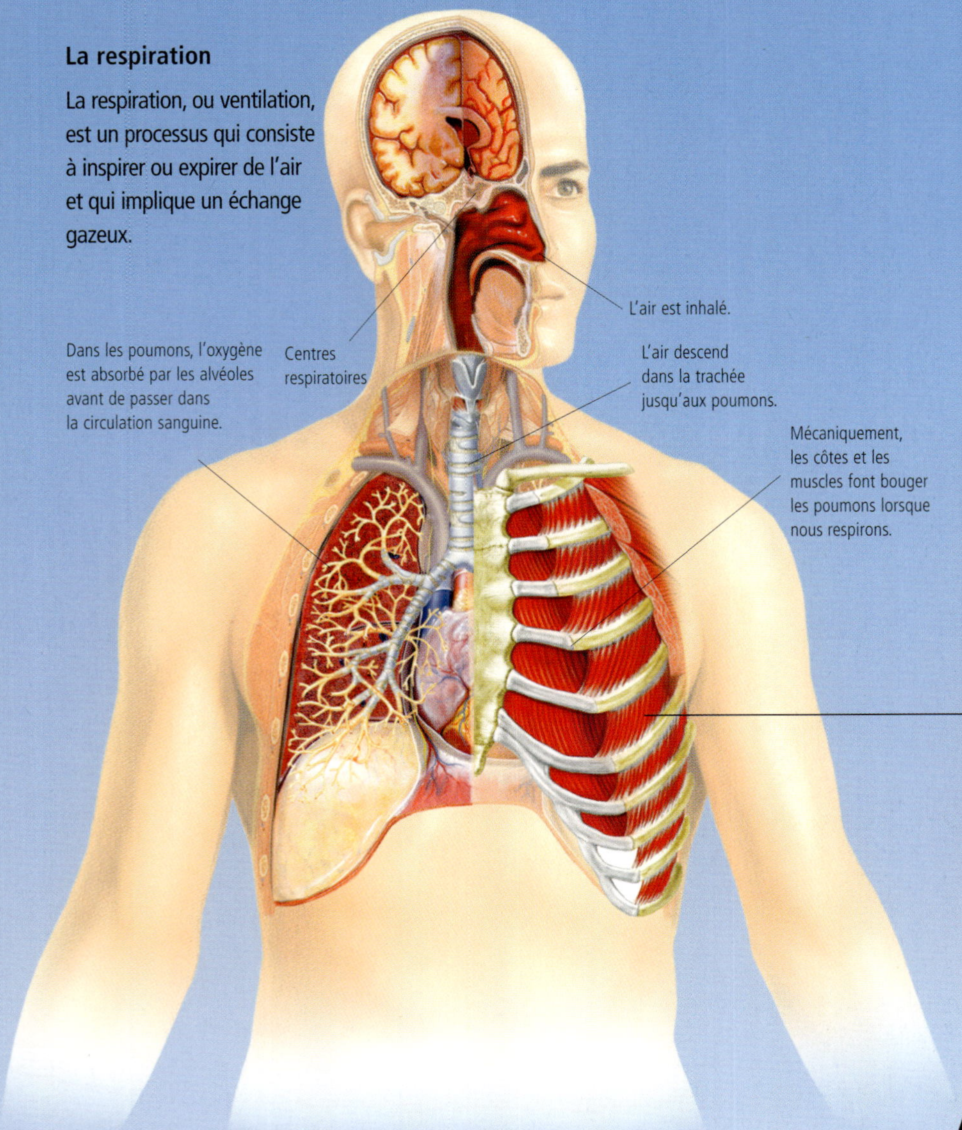

Les muscles respiratoires

Les mouvements des muscles intercostaux, associés à ceux du diaphragme, augmentent la capacité respiratoire de la cage thoracique lors de l'inspiration.

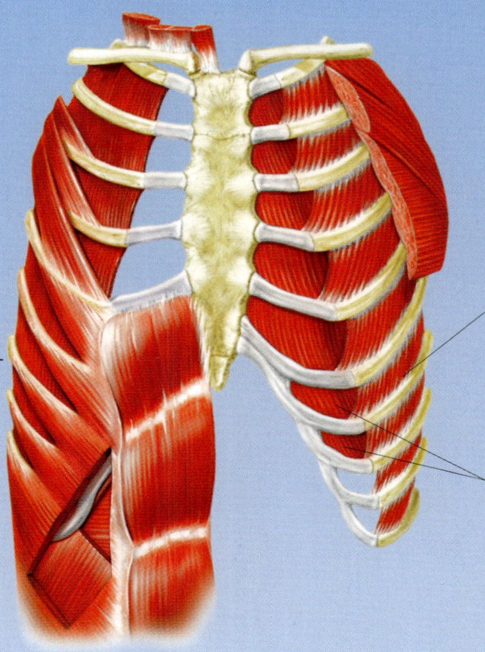

Le processus de la respiration

COMMENT RESPIRONS-NOUS ?

Prendre une bouffée d'oxygène, ou inspirer, déclenche un certain nombre de mouvements à l'intérieur de la poitrine. Sous l'action des muscles intercostaux, la cage thoracique se soulève et augmente de volume, et le diaphragme, situé sous les poumons, s'abaisse. Ceci entraîne un accroissement de la capacité de la cavité thoracique, et permet aux poumons de se gonfler lors de l'inspiration. L'air inhalé par la bouche ou par le nez passe par le larynx, le pharynx, la trachée et les bronches avant d'atteindre les alvéoles, dans lesquelles l'oxygène est échangé contre un gaz résiduel, le dioxyde de carbone. Lors de l'expiration, la capacité de la cavité thoracique diminue, les côtes reviennent en place et le diaphragme remonte, ce qui a pour effet d'expulser le CO_2. Les changements de volume de la cavité thoracique entraînent des variations de pression de l'air contenu dans les poumons par rapport à la pression atmosphérique.

Alvéoles pulmonaires

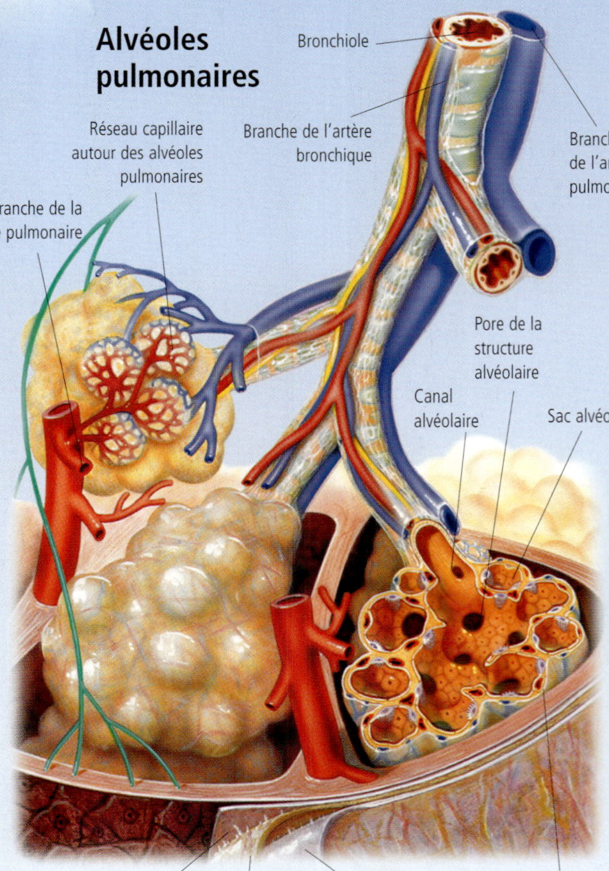

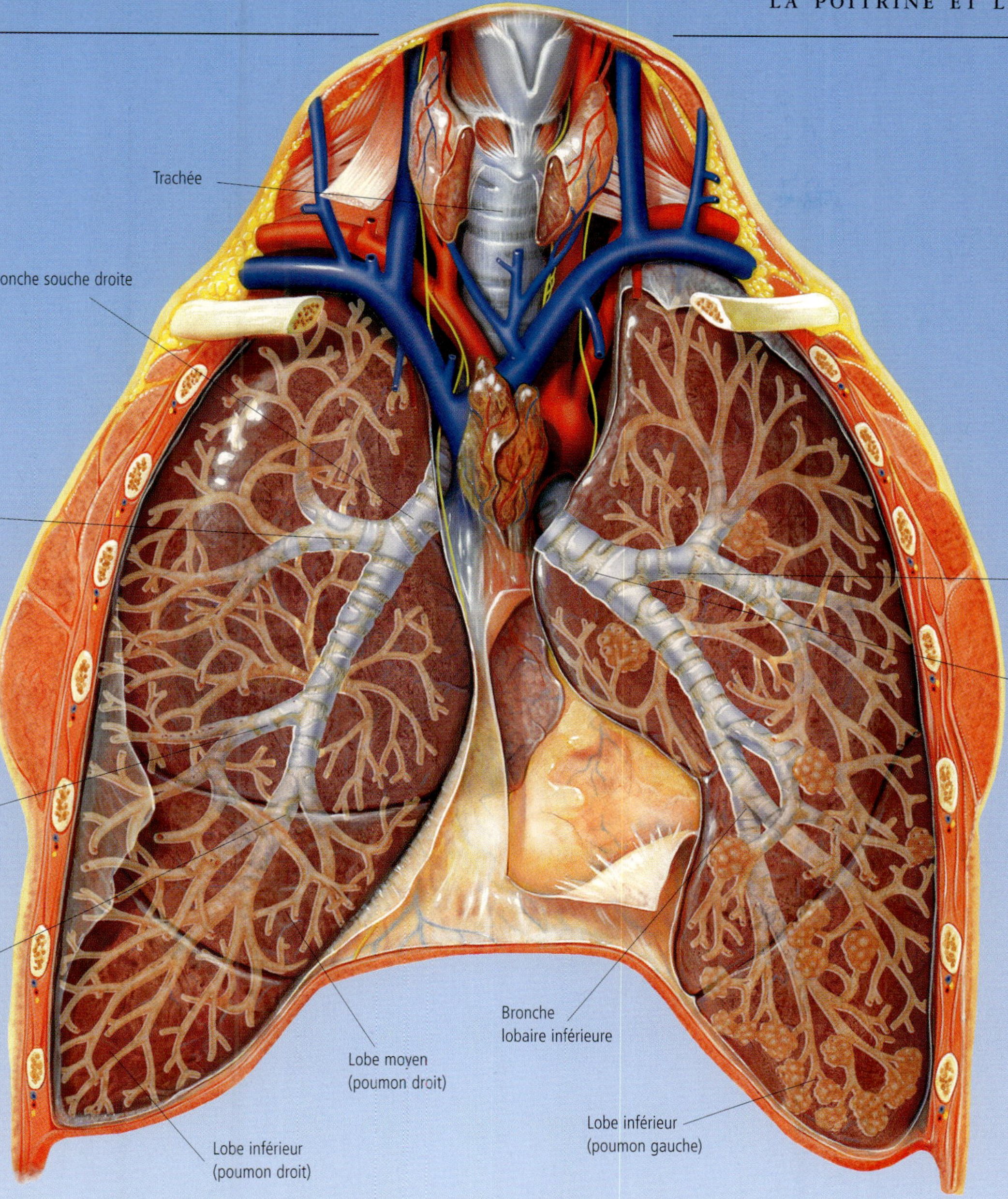

Les bronches

Au niveau des poumons, la trachée se divise en deux bronches souches droite et gauche, qui, à leur tour, se ramifient et deviennent de plus en plus petites jusqu'à former les bronchioles, petites bronches qui se terminent par les alvéoles pulmonaires.

La respiration

Lorsque nous inspirons, le diaphragme s'abaisse, ce qui augmente la capacité de la cavité thoracique qui reçoit l'air inspiré dans les poumons. Une fois le dioxyde de carbone échangé contre l'oxygène, les muscles respiratoires reprennent leur place (processus passif).

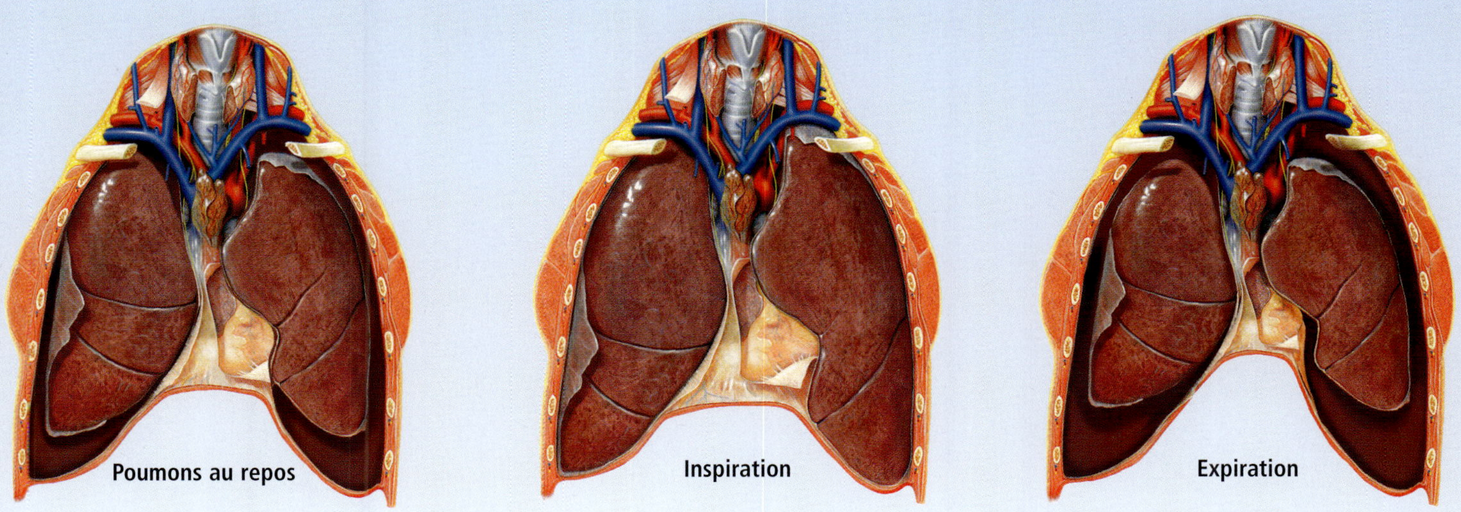

La cavité thoracique

Les côtes sont reliées à la colonne vertébrale à l'arrière de la cage thoracique. Entre les côtes, les muscles intercostaux font bouger la cage thoracique lors de la respiration. Les mouvements de la cage et des poumons sont possibles grâce à la plèvre, membrane à double feuillet, qui enveloppe les poumons et évite ainsi toute friction. L'extérieur de la plèvre, ou plèvre pariétale, est fixé à la cage thoracique.

Le diaphragme

Le diaphragme est le premier muscle à intervenir pour faire entrer l'air dans l'organisme. Il est contrôlé par le nerf phrénique. Au repos, il a la forme d'un dôme, mais lorsque l'air pénètre dans l'organisme, il se contracte et s'abaisse, augmentant ainsi la capacité de la cavité thoracique. Il reprend sa position d'origine lorsque la poitrine et l'abdomen se relâchent. Couche musculaire, le diaphragme est fixé sur la cage thoracique, relié à la colonne vertébrale à l'arrière, aux côtes sur le côté et au sternum à l'avant du thorax. Le centre phrénique (ou tendineux) du diaphragme est attaché au sac péricardique qui entoure le cœur. Le diaphragme sépare les cavités thoracique et abdominale et est traversé par différentes structures y compris l'œsophage et les principaux vaisseaux du système cardiovasculaire.

L'œsophage

L'œsophage appartient à l'appareil digestif. Il parcourt le cou et le thorax, traverse le diaphragme et aboutit à l'estomac dans lequel il achemine la nourriture et les liquides. Les points de jonction avec le pharynx et l'estomac sont dotés de sphincters, muscles qui se relâchent et se contractent pour ouvrir ou fermer le conduit œsophagien. L'œsophage est une structure tubaire musculaire lisse dont les contractions font progresser la nourriture jusqu'à l'estomac. Ses muscles involontaires sont contrôlés par le système nerveux végétatif (autonome).

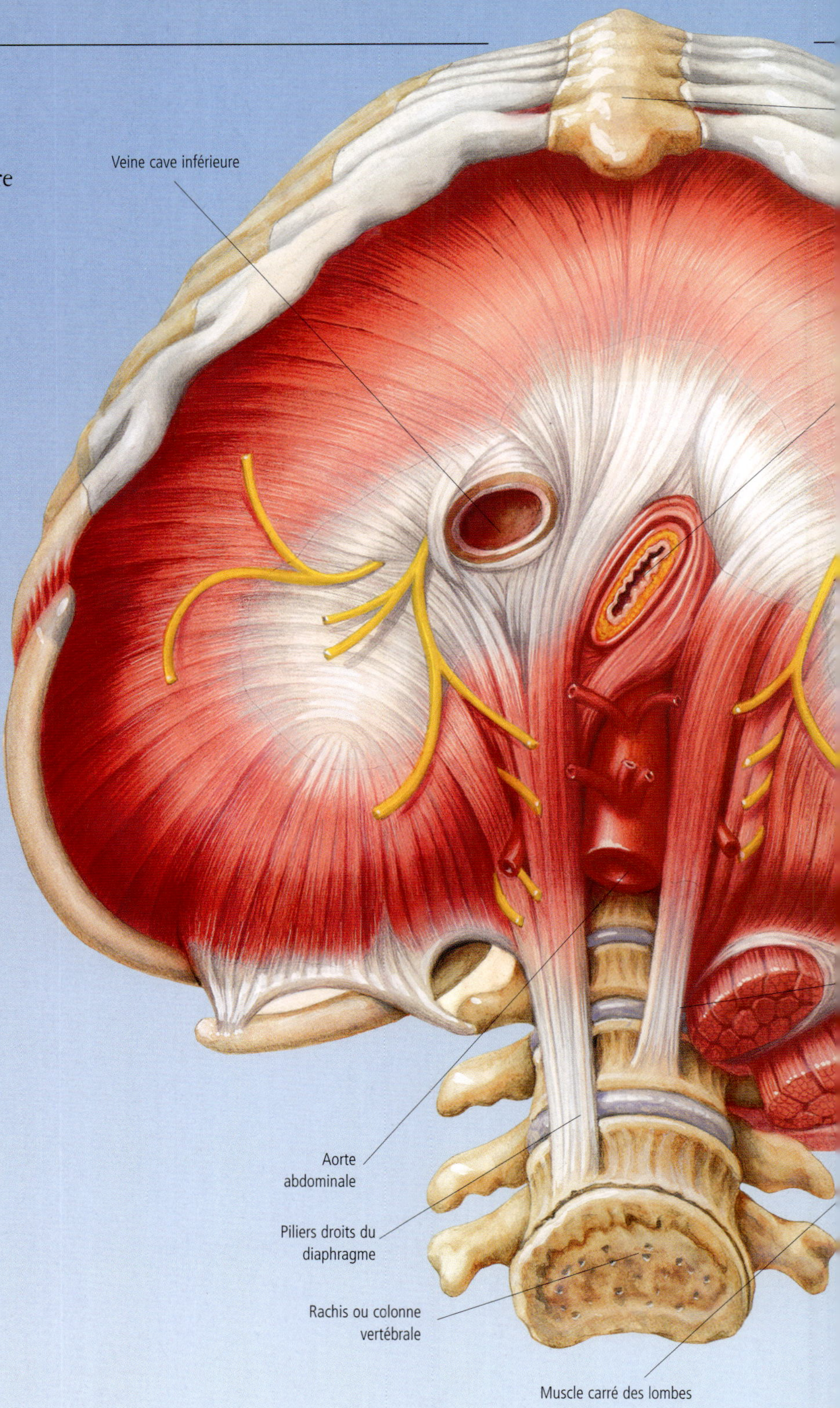

La trachée

La trachée est située devant la section supérieure de l'œsophage, dont elle suit le parcours dans le cou, avant de se diviser en deux branches pour former les bronches souches (ou principales), faisant ainsi communiquer le larynx et les poumons. Structure tubaire musculaire, elle est consolidée par une série de cartilages en forme de C.

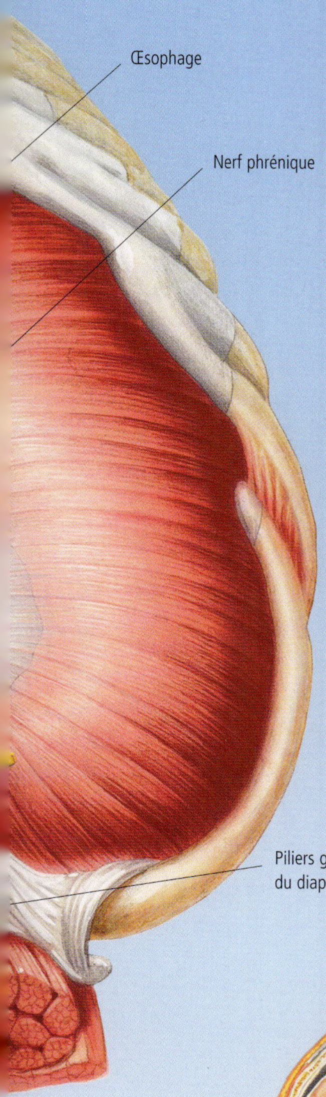

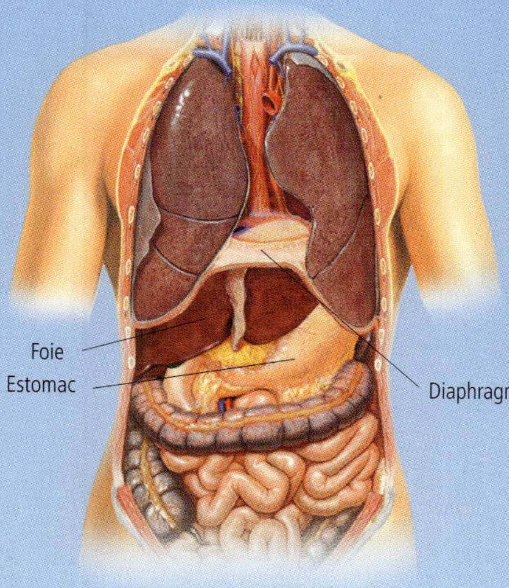

Le diaphragme

Le diaphragme est une structure musculaire qui sépare la cavité thoracique de la cavité abdominale. Le cœur et les poumons constituent la partie supérieure convexe de la cavité thoracique alors que la surface inférieure concave forme le toit de la cavité abdominale qui repose sur l'estomac à gauche et sur le foie à droite. Vu du haut, le diaphragme présente une forme de dôme.

Le thymus

Caché derrière le sternum, le thymus est plus un organe lymphoïde responsable de la production de lymphocytes spéciaux chargés de défendre l'organisme contre les cellules étrangères telles que les virus, qu'une glande à proprement parler. Il pèse environ 14 g à la naissance. Actif au cours de l'enfance et de l'adolescence, il atteint 28 g à la puberté. La fin de l'adolescence marque le début de sa régression (involution), et à l'âge adulte il a retrouvé sa taille initiale. Pendant sa période d'activité, il produit des lymphocytes spéciaux, appelés *lymphocytes T* (pour *thymodépendants*). Les lymphocytes T se développent en trois semaines et sont libérés dans la circulation sanguine. Une fois dans les tissus lymphatiques, leur rôle consiste à identifier et détruire les cellules étrangères. En cas d'agression, ils se multiplient, attaquent et détruisent les intrus.

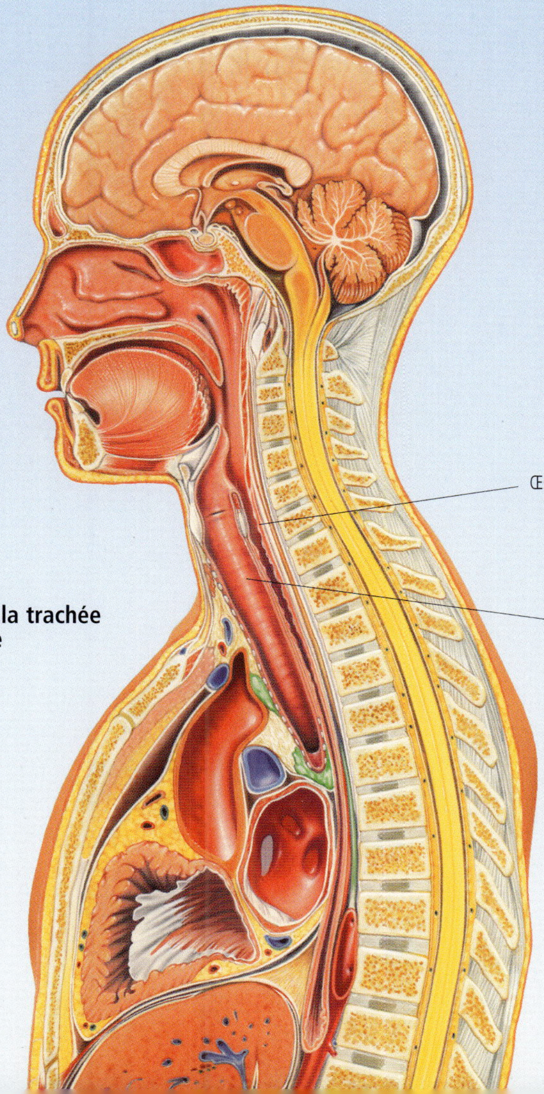

Emplacement de la trachée et de l'œsophage

Le thymus

Le thymus est une glande endocrine. Les lymphocytes qu'il produit sont des éléments essentiels de la réponse immunitaire à médiation cellulaire.

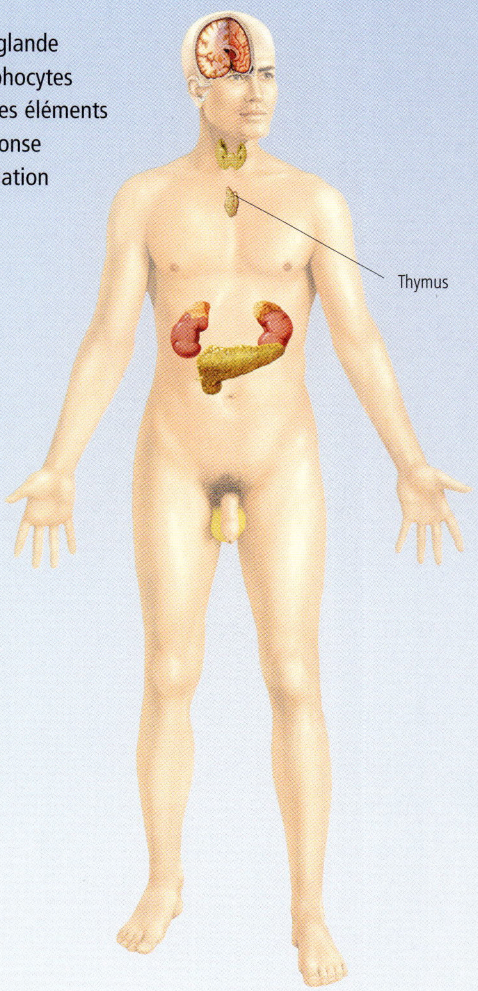

L'abdomen

L'abdomen

La cavité thoracique et la cavité abdominale (ou abdomen) sont les deux cavités de l'organisme. L'abdomen est la plus grosse des deux. Il contient une partie des principaux organes, notamment l'appareil urinaire, l'appareil reproducteur, et certains organes de l'appareil digestif, comme l'estomac, le foie, la vésicule biliaire, le pancréas et les intestins. Les principaux organes de l'appareil urinaire et de l'appareil reproducteur, également situés dans la cavité abdominale, ont leur propre chapitre dans le présent ouvrage.

Les principaux vaisseaux sanguins, qui arrivent au cœur ou en partent, passent également dans la cavité abdominale. L'aorte descendante rejoint les artères iliaques qui vascularisent le bassin et les membres inférieurs, tandis que le sang qui remonte des membres inférieurs vers le cœur circule dans la veine cave (ou caudale) inférieure, une des plus grosses veines de l'organisme.

Le péritoine est une membrane qui enveloppe les organes et tapisse les parois de la cavité abdominale. Il permet les mouvements musculaires des intestins lors du processus de digestion.

Les organes de l'abdomen

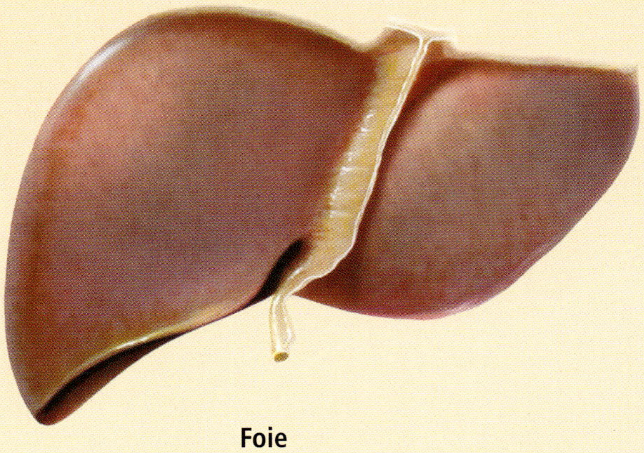

Foie

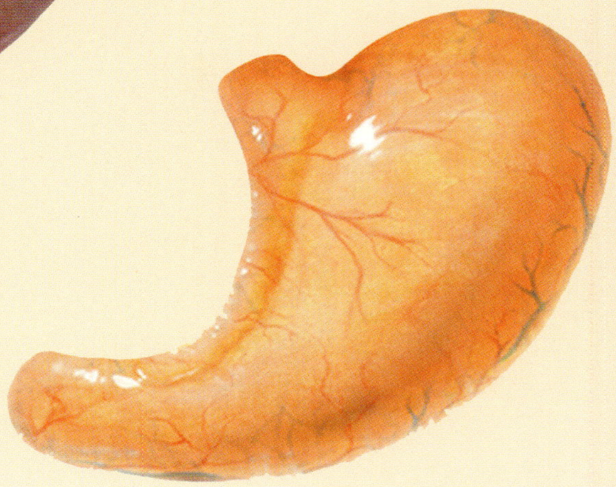

Estomac

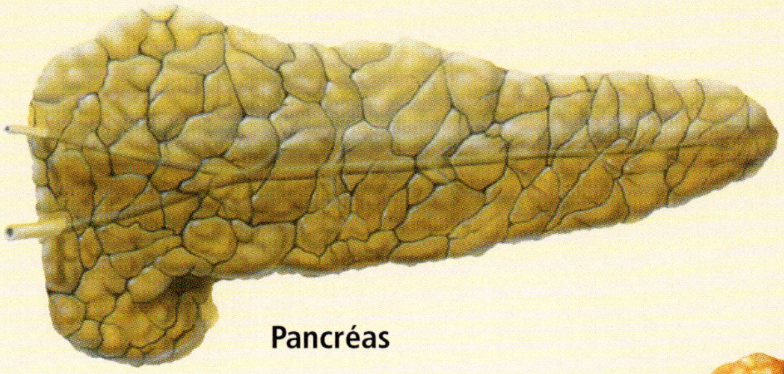

Pancréas

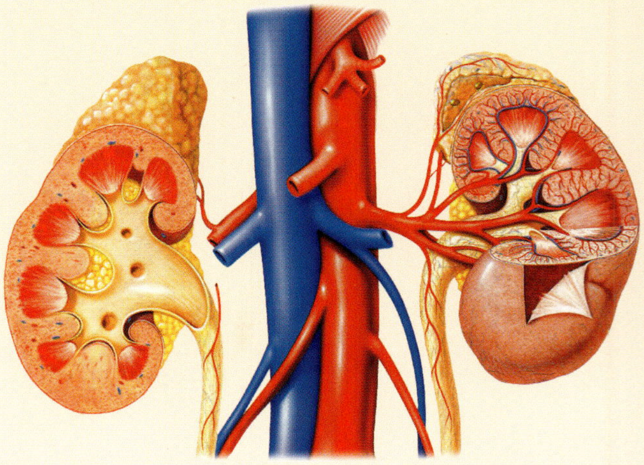

Reins

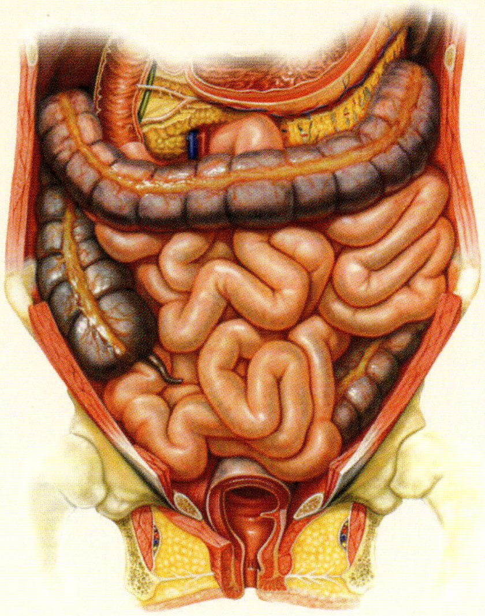

Intestins

Les organes de l'abdomen

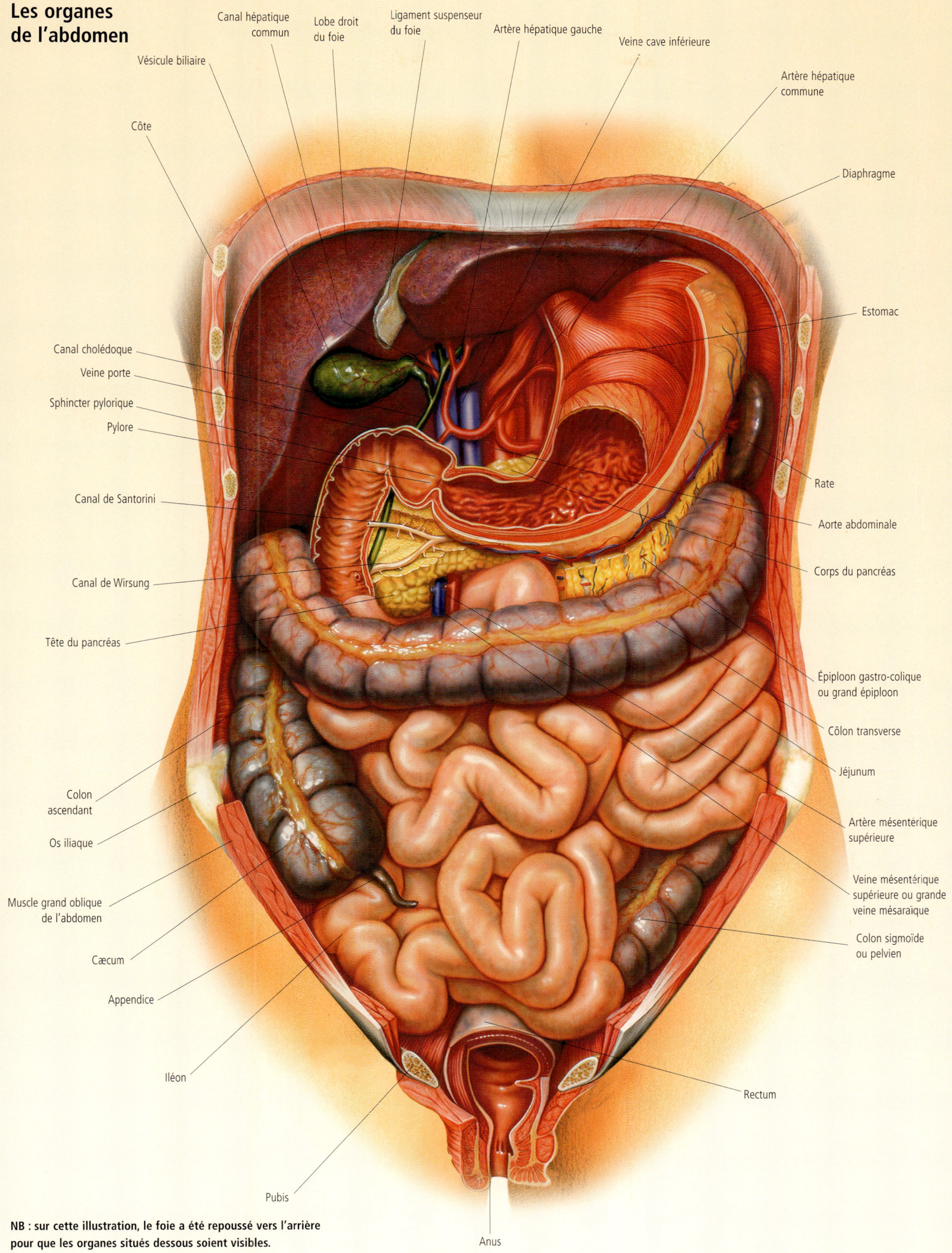

NB : sur cette illustration, le foie a été repoussé vers l'arrière pour que les organes situés dessous soient visibles.

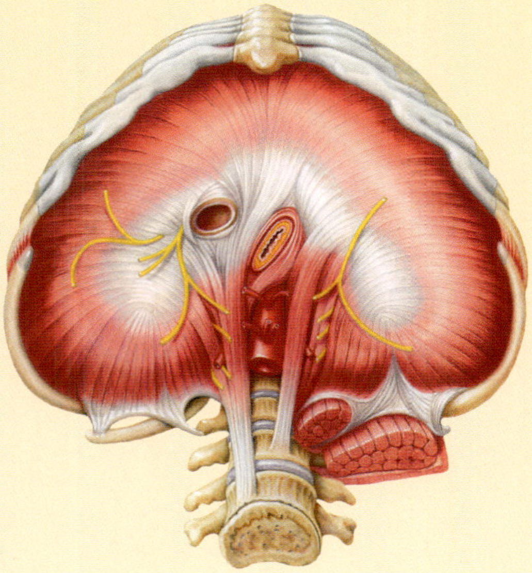

Le diaphragme

Le diaphragme sépare la cavité thoracique de la cavité abdominale. L'action de ce muscle est essentielle lors de la respiration. Au repos, il présente une forme de dôme et constitue le toit de la cavité abdominale. Au moment de l'inspiration, il se contracte et comprime les organes de la cavité abdominale afin d'augmenter la capacité de la cavité thoracique lors de l'entrée de l'air.

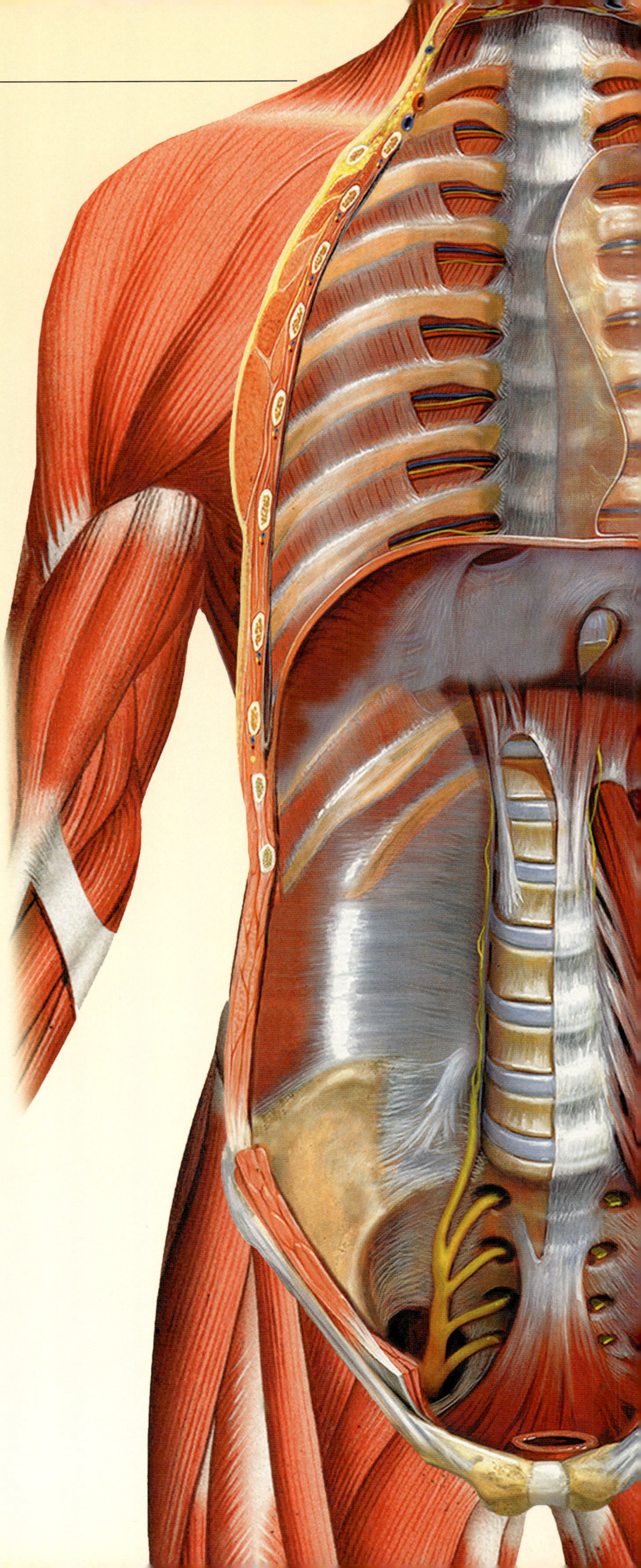

La cavité abdominale

La cavité abdominale abrite ses principaux organes dans une structure compacte mais souple. À l'arrière, sa paroi est composée des vertèbres et de leurs muscles. À l'avant et sur les côtés, elle est constituée de couches musculaires robustes, recouvertes de graisse et de peau, qui compriment les organes abdominaux lors de l'inspiration afin de laisser plus d'espace aux poumons. Le toit de la cavité abdominale est formé par le diaphragme, alors que son plancher est constitué par le plancher pelvien.

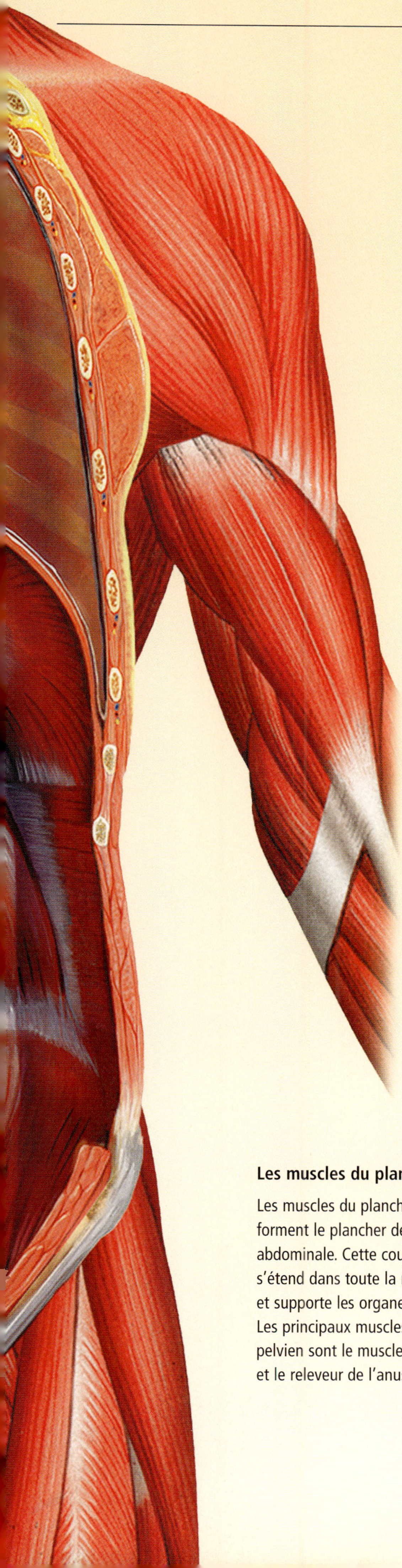

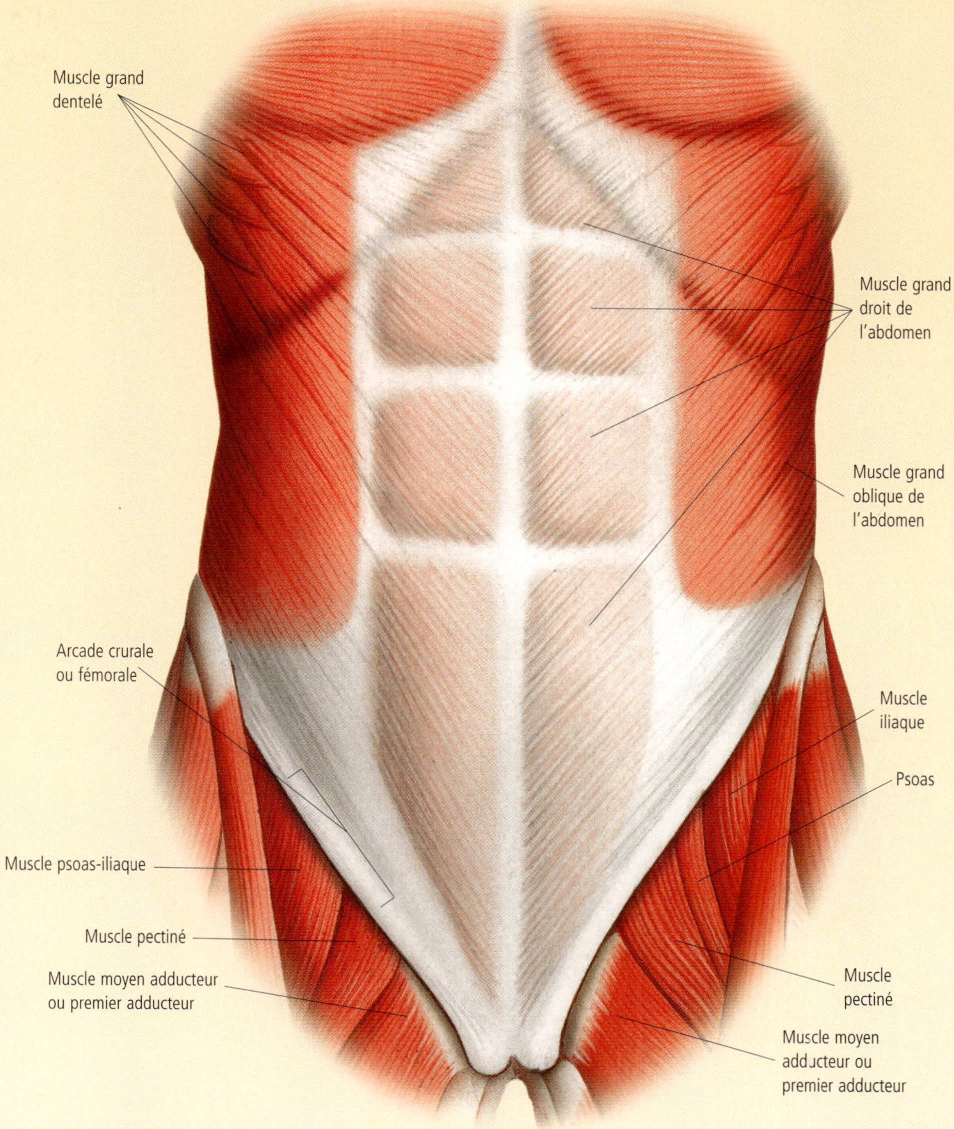

Les muscles de l'abdomen

L'avant de l'abdomen est renforcé par des couches musculaires qui forment une paroi protectrice pour les organes abdominaux et comprime ces organes lors de la respiration. Le muscle grand oblique, le petit oblique et le muscle transverse constituent les couches externe, intermédiaire et interne, respectivement, de cette paroi.

Les muscles du plancher pelvien

Les muscles du plancher pelvien forment le plancher de la cavité abdominale. Cette couche musculaire s'étend dans toute la région pelvienne et supporte les organes abdominaux. Les principaux muscles du plancher pelvien sont le muscle ischio-coccygien et le releveur de l'anus.

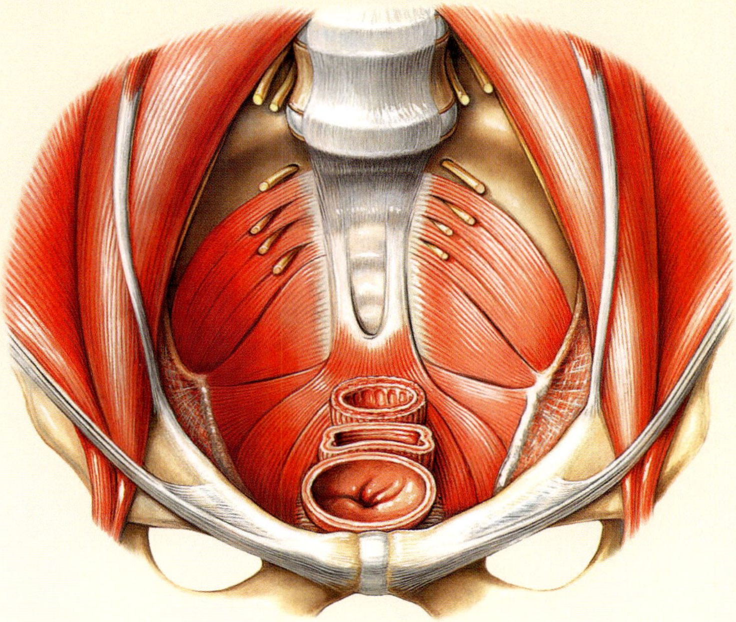

Le tube digestif

La transformation des aliments en graisse, glucides et protéines intervient dans le tube digestif, ou *tractus gastro-intestinal*. Les nutriments absorbés passent dans le sang, apportent l'énergie nécessaire et contribuent à la fabrication et au maintien des tissus. L'eau est absorbée dans la dernière partie du tube digestif, et les éléments en excès sont rejetés sous la forme de fèces ou selles.

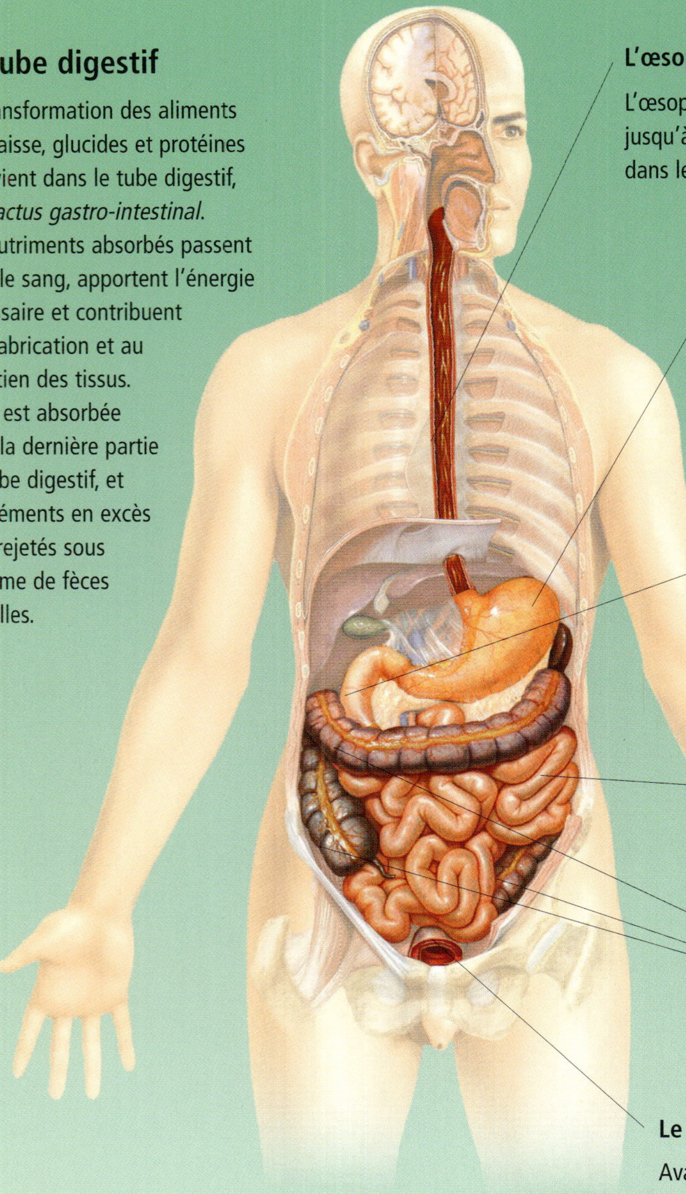

L'œsophage

L'œsophage est une structure tubaire musculaire qui part de la bouche et descend jusqu'à l'estomac. Ses contractions font avancer le bol alimentaire jusqu'à l'estomac, dans lequel il pénètre grâce à l'ouverture du sphincter œsophagien.

L'estomac

L'acide chlorhydrique et les enzymes gastriques contenus dans l'estomac contribuent à réduire les aliments en petites molécules. Composé de plusieurs couches musculaires, l'estomac malaxe la nourriture, la réduit en petits morceaux et la mélange à l'acide et aux sucs gastriques pour former une bouillie semi-liquide, le *chyme*, progressivement libérée dans le duodénum par le pylore et le sphincter pylorique.

Le duodénum

Dans le duodénum, des enzymes pancréatiques et la bile (enzyme hépatique) viennent s'ajouter au chyme, afin de le réduire en particules encore plus petites. L'extraction des nutriments commence dans le duodénum avant que la nourriture digérée ne progresse dans le reste de l'intestin grêle.

L'intestin grêle

Les nutriments contenus dans le chyme traversent la paroi de l'intestin grêle et sont absorbés par la circulation sanguine pour être transportés dans tout l'organisme.

Le côlon

Le reste du chyme constitue un excédent. Ce qu'il contient est absorbé en partie, et les éléments restants sont éliminés sous la forme de fèces ou selles.

Le rectum

Avant d'être expulsé par l'anus, les selles sont temporairement stockées dans le rectum (ou ampoule rectale).

Le tube digestif

Le tube digestif parcourt le tronc de haut en bas, de la bouche, à l'anus. D'une longueur d'environ 9 m, il est constitué de muscles lisses dont la contraction produit des ondes rythmiques qui font progresser la nourriture dans le tube digestif, phénomène connu sous le nom de *péristaltisme*. Après être entrés par la bouche, les aliments descendent dans l'œsophage, puis transitent par l'estomac, le duodénum, l'intestin grêle, le gros intestin et le rectum. Ils sont traités, digérés et réduits en petites molécules pour être assimilés. Les nutriments indispensables sont absorbés dans les intestins et passent dans la circulation sanguine. Ils apportent à l'organisme l'énergie dont il a besoin et contribuent à la réparation des tissus. L'organisme absorbe également la quantité d'eau nécessaire, avant que l'excédent d'eau et de nutriments ne soit éliminé par l'anus.

Le rôle de l'estomac

L'arrivée de la nourriture dans l'estomac

Bien avant que le bol alimentaire n'arrive dans l'estomac, la production de sucs gastriques est déclenchée par nos différents sens (la vue, le goût, l'odorat) et parfois même par le simple fait de penser à de la nourriture. Les aliments entrent dans l'estomac par le cardia et sont mélangés aux sucs gastriques.

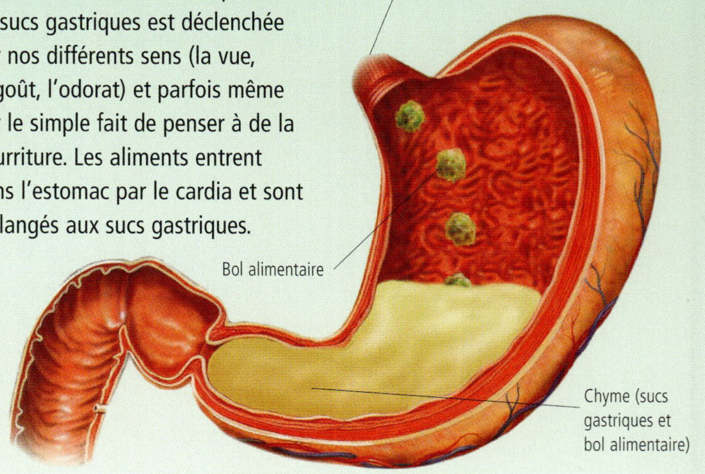

Estomac

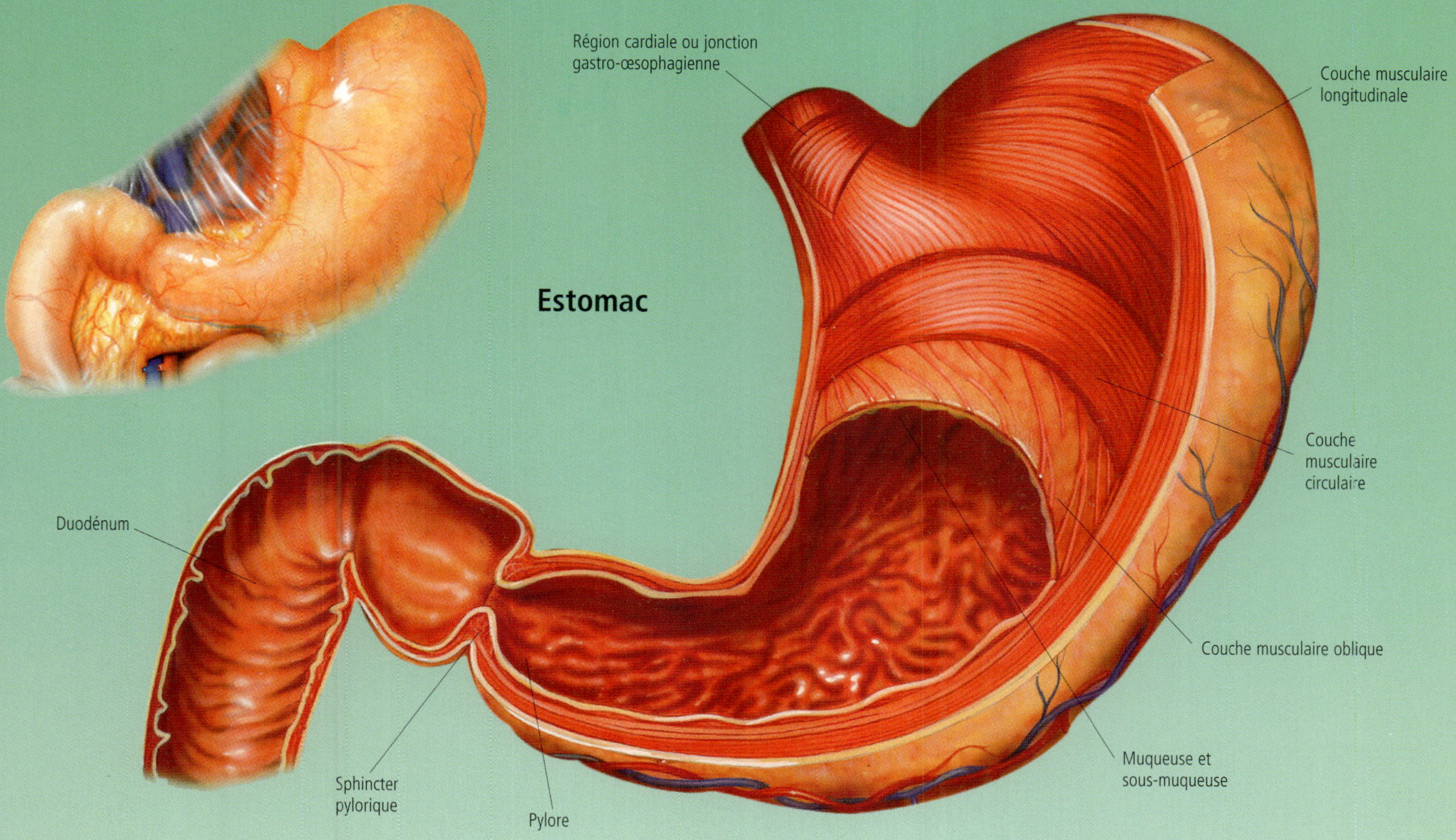

L'estomac

STRUCTURE ET FONCTION DE L'ESTOMAC

Relié à l'œsophage par le cardia (jonction gastro-œsophagienne) et au duodénum par le sphincter pylorique, l'estomac est composé de différentes couches musculaires. Les hormones stimulent la production d'acides gastriques, y compris d'acide chlorhydrique, et d'enzymes, notamment de pepsine. La muqueuse et la sous-muqueuse constituent la couche la plus interne de l'estomac et le protègent de ses propres acides.

L'action des muscles gastriques provoque des ondes rythmiques qui entraînent la contraction de l'estomac, ce qui a pour effet de mélanger le bol alimentaire avec les sucs gastriques, et de transformer le tout en une bouillie semi-liquide, le chyme. Ensuite, les contractions musculaires entraînent le chyme dans le canal pylorique, à l'extrémité de l'estomac, et le sphincter pylorique, situé au bout du canal, libère progressivement la mixture digérée dans le duodénum.

La digestion

Pendant que les acides et les enzymes gastriques réduisent les aliments en petites molécules, le contenu de l'estomac est mélangé sous l'effet des contractions musculaires de sa paroi, transformant le bol alimentaire et les sucs gastriques en une bouillie semi-liquide, le *chyme*.

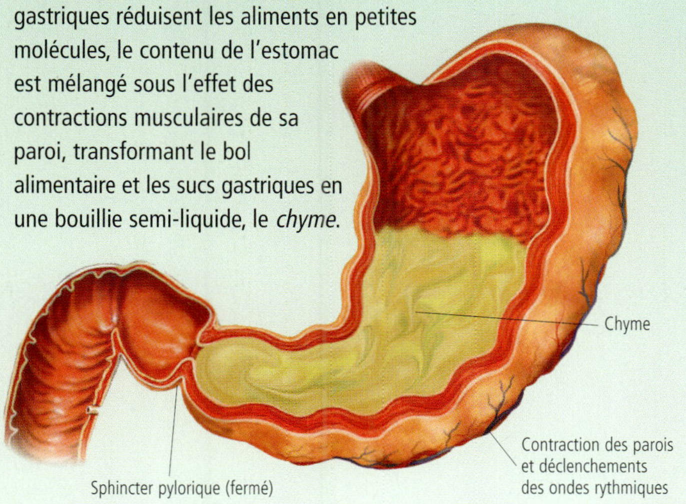

La sortie de l'estomac

Le traitement du contenu de l'estomac peut être très long. Vers la fin du processus, les contractions ralentissent, ce qui entraîne l'ouverture du sphincter pylorique. De petites quantités de chyme sont ainsi libérées progressivement dans le duodénum.

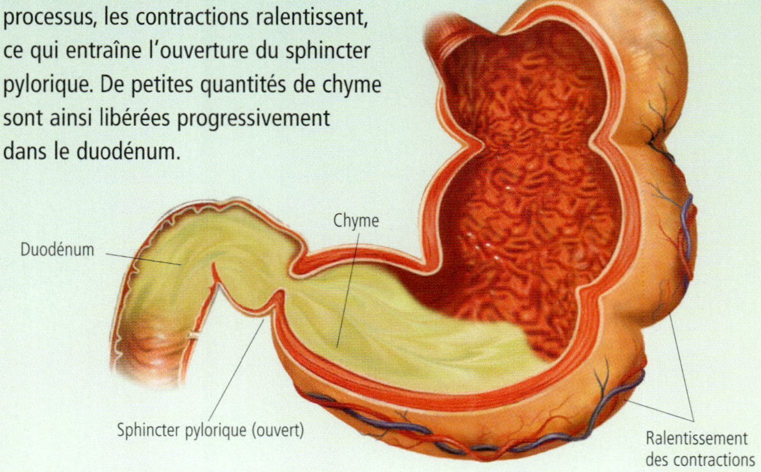

Le duodénum

Le duodénum est la première partie de l'intestin grêle, qui relie l'estomac au jéjunum. Replié autour de la tête du pancréas, il mesure environ 25 cm et reçoit la bile sécrétée par le foie et les enzymes libérées par le pancréas. La combinaison de ces substances contribue au processus de transformation du chyme produit par l'estomac. La surface interne plissée du duodénum accroît considérablement la surface d'absorption totale des nutriments comme les glucides, les lipides et les acides aminés. La nourriture digérée est entraînée dans le jéjunum par la contraction du muscle lisse.

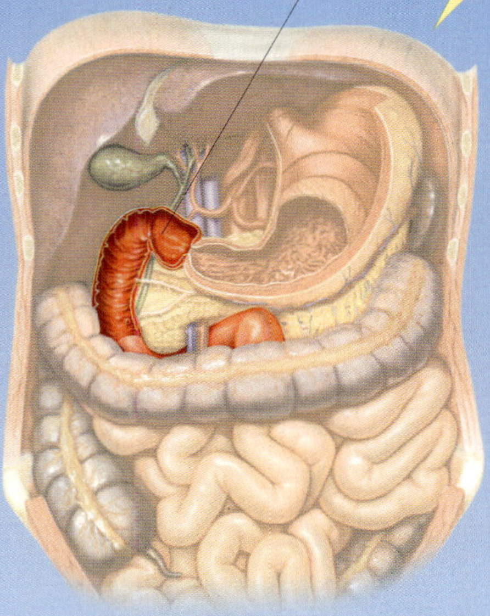

Le jéjunum

Le jéjunum est la partie intermédiaire de l'intestin grêle. Il mesure environ 2,5 m. Sa surface interne est recouverte de villosités intestinales, petites protubérances elles-mêmes recouvertes de microvillosités, qui augmentent la surface d'absorption des nutriments. Les nutriments traversent la muqueuse des parois du jéjunum et passent dans les vaisseaux lymphatiques et la veine porte pour rejoindre le foie.

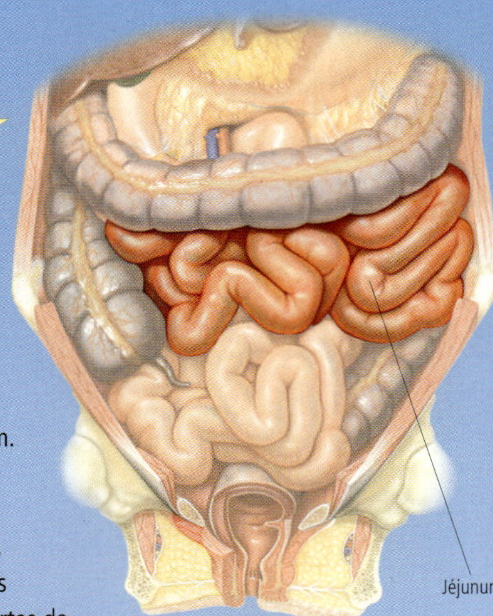

Les intestins

Situés à l'extrémité inférieure du tube digestif, les intestins se composent de deux parties : l'intestin grêle (duodénum, jéjunum et iléon) et le gros intestin (côlon, rectum et anus). Le gros intestin longe les bords de la partie inférieure de la cavité abdominale, et le petit intestin est enroulé à l'intérieur.

Les dernières étapes du processus de digestion surviennent dans les intestins. La nourriture digérée dans l'estomac entre dans l'intestin grêle, où les nutriments nécessaires issus du chyme sont extraits avant d'être absorbés dans la circulation sanguine. L'excédent progresse ensuite dans le gros intestin qui absorbe l'eau et les électrolytes, ne laissant que les déchets stockés dans le rectum avant d'être évacués par l'anus.

Les intestins sont maintenus en place par une membrane, le *mésentère*. Les vaisseaux sanguins, les nerfs et les vaisseaux lymphatiques traversent le mésentère pour alimenter l'intestin grêle.

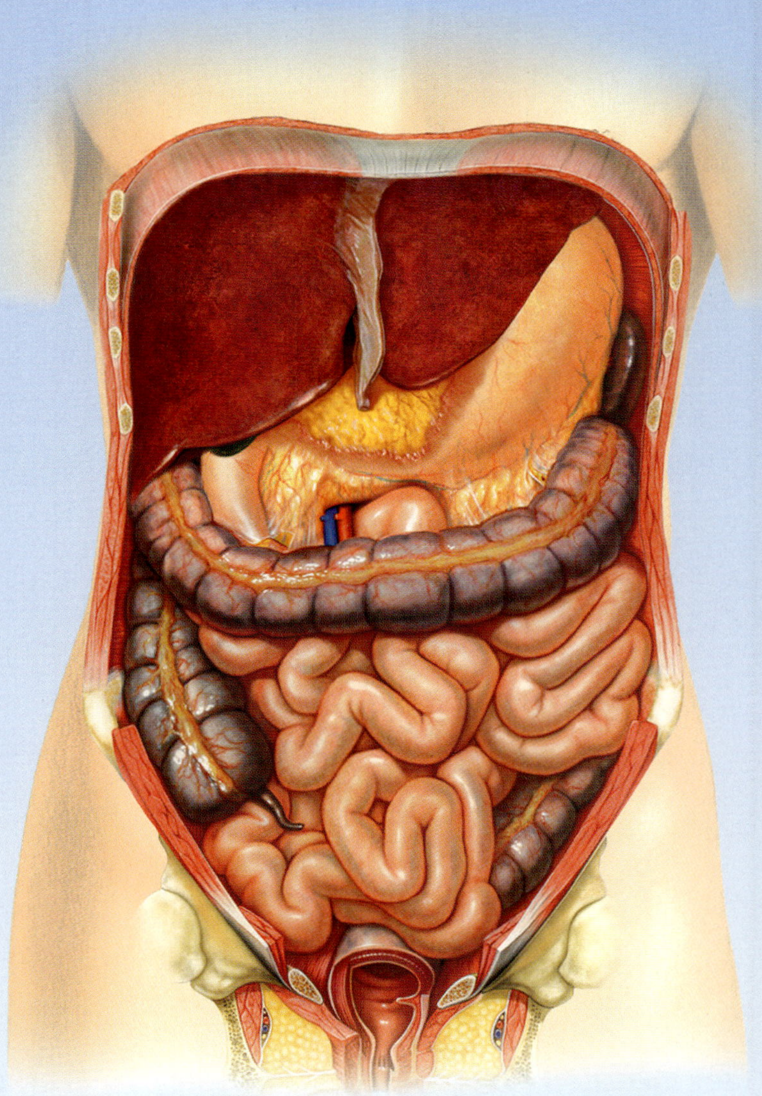

L'iléon ou iléum

Mesurant environ 3,50 m, l'iléon est la dernière partie de l'intestin grêle. Il se situe dans le prolongement du jéjunum et rejoint le cæcum dans le gros intestin. La plupart des nutriments nécessaires à l'organisme ayant été absorbés par le duodénum et le jéjunum, l'iléon se charge d'absorber les acides biliaires et de les renvoyer dans la circulation sanguine, qui les ramène dans le foie.

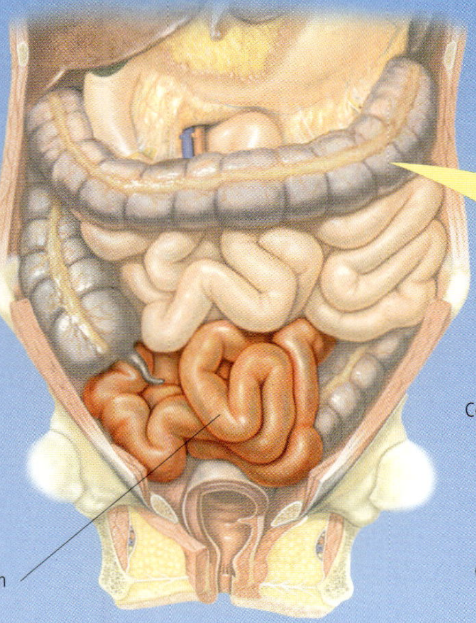

Le côlon et l'appendice vermiculaire (ou vermiforme) ou appendice iléo-cæcal

Le côlon est la première partie du gros intestin. D'une longueur d'environ 1,30 m, il se compose du cæcum, du côlon ascendant, du côlon transverse, du côlon descendant et du côlon sigmoïde. Relié à l'intestin grêle par l'iléon, le côlon extrait l'eau et les sels des déchets issus de l'intestin grêle. L'appendice est une petite structure d'environ 9 cm, qui se présente en forme de ver. Rattaché au côlon, sa fonction n'est pas clairement définie.

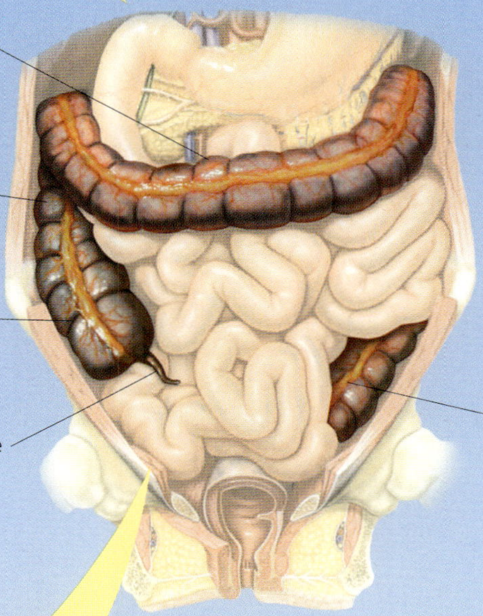

Rectum

Le rectum est la deuxième partie du gros intestin. Il fait suite au côlon auquel il est relié. Mesurant 15 à 20 cm, il reçoit la matière fécale provenant du côlon sigmoïde et la stocke jusqu'au moment de l'expulsion.

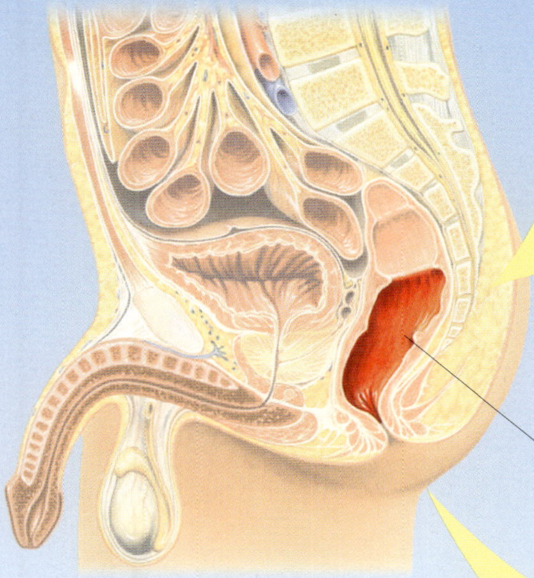

Anus

Petite structure tubaire d'une longueur de 3 à 4 centimètres, l'anus forme la partie terminale du gros intestin qu'il fait communiquer avec l'extérieur. Ses sphincters lui permettent de s'ouvrir pour la défécation (expulsion des fèces ou selles).

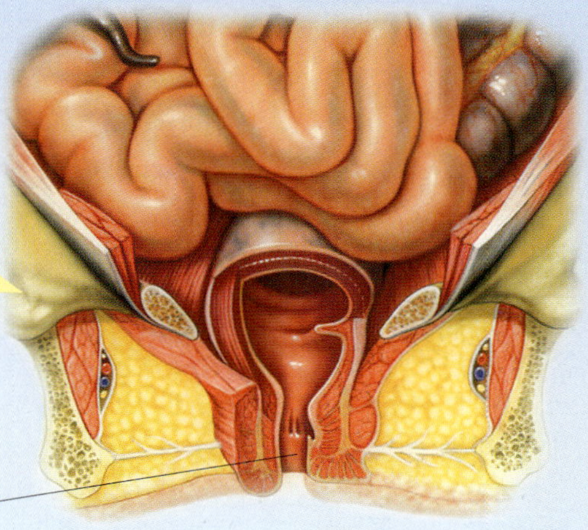

LE SAVIEZ-VOUS ?

En un an, nous consommons environ 500 kg de nourriture. Sur une base quotidienne, notre appareil digestif traite environ 10 à 12 l de nourriture, de liquide et de sucs digestifs.

L'intérieur des intestins

Les intestins mesurent environ 7,50 m, mais leur surface interne est considérablement accrue par la muqueuse qui les tapisse (plis circulaires), recouverte de villosités intestinales. Ces plis à l'intérieur des plis créent une énorme surface d'absorption pour les nutriments issus de la nourriture digérée. Les nutriments absorbés passent dans la circulation sanguine et les vaisseaux lymphatiques. Ils contribuent au maintien des cellules et des tissus et fournissent l'énergie dont le corps a besoin.

Les intestins

Partie terminale de l'appareil digestif, l'intestin grêle et le gros intestin sont situés dans la région inférieure de la cavité abdominale.

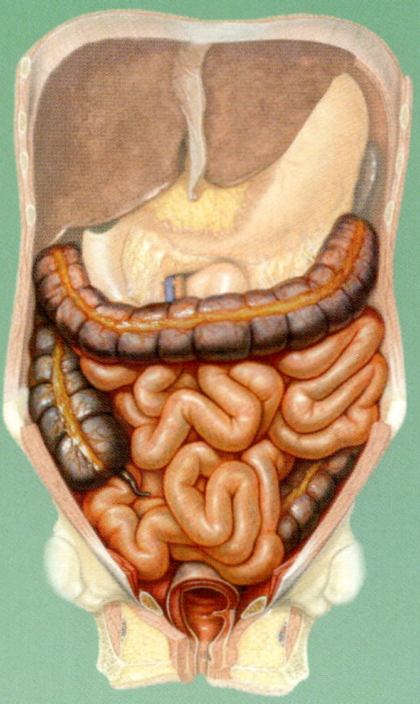

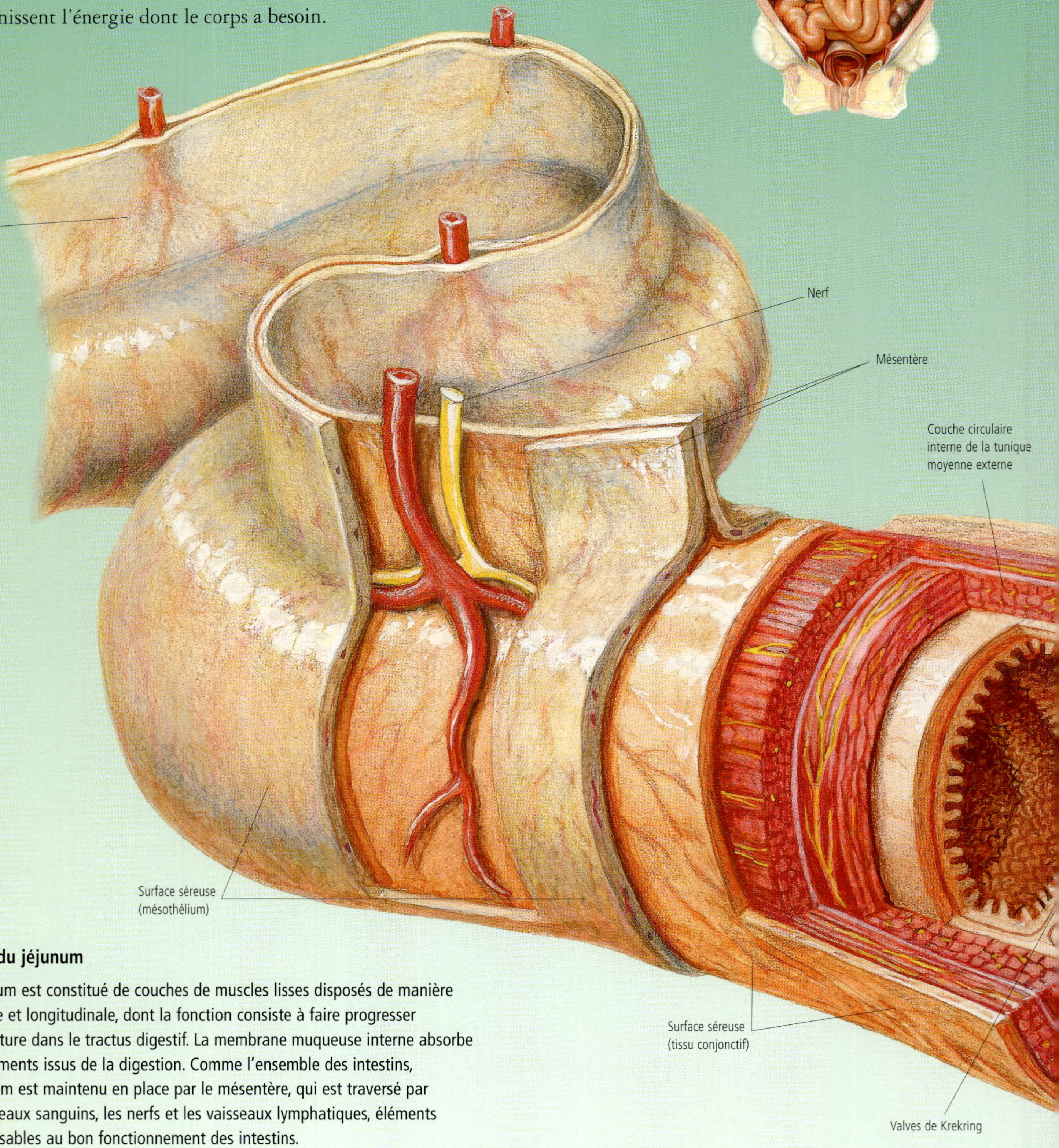

Coupe du jéjunum

Le jéjunum est constitué de couches de muscles lisses disposés de manière circulaire et longitudinale, dont la fonction consiste à faire progresser la nourriture dans le tractus digestif. La membrane muqueuse interne absorbe les nutriments issus de la digestion. Comme l'ensemble des intestins, le jéjunum est maintenu en place par le mésentère, qui est traversé par les vaisseaux sanguins, les nerfs et les vaisseaux lymphatiques, éléments indispensables au bon fonctionnement des intestins.

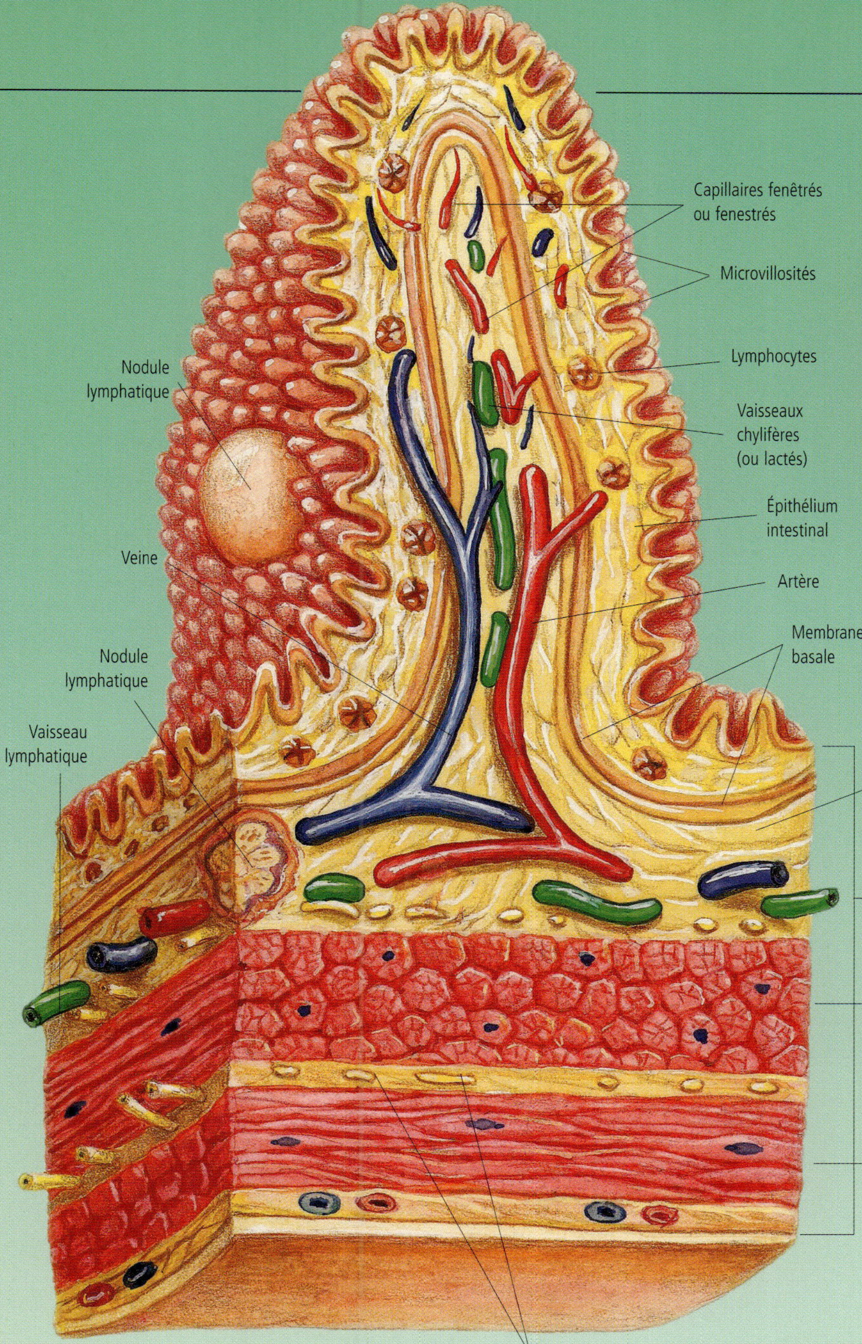

Coupe transversale d'une villosité intestinale du jéjunum

La surface de la muqueuse plissée de l'intestin grêle est recouverte de minuscules villosités.

Le muscle lisse

Contrôlé par le système nerveux végétatif (autonome), le tractus intestinal est composé de muscles lisses dont les actions au cours du processus de digestion interviennent en dehors de notre contrôle.

En se contractant, les muscles lisses de l'intestin créent des ondes rythmiques qui font progresser la nourriture. Les muscles sphincters régulent le flux de la nourriture ainsi acheminée. Les couches de muscles sont disposées de manière circulaire et longitudinale et leurs mouvements permettent de transférer la nourriture d'une section des intestins à l'autre.

LE SAVIEZ-VOUS ?

La muqueuse de l'intestin grêle comprend plus de 400 millions de villosités dont la surface totale, nécessaire à l'absorption de l'eau et des nutriments, représente environ 250 m^2.

Le foie

Doté de fonctions endocrines et exocrines, le foie, de couleur brun-rouge, est le plus lourd de tous les organes, avec un poids d'environ 1,5 kg. Situé dans l'angle supérieur droit de l'abdomen, sous les dernières côtes, il est relié au diaphragme par le ligament suspenseur (ou falciforme). De face, sa forme évoque un triangle. Séparé en deux lobes, il est en contact avec la vésicule biliaire, les reins, une partie du duodénum, l'œsophage, l'estomac, et une portion du gros intestin. Il est fixé au duodénum par les replis péritonéaux et à la vésicule biliaire par du tissu conjonctif. Le hile hépatique, ou sillon transverse, également appelé *porte du foie*, est le point d'entrée des vaisseaux sanguins et le point de sortie des canaux biliaires. Il est situé sur la face viscérale du foie.

Le foie est un organe aux multiples fonctions, qui exécute un certain nombre de tâches essentielles au bon

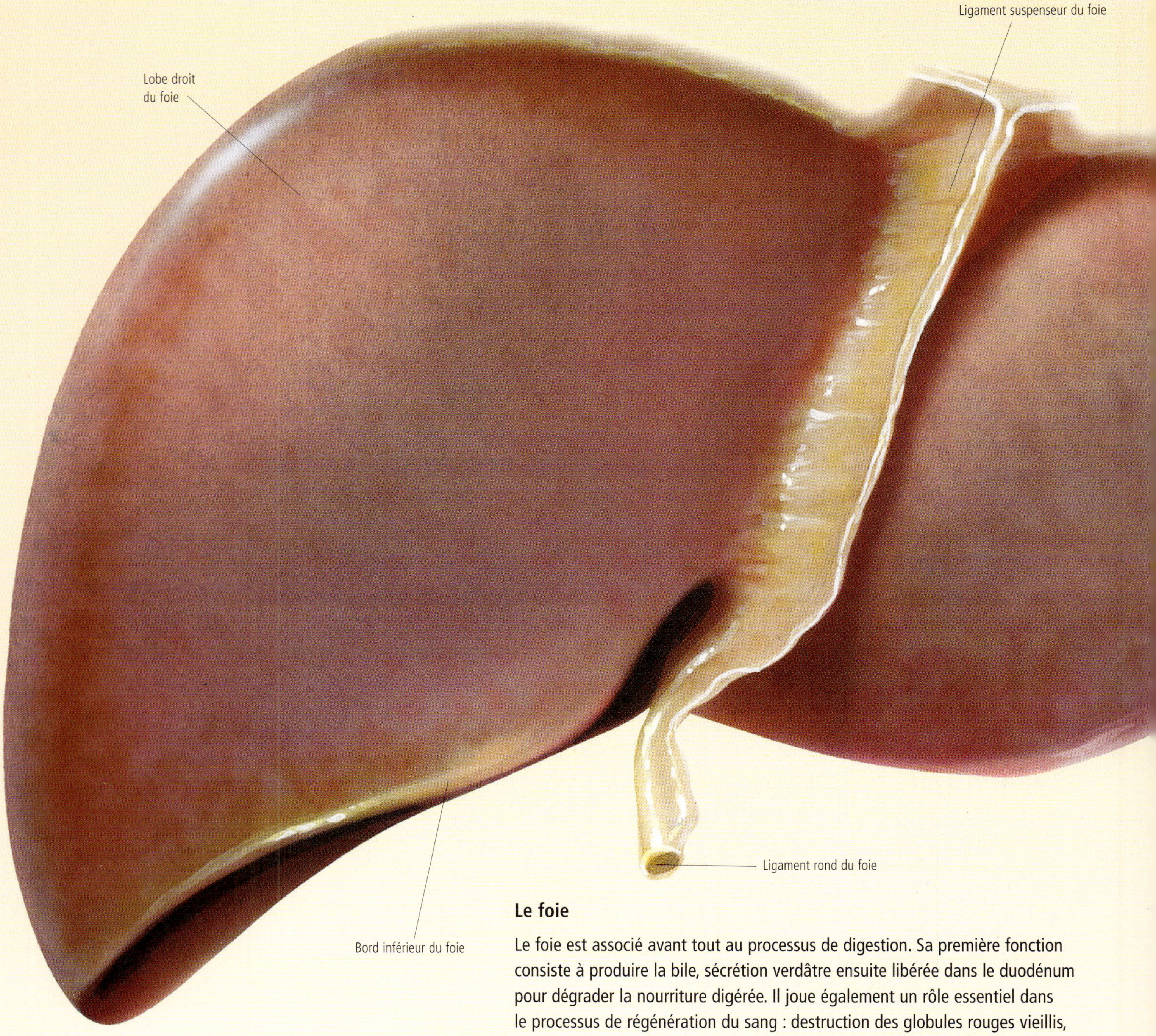

Le foie

Le foie est associé avant tout au processus de digestion. Sa première fonction consiste à produire la bile, sécrétion verdâtre ensuite libérée dans le duodénum pour dégrader la nourriture digérée. Il joue également un rôle essentiel dans le processus de régénération du sang : destruction des globules rouges vieillis, élimination des toxines et des déchets, transfert des nutriments indispensables lorsque le sang retourne cœur. Afin de maintenir les constantes hématologiques, le foie transforme et stocke le glycogène, produit de l'albumine, synthétise des facteurs de coagulation et fait des réserves en fer. Il fabrique également la vitamine A.

L'artère hépatique et la veine porte

L'artère hépatique et la veine porte sont les deux plus gros vaisseaux du foie. Elles y entrent par la porte du foie, également appelé *hile* ou *sillon transverse.*

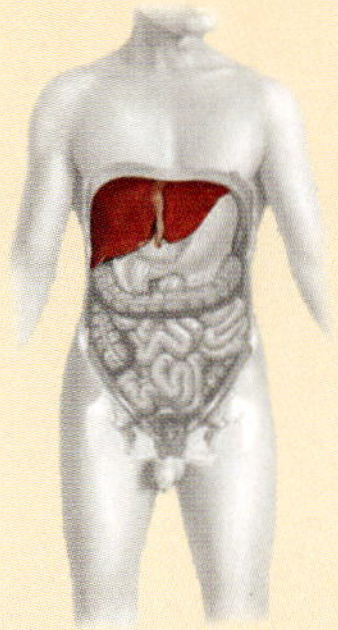

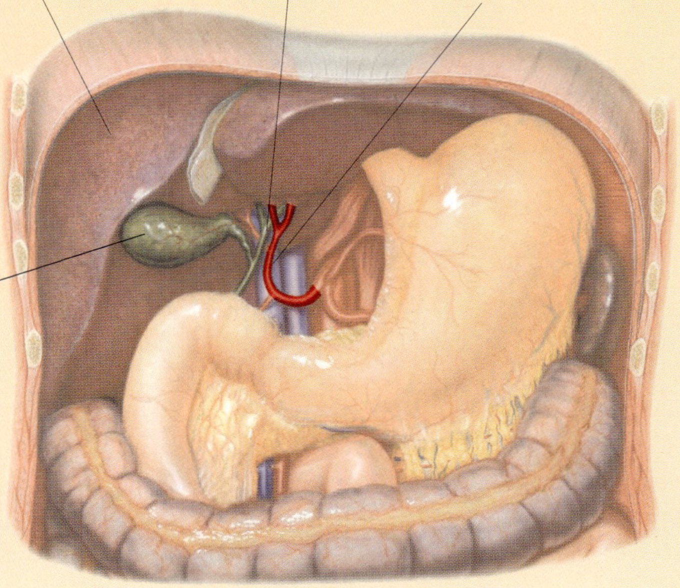

NB : sur cette illustration, le foie a été reculé pour que la position de l'artère hépatique et de la veine porte soit visible.

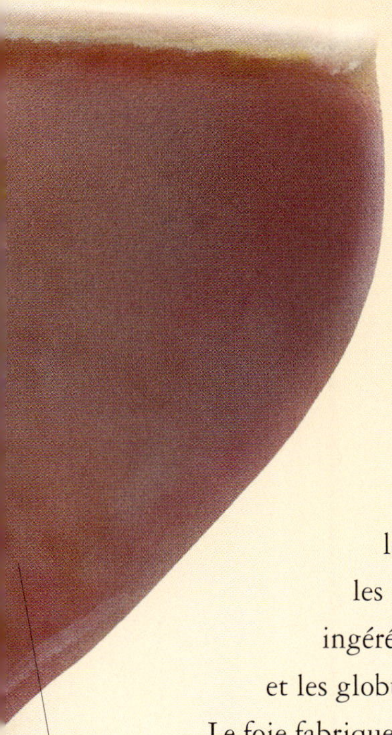

fonctionnement de notre organisme. Le sang du tube digestif passe dans le foie où le glucose est transformé en glycogène pour être stocké. En cas de besoin, le glycogène peut, à son tour, être transformé en glucose afin de maintenir le taux de glycémie nécessaire dans le sang. L'insuline et le glucagon, hormones libérées par le pancréas, jouent un rôle important dans le contrôle de cette fonction. Le foie fait également office de filtre pour le sang qu'il épure en détruisant les nutriments en excès, les toxines ingérées dans la nourriture et l'eau, et les globules rouges vieillis.

Le foie fabrique la vitamine A (ou *rétinol*), élément essentiel au maintien des tissus, stocke le fer indispensable à la production d'hémoglobine, et produit l'albumine, protéine plasmatique contenue dans le sang ainsi que différentes substances impliquées dans le processus de coagulation.

La bile produite dans le foie est ensuite libérée dans le duodénum afin de favoriser la dégradation des aliments digérés. Elle entre dans le duodénum par les canaux biliaires. Composée d'eau, de sels biliaires et d'une substance appelée *bilirubine*, la bile est recyclée en permanence. Extraite lors de son passage dans les intestins, elle retourne au foie par la veine porte.

L'ARTÈRE HÉPATIQUE

L'artère hépatique transporte environ 30 % du sang destiné au foie, le reste provenant de la veine porte. L'artère hépatique commune se divise en deux artères hépatiques, droite et gauche, qui alimentent chaque côté du foie avec du sang oxygéné.

LA VEINE PORTE

Le sang riche en nutriments est transporté depuis l'estomac, la rate, le pancréas, la vésicule biliaire et les intestins jusqu'au foie où il entre par la veine porte, tronc veineux de gros calibre mais court, qui se ramifie pour former un réseau de capillaires sinusoïdes. La veine porte accède au foie par le hile. Les globules rouges vieillis sont détruits et les bactéries éliminées.

Les nutriments en excès sont extraits du sang et stockés dans le foie. Ensuite, le sang quitte le foie par la veine hépatique et rejoint la veine cave inférieure.

LES LOBULES HÉPATIQUES

Le foie est constitué de structures hexagonales, les lobules, regroupés autour d'une veine intralobulaire (centrale) et maintenus ensemble par des branches de la veine porte, de l'artère hépatique ou des canaux hépatiques qui circulent à la périphérie des hexagones. Chaque lobule se compose de fines couches de cellules. Le sang veineux, qui sort des intestins, traverse les couches de cellules hépatiques avant d'atteindre la veine centrale. Les nutriments, les sels biliaires, les toxines et les déchets sont ensuite extraits de la veine porte, puis traités. Les veines centrales des différents lobules se regroupent et transportent le sang jusqu'aux veines hépatiques qui, à leur tour, se déversent dans la veine cave inférieure chargée de ramener le sang jusqu'au cœur.

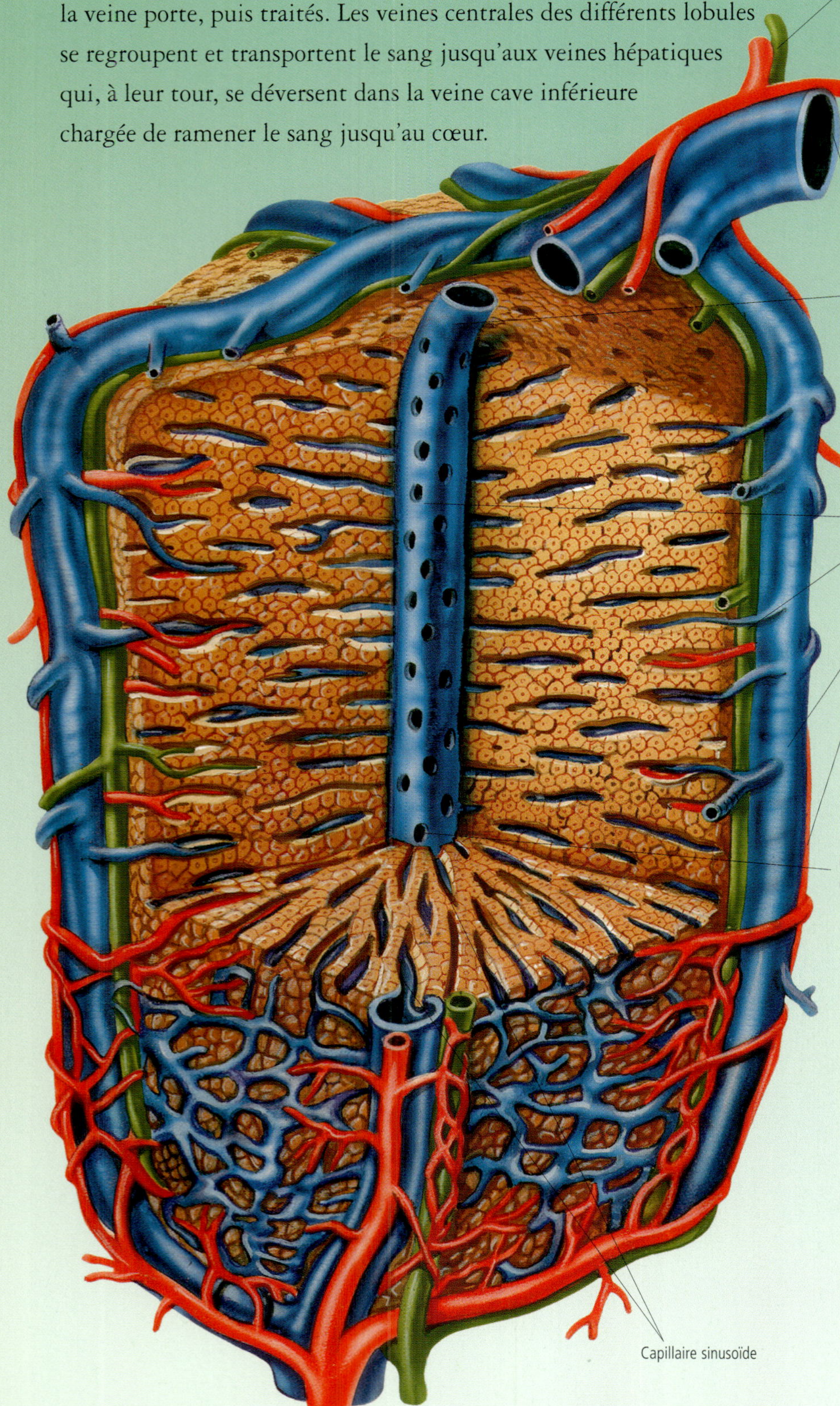

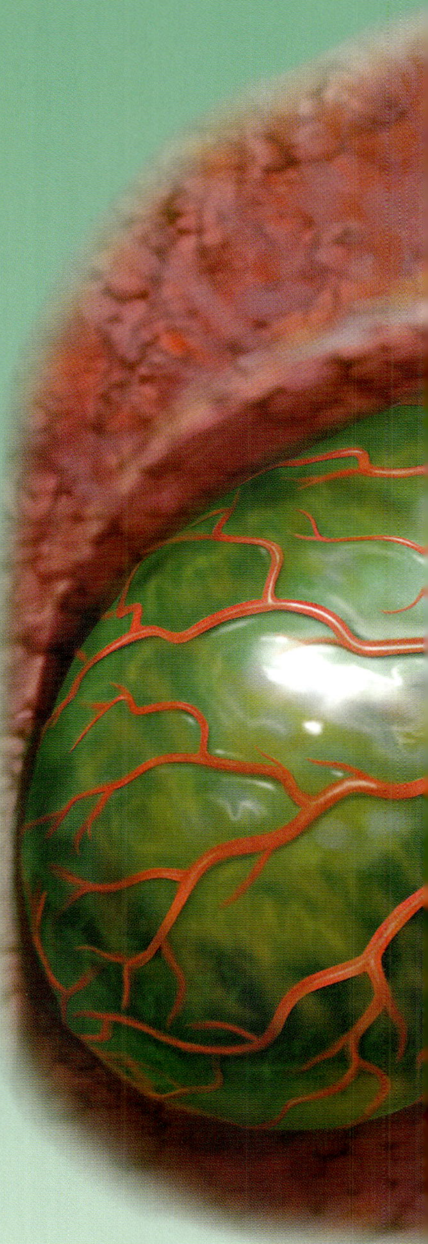

La vésicule biliaire

Petit organe en forme de bourse, la vésicule biliaire est responsable du stockage et de la concentration de la bile en provenance du foie. Lorsque c'est nécessaire, elle libère la bile dans le canal cholédoque qui la transporte jusqu'au duodénum, où elle participe au processus de digestion.

Le lobule hépatique

Chaque lobule se compose d'une superposition de couches de cellules. La veine intralobulaire (ou *centrale*) transporte le sang jusqu'aux veines hépatiques qui sortent du foie. Le sang en provenance des intestins passe par la veine porte et ses ramifications avant de retourner au cœur. L'artère hépatique et ses différentes branches contribuent largement à la vascularisation du foie. La bile produite par les cellules hépatiques est transportée jusqu'au duodénum par le canal cholédoque.

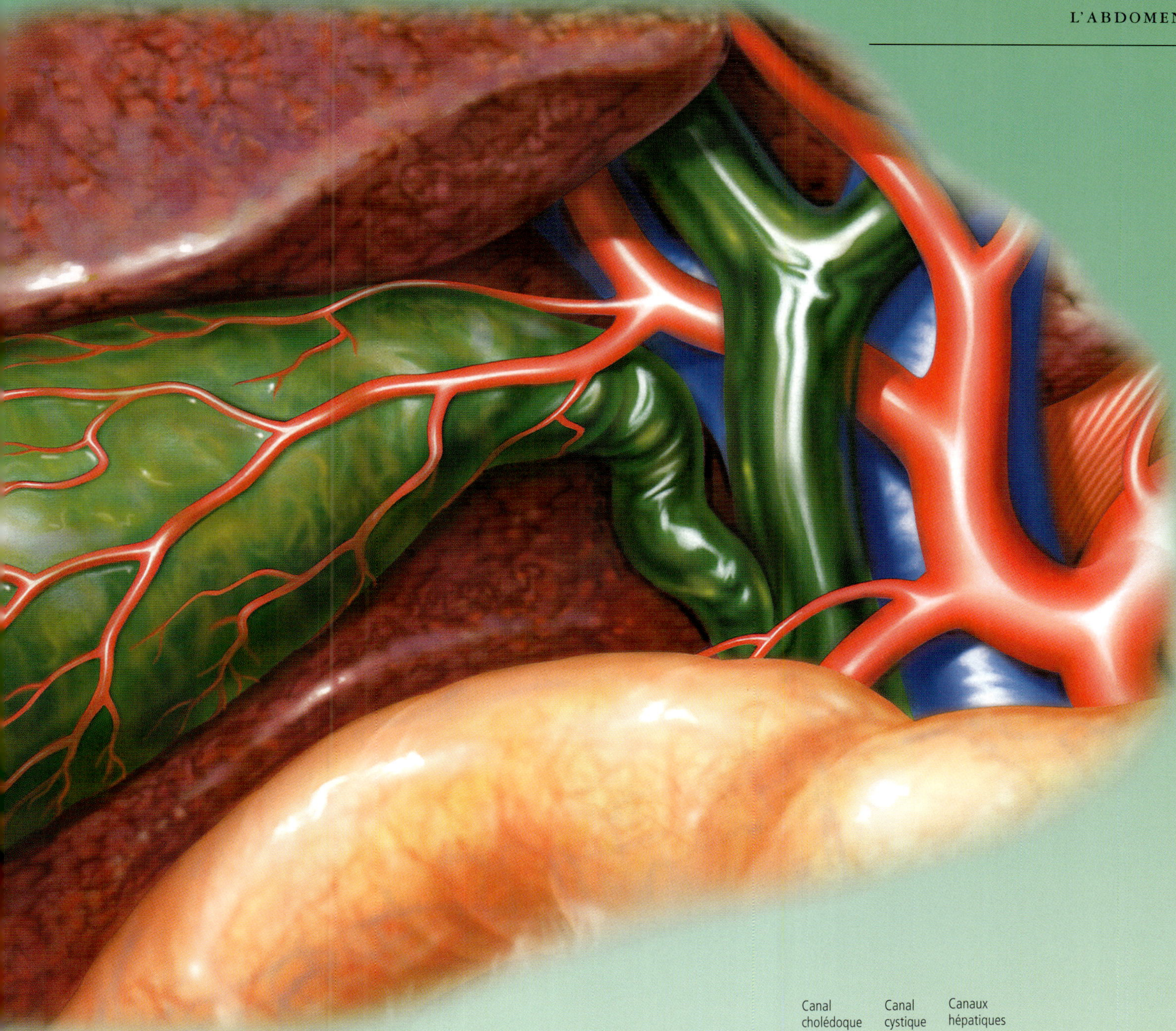

La vésicule biliaire

La vésicule biliaire est un organe de stockage pour la bile, substance produite par le foie, sous lequel elle est située. Elle fait donc partie du système biliaire. La bile, produite par les cellules hépatiques, est transportée par les canaux biliaires extra-hépatiques jusqu'à la vésicule biliaire dans laquelle elle est stockée jusqu'à sa libération dans le duodénum. La vésicule est reliée au canal cholédoque par le canal cystique. Le canal cholédoque naît de la jonction du canal hépatique commun et du canal cystique, traverse la tête du pancréas, rejoint le canal pancréatique principal (canal de Wirsung) avant de déboucher dans le duodénum où la bile est libérée. La bile participe à la dégradation des molécules en graisses, permettant ainsi leur digestion et leur absorption, puis elle est absorbée par l'intestin grêle et retourne au foie par le système veineux portal, avant d'entamer un nouveau cycle. Cette circulation de la bile entre l'intestin et le foie est appelée *circulation entéro-hépatique*.

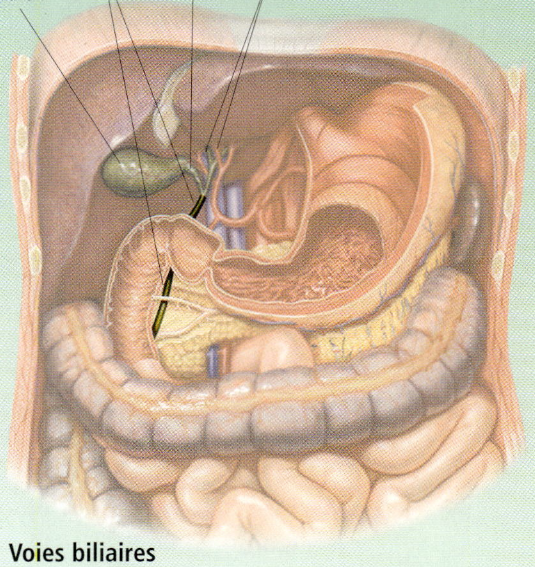

Voies biliaires

La bile est composée de bilirubine, de lécithine et des sels biliaires. Elle est transportée du foie à la vésicule dans les voies biliaires, avant d'être libérée dans le duodénum.

Le pancréas

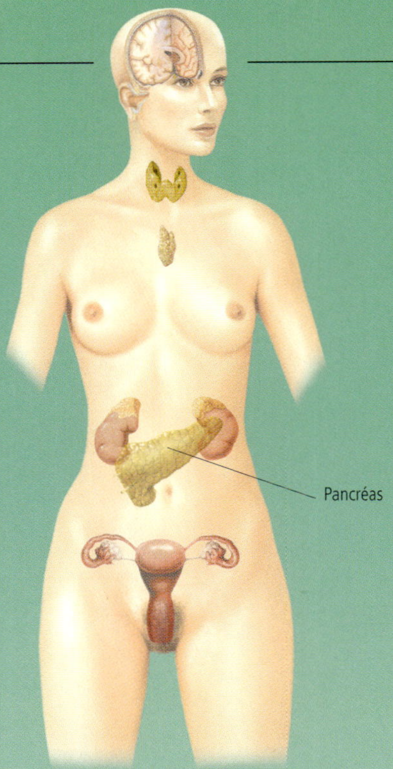

Le pancréas appartient à la fois à l'appareil digestif et au système endocrinien. Il participe au processus de digestion en déversant des enzymes dans le duodénum et fabrique des hormones (fonction endocrine).

Situé entre l'estomac et deux gros vaisseaux sanguins qui parcourent l'abdomen (artère aorte et veine cave inférieure), le pancréas, glande volumineuse en forme de fanion, est composé d'une partie large, la tête, et d'une partie plus étroite, la queue. La tête est encastrée dans le duodénum, alors que la queue est en contact avec la rate.

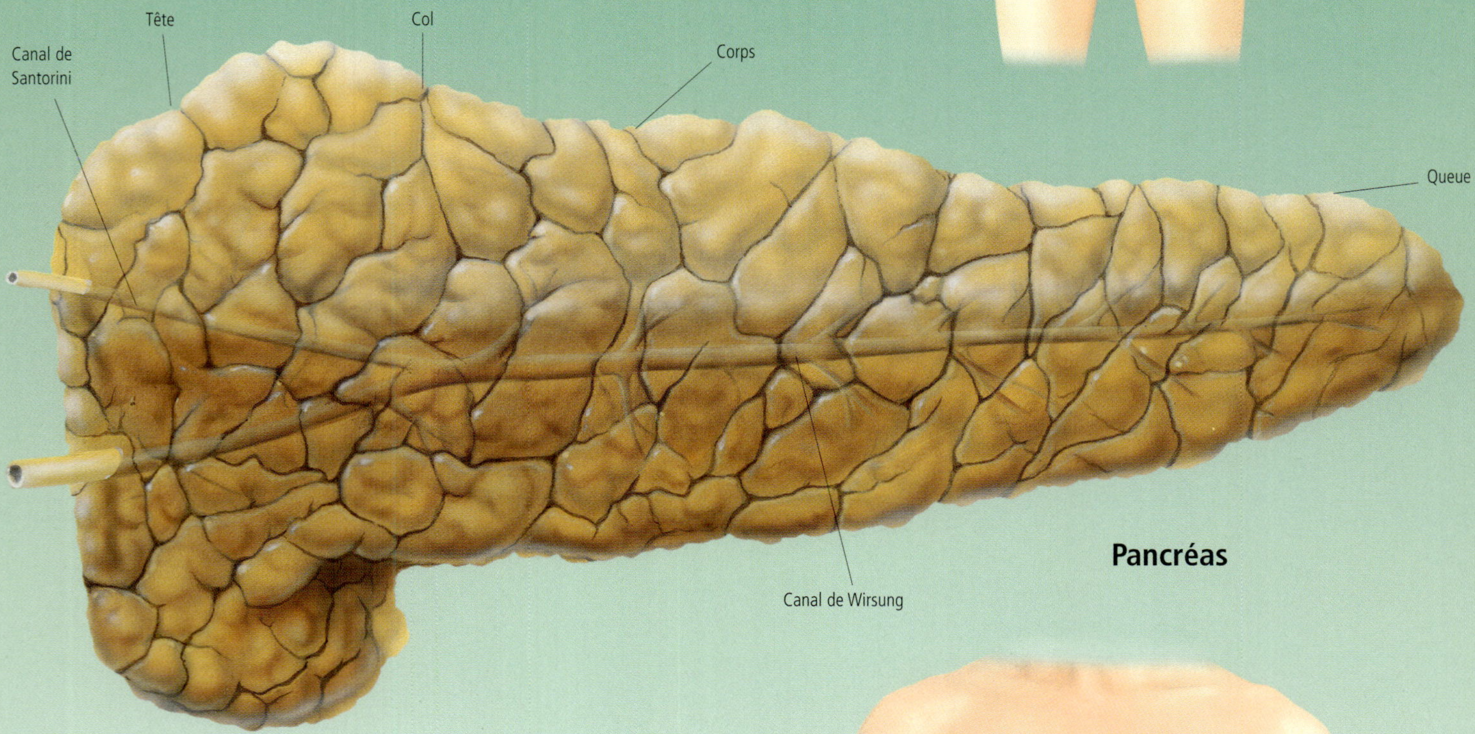

Pancréas

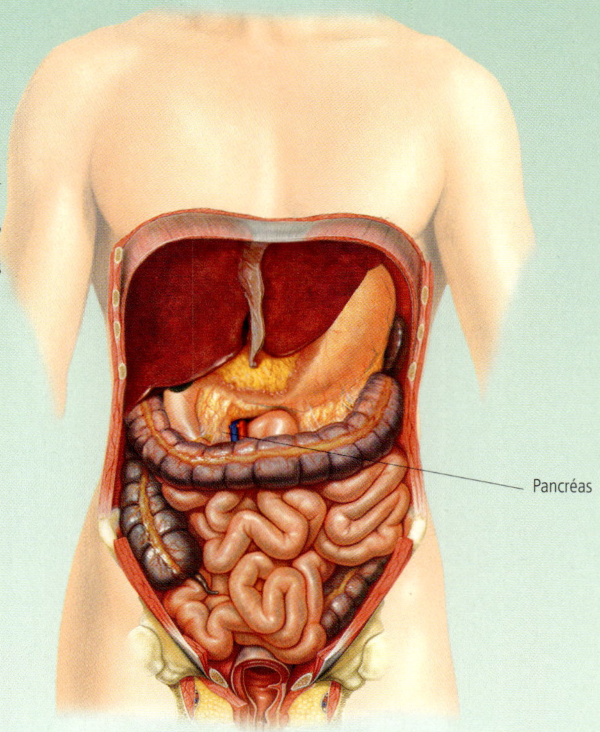

Afin de pouvoir remplir ses différentes fonctions, le pancréas est composé de cellules endocrines et exocrines. Les cellules exocrines, qui alimentent l'appareil digestif avec des enzymes produites dans le pancréas, sont les plus importantes. Un réseau de canaux transporte ces enzymes digestives jusqu'au duodénum. Un certain nombre de mesures sont en place afin d'éviter que les enzymes ne détruisent le pancréas, comme la production d'inhibiteurs chimiques des sécrétions pancréatiques et le stockage des enzymes dans des compartiments séparés.

Des groupes de cellules endocrines sont dispersés dans le pancréas et produisent des hormones, l'insuline et le glucagon, qui permettent de réguler les activités métaboliques de l'organisme. Ces hormones maintiennent et régulent le taux de glycémie dans le sang et sont fabriquées par des cellules spéciales, connues sous le nom d'*îlots pancréatiques de Langerhans*.

Les glandes surrénales (ou adrénales)

Les reins sont situés à l'arrière de la cavité abdominale et sont surmontés par les glandes surrénales, ou *adrénales*, chargées de la production et de la libération d'hormones.

De forme triangulaire et de couleur jaune-brun, les glandes surrénales se composent d'une couche externe, appelée *cortex surrénal*, et d'une couche interne, la *médulla*. De structures différentes, ces couches produisent et libèrent des hormones différentes. Les hormones produites par le cortex surrénal sont notamment les glucocorticoïdes, les minéralocorticoïdes et les hormones sexuelles stéroïdiennes. Elles jouent un rôle dans le maintien du volume des liquides, de la pression artérielle, du volume sanguin et du débit cardiaque. Elle contrôle également l'absorption du sodium. Les androgènes générés par le cortex surrénal influent sur le développement des caractères sexuels masculins. Les hormones produites par la médulla sont notamment l'épinéphrine (adrénaline) et la norépinéphrine (noradrénaline). Sécrétées en réponse à un stress, ces deux hormones accélèrent le rythme cardiaque, augmentent la quantité de sang et le niveau de glycémie dans les muscles, et dilatent les bronches, permettant ainsi à l'organisme de réagir à la situation par la fuite ou la lutte, la réponse au stress pouvant être l'une ou l'autre de ces solutions.

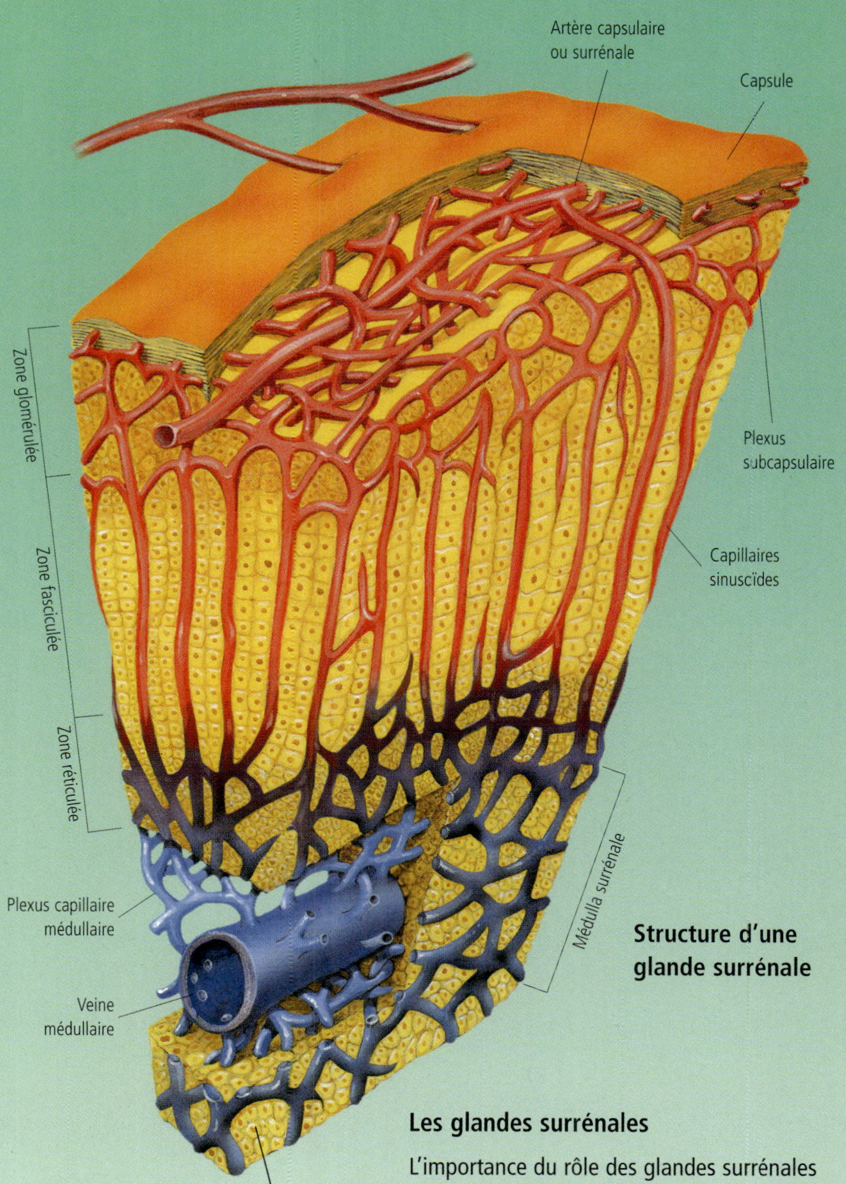

Structure d'une glande surrénale

Les glandes surrénales

L'importance du rôle des glandes surrénales est inversement proportionnelle à leur petite taille. Elles secrètent notamment les stéroïdes, qui interviennent dans le métabolisme glucidique, aident l'organisme à réagir en cas de blessure, maintiennent le volume sanguin et contribuent au développement des caractères sexuels chez l'homme.

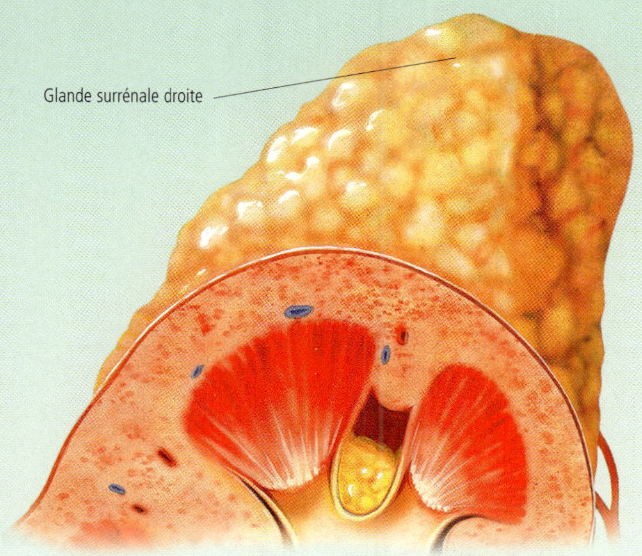

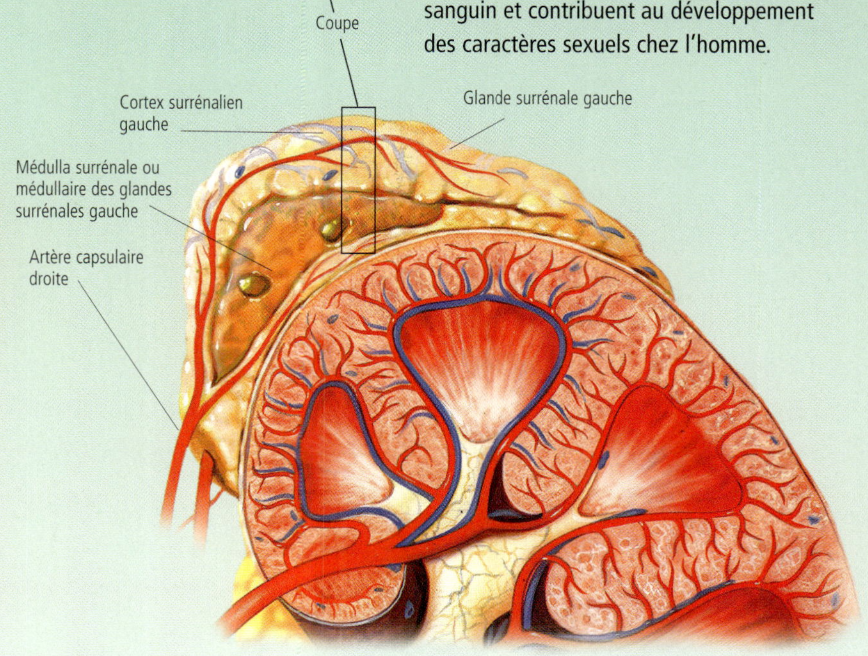

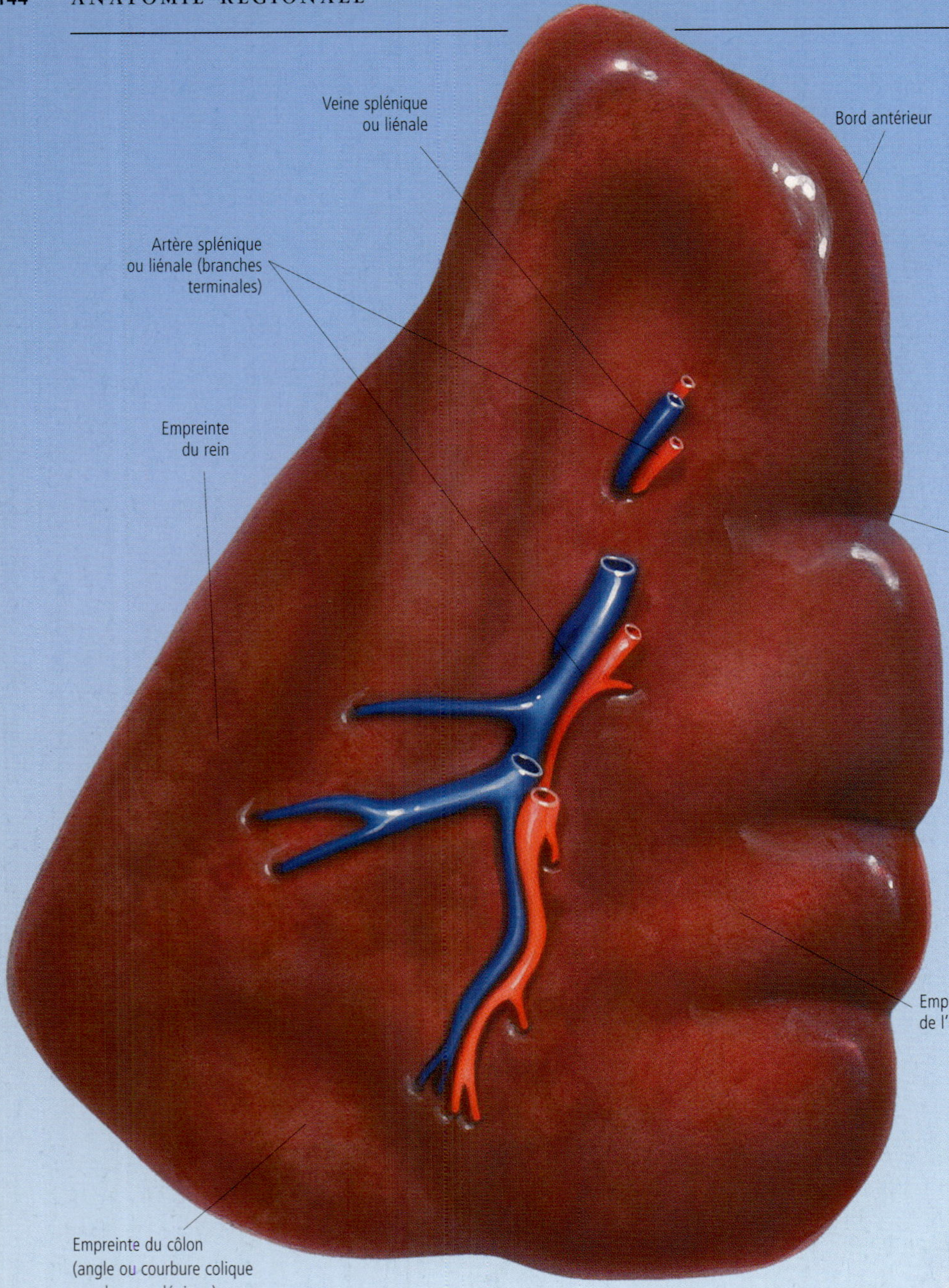

LE SAVIEZ-VOUS ?

Au dernier stade du développement fœtal, la rate fabrique les globules rouges (ou hématies), rôle qui incombe ensuite à la moelle osseuse. Cependant, si la moelle osseuse n'était plus en mesure de remplir cette fonction, la rate pourrait alors reprendre le relais.

La rate

La rate est un filtre pour le sang. Sa pulpe rouge détruit les hématies trop vieilles ou anormales. Sa pulpe blanche est un tissu lymphoïde, réservoir pour les lymphocytes indispensables au système immunitaire.

La rate

La rate est située dans la partie supérieure gauche de la cavité abdominale, sous le diaphragme, derrière l'estomac. Elle est protégée par les neuvième, dixième et onzième côtes. D'une taille semblable à celle du cœur, c'est la plus grande concentration de tissu lymphoïde de l'organisme. Elle produit et stocke les lymphocytes, ou *globules blancs*, indispensables pour la réponse immunitaire.

La rate est un organe mou, de couleur rouge, dont la texture pulpeuse provient des organes qui l'entourent, les reins, le colon et l'estomac, qui laissent une empreinte sur sa surface. Sa pulpe rouge filtre le sang et détruit les globules rouges vieillis et anormaux dans un réseau artériel complexe, les *sinusoïdes spléniques*. Au cours de la vie fœtale, elle est également chargée de fabriquer des globules rouges. Les lymphocytes, éléments essentiels du système immunitaire, sont stockés dans la pulpe blanche, qui entoure les branches de l'artère splénique.

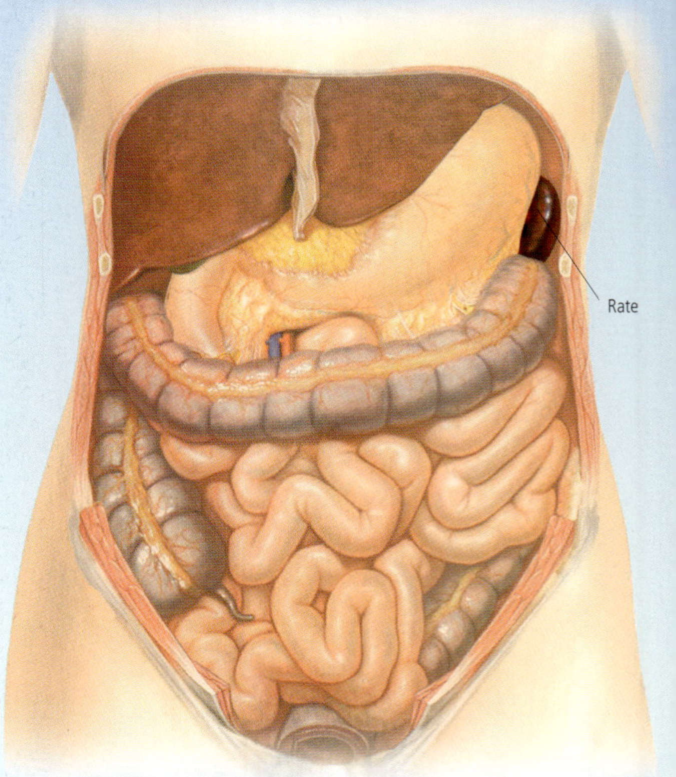

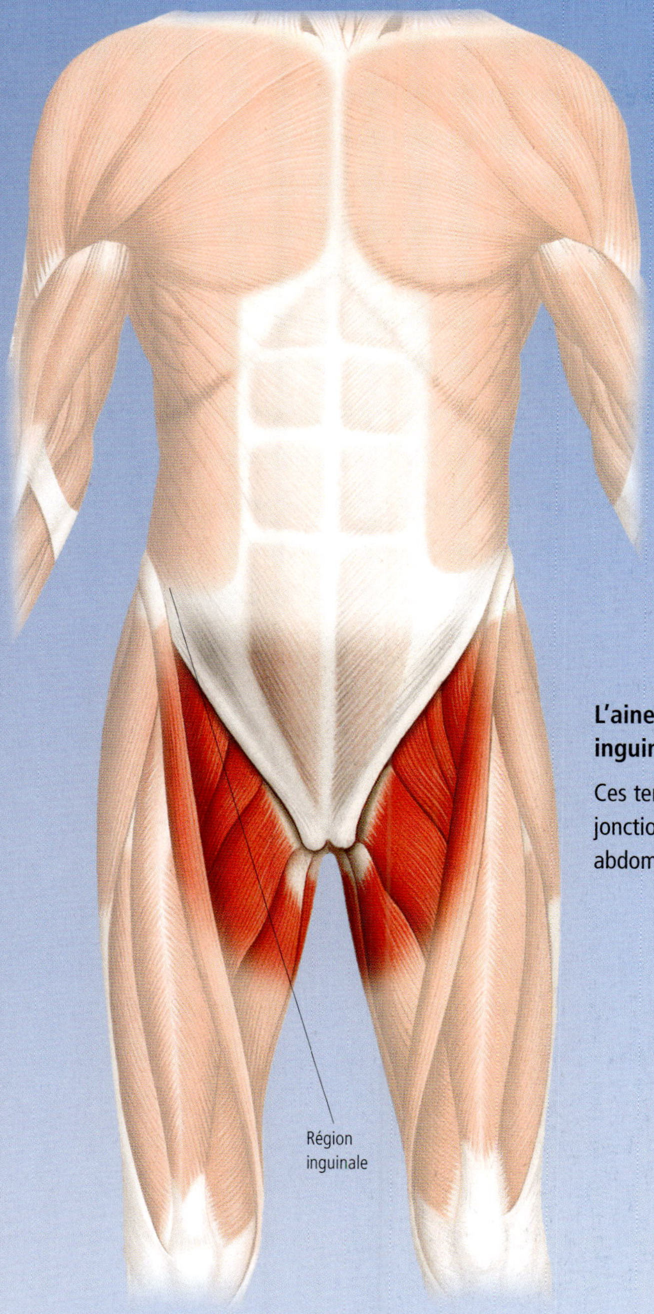

L'aine et la paroi abdominale

Connue sous le nom de région *inguinale* ou *aine*, la jonction entre l'abdomen et la cuisse renferme une forte concentration de ganglions (ou nœuds) lymphatiques, qui desservent les membres inférieurs.

Le plexus nerveux solaire

Situé juste sous le diaphragme, derrière l'estomac, le plexus solaire est un réseau nerveux extrêmement complexe qui longe l'aorte abdominale. Ces nerfs forment des ramifications dans tous les organes de la cavité abdominale, et contrôlent non seulement ces organes, mais également des fonctions comme la contraction des intestins ou les sécrétions des glandes surrénales.

L'aine ou la région inguinale

Ces termes désignent la jonction entre la cavité abdominale et la cuisse.

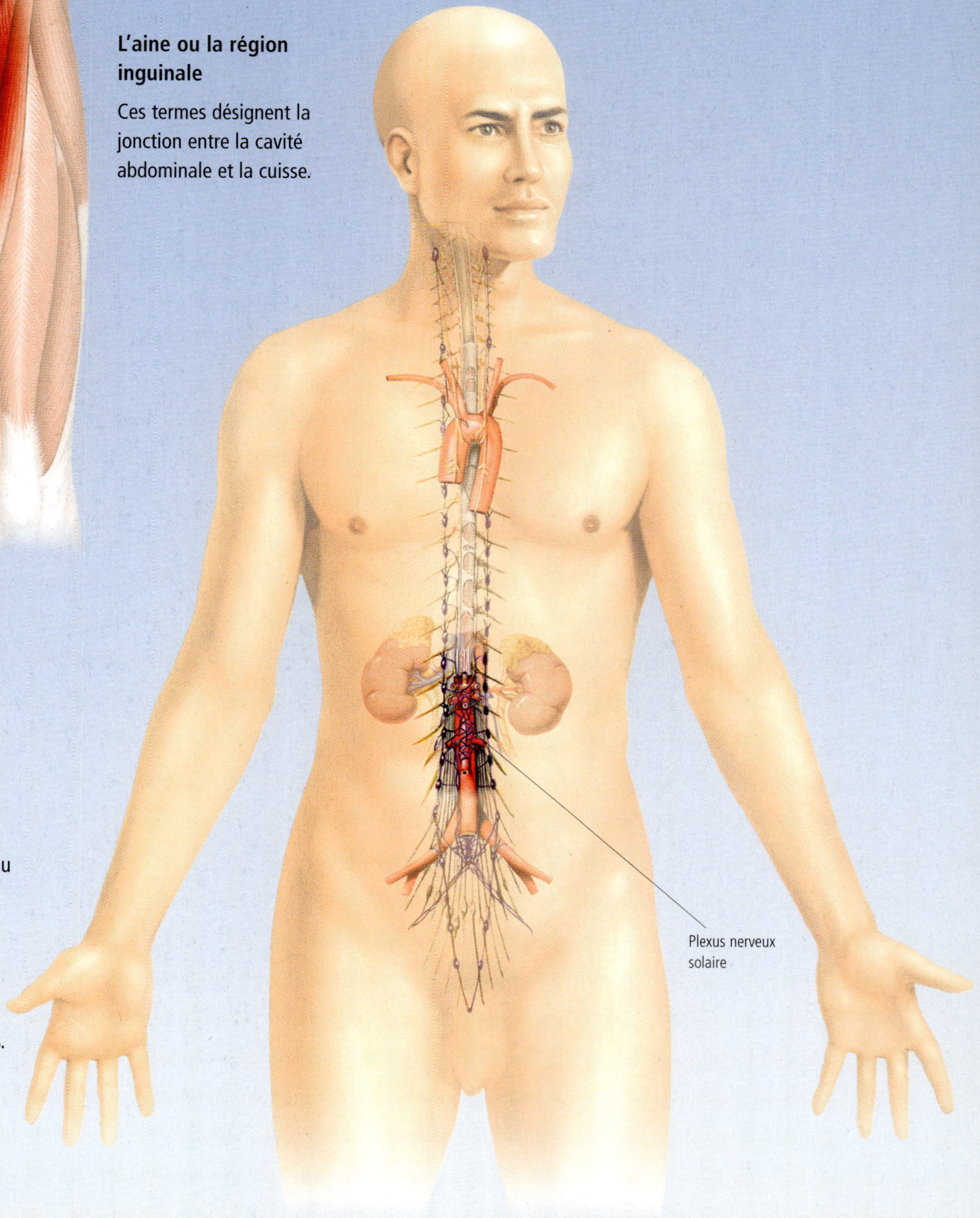

Le plexus solaire

Aussi connu comme plexus cœliaque, il doit son nom à sa proximité avec l'artère cœliaque et le creux de l'estomac. L'ensemble forme un réseau nerveux extrêmement complexe, contrôlé par le système nerveux végétatif (autonome). Ces nerfs forment des ramifications dans les organes abdominaux, permettant ainsi le maintien des fonctions vitales.

L'appareil urinaire et les organes reproducteurs

Le tractus urinaire

Situé à l'arrière de la cavité abdominale, le tractus urinaire se compose des reins, des uretères, de la vessie et de l'urètre. Les reins filtrent les déchets et l'excédent d'eau présents dans la circulation sanguine et les excrètent sous la forme d'urine. L'urine est ensuite transportée jusqu'à la vessie dans des structures tubaires appelées uretères, avant d'être évacuée par l'urètre.

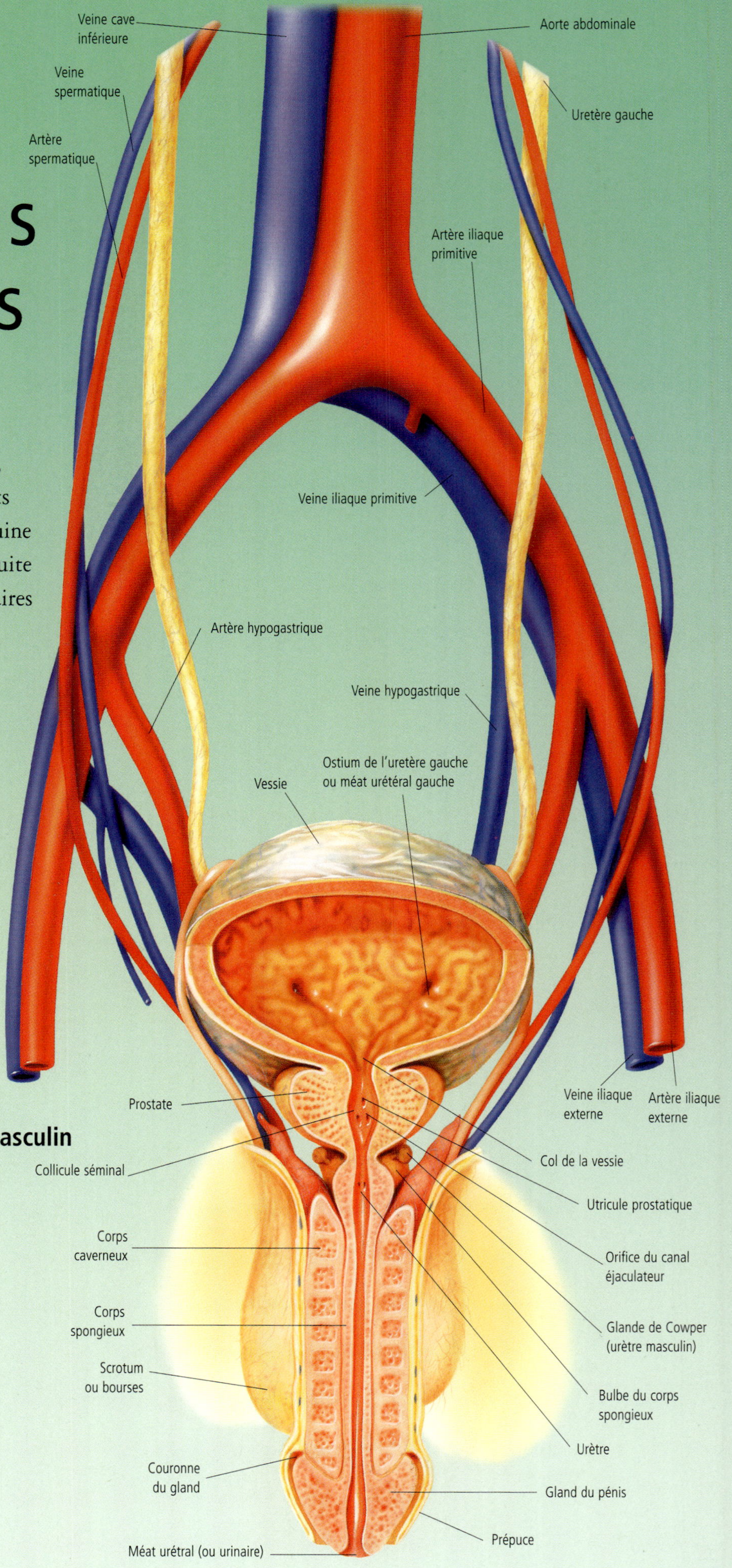

Le système urinaire masculin

L'appareil urinaire masculin se compose des reins, des uretères, de la vessie et de l'urètre. Chez l'homme, l'urètre a une double fonction : excrétrice (évacuation de l'urine) et reproductrice (passage du sperme).

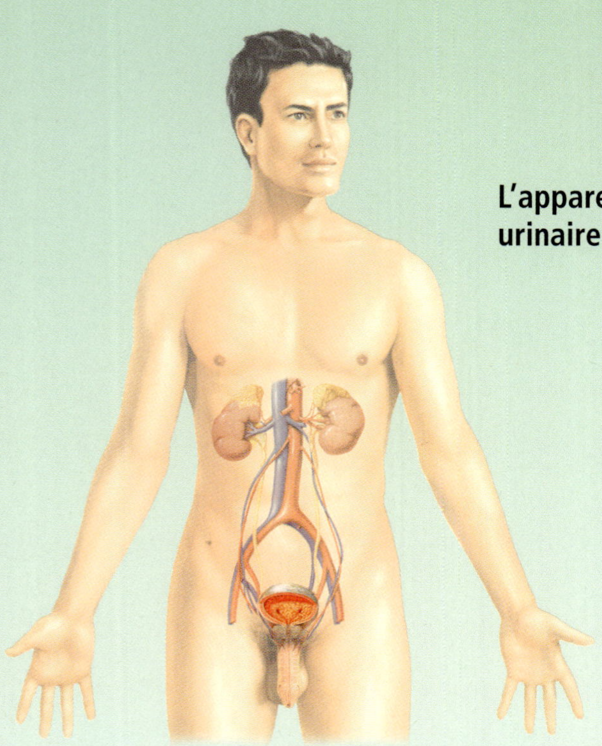

L'appareil urinaire masculin

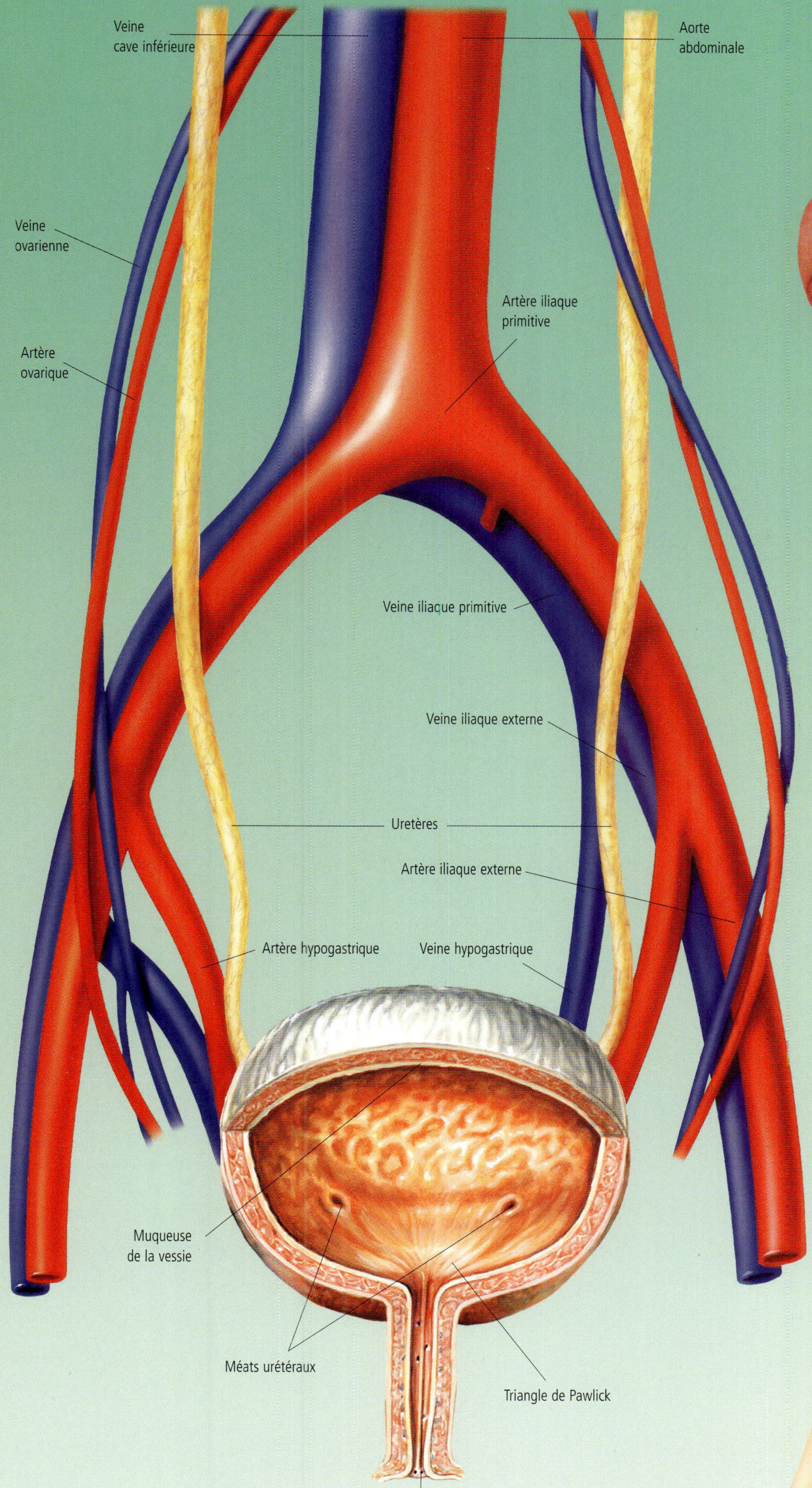

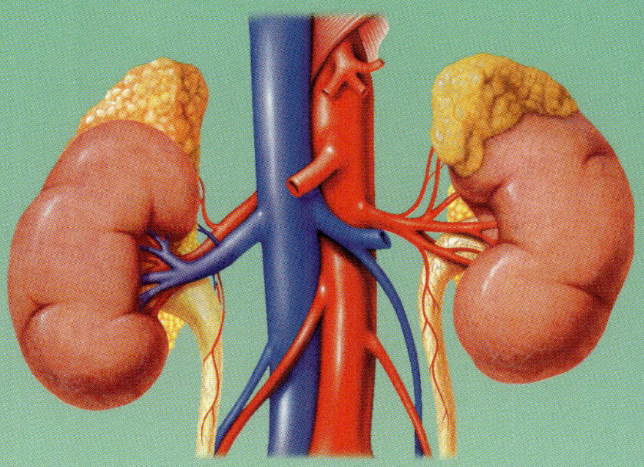

L'appareil urinaire masculin et féminin se ressemblent en termes de structure et de disposition des organes (reins et vessie). La principale différence se situe au niveau de l'urètre. Chez l'homme, l'urètre intervient dans la miction et la reproduction, étant un passage à la fois pour l'urine et le sperme. Chez la femme, il est beaucoup plus court et ne joue aucun rôle dans la reproduction.

L'appareil urinaire féminin

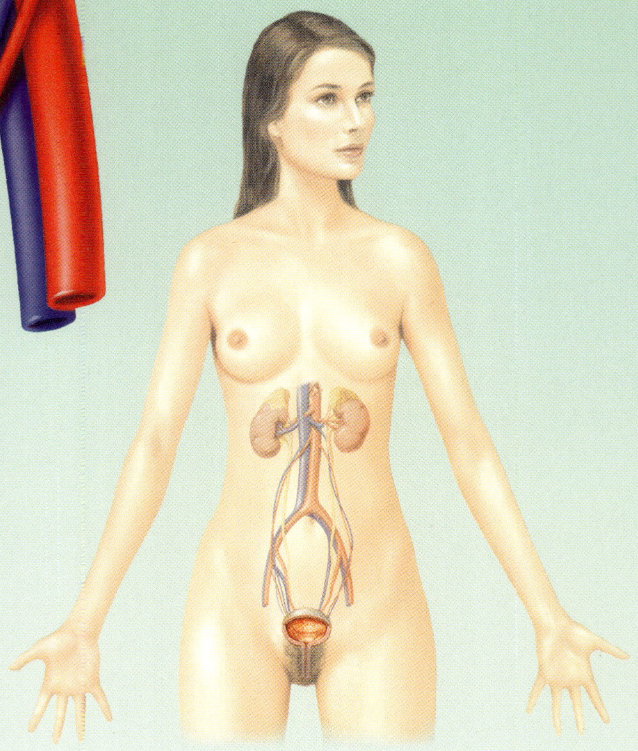

L'appareil urinaire féminin

Il ressemble en grande partie à l'appareil urinaire masculin, mais son urètre est plus court.

Reins

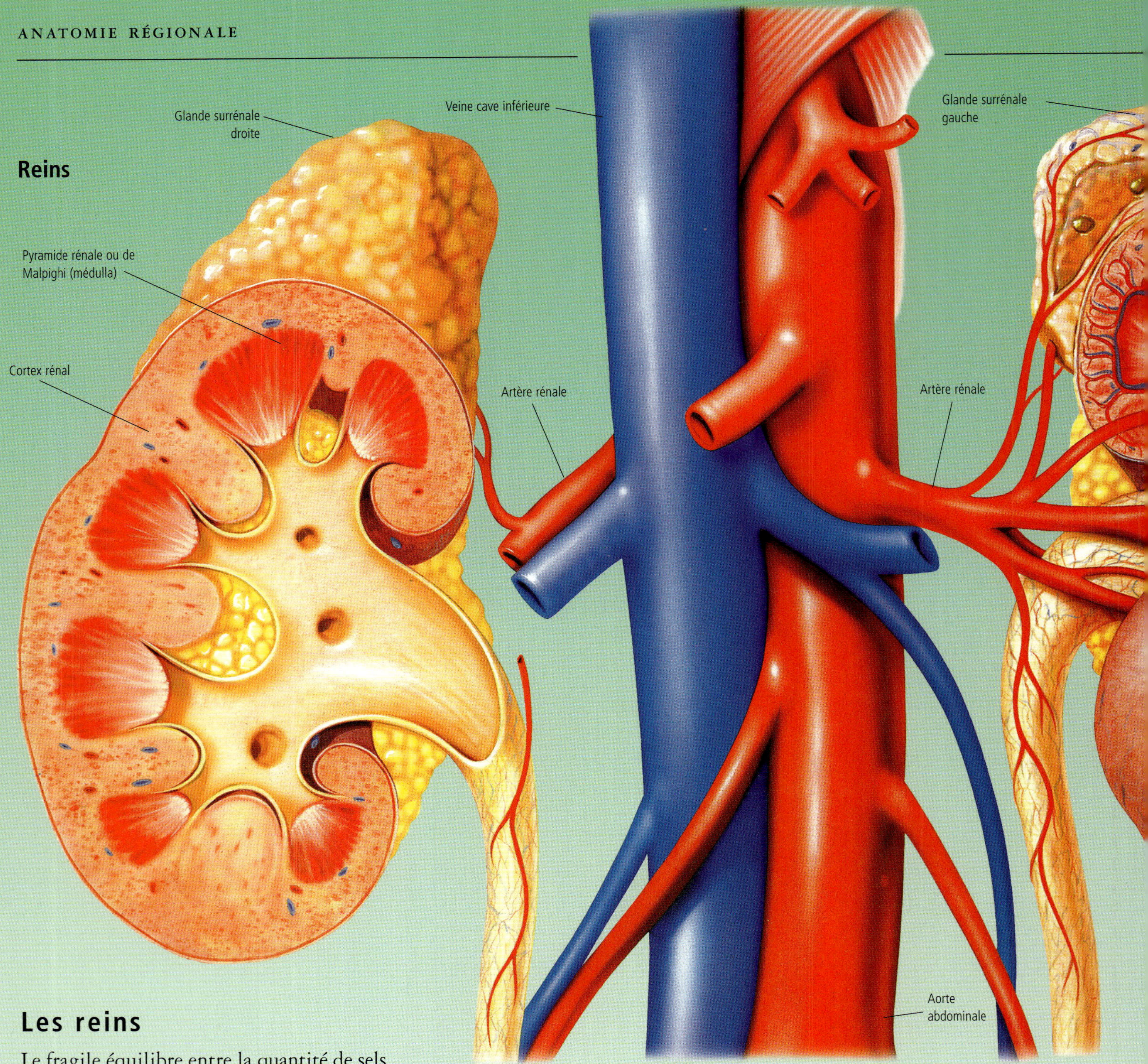

Les reins

Le fragile équilibre entre la quantité de sels et d'eau est régulé par les reins. Rattachés à la paroi arrière de la cavité abdominale par une couche de tissu conjonctif, les reins sont situés de part et d'autre de la colonne vertébrale et sont surmontés par les glandes surrénales (ou adrénales). Au centre de chaque rein, on observe une dépression, le hile, point de sortie des uretères mais également point d'entrée et de sortie des nerfs et des vaisseaux sanguins et lymphatiques. Les uretères rejoignent les reins au niveau du bassinet (ou pelvis rénal). Chaque rein est formé de deux couches, une externe, le *cortex rénal*, et une interne, la *médulla (ou médullaire rénale)*. Le cortex comble les colonnes rénales de Bertin (espaces entre chaque pyramide) et la médulla contient entre huit et dix-huit pyramides rénales de Malpighi, dont le sommet est orienté en direction du hile. Chaque rein est enveloppé dans une membrane protectrice, la *capsule rénale*.

Les reins sont chargés de filtrer le sang et d'éliminer les déchets produits ainsi que l'excédent en eau. Ils régulent également le taux de sel et le niveau d'eau. Ils répondent aux variations en libérant plus d'eau lorsque l'organisme a besoin d'en économiser ou de diluer les sels. Lorsque la quantité d'eau dans le corps est trop importante, ils excrètent l'excédent par le tractus urinaire, permettant ainsi de maintenir en permanence la quantité d'eau et de sels qui convient.

Enfin, les reins ont également une fonction endocrine. Ils libèrent l'érythropoïétine, hormone qui intervient dans l'érythropoïèse, c'est-à-dire la production de globules rouges par la moelle osseuse.

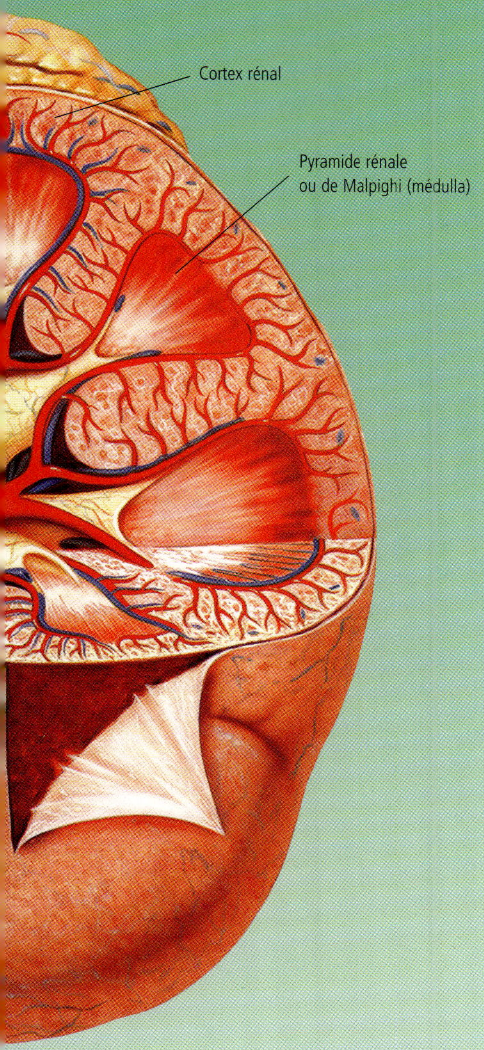

LES ARTÈRES RÉNALES

Deux des principaux vaisseaux, l'artère aorte et la veine cave inférieure, circulent dans les reins. Les artères rénales, ramifications de l'aorte, irriguent les reins. Elles pénètrent par le hile rénal, vascularisent les glandes surrénales et les uretères, avant de se diviser en deux grosses branches, antérieure et postérieure, qui elles-mêmes se ramifient jusqu'à former les capillaires qui filtrent le sang et alimentent le tissu rénal.

LE NÉPHRON

Chaque rein renferme plus d'un million de néphrons chargés de filtrer le sang. Chaque néphron s'étend entre les deux couches du rein. Dans le cortex, se trouvent les glomérules, réseau de capillaires en forme de pelote entouré par une membrane, la *capsule de Bowman*. Ensemble, ces structures filtrent le sang et produisent un liquide, le filtrat glomérulaire, constitué de sels minéraux, de déchets et d'eau. Le sang purifié repart dans la circulation, alors que le filtrat est transféré dans les tubules rénaux qui parcourent les pyramides rénales de Malpighi dans la médulla. Les éléments utiles à l'organisme sont réabsorbés par les capillaires des tubules rénaux, et remis dans la circulation générale à hauteur d'environ 99 %. Le reste est excrété dans l'urine avec les déchets produits par les capillaires des tubules rénaux.

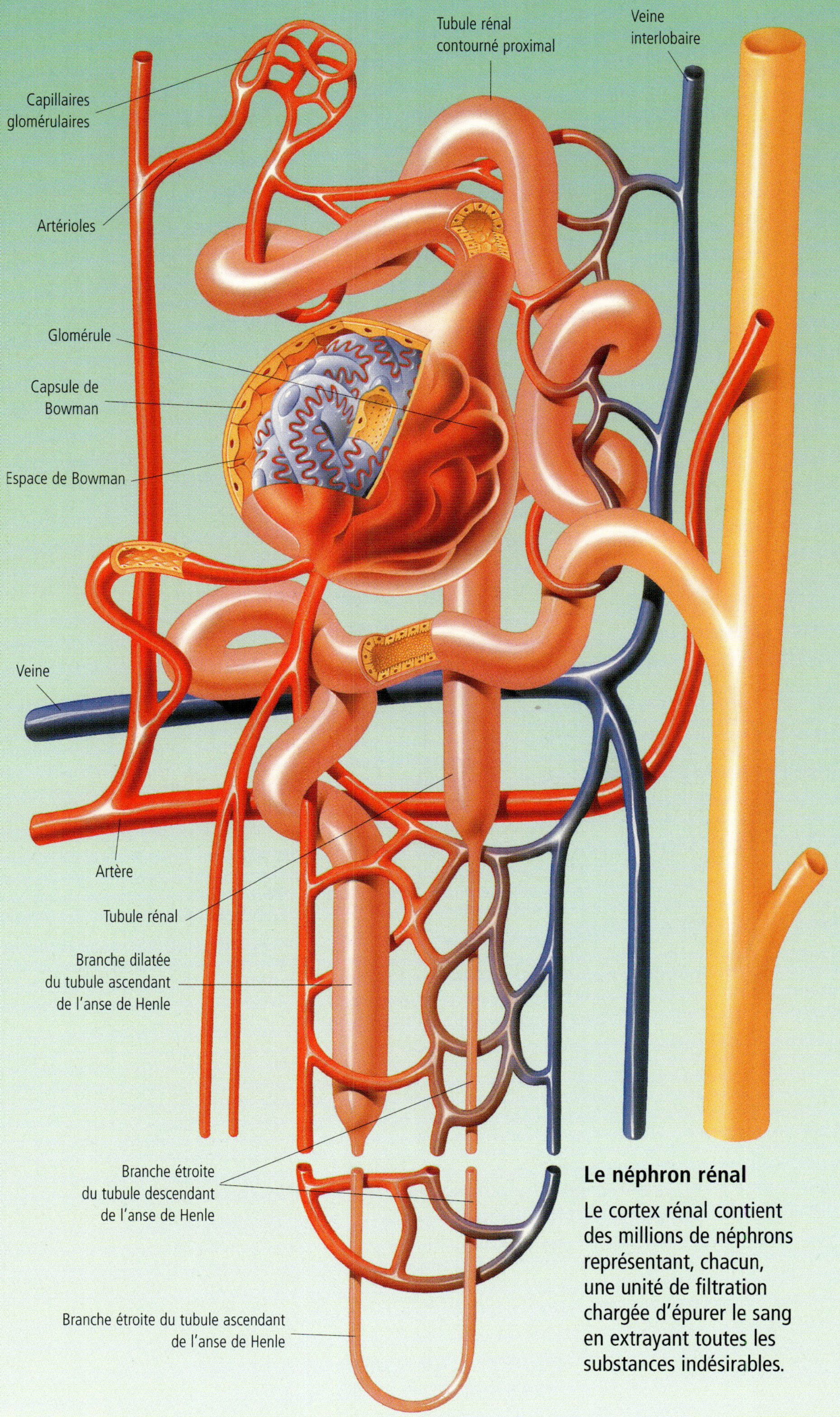

Le néphron rénal

Le cortex rénal contient des millions de néphrons représentant, chacun, une unité de filtration chargée d'épurer le sang en extrayant toutes les substances indésirables.

La vessie

La vessie est un sac musculaire situé dans la cavité pelvienne, dans lequel l'urine est stockée avant d'être expulsée. Les uretères y pénètrent par le dessus et elle est reliée à l'urètre à sa base. Ces trois orifices forment trois coins, ce qui vaut à cette région l'appellation de *trigone vésical*. L'urine excrétée par les reins circule dans des uretères jusqu'à la vessie. Sa progression est contrôlée par la contraction et le relâchement du muscle lisse. Lorsque la vessie est pleine, le col vésical se relâche pour libérer l'urine dans l'urètre. Ce réflexe normal peut être retenu jusqu'à ce qu'il soit possible de soulager la vessie. En temps voulu, la vessie se vide par l'urètre. Chez l'adulte, la capacité de la vessie est d'environ un demi-litre. Chaque jour, 700 ml à 2 l d'urine sont éliminés de l'organisme.

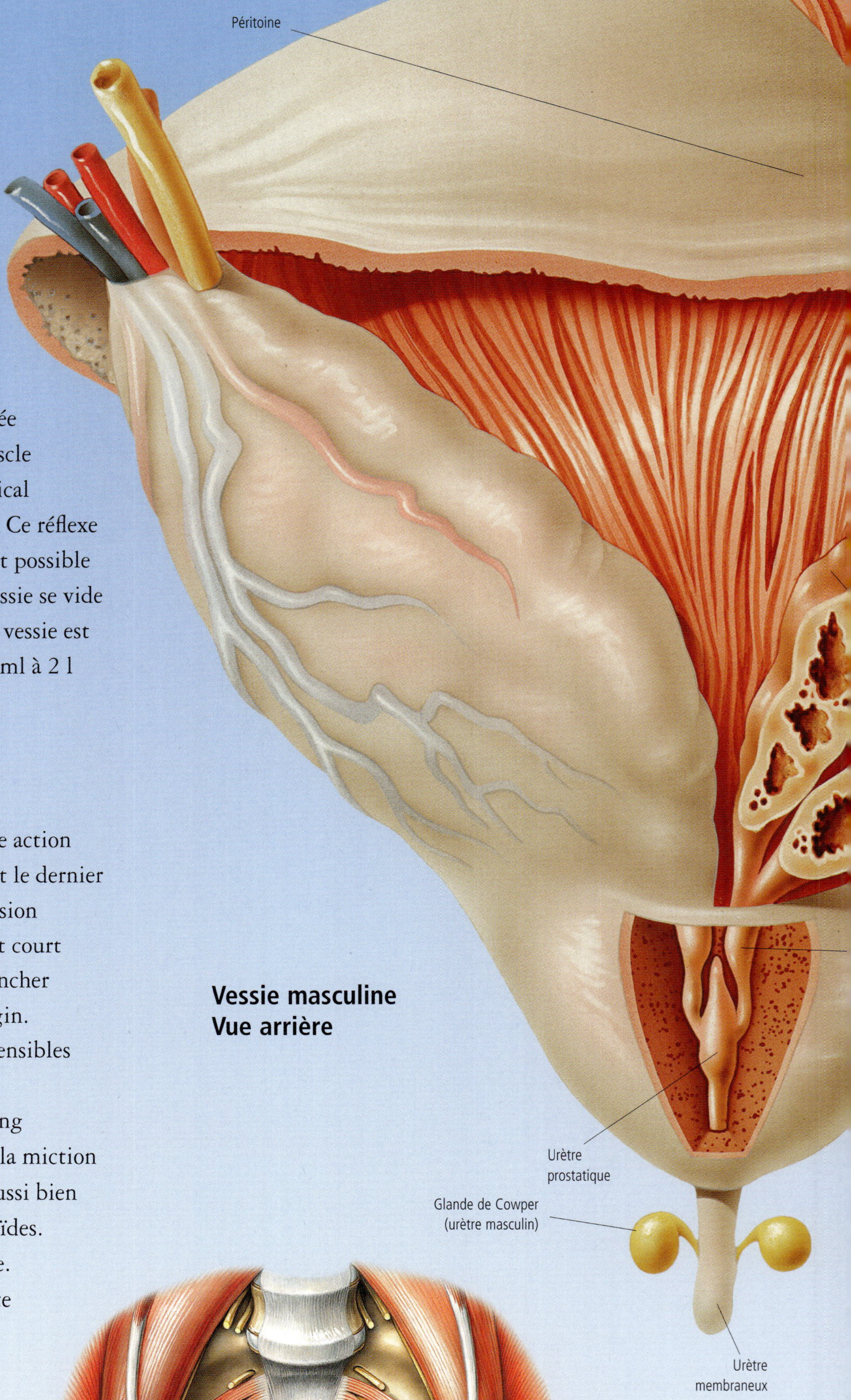

Vessie masculine Vue arrière

L'urètre

La libération de l'urine dans l'urètre est une action volontaire, que nous contrôlons. L'urètre est le dernier point de passage de l'urine avant son expulsion (miction). L'urètre féminin est relativement court (environ 3 cm), traverse directement le plancher pelvien et s'ouvre en face de l'entrée du vagin. Ceci explique que les femmes soient plus sensibles aux infections urinaires que les hommes.

L'urètre masculin est nettement plus long (environ 20 cm) et intervient au niveau de la miction et de la reproduction, puisqu'il participe aussi bien à l'expulsion de l'urine que des spermatozoïdes. La prostate est située juste derrière la vessie. L'urètre part de la vessie, traverse la prostate (qui l'entoure) dans laquelle il est rejoint par le canal déférent et se prolonge jusqu'au sommet du gland du pénis.

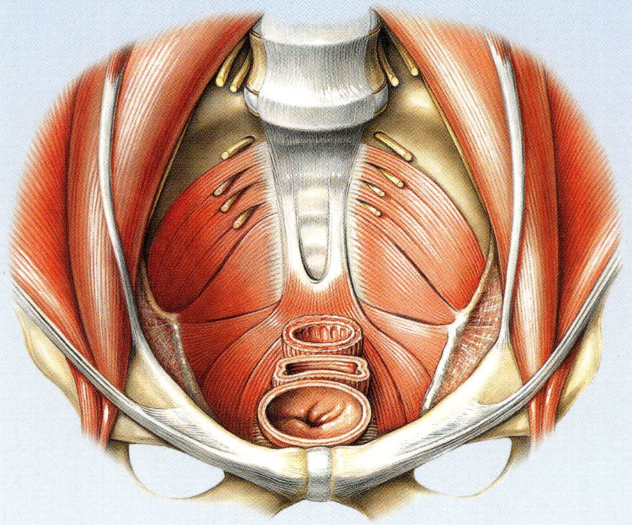

Les muscles du plancher pelvien

Les muscles du plancher pelvien soutiennent les organes situés dans la cavité pelvienne, notamment la vessie et, chez l'homme, la prostate. Le plancher pelvien comporte plusieurs ouvertures, dont une qui permet à l'urètre de s'ouvrir à l'extérieur du corps.

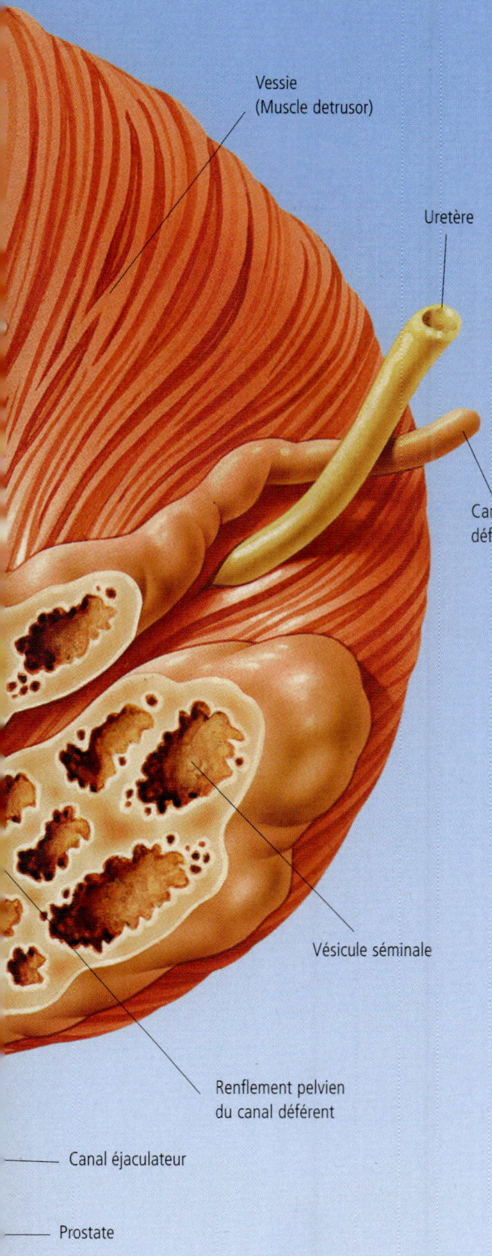

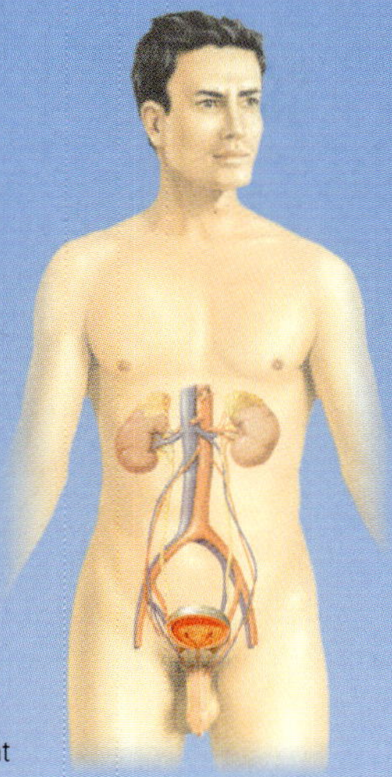

La vessie masculine

La vessie est un sac musculaire dans lequel l'urine est stockée. Lorsque la vessie est pleine, l'urine est libérée et passe dans l'urètre (qui traverse la prostate et le pénis). Elle est évacuée par un orifice situé à l'extrémité de la verge.

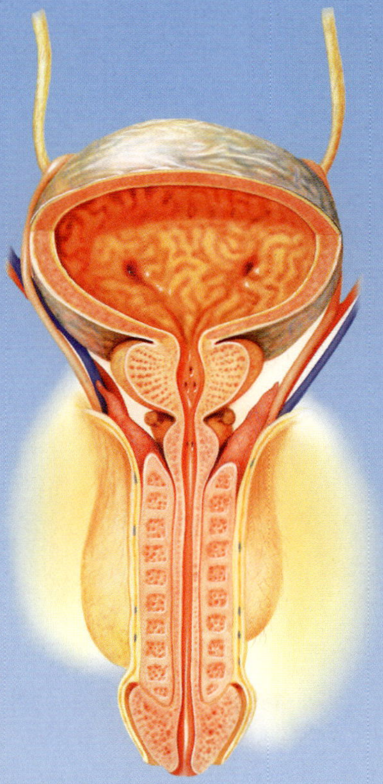

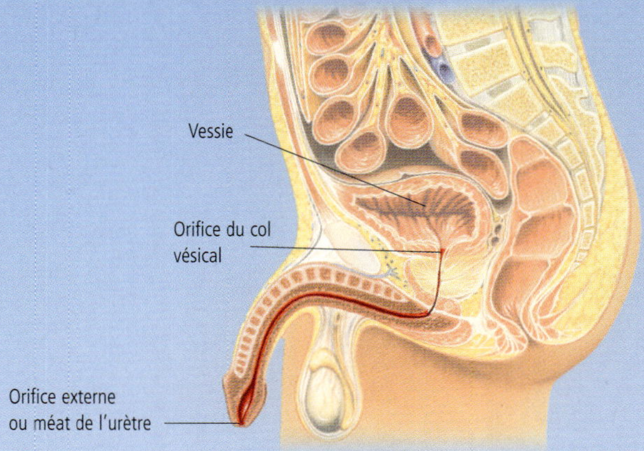

L'urètre masculin

Chez l'homme, l'urètre est un conduit pour l'urine et le sperme. Il relie la vessie et les canaux déférents depuis la prostate jusqu'à l'extérieur du corps.

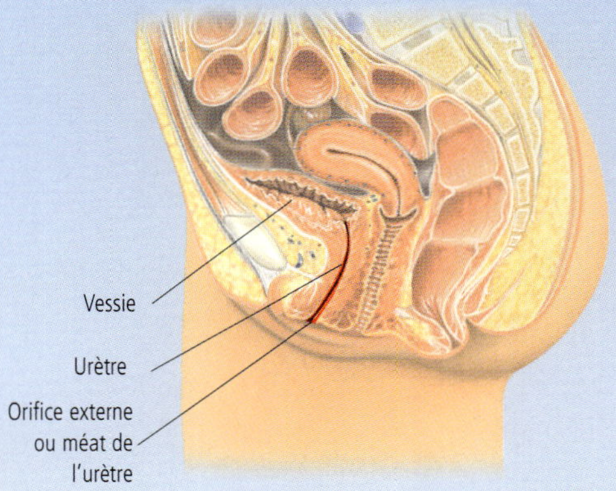

L'urètre féminin

L'urètre féminin est relativement court. Après avoir traversé le plancher pelvien, il débouche à l'extérieur par un orifice situé juste en face du vagin.

Les muscles sphincters (ou sphinctériens)

Les muscles sphinctériens du tractus urinaire sont circulaires et contrôlent la libération de l'urine. Lorsqu'ils sont relâchés, l'urine peut s'écouler par l'orifice, mais lorsqu'ils se contractent, l'orifice est hermétiquement fermé, bloquant ainsi l'urine dans la vessie.

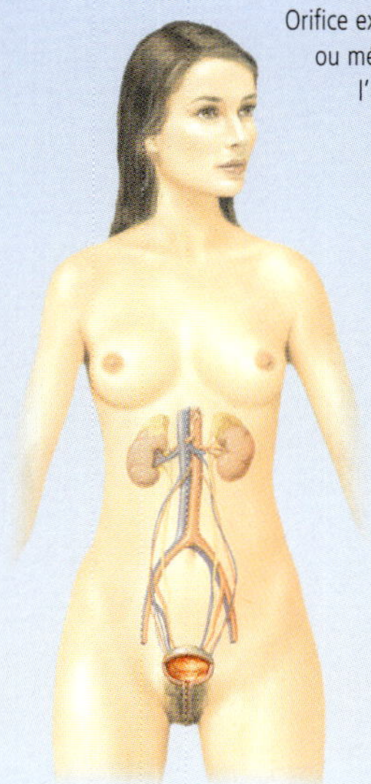

La vessie féminine

Elle ressemble à celle de l'homme, mais son urètre est beaucoup plus court. L'utérus est situé immédiatement au-dessus.

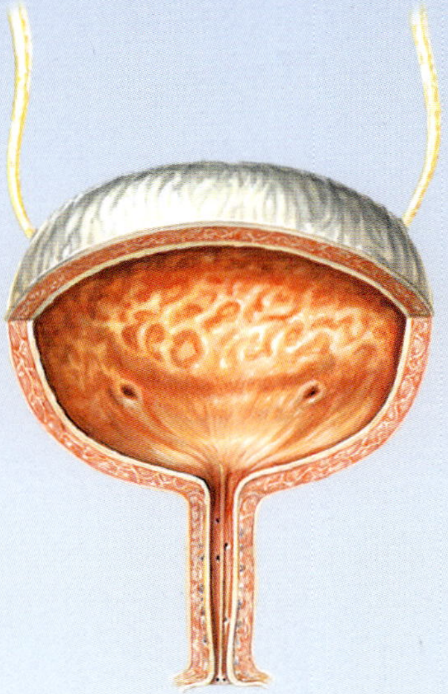

Les organes reproducteurs masculins

Les organes reproducteurs masculins sont les testicules, l'épididyme, la prostate et le pénis.

LA PROSTATE

La prostate est située autour de l'urètre et du col de la vessie. Composée de tissu musculaire et glandulaire, elle a la forme d une pyramide inversée et contient deux principaux groupes de glandes. Elle est raccordée à l'urètre par des canaux qui transportent ses sécrétions mélangées aux spermatozoïdes. Les sécrétions de la prostate et des vésicules séminales contiennent du glucose et des enzymes qui donnent aux spermatozoïdes l'énergie nécessaire pour atteindre l'ovule. Les sécrétions prostatiques représentent environ 25 % du volume du liquide séminal.

LE PÉNIS

Comme l'urètre, le pénis a une fonction urinaire et reproductrice puisqu'il transporte le sperme et l'urine à l'extérieur de l'organisme. Il se compose de deux cylindres latéraux, les *corps caverneux*, et d'un troisième, constitué de tissu spongieux, qui abrite l'urètre. Ces trois cylindres sont enveloppés d'une couche de tissu conjonctif. Au sommet du pénis, l'urètre comporte un renflement, le *gland*, zone extrêmement sensible, recouverte d'une peau protectrice, le *prépuce*, chez les hommes qui ne sont pas circoncis.

Les espaces entre les corps spongieux sont remplis de sang. Le mécanisme de l'érection est contrôlé par le système nerveux végétatif (autonome). Lorsque le débit sanguin des espaces qui séparent les différents cylindres est interrompu par la fermeture des veines, les cylindres se gorgent de sang, ce qui provoque l'érection. L'érection cesse à l'ouverture des veines, lorsque le sang repart dans la circulation générale.

Les organes reproducteurs masculins

Le sperme, fabriqué dans les testicules, passe dans le canal déférent qui rejoint le canal de la vésicule séminale pour former le canal éjaculateur. Les sécrétions de la prostate et de la vésicule séminale se mélangent au sperme lors de l'éjaculation, formant ainsi le liquide séminal.

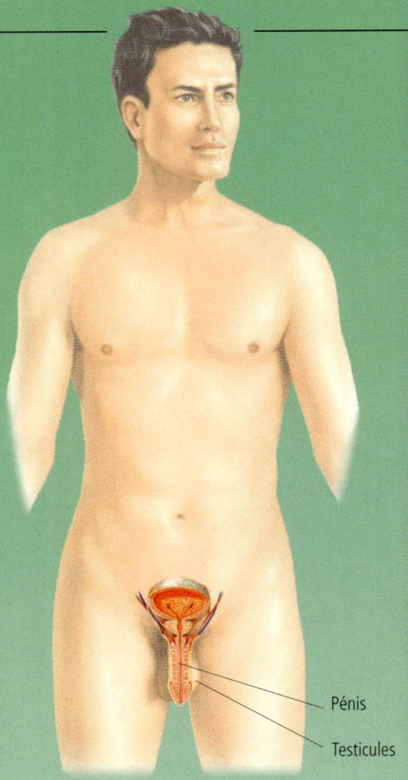

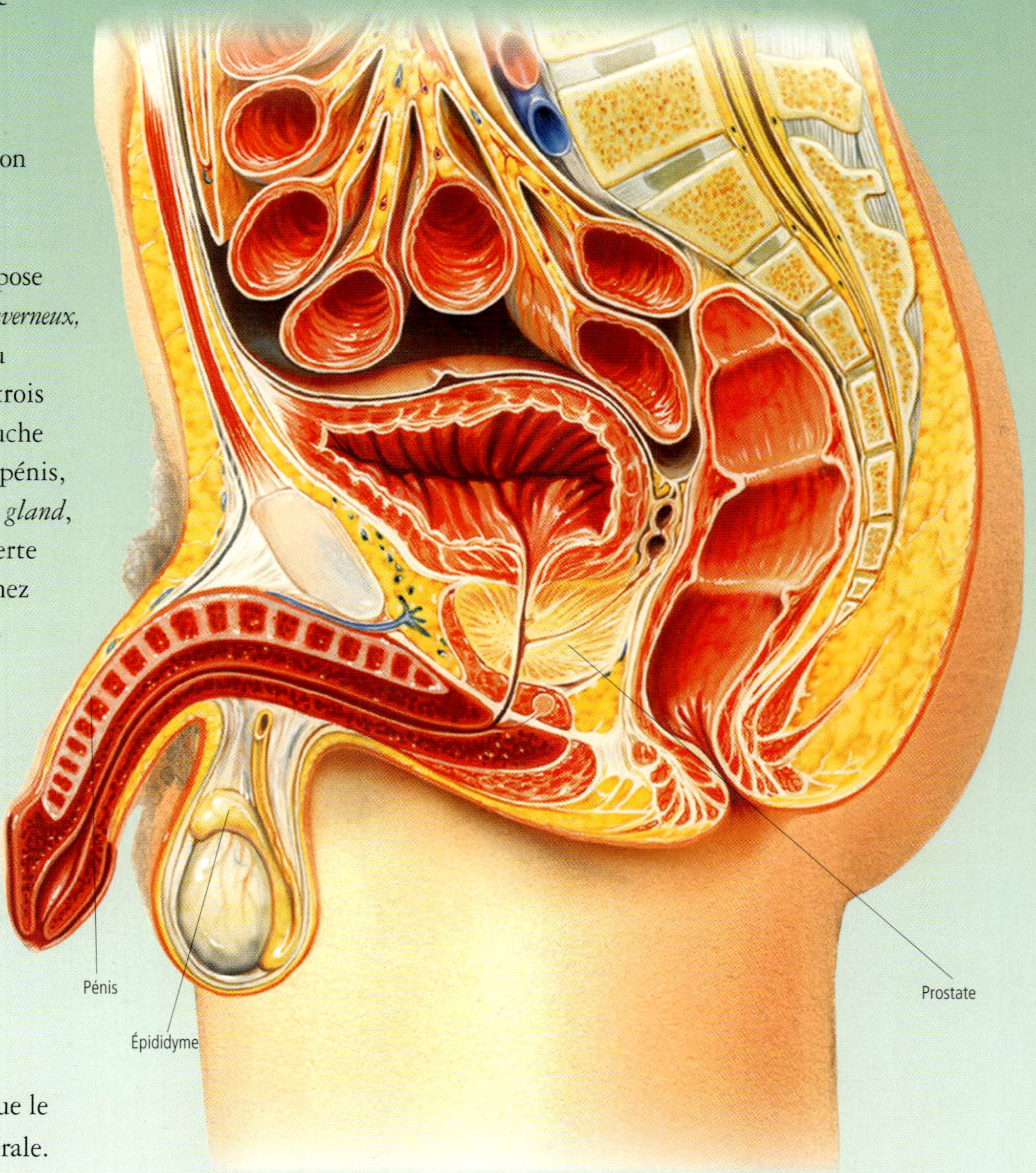

Le pénis

Le pénis est l'organe externe de l'appareil reproducteur et urinaire chez l'homme, grâce auquel l'urine et le sperme sont expulsés.
Le pénis est fixé au pubis par du tissu conjonctif. Il se compose de trois couches de tissu érectile et d'une couche externe de tissu conjonctif. Lorsqu'il est stimulé, il se gorge de sang, ce qui provoque une érection.

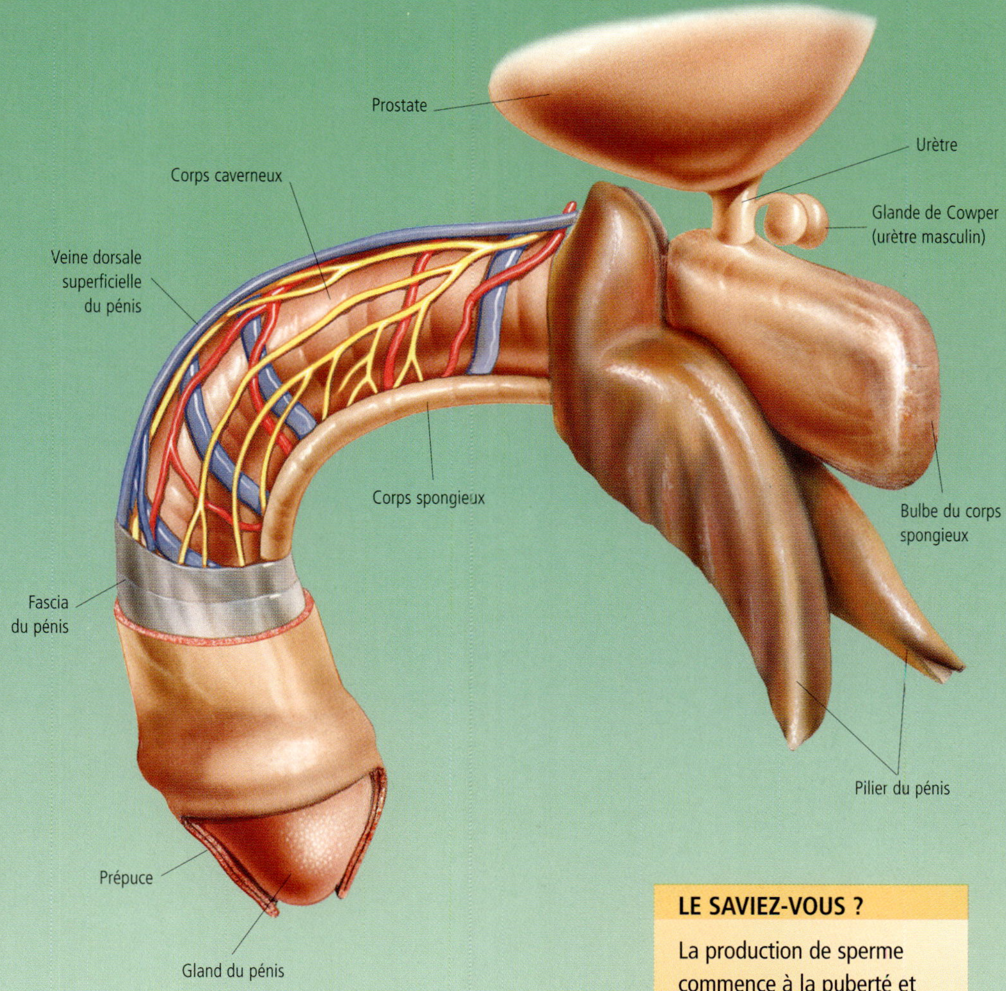

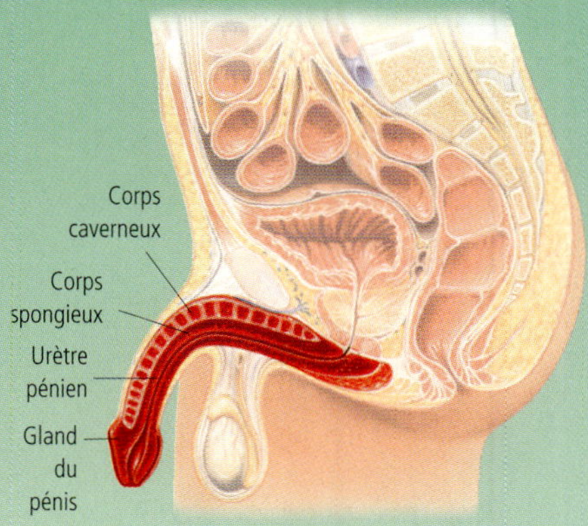

La prostate

La prostate, située derrière la vessie, sécrète des substances nécessaires à la fabrication du liquide séminal. Elle est constituée de tissu glandulaire et de tissu musculaire.

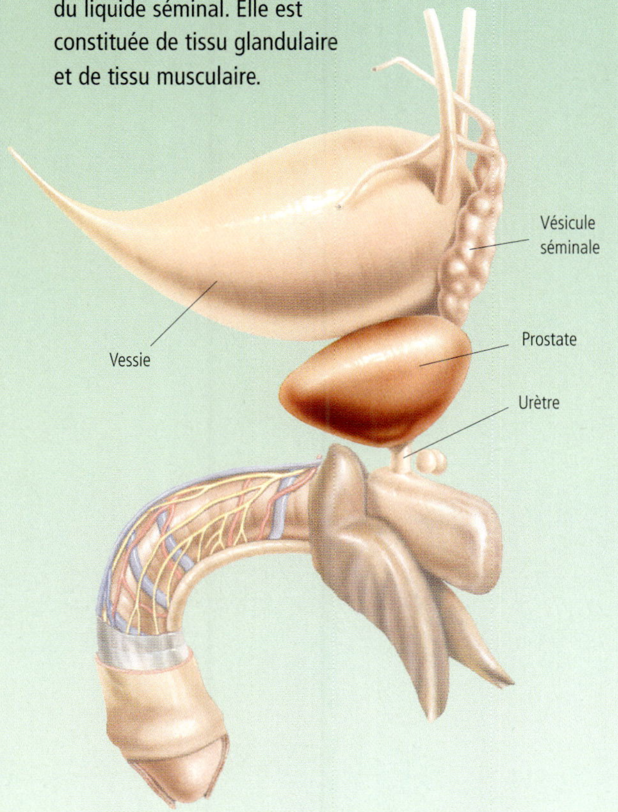

LE SAVIEZ-VOUS ?

La production de sperme commence à la puberté et continue ensuite toute la vie. Chaque jour, des centaines de millions de spermatozoïdes sont fabriqués.

La prostate et la miction

La prostate entoure l'urètre, c'est pourquoi toute augmentation de son volume, susceptible de survenir avec l'âge ou en cas de maladie, engendre des difficultés pour uriner.

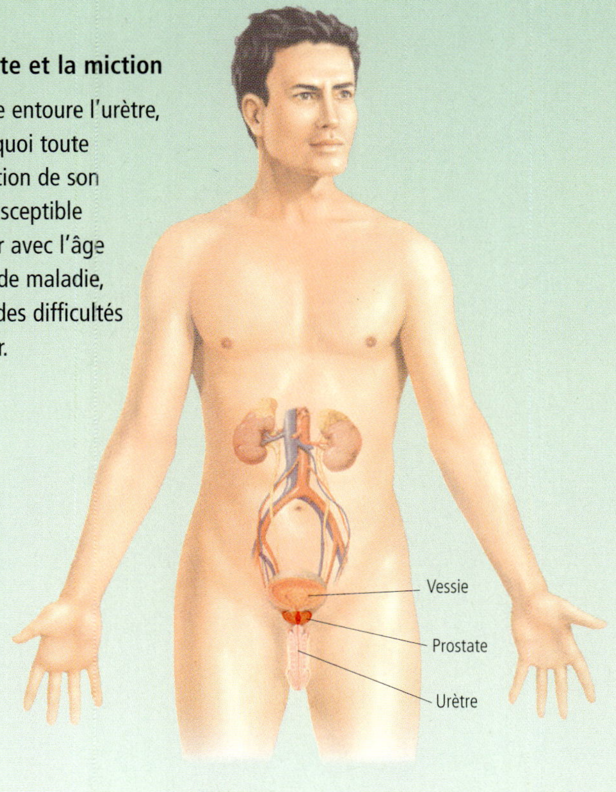

Testostérone

La testostérone régule les nombreux changements physiques qui interviennent lors de la puberté chez l'adolescent, y compris le développement de la pilosité faciale et pubienne, la production de sperme, la mue (voix plus grave) et le développement des organes génitaux. La production de testostérone, sécrétée dans les testicules, est déclenchée par la glande pituitaire (hypophyse).

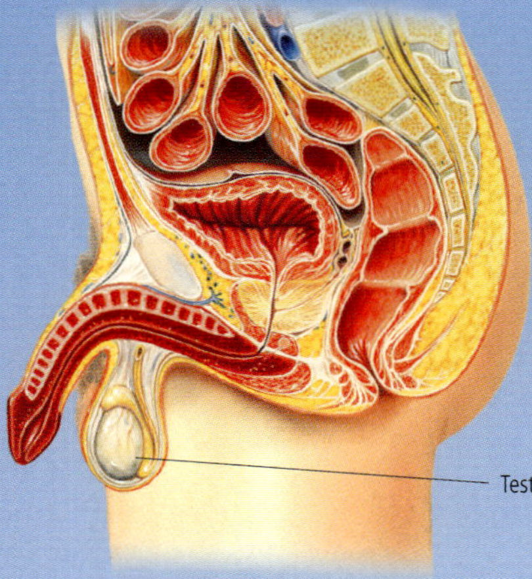

Les spermatozoïdes

Un spermatozoïde ressemble à un têtard. Il se déplace en se propulsant grâce à son flagelle.

Les testicules

Organes essentiels de l'appareil reproducteur masculin, les testicules sont situés à l'extérieur du corps, dans le scrotum, à une température inférieure à celle de l'organisme, afin de développer des conditions optimales pour la production de spermatozoïdes.

LE SCROTUM

Fixé au périnée, le scrotum est un petit sac de peau ridée et de tissu mou, situé derrière le pénis, qui abrite les testicules et la partie terminale des cordons spermatiques (ou testiculaires). Il doit son apparence ridée à la contraction d'une fine couche musculaire présente sous la peau.

LES TESTICULES

Bien à l'abri dans le scrotum, les testicules (ou testis) sont des organes essentiels de la reproduction chez l'homme. Ils entrent en fonction à la puberté, lorsque la glande pituitaire déclenche la production d'hormones et de sperme qui durera toute la vie. Pour se développer correctement, les spermatozoïdes ont besoin d'une température inférieure à la température corporelle normale. Afin d'optimiser leur production, les testicules sont donc situés à l'extérieur de l'organisme, dans un petit sac où la température est légèrement moins élevée. Dans le scrotum, les testicules sont enveloppés dans une membrane, la *vaginale,* et sont reliés à l'épididyme, qui se compose d'une tête assez large, d'un corps, qui rétrécit, et d'une queue plus fine et qui se prolonge par le canal déférent.

Les testicules sont divisés en de nombreux compartiments, les *lobules*, chaque lobule contenant les tubules séminifères qui produisent des spermatozoïdes. Les tubules se rejoignent dans des canaux qui les relient à l'épididyme.

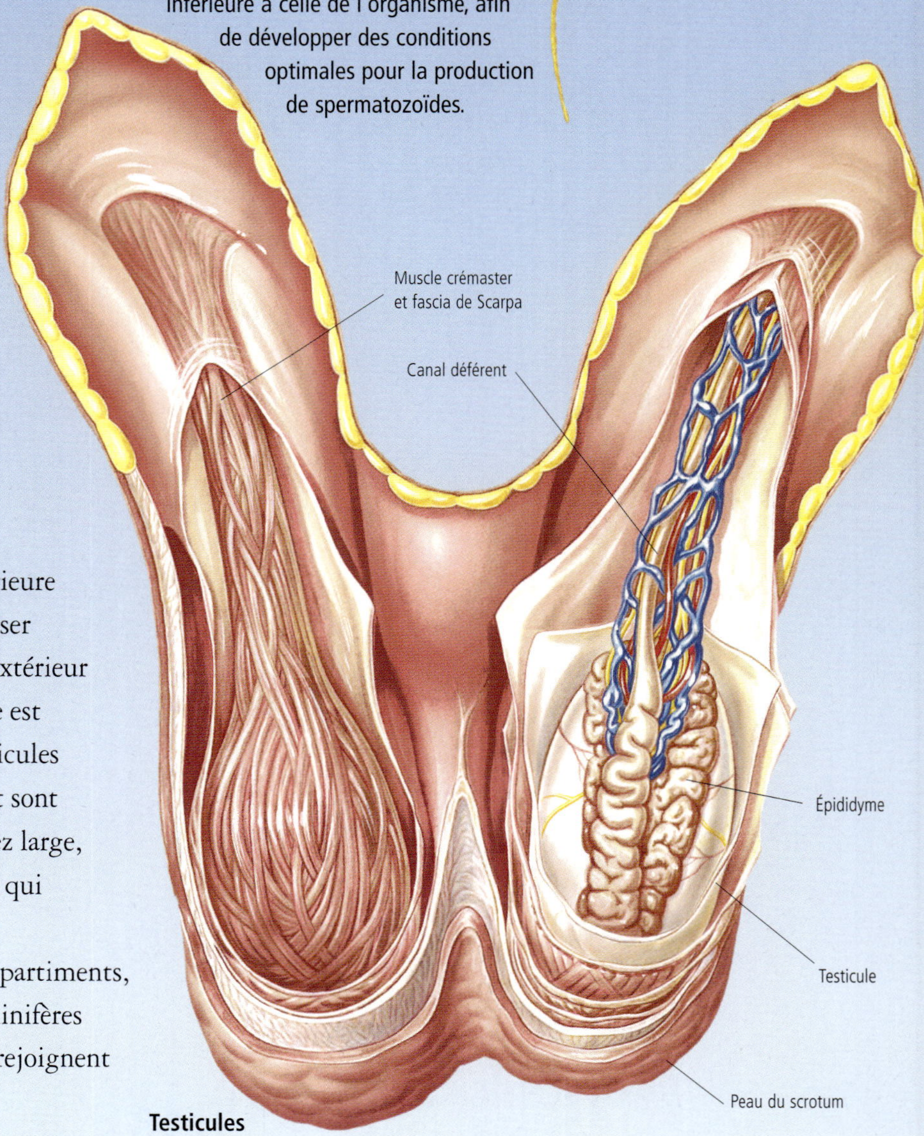

Testicules

La production de sperme

Chaque testicule est divisé en plus de 200 lobules dans lesquels se trouvent les tubules séminifères, responsables de la production de sperme (spermatogenèse). Les spermatides (spermatozoïdes immatures) sont stockés dans les lobules jusqu'à maturité. Les spermatozoïdes immatures sont ensuite transférés dans l'épididyme où ils attendent une éjaculation.

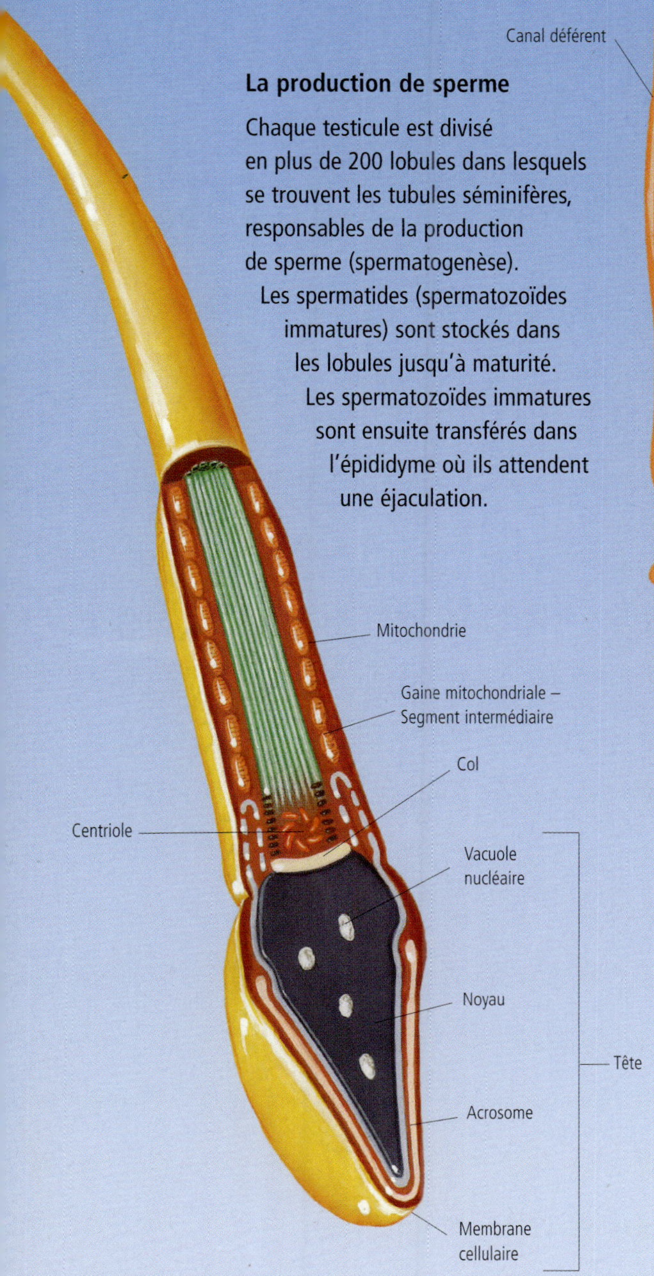

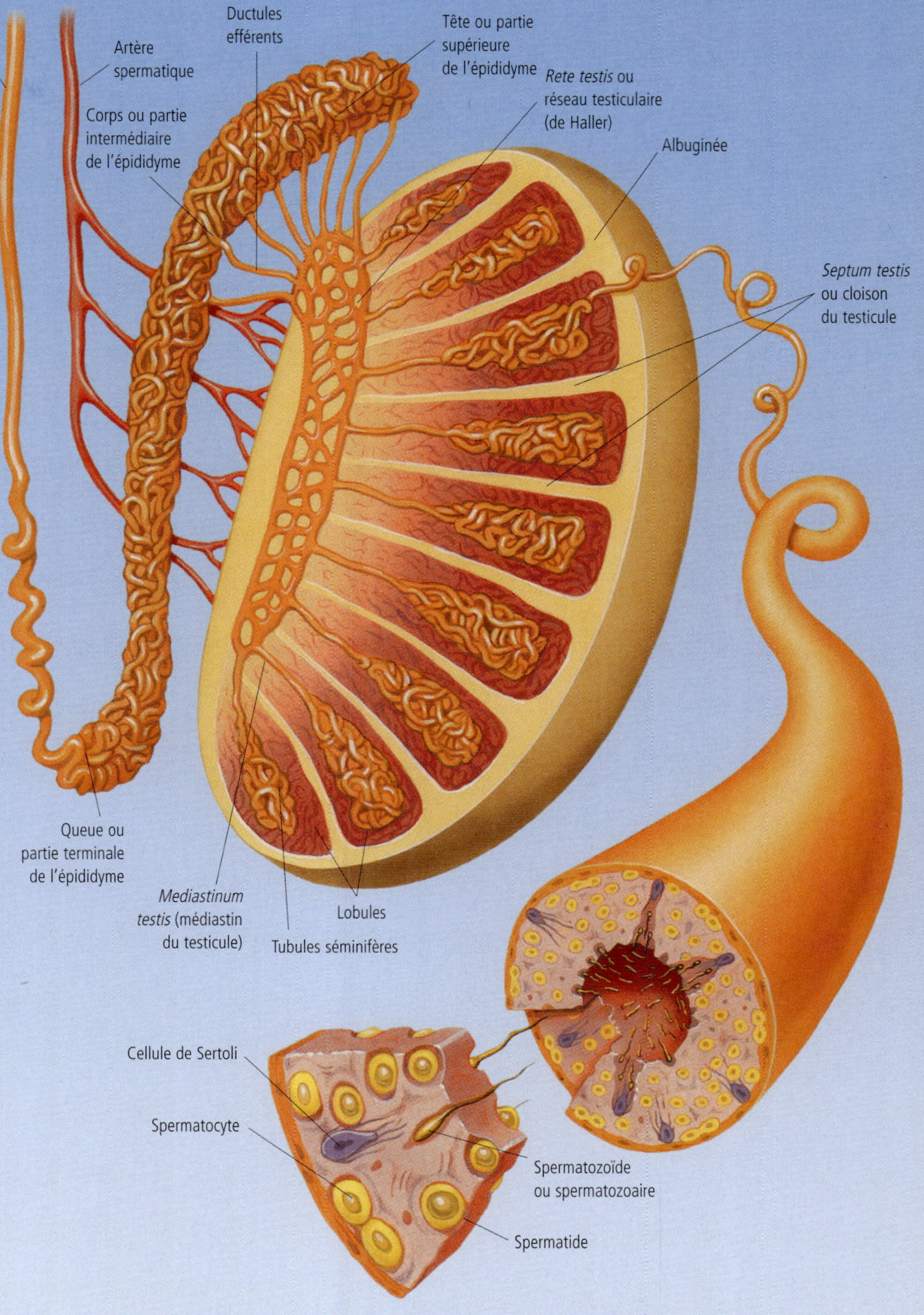

LES SPERMATOZOÏDES ET LEUR PRODUCTION

Les spermatozoïdes sont produits dans les tubules séminifères, chaque tubule contenant les futurs spermatozoïdes à un stade différent. Une fois à maturité, ils sont transférés vers les testicules d'où ils rejoignent l'épididyme dans l'attente d'une éjaculation, au cours de laquelle ils sont propulsés dans l'urètre où ils sont mélangés au liquide séminal produit par la prostate et les vésicules séminales. Les différentes substances agissent sur les spermatozoïdes pour les stimuler. Le sperme se compose de 90 % de liquide séminal et de 10 % de spermatozoïdes et de liquide épididymaire.

L'éjaculation libère le sperme qui contient entre 80 et 300 millions de spermatozoïdes, cellules dont la forme rappelle un têtard. La tête d'un spermatozoïde contient les chromosomes qui détermineront le sexe d'un ovule fécondé et des enzymes qui facilitent la pénétration dans l'ovule. Son flagelle lui permet de se déplacer par ondulation pour atteindre l'ovule. Malgré la quantité impressionnante de spermatozoïdes contenus dans l'éjaculat, en général, un seul féconde l'ovule.

LA TESTOSTÉRONE

La testostérone est fabriquée par les testicules et est à l'origine des changements physiques qui interviennent à la puberté chez l'adolescent. Elle stimule notamment l'apparition de la pilosité faciale et pubienne, l'élargissement du larynx qui entraîne la mue (voix plus grave), une augmentation de la taille du pénis et des testicules et un accroissement de la masse musculaire.

L'appareil reproducteur féminin

L'appareil reproducteur féminin est constitué des ovaires, des trompes de Fallope, de l'utérus et du vagin.

L'appareil reproducteur féminin

L'UTÉRUS

L'utérus se compose d'un toit (fond), d'un corps et d'un col. Au niveau du col, il communique avec le vagin, alors qu'au fond il est relié aux trompes de Fallope (ou utérines). Les trompes se prolongent de chaque côté et se terminent par les franges, prolongements en forme de languettes, dont le rôle est de réceptionner l'ovule libéré par les ovaires.

Maintenu en place dans le bassin (ou pelvis) par le ligament large, soutenu par différents ligaments qui rattachent le col à la paroi du bassin et par les muscles du plancher pelvien qui forment une sorte de berceau, l'utérus (ou matrice) est l'organe de la gestation. Habituellement en forme de poire aplatie, il se distend considérablement lors des grossesses. Les organes qui l'entourent se déplacent ou se compriment pour lui faire de la place afin de s'adapter à la taille du bébé.

L'utérus est constitué de trois couches : l'endomètre (muqueuse interne), le myomètre (couche intermédiaire) et le péritoine (couche externe). L'endomètre est une couche glandulaire, qui subit des modifications au niveau de son épaisseur et de sa composition au cours du cycle menstruel qui dure vingt-huit jours. Il maintient sa surface prête pour l'implantation d'un ovule fécondé. Si aucune grossesse ne survient, sa muqueuse se désagrège (desquamation) avant d'être évacuée par le vagin, ce qui se traduit par un saignement connu sous le nom de *flux menstruel*, *menstruations* ou *règles*.

LE COL DE L'UTÉRUS

Le col est une structure musculaire cylindrique qui constitue la partie inférieure de l'utérus et communique avec le vagin. Son canal permet le passage des spermatozoïdes du vagin dans l'utérus et l'évacuation du flux menstruel par le vagin. Sa muqueuse libère des sécrétions qui l'empêchent de desquamer lors de la dernière phase du cycle menstruel. Au cours de la grossesse, ces sécrétions forment le *bouchon muqueux,* qui maintient le col hermétiquement fermé.

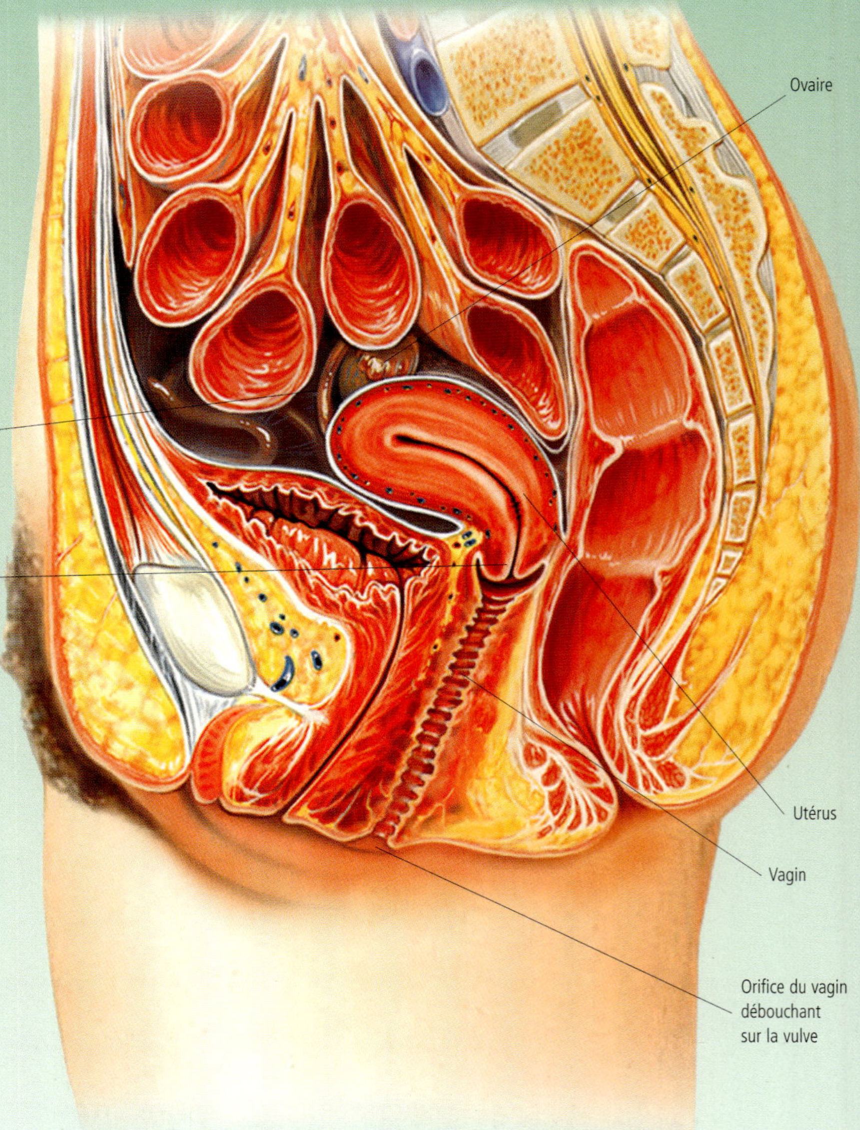

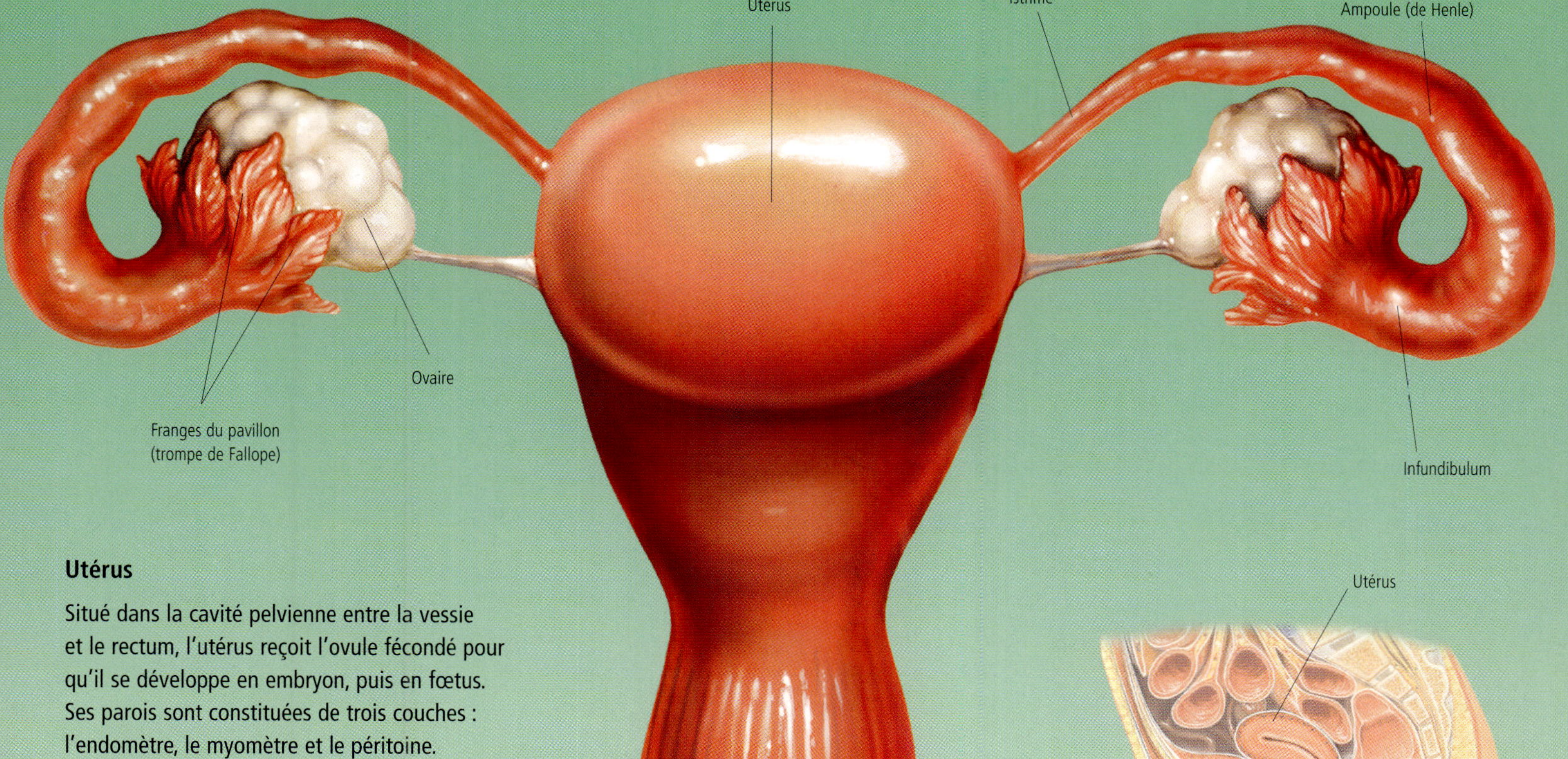

Utérus

Situé dans la cavité pelvienne entre la vessie et le rectum, l'utérus reçoit l'ovule fécondé pour qu'il se développe en embryon, puis en fœtus. Ses parois sont constituées de trois couches : l'endomètre, le myomètre et le péritoine. Si un ovule fécondé vient s'implanter, l'endomètre entoure alors l'embryon pour former le placenta. Si l'ovule n'est pas fécondé, une partie de l'endomètre est évacuée lors des menstruations.

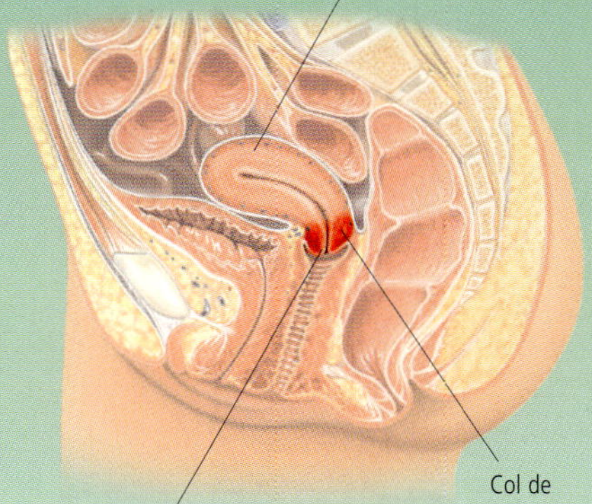

Le col et le canal cervical

Le canal cervical relie le corps de l'utérus et le vagin. Le col est la partie inférieure de l'utérus. Au moment de l'accouchement, lors de la phase de travail, il se dilate pour atteindre 10 cm afin de permettre le passage de la tête du bébé dans le canal.

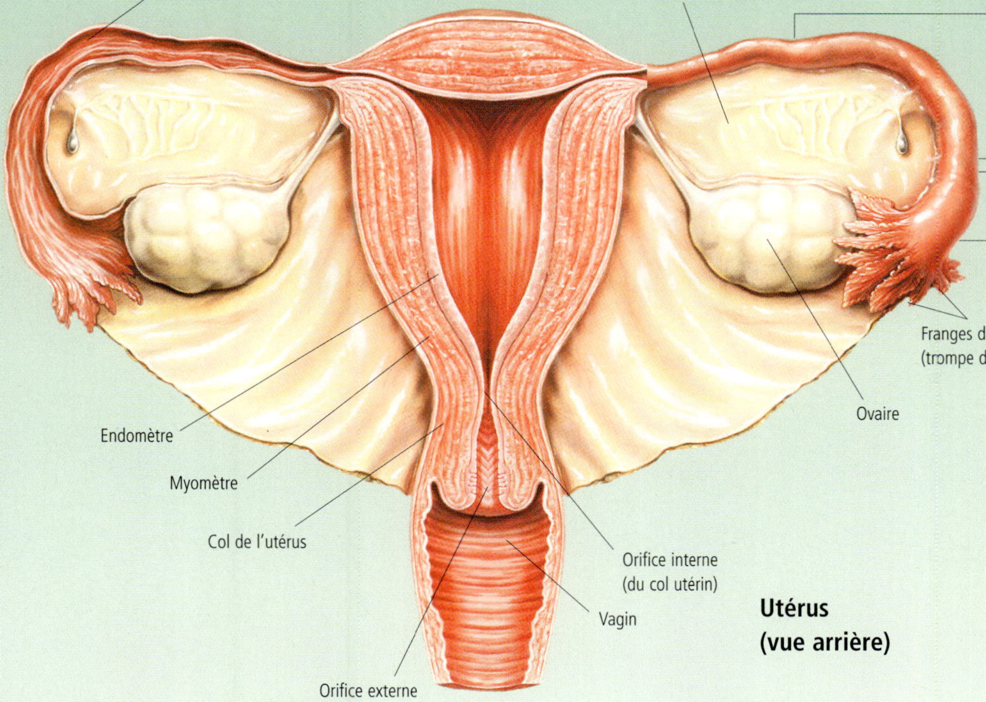

Utérus (vue arrière)

LE SAVIEZ-VOUS ?

Avec leur capacité à se distendre lors de la grossesse et à se contracter au moment de l'accouchement, les muscles de l'utérus sont parmi les plus résistants de l'organisme féminin.

LES OVAIRES

Maintenus en place par le ligament large de l'utérus, les ovaires ont une forme ovale, mesurent environ 3 cm, et sont rattachés à la paroi latérale du bassin. Chez les femmes en âge de procréer, les ovaires contiennent des milliers de follicules non développés (follicules *primaires* ou *primordiaux*) et quelques follicules ovariques à différents stades de maturation parmi lesquels, à chaque cycle, un seul arrivera au stade de follicule de Graaf contenant un ovule. Les autres follicules sont détruits. Lors de l'ovulation, un ovule est libéré dans la trompe utérine, qui le transporte dans l'utérus. Ensuite, le follicule de Graaf qui l'a libéré se transforme en corps jaune (phase lutéale), en préparation d'une éventuelle fécondation. En l'absence de fécondation, le corps jaune se désagrège juste avant le début du cycle menstruel suivant.

Les ovaires

Ces organes en forme d'amande contiennent des milliers de follicules primordiaux, qui, une fois à maturation, libèrent les ovules. En général, un seul ovule est libéré à chaque cycle. Le reste des follicules se dégrade à différents stades de maturation.

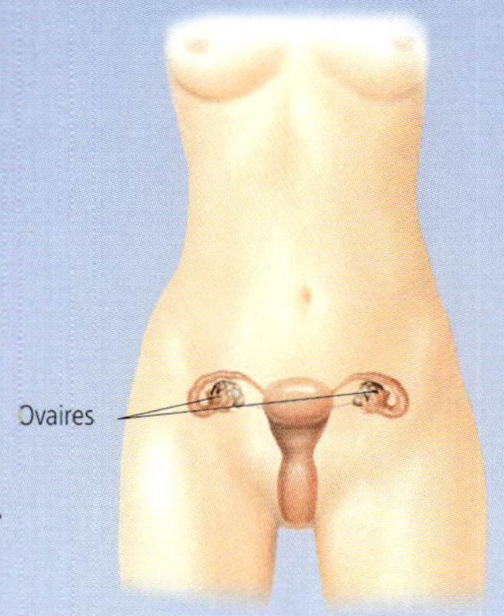

LES TROMPES DE FALLOPE

Les trompes de Fallope (ou *trompes utérines*) présentent une extrémité étroite qui débouche dans l'utérus, et une extrémité évasée située à proximité des ovaires, dotée de franges dont la fonction est de recueillir l'ovule libéré. Ensuite, l'ovule progresse dans la trompe jusqu'à l'utérus. S'il est fécondé, il migre et se fixe dans la paroi utérine. En l'absence de fécondation, l'endomètre se désagrège et les menstruations surviennent.

LE CYCLE MENSTRUEL

Le cycle menstruel dure vingt-huit jours. Il commence le premier jour des menstruations, phénomène qui dure en moyenne cinq jours. Le reste du cycle comprend deux phases, une phase folliculaire, pré-ovulatoire, et une phase lutéale, qui survient après l'ovulation.

À l'issue des menstruations (jours 1 à 6), l'endomètre a besoin de se régénérer. Ce processus intervient au cours de la phase folliculaire (jours 7 à 13). La muqueuse utérine se reconstitue et se prépare à accueillir un ovule fécondé. L'ovulation intervient au 14e jour et correspond à la libération d'un ovule dans les trompes. Si l'ovule n'est pas fécondé, le taux d'hormones chute et les vaisseaux sanguins de l'utérus se contractent. L'endomètre est dégradé, puis évacué lors des menstruations. C'est le début d'un nouveau cycle.

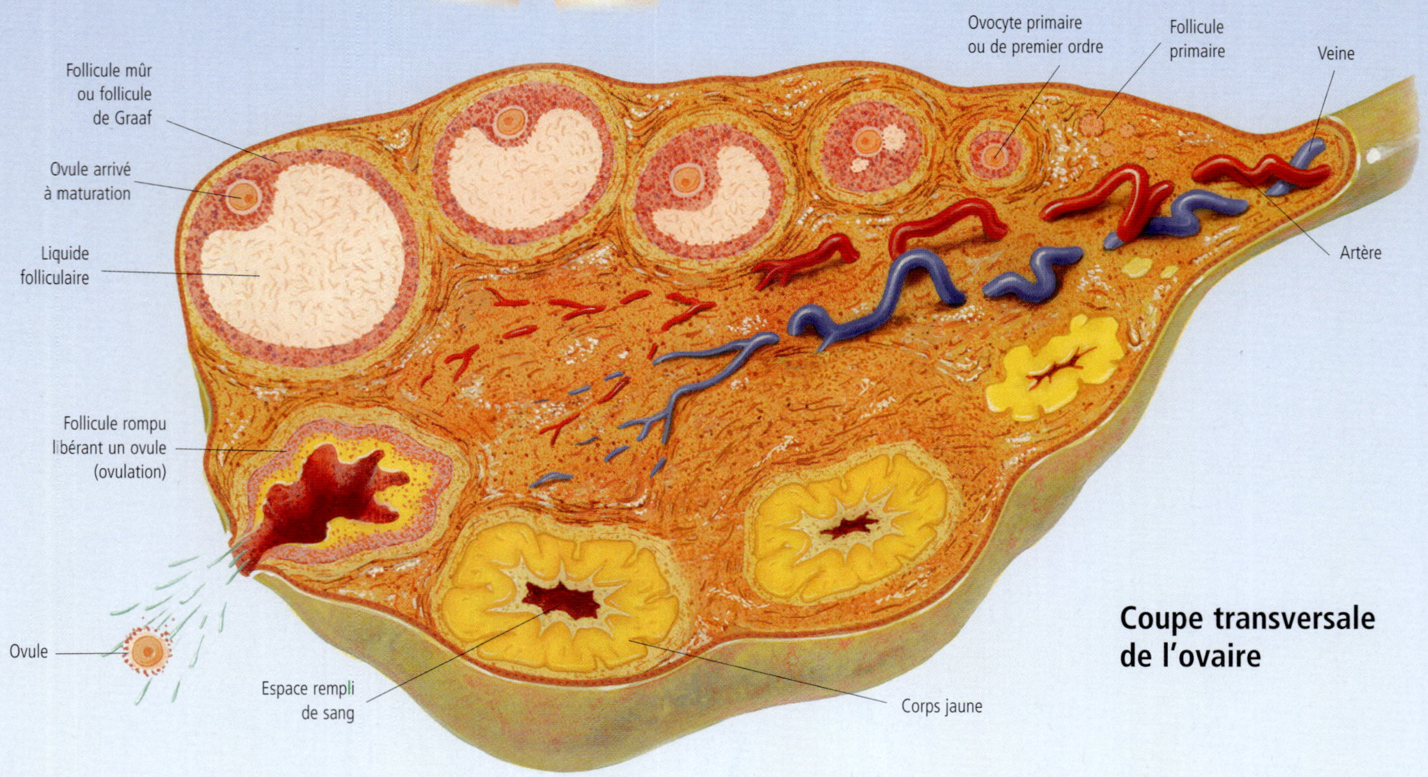

Coupe transversale de l'ovaire

Le cycle menstruel

Le cycle menstruel dure 28 jours.
(a) Jours 1 à 6 : menstruations – l'endomètre, muqueuse de l'utérus, se désagrège et est évacué.
(b) Jours 7 à 13 : phase folliculaire – l'endomètre se régénère.
(c) Jour 14 : ovulation – l'ovaire libère un ovule dans les trompes.
(d) Jours 15 à 28 : phase lutéale – l'ovule progresse dans les trompes jusqu'à l'utérus, dont la muqueuse est épaissie sous l'effet des hormones, en prévision de la fécondation. Si l'ovule n'est pas fécondé, le taux d'hormones chute et les vaisseaux sanguins de l'utérus se contractent.
Le cycle menstruel recommence lorsque l'endomètre et les tissus se désagrègent et sont évacués de l'organisme par le vagin.

Cycle menstruel

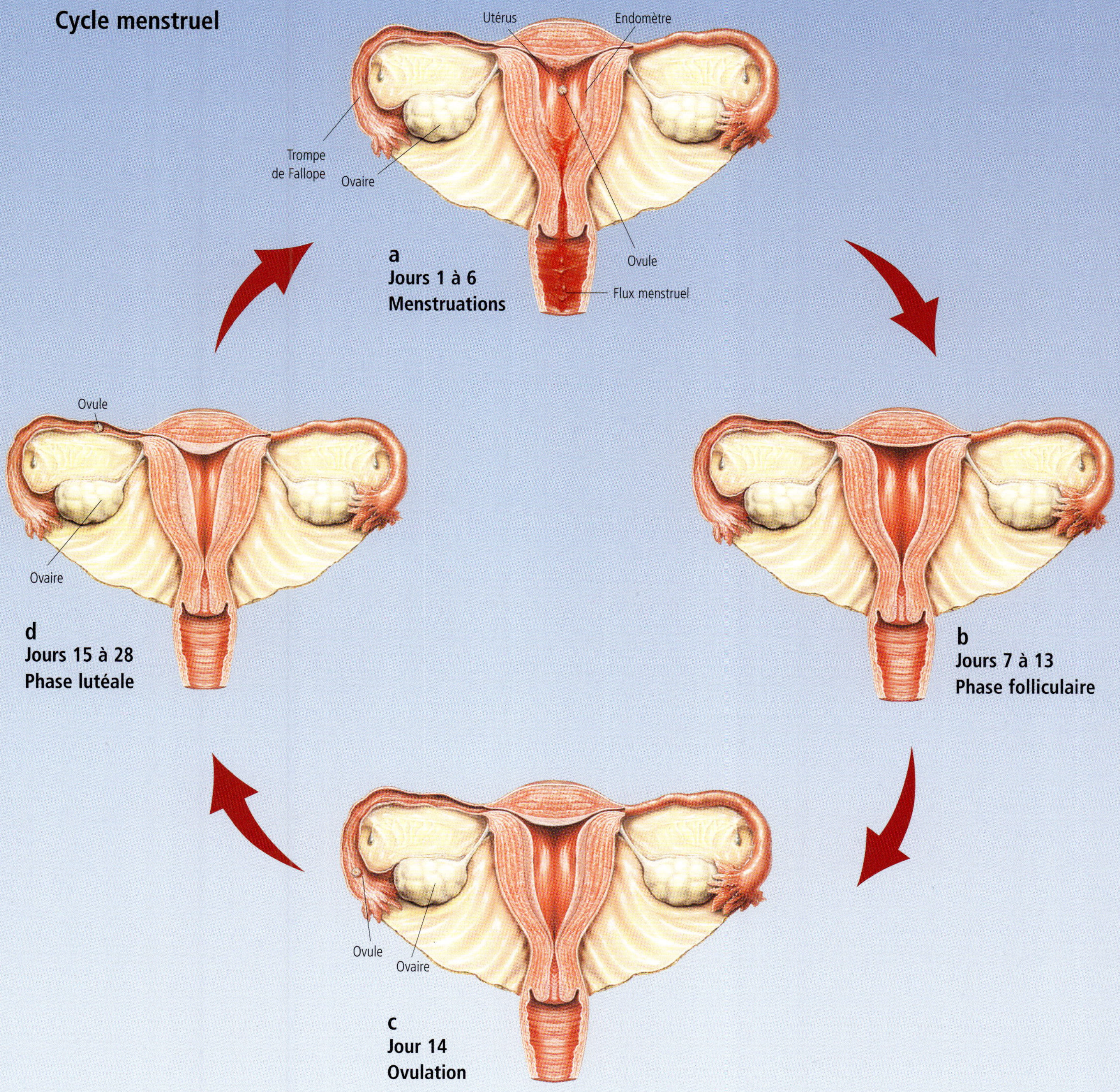

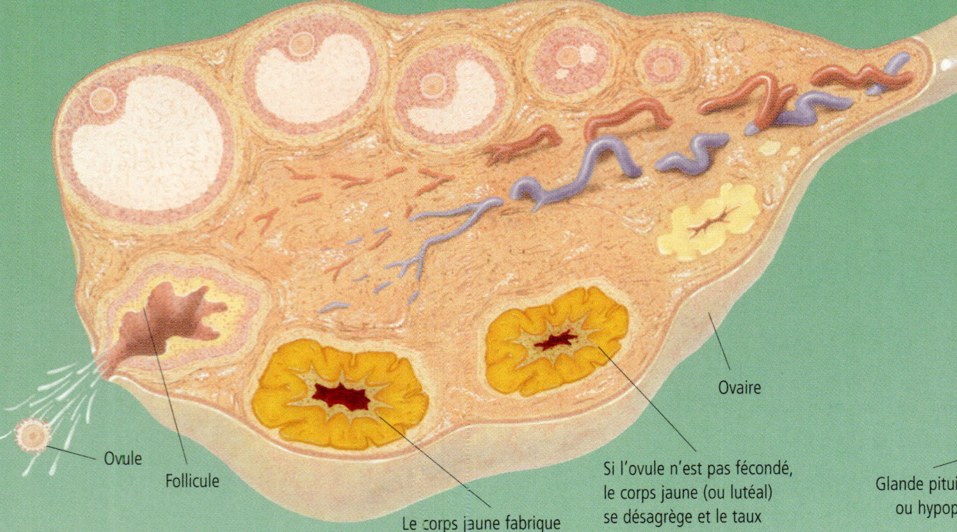

La progestérone

Après la libération de l'ovule, le follicule ovarien se transforme en corps jaune et produit de la progestérone, hormone qui prépare l'utérus à la grossesse.

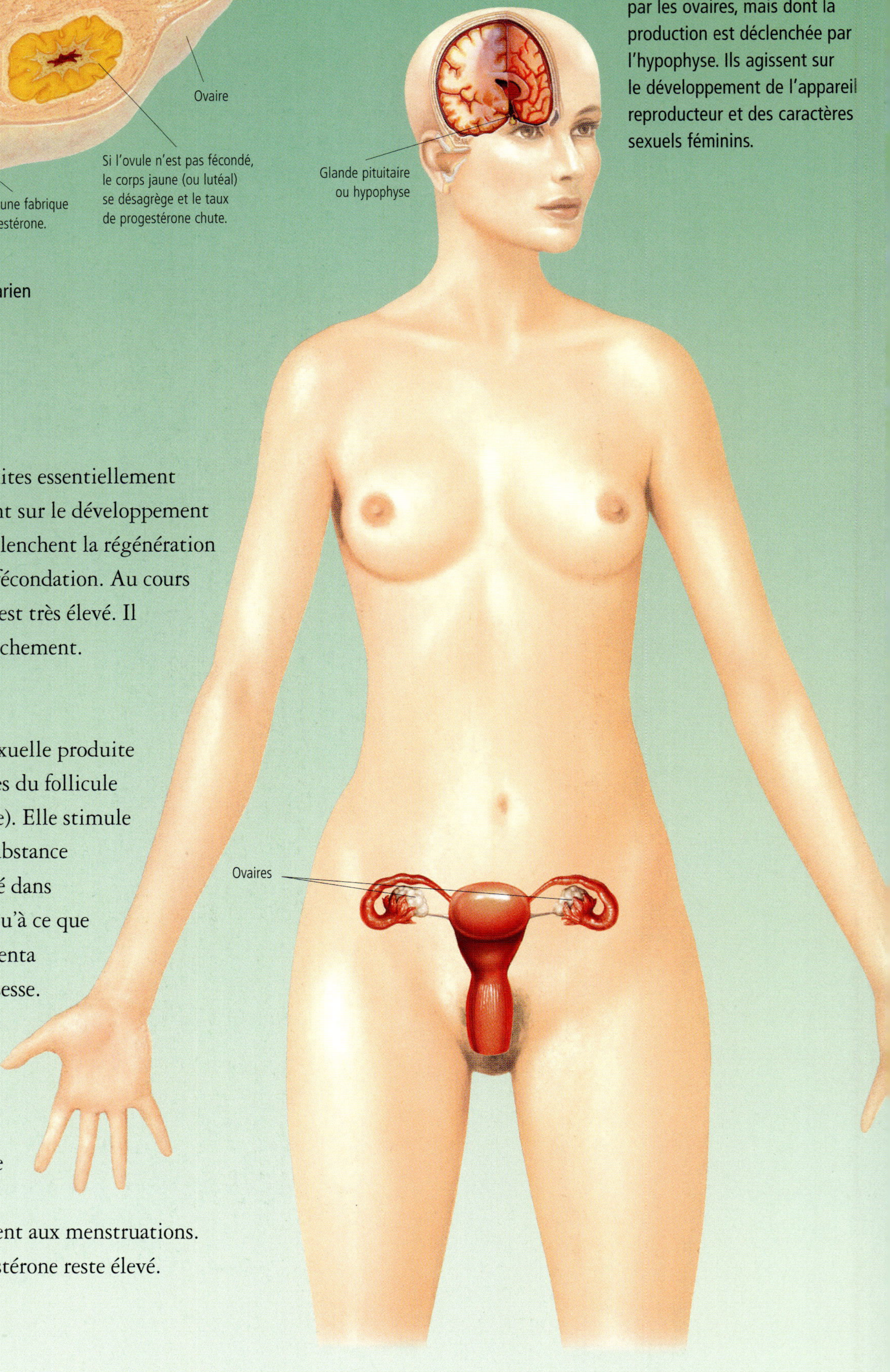

Les œstrogènes

Les œstrogènes sont des hormones sexuelles féminines, fabriquées par les ovaires, mais dont la production est déclenchée par l'hypophyse. Ils agissent sur le développement de l'appareil reproducteur et des caractères sexuels féminins.

LES ŒSTROGÈNES

Hormones sexuelles féminines produites essentiellement par les ovaires, les œstrogènes influent sur le développement des caractères sexuels féminins et déclenchent la régénération de l'endomètre pour le préparer à la fécondation. Au cours de la grossesse, le taux d'œstrogènes est très élevé. Il diminue quelques jours après l'accouchement.

LA PROGESTÉRONE

La progestérone est une hormone sexuelle produite par le corps jaune (formé par les restes du follicule de Graaf après la libération de l'ovule). Elle stimule l'endomètre pour qu'il sécrète une substance qui protège et nourrit l'ovule fécondé dans l'utérus avant son implantation, jusqu'à ce que cette fonction soit assurée par le placenta à la fin du premier trimestre de grossesse. Si l'ovule n'est pas fécondé, le corps jaune cesse toute fonction aux environs du 26e jour du cycle menstruel, ce qui provoque une chute rapide du taux de progestérone et engendre des modifications de la muqueuse utérine qui aboutissent aux menstruations. En cas de grossesse, le taux de progestérone reste élevé. Il chute après l'accouchement.

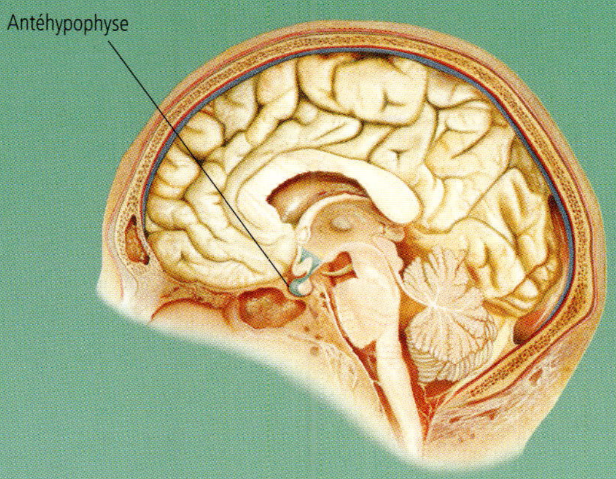

La production d'hormones féminines

L'antéhypophyse contrôle les œstrogènes et la progestérone, hormones du cycle menstruel.

LE SAVIEZ-VOUS ?

Les femmes naissent avec environ 2 millions de follicules primordiaux, cellules qui contiennent les germes des futurs ovules. À la puberté, quand l'ovule entre en activité, il n'en reste que 350 000.

LE VAGIN

Le vagin est une structure tubaire fibromusculaire reliée au col de l'utérus, faisant ainsi communiquer l'utérus avec l'extérieur. Il se compose d'une paroi musculaire externe, d'une muqueuse interne et d'une cavité. En général, ses surfaces internes sont rapprochées, mais il est capable de se distendre et de s'allonger considérablement afin de permettre le passage du bébé lors de l'accouchement. Le vagin est situé dans la partie inférieure de la cavité pelvienne, entre la vessie et le rectum. Il est soutenu par les ligaments cervicaux et les muscles du plancher pelvien.

LA VULVE

Les organes génitaux externes de la femme sont connus sous le nom de *vulve*. Ils se composent de replis cutanéo-muqueux, les grandes lèvres, recouvertes par la peau et les poils pubiens, et dont la muqueuse est humide, et les petites lèvres, replis charnus situés de chaque côté du vestibule, qui renferment l'orifice vaginal, du méat urinaire et des glandes qui sécrètent du mucus. À la jonction du vagin et des petites lèvres, se trouve une fine membrane, l'*hymen*. L'extrémité supérieure des petites lèvres entoure le clitoris. Enfin, de chaque côté de l'orifice vaginal sur la partie la plus interne des lèvres, se trouve la glande vestibulaire majeure de Bartholin.

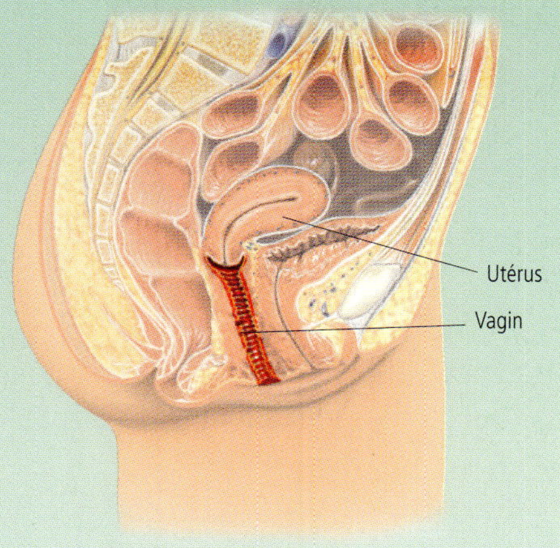

Le vagin

Le vagin est une structure tubaire musculaire qui s'étend du col de l'utérus à la vulve, reliant ainsi l'utérus à l'extérieur. Il est situé dans la partie inférieure de la cavité pelvienne, entre la vessie et le rectum. Ses parois sont soutenues par les ligaments cervicaux et les muscles du plancher pelvien.

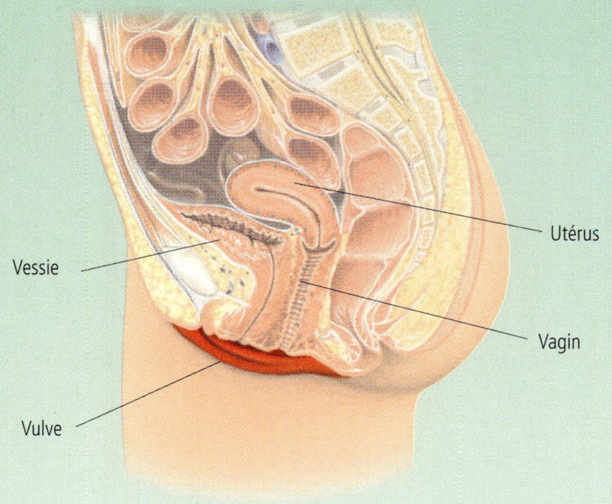

La vulve

Ensemble des organes génitaux externes de la femme, composé des grandes lèvres, des petites lèvres et du clitoris.

L'épaule, le bras et la main

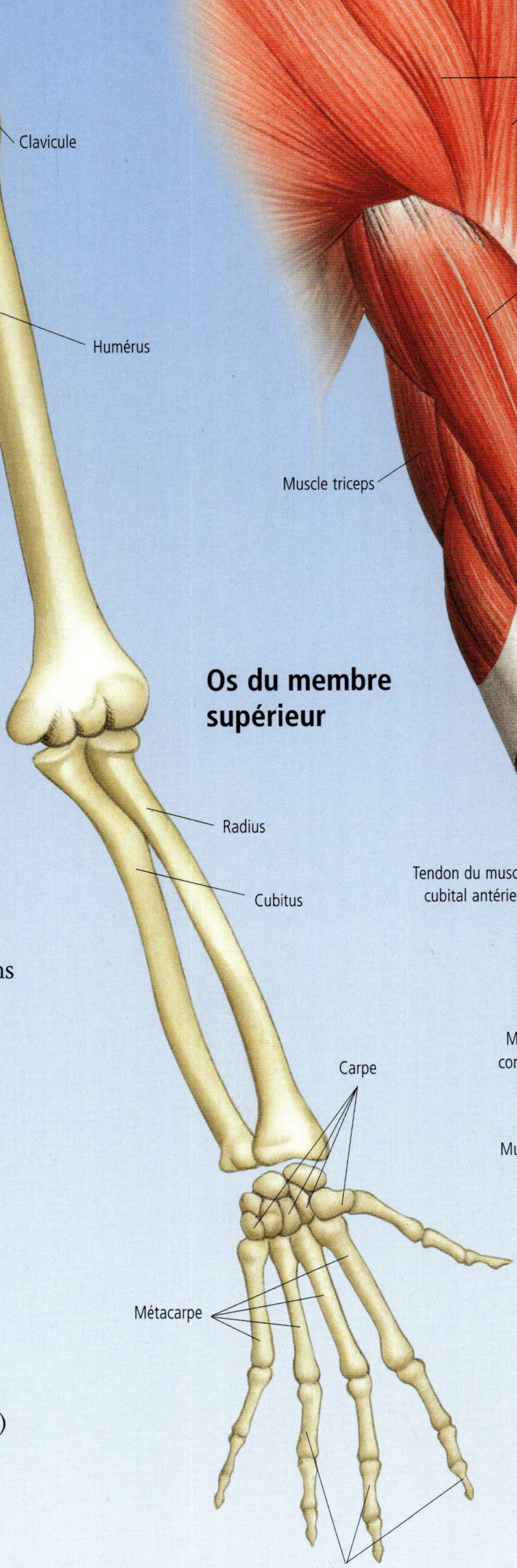

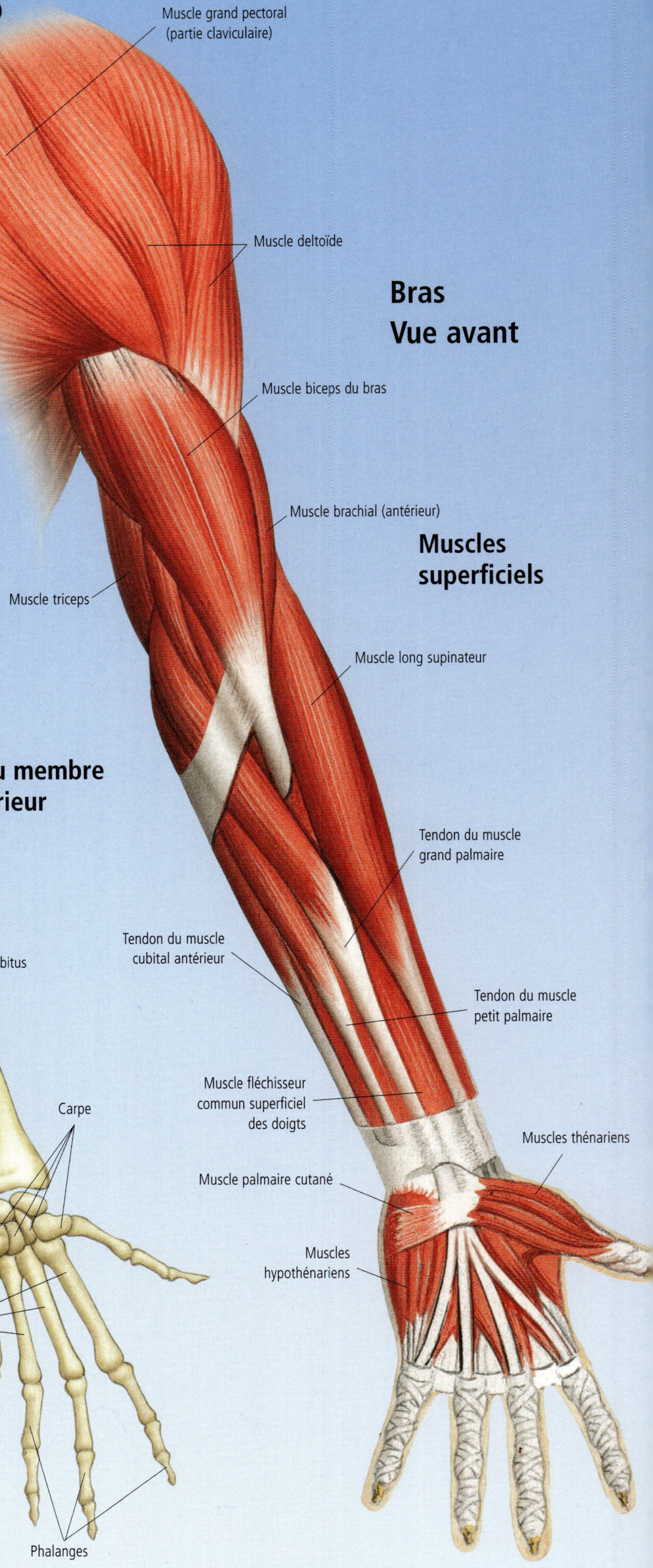

Le bras

La mobilité et la dextérité de nos bras et de nos jambes nous permettent d'effectuer de nombreux mouvements physiques, mais également des gestes impliquant la motricité fine. Les possibilités de mouvements offertes par l'association du squelette et de l'ensemble des muscles et articulations de cette région rendent le bras extrêmement mobile. De l'épaule, où il est rattaché au tronc, jusqu'au poignet qui le relie à la main, le membre supérieur se divise en deux parties : le bras qui va de l'épaule au coude, et l'avant-bras, compris entre le coude et le poignet.

Les articulations du bras sont sphéroïde (énarthrose) au niveau de l'épaule, trochléenne (trochléarthrose) au coude, plane (arthrodie) pour le poignet et en selle (par emboîtement) au niveau du pouce.

Bras
Vue arrière

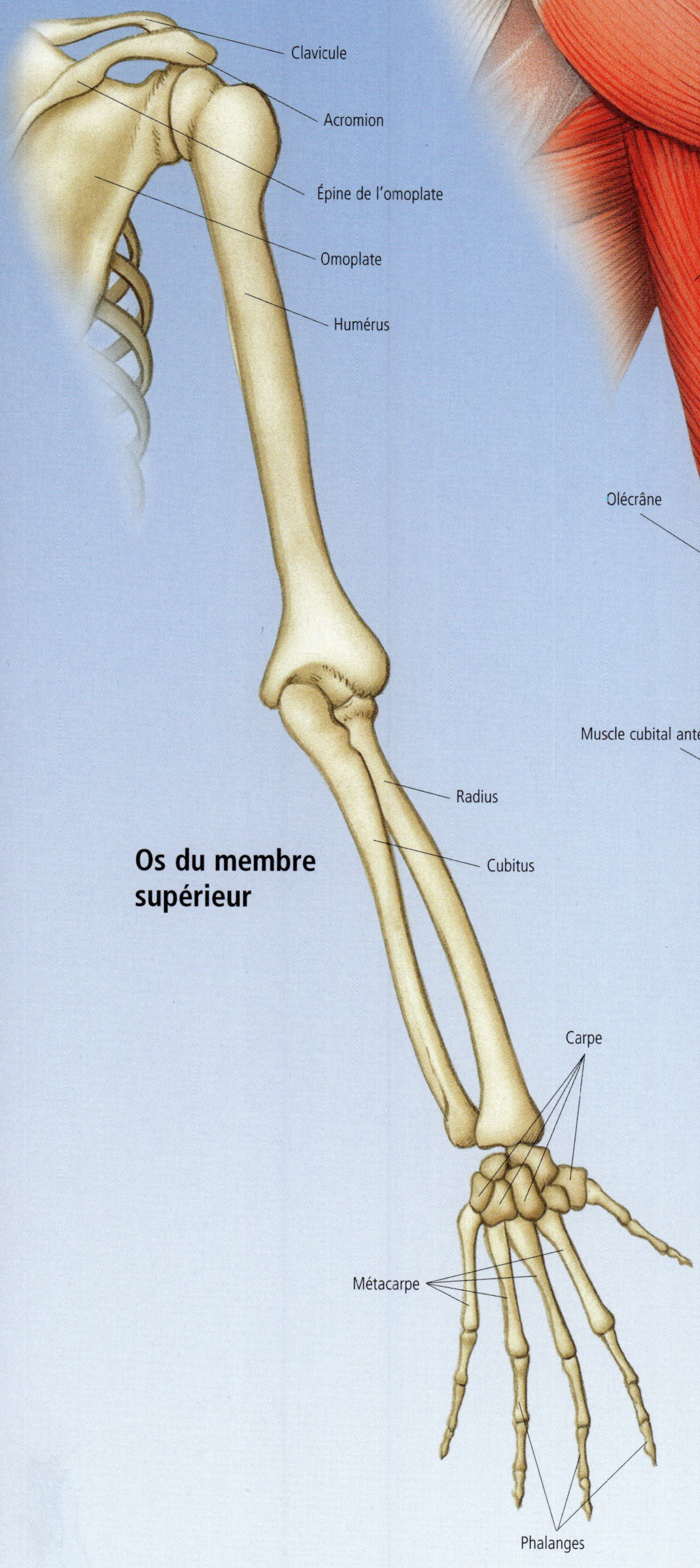

Os du membre supérieur

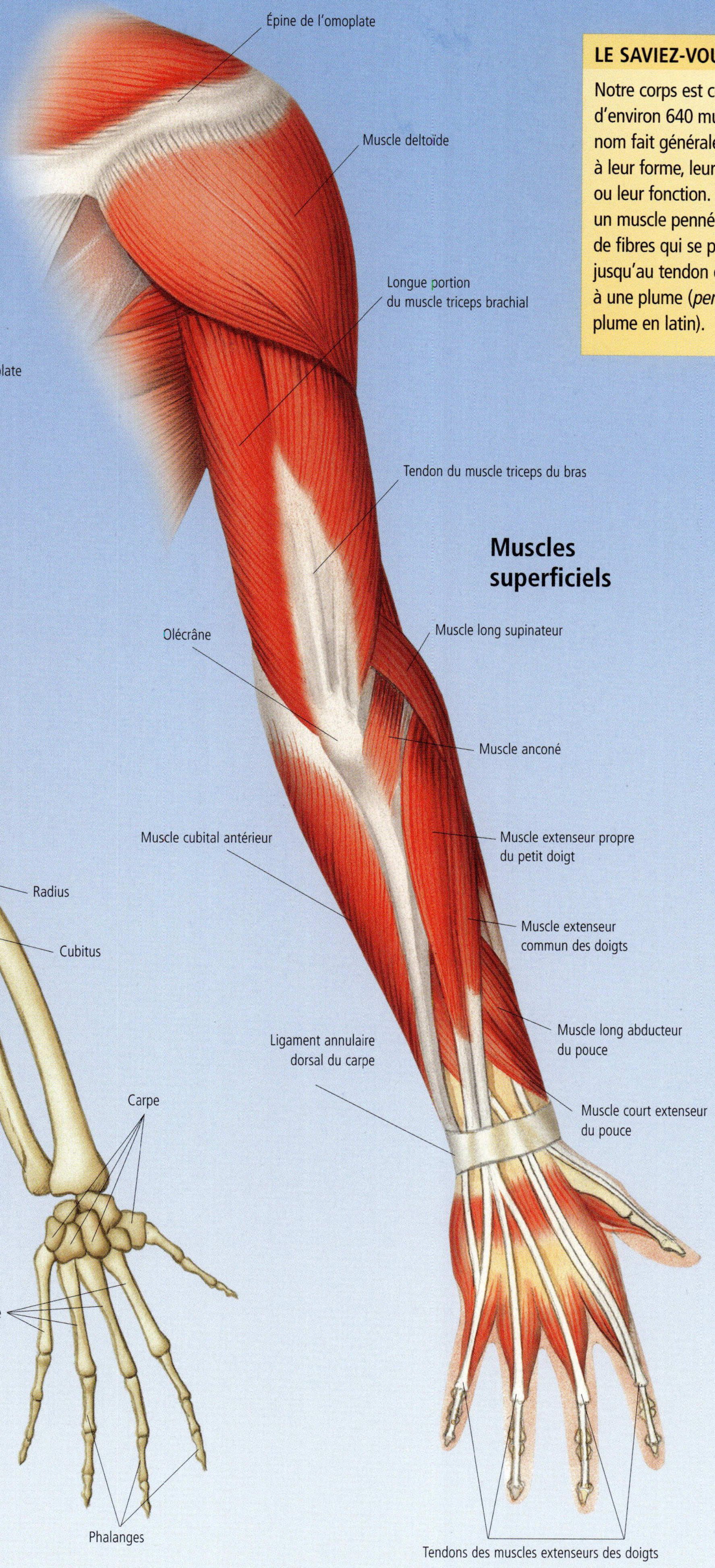

Muscles superficiels

LE SAVIEZ-VOUS ?

Notre corps est composé d'environ 640 muscles. Leur nom fait généralement référence à leur forme, leur emplacement ou leur fonction. Par exemple, un muscle penné est constitué de fibres qui se prolongent jusqu'au tendon et fait penser à une plume (*penna* signifiant plume en latin).

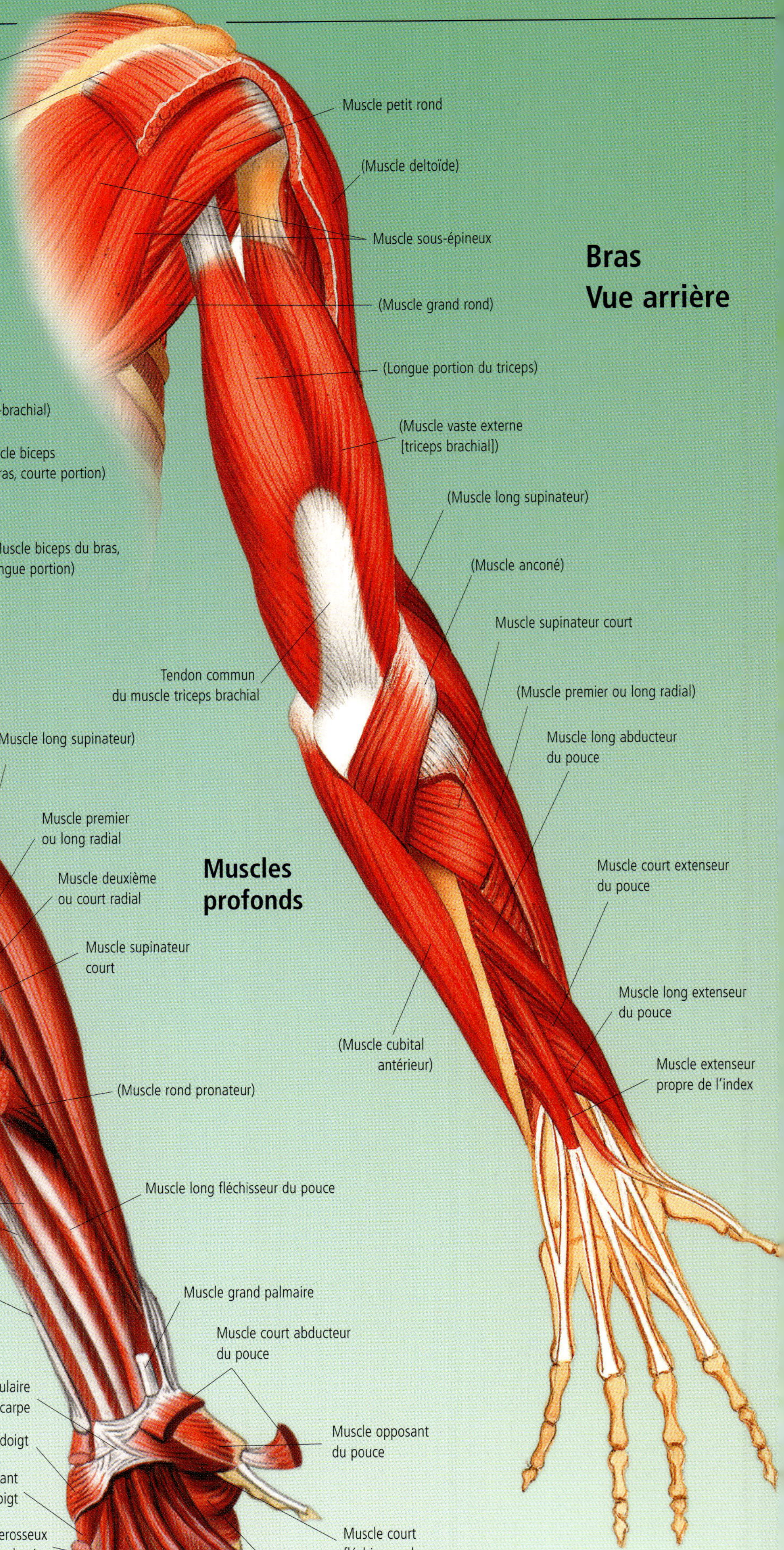

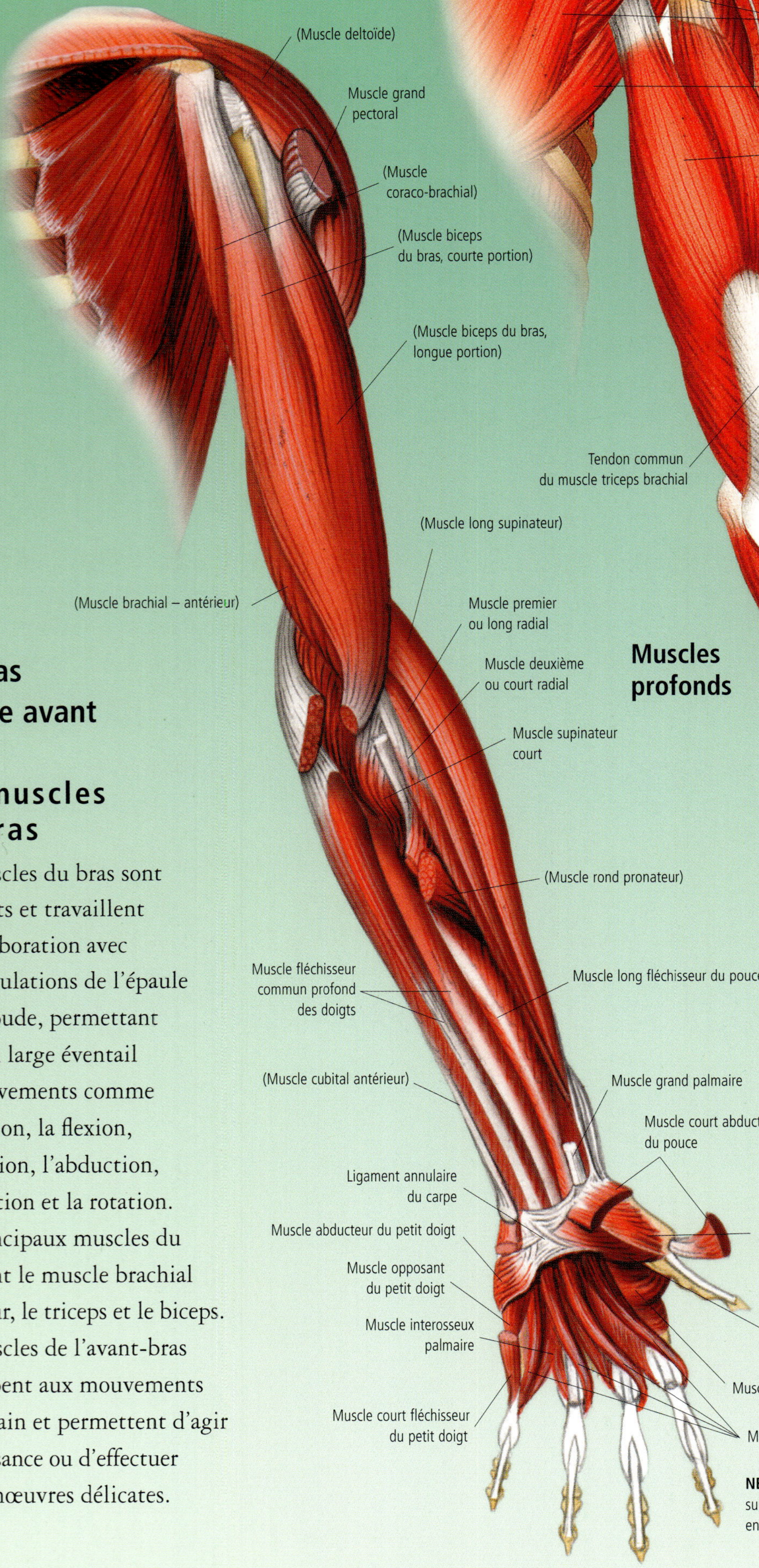

NB : les muscles superficiels sont indiqués entre parenthèses.

Les muscles du bras

Les muscles du bras sont puissants et travaillent en collaboration avec les articulations de l'épaule et du coude, permettant ainsi un large éventail de mouvements comme l'élévation, la flexion, l'extension, l'abduction, l'adduction et la rotation. Les principaux muscles du bras sont le muscle brachial antérieur, le triceps et le biceps. Les muscles de l'avant-bras participent aux mouvements de la main et permettent d'agir en puissance ou d'effectuer des manœuvres délicates.

Les vaisseaux sanguins et les nerfs du bras

Le bras est parcouru par de nombreux vaisseaux sanguins, dont le plus important est l'artère brachiale (ou humérale), qui, au niveau du coude, se divise en deux branches pour former l'artère radiale et l'artère cubitale (ou ulnaire). Ces deux artères peuvent servir de point de contrôle pour prendre le pouls. Elles se subdivisent ensuite en artérioles qui irriguent les doigts.

Les veines principales qui ramènent le sang du bras jusqu'au cœur sont la veine sous-clavière, qui passe dans le cou, et la veine axillaire, au niveau de l'aisselle.

Les nerfs du bras naissent du plexus brachial, dans la région axillaire, passent par l'aisselle et se prolongent dans le bras. Les principaux sont le nerf circonflexe (ou axillaire), le nerf radial et le nerf cubital (ou ulnaire).

Le nerf cubital (ou ulnaire)

Le nerf cubital parcourt le bras sur toute sa longueur. Il innerve les muscles fléchisseurs de l'avant-bras, les petits muscles de la main, et la peau de la main du côté de l'auriculaire.

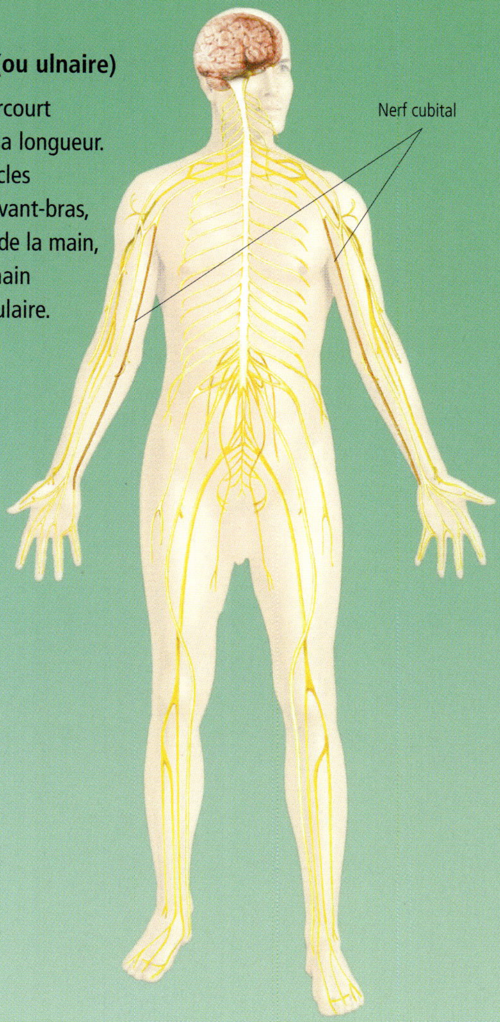

Le nerf radial

Le nerf radial chemine le long du bras et innerve les muscles extenseurs du dos de la main, le poignet et la main, ainsi que la peau du côté du pouce.

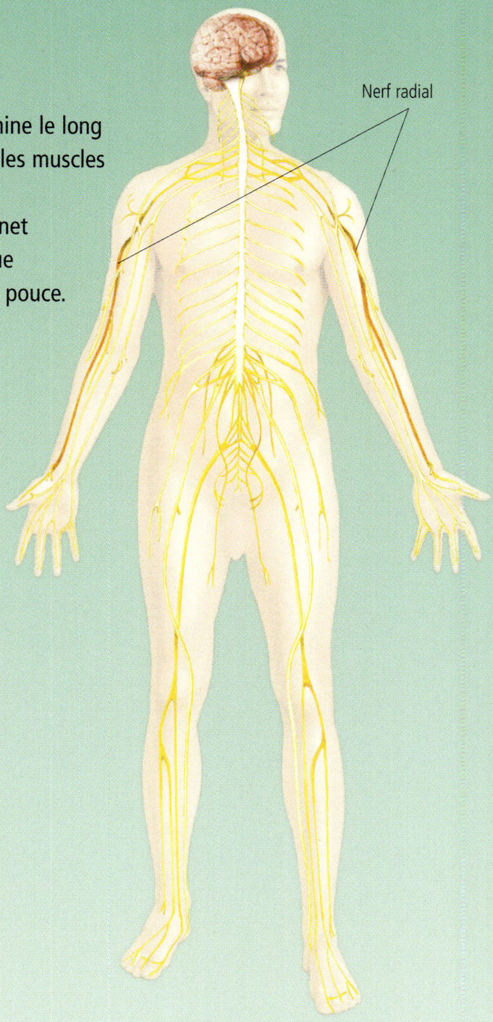

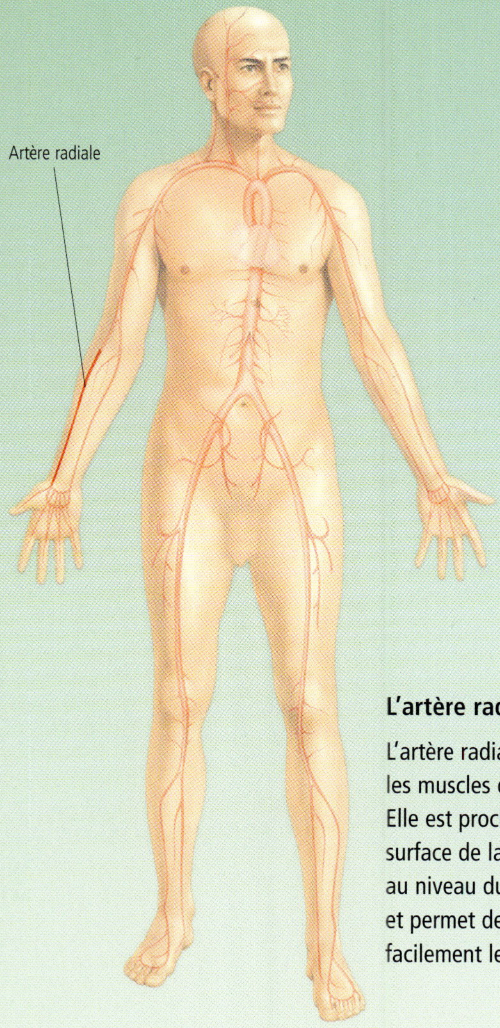

L'artère radiale

L'artère radiale alimente les muscles de l'avant-bras. Elle est proche de la surface de la peau au niveau du poignet et permet de prendre facilement le pouls.

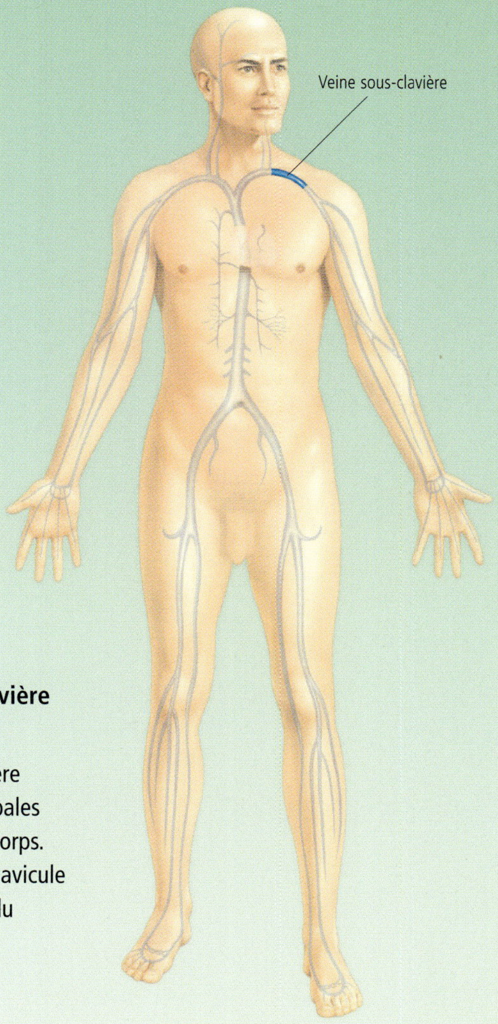

La veine sous-clavière (ou subclavière)

La veine sous-clavière est l'une des principales veines du haut du corps. Elle passe sous la clavicule et ramène le sang du bras jusqu'au cœur.

Les os de l'épaule et du bras

Les os du bras sont l'humérus, le radius et le cubitus (ou ulna). L'humérus forme l'articulation scapulo-humérale (ou gléno-humérale) avec l'omoplate. Le radius et le cubitus relient le coude au poignet.

L'humérus

L'humérus est un os long et épais, qui présente deux extrémités élargies. L'extrémité supérieure forme l'articulation scapulo-humérale avec l'omoplate alors que l'extrémité inférieure s'associe avec le radius pour former l'articulation du coude.

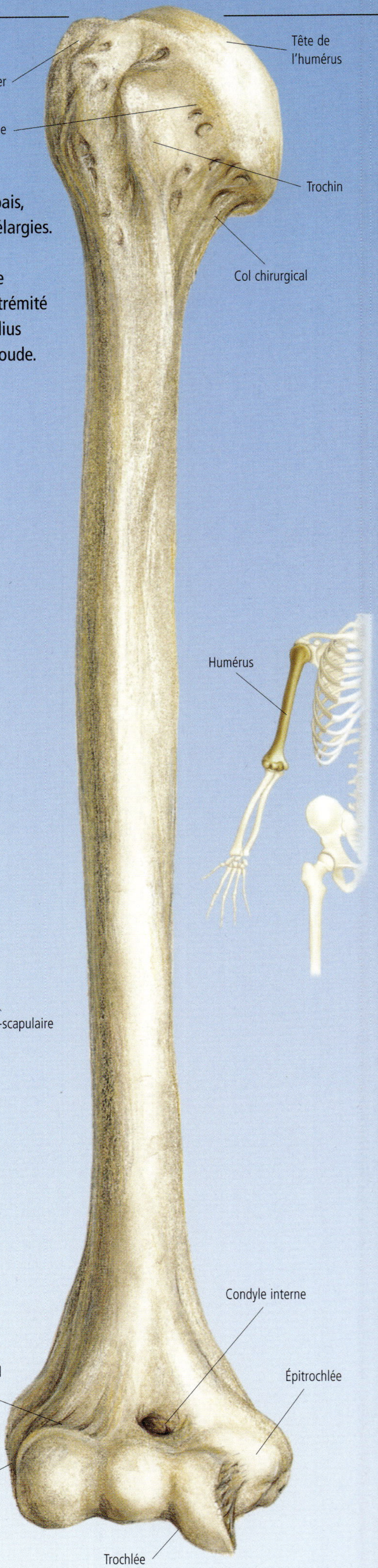

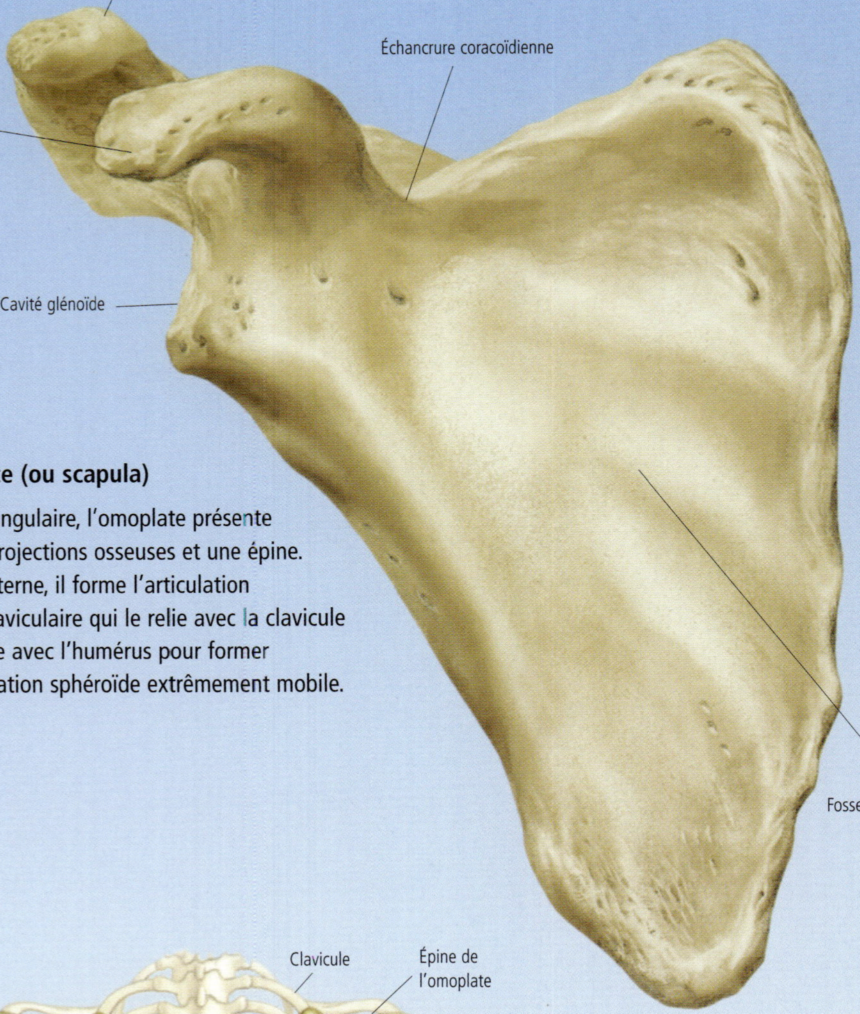

L'omoplate (ou scapula)

Os plat triangulaire, l'omoplate présente plusieurs projections osseuses et une épine. Du côté externe, il forme l'articulation acromio-claviculaire qui le relie avec la clavicule et s'articule avec l'humérus pour former une articulation sphéroïde extrêmement mobile.

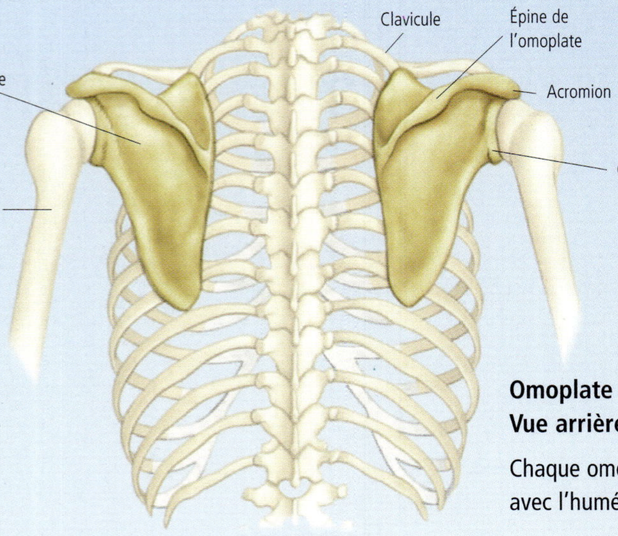

Omoplate
Vue arrière

Chaque omoplate s'articule avec l'humérus et la clavicule.

Le radius

Le radius est l'os de l'avant-bras situé du côté du pouce. Sa tête ronde forme une articulation pivot au niveau du coude, qui permet d'effectuer des mouvements de rotation autour du cubitus. Son autre extrémité intervient dans les mouvements du poignet. Il est associé au cubitus pour tous les mouvements de l'avant-bras.

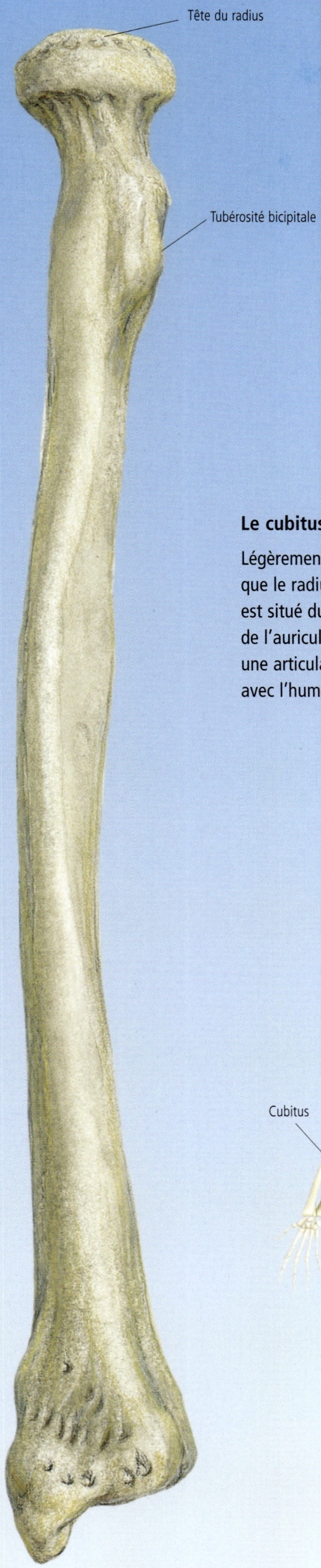

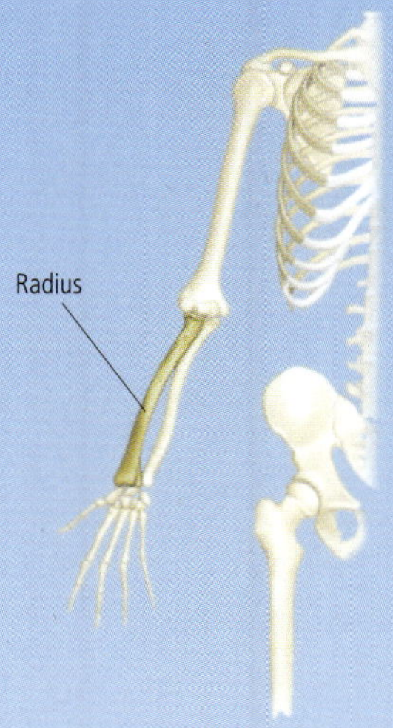

Le cubitus (ou ulna)

Légèrement plus long que le radius, le cubitus est situé du côté de l'auriculaire. Il forme une articulation trochléenne avec l'humérus.

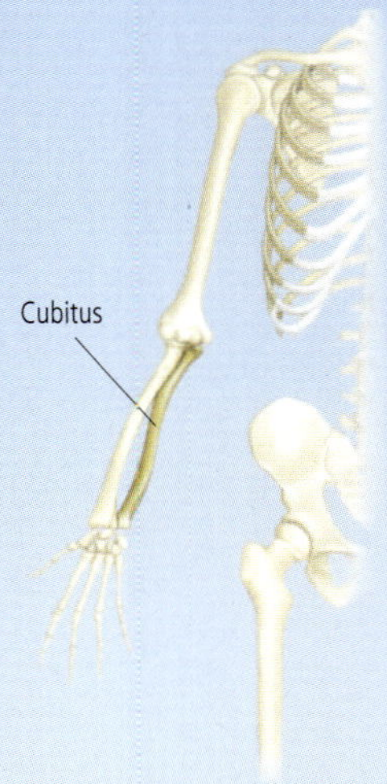

LE BRAS (PARTIE SUPÉRIEURE)

La partie supérieure du bras ne comporte qu'un seul os, l'humérus, soutenu par des muscles puissants comme le biceps, le triceps et le deltoïde, qui participent à des mouvements d'élévation et de rotation du bras.

L'AVANT-BRAS

L'avant-bras est constitué de deux os, le radius et le cubitus, situés entre le coude le poignet. Les muscles de l'avant-bras sont impliqués dans de nombreux mouvements de la main.

L'épaule

Avec ses muscles puissants et son articulation souple, l'épaule permet aux bras d'effectuer un grand nombre de mouvements. Elle est constituée par l'interconnexion de la clavicule, de l'omoplate et de l'humérus. La jonction de l'omoplate et de l'humérus forme l'articulation scapulo-humérale (de type sphéroïde), alors que la jonction de la clavicule et de l'acromion forme une articulation plane, dite *acromio-claviculaire.* L'articulation sphéroïde de l'épaule est la plus mobile de toutes les articulations. Elle est entourée par une membrane remplie de liquide synovial, la capsule articulaire, qui la stabilise et facilite le glissement des surfaces (articulaires). Des muscles puissants participent aux mouvements et renforcent et soutiennent cette région extrêmement mobile. Les muscles de l'épaule sont divisés en deux groupes : ceux qui fixent l'humérus à la ceinture scapulaire (ou pectorale) et ceux qui attachent la ceinture scapulaire au tronc.

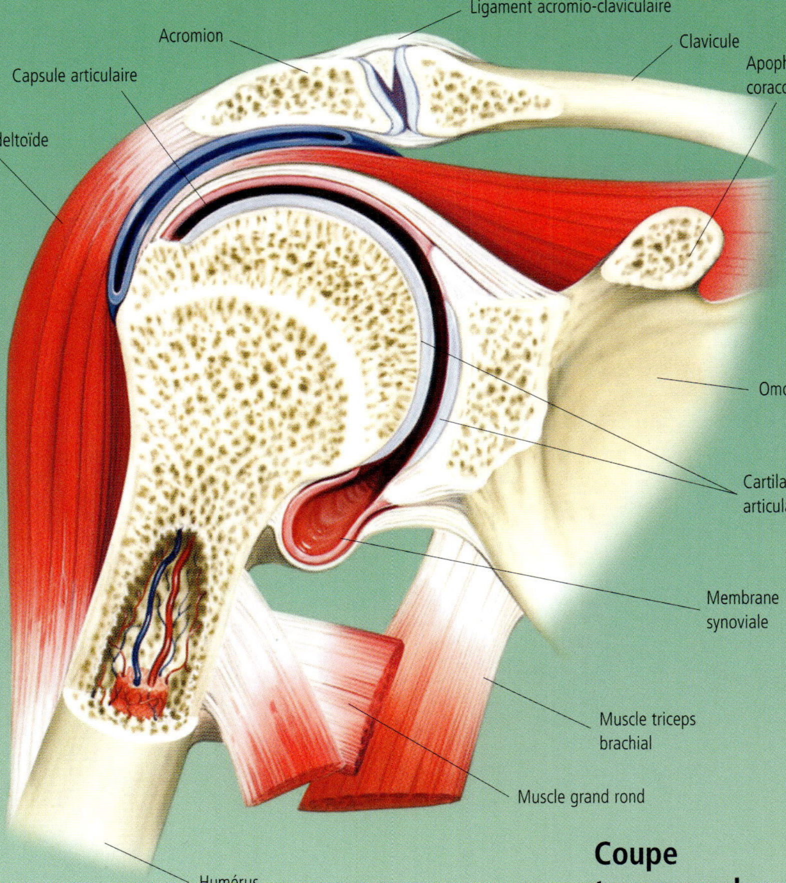

Coupe transversale de l'épaule

Les muscles de la coiffe des rotateurs

Ces muscles puissants stabilisent l'épaule en maintenant la tête de l'humérus solidement en place dans l'articulation sphéroïde. Il s'agit des muscles sous-scapulaire à l'avant et sus-épineux, sous-épineux et petit rond à l'arrière. Tous partent de l'omoplate pour fixer l'humérus.

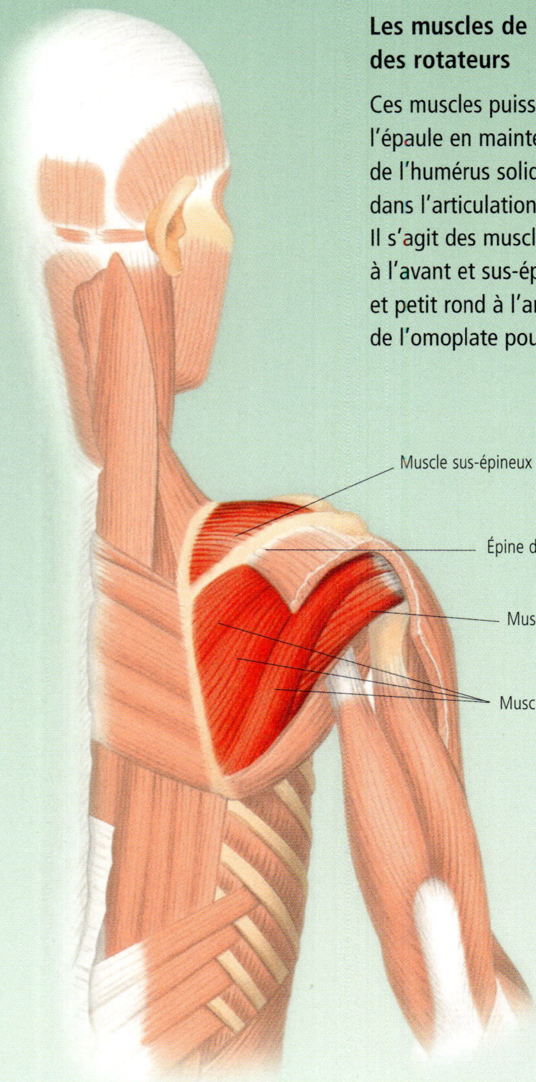

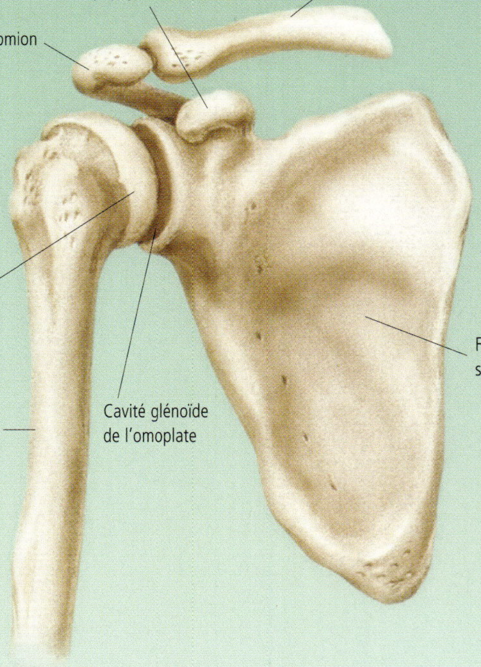

L'articulation de l'épaule

L'épaule doit sa grande souplesse à son articulation sphéroïde, extrêmement mobile, dans laquelle la tête de l'humérus vient s'emboîter dans la cavité glénoïde de l'omoplate. Les mouvements de l'épaule sont toujours coordonnés avec les mouvements de la ceinture scapulaire (clavicule et omoplate).

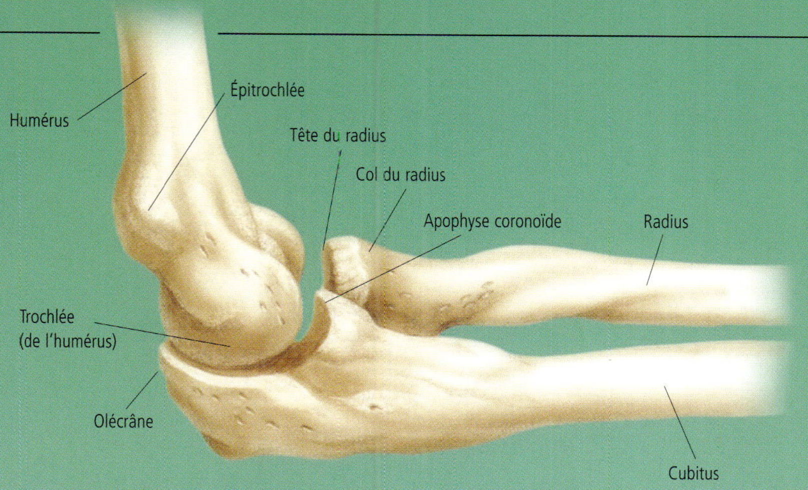

Les mouvements du coude

Les muscles qui participent au mouvement d'une articulation marchent par paire, sur le mode agoniste-antagoniste. Par exemple, un muscle permet la flexion, l'autre l'extension. Les mouvements du coude sont contrôlés par le biceps, qui permet la flexion, et le triceps chargé de l'extension.

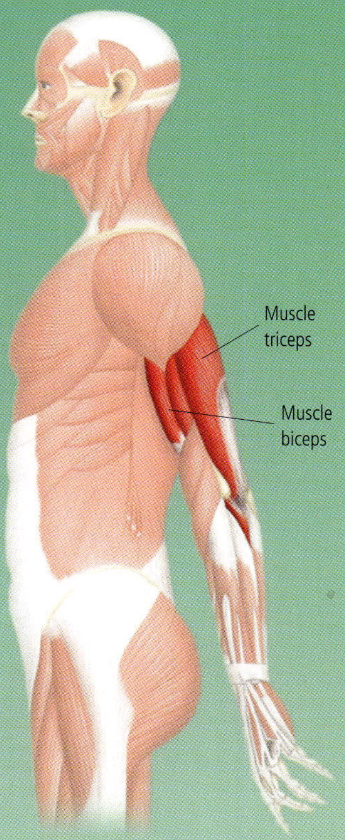

Le coude

L'articulation trochléenne du coude relie l'humérus (partie supérieure du bras) avec le radius et le cubitus, au niveau de l'avant-bras. À l'extrémité de l'humérus, des protrusions osseuses, les *épicondyles*, s'articulent avec le radius et le cubitus. Des ligaments stabilisent la région et les muscles de la partie supérieure du bras participent au mouvement du coude : le biceps pour la flexion et le triceps pour l'extension. La relation entre le radius et le cubitus permet non seulement des mouvements de rotation du coude, le radius pivotant autour du cubitus, mais également des mouvements de rotation de la main.

Coude
Vue arrière

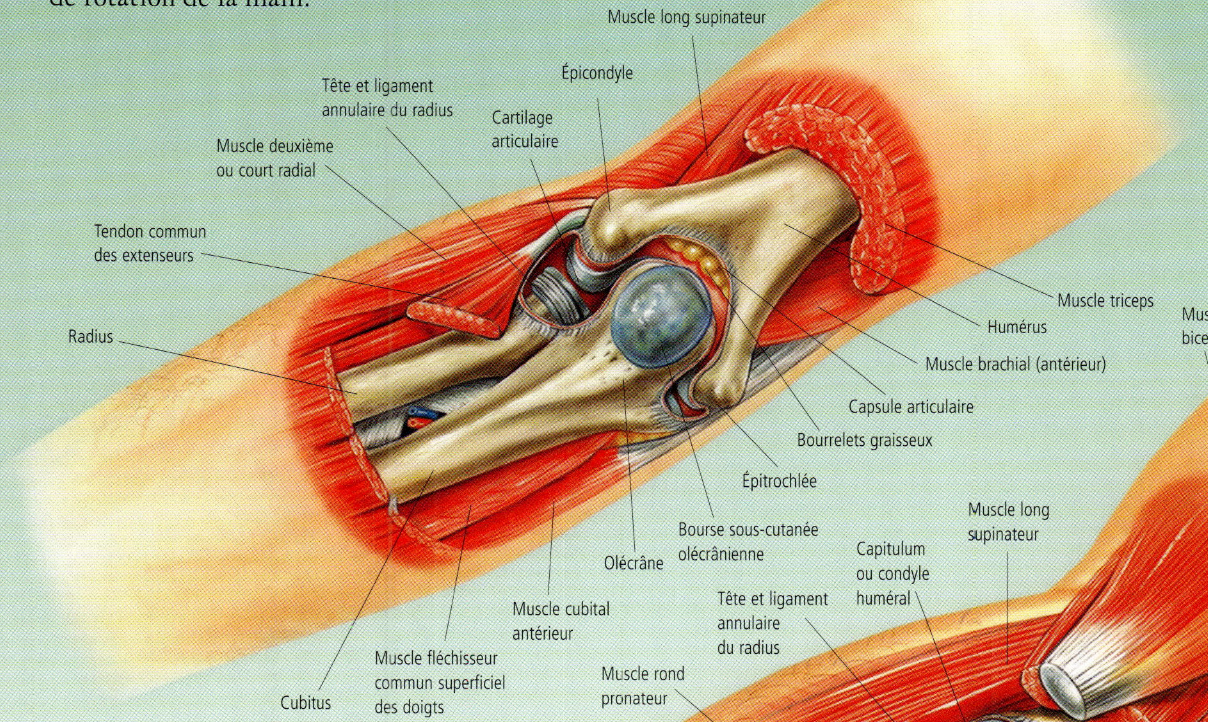

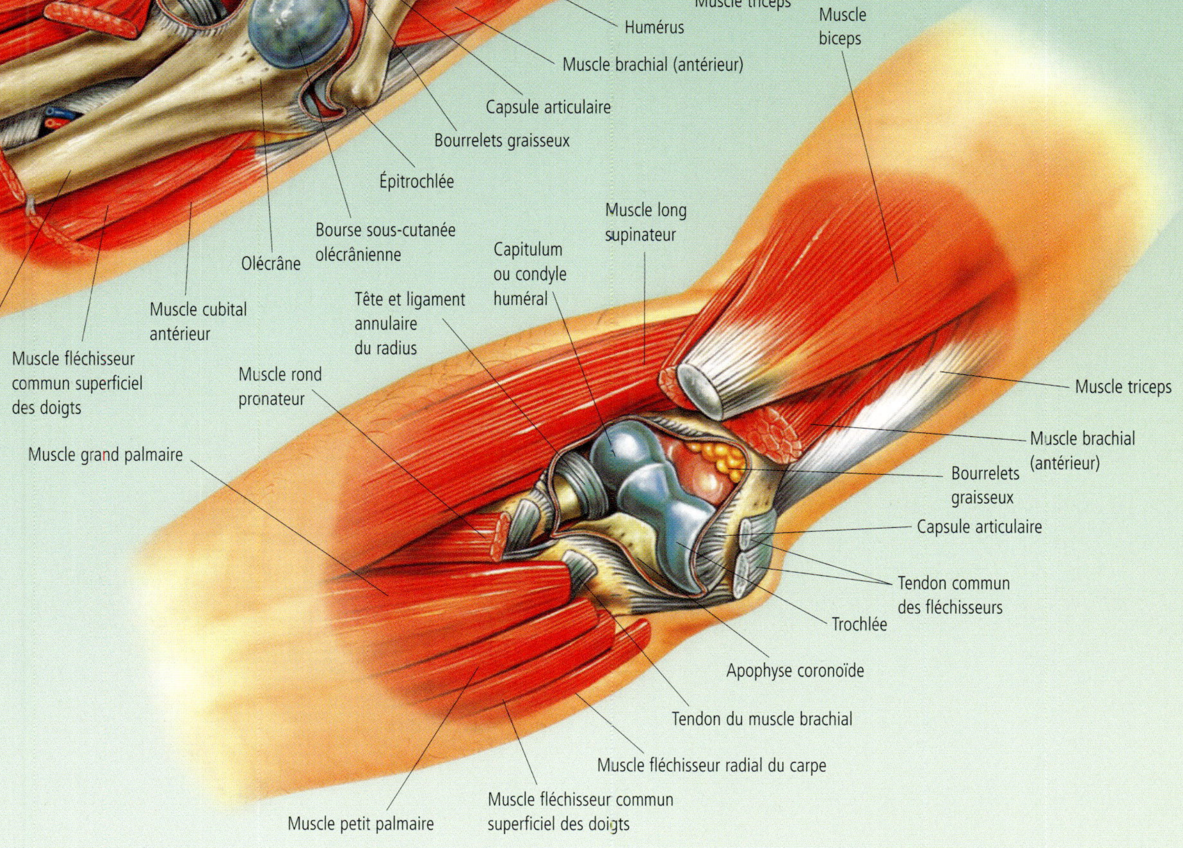

Coude
Vue de face

La main

La main est conçue pour saisir et manipuler les objets. Elle se compose de la paume, du dos, du pouce et de quatre autres doigts. La paume est recouverte d'une peau épaisse. Sa surface, légèrement creuse, facilite la saisie d'objets. Les tendons présents dans la paume participent à la flexion des doigts, alors que les tendons qui se trouvent sur le dos de la main contribuent à leur extension. Les principaux nerfs de la main sont le nerf cubital (ou ulnaire), le nerf médian et le nerf radial. Ils parcourent l'avant-bras et innervent les muscles et la peau de la main.

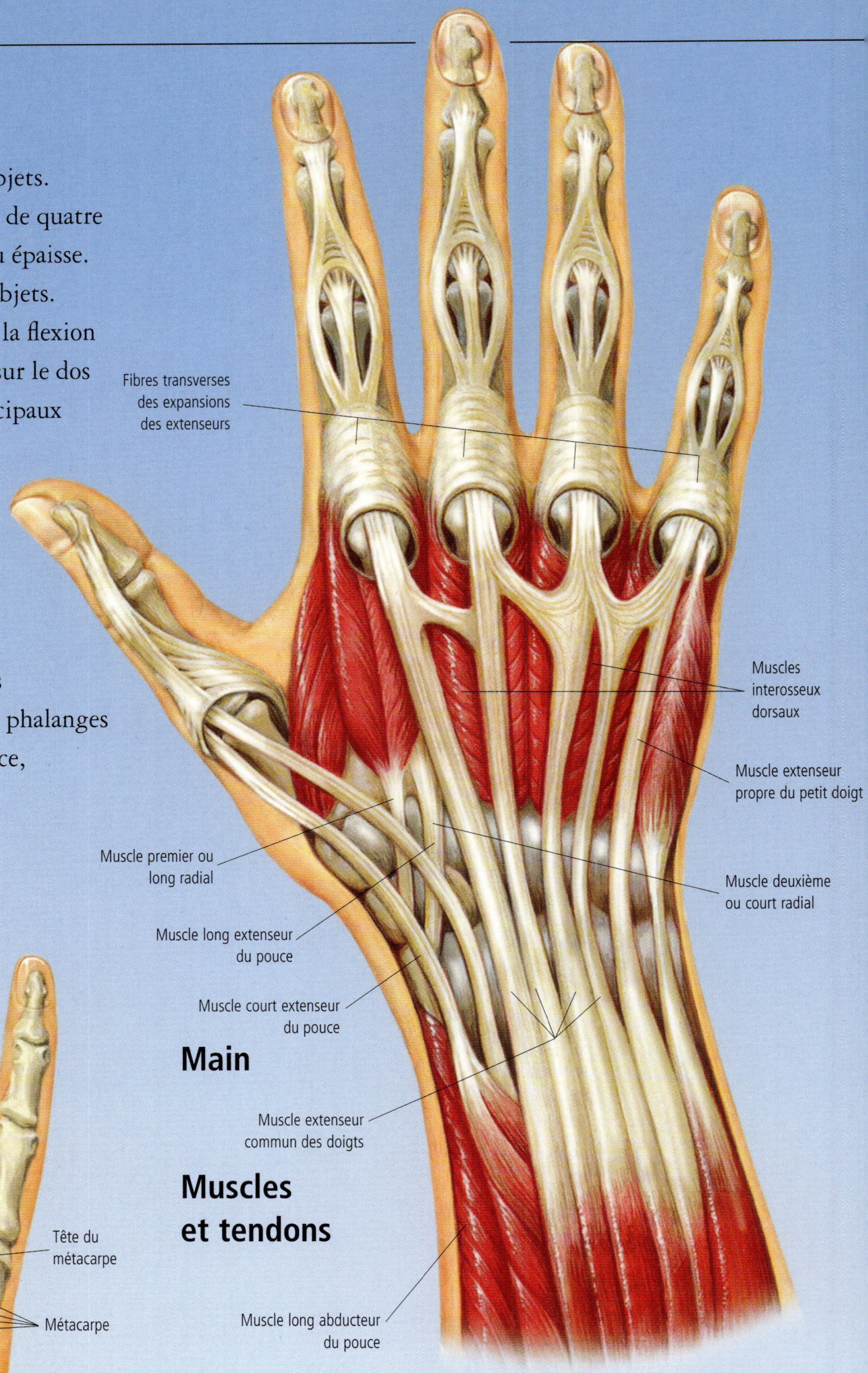

Main

Muscles et tendons

Les os de la main

Cinq métacarpes relient le poignet aux phalanges (os des doigts). Chaque doigt se compose de trois phalanges (proximale, intermédiaire, et distale), sauf le pouce, qui n'en a que deux (proximale et distale).

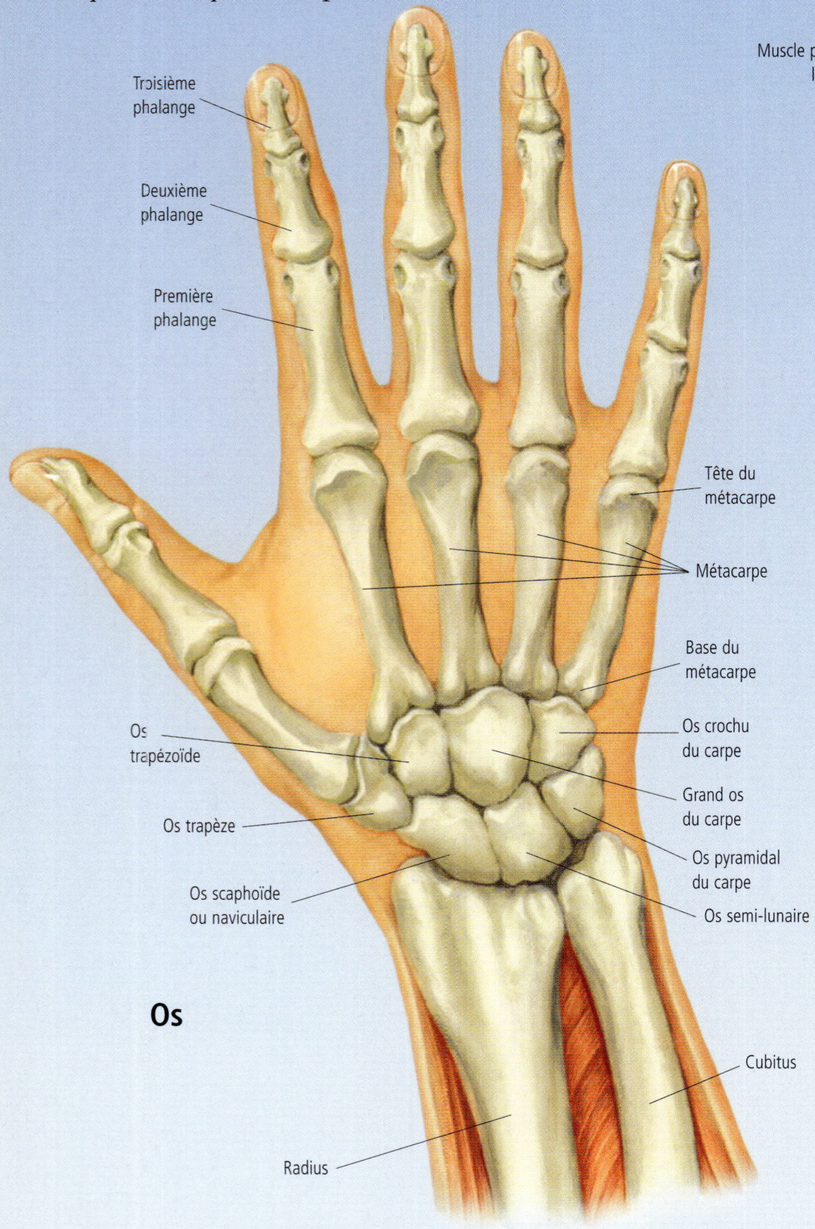

Os

Les muscles et les tendons de la main

De nombreux mouvements de la main nécessitent la participation non seulement des muscles de la main, mais également des muscles puissants du bras. Les muscles impliqués ne sont pas les mêmes selon que l'on veuille saisir solidement un objet ou, au contraire, utiliser une « pince de précision » pour tenir un stylo. Les muscles thénariens forment le petit renflement au niveau du pouce. Associés à un autre muscle adducteur, ils contribuent à le faire bouger. Les muscles hypothénariens créent le renflement plus prononcé à côté de la paume de la main. Entre chaque métacarpien, se trouvent les muscles interosseux, associés à de nombreux mouvements des doigts.

Le poignet

L'articulation du poignet est la jonction entre la paire radius/cubitus et les os du carpe. Elle permet un large éventail de mouvements, notamment de flexion et d'extension, ainsi que des mouvements latéraux. Les gaines synoviales qui protègent les tendons du pouce et des autres doigts, passent sur et sous les os du carpe, alors que les nerfs et les vaisseaux sanguins passent au-dessus et alimentent la région du poignet. Les artères cubitale et radiale parcourent l'avant-bras et traversent le poignet avant de se ramifier en artérioles digitales. Les nerfs cubital, médian et radial passent également par le poignet.

Les doigts

Les doigts ne comportent pas de muscles. Leur dextérité est le résultat de l'action de leurs tendons et des muscles du bras et de la main. En dehors du pouce, les doigts se composent de trois phalanges (os) : proximale, intermédiaire et distale. Les phalanges sont reliées entre elles par les articulations interphalangiennes. Les phalanges proximales, les plus proches de la paume de la main, sont en plus fixées aux métacarpiens par une articulation trochléenne. À l'extérieur, le bout des doigts est protégé par les ongles, alors que, à l'intérieur, il est recouvert par un schéma unique de crêtes et de lignes qui forment les empreintes digitales, grâce auxquelles il est possible d'identifier un individu.

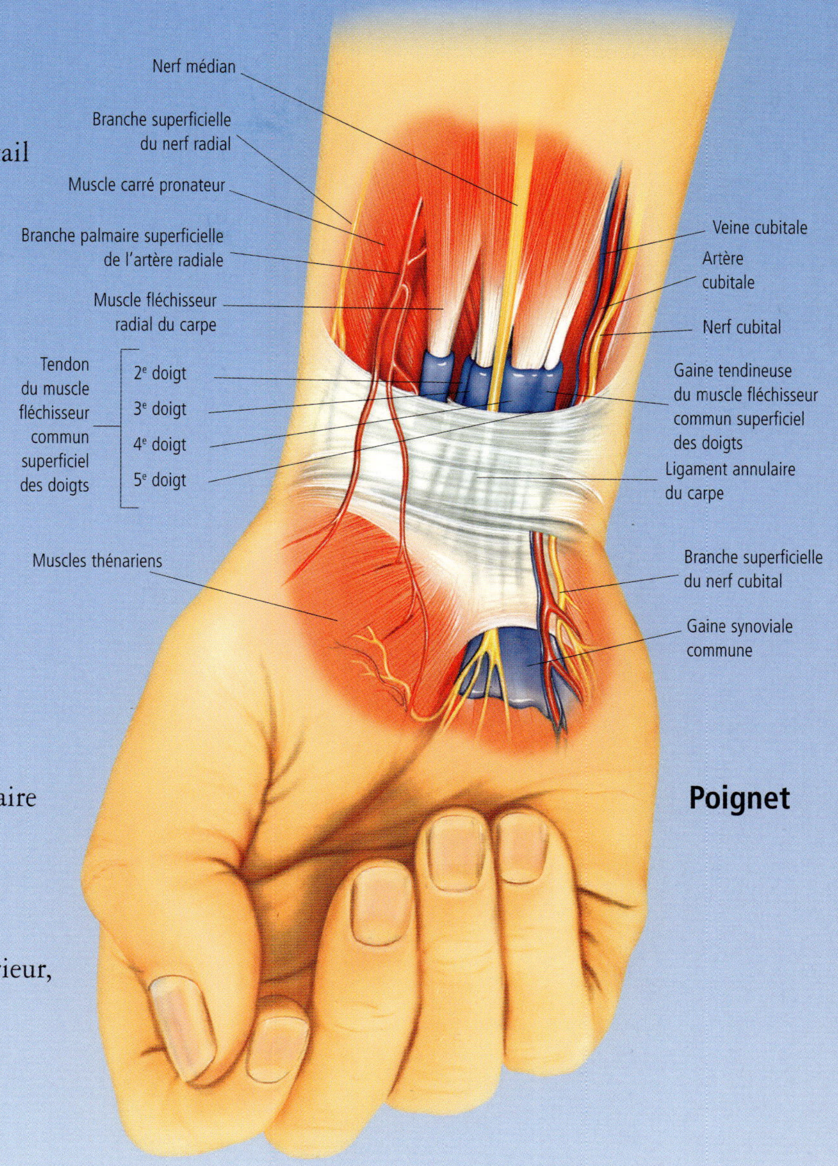

Poignet

LE SAVIEZ-VOUS ?

Des activités de précision aux actions en puissance, nos mains sont occupées en permanence. Au cours de notre vie, les articulations des doigts seront sollicitées plus de 25 millions de fois.

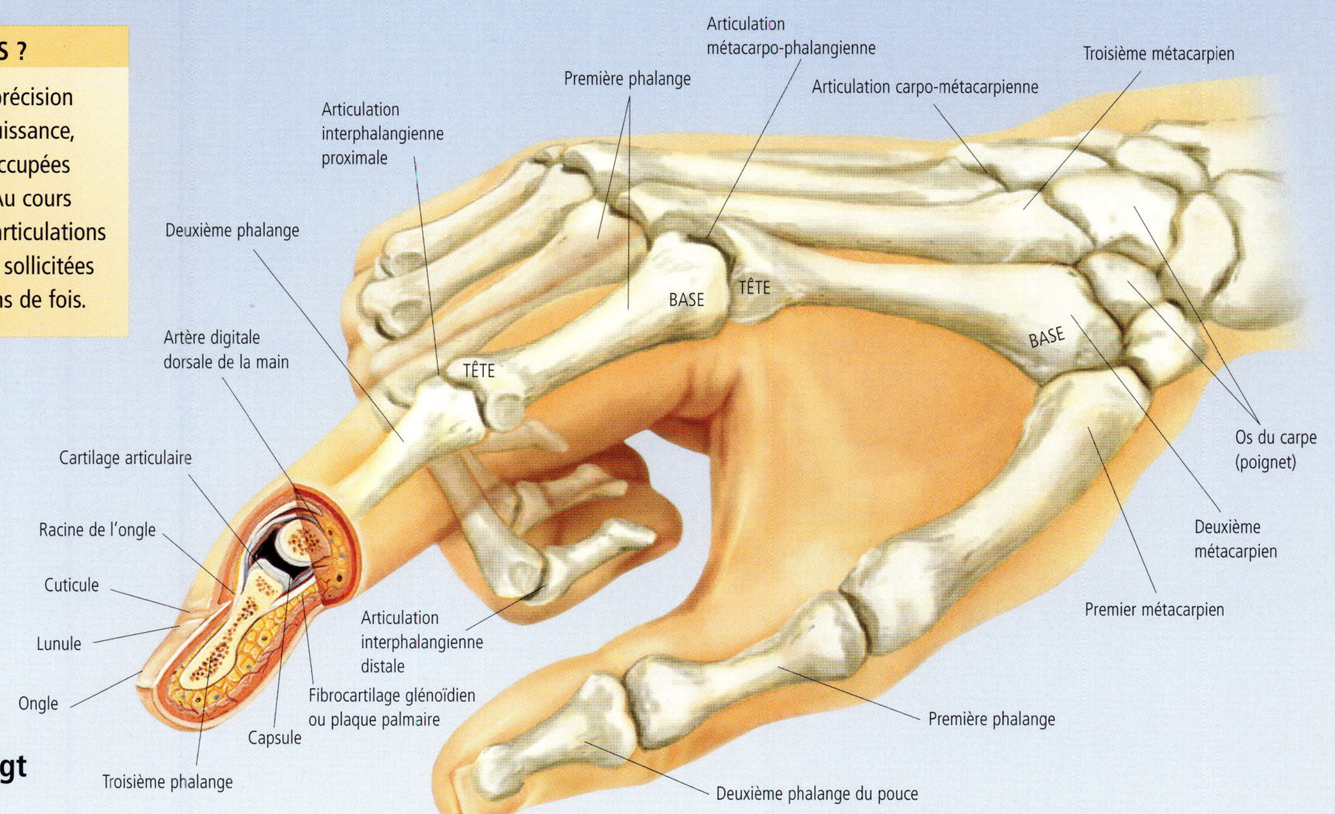

Doigt

La hanche, la jambe, le pied

La jambe

Articulés avec l'os de la hanche en haut et avec le pied en bas, les trois os de la jambe sont le fémur, le tibia et le péroné (ou fibula). Même si, d'un point de vue anatomique, le terme *jambe* désigne la partie comprise entre le genou et la cheville, l'usage populaire l'utilise pour parler du membre inférieur dans son ensemble, en dehors du pied. L'os de la hanche assure la jonction entre la colonne vertébrale et les membres inférieurs qui supportent le poids du torse et sont stabilisés par des muscles puissants qui participent au mouvement des jambes. De grosses articulations au niveau de la hanche et du genou, associées à des ligaments solides dans toute la jambe, complètent la structure nécessaire aux déplacements debout sur les deux jambes (bipèdes).

Jambe Vue avant

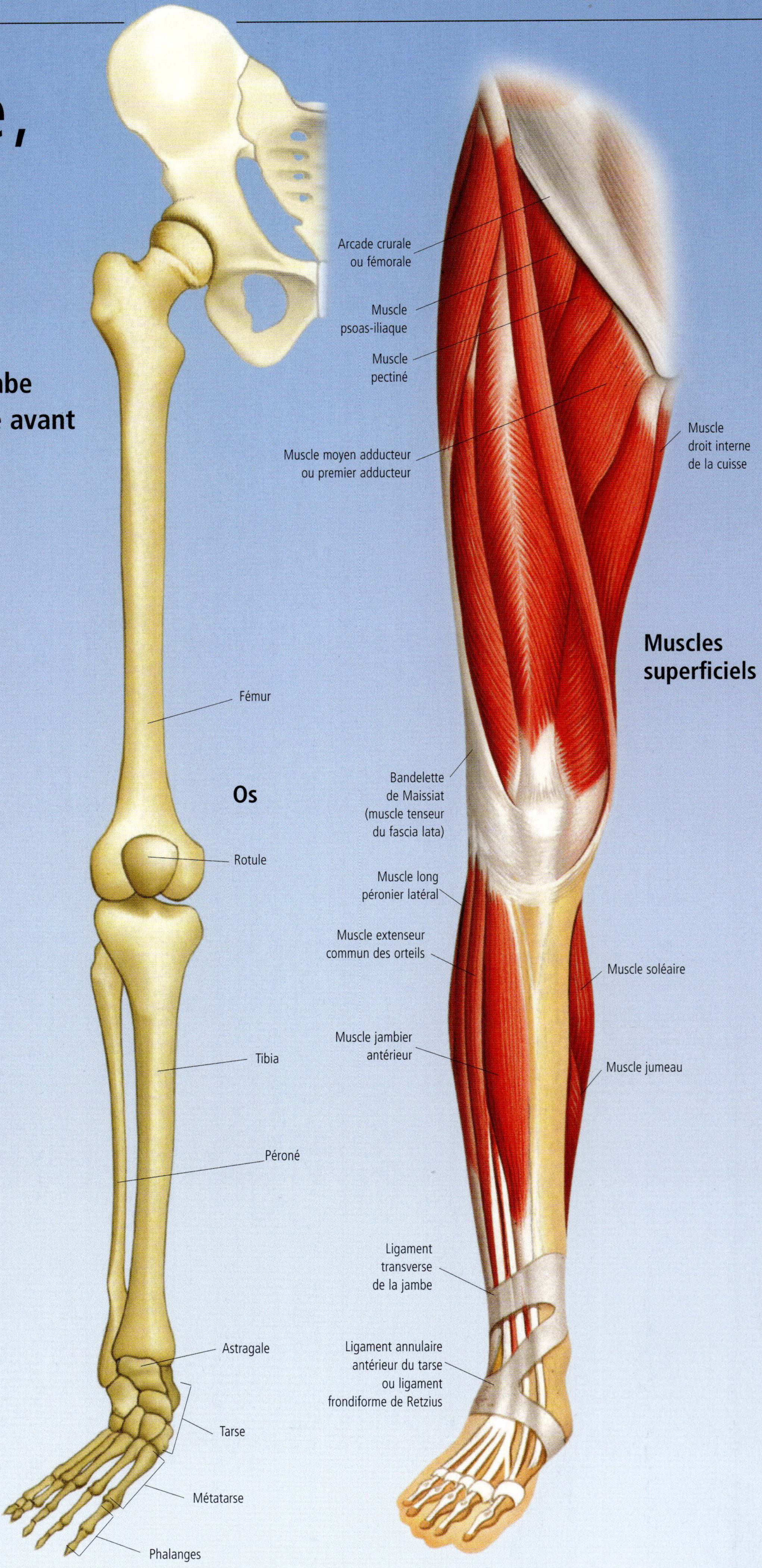

Jambe
Vue arrière

Os

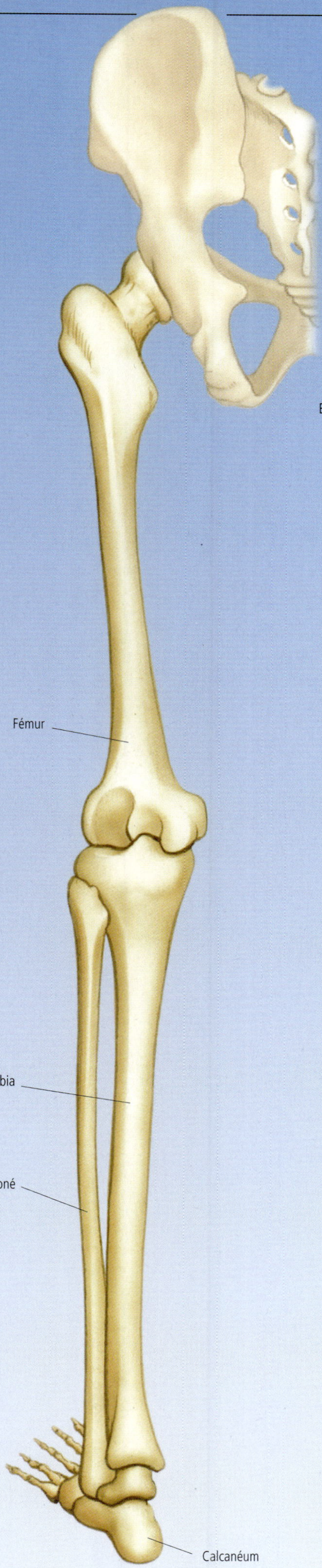

Muscles superficiels

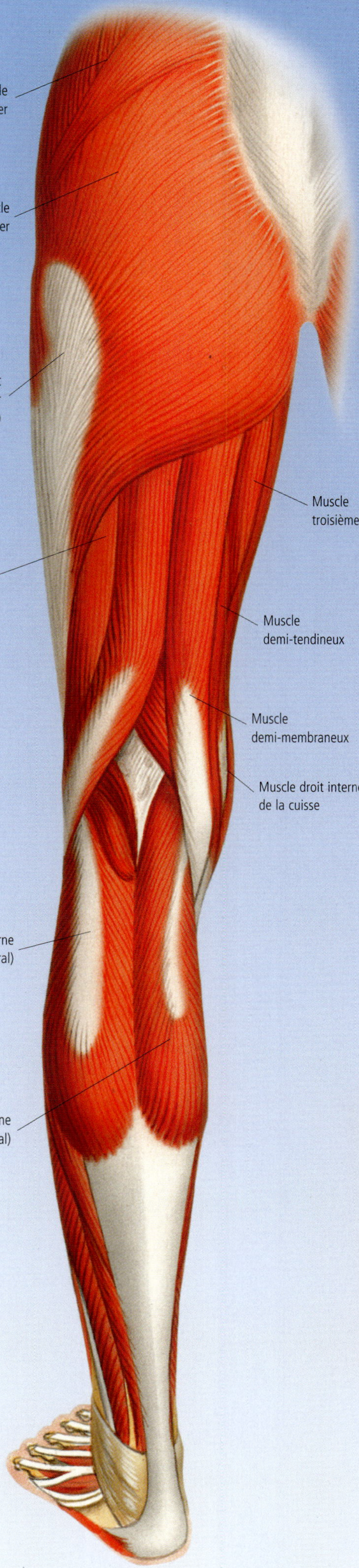

LE SAVIEZ-VOUS ?

La marche implique les efforts de plus de 200 muscles. Nous effectuons en moyenne 8 000 à 10 000 pas par jour. Au cours d'une vie normale, cela équivaut à quatre fois le tour de la Terre (circonférence).

Muscles profonds de la jambe

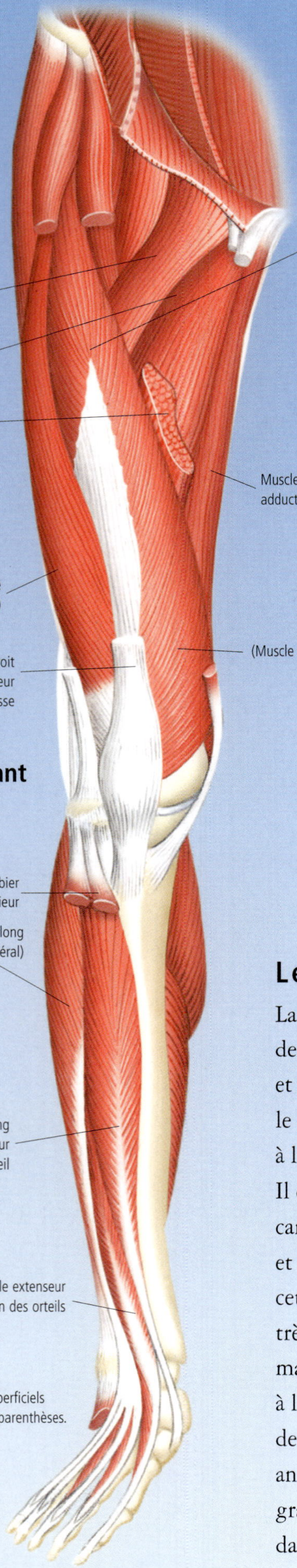

NB : les muscles superficiels sont indiqués entre parenthèses.

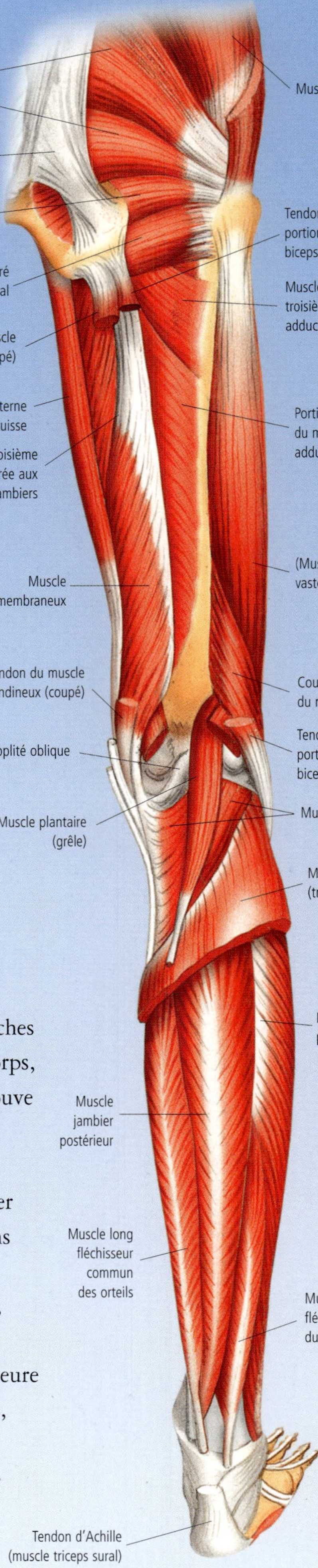

Les muscles de la jambe

La marche est un processus qui exige des muscles puissants au niveau des hanches et des jambes. Le plus gros muscle du corps, le grand fessier (ou grand glutéal), se trouve à l'arrière de la hanche (région glutéale). Il donne aux fesses leur forme caractéristique. Les muscles moyen fessier et petit fessier sont également situés dans cette région. Les quadriceps, muscles très puissants, sont à l'avant de la cuisse, mais ont une portion ischio-jambière à l'arrière. Les muscles de la partie inférieure de la jambe sont divisés en trois groupes, antérieur, latéral et postérieur, la plus grande partie des muscles étant localisée dans le groupe postérieur.

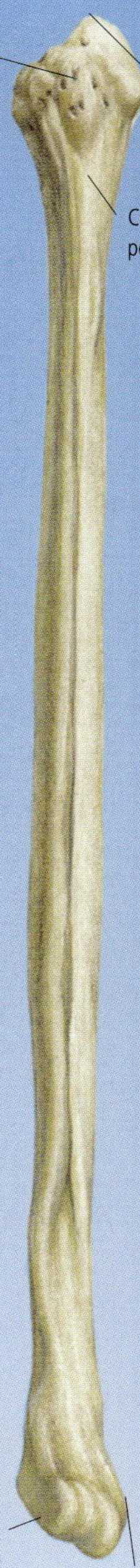

Le péroné

Le péroné est un os relativement fin sur lequel certains muscles de la jambe viennent s'attacher. Il naît sous le genou et continue jusqu'à la cheville, où son extrémité inférieure forme la partie externe de l'articulation de la cheville.

Le tibia

Le tibia est le deuxième os le plus long du corps. Son extrémité supérieure forme une partie de l'articulation du genou, alors que sa base rejoint l'astragale pour constituer l'articulation de la cheville.

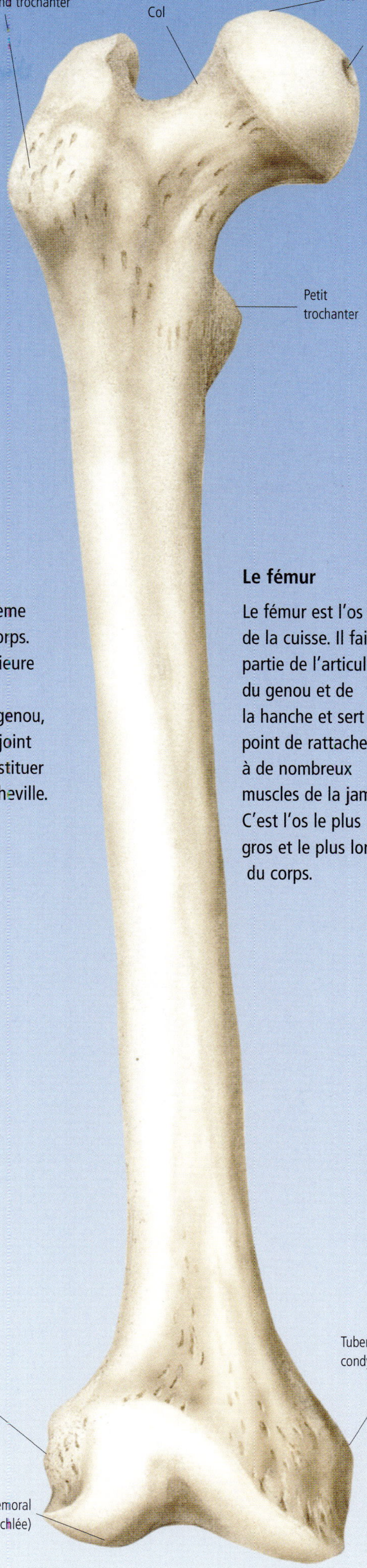

Le fémur

Le fémur est l'os de la cuisse. Il fait partie de l'articulation du genou et de la hanche et sert de point de rattachement à de nombreux muscles de la jambe. C'est l'os le plus gros et le plus long du corps.

Les os de la jambe

Les trois os longs de la jambe sont le fémur, le tibia et le péroné. Le fémur est le plus long et le plus solide. À l'extrémité supérieure, sa tête ronde va s'emboîter dans le creux de la hanche, constituant ainsi une articulation très mobile pour les mouvements de la jambe. À sa base, il forme l'articulation du genou. Ses deux condyles (protubérances) s'articulent avec le tibia. Le fémur s'articule également avec la rotule (ou patella), petit os sésamoïde maintenu par le tendon du quadriceps fémoral. Le tibia et le péroné relient le genou à la cheville.

Les muscles spéciaux de la jambe

LES MUSCLES DU MOLLET

La région du mollet comporte différents groupes de muscles qui interviennent dans les mouvements du pied. Les muscles du groupe antérieur contribuent à relever le pied, ceux du groupe latéral à tourner la plante, les muscles superficiels du groupe postérieur permettent de baisser le pied alors que les muscles profonds qui passent derrière la cheville sont indispensables pour exercer une poussée sur le gros orteil (impulsion).

LE MUSCLE QUADRICEPS

Le quadriceps crural, ou fémoral, est composé de quatre éléments : le muscle droit antérieur de la cuisse, le muscle vaste externe (latéral), le muscle vaste interne (médial) et le muscle crural ou vaste intermédiaire. La partie supérieure du quadriceps rejoint le bassin et la partie supérieure du fémur. Au niveau de son extrémité inférieure, les tendons des quatre muscles qui le composent fusionnent et viennent se fixer à la rotule, puis à leur point d'attache au niveau du tibia. Le quadriceps permet la flexion de la cuisse sur le bassin. Il participe également à l'extension du genou dont il renforce et stabilise l'articulation.

LES MUSCLES ISCHIO-JAMBIERS

Le biceps crural, ou fémoral, le muscle demi-tendineux et le demi-membraneux forment les muscles ischio-jambiers, à l'arrière de la cuisse. Ces muscles superficiels s'étendent depuis leur point de rattachement jusqu'à la partie inférieure de la jambe, en passant à l'arrière du genou. Ils sont fixés en haut de l'ischion (os iliaque) au niveau du bassin et participent aux mouvements des articulations de la hanche et du genou.

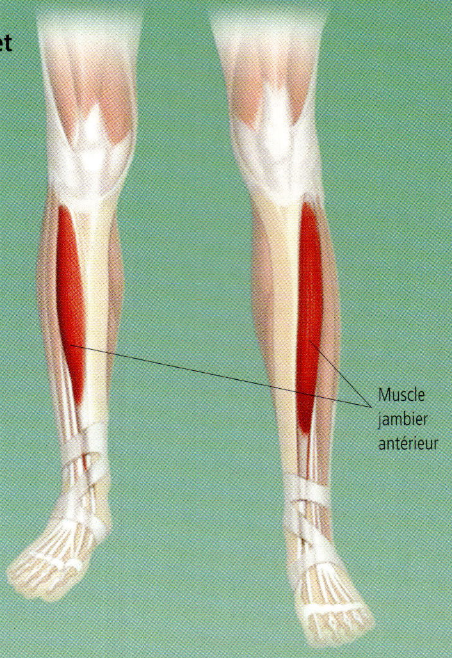

Les muscles du mollet

Le muscle jambier antérieur est attaché au tibia et permet de lever et de baisser le pied.

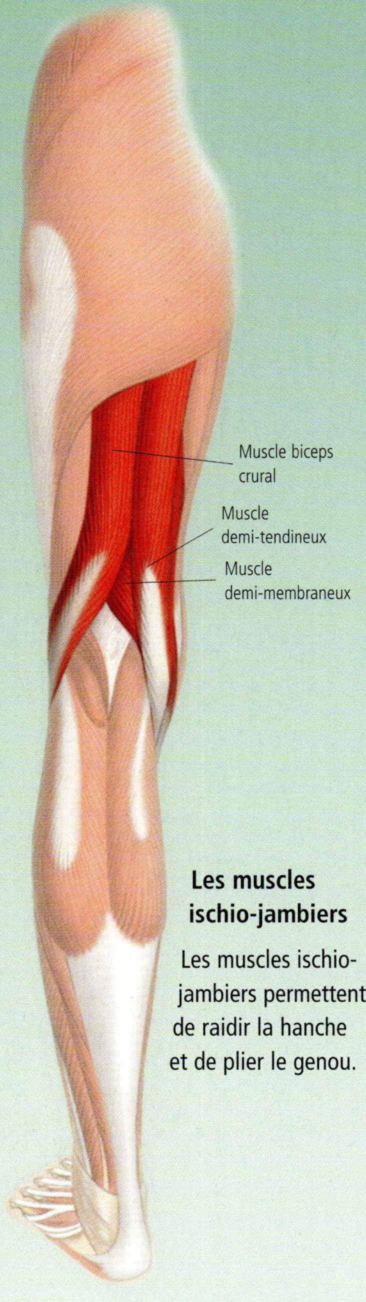

Les muscles ischio-jambiers

Les muscles ischio-jambiers permettent de raidir la hanche et de plier le genou.

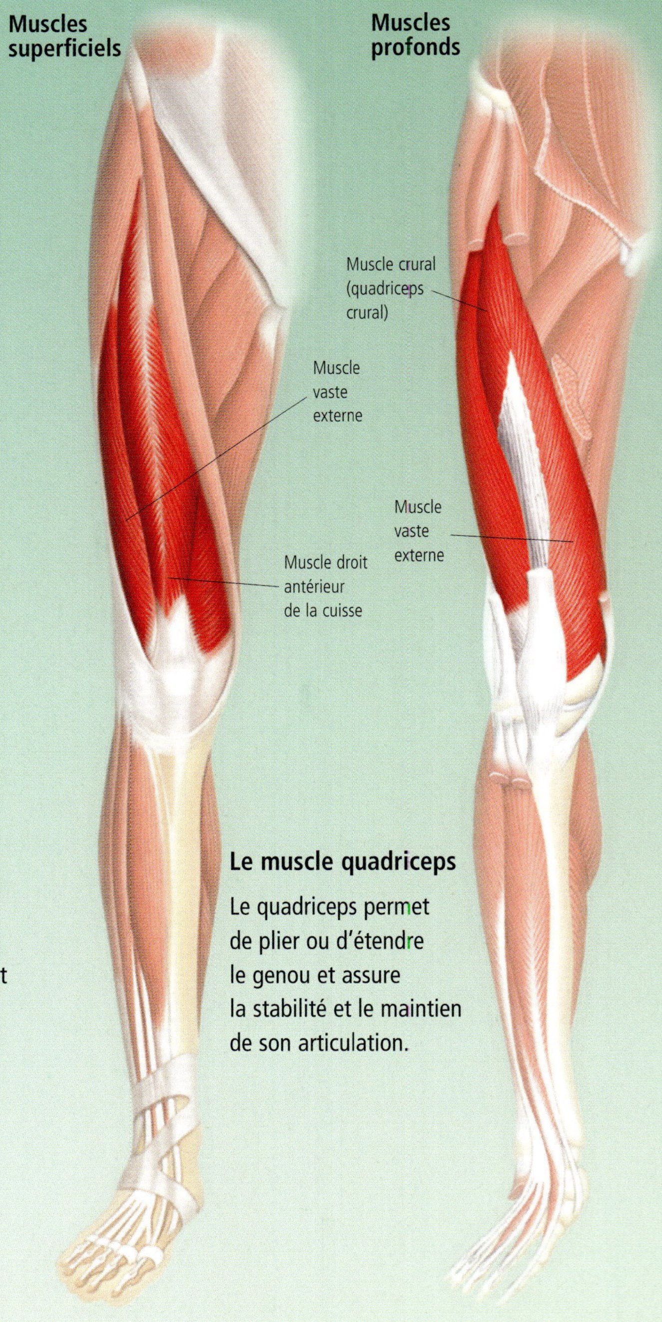

Le muscle quadriceps

Le quadriceps permet de plier ou d'étendre le genou et assure la stabilité et le maintien de son articulation.

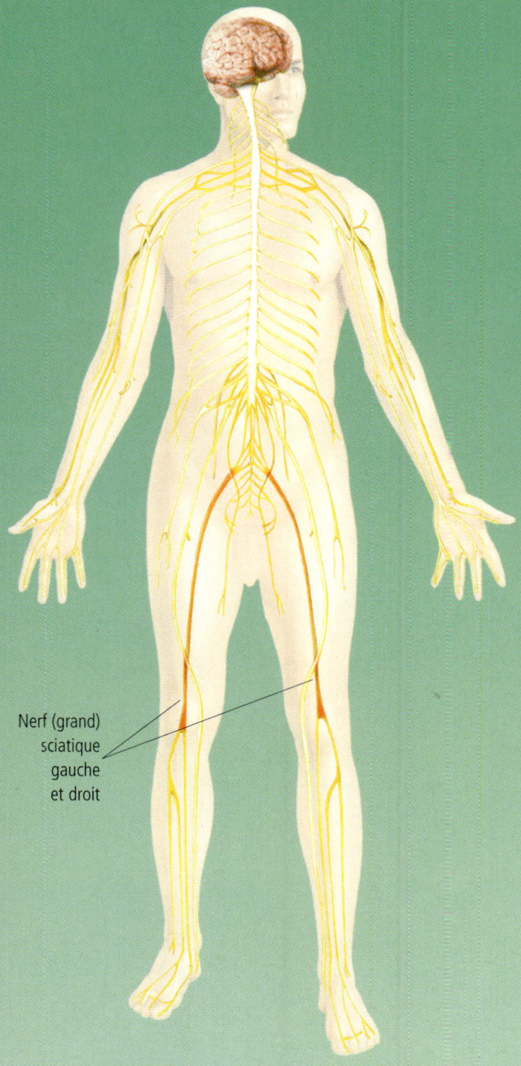

Le nerf sciatique

Plus gros nerf de l'organisme, le nerf sciatique s'étend de la base de la colonne vertébrale jusqu'à la cuisse, puis se ramifie dans la partie inférieure de la jambe et dans le pied. Il innerve de nombreux muscles, dont les ischio-jambiers.

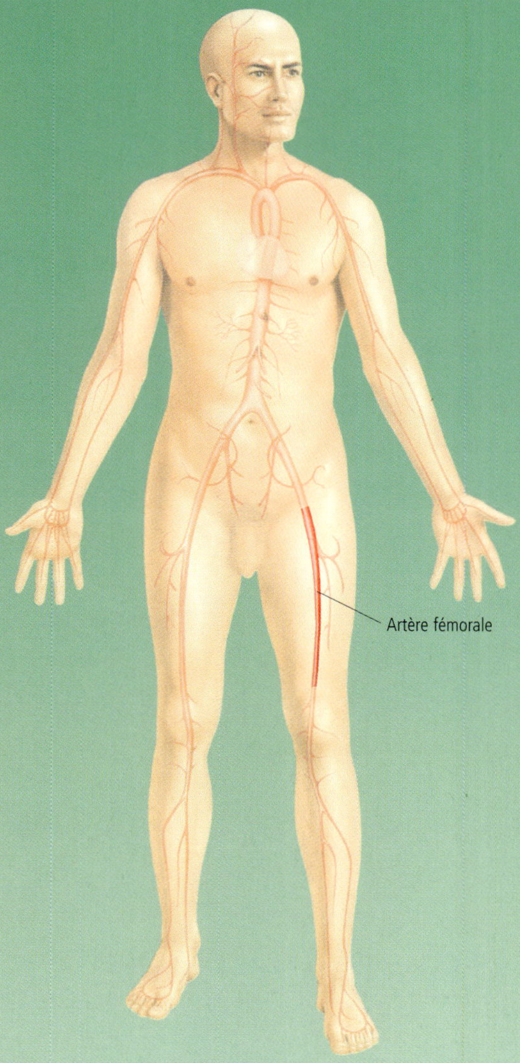

L'artère fémorale

L'artère iliaque externe du tronc devient l'artère fémorale lorsqu'elle franchit la région de l'aine, au niveau de laquelle il est possible de prendre le pouls. Elle alimente les jambes et les hanches.

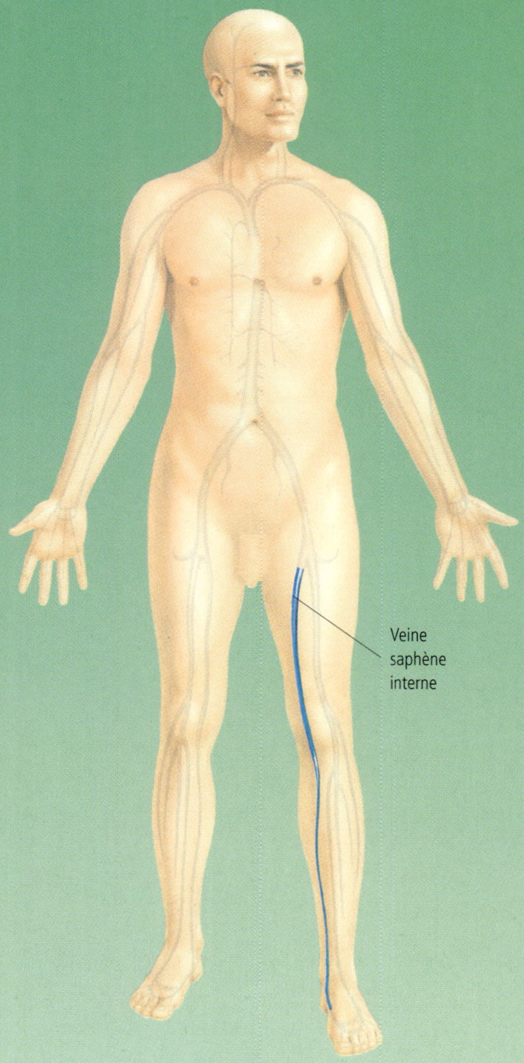

La veine saphène interne ou grande veine saphène

La grande veine saphène parcourt la jambe depuis l'aine jusqu'au pied. C'est la plus longue veine du corps. Elle reçoit le sang de nombreuses veines de la jambe avant de se jeter dans la veine fémorale.

Les nerfs et les vaisseaux sanguins de la jambe

Des veines et artères de gros calibre alimentent un réseau de vaisseaux plus petits dans la jambe. L'artère principale est l'artère fémorale. Alimentée par l'aorte, par l'intermédiaire de l'artère iliaque externe, elle descend dans la cuisse avant de passer derrière le genou, où elle devient alors l'artère poplitée. L'artère poplitée se ramifie ensuite dans les différentes régions de la partie inférieure de la jambe.

Des veines superficielles et profondes parcourent la jambe. Les veines profondes longent les artères, alors que les veines superficielles se trouvent juste sous la peau. Les veines de la jambe comprennent un important système de valves. Lorsque les muscles se contractent ou se relâchent, ils ferment ou ouvrent les valves. Lorsque les valves sont fermées, le sang est contraint de remonter vers le cœur. Lorsque les muscles se relâchent, le sang peut alors passer des veines superficielles aux veines profondes. La grande veine saphène est la plus longue veine du corps.

Les nerfs crural (ou fémoral), obturateur et sciatique sont les principaux nerfs de la jambe. Ils se ramifient en plus petites branches pour innerver les muscles et la peau. Le nerf sciatique innerve les muscles ischio-jambiers, ceux de la partie inférieure de la jambe et le pied.

L'os et l'articulation de la hanche

Reliée à la colonne vertébrale au niveau de l'articulation sacro-iliaque, la hanche est formée par l'ilion, l'ischion et le pubis. À la période de la pré-adolescence, ces os fusionnent et se soudent au cotyle afin de consolider l'os de la hanche (iliaque). L'association de l'os iliaque et du sacrum crée un cercle osseux autour des organes abdominaux inférieurs. La tête du fémur vient s'insérer dans le creux du cotyle pour former l'articulation de la hanche. Plus de la moitié de la tête fémorale est ainsi emboîtée, ce qui crée une articulation stable, capable de supporter de lourdes charges tout en étant extrêmement mobile. La tête du fémur est recouverte de cartilage et de liquide synovial, ce qui autorise des mouvements articulaires lisses et sans friction. L'articulation est encastrée dans une capsule fibreuse qui maintient la tête fémorale en place tout en laissant une grande liberté de mouvement. Les muscles de l'articulation iliaque sont le petit, le moyen et le grand fessier à l'arrière, et le muscle droit antérieur de la cuisse à l'avant. Leur rôle est de maintenir l'articulation en place et de participer aux mouvements de la cuisse.

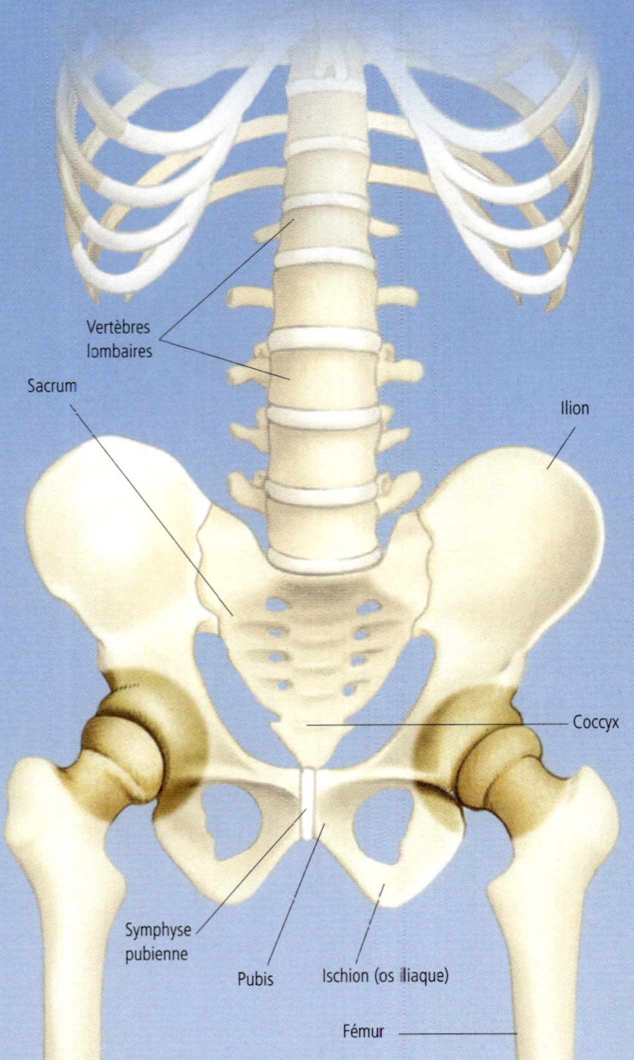

L'os et l'articulation de la hanche

L'os de la hanche est composé de l'ilion, de l'ischion et du pubis, qui fusionnent au niveau du cotyle (ou acétabulum). Ils créent une cavité solide dans laquelle la tête du fémur vient s'emboîter, formant, ainsi, l'articulation de la hanche.

L'articulation sphéroïde

La tête ronde du fémur vient s'emboîter dans le creux du cotyle, formant ainsi une articulation sphéroïde presque aussi mobile que celle de l'épaule.

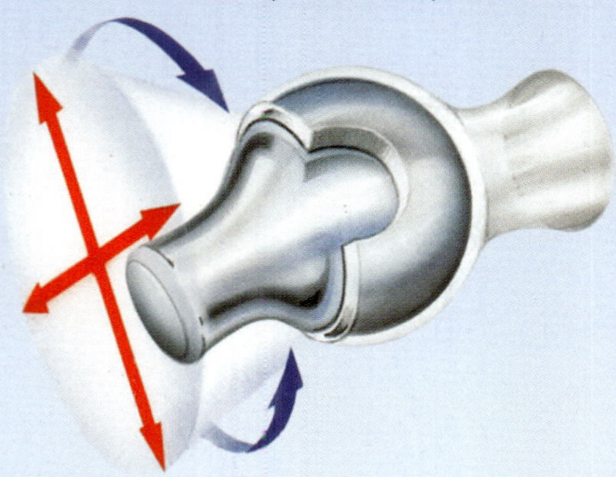

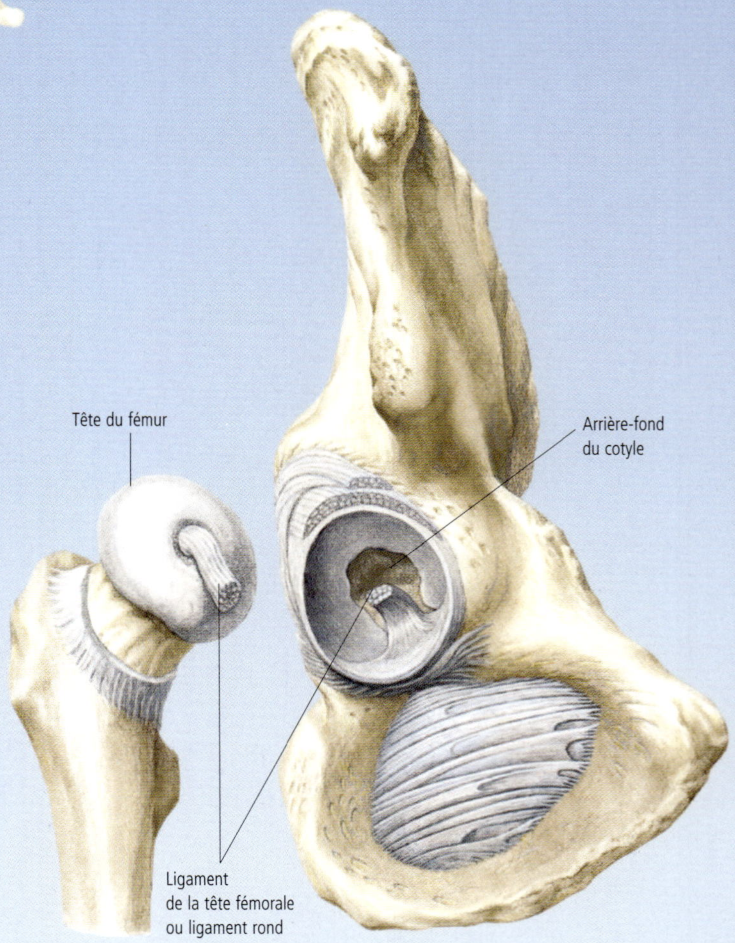

L'articulation du genou

Le genou est une articulation trochléenne complexe qui comprend le fémur (os de la cuisse), le tibia et la rotule. Une capsule fibreuse recouvre l'articulation et unit les trois os. Dans la cavité articulaire, deux disques cartilagineux en forme de demi-lune, les ménisques, sont fixés sur les surfaces articulaires des condyles du tibia et permettent un léger mouvement de rotation.

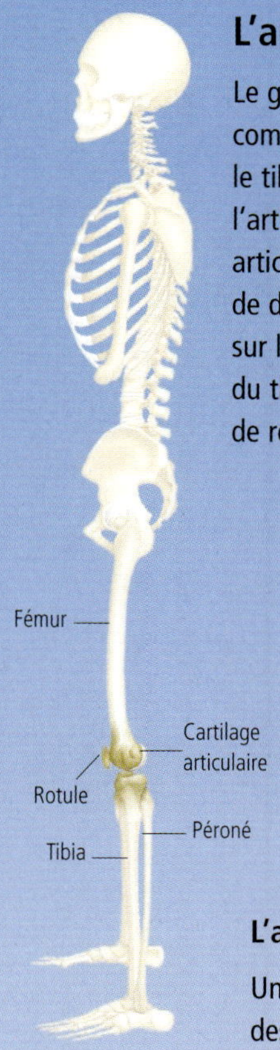

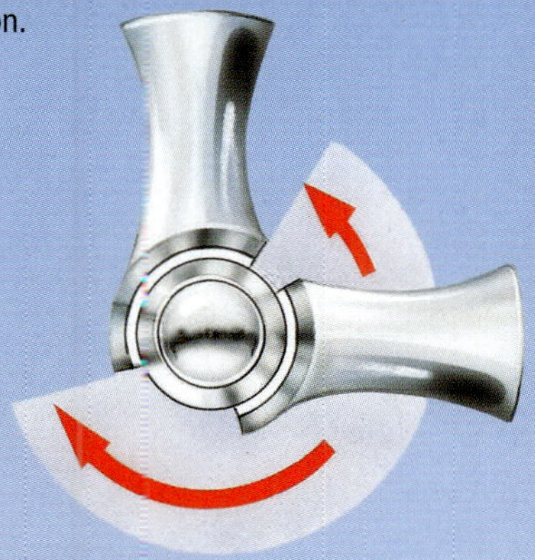

L'articulation trochléenne

Une articulation trochléenne autorise uniquement des mouvements sur un seul plan, comme la flexion ou l'extension du genou.

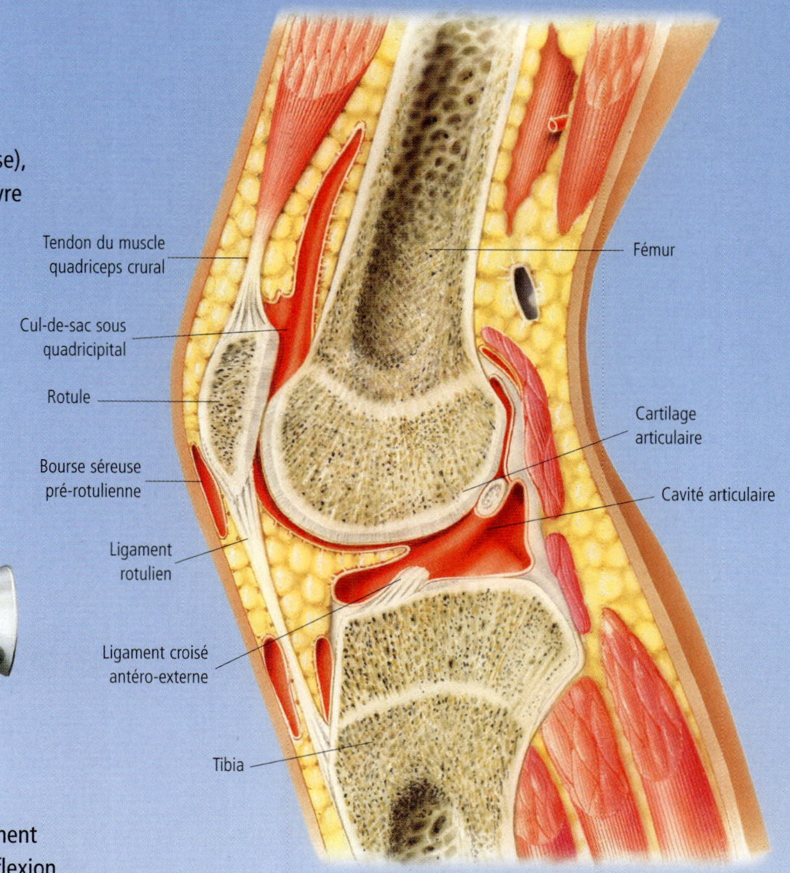

Le genou et son articulation

L'articulation du genou, qui relie la cuisse au genou et le genou à la partie inférieure de la jambe, est une des plus complexes. Elle est formée par trois os longs, le fémur, le tibia et le péroné, et par un os sésamoïde, la rotule. Articulation trochléenne, elle autorise cependant des mouvements d'avant en arrière et offre une légère possibilité de rotation. Très mobile, cette articulation supporte beaucoup de poids.

Les trois os du genou et l'importante cavité qui les sépare sont maintenus ensemble par une membrane muqueuse, la *capsule articulaire*, remplie de liquide synovial qui lubrifie les surfaces articulaires en contact. De plus, la base du fémur et la tête du tibia sont recouvertes de cartilage, ce qui permet des mouvements lisses du genou. La rotule glisse devant le fémur.

Les os du genou n'étant pas en contact étroit, des muscles et des ligaments solides sont nécessaires pour renforcer et stabiliser l'articulation. La rotule est maintenue par le tendon du quadriceps et des ligaments qui lui permettent un mouvement de glissement sur la surface rotulienne du fémur. Des ligaments latéraux sont présents de chaque côté de la capsule articulaire qui renferme les ligaments croisés, dont la fonction est de contrôler les mouvements du tibia et de la rotule. Enfin, les muscles qui soutiennent le genou, y compris les ischio-jambiers et les quadriceps, ont un rôle important dans le maintien et la stabilité de cette articulation.

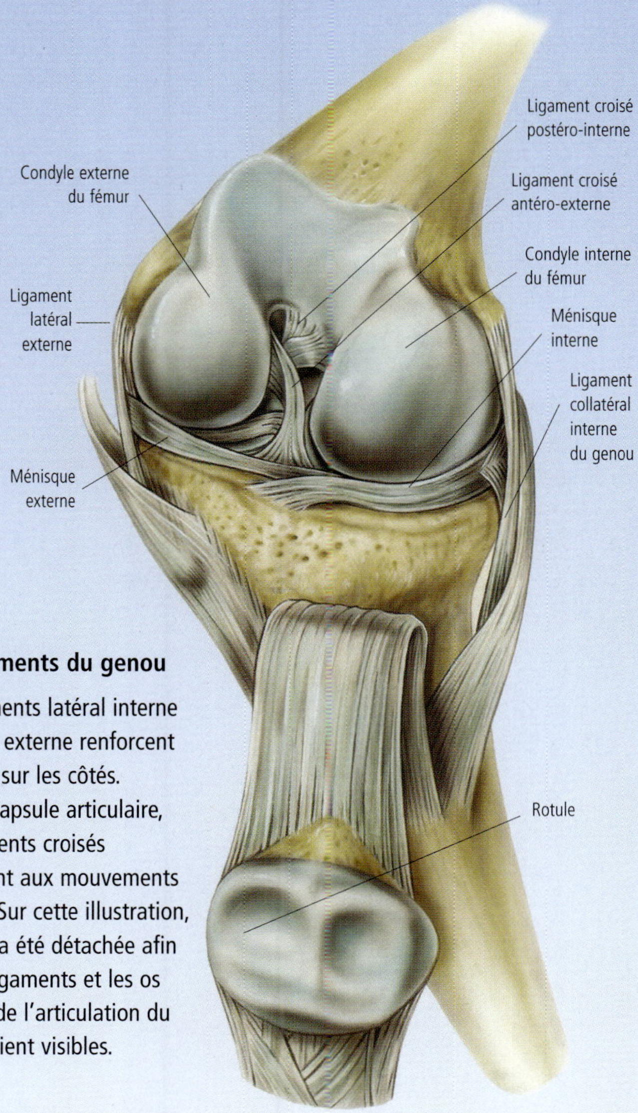

Les ligaments du genou

Les ligaments latéral interne et latéral externe renforcent le genou sur les côtés. Dans la capsule articulaire, les ligaments croisés participent aux mouvements du tibia. Sur cette illustration, la rotule a été détachée afin que les ligaments et les os internes de l'articulation du genou soient visibles.

Le pied et l'articulation de la cheville

Les os du pied supportent le poids de tout le corps et font office de levier lors de la marche. Leur segmentation permet au pied de s'adapter à différentes surfaces. La plante du pied est recouverte d'une peau épaisse, alors que le dos est recouvert d'une peau fine posée sur les tendons qui parcourent la partie inférieure de la jambe et arrivent jusqu'au tarse et aux orteils. À l'arrière du pied, sept os forment le tarse, parmi lesquels l'astragale, qui fait partie de l'articulation de la cheville, et le talon (calcanéum), point de rattachement inférieur du tendon d'Achille. Le reste des os du tarse est regroupé et forme une articulation plane. Le tarse est relié aux métatarsiens, eux-mêmes rattachés aux phalanges (os des orteils). Les quatre petits orteils sont formés de trois phalanges (proximale, intermédiaire et distale) alors que le gros orteil n'en a que deux (proximale et distale).

L'articulation de la cheville est formée par la rencontre du tibia et du péroné avec l'astragale. Cette articulation trochléenne synoviale, associée aux muscles de la partie inférieure de la jambe, permet les mouvements du pied. À l'extrémité inférieure du tibia et du péroné, des protrusions connues sous le nom de *malléole interne* et *malléole externe*, forment les deux bosses visibles de chaque côté de la cheville. L'astragale s'emboîte entre ces malléoles et une partie du tibia, créant ainsi une articulation stable. Les ligaments reliant les malléoles à l'astragale renforcent la stabilité de l'articulation. Des gaines tendineuses parcourent l'avant de la cheville et guident les tendons, avant qu'ils n'en sortent et ne viennent se fixer sur leur point de rattachement au niveau des os du pied.

Le pied peut effectuer un certain nombre de mouvements : pointer vers le haut (flexion dorsale), pointer vers le bas (flexion plantaire), tourner la plante vers l'intérieur (inversion ou supination) et tourner la plante vers l'extérieur (éversion ou pronation).

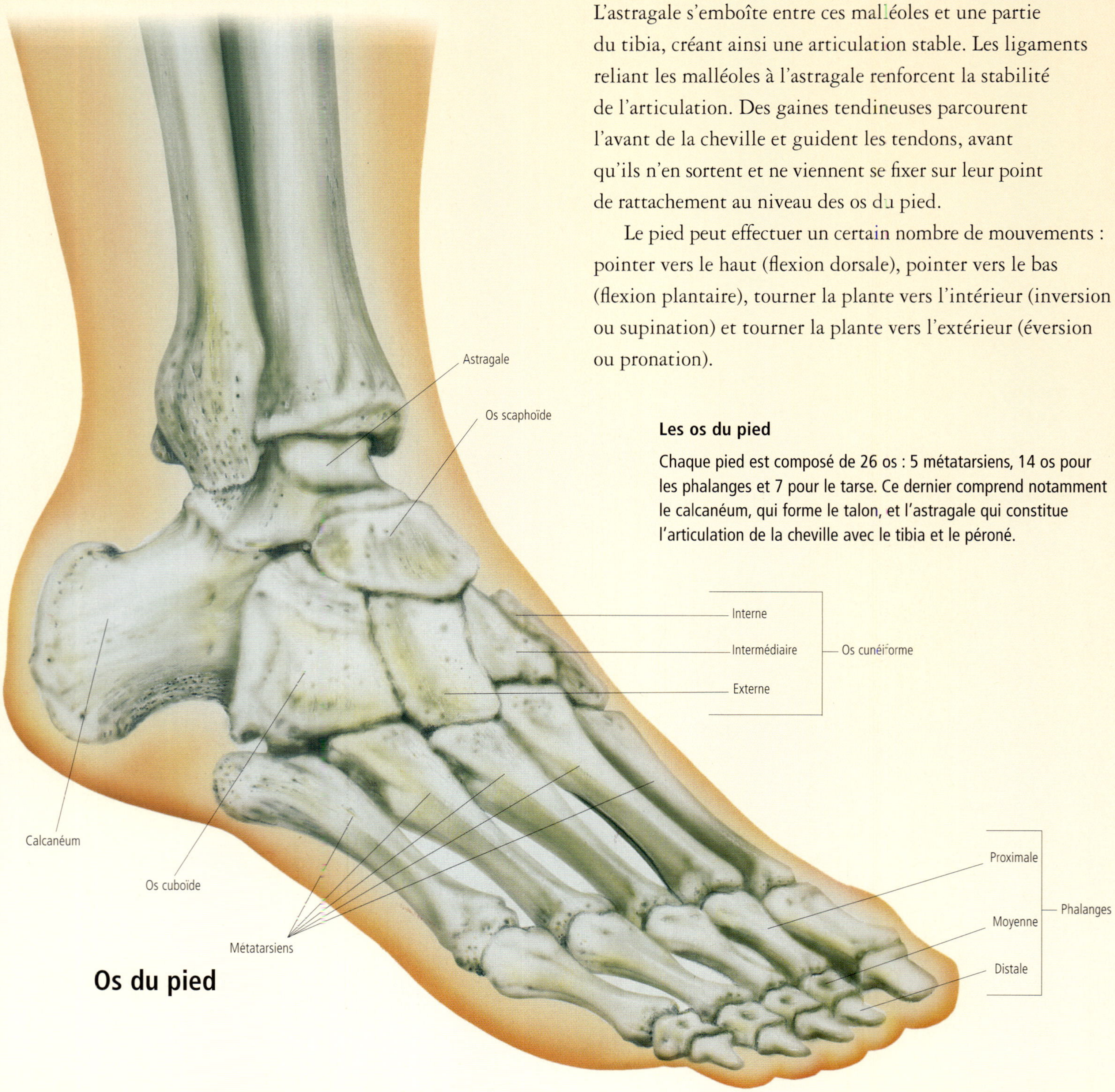

Os du pied

Les os du pied

Chaque pied est composé de 26 os : 5 métatarsiens, 14 os pour les phalanges et 7 pour le tarse. Ce dernier comprend notamment le calcanéum, qui forme le talon, et l'astragale qui constitue l'articulation de la cheville avec le tibia et le péroné.

Les muscles du pied

Les muscles du pied lui permettent d'effectuer des mouvements de flexion dorsale, flexion plantaire, pronation (éversion) et supination (inversion). Les principaux muscles autorisant la flexion dorsale se trouvent à l'avant de la partie inférieure de la jambe, alors que les muscles à l'arrière contrôlent les mouvements de flexion plantaire. Des ligaments rattachent le péroné et le tibia aux os du tarse, assurant ainsi la stabilité de l'articulation de la cheville.

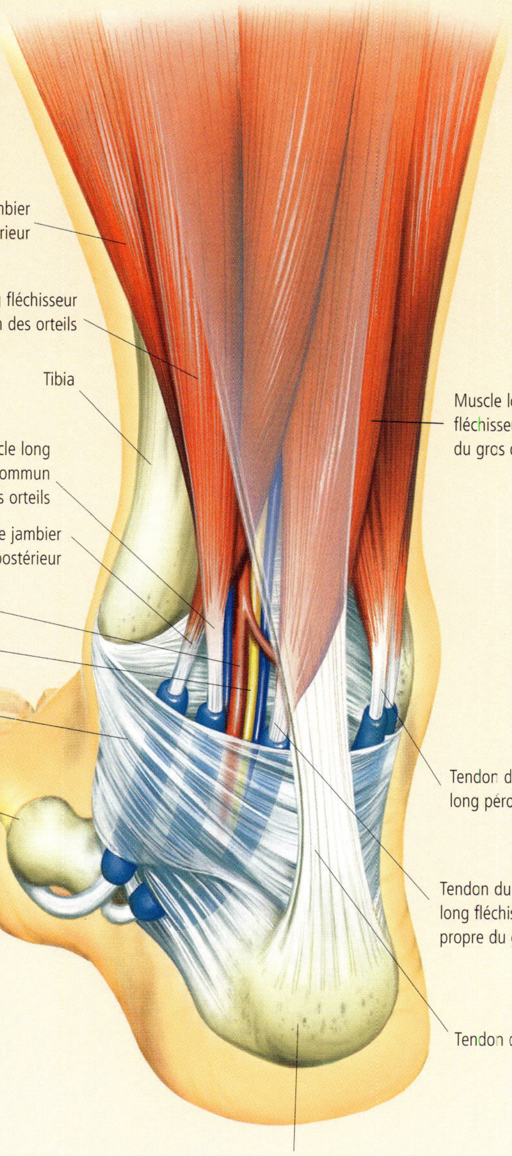

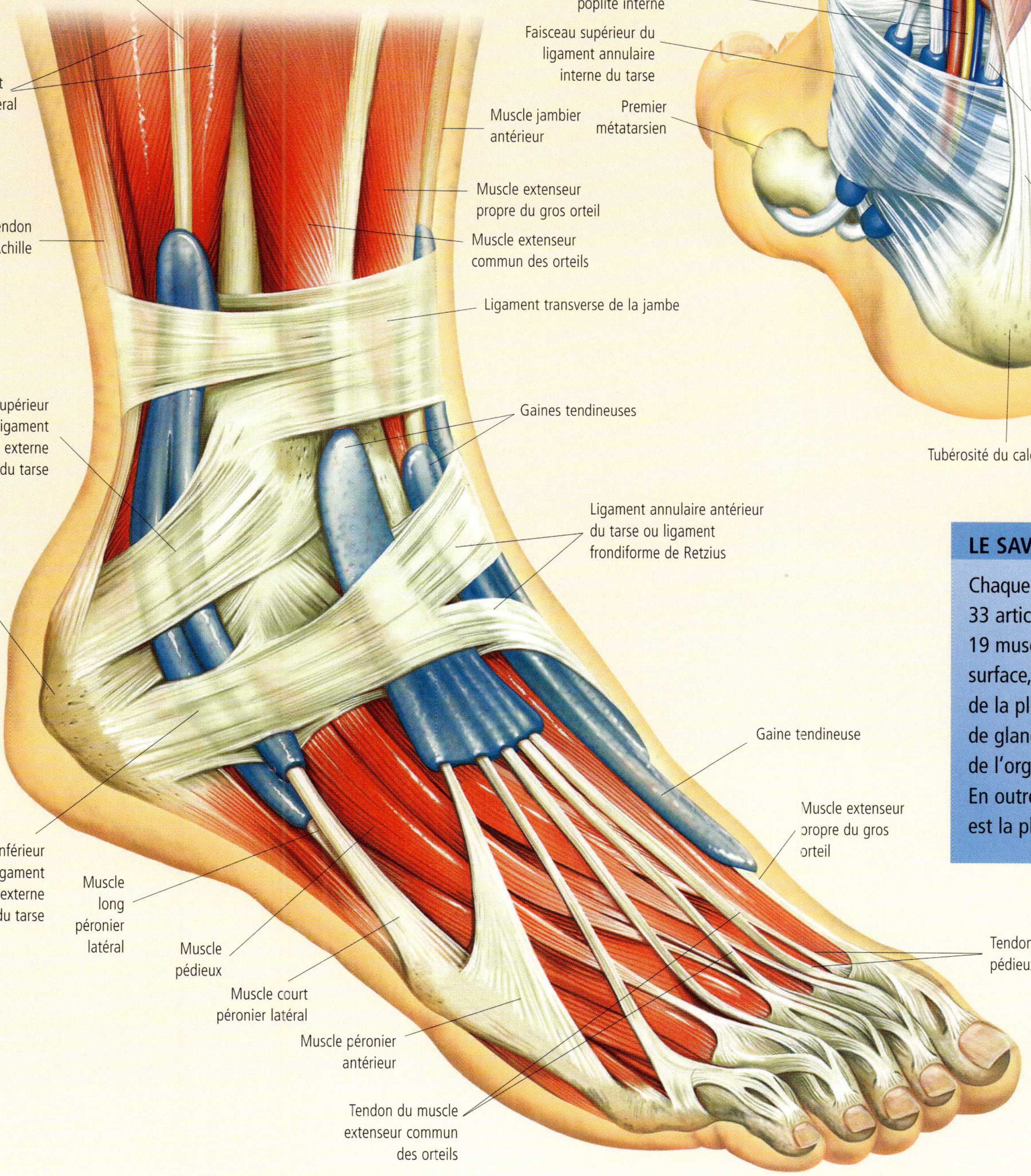

LE SAVIEZ-VOUS ?

Chaque pied se compose de 26 os, 33 articulations, 107 ligaments, 19 muscles. Au prorata de sa surface, le pied détient le record de la plus forte concentration de glandes sudoripares de l'organisme (125 000). En outre, la peau de sa plante est la plus épaisse du corps.

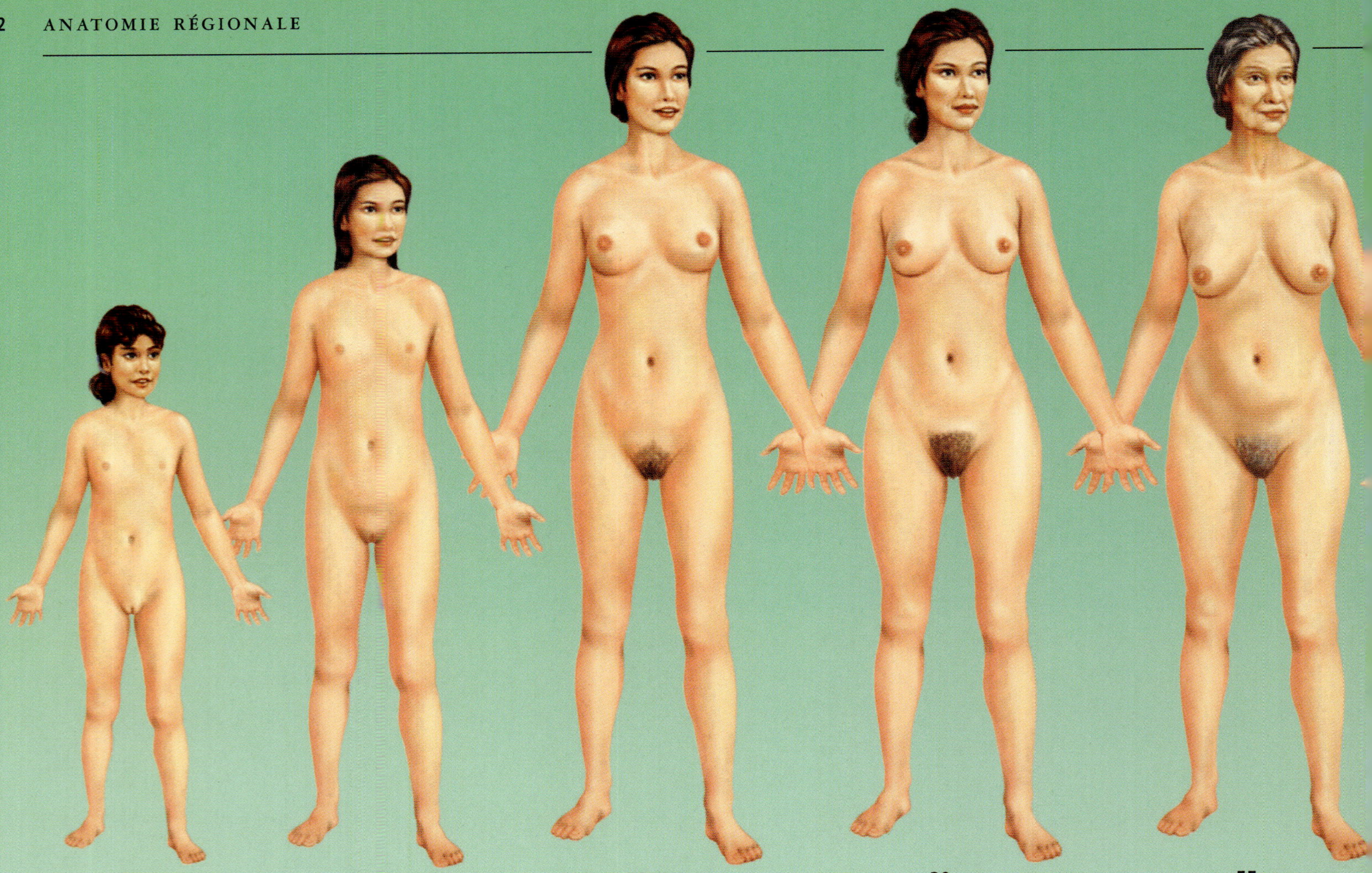

5 ans 10 ans 18 ans 30 ans 55 ans

Le cycle de la vie

Le vieillissement

Au cours de la vie d'un être humain, de nombreux changements progressifs mais considérables surviennent, tant au niveau de l'apparence physique de la personne que de la structure et du fonctionnement des différents systèmes de l'organisme.

L'ENFANCE

Entre l'enfance et l'adolescence, un individu traverse de nombreux stades de développement. Le cerveau croît rapidement pour atteindre 90 % de sa taille définitive à l'âge de six ans, et le langage et les capacités de raisonnement progressent. Les os grandissent et la matière osseuse remplace progressivement le cartilage de croissance au niveau des bras et des jambes. À partir de six ans, la première denture (ou dentition), composée de 20 dents, est peu à peu remplacée par 32 dents définitives.

L'ADOLESCENCE

L'adolescence est caractérisée par une poussée de croissance. Chez les filles, elle survient à l'âge de 10 ou 11 ans, alors que, chez les garçons, elle intervient quelques années plus tard. L'enfant grandit d'environ 8 cm par an, le corps prend des proportions d'adultes, et au fil du temps, l'adolescent apprend à raisonner de manière plus conceptuelle et abstraite.

Lors de la puberté, les glandes sudoripares et sébacées deviennent plus actives, ce qui peut provoquer de l'acné. Des poils apparaissent au niveau du pubis et sous les aisselles, et chez les garçons, au niveau du visage.

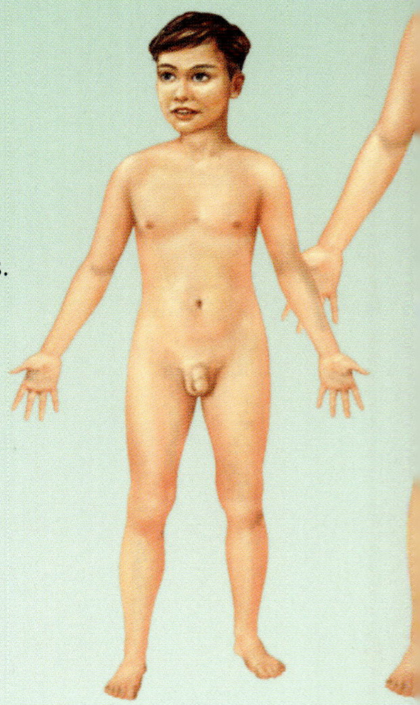

5 ans

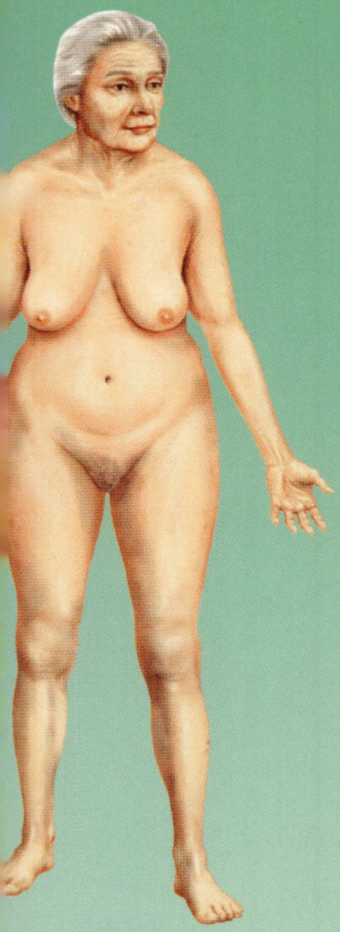

70 ans

Chez les filles, les premières menstruations surviennent à l'âge de 13 ans environ. Les sécrétions hormonales des ovaires augmentent, ce qui induit le développement de la poitrine et des organes génitaux externes.

Les garçons pubères voient leur musculature prendre du volume. Leur voix devient plus grave (mue), et les testicules se développent et produisent des spermatozoïdes. Le scrotum et le pénis grandissent.

L'ÂGE ADULTE ET LA VIEILLESSE

Le corps atteint sa maturité physiologique, anatomique et sexuelle aux environs de 18 ans. À partir de là, il continue d'évoluer mais il ne croît plus.

Chez les femmes, la production d'ovules et d'hormones sexuelles diminue à partir de 35 ans et se termine par la ménopause aux environs de la cinquantaine. En l'absence de stimulation par les œstrogènes, la poitrine et la peau perdent de leur fermeté et de leur élasticité, les graisses se répartissent différemment, les poils pubiens deviennent plus rares et les os s'affinent, ce qui entraîne un tassement et une perte de centimètres.

Au fur et à mesure qu'ils vieillissent, les hommes voient leur musculature décliner. La production d'hormones et de sperme diminue, et des problèmes pour atteindre ou maintenir une érection peuvent survenir. La peau se ramollit, la prostate grossit et il est fréquent d'observer une chute de cheveux (calvitie).

Chez les personnes des deux sexes, les cheveux deviennent gris en raison du fonctionnement ralenti des cellules de pigment, des taches de vieillesse apparaissent sur la peau et les différents systèmes de l'organisme se détériorent.

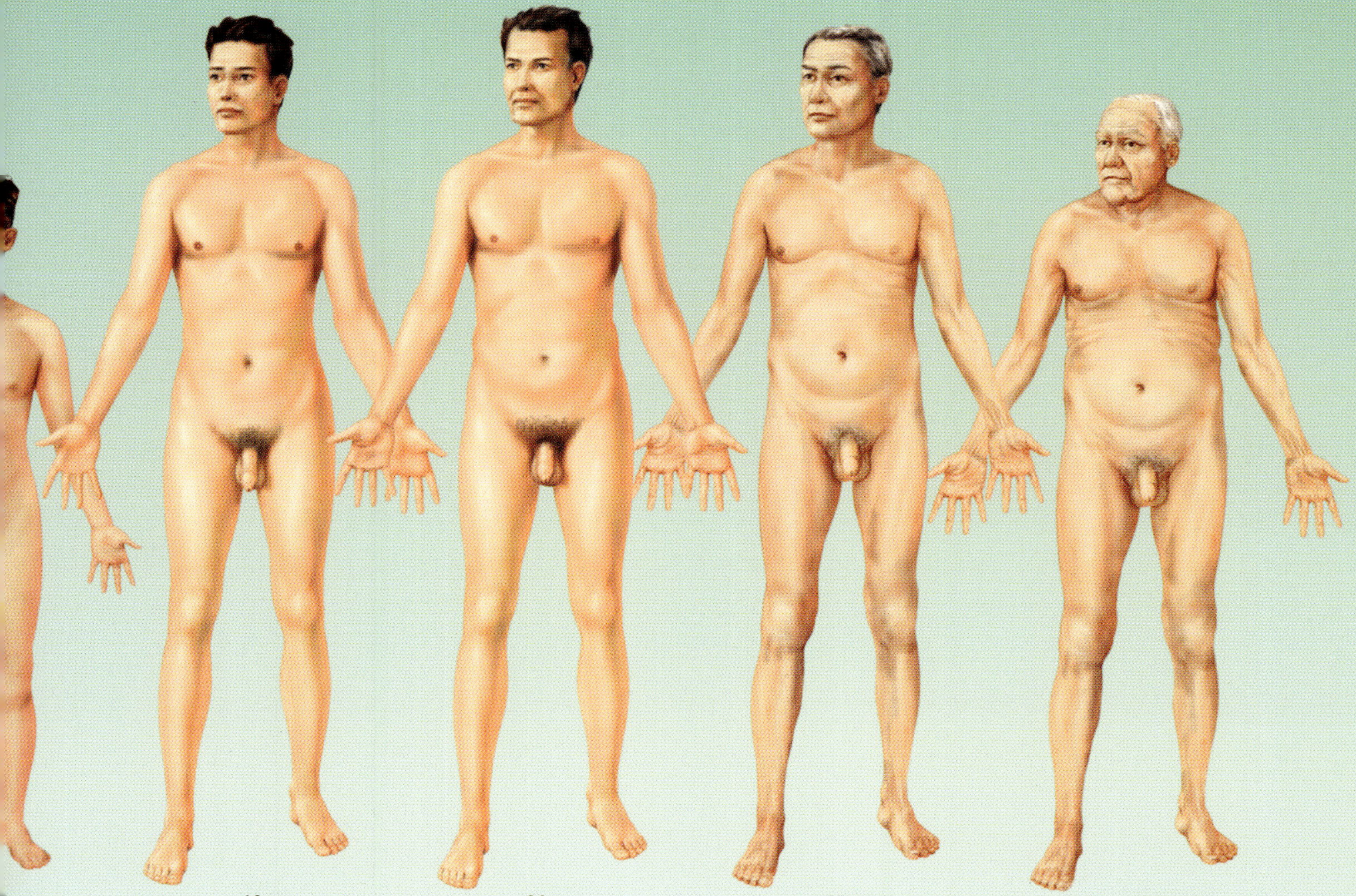

ans 18 ans 30 ans 55 ans 70 ans

Un régime alimentaire équilibré, de l'exercice régulier, une stimulation intellectuelle et une pensée positive peuvent contribuer à réduire les effets dégénératifs du vieillissement.

La fertilité

La fertilité, capacité à concevoir un enfant, est tributaire du bon fonctionnement de l'appareil reproducteur du père et de la mère. Chez l'homme, les testicules doivent produire suffisamment de spermatozoïdes actifs et sains. Chez la femme, une production suffisante d'ovules est le premier facteur de fertilité. Ensuite, le vagin doit être accueillant pour le sperme, le mucus cervical doit être suffisamment fin pour que les spermatozoïdes puissent entrer, les trompes de Fallope et l'utérus doivent se contracter pour permettre aux spermatozoïdes d'atteindre l'ovule.

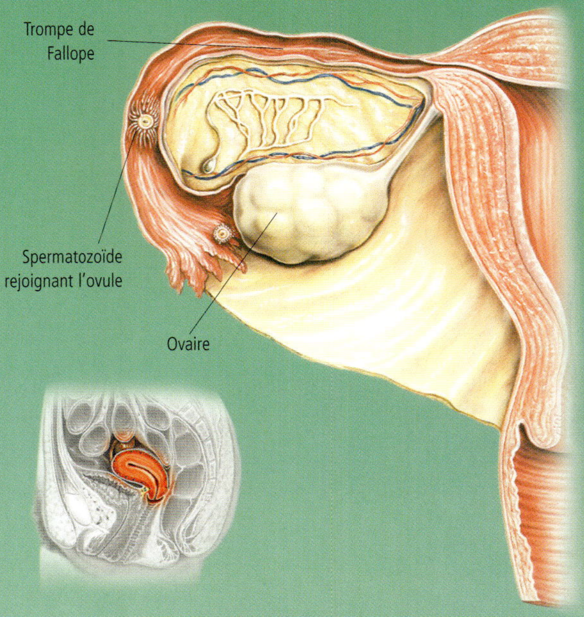

La stérilité féminine

La production d'ovules et un environnement utérin favorable sont les éléments clés de la fertilité. Lorsqu'un ovule a été produit par un ovaire, il descend dans les trompes de Fallope pour y être fécondé.

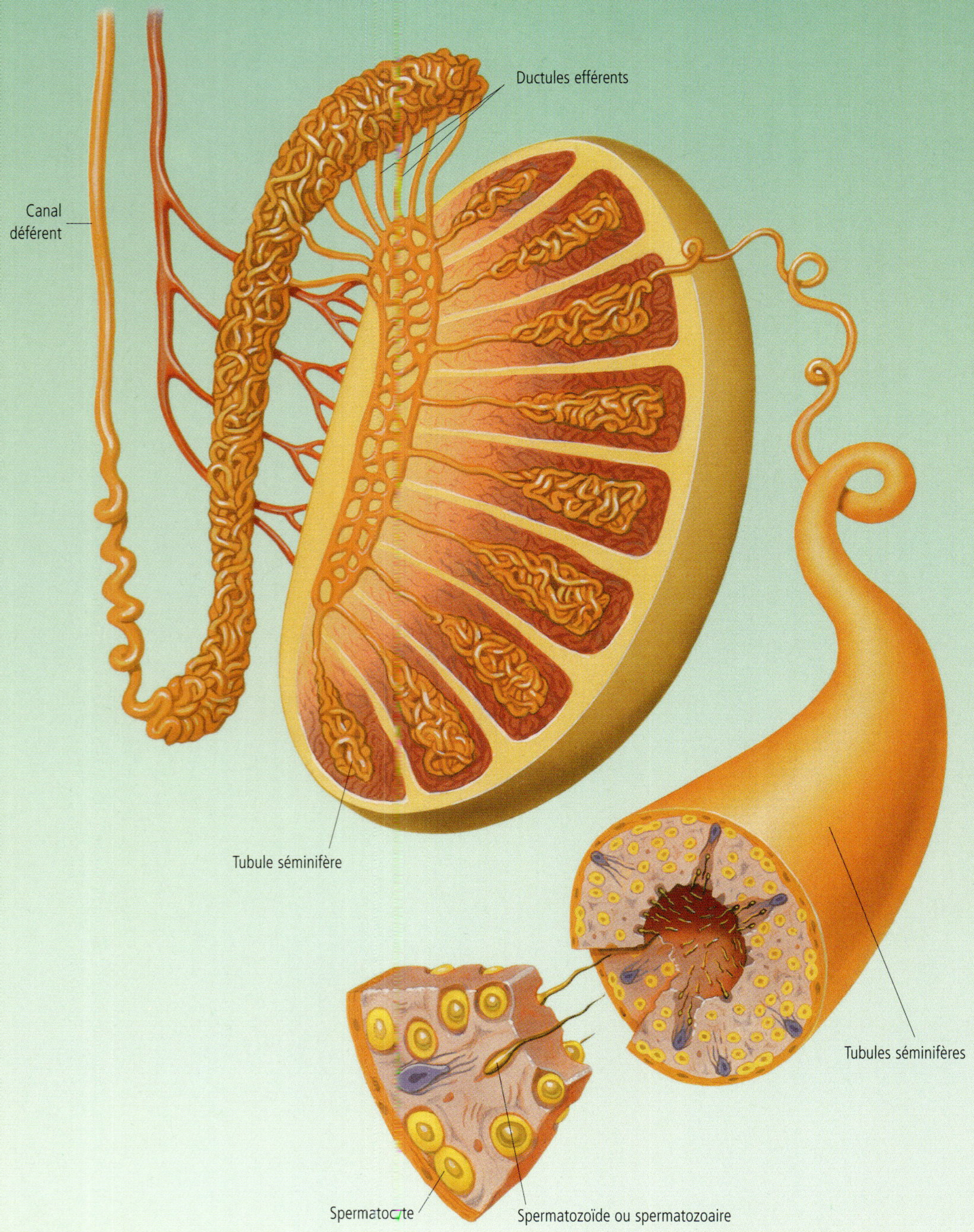

La fertilité masculine

La fertilité masculine dépend essentiellement de la production d'un nombre suffisant de spermatozoïdes sains et vigoureux. Les spermatozoïdes sont fabriqués dans les tubules séminifères des testicules.

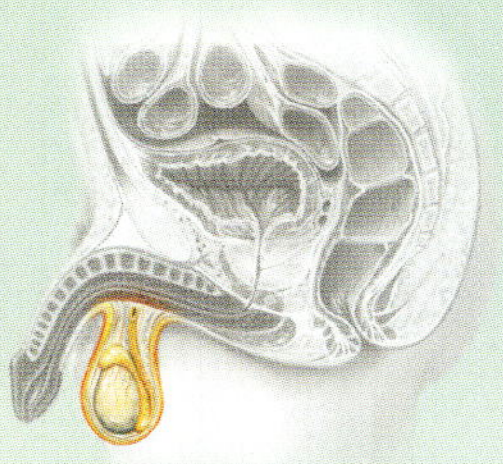

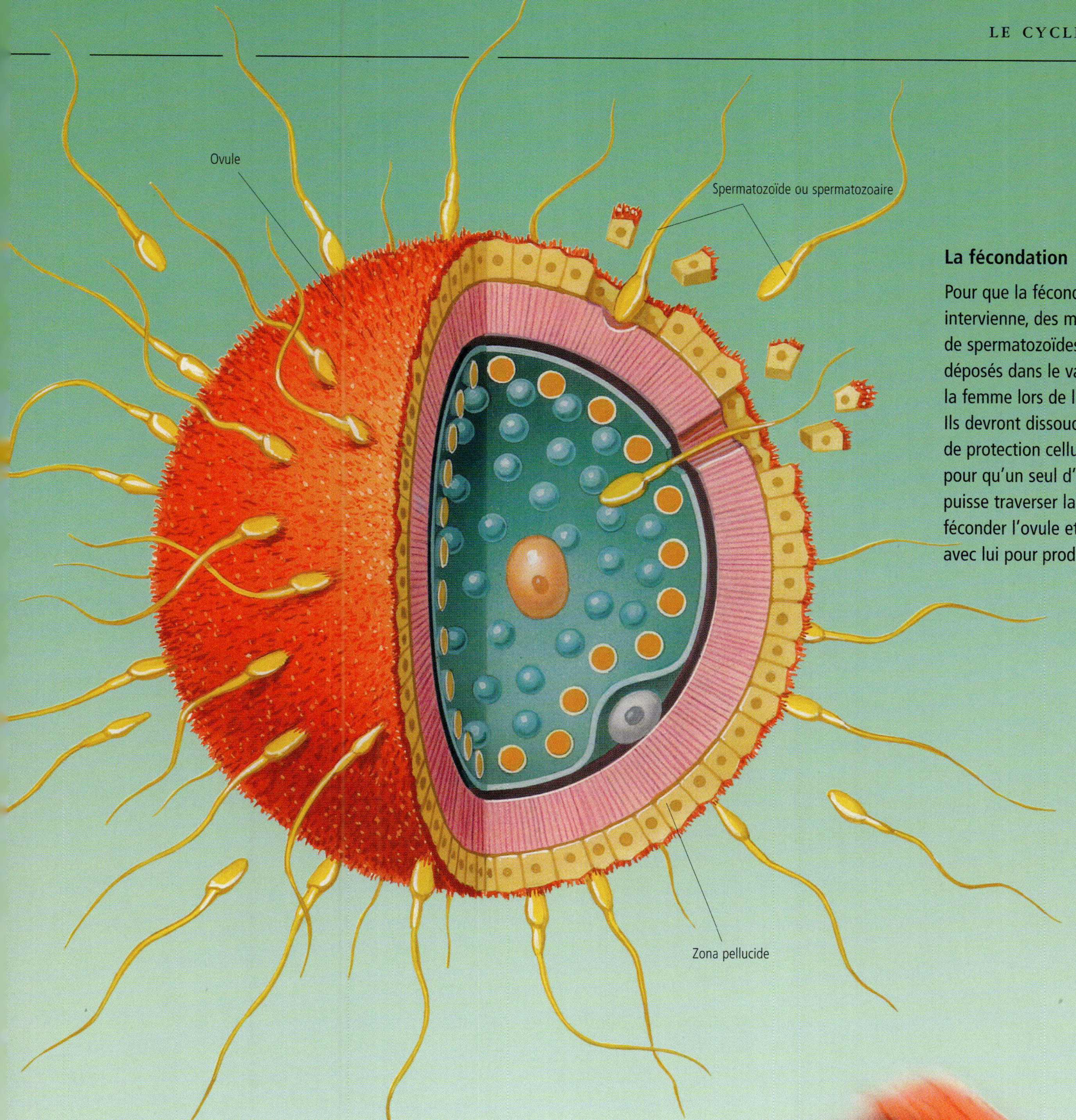

La fécondation

Pour que la fécondation intervienne, des millions de spermatozoïdes sont déposés dans le vagin de la femme lors de l'éjaculation. Ils devront dissoudre l'enveloppe de protection cellulaire de l'ovule pour qu'un seul d'entre eux puisse traverser la membrane, féconder l'ovule et fusionner avec lui pour produire un zygote.

Des maladies inflammatoires au niveau de l'abdomen peuvent provoquer un blocage des trompes, cause fréquente de la stérilité chez la femme, alors que, chez l'homme, le problème est souvent dû à une défaillance des testicules, incapables de produire suffisamment de spermatozoïdes. Le manque de vigueur de ces derniers peut également être à l'origine de problèmes de stérilité.

La fécondation

La fécondation est la fusion d'un ovule et d'un spermatozoïde, qui forment un embryon unicellulaire, appelé zygote.

Lors de l'éjaculation, des millions de spermatozoïdes sont déposés dans le vagin. Seulement un petit nombre d'entre eux (environ 200) réussira à atteindre l'ampoule de Henle, située au milieu de la trompe de Fallope, où intervient la fécondation.

Les spermatozoïdes dissolvent l'enveloppe de protection cellulaire de l'ovule. Un seul d'entre eux pénètre à l'intérieur

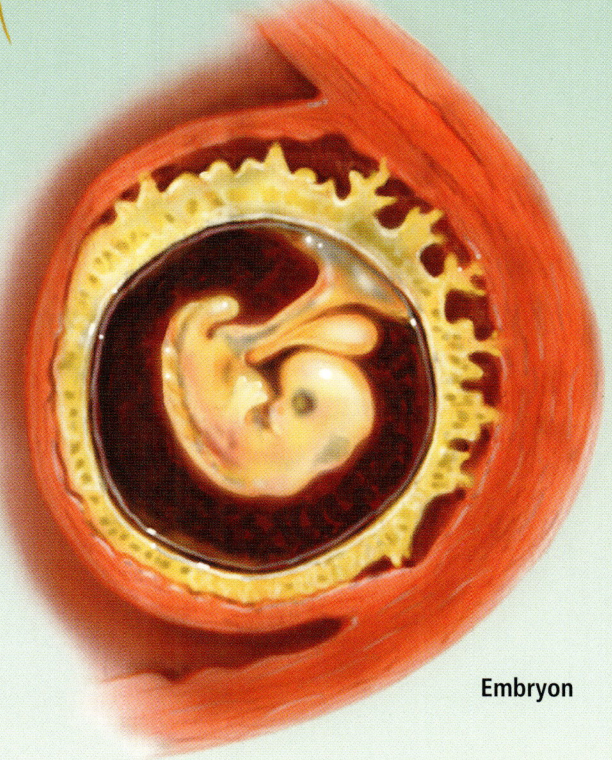

Embryon

et fusionne avec l'ovule. Lorsque l'ovule est fécondé, il migre ensuite dans l'utérus et commence à se développer sous la forme d'un embryon.

Le développement fœtal

LE SAVIEZ-VOUS ?

La fontanelle, située sur le crâne d'un nouveau-né, marque l'écart entre les os du crâne. Elle est composée de tissu conjonctif fibreux. Elle s'ossifie progressivement pour se fermer complètement vers l'âge de deux ans.

LE DÉVELOPPEMENT FŒTAL : LE CERVEAU

Lorsque l'embryon atteint sa troisième semaine, le tube neural est développé. Cette structure tubaire fermée va évoluer et former le système nerveux central (cerveau et moelle épinière).

Pendant toute la gestation, la partie avant du tube neural s'élargit pour former le cerveau antérieur (ou *proencéphale*), le cerveau moyen (ou *mésencéphale*) et le cerveau postérieur (ou *rhombencéphale*). Le reste du tube neural se transforme en moelle épinière.

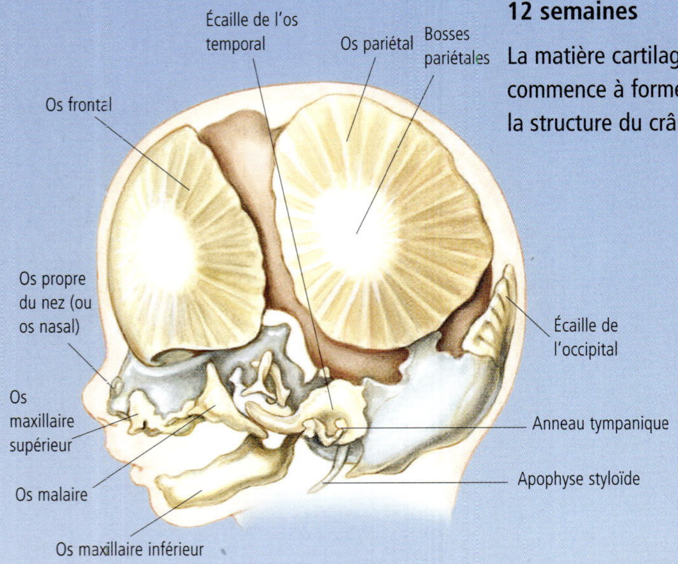

12 semaines

La matière cartilagineuse commence à former la structure du crâne.

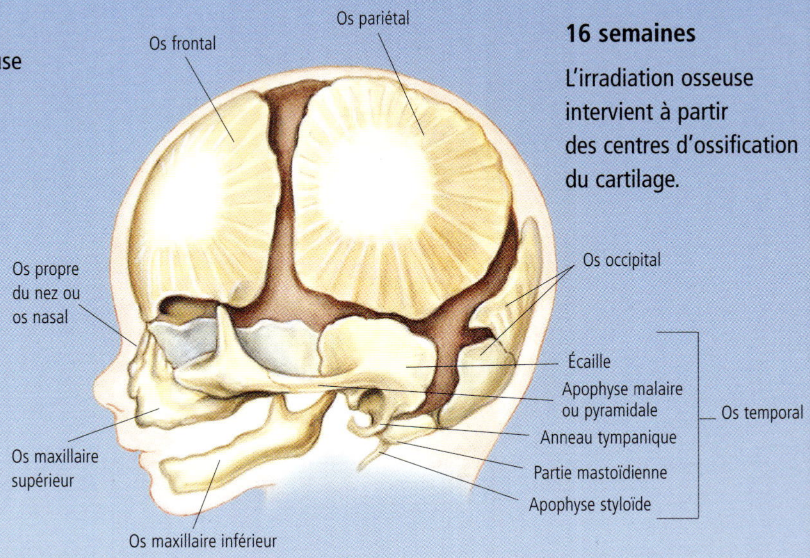

16 semaines

L'irradiation osseuse intervient à partir des centres d'ossification du cartilage.

Développement fœtal du crâne

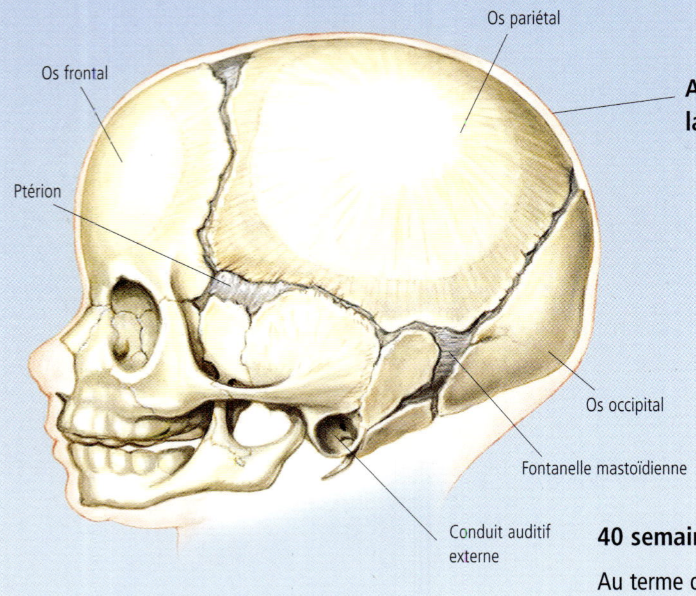

Au terme de la grossesse

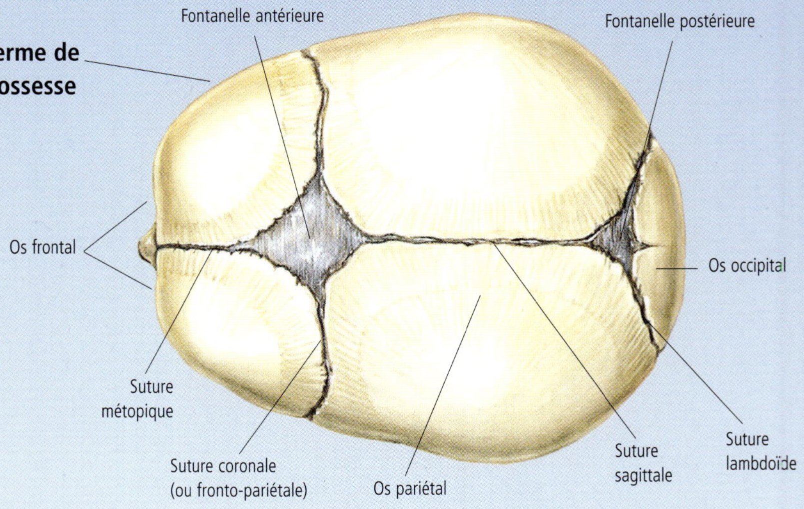

40 semaines

Au terme de la grossesse, le crâne est ossifié. Comme pour le reste des os du corps, la boîte crânienne remplace progressivement la matière cartilagineuse par de l'os.

8 semaines

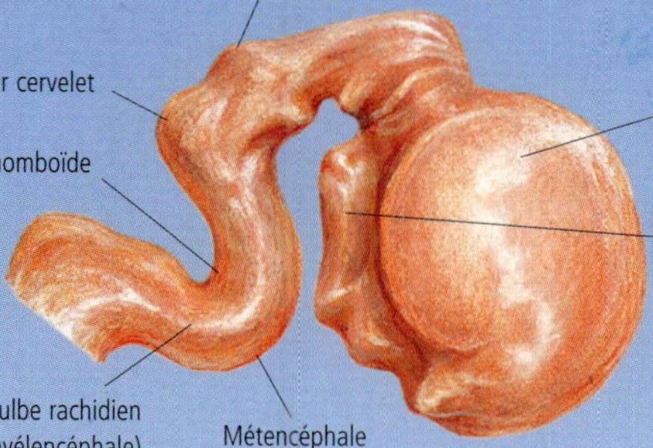

11 semaines

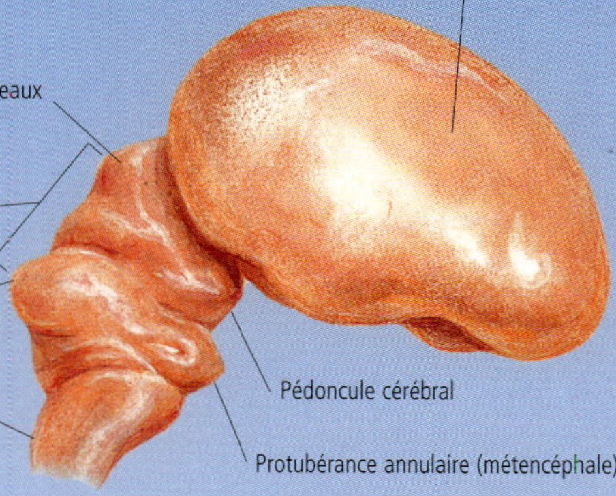

21 semaines

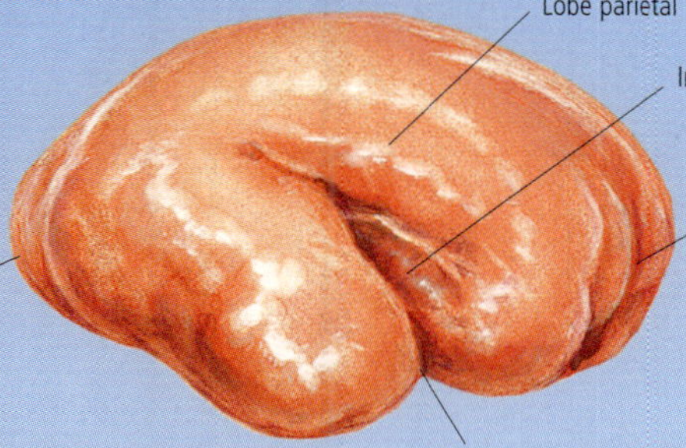

26 semaines

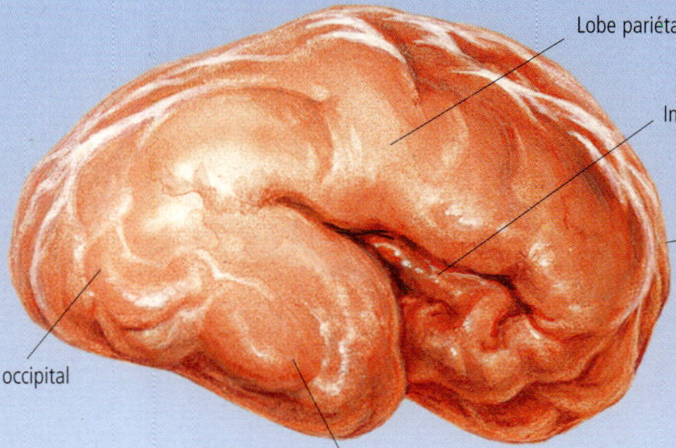

30 semaines

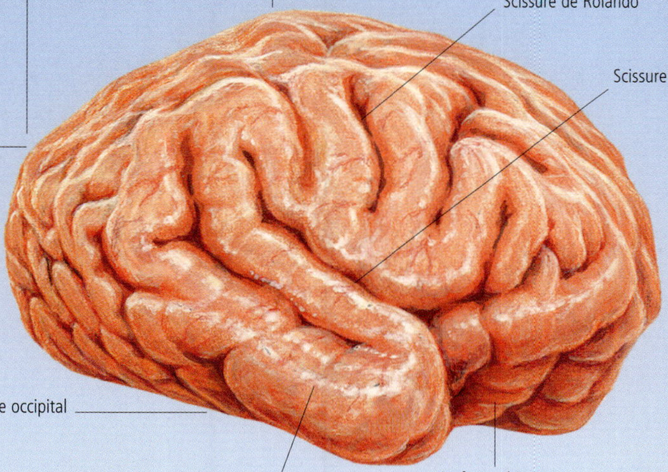

40 semaines

À la naissance, toutes les caractéristiques de la surface du cerveau adulte sont présentes.

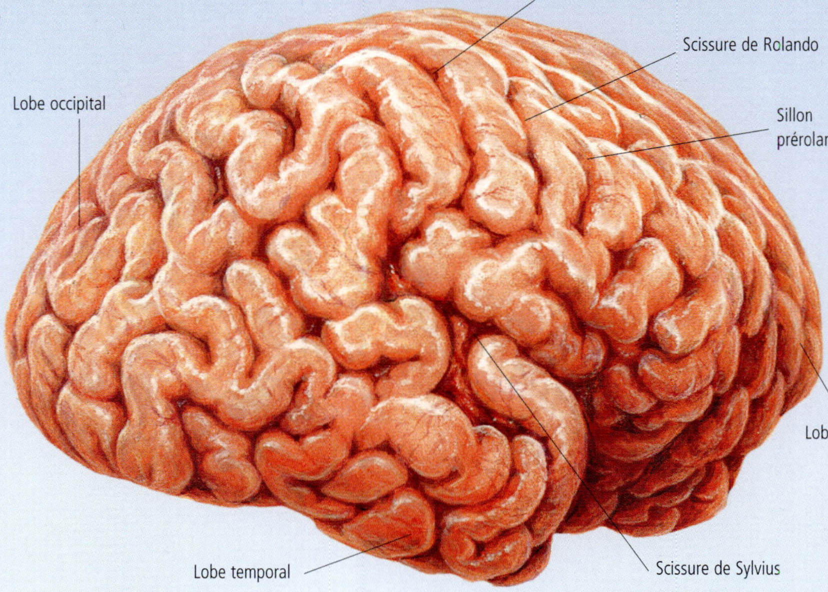

Le développement fœtal du cerveau

Pendant neuf mois, le tube neural se développe et forme le proencéphale, le mésencéphale et le rhombencéphale, qui, à leur tour, évoluent pour former les différentes régions du cerveau. En quatre semaines, le proencéphale se transforme en télencéphale et diencéphale, et le rhombencéphale donne le myélencéphale et le métencéphale. Le télencéphale se développe pour former les hémisphères cérébraux. Au terme de la grossesse, toutes les caractéristiques de la surface du cerveau adulte sont définies.

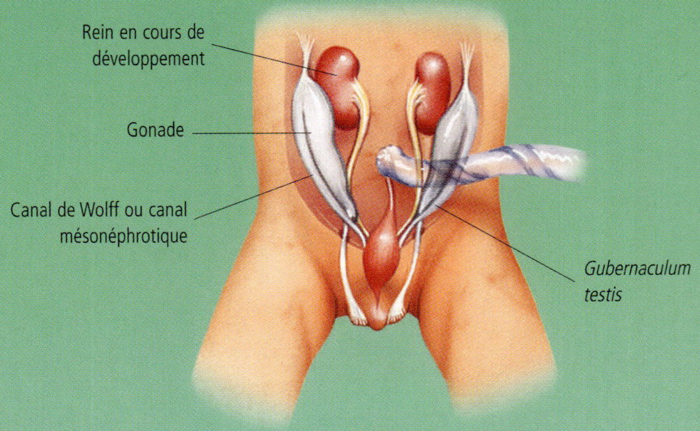

7 semaines

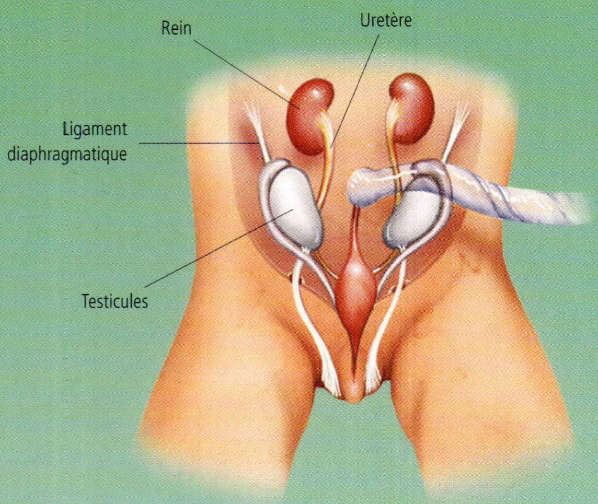

16 semaines

La descente des testicules

Les glandes sexuelles masculines embryonnaires (testicules) sont formées à partir de tissu de l'abdomen, à proximité des reins. À 30 semaines environ, les testicules sont complètement développés et commencent à migrer dans le canal inguinal. À terme, ils ont normalement rejoint le scrotum.

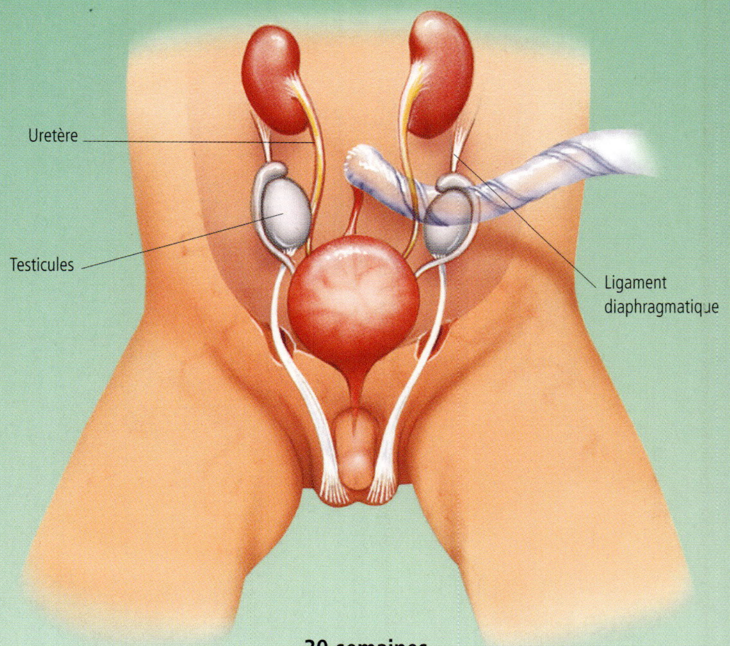

30 semaines

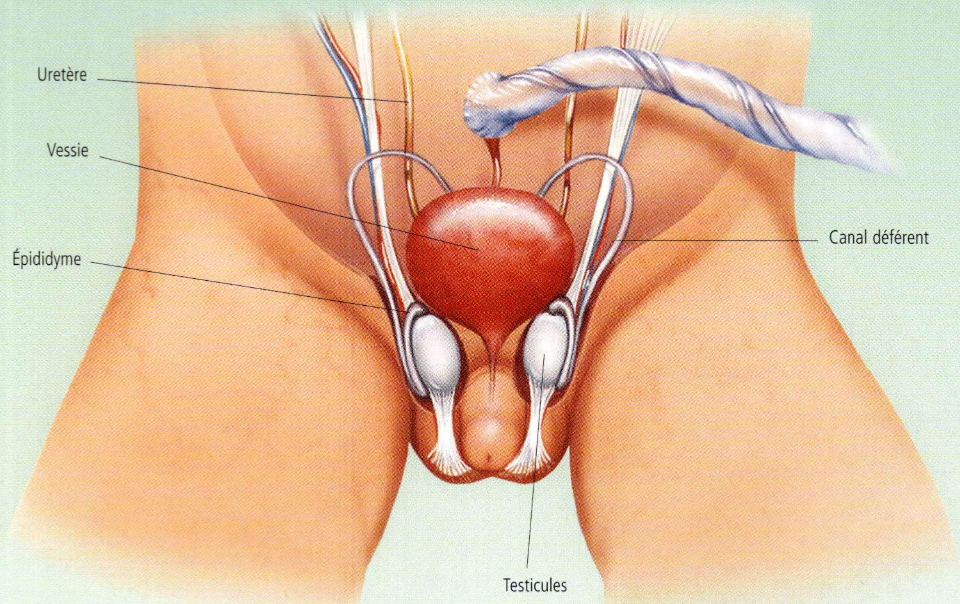

Développement terminé

LE SAVIEZ-VOUS ?

L'ovule contient 23 chromosomes X, alors qu'un spermatozoïde contient 23 chromosomes X ou 23 Y. Si l'ovule est fécondé par un chromosome Y, le bébé sera un garçon. Si, au contraire, le spermatozoïde contient des chromosomes X, ce sera une fille.

Les relations entre ces différentes parties du cerveau évoluent constamment pendant toute la grossesse, au fur et à mesure que le cerveau se replie sur lui-même.

LA DIFFÉRENCIATION SEXUELLE CHEZ LE FŒTUS

Même si les organes génitaux commencent à se développer dès le deuxième mois de grossesse, la différenciation garçon/fille est impossible avant la 12ᵉ semaine, car les organes génitaux se composent alors d'un tubercule génital, d'une membrane urogénitale, de deux plis génitaux et d'un gonflement sur le côté de chaque pli.

À partir de la 12ᵉ semaine, le tubercule et les plis urogénitaux commencent à évoluer en pénis, et les gonflements latéraux forment le scrotum. Pour une fille, le tubercule se transforme en clitoris, et les plis deviennent les lèvres de la vulve.

Peu à peu, les testicules et les ovaires rejoignent leur place dans l'organisme. Les testicules sont dans le scrotum à la fin du huitième mois. Une paire de tubules, reliés aux testicules et débouchant dans l'urètre, apparaît. Les poches présentes dans les canaux se transforment en vésicules séminales.

Chez la fille, une paire de canaux se développe à proximité des ovaires et leur extrémité fusionne avec une structure tubaire qui, à terme, formera l'utérus et le vagin.

La différenciation sexuelle chez le fœtus

Jusqu'à 12 semaines, la différenciation entre les organes génitaux masculins et féminins est impossible, car seuls un tubercule génital, une membrane avec deux plis urogénitaux, et un gonflement du côté de chaque pli sont visibles. À partir de la 12ᵉ semaine, le pénis et le scrotum, ou le clitoris et la vulve, selon les cas, commencent à se former.

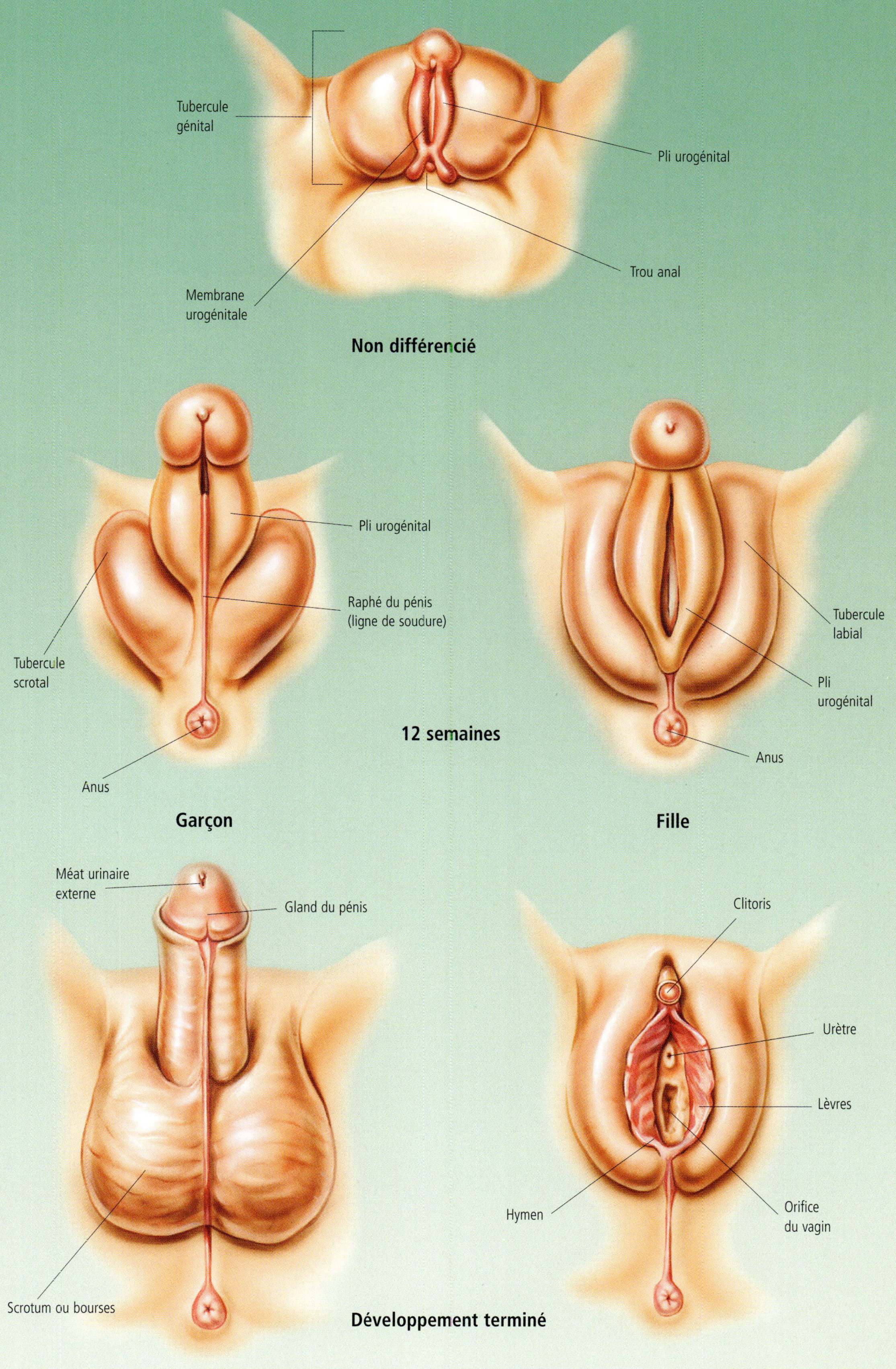

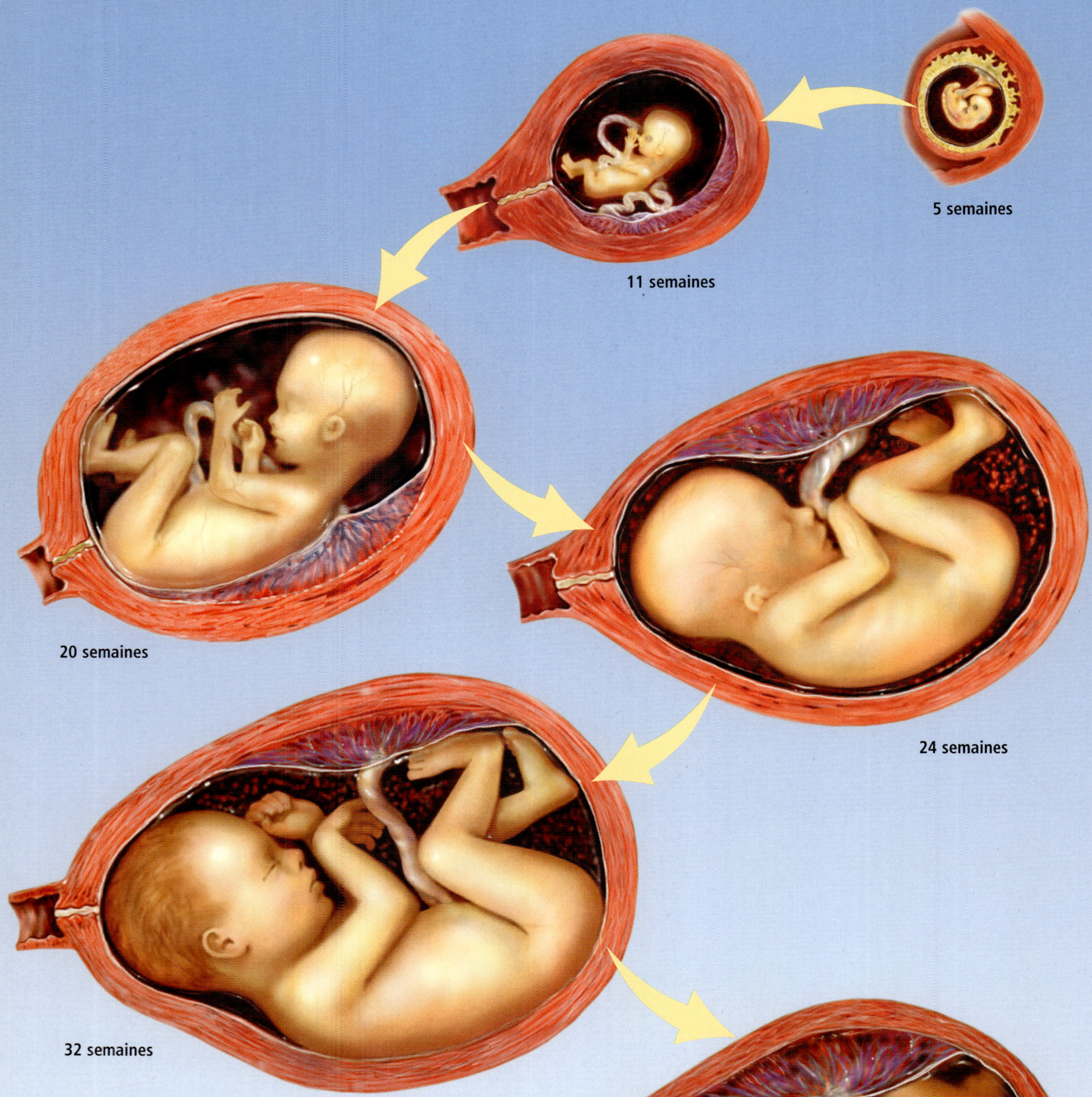

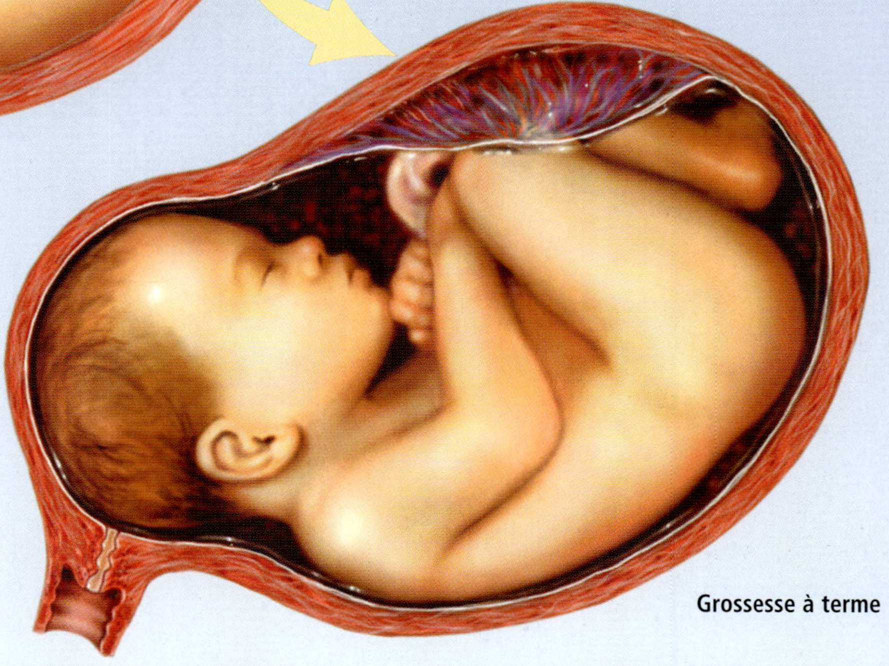

Le cycle de développement fœtal

Le développement fœtal est un processus progressif, mais certains événements surviennent à des moments bien précis. Ainsi, à cinq semaines, les traits du visage sont formés. À 11 semaines, les organes sont développés et, à 20 semaines, le fœtus est actif et ses mouvements sont facilement perceptibles. Aux environs de la 24e semaine, la plupart des systèmes organiques sont prêts à fonctionner normalement. À 32 semaines, la croissance a ralenti, mais le poids du fœtus a considérablement augmenté et, à 40 semaines, le bébé pèse entre 2,5 et 4 kg. Il est alors prêt à naître.

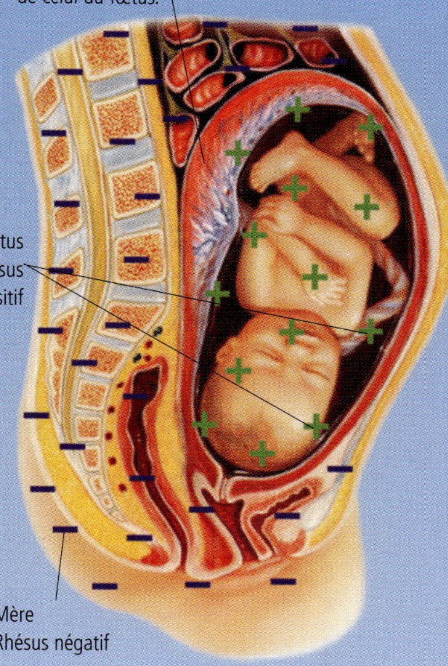

Le facteur rhésus

Des problèmes peuvent survenir si la mère est de rhésus (Rh) négatif et le fœtus de rhésus positif. En effet, les globules rouges fœtaux peuvent être détruits par les anticorps de la mère, phénomène susceptible de provoquer une jaunisse, une anémie néonatale ou une anasarque fœto-placentaire, également appelée *hydrops fœtal* (œdème généralisé dû à un excès de liquide).

La première grossesse

En règle générale, aucun problème ne survient lors de la première grossesse, car même si un petit nombre de globules rouges pénètrent dans la circulation sanguine de la mère, ils sont détruits avant que la réponse anticorps n'intervienne.

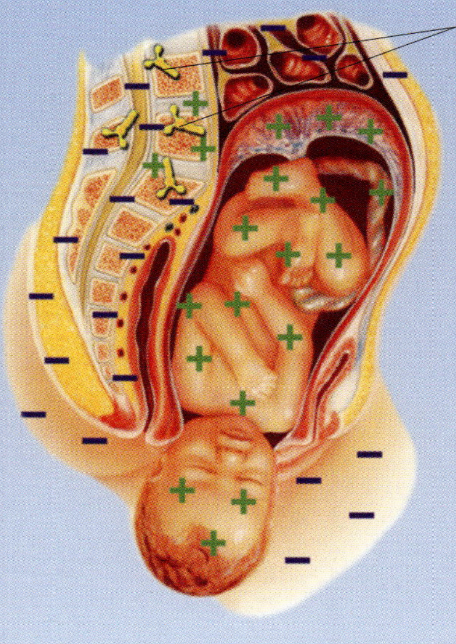

L'accouchement de la première grossesse

Lors de l'accouchement, une quantité beaucoup plus importante de sang du bébé passe dans la circulation sanguine de la mère et peut déclencher la fabrication d'anticorps. Le rhésus négatif de la mère produit alors des anticorps, qui détruisent les globules rouges de rhésus positif. Au cours de la deuxième grossesse, les anticorps Rh+ produits lors de la première grossesse attaquent les cellules Rh+ du fœtus.

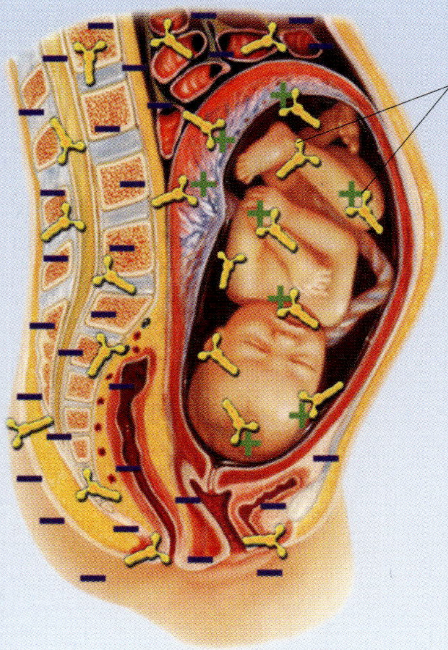

Les grossesses suivantes

Après une première grossesse, la mère doit recevoir des injections de gammaglobulines anti-D afin de bloquer la production d'anticorps. Dans le cas contraire, les anticorps produits risquent d'attaquer les globules rouges Rh+ du fœtus.

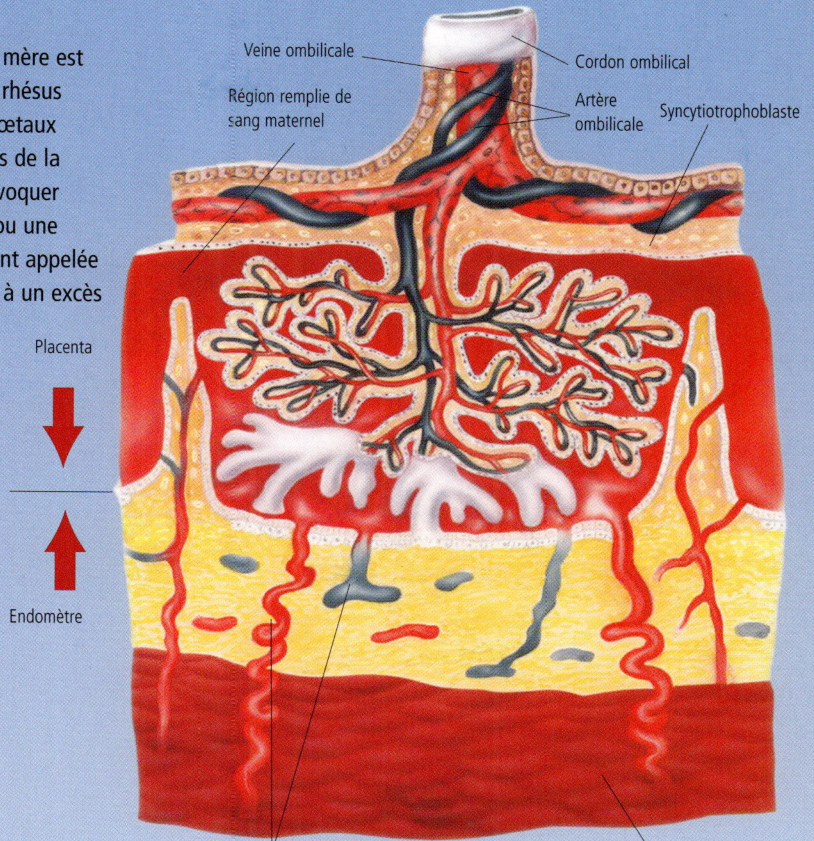

Le placenta

Le placenta relie la mère et l'enfant par l'intermédiaire du cordon ombilical. En plus de produire des hormones, il maintient le bébé en place, lui apporte les nutriments et l'oxygène dont il a besoin et élimine les déchets qu'il produit.

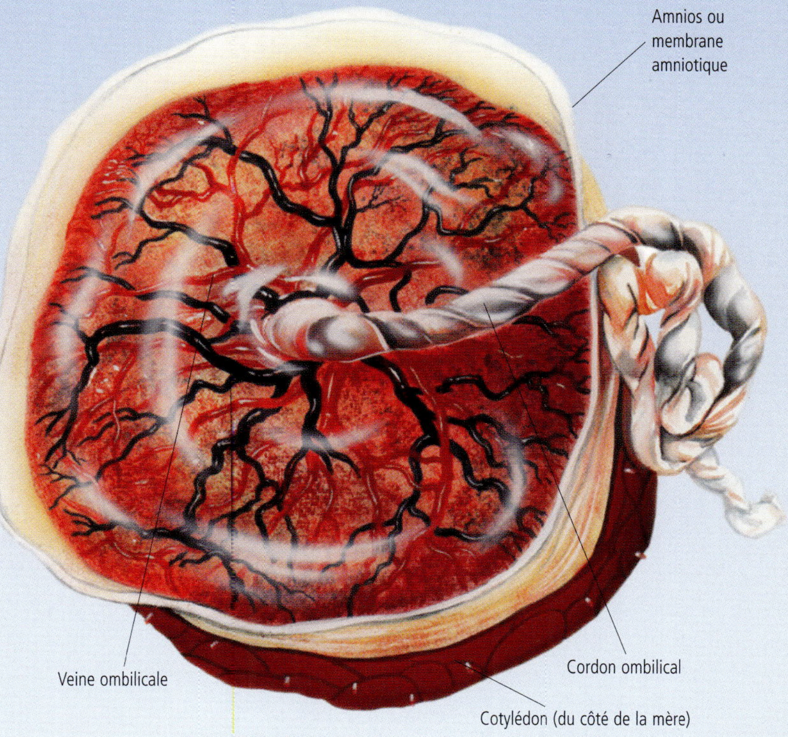

Accouchement

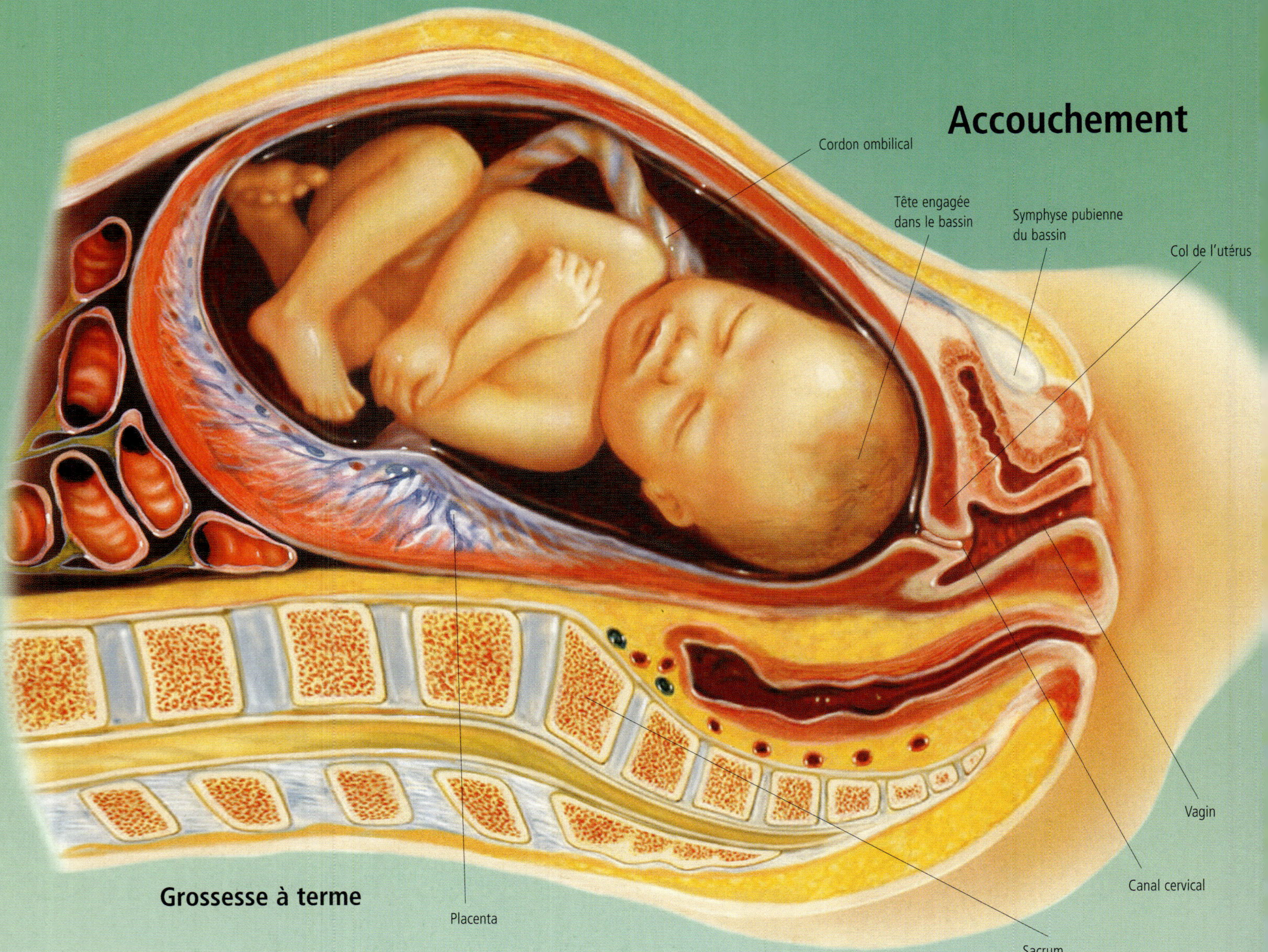

Grossesse à terme

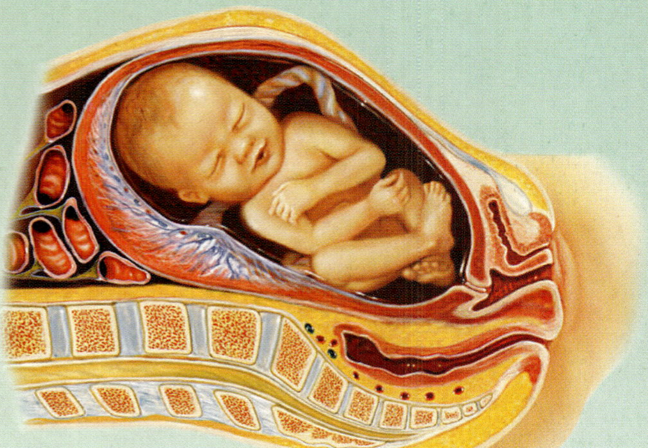

L'accouchement par le siège

L'accouchement par le siège survient dans environ 5 % des cas. La tête du bébé est alors face au pubis de la mère et les jambes et les fesses entrent en premier dans le canal cervical. Parfois, la sage-femme ou l'obstétricien réussit à faire tourner le bébé dans l'utérus. Le bébé naît alors naturellement. Si la manœuvre échoue, une césarienne est alors nécessaire.

Les jumeaux

Les jumeaux dizygotes (hétérozygotes), ou faux jumeaux, se développent dans des placentas séparés et peuvent être de sexe différent. Les jumeaux monozygotes (homozygotes), ou vrais jumeaux, sont le résultat de la division de l'ovule fécondé après son implantation dans la muqueuse de l'utérus. Ils partagent le même placenta et sont obligatoirement du même sexe.

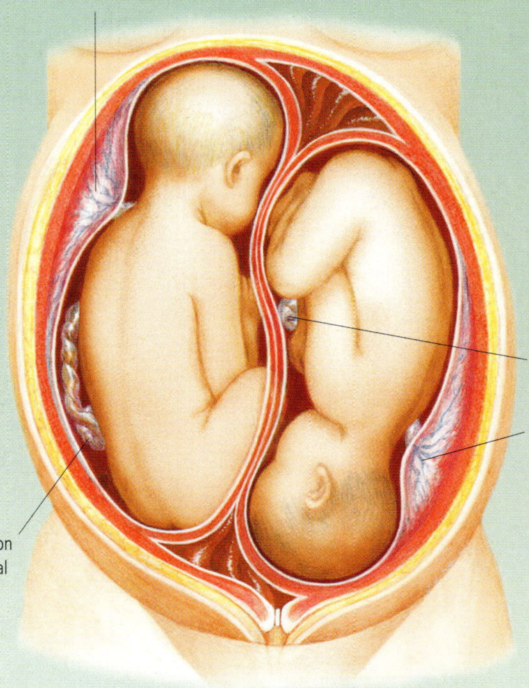

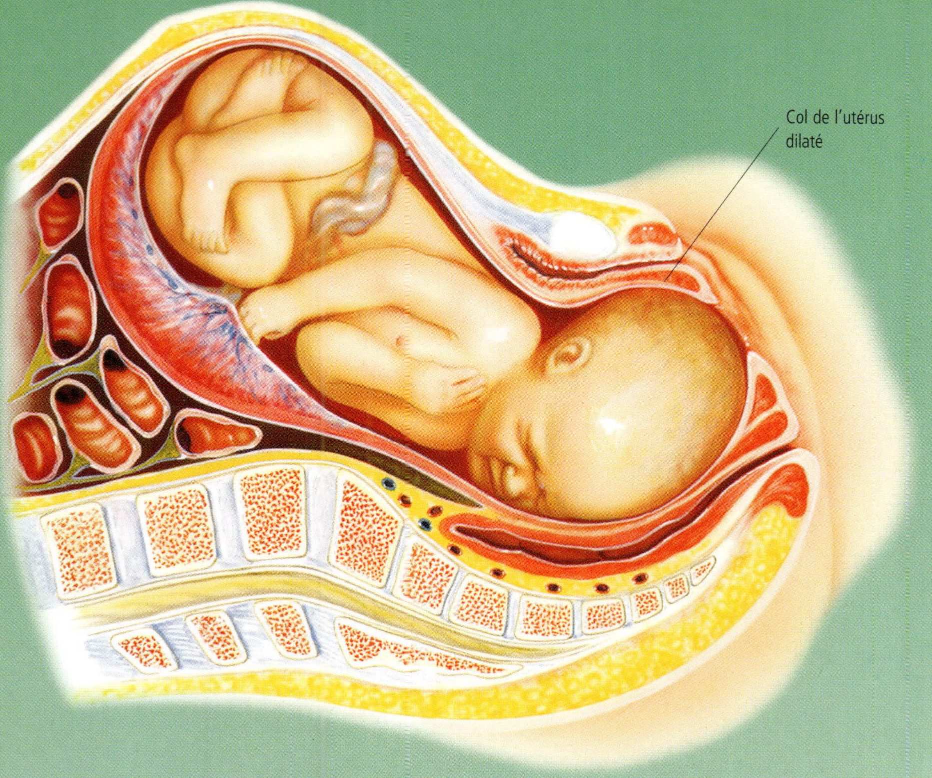

Première étape : la dilatation du col

Pour que le bébé puisse s'engager dans la filière pelvi-génitale, le col doit être à dilatation complète. L'activité hormonale aide l'utérus à se contracter. Au fur et à mesure qu'il se contracte, le col se raccourcit et s'assouplit grâce à la pression de la tête du bébé. Lorsque le col est complètement dilaté, le bébé s'engage dans la filière pelvi-génitale.

Deuxième étape : la tête du bébé

La mère pousse pour faire avancer le bébé dans la filière pelvi-génitale. Après quelques poussées, la tête du bébé apparaît à l'entrée du vagin.

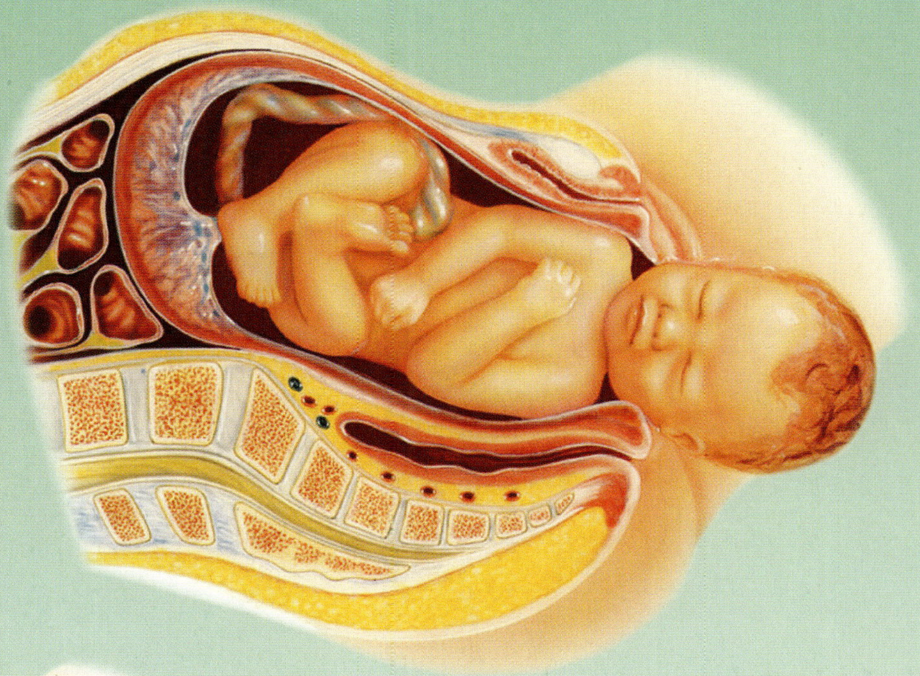

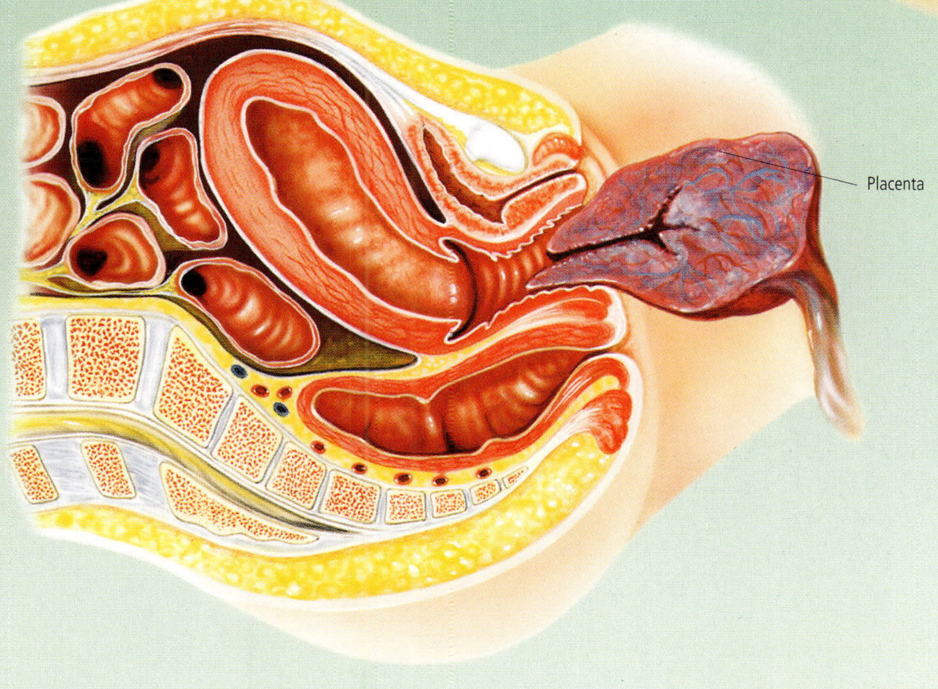

Troisième étape : l'expulsion du placenta

Après la naissance, l'utérus continu de se contracter. Une poussée d'hormones prépare le placenta pour qu'il se détache de l'utérus. Une fois le placenta complètement détaché, il progresse dans la filière pelvi-génitale pour être évacué.

L'ADN

Les molécules d'acide désoxyribonucléique (ADN) présentes dans les chromosomes sont le support de l'hérédité. Elles transportent les informations génétiques qui déterminent les traits héréditaires. L'ADN contrôle la formation des protéines utilisées par l'organisme pour la croissance et les processus chimiques. L'examen d'un chromosome montre que l'ADN est formé d'une échelle en spirale (double hélice) composée de deux chaînes (phosphates et sucres ou *désoxyriboses*) et de bases azotées. Ces chaînes sont reliées entre elles à la base, formant ainsi les barreaux de l'échelle. L'ADN a quatre bases : l'adénine, la thymine, la cytosine et la guanine, qui se lient entre elles dans un nombre limité de combinaison (l'adénine avec la thymine, la cytosine avec la guanine). Les protéines sont formées de chaîne d'acides aminés. Pour transmettre les informations qu'il contient aux ribosomes, chargés de fabriquer les protéines dans le cytoplasme de la cellule, l'ADN crée un acide messager, appelé *acide ribonucléique messager* (ARN messager ou ARNm).

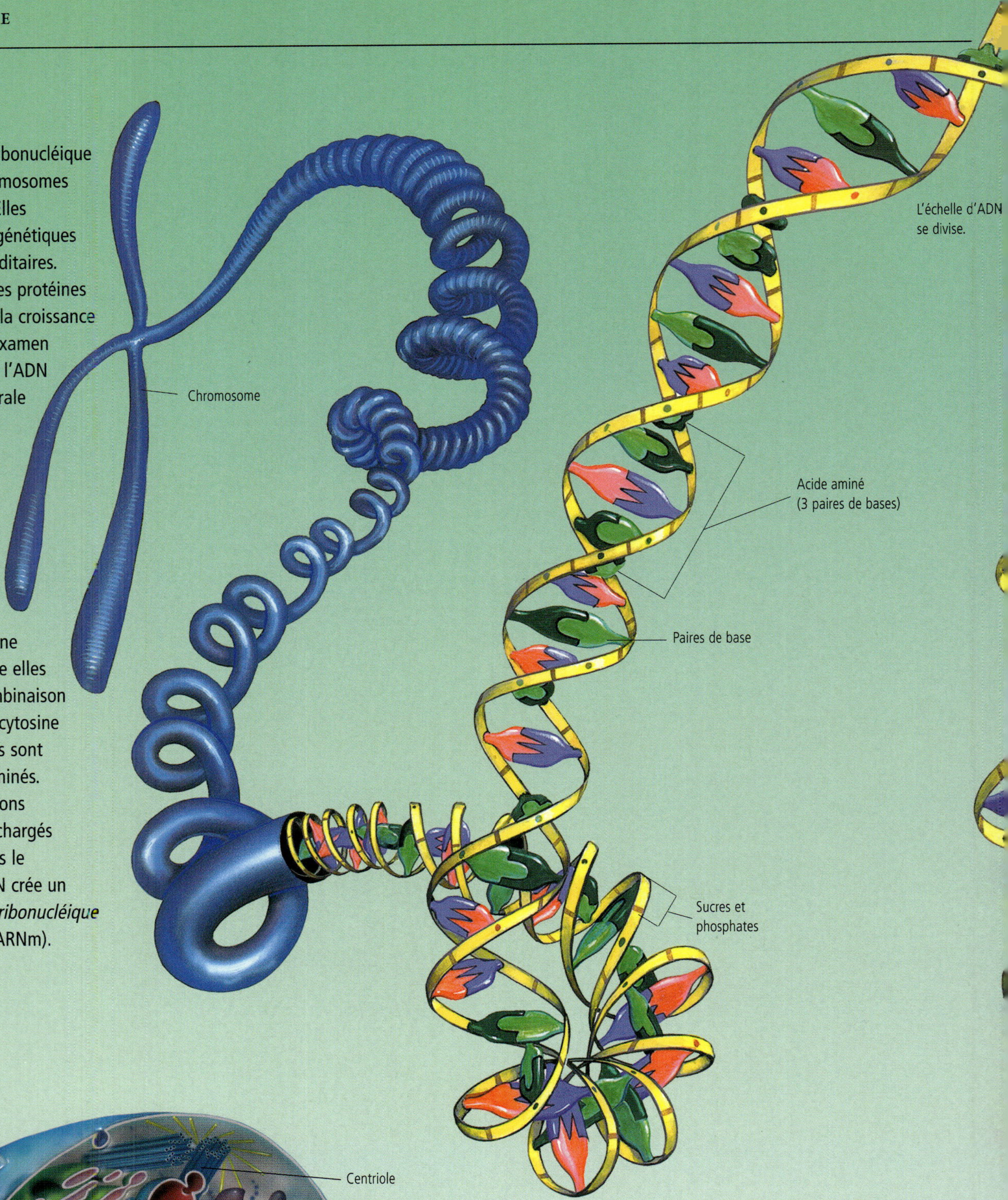

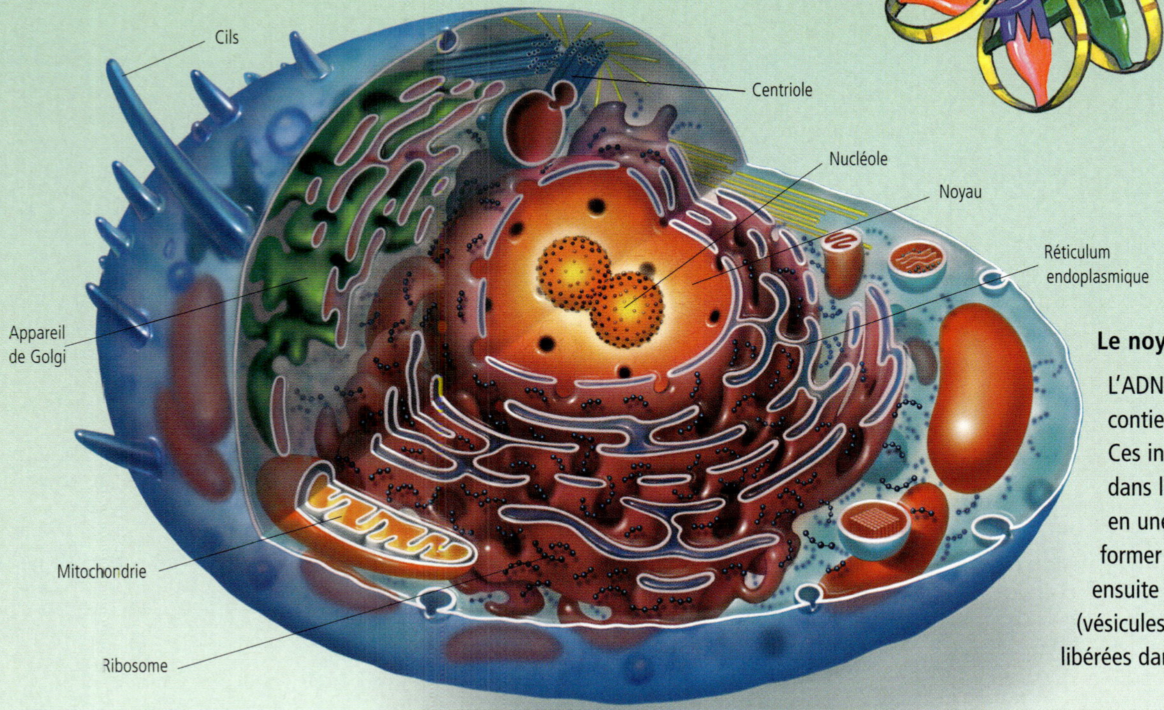

Le noyau de la cellule

L'ADN présent dans le noyau de la cellule contient des informations génétiques. Ces informations sont transcrites en ARNm dans le noyau de la cellule, puis traduites en une séquence d'acides aminés pour former des protéines. Les protéines sont ensuite incorporées dans des saccules (vésicules) par l'appareil de Golgi, puis libérées dans la membrane de la cellule.

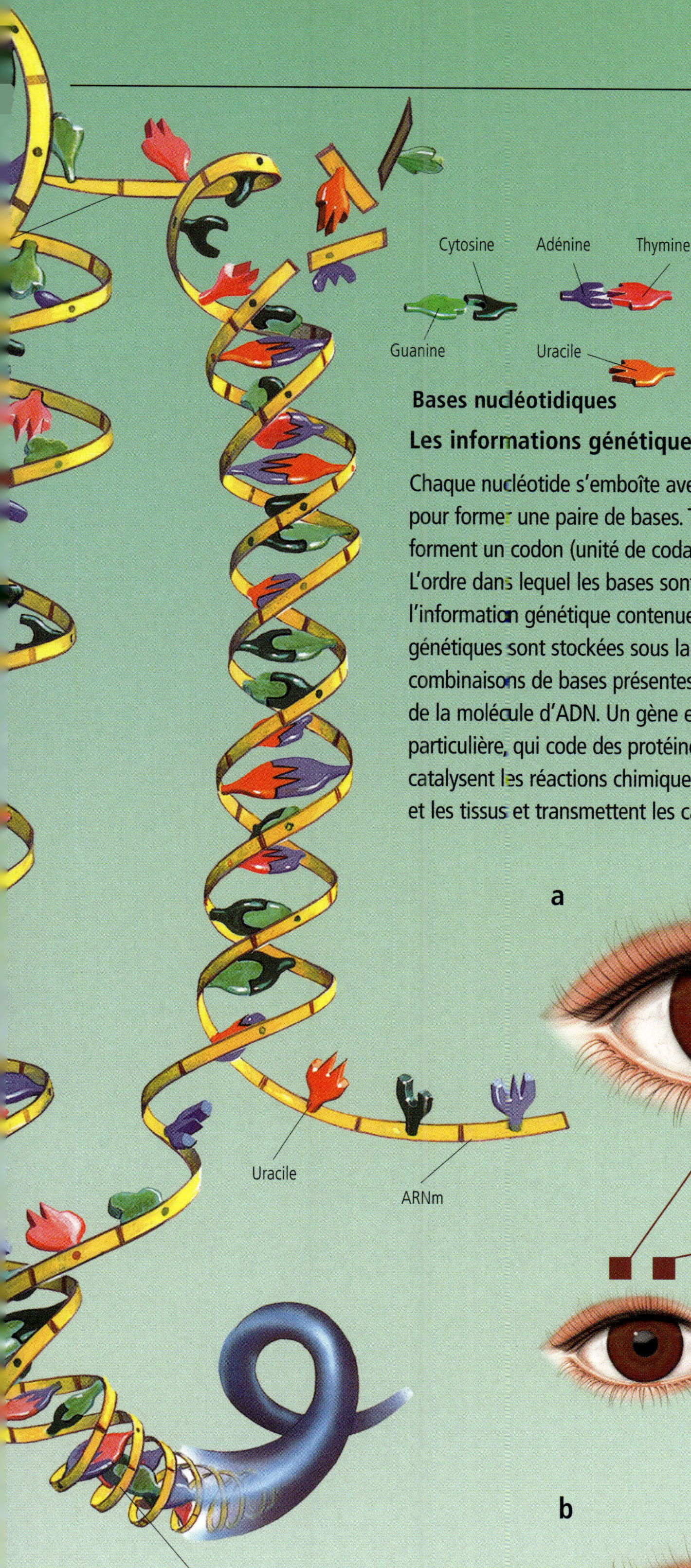

Bases nucléotidiques

Les informations génétiques

Chaque nucléotide s'emboîte avec un partenaire donné pour former une paire de bases. Trois paires de bases forment un codon (unité de codage) et codent un acide aminé. L'ordre dans lequel les bases sont transportées détermine l'information génétique contenue dans le brin. Les informations génétiques sont stockées sous la forme des nombreuses combinaisons de bases présentes sur toute la longueur de la molécule d'ADN. Un gène est une séquence de bases particulière, qui code des protéines spécifiques. Les protéines catalysent les réactions chimiques, fabriquent les cellules et les tissus et transmettent les caractères à un individu.

Les instructions génétiques

La plupart des caractères hérités sont le résultat de la combinaison de deux groupes d'informations génétiques, contenues dans une ou plusieurs paires de gênes. Cependant, certaines caractéristiques, comme la couleur des yeux, sont déterminées par un seul gène. Ce gène dominant prend l'ascendant sur les informations de l'autre gène, dit récessif. Un trait récessif ne peut s'exprimer que si deux gènes récessifs pour ce même trait sont transmis. Le gène des yeux marron est dominant par rapport au gène des yeux bleus. Deux parents ayant les yeux marron ne peuvent avoir un enfant aux yeux bleus que si celui-ci hérite du gène bleu (récessif) de chacun d'entre eux (a). Si un parent aux yeux marron a deux gènes dominants, tous ses enfants hériteront au moins d'un gène dominant et auront les yeux marron (b). Si les deux parents ont les yeux bleus, aucun n'a de gène dominant et tous leurs enfants auront les yeux bleus.

a

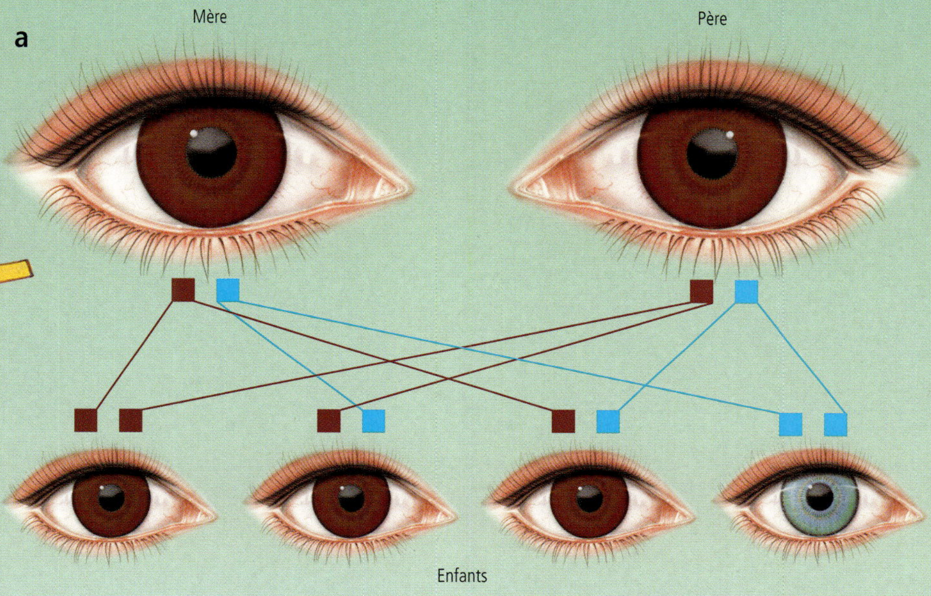

b

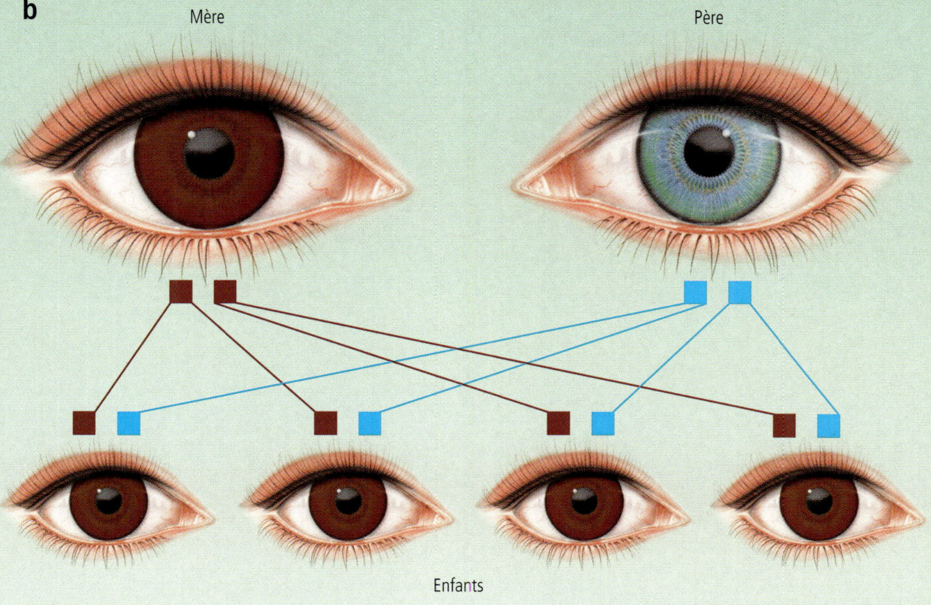

4 mois

À quatre mois, la plupart des bébés sont capables de tenir assis quelques instants sans soutien et de saisir des objets.

8 mois

En général, un bébé commence à se déplacer à quatre pattes entre 7 et 10 mois.

La petite enfance

Chaque enfant évolue à son rythme. Cependant, en matière de développement, les changements interviennent dans un ordre donné. Par exemple, un bébé doit tenir sa tête avant de s'asseoir.

1 an

À un an, la majorité des enfants tiennent debout tout seuls et certains d'entre eux font leurs premiers pas.

La petite enfance

LES STADES DU DÉVELOPPEMENT

Au cours des douze premiers mois, la croissance et le développement sont plus importants qu'à n'importe quelle autre période de la vie. Lors de cette première année essentielle, un bébé grandit, prend du poids, commence à parler et à marcher, et sort ses premières dents. Le poids de son cerveau double et le nombre de cellules cérébrales augmente.

Chaque enfant progresse à son rythme, mais les changements interviennent dans un ordre donné en raison de l'évolution de l'organisme et de la maturation du système nerveux. Ainsi, un bébé doit s'asseoir avant de pouvoir marcher.

Certains enfants se développent rapidement sur le plan physique. D'autres sont en avance sur le langage ou la socialisation par rapport à un bébé du même âge. Les premiers moyens de communication d'un nourrisson sont les pleurs et les sourires. Les premiers sourires apparaissent au cours des six premières semaines. Un enfant commence à générer des sons dès la naissance, mais n'est pas capable de prononcer des mots ayant un sens avant l'âge de 12 à 18 mois.

Lorsqu'un bébé exerce ses réflexes en suçant quelque chose, en saisissant ou en jetant un objet, ou en donnant des coups de pieds, il commence à explorer l'environnement dont il prend peu à peu conscience. Au cours des premiers mois, les sens se développent très vite, et, à trois mois, un bébé distingue les formes et les couleurs.

Le plus souvent, les premières dents apparaissent entre six et neuf mois. À la fin de la première année, jusqu'à 12 des 20 dents de lait (denture déciduale ou primaire) sont sorties. Mais il arrive que la première dent pousse à trois mois et que la mise en place de cette première denture se termine à trois ans.

Le sommeil d'un bébé est moins réparateur que celui qu'un adulte en raison de la forte activité de son cerveau. Généralement, un nourrisson n'est pas capable de dormir profondément jusqu'à la fin du troisième mois. À six mois, il dort déjà nettement plus longtemps.

Un bébé est prématuré s'il naît avant la 37e semaine. S'il naît quatre semaines en avance, il accusera un retard de développement d'un mois par rapport à un bébé né à terme le même jour.

Il est indispensable qu'un suivi médical régulier soit mis en place afin de s'assurer que le bébé grandit et se développe normalement.

L'enfance

L'enfance est la période située entre la petite enfance et l'adolescence. Au cours de cette période, la croissance physique et intellectuelle est rapide. L'éducation reçue par l'enfant et l'environnement dans lequel il vit sont les fondations sur lesquelles il s'appuiera lorsqu'il sera adulte.

Chaque enfant est différent et évolue à son rythme, en fonction de son hérédité (aspect génétique) et des influences sociales. Mais, là encore, les changements suivent un ordre donné.

À deux ans, un enfant est capable de marcher seul, d'accueillir un nouvel arrivant, de boire seul avec une tasse et de comprendre les ordres et les questions simples. Entre trois et quatre ans, la plupart des enfants marchent, sautent, courent, montent les escaliers et manipulent des objets. Ils sont capables de faire des phrases courtes et connaissent déjà plusieurs centaines de mots. À l'âge de la maternelle, ils développent leurs capacités cognitives, comme la pensée, ou le fait de reconnaître quelque chose et de s'en souvenir.

En règle générale, les poussées de croissance sont irrégulières. À l'issue de la première année, le rythme de croissance ralentit considérablement. Il devient plus régulier à partir de deux ans. L'enfant grandit alors d'environ 6 centimètres par an jusqu'à l'adolescence. Une croissance normale dépend avant tout d'une alimentation équilibrée, de l'exercice physique et du sommeil. La plupart des enfants ont besoin de dix à douze heures de sommeil chaque nuit.

À partir de six ans, toutes les dents de lait sont sorties et commencent à tomber pour laisser la place à la denture permanente. Les os longs des bras et des jambes terminent leur ossification, remplaçant progressivement le cartilage de conjugaison.

Au fur et à mesure que le cerveau se développe, les os plats du crâne s'élargissent. La tête et le cerveau se développent plus tôt que le reste du corps. À l'âge de six ans, le cerveau a atteint 90 % de son poids définitif.

Ces étapes marquantes du développement ne sont que des points de repères, mais les parents qui craignent que leur enfant n'évolue pas normalement doivent consulter leur médecin. Cependant, il ne faut pas perdre de vue que la plupart des enfants plus petits que la moyenne, dont le développement est un peu retardé, sont tout à fait normaux et en pleine santé.

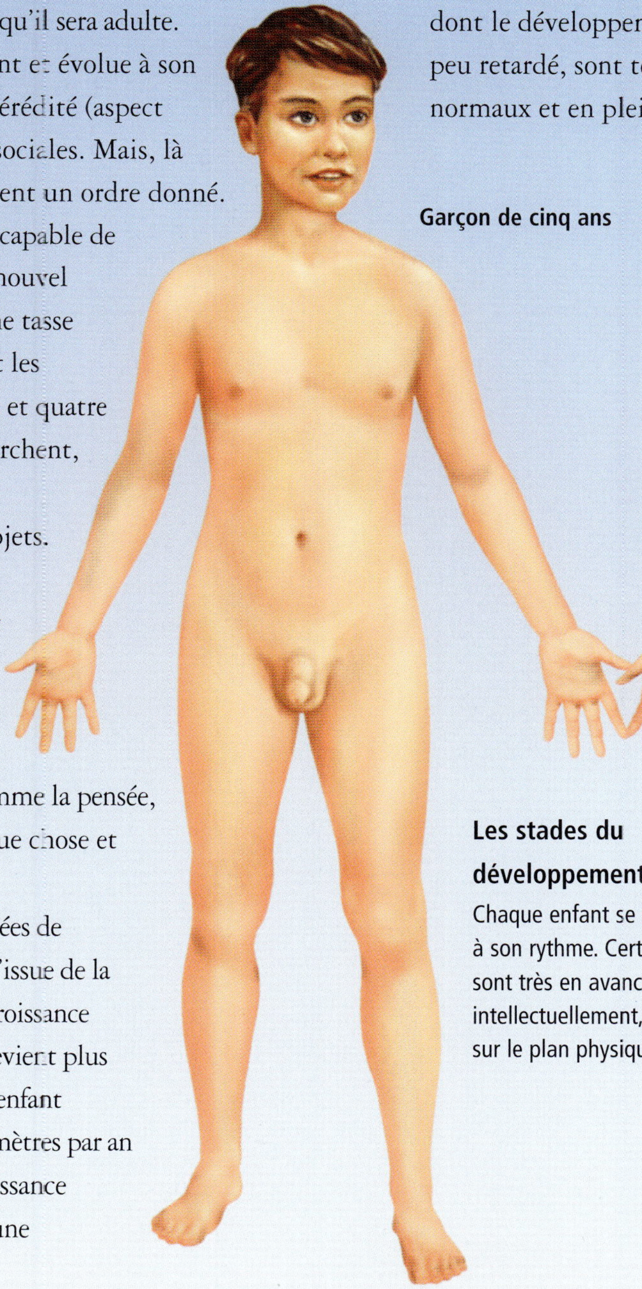

Garçon de cinq ans

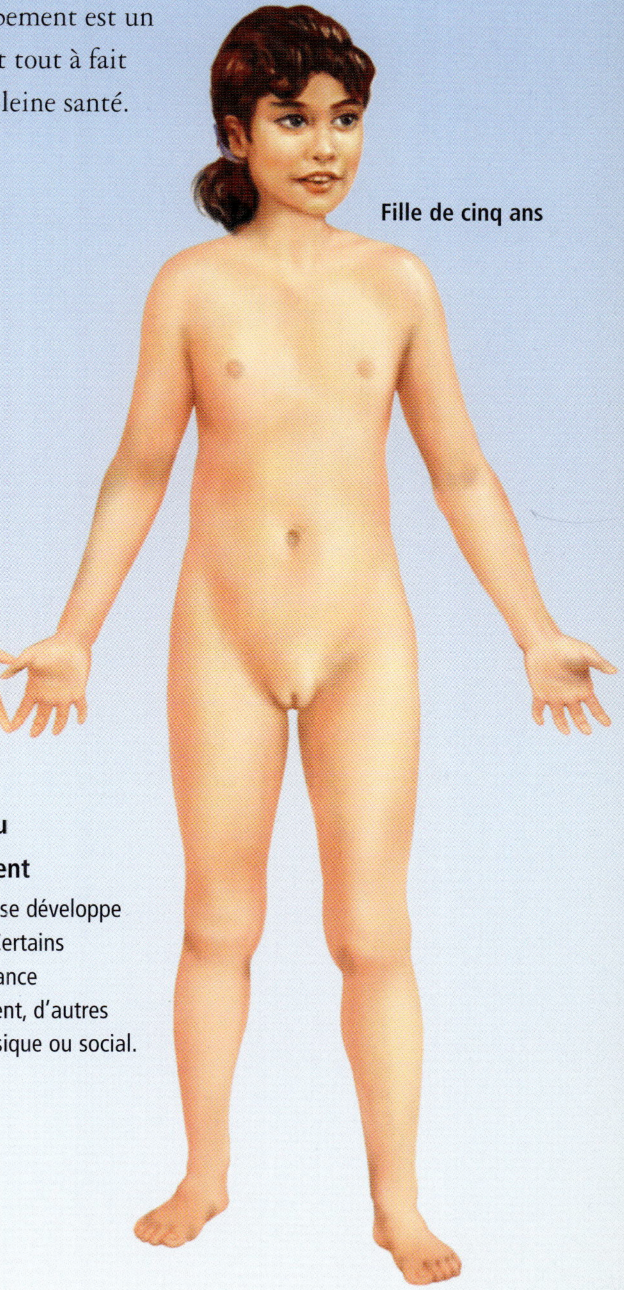

Fille de cinq ans

Les stades du développement

Chaque enfant se développe à son rythme. Certains sont très en avance intellectuellement, d'autres sur le plan physique ou social.

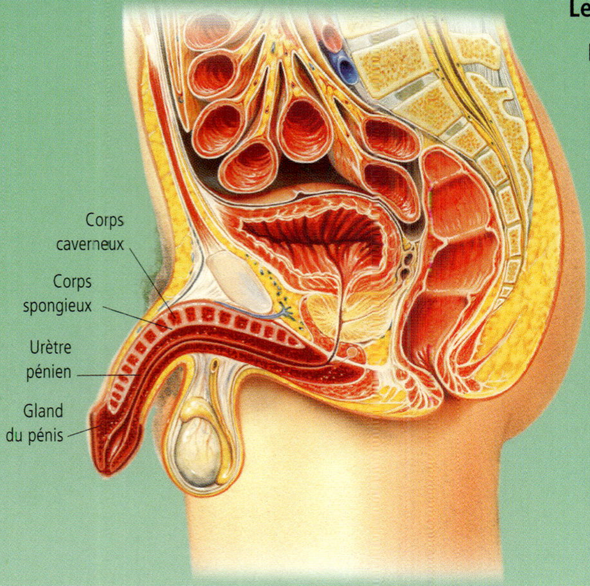

Le pénis

Le pénis est formé de trois cylindres, deux constitués de tissus vasculaires spongieux (les *corps caverneux*), qui permettent l'érection, et un troisième, le *corps spongieux*, qui abrite l'urètre. Le pénis est relié au bassin par du tissu conjonctif et pend généralement de manière flaccide, sauf en cas de stimulation sexuelle. Au cours de la puberté, la longueur et le diamètre du pénis augmentent rapidement.

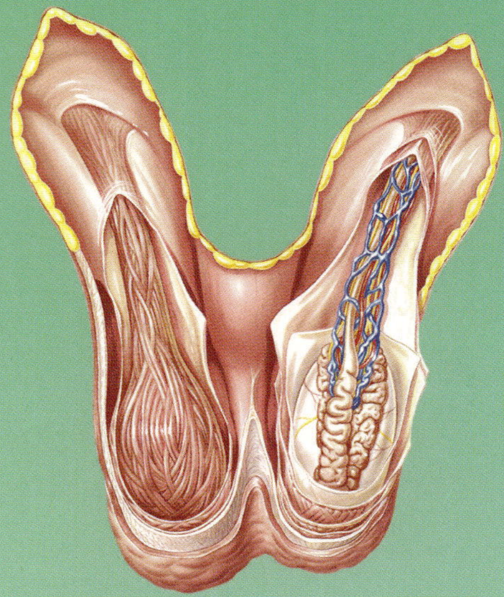

Les testicules

Situés juste derrière le pénis, dans le scrotum à l'extérieur de l'organisme, les testicules sont les principaux organes de la reproduction chez l'homme. Ils produisent le sperme et les hormones sexuelles masculines, parmi lesquelles la testostérone.

La puberté masculine

Au cours de la puberté, les caractères sexuels secondaires commencent à se développer et les organes reproducteurs deviennent pleinement opérationnels. En général, la puberté masculine survient à l'âge de 13 ou 14 ans. Au cours des années qui suivent, on observe des changements au niveau de la taille et de la forme du corps (masse musculaire), ainsi que le développement des organes reproducteurs.

Les caractères sexuels secondaires sont notamment la croissance rapide de la taille des testicules et du pénis, le développement du larynx, et l'apparition de la pilosité faciale et corporelle, surtout au niveau des aisselles et sur le pubis. Environ un an après que le pénis commence à s'élargir, la première éjaculation survient. Ces changements sont déclenchés par les hormones libérées par la glande pituitaire (hypophyse), qui permet aux testicules de sécréter du sperme et de la testostérone.

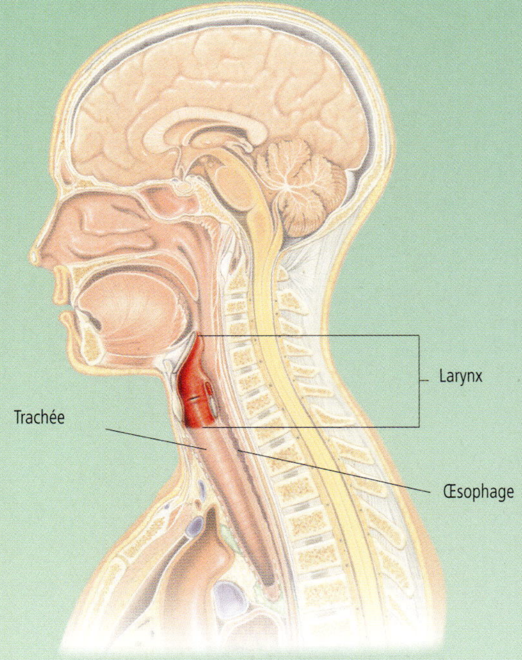

Le larynx (ou boîte vocale)

Au cours de la puberté, le larynx augmente de volume, ce qui entraîne l'apparition d'une proéminence à l'avant du cou, la *pomme d'Adam*, et une modification de la voix qui devient plus grave (mue).

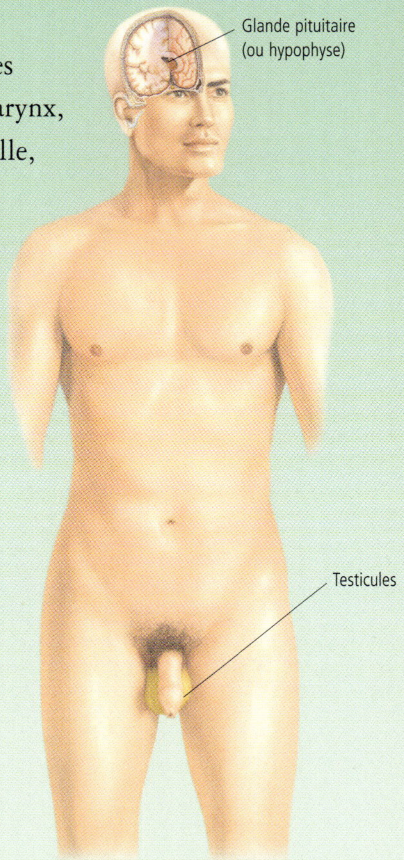

La testostérone

Tous les changements qui interviennent à la puberté sont régis par la testostérone, hormone sexuelle masculine produite par les testicules sous le contrôle de la glande pituitaire. La testostérone intervient également au niveau du métabolisme de l'organisme et de la croissance musculaire.

La testostérone est produite par les testicules. Sa fabrication est déclenchée par l'hormone folliculostimulante humaine (FSH) et l'hormone lutéinisante (LH), toutes deux sécrétées par le lobe antérieur de la glande pituitaire.

À la puberté, on observe une augmentation de l'activité glandulaire aussi bien chez les garçons que chez les filles, avec l'entrée en fonction des glandes apocrines. Les glandes sébacées deviennent plus actives, ce qui peut provoquer de l'acné.

Des fluctuations émotionnelles et comportementales accompagnent les changements physiques. L'attirance sexuelle est exacerbée et de nombreux adolescents deviennent sexuellement actifs. En général, les premiers flirts ont lieu à la puberté.

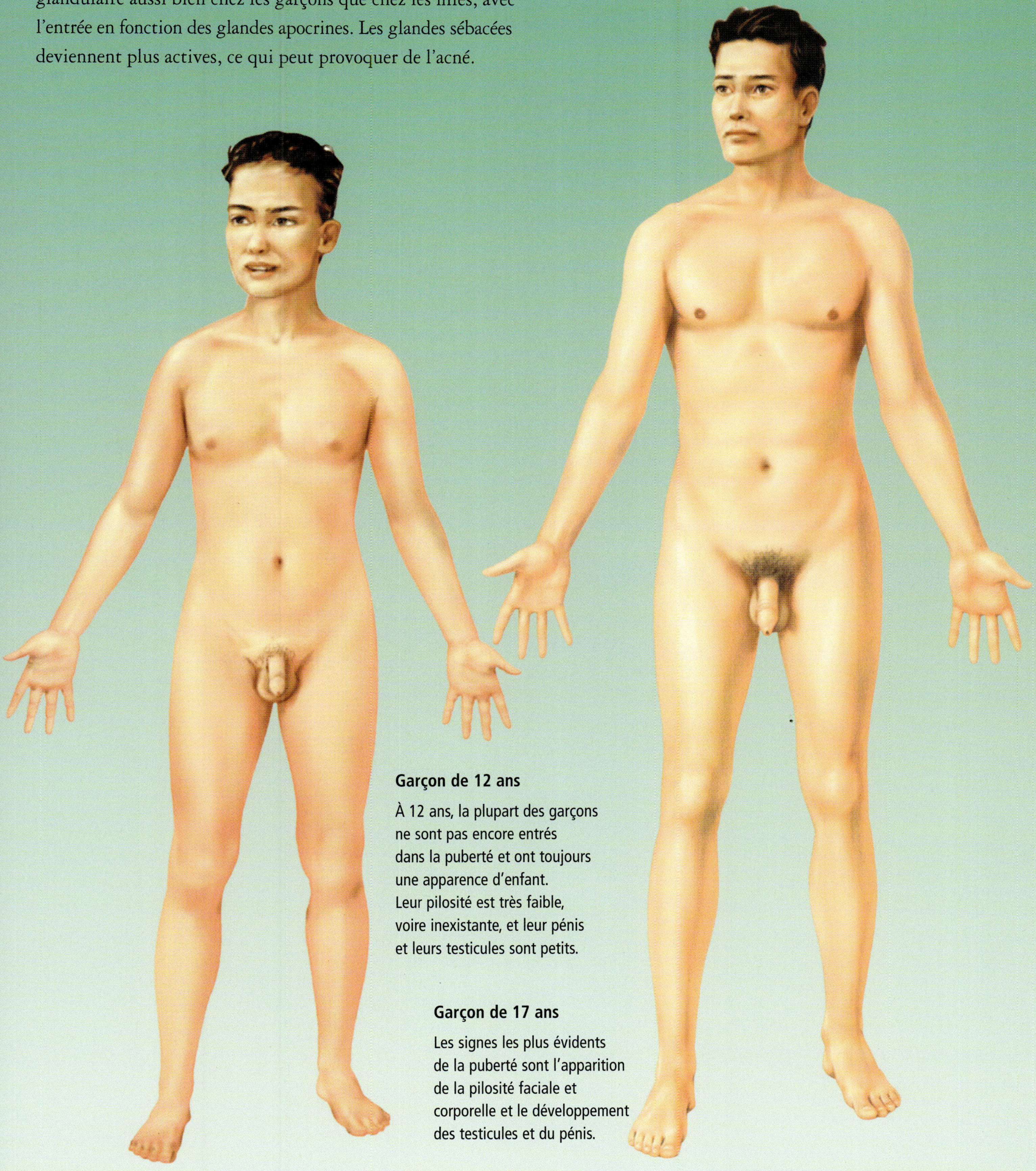

Garçon de 12 ans

À 12 ans, la plupart des garçons ne sont pas encore entrés dans la puberté et ont toujours une apparence d'enfant. Leur pilosité est très faible, voire inexistante, et leur pénis et leurs testicules sont petits.

Garçon de 17 ans

Les signes les plus évidents de la puberté sont l'apparition de la pilosité faciale et corporelle et le développement des testicules et du pénis.

La puberté féminine

Chez les filles, la puberté commence aux environs de 11 ans et se poursuit jusqu'à 16 ans. Les changements physiques qui surviennent ne sont pas plus importants que ceux des garçons, mais demandent plus de temps pour arriver à maturité. Il s'agit notamment du développement de la poitrine, de l'élargissement des hanches, de la croissance rapide de l'utérus et de l'apparition de poils sous les bras et au niveau de la vulve.

En plus des changements physiques, des modifications hormonales interviennent sous l'action des œstrogènes et de la progestérone libérée par les ovaires, sous le contrôle de la glande pituitaire (ou hypophyse).

L'utérus prend sa forme définitive, les menstruations surviennent. L'apparition des premières règles s'appelle la ménarche. Les menstruations apparaissent environ deux ans après le début de la puberté. Elles consistent en l'évacuation mensuelle de sang et de tissu utérin. Les premières années, elles sont très irrégulières.

La survenue d'acné et de troubles de l'alimentation est plus importante à cette période qu'à n'importe quel autre moment de la vie.

Les tendances héritées, l'alimentation et l'environnement influent sur la durée et le rythme de la croissance et sur la maturité sexuelle.

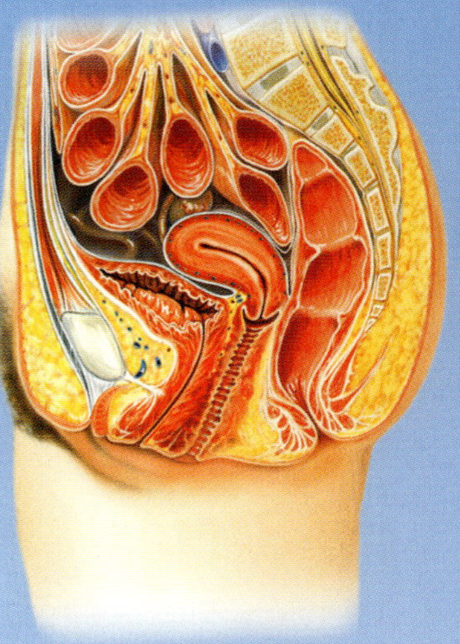

L'appareil reproducteur féminin

Le vagin est une structure tubaire fibromusculaire, qui s'étend du col de l'utérus à la vulve. L'utérus est situé derrière la vessie, face au rectum. Ses deux tiers supérieurs constituent le corps, le tiers inférieur étant formé par le col.

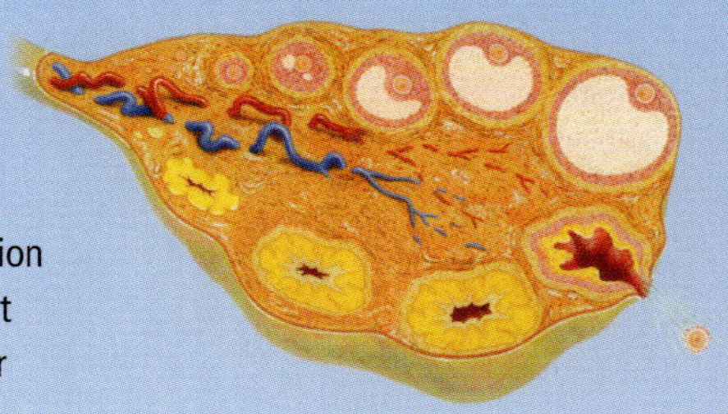

L'ovulation

L'ovulation est la libération d'un ovule, qui intervient généralement le 14e jour du cycle menstruel.

L'ovulation

L'ovulation a lieu au milieu de chaque cycle menstruel. Un follicule de Graaf se rompt et libère un ovule qui entre alors dans la trompe de Fallope et progresse jusqu'à l'utérus. Si l'ovule n'est pas fécondé, il se dégrade dans les jours qui suivent.

Les cellules sécrétrices qui restent dans l'ovaire se transforment en corps jaune et produisent de la progestérone et de petites quantités d'œstrogènes jusqu'au 26e jour du cycle sans grossesse. Ensuite, le corps jaune se dégrade, les sécrétions d'œstrogène et de progestérone diminuent et les menstruations commencent.

La poitrine (ou les seins)

Les seins (ou glandes mammaires) se composent essentiellement de cellules adipeuses et de petites structures, appelées *lobules*. Lorsqu'ils sont stimulés par certaines hormones comme la prolactine,

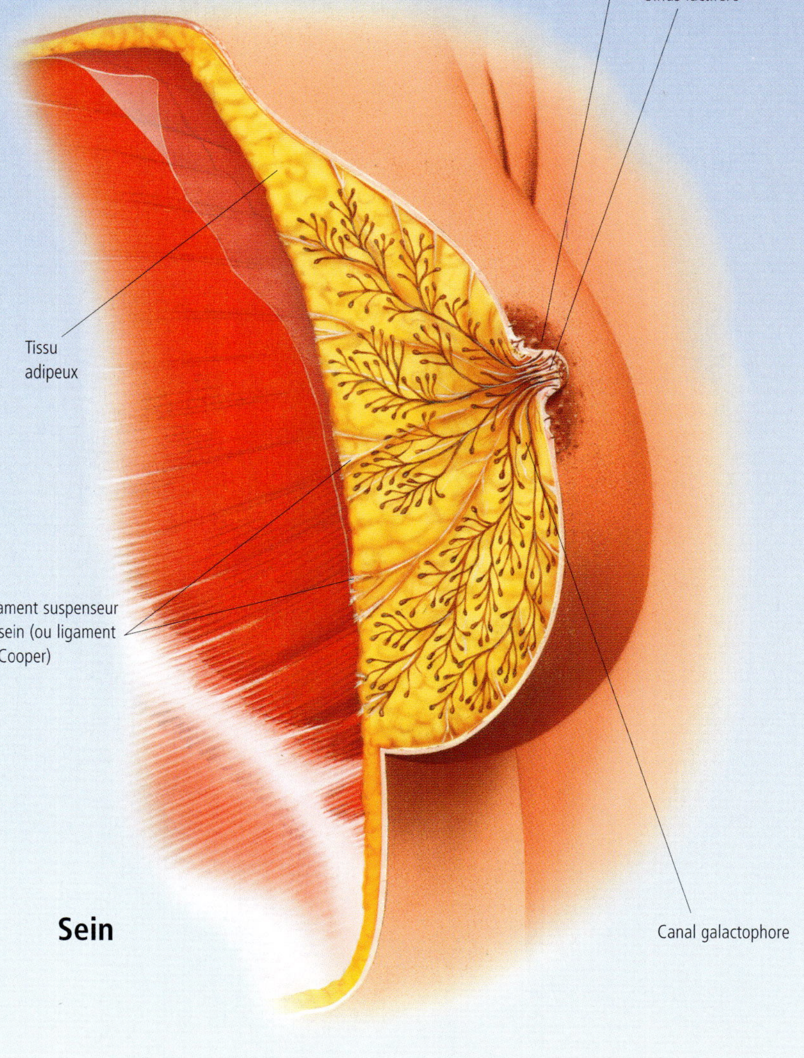

Sein

les lobules produisent du lait et se déversent dans un réseau de canaux qui acheminent le lait jusqu'aux mamelons.

Lors de la puberté, la poitrine se développe sous l'action des œstrogènes. Sa forme et sa taille sont généralement déterminées par des facteurs génétiques. À la fin de chaque cycle menstruel, la poitrine peut temporairement se gonfler et être tendue. Elle prend du volume lors de la grossesse en raison d'une augmentation de la quantité d'œstrogènes libérés.

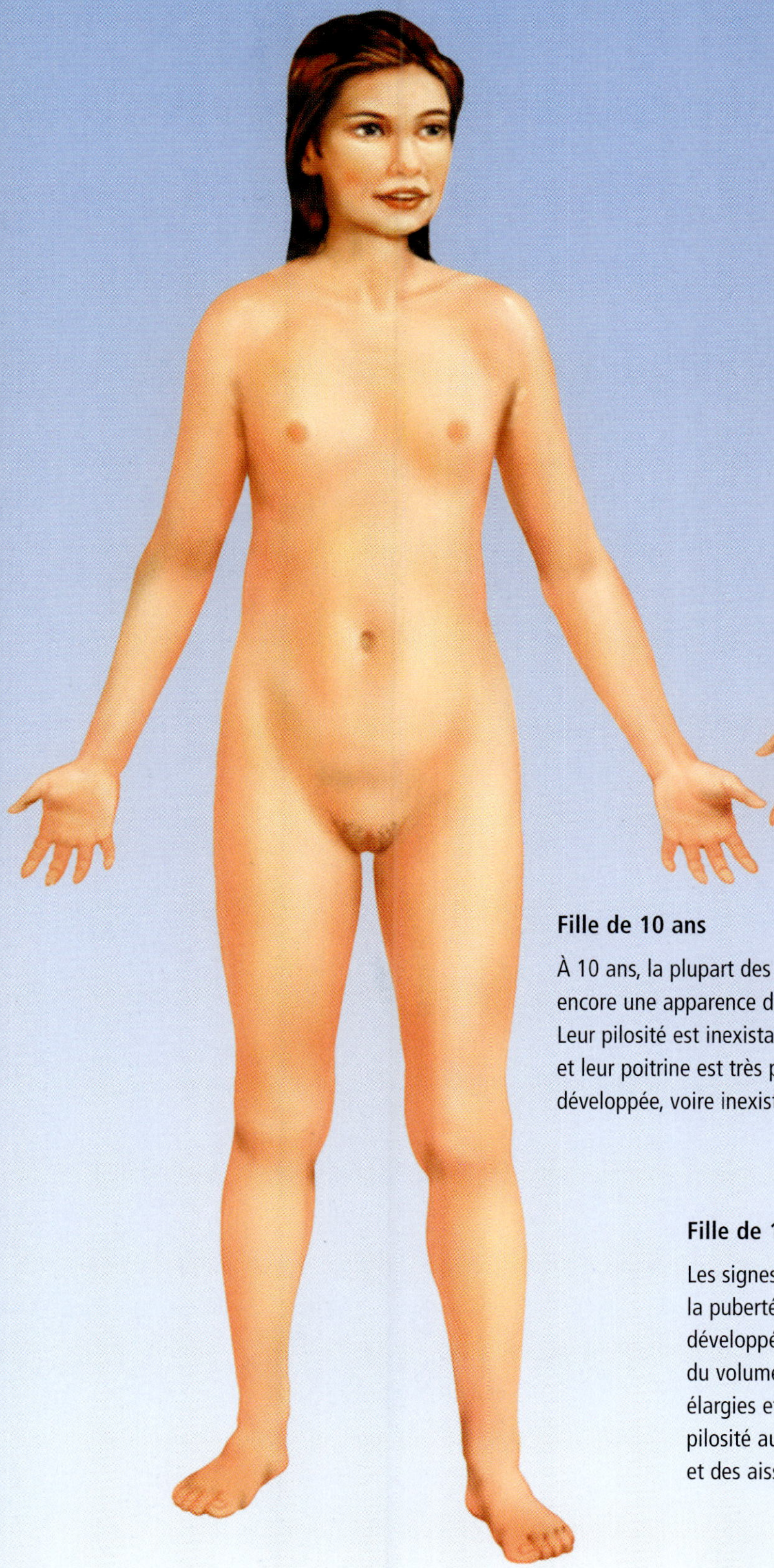

Fille de 10 ans

À 10 ans, la plupart des filles ont encore une apparence d'enfant. Leur pilosité est inexistante et leur poitrine est très peu développée, voire inexistante.

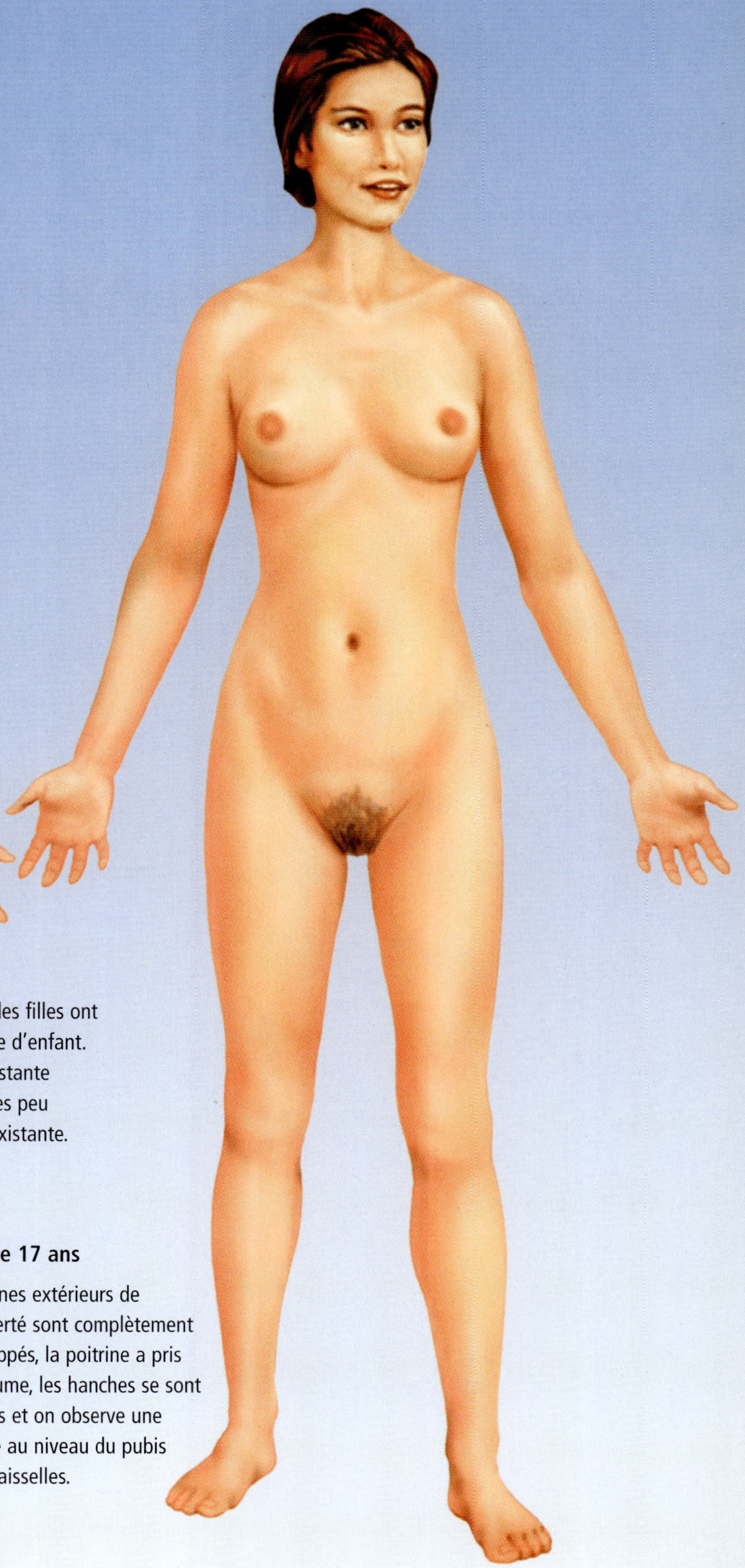

Fille de 17 ans

Les signes extérieurs de la puberté sont complètement développés, la poitrine a pris du volume, les hanches se sont élargies et on observe une pilosité au niveau du pubis et des aisselles.

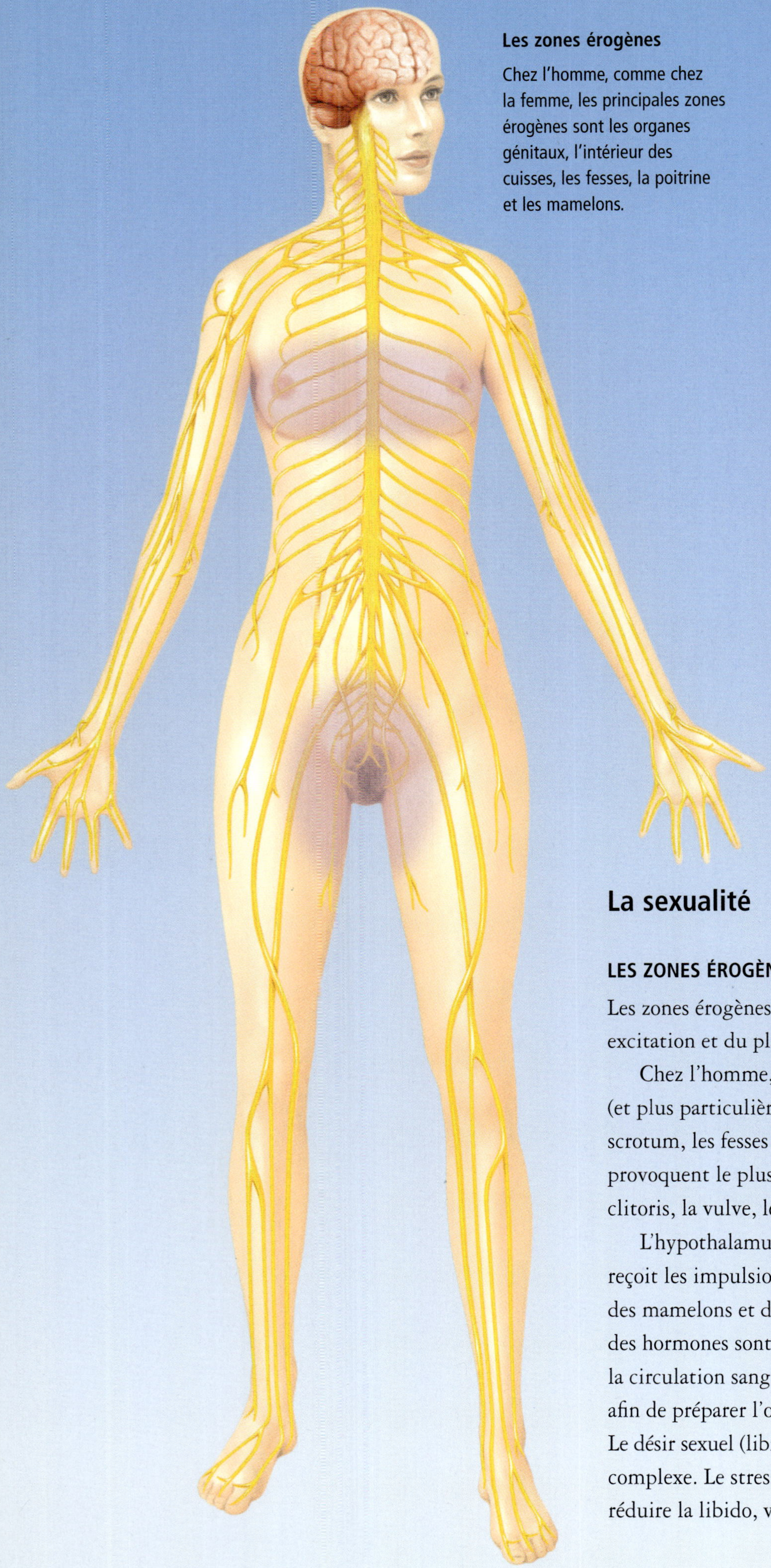

Les zones érogènes

Chez l'homme, comme chez la femme, les principales zones érogènes sont les organes génitaux, l'intérieur des cuisses, les fesses, la poitrine et les mamelons.

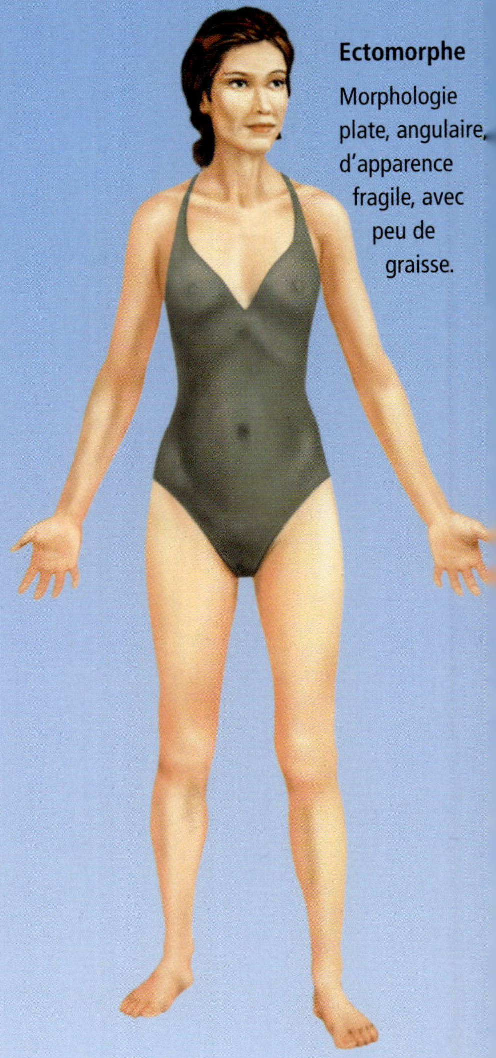

Ectomorphe

Morphologie plate, angulaire, d'apparence fragile, avec peu de graisse.

La sexualité

LES ZONES ÉROGÈNES

Les zones érogènes sont les parties du corps qui provoque une excitation et du plaisir sexuel lorsqu'elles sont stimulées.

Chez l'homme, les principales zones érogènes sont le pénis (et plus particulièrement le gland), l'intérieur des cuisses, le scrotum, les fesses et les mamelons. Chez la femme, les zones qui provoquent le plus d'excitation lorsqu'elles sont stimulées sont le clitoris, la vulve, les mamelons, les seins et l'intérieur des cuisses.

L'hypothalamus, en charge du système nerveux central, reçoit les impulsions nerveuses déclenchées par la stimulation des mamelons et des parties génitales. Lors de l'excitation, des hormones sont libérées, ce qui a pour effet d'augmenter la circulation sanguine et le rythme respiratoire et cardiaque, afin de préparer l'organisme au rapport sexuel.

Le désir sexuel (libido) est une réponse physique et émotionnelle complexe. Le stress, la fatigue et la maladie peuvent réduire la libido, voire la faire disparaître complètement.

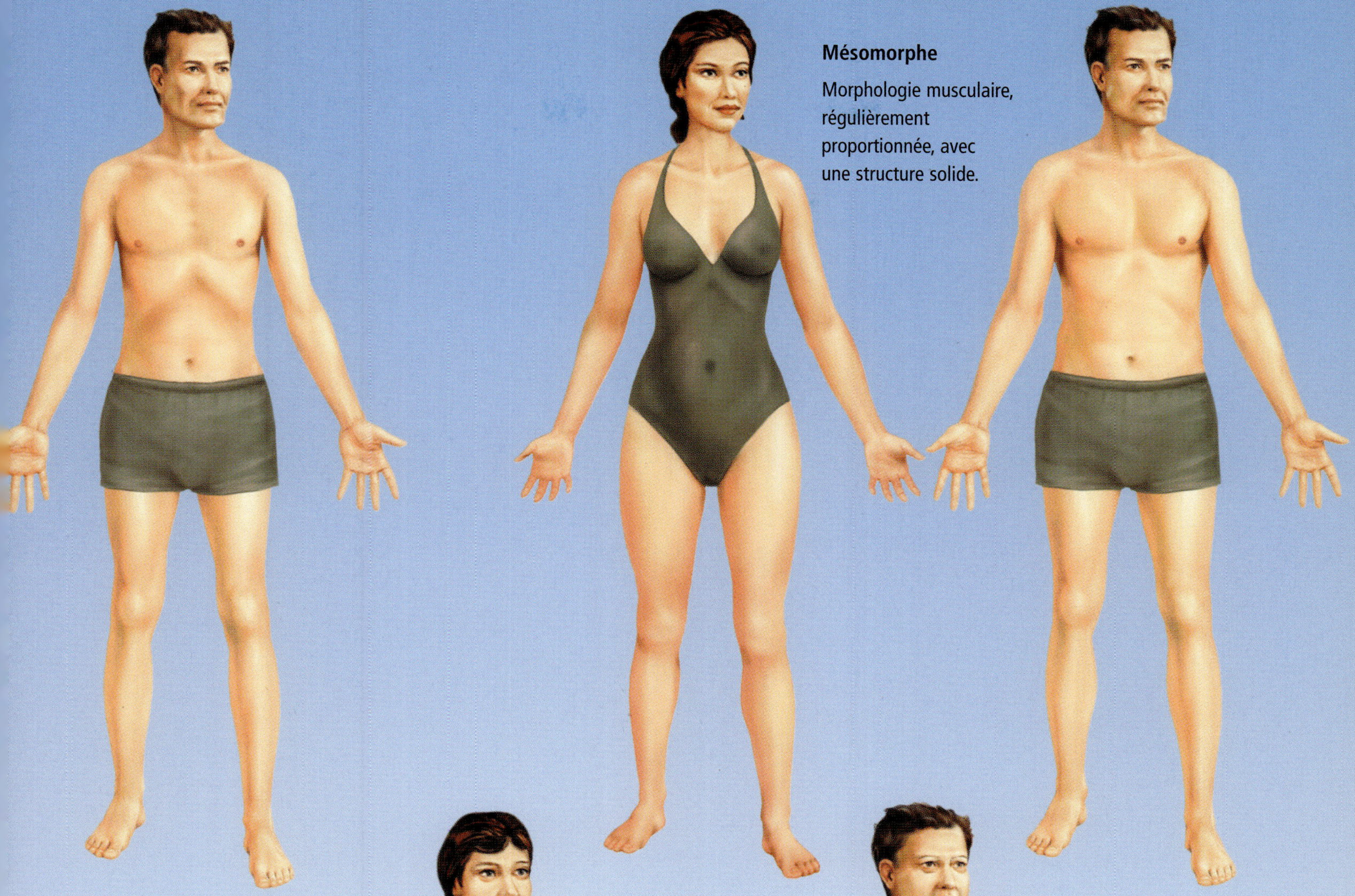

Mésomorphe

Morphologie musculaire, régulièrement proportionnée, avec une structure solide.

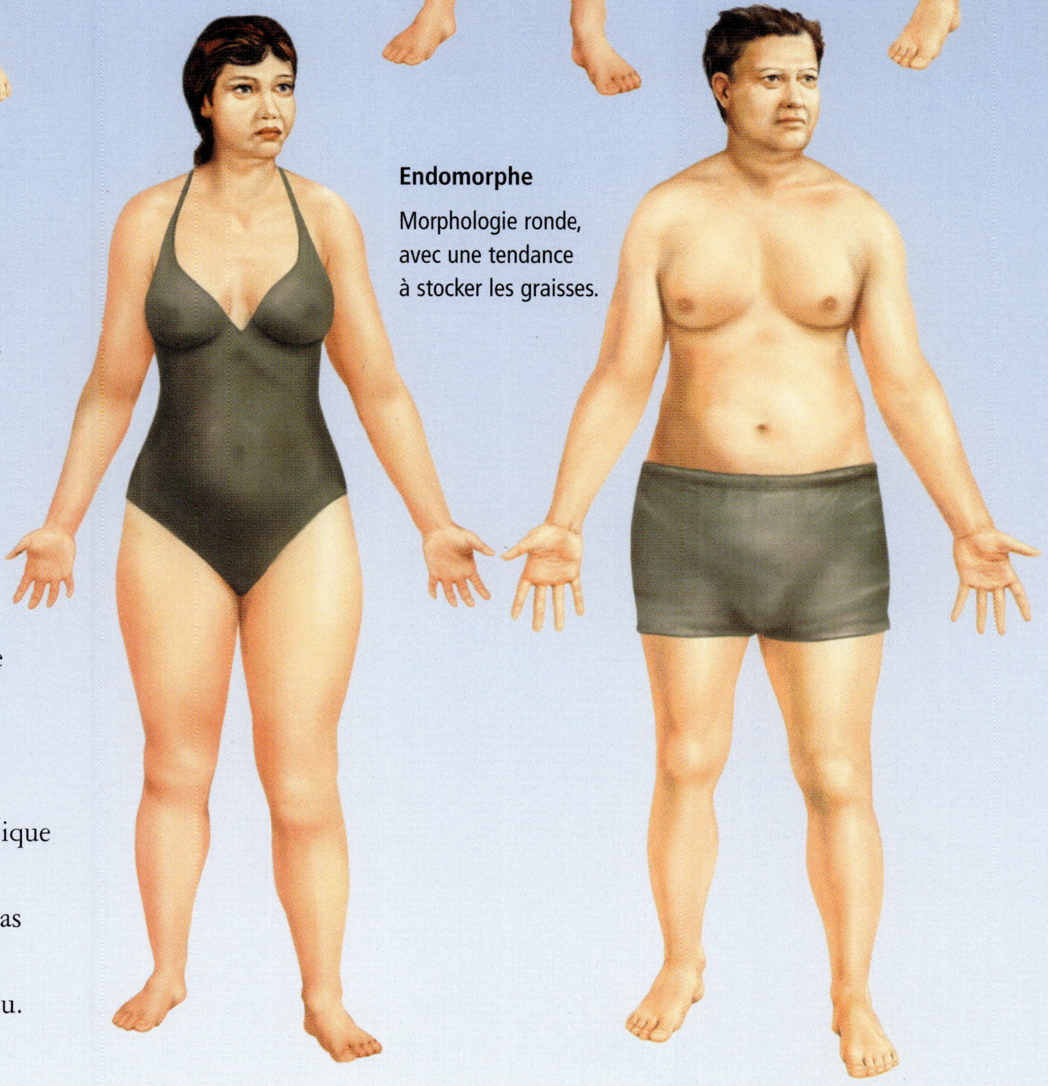

Endomorphe

Morphologie ronde, avec une tendance à stocker les graisses.

Les différentes morphologies

L'être humain peut avoir trois morphologies (somatotypes) qu'aucun comportement alimentaire ne peut modifier en profondeur. Cependant, la morphologie peut être modifiée en surface, si la quantité de graisses stockées augmente ou diminue. L'exercice physique peut influer sur la forme du corps, mais ne peut pas contribuer à changer le somatotype d'un individu.

Le métabolisme

Métabolisme est un terme générique qui désigne les processus chimiques qui permettent à l'organisme de fonctionner correctement. Le métabolisme est régulé par les hormones thyroïdiennes, c'est pourquoi il peut être perturbé par une thyroïde trop ou insuffisamment active. La glande pituitaire, ou hypophyse, régule la libération des hormones thyroïdiennes.

Le métabolisme implique deux étapes, ou processus : l'anabolisme, qui utilise l'énergie et transforme les substances nutritives en tissus vivants, et le catabolisme, qui dégrade les molécules et fabrique l'énergie.

Au cours de l'anabolisme, des molécules simples sont transformées en molécules et substances plus complexes. Les réactions anaboliques nécessitent de l'énergie et surviennent au cours de la croissance, de la réparation et du maintien des cellules et des systèmes.

Lors du catabolisme, la nourriture est transformée en composants plus simples, produisant ainsi de l'énergie qui est stockée, prête à être utilisée pour les besoins de l'organisme.

Les enzymes et les nutriments sont indispensables aux réactions chimiques qui surviennent dans notre organisme. Les enzymes sont fabriquées par l'organisme, alors que les nutriments proviennent de la nourriture digérée.

La régulation de la température corporelle ou thermorégulation

Le derme et l'épiderme participent à la régulation de la température corporelle. Lorsque l'organisme a chaud, les artères se dilatent et le débit sanguin au niveau de la peau augmente afin d'accélérer la déperdition de chaleur. Les glandes sudoripares sont activées et libèrent un liquide qui s'évapore, la *sueur*, contribuant ainsi à réduire la température. Lorsque l'organisme a froid, les artères et les pores se contractent, les poils se dressent, formant ainsi une couche d'air isolante qui maintient la chaleur du corps à la surface de la peau.

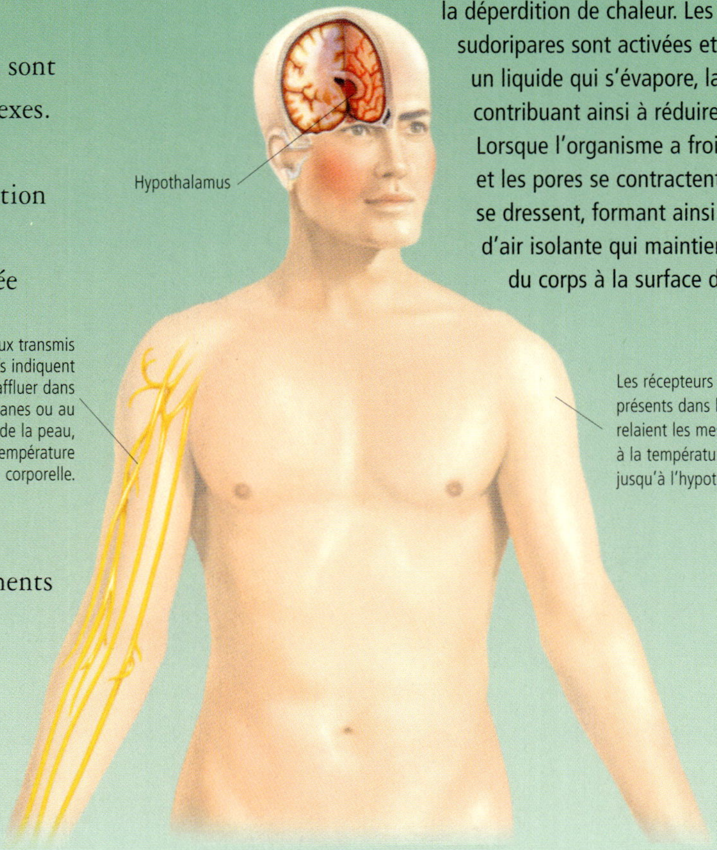

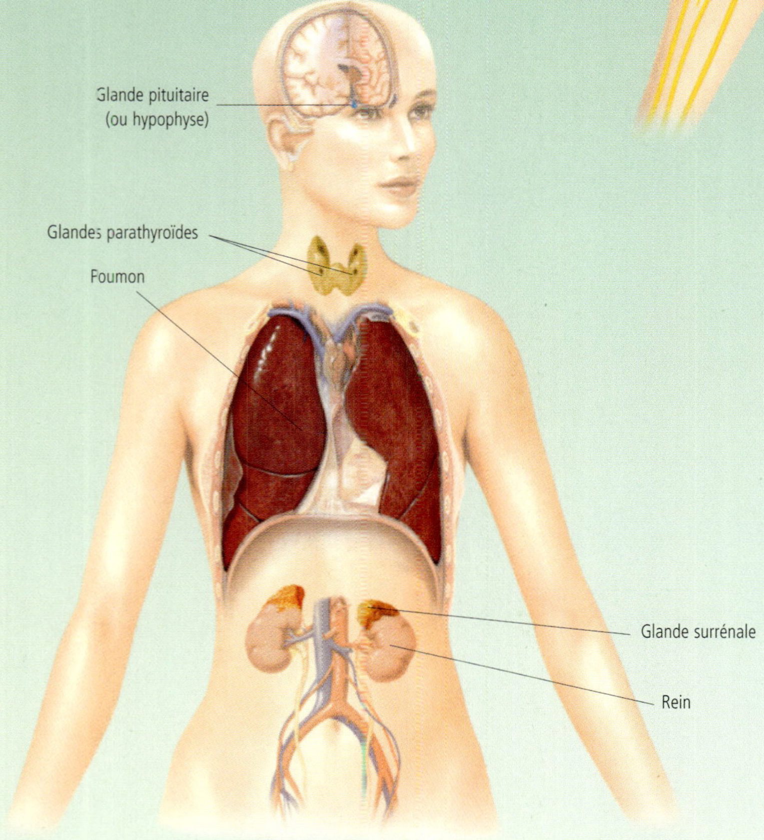

LE SAVIEZ-VOUS ?

Pour fonctionner normalement, l'organisme d'un adulte a besoin de 1 500 à 2 000 calories par jour (6 000 à 8 000 kJ). En général, la vitesse du métabolisme est plus rapide chez l'homme que chez la femme.

Les électrolytes

La concentration d'électrolytes dans le sang est régulée par différents organes. Les glandes surrénales contrôlent le sodium et le potassium, la glande pituitaire libère des hormones qui contribuent à la régulation de la balance des électrolytes, les glandes parathyroïdes gèrent le calcium et les phosphates, les reins sont chargés du chlorure et régulent également le bicarbonate avec les poumons.

La régulation de la température (ou thermorégulation)

L'organisme est doté d'un mécanisme, contrôlé par l'hypothalamus, qui permet de maintenir sa température stable. En cas de changement de la température extérieure, les terminaisons nerveuses situées à la surface de la peau en informent l'hypothalamus. Si le message indique que l'organisme a froid, l'hypothalamus augmente la production de chaleur en accélérant le métabolisme. Si, au contraire, l'organisme a trop chaud, l'hypothalamus déclenche la dilatation des artères et envoie du sang au niveau de la peau afin d'évacuer la chaleur.

Réaction de la peau à la chaleur

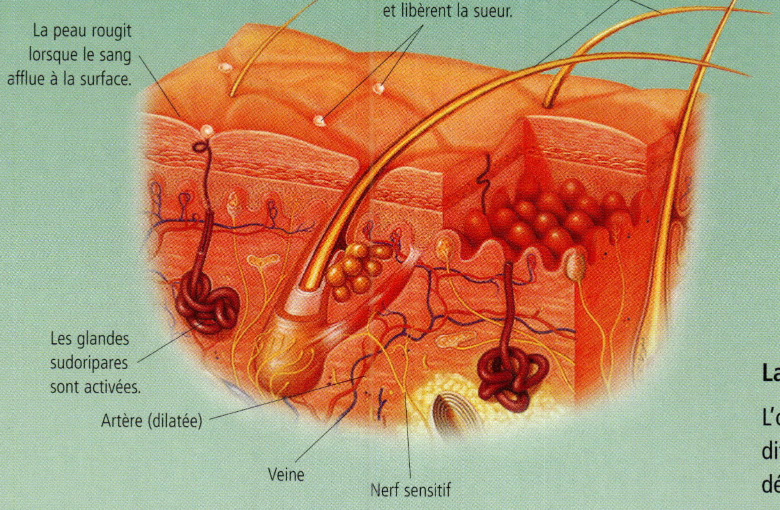

Réaction de la peau au froid

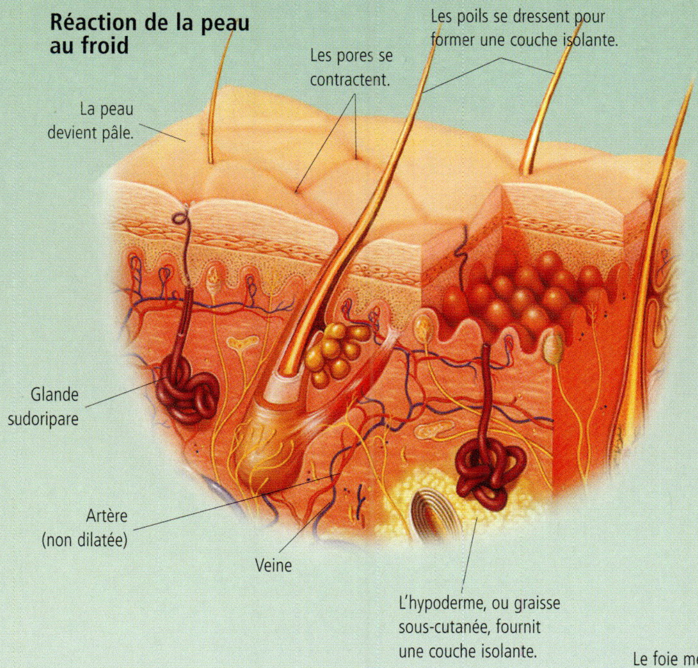

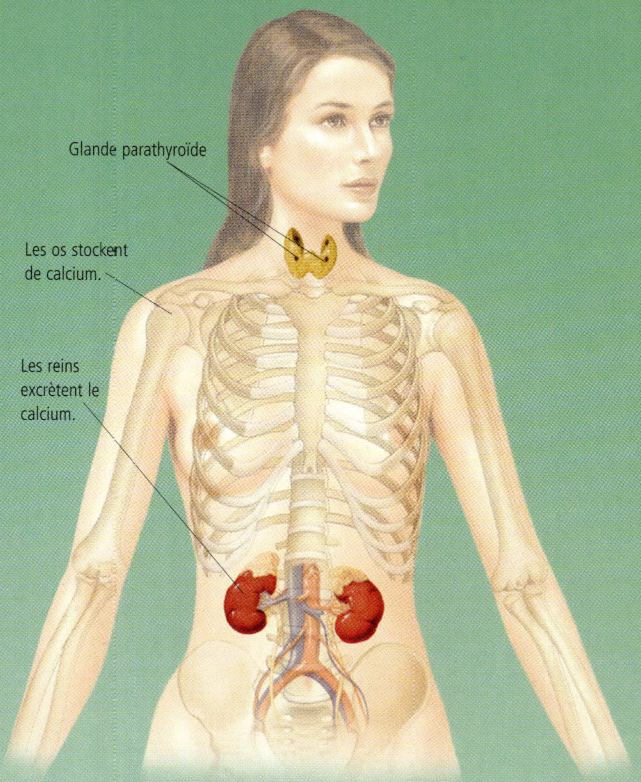

La boucle de régulation des hormones

L'organisme a recours à la boucle de régulation pour contrôler le taux des différentes hormones. Un excès ou une carence d'une hormone donnée déclenche une réponse pour normaliser les niveaux. Le taux de calcium présent dans le sang est contrôlé par la parathormone, qui indique aux os de stocker le calcium ou aux reins de l'excréter, selon les cas. Si le niveau est trop bas, les glandes parathyroïdes tiennent compte de la carence et libèrent la parathormone, qui ordonne alors aux os de libérer du calcium afin d'augmenter son taux dans le sang.

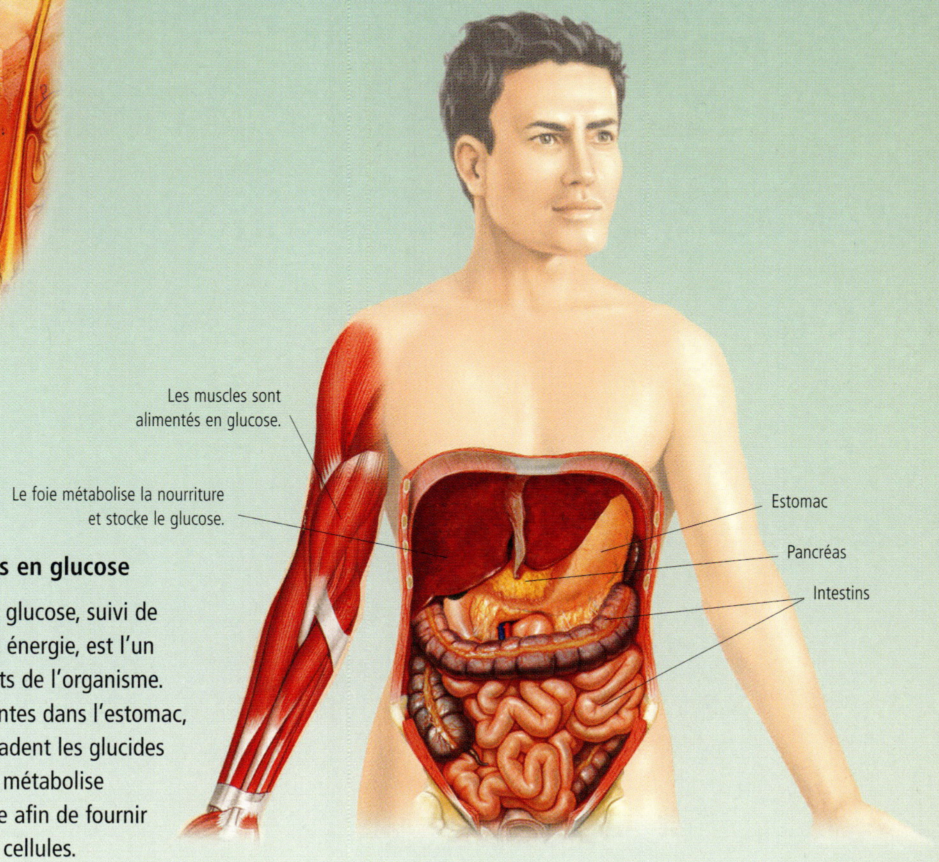

Le métabolisme des glucides en glucose

Le métabolisme des glucides en glucose, suivi de la transformation du glucose en énergie, est l'un des processus les plus importants de l'organisme. Les substances chimiques présentes dans l'estomac, les intestins et le pancréas dégradent les glucides et les autres nutriments. Le foie métabolise la nourriture et stocke le glucose afin de fournir de l'énergie aux muscles et aux cellules.

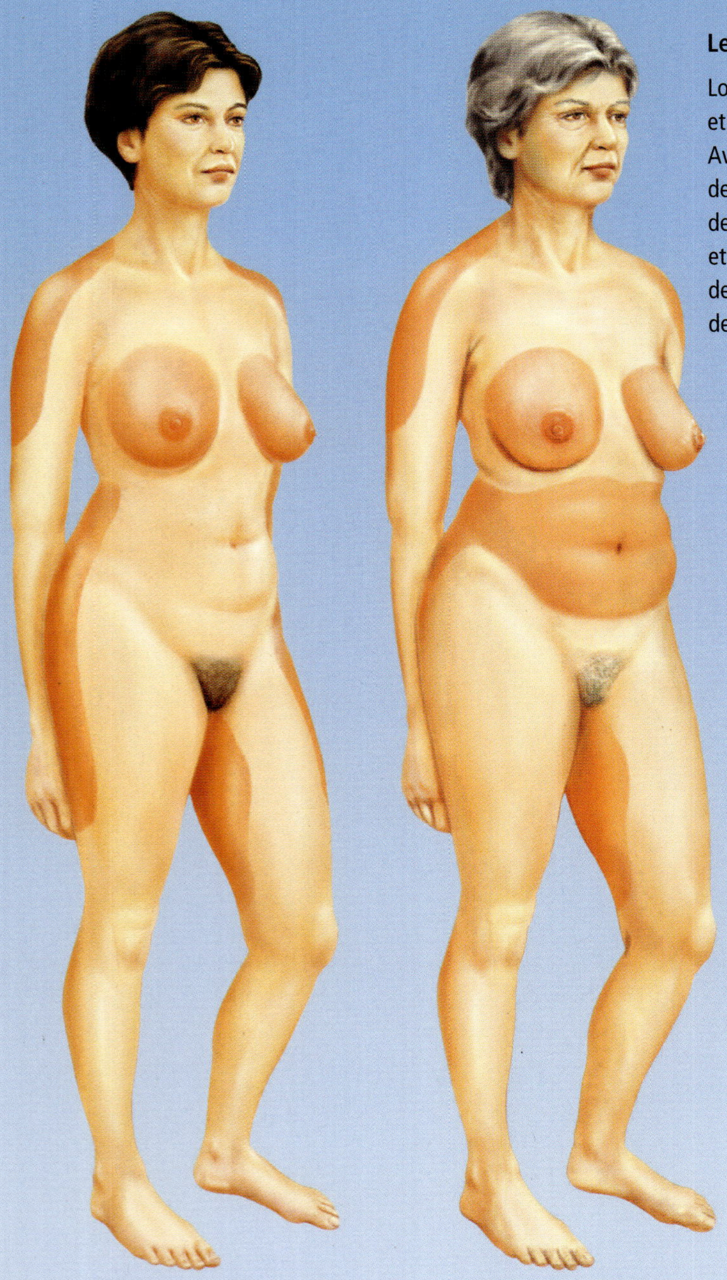

La répartition des graisses avant la ménopause

La répartition des graisses après la ménopause

Les changements dans la répartition des graisses

Lors de la ménopause, la baisse du taux d'œstrogènes et de progestérone influe sur la répartition des graisses. Avant la ménopause, la plupart des femmes ont des bourrelets de graisse autour des hanches, des cuisses ainsi qu'au niveau des bras (humérus) et de la poitrine. Après la ménopause, l'essentiel des graisses est concentré autour de l'abdomen, de la taille et de la poitrine.

La ménopause

La ménopause, ou *climatère*, est la période au cours de laquelle les fonctions ovariennes et la production hormonale ralentissent. Le processus complet dure plusieurs années et commence généralement entre 40 et 50 ans. Il se décompose en trois étapes. La préménopause désigne généralement la période au cours de laquelle les menstruations deviennent plus importantes et irrégulières, mais où la procréation est toujours possible. La périménopause coïncide avec l'apparition de différents symptômes, comme des bouffées de chaleur, une dépression, des sueurs nocturnes et une sécheresse vaginale. Il est admis que la ménopause démarre à l'issue d'une période de plus ou moins un an sans menstruations (aux environs de la cinquantaine).

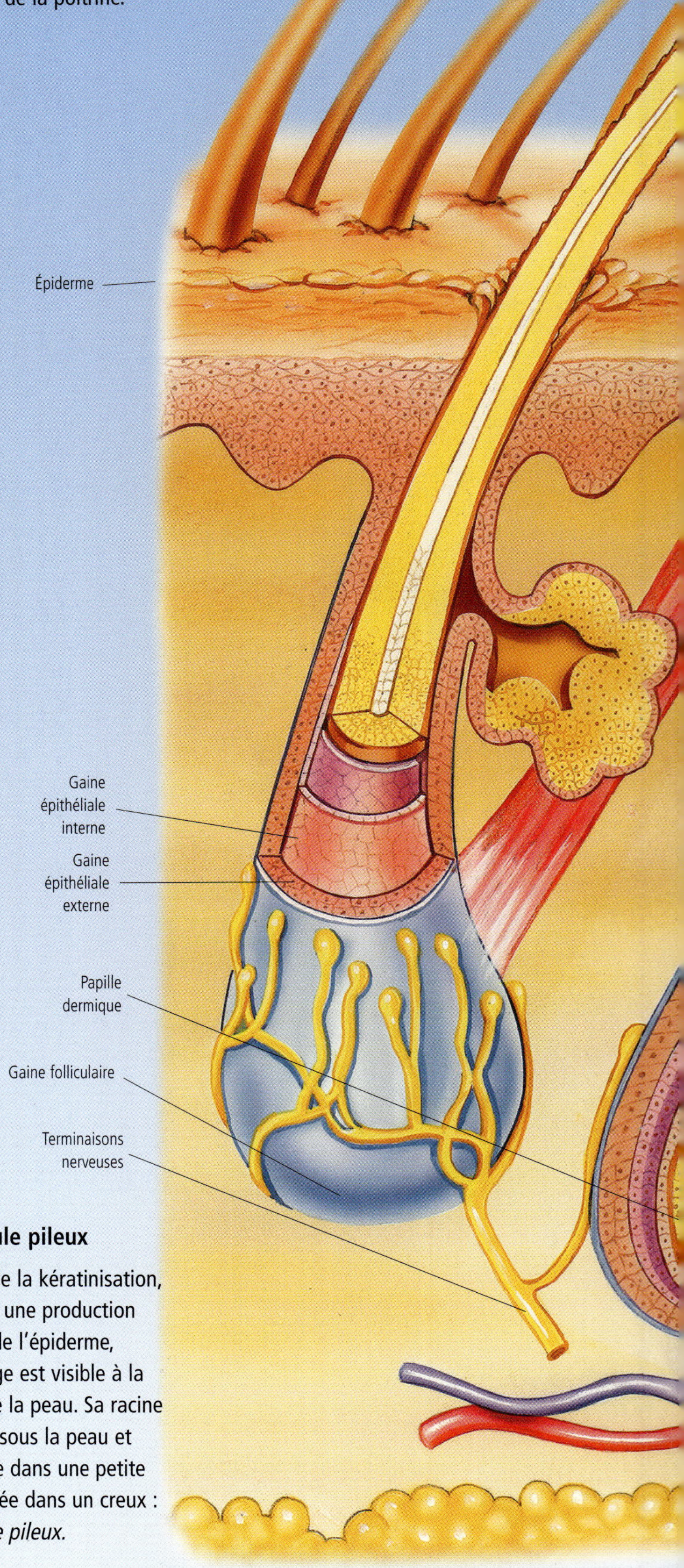

Le follicule pileux

Résultat de la kératinisation, le poil est une production filiforme de l'épiderme, dont la tige est visible à la surface de la peau. Sa racine se trouve sous la peau et se termine dans une petite poche logée dans un creux : le *follicule pileux.*

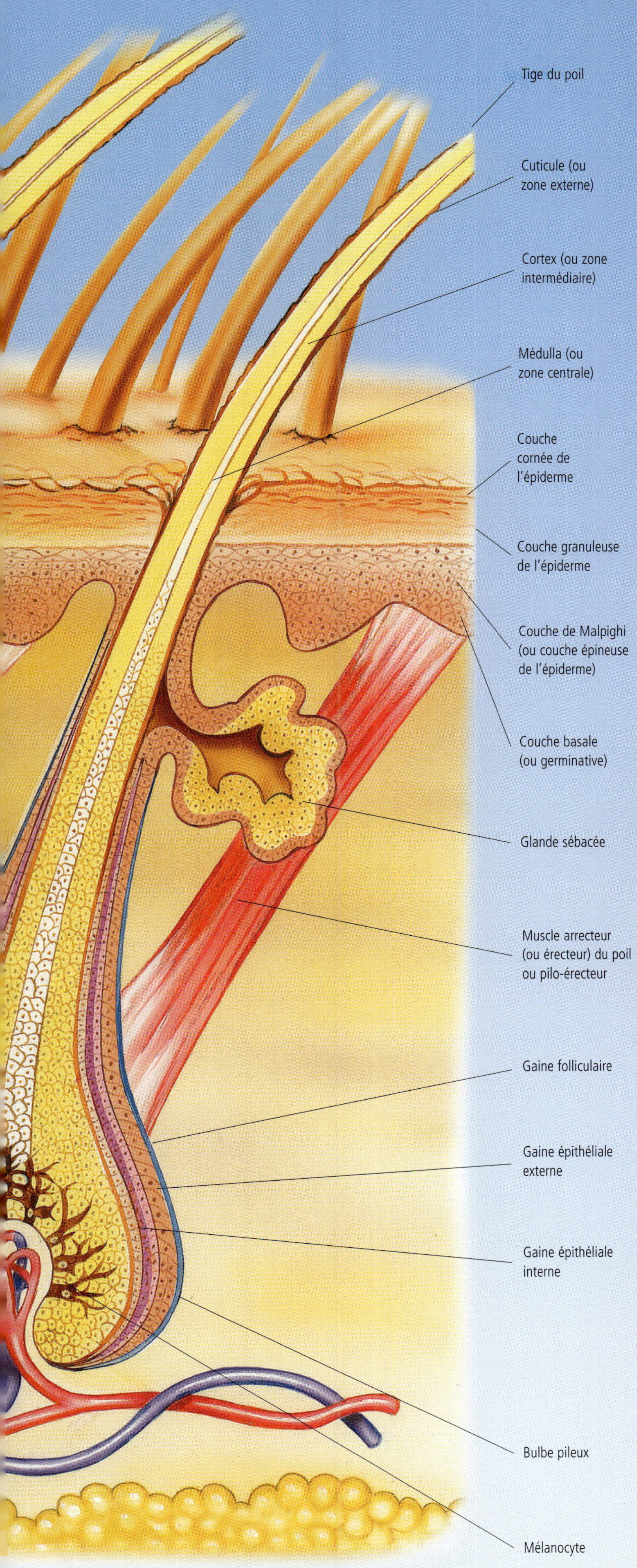

Lorsqu'une femme atteint la ménopause, les ovaires ne produisent plus d'œstrogènes ni de progestérone. Or, les œstrogènes sont nécessaires pour maintenir des tissus sains. À long terme, une carence en œstrogènes peut aboutir à l'ostéoporose, entraîner une modification des tissus urogénitaux, un mauvais contrôle de la vessie (incontinence urinaire), une sécheresse cutanée, une prise de poids, une perte de force musculaire et un accroissement des risques d'accident vasculaire cérébral (AVC) et de maladies cardiovasculaires. Certaines femmes peuvent bénéficier d'un traitement hormonal de substitution (THS). Une alimentation équilibrée, la pratique régulière d'exercice physique, un soutien affectif et la reconnaissance des changements sont nécessaires pour aider la femme à affronter cette transition naturelle.

L'ANDROPAUSE (MÉNOPAUSE MASCULINE)

L'andropause est l'équivalent de la ménopause chez les hommes. Elle résulte de la fluctuation des taux d'hormones, essentiellement de la testostérone. Lorsque l'homme atteint la cinquantaine, il est fréquent de constater un grossissement de la prostate.

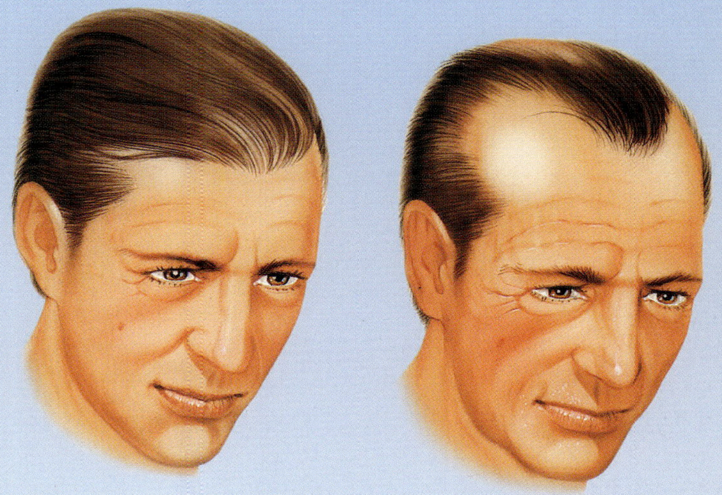

La calvitie chez l'hommes

La cause la plus fréquente de la chute de cheveux (alopécie) est le résultat de la fluctuation du taux d'hormones masculines. La forme la plus fréquente de calvitie est l'alopécie androgénique, dont l'origine est généralement génétique et associée au développement sexuel. La calvitie apparaît lorsque la chute de cheveux est plus importante que la repousse. Chez l'homme, elle est liée à l'âge et touche environ 30 % des hommes entre 30 et 40 ans, et un homme sur deux à partir de 50 ans.

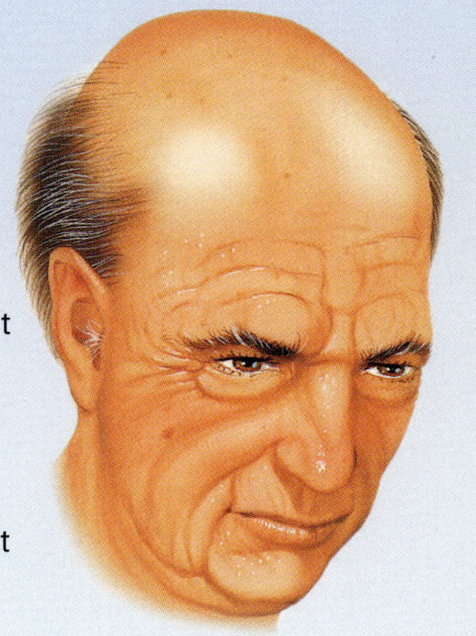

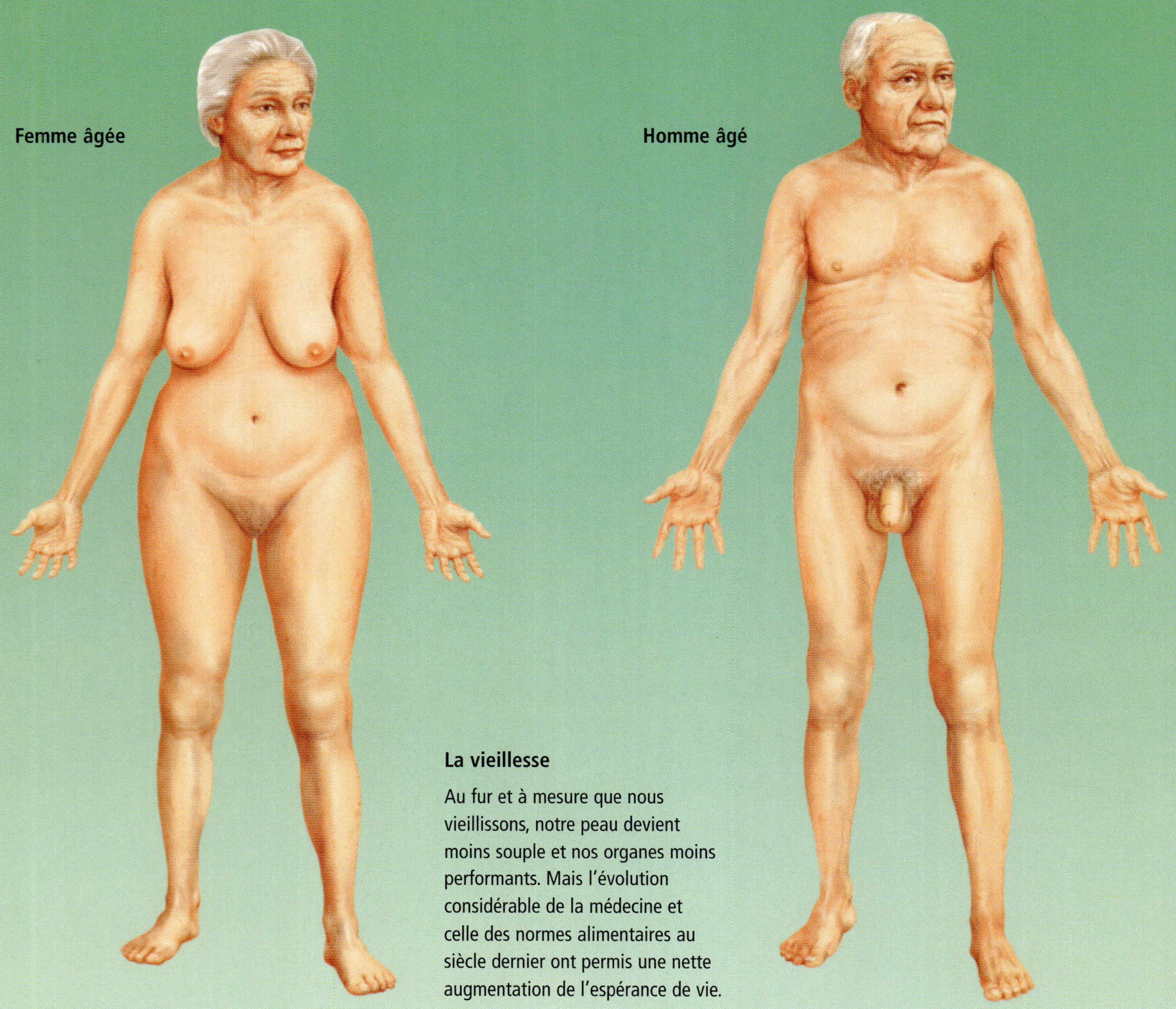

La vieillesse

Au fur et à mesure que nous vieillissons, notre peau devient moins souple et nos organes moins performants. Mais l'évolution considérable de la médecine et celle des normes alimentaires au siècle dernier ont permis une nette augmentation de l'espérance de vie.

La vieillesse

Même s'il est parfaitement justifié de supposer qu'une vie active associée à une alimentation équilibrée aide à rester en bonne santé et à avoir une bonne condition physique, il n'en est pas moins vrai qu'avec l'âge de nombreux troubles ou des maladies peuvent survenir. Les effets de l'âge peuvent être atténués ou retardés, mais ils ne peuvent pas être éliminés.

Au fil du temps, les tissus mous deviennent moins souples et les organes internes perdent en efficacité. Une déficience visuelle réduit la capacité de conduire ou de lire. La perception des sons aigus devient plus difficile, perturbant ainsi l'audition et la compréhension. Les malaises respiratoires et cardiaques sont plus fréquents, le débit sanguin au niveau du foie, des reins et du cerveau peut être réduit et avoir des conséquences sur l'élimination des déchets et des toxines. Les capacités pulmonaires décroissent, la baisse des capacités intellectuelles et les pertes de mémoire sont un problème fréquent qui affecte de nombreux aspects de la vie des personnes âgées. Une perte de l'équilibre et de la coordination peut survenir, une faiblesse musculaire ou de l'arthrite peuvent limiter les mouvements.

L'apparence externe change également. La peau perd de son élasticité et devient ridée, la densité osseuse diminue et des os spongieux, comme les vertèbres, sont peu à peu détruits, provoquant un tassement, et par conséquent une perte de centimètres.

Le système immunitaire est moins efficace, rendant les personnes âgées plus sensibles aux infections et aux cancers. Les fractures, les problèmes cardiaques, l'ostéoporose, la maladie de Parkinson, les accidents vasculaires cérébraux, ou des problèmes de prostate sont autant d'autres complications qui touchent fréquemment les personnes âgées.

INDEX

Les références aux illustrations et aux légendes sont en *italique*, les principaux sujets abordés dans l'ouvrage sont indiqués en **gras**.

Les noms signalés d'un astérisque sont issus de la Nomina Anatomica. Cette classification anatomique internationale, ou du moins sa version francisée, est devenue la référence en matière d'enseignement.
Quelques règles : apophyse >> processus ; canal >> conduit ; ganglion >> nœud ; trou >> foramen ; externe >> latéral ; interne >> médial ; sub ou sous >> infra ; sus >> supra

A

B

D

E

F

G

H

I

J

K

L

M

P

Q

R

U

V

Z